“十二五”普通高等教育本科国家级规划教材
普通高等教育“十一五”国家级规划教材
普通高等教育包装统编教材

包装工艺学

（第四版）

主　编　潘松年
编　著　潘松年　郭彦峰　田　萍
　　　　卢立新　赖植滨　孙寿文
修　订　潘松年　谢　利　于　江
　　　　方长青
主　审　许文才　戴宏民

内容提要

《包装工艺学》是“普通高等教育‘十一五’国家级规划教材”和“普通高等教育包装统编教材”中的一本。

《包装工艺学》（第四版）教材旨在建立包装工艺的全新绿色理论与方法，发展无公害的包装系统工程，拓展未来的可持续包装理念。在修订过程中，特别突出了在可持续发展战略下的“可持续包装”理念。《包装工艺学》（第四版）除绪论外，分为四篇十六章，四篇为：包装工艺理论基础、通用包装工艺、专用包装工艺和包装工艺专题研究。它的结构特点可以归纳为：掌握理论知识、熟悉工艺技术、用于包装实践。十六章分别纳入四篇中，每章后附有思考题，全书列有参考文献。

本教材内容系统、论述简要、特色鲜明，可作为高等院校包装工程专业教材使用，也可供从事包装科技工作的科研人员、设计人员、工厂技术人员及高等学校其他相关专业的师生参考。

图书在版编目（CIP）数据

包装工艺学/潘松年主编；郭彦峰等编著. –4版. –北京：文化发展出版社，2011.7(2021.2重印)
普通高等教育“十一五”国家级规划教材，普通高等教育包装统编教材
ISBN 978-7-5142-0204-5

I.包… II.①潘… ②郭… III.包装工艺–工艺学–高等学校–教材 IV.TB48

中国版本图书馆CIP数据核字(2011)第106847号

包装工艺学（第四版）

主　编：潘松年
编　著：潘松年　郭彦峰　田　萍　卢立新　赖植滨　孙寿文
修　订：潘松年　谢　利　于　江　方长青
主　审：许文才　戴宏民

责任编辑：李　毅　　　　责任校对：岳智勇
责任印制：邓辉明　　　　责任设计：侯　铮
出版发行：文化发展出版社（北京市翠微路2号 邮编：100036）
网　址：www.wenhuafazhan.com　　www.printhome.com
经　销：各地新华书店
印　刷：天津嘉恒印务有限公司

开　本：787mm×1092mm　1/16
字　数：534千字
印　张：23
印　数：48001~50000
印　次：2011年7月第4版　2021年2月第22次印刷
定　价：68.00元
ISBN：978-7-5142-0204-5

◆ 如发现印装质量问题请与我社发行部联系　发行部电话：010-88275710

出版说明

包装工业是国民经济产业体系的重要组成部分，在生产、流通、消费活动中发挥着不可或缺的作用。随着我国工业化与城市化进程的快速发展和人民物质文化生活水平的不断提高，包装工业也获得了强大的发展动力，取得了长足的进步。近年来，中国包装工业总产值一直呈现大幅度的递增趋势。2009年，中国包装工业总产值突破了1万亿元，包装产品的品种和质量已基本满足了国民经济发展的需要。

为了满足社会对新型人才的需要和适应包装新材料、新技术、新设备的更新和应用，作为包装工业发展支撑点和推动力的包装教育，必须与时俱进、不断更新和升级，努力提高教育质量。高等教育、教学的三大基本建设是师资队伍、教材和实验室建设，而教材是提升教育、教学的基础配套条件。

近20多年来，中国包装学科教育的兴起、发展，始终紧扣包装工程专业的教材建设。1985年首次开创高等学校适用教材建设，出版了第一套12本开拓性教材；1995年为推进全国包装统编教材建设，又出版了第二套12本探索性教材；跨入21世纪，2005年在中国包装联合会包装教育委员会与教育部包装工程专业教学指导分委员会联合组织、规划，全国包装教材编审委员会指导下，规划出版了第三套23本包装工程专业教材。印刷工业出版社作为国内唯一一家以印刷包装为特色的专业出版社，一直致力于包装专业教材的建设，积极推动教材的发展与更新，先后承担了三套包装工程专业教材的出版工作，并取得了可喜的成果。许多包装专业教材经过专家的审定，获得了国家级精品教材、国家级规划教材等荣誉称号，并得到了广大院校、教学机构和读者的认可。

目前，全国已有近70所高等学校开设包装工程专业。近年来，西安理工大学、上海大学、北京印刷学院、陕西科技大学、浙江理工大学、湖南工业大学等高校在相近专业以学科方向的形式开展包装工程专业硕士研究生教育，这给我国包装教育的发展注入了新的活力。

随着产业技术的发展，原有的包装工程专业教材无论在体系上还是内容上都已经落后于产业和专业教育发展的要求。因此，印刷工业出版社作为“教育部普通高等学校包装教学分指导委员会”的委员单位，根据教育部《全面提高高等教育教学质量的若干意见》的指导思想，紧密配合教育部 “十二五”国家级规划教材的建设，在十二五期间对包装工程专业教材不断进行修订和补充，出版了一套新的包装工程专业教材。本套教材具有以下显著特点：

1.**时代性**。教材引用了大量当今国际、国内包装工业的科技发展现状和实例，以及当前科技研发的成果和学术观点，内容较为先进。

2.**科学性**。教材以科学发展观为统领，从理论的高度，全面总结了包装工业发展的成功经验，读者可以从中得到启发和借鉴。同时坚持以科学的态度，分析和判断了包装工业发展的趋势和方向。

3.**实用性**。教材紧扣包装工业实际，并注重联系相关产业的基本知识和发展需求，实现知识面广、工理渗透，强调基础知识、技能素质的协调发展和综合提高。

4.**规范性**。教材体系更符合教学实际，同时紧扣教育部新制定的普通高等学校包装工程专业规范，教材的内容涵盖了新专业规范中要求学生需要掌握的知识点与技能。

5.**实现立体化建设**。本套教材大部分将采用“教材+配套PPT课件”的新模式，其中PPT课件免费供使用本套教材的院校教师使用。

“普通高等教育包装工程专业教材”已陆续出版并稳步前进，我们真诚地希望全国相关院校的师生及行业专家将本套教材在使用中发现的问题及时反馈给我们，以利于我们改进工作，便于作者再版时对教材进行改进，使教材质量不断提高，真正满足当今包装工程专业教育、教学发展的需求。

印刷工业出版社

2011年5月

前　言

当我国国民经济发展进入第十二个五年计划之际，《包装工艺学》（第四版）在作为“普通高等教育‘十一五’国家级规划教材”（第三版）的基础上进行了修订。主要是遵循“与时俱进”的方针，加强教材的时代性、开放性和创新性。

《包装工艺学》（第四版）在第三版的基础上，根据《普通高等学校包装工程本科专业规范》中所提出的有关包装工艺学这门专业核心课程应涵盖的知识单元的基本内容进行了修订，全书修订比例约占50%。

《包装工艺学》（第四版）教材旨在建立包装工艺的全新绿色理论与方法，发展无公害的包装系统工程，拓展未来的可持续包装理念。在修订过程中，特别突出了在可持续发展战略下的“可持续包装”理念。此外，在本次教材修订过程中，全部引用最新颁布的国家标准内容。教材除绪论外，分为四篇，包括：包装工艺理论基础、通用包装工艺、专用包装工艺和包装工艺专题研讨，且书后附有参考文献。它的结构特点可以凝练为十八个字，即“掌握理论知识、熟悉工艺技术、用于包装实践”。

《包装工艺学》（第四版）全书分四篇十六章，每章后附有思考题。具体内容如下：

第一篇包装工艺理论基础包括四章，即包装工艺的物理学基础、包装工艺的化学基础、包装工艺的微生物学基础和包装工艺的气象环境学基础。这四章为自学内容，当然也可用适当的学时数提纲挈领地向学生讲授，建议其比例可占总学时的10%～15%。

第二篇通用包装工艺将原来纸制品包装工艺、塑料包装工艺、其他容器包装工艺三章重新改写为软包装工艺和硬包装工艺两章，统一了共性，减少了重复；同时，增强了复合材料包装工艺的应用研究，这样，比起单独讨论纸张包装工艺和塑料薄膜包装工艺，更符合现代包装技术的实际情况，也体现了《包装工艺学》课程在处理专业教材内容时的审视角度和研究方法。灌装与充填工艺和辅助包装工艺两章，在内容上均有所更新。

第三篇专用包装工艺根据第三版出版以来，新技术、新工艺、新材料、新设备的发展，对物理防护包装工艺、化学防护包装工艺、生物防护包装工艺和环境防护包装工艺这四章内容进行增订补充。其中集合包装工艺、灌装与充填工艺、防锈包装工艺、真空包装与气调包装工艺、防霉包装工艺、无菌包装工艺、防潮包装为核心内容。

第四篇的内容全部重新编写，并命名为包装工艺专题研讨。其中第十三章渗透机理和包装储存期是为了将物理化学中研究传递现象的三个重要定律，即基于浓度梯度的费克扩散定律、基于温度梯度的傅里叶导热定律、基于速度梯度的牛顿黏度定律，以及化学反应动力学等理论与包装工艺领域内的实践相结合，撰写了水蒸气渗透与包装储存期、气体渗透与包装储存期和热传导阻隔与包装储存期三部分内容；这部分内容在编写过程中参照了美国密西根州立大学包装工程学院近期开设的“渗透与包装储存期”课程的讲授纲要，既考虑了与国际教育接轨，又突出了我们自己的教学特色；内容注重理论联系实际，运算实例较为丰富，所用数据亦较为可信，为进一步研究计算机辅助预测包装储存期的问题提供了理论依据。此外，本篇有两章讨论了“包装工艺规程”和“包装工艺过程质量控制”两个专题；它们是编著者深入现场，结合电冰箱制造厂、制药厂、食品加工厂、面粉厂等企业进行生产实践，所做的包装科学理论联系生产实际的总结。最后一章现代包装工艺讨论了计算机辅助包装设计（CAPD）和计算机辅助包装生产（CAPM）的问题；并对世界包装行业关注的“可持续包装”专题作了详尽的阐述。第四篇是我们教学实践与科学研究相结合的总结，她是本科生深入学习的内容，也是研究生必备的基础知识。

参加《包装工艺学》（第三版）编著工作的有西安理工大学潘松年教授、郭彦峰教授、田萍副教授，江南大学卢立新教授，福州大学赖植滨教授，哈尔滨商业大学孙寿文教授等。参加第四版修订工作的有西安理工大学潘松年教授、谢利讲师、于江副教授和方长青副教授，后两位是西安理工大学 2009 年和 2010 年赴美国密西根州立大学包装学院和德国斯图加特媒介大学包装系归来的访问学者。全书由西安理工大学潘松年教授统稿并主编，PPT 课件和辅助教学资料（三张光盘）由谢利主编，北京印刷学院许文才教授和重庆工商大学戴宏民教授担任主审。

本教材编著过程中，得到许多工厂企业和科研单位的支持和帮助，谨向他们表示谢意。

本教材编著过程中，引用了西安理工大学包装工程学科历届研究生和毕业生在工厂企业现场实习、考察、搜集和总结的许多宝贵资料，某些实验数据对于撰写有关章节起到了重要的作用。谨向他们表示谢意。

本教材编著过程中，参考了国内外许多文献资料和书籍的内容，未能一一列举，谨向所有作者表示谢意。

本教材编著过程中，美国密西根州立大学包装学院（School of Packaging，Michigan State University，USA）和德国斯图加特媒介大学包装系（Fakultät für Verpackung，Hochschule der Medien Stuttgart，BRD）的教授们提供了许多宝贵的文献资料，谨向他们表示谢意。

本教材自 1999 年 9 月第一版付梓以来，至今已修订过四次，其间得到许多同志的关心和指教，谨向他们表示谢意。本教材编著之初，曾希望在内容与体系方面、理论与实践方面，均作一些探索与尝试，对此，虽然竭尽努力，但仍不够满意。若能起到承前启后、继往开来的作用，已深感欣慰。

《包装工艺学》课程教材和教学的有关信息，请登录 http：//202. 200. 112. 204/bzgy。我们愿意和国内外从事包装科技研究、生产和教学的同仁共同开发、创造、迎接一个绿色包装的世界；也愿意和从事《包装工艺学》教学的同仁共同交流、探讨和研究课程的教学体系、教学内容、教学方法、教学环节，促进课程在理论联系实践、教学结合科研与生产诸多方面达到新的高度。

衷心感谢和欢迎来自各方面的批评与指教。

潘松年

2011 年 3 月 30 日

目　录

绪　论

第一篇　包装工艺理论基础

第四篇 包装工艺专题研讨

绪 论

第一节 包装系统与包装工艺学

包装是一门新兴的工程学科，在现代包装科学中，把它叫做“包装系统”。它是现代商品生产、储存、销售和人类社会生活中不可缺少的重要组成部分。关于包装的定义，起初只认为它是容纳物品和保护产品的器具；而后又赋予其便于运输和便于使用的功能；后来又增添了宣传产品与促进销售的作用；20 世纪末，在世界环境保护呼声日益高涨的情况下，它又必须具备无公害、易处理的环保性能；跨进 21 世纪后，根据世界经济发展的总趋势，我国提出以人为本，全面、协调、可持续的科学发展观，要保证经济增长与人口资源环节相协调，经济发展与环境保护并重，认为经济增长应该建立在资源和生态环节承载能力的基础上，以建设节约型社会和构建社会主义和谐社会。目前，一种“可持续包装”的新理念已经形成，“可持续性包装”要求在包装设计中考虑优化材料和能源；包装性能和成本达到市场标准要求；在包装制造、运输和再循环过程中使用再生能源，最大限度地使用可再生和可再循环材料；高效率的循环回收，为再生产品提供有价值的原料；在包装生命周期内对个体和团体有益、可以保证安全和健康。它与循环经济的理念是一致的，即以资源的高效利用和循环利用为核心，以“低消耗、低排放、高效率”为基本特征，是针对“大量生产、大量消费、大量废弃”的传统型资源增长模式的根本变革，毫无疑问，包装工业应该适应循环经济发展的需要，于是，包装又蕴涵了全新的定义，被称为“绿色包装”。由此可见，包装不是一个一成不变的概念，它的定义也是与时俱进、不断丰富。我国国家标准（GB/T 4122. 1—1996）的包装术语 - 基础中，包装的定义是为在流通过程中保护产品，方便储运，促进销售，按一定技术方法而采用的容器、材料及辅助物等的总体名称。也指为了达到上述目的而采用容器、材料和辅助物的过程中施加一定技术方法等的操作活动。或者简单地说，包装是为了实现特定功能作用，而对产品施加的技术措施。

这里，还应该注意一个事实，即包装这一术语已经用于很多场合，大大超过我们在上面所讨论的内涵，原来的定义仅限于产品，似乎过于局限，如果说“包装是为了实现特定的功能，而使对象获得全新形象的过程”，那么包装的内涵就丰富了。若这个定义是广义的，那么前面给予的定义就是狭义的了。

广义包装定义的提出，是因为市场上已经出现了全球化的经济格局，世界上一些大型企业，打着他们金字招牌，以他们鲜明强烈的企业形象，长驱直入地冲入中国市场，我国的企业要与之抗衡，不仅要固守中国市场这块阵地，而且还应走向世界，因此，我国的企业不仅应该有自己的名牌产品，还应实施企业形象战略，也就是把企业作为对象进行包装，使之具有一个全新的形象。包装一个产品能获利一倍；包装出名牌产品，使之畅销国内，就能获利数倍；具有著名的企业形象，使其金字招牌的产品走出国门、跨出亚洲、冲向世界，更可获利十倍；具有显赫的企业形象，使其享誉全球的产品畅销世界，则可获利十倍以上乃至更为丰厚。当然这一切的首要前提是产品的品质优异，企业信誉卓著。但本书所研究的包装工艺学，仍是以产品为对象的狭义包装概念，它所要解决的问题可以归纳为四方面：

第一，树立崭新的设计理念。“可持续包装”的新型设计理念是在设计包装时就要考虑到包装的重新利用，这样可以积极地减少人类对环境的负面影响。也就是说设计时就考虑到其所有组成部分，最后都可以返回大自然中，并可以重新形成新的产品。目前，许多产品包装设计，一方面含有对人类有害的化学物质，另一方面大量的包装材料在产品生命结束时变成了无法重新利用的垃圾，这两方面都让我们对生存环境无从乐观。工业设计应该像自然界的树木花草一样，它们落到地上的花瓣、果子和树叶，看上去最后变成了“废料”，但这些“废料”却回到了大自然的怀抱，重新变成新的树，变成了细菌，变成了鸟类和其他自然生态系统的一部分。这是一种“从摇篮到摇篮”的新型理念，我们在第十六章还将进行深入讨论。

第二，保证实现包装的功能。包装都有保护产品的功能，例如要求防震、保鲜或防腐的产品，在包装设计中已经做过考虑，但必须按照规定的技术条件，严格执行工艺操作，才能确保包装的保护功能。为了按照规定的品质和数量将物品包装起来，必须研究、开发和采用合理的工艺规程，才能避免短斤少两、粗制滥造的包装件，彻底保护消费者的权益。

第三，尽量提高劳动生产率。所谓劳动生产率就是指单位时间内人均生产出合格包装件的数量。提高劳动生产率就要改进现有的工艺过程，采用新技术、新工艺、新材料和新设备，提高自动化程度，最大限度地增加包装件的产量。

第四，不断提高包装经济性。简单地说，就是在包装工艺过程中，节约机器设备和原辅材料的费用，尽量降低工艺成本。为此要采用高效率包装设备，合理使用包装原辅材料，减少浪费。只有在高生产率条件下用最低工艺成本生产的包装件，才具有经济性，在市场上才有生命力和竞争力。

总之，以上所要解决的问题归纳起来说，就是要在新的设计理念指导下，得到优质、高产、经济的包装件。其中优质是前提，不能实现包装所规定的功能作用，也就谈不上生产率和经济性。

第二节　包装工艺学的任务及研究内容

包装工艺学的任务是在学习了其他有关专业课的基础上，综合应用所学知识，正确设计包装工艺过程，并解决生产中的理论和实践问题，在于以圆满地完成产品的包装工艺，制造合格的包装件。具体来说，就是要求：①掌握包装工艺的基本理论知识；②掌握主要包装技法的基本原理、操作技术和工艺要领，了解国内外包装工艺的新动态；③具有正确制定包装工艺规程和分析解决包装生产问题的基本能力。

正确设计包装工艺规程，需要具备广泛的知识和熟练的技能，因此必须研究涉及包装工程和其他学科的许多内容，其中包括以下几个方面。

1. 研究被包装物品的特性

被包装物品是制定包装工艺规程的原始依据，因此，只有认真研究其特性，充分了解和认识其形态、形状、质量、强度、结构、价值等方面的性质，才能在确定包装工艺方案时，作出正确的决策。

被包装物品的形态各式各样，有气态、固态（块状、粉状、粒状）、液态（油状、胶状、流状）等，它们决定了相应的包装材料和容器以及应该采用的包装工艺方法。

被包装物品的质量是包装工艺要考虑的一个重要因素。质量大的物品，要注意其强度，保证在搬运过程中受到一定冲击和振动时不会破坏；质量小的物品，要保证包装件在堆放中不被压坏，而且保护它在搬运中不会泄漏，受到一定冲击时不会损坏。

被包装物品的强度决定了包装工艺在保护功能方面应采取的技术措施。例如受冲击易损坏的物品，就需要设计防震包装工艺；受挤压易破碎的物品，需要采用刚性容器，并有相应的防破碎包装工艺操作。

被包装物品由多种零件和材料组成，应充分了解其结构特点，考虑拆卸分解的可能性与程度。拆解后可减少体积和质量，避免包装件过大过重和超过标准尺寸，节约空间。此外，若不拆解，整个产品都需按其中最精密部件的防护要求进行包装，而拆解后，各部件分别按其不同的防护要求进行包装，可简化防护措施，减少原辅材料消耗，降低包装费用以及储存与运输费用。当然，应估计拆解带来的困难，并编制相应的包装工艺规程。

对于被包装物品的特殊防护要求，如防潮、防水、防霉、防锈、阻热、抗静电、保鲜、灭菌等，在包装工艺过程中均应有相应的工序，采取特殊的技术措施。

若被包装物品属于易燃、易爆、有毒和放射性的产品，包装工艺过程还应考虑足够的安全性，采取必要的技术措施。此外，包装件应有明显的标志和详细的说明。

2. 研究流通环境的影响因素

商品流通的各种环境条件会给产品带来不同的影响，因此要对包装件流通环境作深入研究从而制定相应的包装工艺规程。装卸作业是流通过程中经常要进行的操作，必须考虑装卸作业的具体情况，采用的是人力装卸还是机械装卸。不同的装卸方式，包装件所经受的冲击力不同，在设计工艺过程时，应规定所采用的装卸作业方式，并进行必要的试验和计算，以确保包装件有足够的保护能力。

运输条件随装载工具不同，有些对包装件影响很大，如汽车运输中，路面条件会导致冲击和振动，对堆积的货物，其冲击加速度可达10g（g为重力加速度，$g=9.81\mathrm{m/s^2}$），对未堆积和未固定的货物可达20g；铁路运输中，车厢经过道岔或刹车时，会产生较大的冲击力，调车编组时互撞的冲击加速度可达7g；船舶运输中，内河航行比较平稳，在海浪中行驶，会产生较大的颠簸振动和冲击，例如，颠簸摆动40°，甲板上货物位移可达20m，频率可达7～10次/分；航空运输中，由于飞机发动机及气流突变所发生的抖动，飞机起落时突然着陆及跑道不平所引起的冲击力和振动，都是制定包装工艺规程时应该预先了解和考虑的因素。

包装件的储存环境有两种情况，如果储存在仓库里，要注意防水、防潮、防霉和防锈等问题；如果储存在露天场地，要注意防雨、防晒、防砂和防雷等问题，而且要考虑储存期限。此外，在储存时，包装件必须具有足够的耐压强度，才能在堆码时承受一定的负荷，而且，要规定堆码高度。所有这些因素，在工艺设计时必须了解，并在包装工艺过程中采取相应的技术措施。

此外，气候条件也是一个影响因素。在高温地区，要对容易熔化的物品采取绝热密封措施；在低温地区，要对容易冻结的物品选用合适的包装容器；潮湿的地方，内装物容易长霉、生锈或潮解；干燥的地方，内装物容易干固、挥发或变质；有的地方盐雾浓度高，有的地方风沙大、灰尘较多等，针对这些影响因素，在包装工艺过程中还必须安排试验工序。

3. 研究采用新技术和新工艺的可能性

新技术和新工艺中值得列举的有气调包装、活性包装、智能包装和纳米包装等。气调包装是通过改变包装内的气氛，使被包装物品处在与空气组成不同的气氛环境中而延长储存期的一种包装技术。活性包装能主动地改善包装内部的条件，延长了包装储存期。例如，清除氧气薄膜就是活性包装，它用于吸收包装内部的氧气并且延长了包装储存期。智能包装是一种具有聪明智慧的包装设施（诸如无线射频识别 RFID、时间温度指示标签、生物传感器等），它能跟踪产品，检测出包装内部或外部的环境，遥控产品的质量，从而改善了包装的使用效能。纳米包装就是纳米材料在包装上的应用与包装功能开发；纳米材料实际上就是超细颗粒制成的材料，即颗粒在三维空间上至少有一维处于纳米尺度范围（$10^{-9}\sim10^{-7}$m）内。纳米材料中颗粒大小在纳米尺度范围内，即使在室温条件下，从材料角度来讲，其许多性质都会发生突变或显著变化；因此，利用纳米技术可以提高包装的阻隔、抗菌、保鲜、抗光等性能。

采用新技术和新工艺必须满足消费者、社会和生产者的需求。消费者需要高质量的产品最方便地满足他们不断变化的生活方式；社会需要更安全的产品来回应商品质量事件和食品中致病毒菌爆发事件，以及用环境友好的产品来满足公众的要求；生产者需要最新最好的和最划算的包装工艺来满足市场要求并获取期望的效益。

4. 研究包装品的性能

包装品是包装材料和包装容器的统称。前者有纸张、塑料薄膜和复合薄膜材料等，可直接用于产品包装，如拉伸塑料薄膜和收缩塑料薄膜等；后者是用各种包装材料经过二次加工制成的专用容器，如瓶、罐、袋、盒、箱等。包装工艺设计者必须研究并熟悉各种包装品的性能，根据技术可能与经济合理的原则，以及环境保护的要求，选择出满足被包装物品所需要的包装品。如果是包装材料，需选择其品种、成分、规格等要素，使其与内装物有较好的相容性，强度足够，性能稳定；如果是包装容器，选材应容易成型，在外界温度、湿度急剧变化的条件下不变形。还要注意经济原则，提倡就地取材、就近取材，在满足性能要求的前提下，尽量采用价格低廉的或代用的材料，以降低成本和运输等费用，例如我国木材资源不足，应提倡以草浆或竹浆等代替部分木浆生产纸张和纸板。

5. 研究包装设计

包装设计包括结构设计、造型设计与装潢设计，三者应该有机地结合，才能取得整体的效果，充分发挥包装的功能作用。包装设计是在充分熟悉被包装物品的特性、完全掌握包装材料的性能、确切了解流通环境条件的前提下进行的重要工作，包装工艺设计人员应该具备包装设计的技能，或者能与专业人员协作完成包装设计，而且在制定包装工艺规程时，实现包装设计的整体构思。

6. 研究包装设备的性能与应用

用于包装的设备有包装机械、印刷机械和包装相关机械（如包装容器加工机械等），机种繁多、类型各异，其专业化情况、自动化程度、生产率水平也大相径庭。包装工艺设计人员应研究各种包装设备的性能及其应用范围，在制定包装工艺规程时，根据各方面的约束条件，选择合适的包装设备，特别是完成全部或部分包装过程的包装机械，如成型、充填、封口、裹包等主要包装工序的设备以及完成清洗、干燥、杀菌、贴标、捆扎、集装、拆卸等前后包装工序的设备，转送、选别等辅助包装工序的设备。

在包装工艺中，把包括包装设备在内的所有模具、专用工具等称为工艺装备。以泡罩包装为例，成套的工艺装备包括泡罩包装机、泡罩成型模具、热封模具、裁切模具、打印模具等。工艺和工艺装备之间的关系，总的来说，应该是先有工艺，然后才有实现这一工艺的工艺装备；有了新的工艺装备，就能促进新工艺发展；更新工艺后，又需设计制造更先进的工艺装备。例如，随着软包装工艺的出现，研制了软包装机械；在无菌包装工艺的基础上又创造了无菌软包装机；今后随着各方面的需要，还会有新的方便食品包装工艺出现，也必然会进一步促进新型包装机械的研制与开发。

新材料和新技术也促进了新型包装机械的发展，其中如拉伸包装机、收缩包装机、真空充气包装机、喷雾包装机等。特别是在包装机械上广泛采用了机电光液气综合技术，运用电子计算机控制，出现了自动包装机和自动包装流水线，更要求包装工艺设计人员具有广阔的技术视野和深邃的理论知识，才能制定出现代化的包装工艺规程。

7. 研究包装工艺的设计准则

包装工艺的设计准则就是制定包装工艺规程时所依据的原则，主要内容包括：

（1）在包装工艺过程中贯彻执行标准化、系列化、通用化和统一化。标准化是推动社会生产迅速发展的强大力量，是经济技术发展的重要基础，包装标准化则是现代化商品生产和流通的必要条件。为了适应商品经济发展的需要，为了推动我国标准化、系列化和通用化工作，我国制定了相当数量的包装标准，各个企业也有相应的统一化规定。在制定包装工艺规程时，应该贯彻执行所有的标准（国家标准、部颁标准或企业标准），以提高包装品质，提高生产率。特别是研究同类产品包装工艺典型化，提高工艺设计水平，节约工艺成本，具有十分重要的意义。

（2）在包装工艺过程中应贯彻落实“以人为本，全面、协调、可持续的科学发展观”，以发展循环经济为核心，建立节约型社会，树立环境保护观念，大力推行绿色包装。在可持续发展理念的指导下，通过技术创新、制度创新、新能源开发等多种手段，发展低碳经济，尽可能减少煤炭石油等高碳能源消耗，减少温室气体排放。这已经是我国包装行业进入 21 世纪以来制定各项规划措施的指导思想。绿色包装包括安全无害、环境保护、节约资源等诸多内涵，要求在保证包装功能的前提下，使用实用性包装品，尽量节约资源；产生的包装废弃物要少，而且能回收、处理或综合利用；或经降解后能自然消灭，或掩埋时能少占耕地，不污染江湖河流或侵蚀土地良田，或者能自动分解；如果焚烧，则要求不产生毒气二次污染；或者产生新的能源时燃烧值最高等。为此，世界各国针对包装业的有关环境保护法规已陆续制定并生效。可惜目前的普遍现象是，许多包装制品为了获得额外利益，不惜浪费宝贵资源，刻意追求过分装饰，将经济负担转嫁给社会和个人消费者，已经成为沉疴痼疾；作为包装设计人员，应该力挽狂澜，勇敢面对，充分了解国内外有关法规与动态，制定出符合世界潮流的包装工艺规程。

第三节 包装工艺的发展动向

随着包装科学技术的发展，包装工艺发展动向大致包括研究和建立包装工艺的理论基础，保护环境和减少污染，提高包装精度与保证包装品质，提高包装工艺效率与发展自动化包装机械和自动包装生产线等几个方面。

1. 研究包装工艺的理论基础

在流通过程中，由于受到物理、化学、微生物及气象环境等多方面因素的影响，使包装件或内装物品受到损坏。物理方面，有由于冲击、振动、挤压等因素引起的损坏；化学方面，有由于锈蚀、分解、化合等作用引起的损坏；微生物方面，有由于腐败、变质等因素而引起的损坏；气象环境方面，有由于湿度、沙尘、盐雾等因素引起的损坏。研究这些因素的损坏机理，使理论密切结合实践，采取必要的工艺措施，从而构成包装工艺的理论基础。本书将在第一篇包装工艺理论基础中分别讨论包装工艺的物理学、化学、微生物学和气象环境学理论基础，并在第二篇中以软包装工艺和硬包装工艺两章讨论了通用包装工艺，从而统一了共性，减少了重复；同时，增强了复合材料包装工艺的应用研究，这样，比起单独讨论纸张包装工艺和塑料薄膜包装工艺，更符合现代包装技术的实际情况，也体现了《包装工艺学》课程在处理专业教材内容时的审视角度和研究方法。又在第三篇专用包装工艺中讨论了防震包装、防锈包装、防霉包装等工艺。进一步在第四篇包装工艺专题研究中，将《物理化学》中研究传递现象的三个重要定律，即基于浓度梯度的费克扩散定律、基于温度梯度的傅里叶导热定律、基于速度梯度的牛顿黏度定律，以及化学反应动力学等理论与包装领域的具体实践相结合，论述了水蒸气渗透与包装储存期、气体渗透与包装储存期和热传导阻隔与包装储存期三部分内容；为进而研究计算机辅助预测包装储存期的问题提供了理论依据。又探讨了包装工艺规程的制定和包装工艺过程的质量控制两个专题，使包装科学理论密切联系生产实际。还研究了计算机辅助包装设计（CAPD）和计算机辅助包装生产（CAPM）的理论与实践问题。其目的都是在于总结包装工艺的共同规律，把对包装工艺的感性认识提高到理性认识阶段，以指导包装生产，使包装充分发挥其各方面的功能作用。

2. 在“可持续包装”理念的指导下，发展循环经济，保护环境、减少污染

前面已经讨论过环境保护的问题。由于环境污染已成为目前世界面临的严峻问题之一，在这方面，包装确实有不可推卸的责任，究其原因，主要有两点：第一是垃圾废料中有将近一半是包装材料，而且大多难于腐烂和回收处理；第二是某些包装材料在生产过程中释放大量的氯、氟及其他气体，破坏臭氧层，造成温室效应。为了对应世界气候变暖，“联合国气候变化框架公约”缔约国在 1997 年制定了“京都协议书”，又于 2010 年和 2011 年分别召开“坎昆世界气候大会”和“德班世界气候大会”，力图将大气中温室气体稳定在一个适当水平，防止气候变化对环境和人类造成伤害，对此，包装行业也应该作出积极响应，倡导“可持续包装”理念，在设计和制造包装时，需要严肃认真考虑采用和开发对环境保护有益的材料、技术和工艺，这是一个造福人类社会的系统工程。这里涉及许多的、曾一度被放弃的包装材料，如瓦楞纸板在20世纪五六十年代曾被广泛用于防震包装，自从发泡聚苯乙烯发明后，逐渐取代了瓦楞纸板，现在迫于环境保护的压力，瓦楞纸板又重现风采；采用瓦楞纸板缓冲包装的最大优点是与外包装瓦楞纸板一起便于回收，但缺点是防潮性能不佳。近期发展起来的纸塑模缓冲衬垫，具有清洁、易回收处理、可成批生产等优点，但不宜包装过重的物品，而且在生产过程中消耗水量过多。因此，还需研制开发更为理想的环保包装材料。

根据发展循环经济的新理念，在设计包装工艺和选用包装材料时，一般要考虑5R方法，5R指的是Reduce（减少包装）、Reuse（回用包装）、Recycle（再生包装）、Reclaim（统一回收）和Refuse（拒用无环保观念的包装品），同时还要选用生态包装材料；5R中要按顺序优先考虑减少包装，再依此排下去；有些新型包装材料虽能再生，但需花费大量人力和物力，结果价格昂贵，还不如使用原包装材料。为了客观和准确地评价包装材料是否有利环境保护，可采用“生命循环周期评估法（LCA，life cycle assessment）”，即评价某种包装品时，要考虑其在从开发自然资源，经加工制造为成品供使用废弃后，被回收再生或处理，又回到自然环境中去的整个封闭的循环过程中，总共消耗了多少能量，产生了多少有害物质，并以其对环境的污染作为评估的重点。以高密度聚乙烯食品包装袋为例，制造1万只食品袋消耗能量5.2×10^{10}J，排出大气污染物质78kg，水域污染物质8.6kg，固态废弃物$8.1m^3$。这些数据为能否重复使用或回收再生提供了科学依据，有助于确定保护环境、减少污染的包装工艺和包装材料。

3. 提高包装精度，保证包装品质

包装品质有两个含义：一是包装件外观品质，应该完全符合包装设计的要求，使之能起到保护、容纳和宣传产品的功能，绝不允许粗制滥造、敷衍塞责；二是包装件内在品质，应该给足包装件标注的内装物品数量或质量，绝不允许份量不足、短斤少两；后者指的就是包装精度；在单件包装中比较容易达到相当高的精度，但在大批量包装过程中，使用计量装置充填包装件，其结果按数理统计原理总是有多有少，而且多与少的$\pm\delta$数量大致相等，如果在包装件上标注数量时，写上充填的误差为$\pm\delta$，原也无可非议，但是这其中却意味着有一半包装件的内装物品数量不足；对于低廉的物品倒也无所谓，但对于昂贵的物品，为了保护消费者的利益，就应该采取适当的技术措施，尽量减少数量不足的包装件，将其控制在生产者与消费者都能接受的范围内，这是一个在理论与实践中都应予以解决的问题。为此，本书第十五章包装工艺过程质量控制中对这一问题作了专门的讨论。

提高包装精度的技术措施是开发研制新型包装设备，例如在充填机中采用先进的双工位充填系统，即设有粗、细两个充填工位，大部分物料在粗充工位上进行高速充填，然后工件被送到检测工位，由电子计算机系统计算出达到最后数量所应补充的物料量，把计算结果送到细充工位，再由细充头组配并充入所需要的物料，最后还可由计量工位检测其是否合格，并将不合格品剔出，以确保包装件的精度。

提高包装精度，既保护了消费者的利益，也维护了生产者的信誉，是包装工艺过程设计中要处理好的重要课题之一。

4. 提高包装工艺效率，发展自动化包装机械和自动包装生产线

高效率包装工艺就是要摒弃手工操作，尽量采用机械化和自动化的包装设备。有些产品的包装采用手工操作，不但生产效率低，而且不符合产品生产规范。例如糖块包装采用手工包装工艺，人手快速地重复一种单调的动作，长年累月容易患指骨职业疾病；此外，用手接触食品，也不符合食品卫生法规。又如药品包装，更不容许人体接触。为此，应采用机械化或自动化的包装机，实现包装工艺过程自动化。

现代包装大都采用了机械化或自动化包装，在包装设备上设置了光电及电磁检测和选别装置等，有的还采用电子计算机作为自动调节控制系统，大大地提高了包装机的自动化程度。但是单机自动化只能算是一个起点，如果按照包装工艺过程将若干半自动或自动包装机和辅助设备用输送装置组合起来组成包装生产线，使被包装物品从生产线的一端源源输入，在相应的包装部位输入包装品，然后包装件从生产线末端不断输出，就构成了包装流水生产线。在此基础上再适当配置自动控制、自动检测、自动上下料和自动输送装置等，使包装操作能在整个工艺过程中自动地进行，不需要生产工人直接参与操作，这就是自动包装生产线。如果将包装容器生产线和自动化仓库与自动包装生产线衔接起来，就可构成自动化包装车间或自动化包装工厂。从机械化、单机自动化到包装流水生产线，到自动包装生产线，到自动化包装车间，到自动化包装工厂，是包装工艺发展的一个趋向。为了适应中小批量、多品种物料的包装，还可以开发具有广泛适应性的特用包装机，将微机、机械手、机器人等更多地应用于自动上下料装置、自动仓库和输送系统，在计算机及其软件的集中控制下，使之具有一定的灵活性，成为一个自动化的可变包装系统，即柔性自动包装系统（flexible packaging system），这是包装工艺自动化向纵深方向发展的又一个趋势。

包装

第一篇 工艺理论基础

第一章 包装工艺的物理学基础

掌握被包装产品在流通过程中的物理变化、机械性质变化，是合理选择包装防护技术方法的前提条件。本章主要介绍与包装工艺相关的物理学基础理论，包括被包装产品物理机械性质特征分析、被包装产品在流通过程中的物理变化，以及机械性环境条件与被包装产品破损等内容。

第一节　产品物理机械性质特征分析

包装的物理防护功能是采用一定的技术方法保护产品在装卸、储存和运输过程中的安全流通，使产品顺利地到达目的地。因此，在采用包装技术方法之前，必须认真分析产品的物理机械性质特征，获取产品需要防护的要求和详细信息。

对产品物理机械性质特征进行分析的目的及其作用包括三个方面。

①使包装技术方法具有针对性和可行性。

②使具有相同特征的产品采用相同的包装技术方法，以便于实现包装标准化。

③减少包装材料的品种，降低包装作业和管理费用，从而降低包装成本和运输费用。

产品物理机械性质特征分析的内容很多，如产品材料构成、产品物理特征、标准类产品和非标准类产品、特殊产品等。

一、产品材料构成

产品在材料构成上的特征属于产品的自然性质，它是包装设计人员首先必须考虑的产品特征。不同材料在外界环境的物理、化学、气候、生物等因素作用下损坏变质的机理各不相同，不同的被包装产品破损时对外界环境所造成的危害也各不相同。同时，产品材料构成的多样性也造成了产品清洗剂、防护剂、内包装材料、缓冲包装材料、外包装材料选择的复杂性。因此，包装设计人员必须熟悉各类材料的损坏变质机理以及常用的防护技术，将这些基础理论知识运用到包装设计之中。

二、产品物理特征

掌握产品的物理特征有利于包装设计完全满足产品防护的要求和某些特殊的使用要求。产品的基本特征可分为化学易损性、物理易损性、强度与易碎性、材料相容性、结构特征、尺寸与质量、可拆卸性、载荷类型、产品成本等。有关产品的化学特性安排在第二章中讨论。

1. 物理易损性

冲击、振动和摩擦等外界作用可能造成产品的物理损伤或功能失效。从包装角度分析产品的物理易损性，主要是指产品表面粗糙度受到冲击、振动、摩擦等可能对产品的损坏，以及辐射场、电场、磁场、电磁场、静电场等外界场强可能对产品的损坏。

（1）表面粗糙度。产品的精加工表面、紧密装配面和光学镜面等必须严格保护。

（2）冲击与振动。从缓冲保护角度，要求包装设计人员充分了解产品特征，包括外形、尺寸和重心位置，质量和相对于三维轴线的转动惯量，可运输性、承压位置、固定点和吊装部位，脆值、固有频率等。

脆值（Fragility），又称易损度，是指产品不发生物理的或功能的损伤所能承受的最大加速度值，一般用重力加速度的倍数 G 表示。表 1－1 是美国军用标准 MIL HDBK 304 所给出的产品脆值。

表 1－1　美国军用脆值标准（MIL HDBK 304）

脆值 G/g	产品举例
15～24，极脆弱产品	导弹导航系统，高精密度测试装置，陀螺仪，惯性导航平台
25～39，非常精密产品	机械振动测试仪器，真空管，电子仪表，高度计，航空雷达天线
40～59，精密产品	航空附属仪表，电子记录设备，大多数固态电子装置，示波器，计算机元件
60～84，一般精密产品	电视机，航空仪表，某些固态电子设备
85～110，较坚固产品	电冰箱，器具，机电设备
>110，坚固产品	机器，飞机结构部件，控制台，液压传动装置

产品脆值越大，表明其对外力的承受能力越强；反之，则产品对外力的承受能力越差，设计时应慎重考虑。许用脆值［G］是考虑产品的价值、强度及重要程度等因素而规定的产品的许用加速度值。缓冲包装设计中要求产品承受的最大加速度幅值小于脆值或许用脆值。

（3）外界场强。它可能造成某些特殊产品的严重损坏，甚至酿成重大事故。对于特殊产品，如危险品、精密电子产品以及其他高新技术产品，包装设计人员必须充分了解它们对外界场强的敏感度并采取有效的包装防护技术。

2. 强度与易碎性

产品的强度与易碎性决定缓冲保护的要求和程度。从强度和易碎性角度，可将产品分为易碎品、精密品和坚固品三大类，而坚固品又可分为柔性坚固品和刚性坚固品。缓冲保护的主要对象是易碎品和精密品。

3. 材料相容性

包装材料与产品材料之间的相容性、包装材料之间的相容性是产品包装设计的关键因素之一。一般的包装品（包括缓冲材料）与产品是直接接触的，两者的物理性质应相适应，以避免发生有害的物理作用。另外，许多缓冲材料在冲击、振动过程中或在装箱作业时，由于自身摩擦或与非金属材料摩擦而产生静电。这些静电积累到一定程度时，可能引起火花，还易吸附灰尘或其他物质。

4. 结构特征及可拆卸性

产品结构特征决定产品在包装箱内的固定、支撑以及衬垫的类型和数量。产品的凸起部位和尖棱角有时需要特殊的防护，其外形尺寸、质量及其分布、重心位置等不但影响包装容器的选择和设计，也给包装防护带来困难。另外，为了方便包装储运，有时需要将产品拆卸后进行包装、运输，产品设计人员和包装设计人员紧密配合协调，有利于解决这些困难。在设计可拆卸产品的包装之前，包装设计人员必须了解产品使用地点是否具有产品组装的工具设备和技术能力。

5. 载荷类型

载荷类型是指产品在包装后所形成的包装产品的载荷分布情况。按载荷类型，可将产品分为易装载荷品、难装载荷品和中等载荷品三大类。易装载荷品简称易装品，其密度分布均匀、尺寸规范、易于包装，通常采用内包装、外包装、托盘包装等方式，包装产品重心位于包装容器的几何中心。难装载荷品简称难装品，其密度分布不均匀、尺寸不规范，产品不能完全装满包装容器或在包装容器内没有确定的支撑面。包装设计中如果不采取特殊的支撑定位技术，装卸、运输过程中就可能产生应力集中而损坏包装。难装品在包装后的重心通常并不位于包装容器的几何中心，必须按规定在包装容器上标明重心点储运图示标志，以保证装卸搬运的安全性。中等载荷品介于易装品和难装品之间，如筒装罐头、瓶装饮料等。

6. 产品成本

产品成本也是包装设计人员需要考虑的一个重要的设计参数。一方面，包装设计人员应以最低的包装费用来满足对产品防护的要求。另一方面，若产品的一个关键部件或重要部件的破损可能对产品造成更大的浪费，则产品成本就不再是主要因素。

三、标准类产品和非标准类产品

为了最大限度地实现包装标准化，需要将产品按物理特征进行分类。与分类产品具有相同或类似理化特征的产品称为标准类产品。这类产品能够按照标准的材料和防护方法进行包装，不需要进行复杂的包装设计，不必提供详细的包装图纸、资料。与分类产品不具有相同或类似理化特征的产品称为非标准类产品。这类产品在进行包装之前必须进行包装设计，并提供详细的包装图纸和资料。

四、特殊产品

特殊产品主要包括危险品和微电子产品。

1. 危险品

凡具有爆炸、易燃、毒害、腐蚀、放射性等性质，在运输、装卸和储存保管过程中，容易造成人身伤亡和财产损毁而需要特别防护的产品都称为危险品。国家标准 GB6944《危险货物分类与品名编号》将危险品分为九大类，如表 1－2 所示。

对危险品的包装主要是防止危险品在装卸、运输、储存和使用中可能造成的危害。危险品自身性质的复杂性以及外界环境因素的多样性决定了危险品包装的复杂性和困难性，例如火工品可能由几种药剂组成，有的对冲击敏感，有的对摩擦敏感，有的对光、热、静电等敏感。环境因素中各种可能的危害因素在装卸、运输、储存中都可能出现，这些都给危险品包装带来很大困难。兵器工业中的各种弹药、火药、烟火剂、火工品都属于易燃易爆危险品。这类产品包装不仅要求确保产品的安全性，还必须保证产品的长期储存可靠性、流通适应性和使用方便性。

表 1－2 危险品分类

类 别	产品名称
第 1 类	爆炸品
第 2 类	压缩气体和液化气体
第 3 类	易燃液体
第 4 类	易燃固体、自燃物品和遇湿易燃物品
第 5 类	氧化剂和有机过氧化物
第 6 类	毒害品和感染性物品
第 7 类	放射性物品
第 8 类	腐蚀品
第 9 类	杂类（主要指磁性物品或麻醉品）

危险品的出口包装必须按照国际海事组织（IMO）颁布的“国际海上危险货物运输规则”进行。

2. 微电子产品

微电子产品也应该看做是一种特殊产品，如各种大规模集成电路元器件、集成电路板、某些精密光机电一体化产品，不但易于受潮锈蚀，易于受到冲击、振动而损坏，还极易受到外界场强的危害。电场、磁场、电磁场、静电场、辐射场的屏蔽和防护对这类产品的性能和使用寿命具有极其重要的意义，对于元器件的防护是确保整机可靠性和使用寿命的重要措施，而且这种防护必须是全面的、可靠的。在产品从元器件到组装成组件或部件，以及由部件装配成产品的全过程中，任何包装防护上的疏忽都可能造成严重后果，带来不应有的损失。某些常用电子产品的静电感度如表 1－3 所示。静电感度是指产品在静电作用下所受到的危害程度。静电危害的大小或静电损害的严重程度取决于静电积累的程度（静电电压）和静电敏感产品的静电感度。静电电压越高，危害越大；产品的静电感度越大，越易于受到静电的危害。

表 1－3 某些常用电子产品的静电感度

产品名称	静电感度（静电电压）/V
场效应晶体管	30～7000
工作放大器（微型组件）	20～2500
二极管	300～2500
薄膜电阻	300～3000
低功率集成电路	500～2500
可控硅整流器	700～1000

第二节 产品在流通过程中的物理变化

当被包装产品在流通过程中仅仅改变其物理性质而没有新物质生成的变化称为物理变化，如密度、颜色、光泽、气味、味道的变化，升华、挥发，溶解性、熔点、沸点、硬度、延展性、导热性、导电性、导磁性、光学性质的变化等，都可以利用人们的耳、鼻、舌、身等感官感知或实验仪器测知。被包装产品在物理变化前后，其种类不变、组成不变，化学性质也不变。本节主要介绍产品的三态变化、渗漏与渗透、导热与耐热性变化、电磁性质变化和光学性质变化等内容。

一、三态变化

当物质的外表形状在一定的温度、湿度、压力和时间条件下会发生固态、液态、气态之间的相互转化时，称这种现象为物质的三态变化。产品的三态变化的表现形式有挥发、干缩、风化、溶解、熔化、凝固等。

1. 挥发与干缩

挥发是指液态、液化的气态或固态物质，如汽油、石油液化气、樟脑等，在常温常压下转化为气态的现象。它是由于物质表面分子比较活跃，引起物质表面蒸气压大于相邻气体的压力，从而造成物质表面分子连续地逃逸到相邻气体中所形成的。挥发速度与物质表面蒸气压的大小有关，而表面蒸气压与物质本身的沸点、环境温湿度、相邻气体的压力、流动速度以及相互接触面积等因素有关。物质表面蒸气压与相邻气体压力差越大、环境温度越高、相对湿度越小、相邻气体的流动速度越快、相互接触面积越大，则挥发速度就越快。

产品的挥发一方面会使其质量减轻，严重时会产生干缩（如油漆挥发），造成品质变化或丧失使用性能。另一方面，某些挥发出来的气体具有毒性，或与空气混合而易燃易爆。这类产品需要密封包装以防止挥发；同时在装卸、运输、储存过程中也要防止由于包装容器的机械破损而引起渗透、渗漏等包装事故。

2. 溶解与风化

溶解是指某种物质（溶质）分散于另一种物质（溶剂）中成为溶液的过程。溶质溶解于水或潮湿空气的水分中，即固体物质溶解成为水溶液的过程，通常称为溶化，这属于物理变化，是物质的三态变化中由固态转变为液态的一种过程。溶化与水解不同，水解属于化学变化，是固体物质与水发生了化学反应，产生了新的物质。

产品的溶化现象与吸湿性、水溶性以及吸湿点有关。吸湿性表征产品吸收和释放水分的性质，它影响着产品对水的阻隔性、卷曲性和产生气泡等物理性质。水溶性表征产品溶解于所吸收水分而成为液体的性质。吸湿点是指产品在一定的温度和压力条件下开始吸湿的相对湿度值。若压力恒定，随着环境温度的升高，吸湿点会逐渐下降，使产品易于吸湿溶化。有些产品，如明矾、硫酸钾、过氯酸钾等，虽然具有优良的水溶性，但它们的吸湿性很差，因此在常温常压条件下不易溶化。还有些产品，如皮革、纸张、棉花、海绵、硅胶等，虽然有较强的吸湿性，但不具有水溶性，因而不会溶化。因此，产品同时具有很强的吸湿性和水溶性时，才能在潮湿的环境中逐渐被潮解并最终完全溶化成液体。空气的相对湿度对产品的溶化程度有极为重要的影响。若空气的相对湿度很低，即使吸湿性和水溶性都很强的易溶产品也不易溶化，而且在空气相对湿度很低的条件下，如在干燥沙漠地区，含有结晶水的产品会因散失水分而产生风化现象。

产品溶化性能除了与气压、温度、湿度、储存时间等外部环境条件有关，还与其自身的材质、组分、形状和结构等内在因素有关。材质越疏松，表面越粗糙，且内部含有类似毛细孔状结构的产品，其吸湿性和溶化性就越强，反之亦然。

3. 熔化与凝固

熔化是指产品受热后从固态转化为液态的过程。凝固是指液态产品受冷后由液态开始出现结晶，最终凝结成为固态产品的过程。熔化与凝固现象伴随着产品吸热和放热的过程，它们不仅与环境温度有密切关系，还与产品的熔点有关。某些食品、药品或日用化工产品，如冰激凌、奶糖、奶油巧克力、油膏类、香脂类、蜡烛、肥皂、松香、石蜡、沥青、金属盐类中的硝酸锌等，都属于易熔化的固体产品。这类产品熔化后再凝固，会给生产、加工处理或回收利用等带来便利，但作为包装产品在流通过程中如果因为环境温度影响发生熔化而造成产品与产品、产品与包装之间的黏结，就会破坏包装产品外形、尺寸，使产品流失、损耗或造成对环境的污染。因此，这类产品应采用密封性、隔热性好的包装技术方法。还有些产品，如新鲜果蔬类食品、药用生物制剂、化工产品等，需要预防冻结和凝固现象的发生，应针对这类产品的具体特点采用防冻结或防凝固包装技术方法。

二、渗漏与渗透

1. 渗漏

渗漏主要指气态、液态或粉状固态产品由于包装材料或封口品质等原因，造成产品在流通过程中从包装容器中渗出、泄漏现象。当气体或蒸气通过包装材料的不连续点，例如裂缝、微孔以及材料表面的微小间隙时，易产生如封口、封盖处等泄漏现象。这种现象是对流和扩散共同作用所形成的。对流是指液体或气体各部分之间由于温度、压力或密度不均匀所引起的强制和循环流动，使其趋于均匀的过程。扩散是指气体、液体或固体物质由于浓度差、温度差或压力差引起的物质迁移现象，它可由一种或多种物质在气相、液相或固相内或在不同相之间进行。

引起渗漏的主要原因是包装容器品质差，如包装袋有砂眼、气泡、微孔、裂纹、微小间隙或热封不均匀、接口处和封盖处密封不牢固、不严密等。有些被包装产品由于材质原因，如耐蚀性差、受潮锈蚀或机械强度低，在装卸、运输过程中受到外力作用而发生破损、裂纹等。有些产品是气体、液体或部分易挥发固体，因环境温度变化引起三态变化，从而导致产品体积膨胀或气体使被包装产品内部压强增大而损坏。有些液态产品在低温或冻结时发生体积膨胀而造成包装破裂、产品泄漏等。

2. 渗透

渗透是指气体或蒸气直接溶入包装材料的一个侧面，通过向材料本身的扩散，并从另一侧表面解吸的过程。渗漏和渗透现象在所有包装中都存在，其中渗漏属于宏观作用，而渗透是微观作用，不容易用肉眼发觉。当被包装产品的渗漏或渗透超过一定程度时，都会引起产品发生品质变化、质量减少，或对环境造成污染，甚至造成灾害。采用防渗漏防渗透包装技术方法对于易燃、易爆、有毒产品尤为重要。

三、导热性与耐热性变化

导热性是指产品传递热能的性质。影响导热性的主要因素是产品的材质、结构形式、加工方法和外形尺寸等。耐热性是指产品在受热时，仍能保持其物理机械性能以及使用性能的性质。影响耐热性的主要因素除了产品自身的导热性因素和膨胀系数之外，还有环境因素，如湿度、气压、通风条件等。一般情况下，若产品导热性好而膨胀系数小，则耐热性好，抗温度变化能力强；反之，则耐热性差，抗温度变化能力差。有些产品，例如金属材料，由于其导热性、耐热性良好，可以露天存放；而导热性和耐热性差的粮食、橡胶制品等就不能在烈日下暴晒，也不能在温度和湿度过高的环境中储存，否则会因受热、受潮而变黏、变质或加速老化与霉变。有些液体产品在低温或寒冷环境下会凝固或受冻结冰而产生体积膨胀，如果采用遇冷体积收缩且延伸率极低或无延伸率的玻璃、陶瓷等包装容器时，相互作用的结果会使包装受张力而发生破损。至于某些对温度敏感的生物制品，由于要求在一定的环境条件下和规定时间内不发生变质，则要求采用阻热包装（见本教材第十三章）。

四、电磁性质变化

产品的电磁性质变化是由外界场强变化而引起导电性、导磁性发生变化。场强变化一般是指电场、磁场、电磁场、静电场、辐射场等强度的变化。由于产品的材质、结构及其性能不同，当外界场强的变化超过一定限度时就会对某些特殊产品造成损坏或影响其使用性能。对于危险品、精密电子产品、军用产品以及高技术产品等对场强有特殊要求的产品，包装设计人员必须检测出它们对外界场强的感度，并采取有效的屏蔽或抗场强变化技术，以保护元器件或整机的可靠性能和使用寿命。

对于静电敏感类产品，由于静电放电现象，有些电子元器件很容易受静电场的影响，还有一些电子元器件易被电磁干扰或射频干扰而损坏。因此，对于静电敏感类产品，特别是微电子产品，在包装防护之前必须详细了解产品的静电感度、防护材料的电性能（表面电阻率和体积电阻率）与静电防护程度的关系。对于塑料包装材料，其表面电阻率与静电防护程度的关系如表 1 -4 所示。静电消散可采取静电屏蔽的方法。为了避免静电场对电器设备或非电器设备的影响，或为了避免电器设备的静电场对外界环境的影响，需要把这些设备放在接地的密封或近乎密封的金属罩壳内所采用的防护技术称为静电屏蔽。电磁屏蔽是为了避免外界电磁场对电器设备或非电器设备的影响，或为了避免电器设备的电磁场对外界环境的影响，把这些设备放在密封或近乎密封的由软磁金属材料制成的外壳内。软磁金属材料属于磁性合金或金属，具有高导磁率、低矫顽力和磁滞损耗。

表 1 -4　塑料表面电阻率与防护程度之间的关系

表面电阻率/Ω	防护程度
$\leqslant 10^1$	电磁屏蔽
$\leqslant 10^5$	导电
$\leqslant 10^9$	静电屏蔽
$10^5 \sim 10^9$	静电消散
$10^9 \sim 10^{13}$	抗静电
$\geqslant 10^{13}$	绝缘

五、光学性质变化

光对被包装产品的影响主要取决于光的强度以及包装材料的透明度等。透明度是指材质透过光线的能力。根据产品的透光程度，透明度大致分为透明、半透明和不透明三个等级。产品的透明度除与材质的透光系数有关之外，还与材质的结构形状、吸光、反射以及色散程度有关。在实际的包装工程应用中，一部分产品需要高透明度包装，以保证消费者能够清晰地看到产品，提高产品自身的销售能力。包装这类产品所用的玻璃容器、塑料容器、塑料薄膜等都要求具有高度均匀的透光性。某些食品、药品、化工产品、生物制品等，为了增加保护性、延长储存期，则需要使用不透明、半透明或具有一定折射率和色散率并具有高度均匀性和在一定波长范围内具有透光选择性的包装材料或容器进行包装，例如深褐色的半透明包装材料可作为防止紫外线辐射的阻隔层，使食品或药品保持新鲜；也可以在某些材质的纸张或塑料薄膜中加入二氧化钛等颜料制成不透明的包装材料或容器，以提高光泽度。

第三节　机械性环境条件与被包装产品破损

被包装产品与包装品在一起称为包装件，构成商品或货物。包装品通常指的是包装容器、包装材料、缓冲材料或结构等基本部分。包装件可以说是产品经过运输包装以后所形成的总体，从系统论角度，可以将包装件看做一个系统，流通过程中的冲击、振动和压力等机械性环境条件是系统的输入或激励，直接影响着被包装产品在装卸、搬运、运输、中转、仓储、陈列、销售等环节中的安全性。因此，机械性环境条件是造成被包装产品破损的一类重要的环境条件，对产品包装设计和安全流通有重要影响。本节主要介绍机械性环境条件对包装件和被包装产品的影响以及被包装产品破损分析方法、破损准则及其模型等内容。

一、机械性环境条件对包装件的影响

1. 冲击对被包装件的影响

冲击是造成包装件破损的主要因素之一，包装件所承受的冲击主要发生在装卸和运输过程中，可分为垂直冲击和水平冲击。垂直冲击主要由搬运、装卸、起吊时包装件的意外跌落引起。水平冲击主要发生于运输车辆在凹凸不平路面上行驶、车辆突然启动或制动、货车的编组溜放和转轨、飞机着陆、船舶靠岸等情况。

（1）装卸作业。装卸作业分为人工装卸和机械装卸。一般情况下，流通过程越长，中转环节越多，装卸搬运次数也越多。人工装卸搬运时对包装件的跌落、抛扔、翻滚和其他野蛮装卸，机械装卸时叉车、吊车的突然起吊或下落，都可能造成包装件乃至被包装产品破损。

包装件从搬运者肩上或手中滑落下来与地面碰撞是人工装卸作业中最常见的冲击现象，此时跌落冲击发生于包装件与地面之间，其冲击速度取决于跌落高度，而冲击力或加速度大小除了取决于跌落高度之外，还与包装件轻重、衬垫缓冲性能以及地面的回弹性有密切关系。当包装件较轻时，工人装卸时可以轻拿轻放；而包装件过轻或分装过于零散，则容易被工人抛掷，造成较大的冲击。野蛮装卸对包装件的危害很严重，在装卸作业中应尽量避免。包装件表面既光滑又坚硬，在装卸时所承受的跌落冲击就越剧烈。据测定，人工装卸的跌落冲击加速度通常在10g（g是重力加速度）左右，最高达100g。考虑到装卸作业中跌落冲击对包装件和被包装产品的影响，在缓冲包装设计中应注意合理设计手孔或提手、单个包装件的质量，以减少被包装产品发生跌落破损的机会。

（2）运输过程。在汽车运输、火车运输、飞机运输、船舶运输过程中，产生冲击的直接原因和程度不同，对包装件的影响和破损程度也不同。

①汽车运输（或公路运输）。车轮越过路面上的凹凸部分、车辆的紧急制动，都将导致包装件承受冲击。冲击加速度的大小取决于路面状况、行车状况、产品质量以及运输工具的装载稳定性。据测定，当汽车以30km/h速度行驶时紧急制动，车厢将产生0.6～

0.7g 的冲击加速度；当汽车以 12.9～24.1km/h 速度行驶在三级路面（农村土路），车厢将产生 5～10g 的冲击加速度，最大为 35g。当汽车以 50～100km/h 速度行驶，在柏油路面上越过 2cm 高的凸起物时，产生的冲击加速度可达 1.6～2.5g；当汽车以 30km/h 速度越过 6cm 高的凸起物时，产生的冲击加速度可达 14g，脉冲作用时间约 61ms。表 1－5 列出了汽车和铁路货车运输对被包装产品所造成的冲击情况。

表 1－5　汽车和铁路货车运输时所产生的冲击情况

运输种类	运行情况		冲击加速度峰值/g		
			上下	左右	前后
汽车	运行中 30～40km/h	铺修路	0.2～0.9	0.1～0.2	0.2～0.2
		非铺修路	1.0～3.0	0.4～1.0	0.5～1.5
	越过 2cm 高障碍		1.6～2.5	1.0～2.4	1.1～2.3
	以 35～40km/h 车速刹车		0.2～0.7	—	0.6～0.7
	以 50～60km/h 车速刹车		0.2	0.3	0.7～0.8
铁路货车	运行中 30～60km/h	轨道上	0.1～0.4	0.1～0.2	0.1～0.2
		轨道接头处	0.2～0.6	0.1～0.2	0.1～0.2
	一般启动和停车		—	—	0.1～0.5
	急刹车		0.6～0.9	0.1～0.8	1.5～1.6
	紧急刹车		2.0	1.0	3.0～4.0
	减速		0.6～1.7	0.2～1.0	0.2～0.5
	货车编组连挂		0.5～0.8	0.1～0.2	1.0～2.6

②火车运输（或铁路运输）。火车运行时的冲击有两种：一种是车轮驶过钢轨接缝时产生的垂直冲击，在普通短轨运行时，冲击次数是 80～120 次/分，加速度为 1g；另一种是车辆编组的连挂作业中产生的水平冲击，连挂作业速度为 14.5km/h 时，冲击加速度为 18g。显然，火车连挂作业产生较大的冲击加速度，是包装件破损的主要原因。影响火车连挂作业水平冲击的主要因素有四个方面：

A. 车辆连挂时的速度越大，冲击力越大。

B. 车辆牵引装置的缓冲性能。缓冲性能好的牵引器可以吸收部分冲击能量。

C. 包装件的质量。包装件越重，与车厢底板的摩擦力越大，越不易滑动，冲击力越小。

D. 包装件在车厢内的堆码状态和满载程度。包装件堆码松散或间隙过大，会增加倒塌和反复相撞的可能性。堆码越高，最上层包装件所承受的冲击值越大。包装件和被包装产品在车厢内的破损通常是由反复碰撞造成的。

③飞机运输（航空运输）。在飞机起降过程中，特别是降落时，因机轮与地面相撞而产生较强的冲击。冲击加速度的大小与机种、驾驶技术、风力、载重有关，飞机着落的冲击加速度在 1～2g，一般飞行时约为 0.05～0.6g。在恶劣气流条件下飞行时，冲击加速度最大可达 14g。

④船舶运输（航海运输）。船舶运输时的冲击与船舶类型、水域情况、满载程度和气

象条件密切相关，冲击加速度相对较小。

⑤铲车运输。包装件主要承受垂直冲击的影响，铲车的垂直冲击加速度约0.7g。

2. 振动对包装件的影响

包装件在流通过程中的振动情况很复杂，与运输工具（车辆、船舶、飞机等）、运输环境（路面、海浪、气流）、包装结构形式（产品、材质、缓冲包装方法）以及装载情况有关。由于激励的多样性和影响因素的随机性，包装件在运输过程中的振动属于复合随机振动。

（1）汽车运输。汽车运输时振动加速度的大小与路面状况、行驶速度、车型和载重量有关，但主要因素是路面状况，如公路的起伏和不平度。汽车在柏油路、土路、公路各种路面上行驶时，路面引起的汽车振动通过车厢底板传递给包装件，如果包装结构不合理或缓冲保护不足，会使包装件内产品的振动加速度增大，导致产品发生破损。

汽车运输中被包装产品的共振频率一般小于25Hz，而且共振现象与路面的起伏关系不大。汽车运输的振动特性还可用图1-1所示的频率谱来描述，它反映了运输过程中汽车的频率分布与振动加速度之间的变化。交通部公路研究所对汽车运输的振动测试结果表明，汽车运输的振动能量绝大部分分布在0～200Hz内，且能量集中在0～50Hz之内。

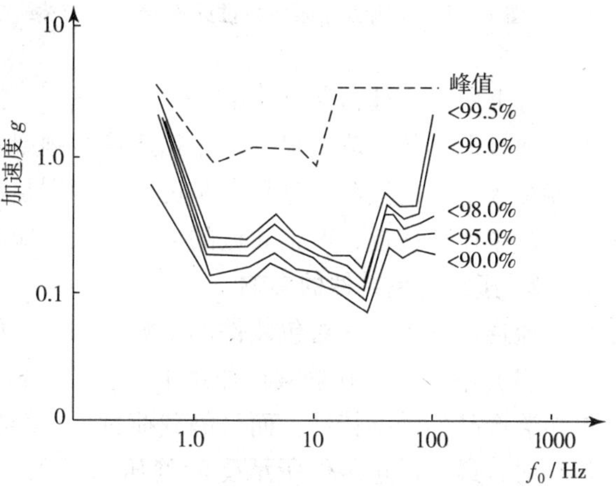

图1-1　汽车运输振动特性频率谱

（2）火车运输。火车振动与汽车振动相比有明显区别，火车驶过钢轨接缝时车轮受到冲击而引起运行车辆的周期性强迫振动。在火车正常运行、进出站、过岔道、车体摇晃、车体颤动、过钢轨接缝、过桥梁等运行中，以过钢轨接缝所引起的振动最为强烈。火车运输的振动特性也可用图1-2所示的频率谱来描述，其频率范围通常为20～100Hz。

（3）飞机运输。飞机运输时的振动受气流的影响不大，主要取决于飞机发动机的振动，呈现出单振动、高频率的特点，振动加速度较小，且比较稳定。飞机运输的振动特性也可用图1-3所示的频率谱来描述，在起飞和滑行阶段，其频率通常为15～100Hz；在稳定飞行阶段，频率为100～1000Hz。

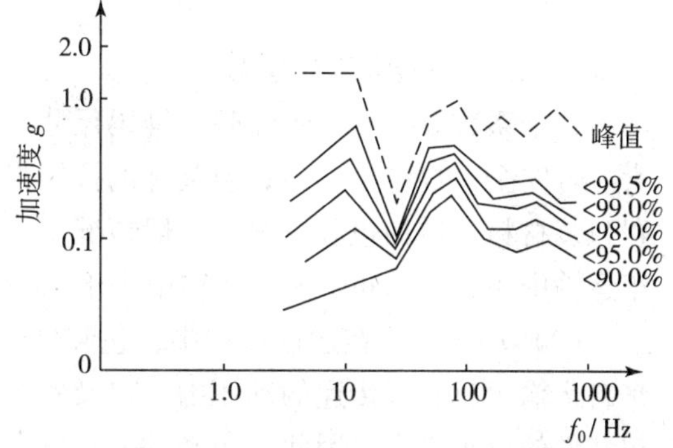

图1-2　火车运输振动特性频率谱

（4）船舶运输。船舶运输的振动特性也可用图1-4所示的频率谱来描述，通常表现为两个不同级别的振动，即在平静的海面上，出现低强度的振动，振动加速度较小；遇到大的风浪或紧急操作航行时的高强度振动，振动加速度较大。海浪引起的低频振动为0.03～0.2Hz，对被包装产品的共振影响不大。

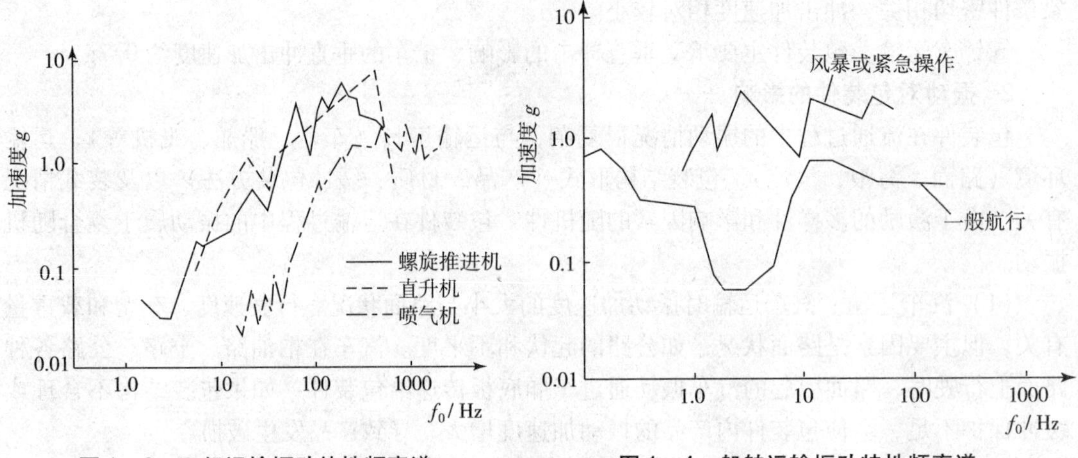

图 1－3　飞机运输振动特性频率谱　　图 1－4　船舶运输振动特性频率谱

综上所述，被包装产品在汽车、火车、飞机、船舶运输过程中的振动，均具有随机性，而且振动频率范围很宽。船舶运输时频率较低；飞机运输时较高，与一般产品共振的可能性较小；而汽车运输和火车运输，特别是汽车运输的振动频率与大多数被包装产品的固有频率比较接近，产生共振的可能性大，应在产品的缓冲包装设计中充分考虑。

3. 压缩对包装件的影响

流通过程中压缩对包装件的影响有两种，即静压力和动压力。

（1）静压力。在静载荷作用下，包装容器、缓冲材料或结构发生变形、蠕变，会影响被包装产品的动态特性。而且静载荷过大，会导致被包装产品损坏。包装件在堆码储存和运输时，最底层包装件所承受的静压力最大，要求包装箱或外包装容器满足堆码强度条件，即：

$$P \geqslant kP_s = kW\ (N_{max} - 1) \tag{1-1}$$

式中　P——包装箱或外包装容器的抗压强度；

P_s——最底层包装件所承受的堆码强度；

W——单个包装件质量；

k——安全系数；

N_{max}——最大堆码层数。

安全系数取决于堆码时间、堆码尺寸、温湿度条件、商品价值、装卸与搬运次数等因素。若安全系数过小，导致包装件的抗压强度低，不能保护产品；若安全系数过大，则浪费包装材料，增加包装成本。一般情况下，取 $k=1\sim2$。堆码高度一般取 300～400cm，汽车运输中小于 250cm，火车运输中小于 300cm，轮船运输中小于 700cm。

（2）动压力。在运输过程中，包装件除了受到来自上层包装件的静压力之外，还受到来自运输工具底板传递的动压力，以及发生水平位移时的摩擦力，而且动压力比静压力对包装件的危害更大。因此，包装件在运输车辆上必须可靠地固定，以防止其在车辆底板上跳动或移动，减少动压力对包装件和被包装产品的危害。

4. 机械性环境条件参数

国际电工技术委员会（IEC）以及我国电工电子产品环境条件与环境试验的若干标准都对电工电子产品、机电产品的机械性环境条件作了明确规定，并分为非稳态振动（含冲击)、稳态振动、自由跌落、碰撞、翻滚和跌落、静压力六种环境参数，但有关碰撞的等级标准尚没有给出。

（1）冲击与非稳态振动。与包装运输相关的冲击与非稳态振动分为Ⅰ型谱、Ⅱ型谱和Ⅲ型谱三种典型频谱，如图1－5所示。Ⅰ型谱是长周期、低峰值型频谱，所规定的冲击加速度峰值等级分别是50m/s²、100m/s²、150m/s²、300m/s²和500m/s²。Ⅱ型谱是中等周期、中等峰值型频谱，所规定的冲击加速度峰值等级分别是500m/s²和1000m/s²。Ⅲ型谱是短周期、高峰值型频谱，所规定的冲击加速度峰值等级分别是1500m/s²、3000m/s²、5000m/s²和10000m/s²。

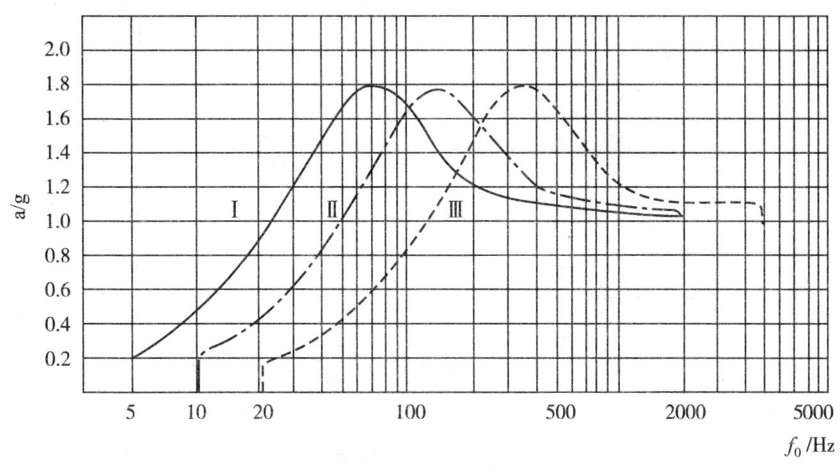

图1－5　冲击谱型

（2）稳态振动。包装运输环境中的稳态振动分为周期性振动和随机振动两种。

①周期性振动。通常用位移、速度或加速度的时间函数来描述，也可用线型频谱来描述，如图1－6所示，Ⅰ型谱以低频占主导地位，Ⅱ型谱以中、高频占主要地位。这两种谱型的位移幅值、加速度峰值的等级如表1－6所示。

②平稳随机振动。通常采用与频率有关的加速度谱密度（ASD）来描述，其典型频率谱如图1－7所示，Ⅰ型谱包含明显的低频量；Ⅱ型谱振动能量分布均匀，它们的加速度谱密度的分级值如表1－7所示。

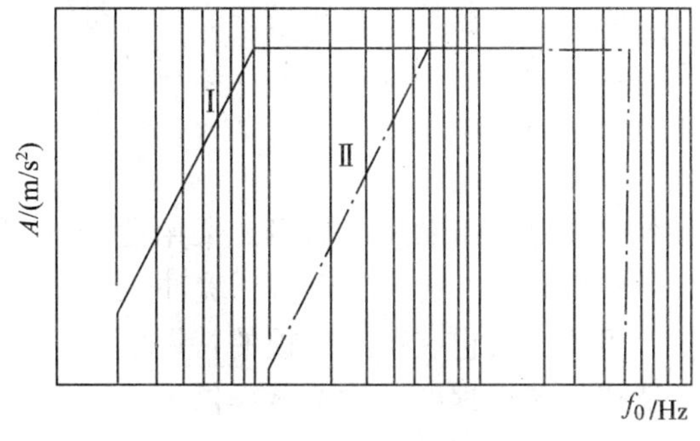

图1－6　周期性振动频率谱

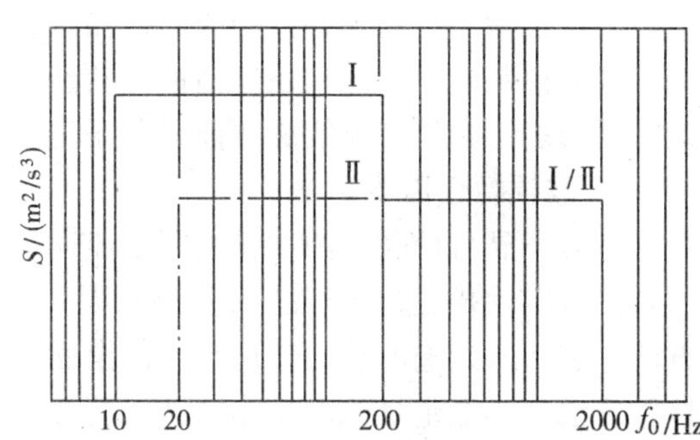

图1－7　平稳随机振动频率谱

表1-6 两种谱型的位移与加速度峰值等级

谱 型	位移峰值/mm（$f<f_0$）	加速度峰值/（m/s^2）（$f>f_0$）
Ⅰ型谱（$f_0 \approx 9Hz$）	—	1
	—	2
	1.5	5
	2.5	10
	7.5	20
	10.0	30
Ⅱ型谱（$f_0 \approx 60Hz$）	0.15	20
	0.35	50
	0.75	100
	1.0	150

表1-7 两种谱型的加速度谱密度分级值

谱 型	加速度谱密度/（m/s^3）	
	$f<200Hz$	$f>200Hz$
Ⅰ型谱（10～2000Hz）	1	0.3
	3	1
	10	3
	30	10
Ⅱ型谱（20～2000Hz）	0.3	0.3
	1	1
	3	3
	10	10
	30	30

（3）自由跌落。与包装运输环境中自由跌落相关的参数是自由跌落高度，其等级分为0.025m、0.05m、0.1m、0.25m、0.50m、1.0m、2.5m、5m和10m九种。另外，国家标准GB/T4857.18—1992《包装运输包装件编制性能试验大纲的定量数据》中还规定了跌落高度试验基本值，对公路、铁路和空运是500mm，水运是800mm。一般危害时的基本值是100～1200mm，非常危害、特定危害时的基本值应大于1500mm，且以300mm递增。

（4）倾斜和滚动。与包装运输环境中倾斜和滚动相关的参数是偏离垂线的滚动角度和滚动时间，其中滚动角度等级分为±5°、±10°、±25°和±45°，而滚动时间都是6s。

（5）静载荷。与包装运输环境中静压力相关的参数是静载荷和稳态加速度，静载荷等级分为0.1kPa、0.3kPa、1.0kPa、3kPa、10kPa、30kPa和100kPa七种，而稳态加速度等级分为$20m/s^2$、$50m/s^2$、$100m/s^2$、$200m/s^2$、$500m/s^2$和$1000m/s^2$六种。

二、被包装产品破损分析方法

破损是指产品物理的或功能的损伤。包装件的破损，既包括包装箱破损、缓冲材料或结构失去包装防护功能，还包括被包装产品破损。描述被包装产品破损的方法包括破损特性因素图法、帕里特曲线法，前者属于定性分析方法，后者属于定量分析方法。

1. 破损特性因素图法

包装产品机械破损的主要原因是流通环境条件、产品质量和包装质量，采用破损特性因素图可定性描述包装产品的破损原因，如图1-8所示，它从产品质量、缓冲包装技术方法、装卸、运输、仓储管理等方面全面地反映了可能造成包装产品破损的特性因素，但这种方法还不能定量给出具体的破损特性因素所造成的破损程度，故不能提供十分有效的减损措施。

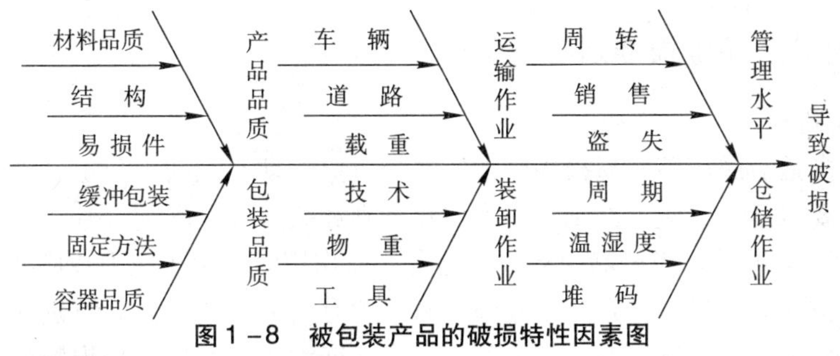

图1-8　被包装产品的破损特性因素图

2. 帕里特曲线法

采用帕里特曲线法可定量描述被包装产品的破损原因及其程度，且能够提供有效的减损措施。图1-9是某纸箱包装产品破损的帕里特曲线，缓冲包装不当所造成的产品破损率是55%，搬运操作不当所造成的产品破损率是25%。若采取有效措施克服这两个破损特性因素所造成的破损问题，则可减少80%的破损率。

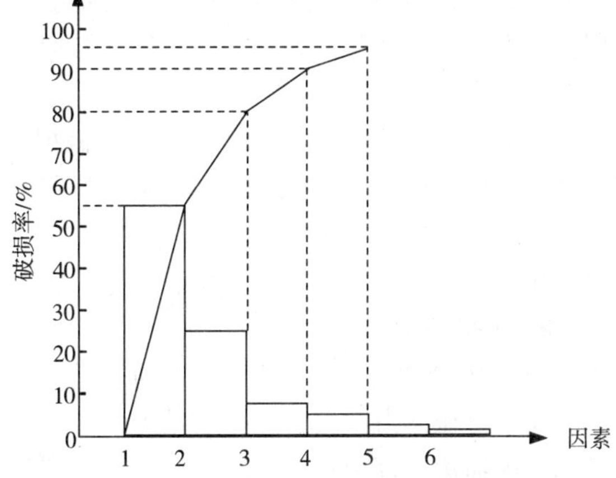

图1-9　某纸箱包装产品破损的帕里特曲线

1-缓冲设计不当；2-搬运操作不当；3-包装箱品质差；4-野蛮装卸；5-堆码过高；6-其他因素

3. 破损分类

冲击与振动是产品在运输过程中经受的两个非常重要的动态载荷，也是造成被包装产品破损的主要因素。被包装产品在流通过程中的破损形式是多种多样的，十分复杂。根据机电类、电子电工类包装产品破损的统计资料表明，经常出现的破损现象包括元器件裂纹或断裂、紧固件松脱、元器件表面局部塌陷、产品表面磨损擦伤、密封处脱开或泄漏、印刷电路板裂开或脱离底座、装载托盘移位、缓冲衬垫移位或剥落等。

从力学角度分析，这些破损现象都是由于产品或元器件、部件在受到载荷作用时，应力、变形、加速度或位移等物理量的响应值超过了其容许极限值。被包装产品破损大体上可分为三大类，即：

①结构完整性破坏。包括产品零部件的强度降低、断裂破坏、疲劳和摩擦损伤等。

②结构功能性破坏。包括结构及其元器件、部件的性能失效、失灵等。

③产品工艺性破坏。包括连接件松动、脱离，部件相互撞击、短路或磁化等，还有寿命退化，如一些机电产品、电子电工产品在一定振动环境下引起工作寿命的缩短等。

在缓冲包装动力学领域，按产品破损的性质和程度分类，被包装产品的破损形式分为三大类，即：

①失效或严重破损，指产品已经丧失使用功能，且不可恢复。

②失灵或轻微破损，指产品功能虽已丧失，但可恢复。

③商业性破损，指不影响产品使用功能而仅在外观上造成的破损，产品虽可以使用，但已经降低了商品价值。

三、被包装产品破损准则与模型

1. 破损准则

振动与冲击是造成产品或易损件破损的两个重要的动态载荷。目前，评价被包装产品破损的准则主要包括最大应力准则、最大位移准则和疲劳破坏准则。

（1）最大应力准则。当产品受到外部动态载荷作用时，由于应力或应变超过允许值而造成产品破裂或永久变形，导致产品破损。对于含有易损件的产品，特别是电子电工类产品，在产品或易损件发生谐振时，其内部应力将逐渐增大，而这些易损脆件所承受的应力将变得非常大或很大，很容易造成产品破损。

（2）最大位移准则。它是由产品中某元器件或部件的位移超过最大许可位移所导致的破损。例如，当印刷电路板在振动时有足够大的位移响应，则会导致固定在其上的电子元器件或焊点与相邻部分的电子元器件或结构壁壳接触短路或碰撞损伤，从而导致产品故障或损坏。

（3）疲劳破损准则。工程上的疲劳破损一般是指产生了某一可检长度的裂纹，即包括成核阶段与扩展阶段。这种疲劳破损的实际物理过程还与材料特性、应力大小、循环次数、温度、产品结构、环境条件等因素密切相关。当被包装产品处于周期性或准周期性重复动载荷作用下，在产品的结构元件中若产生的应力足够大，这种循环作用也将导致产品破损。

2. 破损模型

（1）机械冲击破损模型。由流通过程中简单冲击载荷环境所造成的被包装产品破损问题，属于机械冲击破损，在包装动力学中已有完整的理论体系和工程应用，即传统的脆值理论、破损边界理论和缓冲包装设计“五步法”或“六步法”。

①传统的脆值理论。美国贝尔实验室 R. D. Mindlin 研究了被包装产品的破损特性及其评价方法等问题，包括缓冲存在使产品受到振动、冲击时可能出现多大的加速度响应值、加速度随时间的变化规律，以及产品结构元件的强度、固有频率和阻尼系数。1945 年，他发表了著名论文《缓冲包装动力学》（*Dynamics of Package Cushioning*），首次提出产品脆值（或冲击易损度，*Fragility*）概念和理论。该理论是基于产品的破坏性跌落试验而提出的，属于机械冲击脆值，用产品的最大加速度值来评价其机械破损特性，缓冲包装的要求是产品在流通过程中所承受的冲击强度必须小于产品脆值。

②破损边界理论。造成被包装产品破损的原因除了冲击加速度的大小之外，还与冲击脉冲的形状、脉冲持续时间、产品的固有频率等因素有关。1968 年，R. E. Newton 在著名论文《脆值评价理论与试验程序》（*Fragility Assessment Theory and Test Procedure*）中，依据冲击谱理论，首次提出破损边界概念、破损边界曲线和破损边界理论，全面地描述了加速度峰值、速度变化量、冲击波形和产品破损之间的关系。产品的破损边界曲线是以加速度峰值 *Gm* 为纵坐标，以速度变化量 ΔV 为横坐标，反映了产品的破损特性和破损边界，图 1－10 是半正弦波、后峰锯齿波、矩形波（或梯形波）三种典型冲击波形的破损边界曲线。产品的破损区条件是：

$$G_m \geqslant G_c \text{ 且 } |\Delta V| \geqslant |\Delta V_c| \qquad (1-2)$$

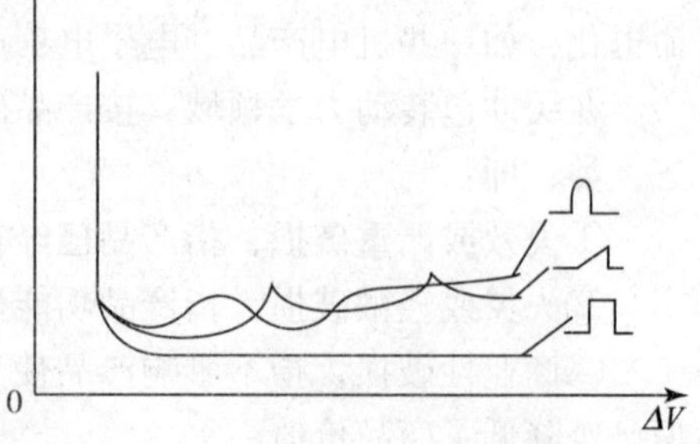

图 1－10 典型脉冲波形的破损边界曲线

式中　G_m——产品所承受的最大冲击加速度值；

G_c——产品脆值（或临界加速度值）；

ΔV——速度变化量；

ΔV_c——临界速度变化量；

等号——表示位于破损边界曲线上。

非破损区条件是：

$$G_m < G_c \text{ 或 } |\Delta V| < |\Delta V_c| \tag{1-3}$$

基于传统的脆值理论、破损边界理论，1985 年美国 MTS 系统公司和美国密西根州立大学包装学院（School of Packaging，MSU）首次提出缓冲包装设计“五步法”，1986 年美国兰斯蒙特（Lansmont）公司的 Bresk 提出改进的缓冲包装设计方法，即“六步法”。1987 年，按“五步法”和“六步法”进行缓冲包装设计的基本程序被列入《美国包装工程手册》（*Handbook of Packaging Engineering*）。有关“五步法”和“六步法”的详细内容可参考运输包装方面的书籍，本书不再详述。

需要指出，传统的脆值理论、破损边界理论都属于与流通过程中简单冲击载荷环境所造成的被包装产品破损问题相关的基础理论，不适用于流通过程中由复杂冲击载荷环境所引起的被包装产品冲击破损问题。在运输过程中，特别是公路和铁路运输中，振动性碰撞或重复性冲击也是造成产品破损的重要原因之一。例如，载货汽车行驶在鹅卵石路面上，卡车后面带有载货的拖斗，以及没有捆绑（好）的包装件连续地间断性跳离车厢底板或下层包装件表面（被包装产品处于堆码状态运输），都可能出现这种振动性碰撞现象。若重复性冲击对产品所产生的最大冲击响应值（“最大初始响应”）发生在冲击激励的脉冲持续时间之内，且最大加速度响应值都小于产品脆值，则产品可以安全运输，并可认为第二次重复冲击以及其后的连续冲击对产品的冲击响应不受第一次冲击响应的影响。但是，一般被包装产品的固有频率都较低，冲击激励的脉冲持续时间又很短（一般小于 25ms），被包装产品的固有频率与冲击激励的脉冲频率（脉冲等效固有频率）之比很小，故产品的最大冲击响应值总是发生在脉冲持续时间之外，即为“最大余响应”。因此，在第一次冲击结束之后，若连续发生第二次冲击，则第二次冲击时产生的响应值将会受到第一次冲击后产生的冲击响应值的影响，两者的响应值叠加，形成振动性碰撞或重复性冲击后产生的响应叠加效应。一般情况下，叠加效应后形成的冲击响应最大值会超过一次性冲击激励产生的最大响应值，对被包装产品的安全运输会造成更严重的危害。

（2）机械振动破损模型。振动破损模型已经提出了多种形式，克让德尔（Crandall）根据振动终止以后，能否恢复正常，将振动分为可逆与不可逆两大类；又根据在一定振动量值激励下破坏是立即发生还是经历一定的振动循环次数或时间后才发生，进一步将以上两大类破坏分为即发、累积两种形式。基于这些破坏特征，相应的破坏模型可划分为峰值破坏、瞬时值破坏、一次性通过破坏和疲劳破坏，如表 1－8 所示。

①振动峰值破坏模型。对于有可逆与累积性质的破损，一般可采用振动峰值破坏模型来进行分析。该模型是指在振动载荷激励下，产品存在一个破坏阈值（或耐振动强度）。当振动峰值超过阈值时，产品才可能发生振动破坏；同时，也只有超过阈值的振动峰值次数达到一定数量时，才会出现产品破损或失灵、失效。谐波振动是否产生振动峰值破坏，取决于峰值是否超过阈值和连续振动时间是否足够长。采用振动功能试验可测定被包装产品在振动峰值条件下的耐振动强度。

表 1－8　振动破坏模型分类

破坏模型 / 类　型	可逆		不可逆	
	即发	累积	即发	累积
强度破坏			一次通过	疲劳
性能失灵	一次通过	峰值		
工艺故障			一次通过	峰值
寿命蜕变				疲劳

②振动疲劳破坏模型。振动疲劳破损也是包装结构破损的一种重要形式。被包装产品在运输环境中由于长期的振动和随机激励载荷，系统结构或易损件还会发生疲劳破损。疲劳破损的机理很复杂，目前可采用迈纳（Miner）线性损伤法则、马科—斯塔基非线性损伤理论、亨利非线性损伤理论来评价包装产品的疲劳破损。采用振动耐久试验可测定被包装产品在振动疲劳情况下的耐振动强度。

1. 产品的物理特征包括哪些内容？
2. 何谓产品脆值？它对缓冲包装设计有何要求？
3. 标准类产品和非标准类产品有何区别？
4. 举例说明特殊产品的分类。
5. 何谓物质的三态变化？它对被包装产品的影响如何？
6. 何谓渗漏与渗透？它对被包装产品的影响如何？
7. 机械性环境条件对被包装产品的影响有哪些？
8. 分析被包装产品破损方法有哪两类？
9. 被包装产品的破损如何分类？
10. 被包装产品的破损准则包括哪些？
11. 传统的脆值理论和破损边界理论有何本质区别？

第二章 包装工艺的化学基础

掌握被包装物品的化学成分、化学性质及化学变化，认识和研究物品在流通过程中的性质及变质机理，选择合理的化学防护技术措施，有助于正确地进行包装设计和编制包装工艺规程。

第一节 产品的化学成分

被包装产品的化学成分，可分为无机成分、有机成分及两者混合成分三大类。被包装产品在流通过程中的质量变化，主要是产品自身的化学变化、物理变化以及生理活动等综合作用的结果，亦即由被包装产品自身的组成成分及在流通环境中的条件所决定。

一、食品的化学成分

食品分天然食品和加工食品两大类。天然食品是未经加工的鲜活与生鲜类食品，加工食品则是以天然食品为原料经加工处理而得到的产品，例如成品粮、糖果、糕点、蜜饯、罐头、饮料、烟、酒、茶叶、调味品、方便食品、乳制品、酱菜等，其主要成分是糖类、蛋白质、脂肪、纤维素、维生素、矿物质等。鲜活与生鲜类食品，例如瓜果、蔬菜、活鱼、活虾等，除自身含有上述成分外，仍然还进行着新陈代谢活动，继续在酶的催化下进行着生物氧化作用，即还进行着正常的生理活动。

二、药品的化学成分

医药商品是以医药和保健为目的的药品，包括针剂、水剂、粉剂、片剂、丸剂、油膏与敷料等药剂。这些药剂大多是由几种成分或几种材料组成的混合物。其中有的是由几种无机成分或有机成分分别混合组成的，例如人参蜂王浆、银翘解毒丸等，都是由几种不同成分混合而成的。

三、化妆品的化学成分

化妆品是用来保护及美化人体肌肤的日化产品，主要有膏剂、粉剂、水剂、油剂等。

化妆品中含有呈香、呈色、去垢、滋养、药物等成分，均是由多种化学成分或天然材料混合而成的。

四、机电产品的化学成分

机电产品的零部件大多采用铸铁、碳钢、铜、铝等金属材料制造。而多数为铸铁与碳钢，其主要成分为铁、碳及其化合物。铁是比较活泼的金属，与碳及不活泼的杂质金属易形成微电池，因此铁是极易被腐蚀的材料。另外，机电产品的某些零部件经煅、焊、热处理或扭、压、弯加工后，会引起金属内部的压力变化，这些机械因素也会促进金属的锈蚀，即“应力锈蚀”。

五、化学危险品的化学成分

化学危险品是指具有易燃、易爆、剧毒、强腐蚀和放射性等性质的物品。按其化学性质可分为爆炸性物品、氧化剂、压缩气体与液化气体、自燃物品、遇水燃烧物品、易燃液体、易燃固体、毒害品、腐蚀性物品和放射性物品十大类。这些物品有的是由碳、氢、氧组成的有机化合物，有的是活泼金属或放射性金属，有的是有毒无机物或有机物等，其化学性质根据其类型不同而不同。

第二节　产品的化学性质

被包装产品的化学性质是指产品的形态、结构以及产品在光、热、氧、酸、碱、温度、湿度等的作用下，产品本质发生改变的性质，如产品的化学稳定性、腐蚀性、毒性、燃烧爆炸性等。

一、产品的化学稳定性

产品的化学稳定性是指产品受外界条件的作用，在一定范围内不易发生分解、氧化或其他变化的性质。产品化学稳定性的大小是由产品的化学成分、化学结构及外界条件等因素来决定的。例如红磷与黄磷都是磷，但化学稳定性却大不一样，红磷在常温下性质不活泼，在空气中加热至160℃才燃烧，与强氧化剂接触，经摩擦能引起燃烧和爆炸。而黄磷在常温下性质活泼，易氧化、能自燃，加热到40℃时即可燃烧。又如碳素钢与不锈钢，虽然这两种材料中的主要成分都是铁和碳，但前者在常温下与空气接触易氧化、锈蚀，而后者耐蚀性能良好。

二、产品的毒性

产品的毒性是指某些产品能与有机体某部分组织互相发生化学作用或物理化学作用，破坏有机体正常的生理功能的性质。具有毒性的产品主要是医药、农药和化工产品。按其毒性程度可分为剧毒品和有毒品，人体吸收致死量在2mg/kg以下的属剧毒品，超过此剂量的属有毒品。产品按其性质又可分为无机毒害品和有机毒害品。无机剧毒品包括氰化物、砷与砷化物、汞、铍、锇、铊等；有机剧毒品包括有机磷、有机汞、有机硫等剧毒农药以及四乙基铅、有机腈化物等。具有毒害的产品有的属于本身有毒，有的是其蒸气有毒，有的本身虽无毒，但其自身分解、化合后会产生有毒成分，有的还伴有易燃、易爆特性。例如甲醛和苯的蒸气具有毒性，因此规定甲醛在空气中的最高允许浓度为每升空气不超过0.005mg，苯为每升空气不超过0.1mg。再如砷（As），是一种非金属，银灰色而带有光泽，极易氧化，与氧化合后生成As_2O_3，失去光泽而呈霜状，俗名砒霜，剧毒，误食0.1g就可致人死亡。

三、产品的腐蚀性

产品的腐蚀性是指某些产品与生物体接触后能使生物体发生腐蚀性的灼伤，或使其他物质发生破坏性的化学变化。腐蚀产品大多还伴有毒害、易燃、易爆炸等性能，如浓酸、强碱等。由于这些产品本身具有氧化性和吸水性，所以具有腐蚀性。例如浓硫酸能吸收动植物体中的水分，使其炭化而变黑；烧碱（NaOH）能腐蚀皮革、纤维制品和人的皮肤；生石灰（CaO）有强吸水性和放热性，能灼伤人的皮肤和刺激呼吸器官。当酸的挥发气体与空气中的水分结合后可成为金属制品的电解质溶液，使金属制品腐蚀生锈。因此，根据产品的腐蚀原理，在储存与运输过程中，应对这类产品进行有效的包装和隔离。

四、产品的燃烧爆炸性

1. 产品的燃烧性

燃烧属于氧化反应范围，是反应剧烈的、伴随着有热和光发生的化学变化。按燃烧性质不同，可将产品分为四类。

（1）易燃液体。是由碳、氢、氧组成的有机化合物，其燃点和闪点都很低，闪点在28℃以下的为一级易燃液体，例如乙醚、石油醚、乙醇、汽油等；闪点在28~45℃的为二级易燃液体，例如松节油、松香水等。易燃液体分子量小，化学结构简单，沸点很低，极易挥发，当挥发的气体分子与空气中的氧混合达到一定比例时，遇火就会发生爆炸。此外，易燃液体的黏度都较低，流动性很强，包装容器只要有极小的孔隙，液体就会向外渗漏，且向四周迅速扩散，遇火星就会燃烧。

（2）易燃固体。指在常温下以固体形态存在，燃点较低，遇火、受热、撞击、摩擦或与氧化剂等物质接触，能引起燃烧和爆炸的一类物品。例如赤磷、火柴等在外界温度不高的情况下，若受机械振动或摩擦产生静电，就能引起燃烧。

（3）自燃物品。指不接触明火，只要本身与空气中的氧接触，即能发生剧烈氧化作用而产生热量，当积热达到其燃点时，便能自行燃烧的一类物品。自燃物品的化学性质很活泼，燃点很低，极易氧化。如黄磷熔点44.4℃、沸点287℃、燃点仅为34℃，列为一级自燃物品；赛璐珞（硝酸纤维素）燃点为180℃左右，列为二级自燃物品。自燃物品的自燃温度受升温速度、产品本身物理状态和测定时所处环境（如包装表面状态等）的影响。升温速度快，一般自燃点高，如三硝基甲硝胺，若每分钟升温5℃，自燃点为187℃；若每分钟升温20℃，则自燃点为196℃。

（4）遇水燃烧的物品。指遇水或潮湿空气能分解产生可燃性气体，并放出热量而引起燃烧的一类物品。按遇水燃烧性质不同，有以下几种类型：

①活泼金属（如Li、Na、K、Rb）与水剧烈作用，放出可燃的氢气。例如：

$$2Na + 2H_2O \longrightarrow 2NaOH + H_2$$

②金属氢化物，如LiH、NaH、CaH_2等，遇水也能放出可燃的氢气。例如：

$$NaH + H_2O \longrightarrow NaOH + H_2$$

③金属碳化物，如 Al_4C_3、CaC_2 等遇水放出可燃性气体。例如：

$$Al_4C_3 + 12H_2O \longrightarrow 4Al(OH)_3 + 3CH_4$$
$$CaC_2 + 2H_2O \longrightarrow Ca(OH)_2 + C_2H_2$$

2. 产品的爆炸性

爆炸是指物质由一种状态迅速转变为另一种状态，并在瞬息间以机械功的形式放出大量能量的现象。爆炸有物理爆炸和化学爆炸之分。物理爆炸指包装容器的内部压力超过自身耐压强度而引起的爆炸，如啤酒瓶、汽油瓶的爆炸等，这种情况较为少见。发生事故最多的是化学爆炸。化学爆炸是指某些物质受外因作用，引起化学反应而发生爆炸，化学危险品中的爆炸多属此类。化学爆炸主要有下面三种形式：

（1）撞击性爆炸。此类物品属于极不稳定的物质，略受撞击，分子就会急剧分解为若干元素或简单的化合物，体积突然膨胀产生大量的能量而爆炸，如乙炔、苦味酸、硝化甘油、三硝基甲苯等。所以这类物质也称为起爆药。这类物品在包装时一定要增加缓冲层，避免遭受撞击。

（2）易燃物在空气中的爆炸。易燃物如苯、汽油、乙酸戊酯醚、丙酮等，它们挥发出来的气体混合在空气中达到一定浓度时，如遇到火星、发生突然的氧化反应或因受热过高，会自行发生体积迅速膨胀而引起燃烧爆炸。

（3）氧化剂混合易燃物的爆炸。当氧化剂如高锰酸钾、氯酸钾、硫磺、赤磷与金属锌粉等混合在一起时，不稳定的氧化剂和细粉状的易燃物质锌相互作用，虽在静置状态下不会立刻发生爆炸，但略受热或摩擦后立即发生爆炸。

（4）受热或摩擦或其他作用引起的爆炸。如重铬酸钾、硝酸盐、磷类等，若略受摩擦或靠近热源，往往会引起爆炸。

还有的物品由于受潮或遇水也会发生燃烧爆炸。如金属钠遇水或受到极大振动、撞击时也极易发生爆炸。

第三节 被包装产品的化学变化

化学变化是指有新物质生成的变化。在化学变化中，物质的组成和化学性质发生了改变。由于受空气中的氧、水蒸气、有害气体、微生物的作用及温度、湿度、压力、日光照射的影响，产品在运输、储存等流通过程中会发生化学变化，导致产品质变，甚至丧失使用价值。常见的化学变化有化合、分解、水解、氧化、腐蚀、老化等。

一、化合

产品在流通过程中受外界条件的影响，发生两种或两种以上的物质相互作用，生成一种新物质的反应，称为化合反应，简称化合。其反应通式为：

$$A + B = C$$

其中 A 和 B 既可以是单质，也可以是化合物。例如生石灰的吸湿过程，就是一种化合反应，其反应式为：

$$CaO + H_2O \longrightarrow Ca(OH)_2$$

二、分解

由一种物质生成两种或两种以上其他物质的反应，称为分解反应。其反应通式为：

$$AB = A + B$$

某些化学性质不稳定的产品，受光、热、酸、碱及潮湿空气的影响会发生分解反应，不仅导致产品失去原有的性能，而且产生的某些新物质还可能有危害性。例如，过氧化氢为无色液体，是一种不稳定的强氧化剂和杀菌剂，在常温下缓慢分解，如遇高温则迅速分解并放出热量，用（l）、（g）、（s）分别标示液体、气体、固体，其反应式为：

$$2H_2O_2\ (l) \longrightarrow 2H_2O\ (l)\ + O_2\ (g)$$

硝酸很不稳定，见光或受热时缓慢分解为二氧化氮和氧气：

$$4HNO_3\ (l) \longrightarrow 4NO_2\ (g)\ + O_2\ (g)\ + H_2O\ (l)$$

三、水解

水解是指产品中的某些组分在一定条件下，遇水而发生分解的现象。水解的实质是物质分子遇水作用而发生复分解反应，生成的产物具有与原物质成分不同的性质。例如，蔗糖可被蔗糖酶（又称转化酶）水解为葡萄糖和果糖，其水解反应如下：

$$C_{12}H_{22}O_{11} + H_2O \xrightarrow{\text{蔗糖酶}} C_6H_{12}O_6\ (\text{葡萄糖})\ + C_6H_{12}O_6\ (\text{果糖})$$

高分子有机物中的淀粉、纤维素发生水解，会导致链节断裂、强度降低。例如，淀粉经酸或淀粉酶水解后的最终产物是葡萄糖，其水解反应如下：

$$(C_6H_{12}O_5)_n\ (\text{淀粉})\ + nH_2O \xrightarrow{\text{淀粉酶}} nC_6H_{12}O_6\ (\text{葡萄糖})$$

而硅酸盐、肥皂等，其水解产物是酸和碱。

四、氧化

物质失电子的作用叫氧化；得电子的作用叫还原。狭义的氧化是指物质与氧化合的化学变化。物质与氧缓慢反应徐徐发热而不发光的氧化叫缓慢氧化，如金属锈蚀、生物呼吸等。剧烈的发光发热的氧化叫燃烧。一般物质与氧气发生氧化时放热，个别可能吸热如氮气与氧气的反应。

产品在流通过程中，与空气中的氧或其他物质放出的氧接触发生氧化反应，导致产品变质，有些还会发生自燃，甚至发生爆炸。易于氧化的产品很多，如一些化工原料、纤维制品、橡胶制品、油脂类产品及棉、麻、丝等纤维织品，它们长期受空气、光线和热的影响会发生变色或硬化现象，就是产品被氧化的结果。

食物氧化的表现如油脂及富脂食品的酸败、食品退色、褐变、维生素被破坏等。油脂类产品因水解和脂肪酸的氧化而酸败，不仅产生异味，使食品变质，而且酸败过程的氧化产物对人体酶系统有破坏作用，油脂中的过氧化物有致癌作用。

有些产品的分子中含有较多的不饱和双键（ $-C{=}C-$ ），因而在空气中容易与氧气发生氧化作用，并放出热量。如果通风不良，热量聚集不散，就会逐渐达到燃点而引起自燃。例如，桐油的主要成分是桐油酸甘油酯，其分子中含有不饱和脂肪酸（十八碳三烯酸），即含有三个双键，化学性质很不稳定。经制成油纸、油布、油绸等桐油制品之后，桐油和空气中氧接触的表面积大大增加，在空气中缓慢氧化析出的热量增多，加上堆放、卷紧的油纸、油布、油绸等散热不良，造成积热不散，使温度升高而极易发生自燃。尤其是在空气潮湿的情况下，更易促使发生自燃。因此，此类自燃性物质常用分格的透笼箱作包装箱，目的是把自燃物品中的经氧化而释放出的热量，不断地散逸掉，不致造成热量的聚积不散现象，避免发生自燃引起火灾。

五、腐蚀

金属与周围介质接触时，由于发生化学作用或电化学作用而引起的材料性能的退化与破坏称为金属腐蚀。金属的腐蚀现象十分普遍，例如钢铁制件在潮湿空气中的生锈，钢铁在加热过程中产生的氧化皮膜，地下金属管道遭受腐蚀而穿孔，化工机械在强腐蚀介质中的腐蚀，铝制品在潮湿空气中使用后表面所产生的白色粉末等。金属遭受腐蚀后，在外形、色泽以及机械性能诸方面都将发生变化，甚至不能使用。据统计，全球每年因腐蚀而损失掉的金属高达数亿吨。因此，研究腐蚀规律，避免腐蚀破坏，已成为国民经济建设中迫切需要解决的重大问题之一。

根据金属腐蚀过程的不同特点，可以将其主要划分为化学腐蚀、电化学腐蚀和生物腐蚀三大类。

1. 化学腐蚀

金属表面直接与介质中的某些氧化性组分发生氧化还原反应而引起的腐蚀称为化学腐蚀。其特点是，腐蚀介质为非电解质溶液或干燥气体，腐蚀过程中无电流产生。例如不导电的液体介质如石油、润滑油、液压油、酒精以及干燥的气体介质如 O_2、H_2S、SO_2、Cl_2 等物质与金属接触时，在金属表面生成相应的氧化物、硫化物、氯化物等，都属于化学腐蚀。

在化学腐蚀过程中，如果所生成的腐蚀物不是以完整的膜留在金属表面，介质则可无阻碍地与金属表面接触，这种氧化膜对金属没有保护作用。若形成的氧化物薄膜致密而连续，能覆盖金属全部表面，把金属与介质隔开，则可保护金属不再遭受进一步的腐蚀，即钝化作用。例如，铝与氧化合生成的 Al_2O_3 氧化膜，紧密完整，能把金属表面遮盖起来，从而降低金属腐蚀的速率，称之为钝化膜。

温度对化学腐蚀的速率影响很大，如轧钢过程中冷却水形成的高温水蒸气对钢铁的腐蚀特别严重，其反应为

$$Fe(s) + H_2O(g) \longrightarrow FeO(s) + H_2(g)$$

$$2Fe(s) + 3H_2O(g) \longrightarrow Fe_2O_3(s) + 3H_2(g)$$

$$3Fe(s) + 4H_2O(g) \longrightarrow Fe_3O_4(s) + 4H_2(g)$$

反应生成由 $FeO(s)$、$Fe_2O_3(s)$、$Fe_3O_4(s)$ 组成的氧化皮。若温度高于700℃还会发生脱碳现象，这是由于钢铁中的渗碳体（Fe_3C）与高温气体发生如下反应：

$$Fe_3C(s) + O_2(g) \rightleftharpoons 3Fe(s) + CO_2(g)$$

$$Fe_3C(s) + CO_2(g) \rightleftharpoons 3Fe(s) + 2CO(g)$$

$$Fe_3C(s) + H_2O(g) \rightleftharpoons 3Fe(s) + CO(g) + H_2(g)$$

由于脱碳反应的发生，致使碳不断地从邻近的尚未反应的金属内部扩散到反应区，于是金属内部的碳逐渐减少，形成脱碳层。同时反应生成的 H_2 向金属内部扩散渗透，使钢材产生氢脆。无论脱碳还是氢脆都会造成钢铁表面硬度和内部强度降低，使其性能变坏。

2. 电化学腐蚀

金属与酸、碱、盐等电解质溶液或潮湿空气接触时，由于局部电池的形成而引起的腐

蚀称为电化学腐蚀（electrochemical corrosion）。所谓局部电池是指在电解质溶液存在下，金属本体与金属中的微量杂质构成的一个短路小电池（图2－1）。其特点是在腐蚀过程中有电流产生。电化学腐蚀是金属材料及其制品被破坏的主要形式。

（1）电极电位。将金属浸入电解质溶液中，金属表面的原子由于本身热运动及极性水分子的作用，有生成溶剂化离子进入溶液，同时将电子留在金属表面的趋势，金属越活泼，金属盐溶液浓度越稀，这种趋势就越大［图2－2（a）］；同时已溶剂化的金属离子也会受到极板上电子的吸引，有重新沉积于极板上的趋势，金属越不活泼，金属盐溶液浓度越浓，这种趋势就越大［图2－2（b）］。当金属的溶解和金属离子的沉积这两种相反过程速率相等时，在金属表面与附近溶液间将会建立起如下的平衡：

$$M(s) \rightleftharpoons M^{n+}(aq) + ne^-$$

此时，金属上的自由电子和溶液中的正离子由于静电吸引而聚集在固－液接界附近。于是在金属表面与靠近的薄层溶液之间便形成了类似于电容器一样的双电层（double layer），如图2－2所示。由于双电层的形成，在金属和溶液之间便存在一个电位差，这就是该金属电极的平衡电位，或称电极电位（electrode potential）。

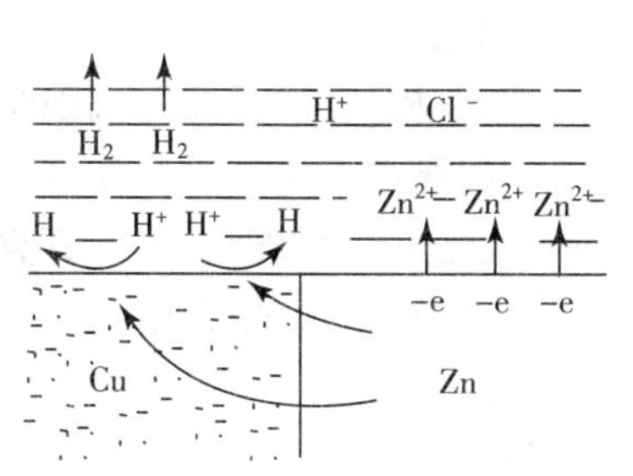

图2－1 腐蚀电池示意图

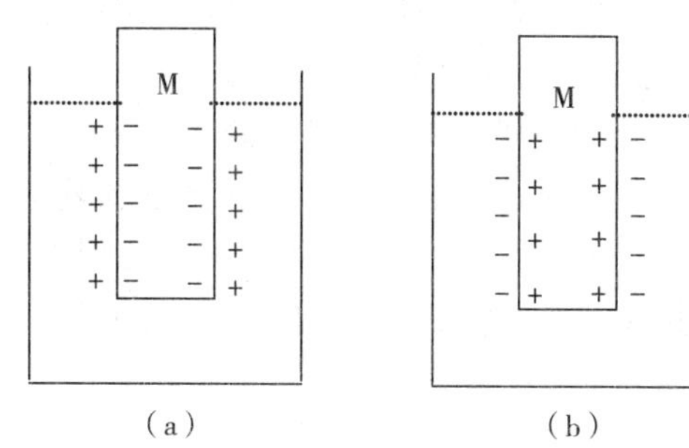

图2－2 双电层示意图

不同的金属，溶解和沉积的平衡状态是不同的，因此不同的电极有不同的电极电位。有些金属在电解质溶液中，溶解速率＞沉积速率，使金属表面带有负电荷，从而使金属显示负的电极电位；有的金属则相反，在电解质溶液中的溶解速率＜沉积速率，由于正离子的沉积而使金属表面带正电荷，从而显示正的电极电位。在研究金属腐蚀时，金属的电极电位代表着金属在电解质溶液中经溶解而被腐蚀的趋势。

至今尚无测定双电层电位差的绝对值的方法，通常选用标准氢电极作为标准电极，并规定在标准条件下，氢的电极电位为零，其他金属与氢比较，确定出各种金属的电极电位，称为标准电极电位。表2－1为一些重要金属的标准电极电位。

表2－1 金属在25℃的标准电位

电极反应	标准电极电位/V	电极反应	标准电极电位/V
$Al \rightleftharpoons Al^{3+} + 3e^-$	－1.662	$Pb \rightleftharpoons Pb^{2+} + 2e^-$	－0.1262
$Zn \rightleftharpoons Zn^{2+} + 2e^-$	－0.7618	$H_2 \rightleftharpoons 2H^+ + 2e^-$	0.0000
$Fe \rightleftharpoons Fe^{2+} + 2e^-$	－0.447	$Cu \rightleftharpoons Cu^{2+} + 2e^-$	+0.3419
$Sn \rightleftharpoons Sn^{2+} + 2e^-$	－0.1375	$Cu \rightleftharpoons Cu^+ + e^-$	+0.521

表中位于氢以上的金属称为负电性金属；位于氢以下的金属称为正电性金属。负电性越强，则金属溶解变为离子进入电解质溶液中的可能性就愈大。

（2）电化学腐蚀原理。把锌片和铜片放入盛有稀 H_2SO_4 溶液的同一容器中，并用导线通过电流表将两者相连，就会有电流（i）通过，这就是最简单的 Cu－Zn 原电池，如图 2－3 所示。由于锌的电极电位较铜的低，电流是从高电位流向低电位，即是从铜板流向锌板。而电子（e^-）流动的方向刚好同电流方向相反，电子是从锌极流向铜极。在腐蚀电池中，凡是失去电子进行氧化反应的电极叫阳极；而得到电子进行还原反应的电极叫阴极。因此，低电位极为阳极，高电位极为阴极。电极反应为：

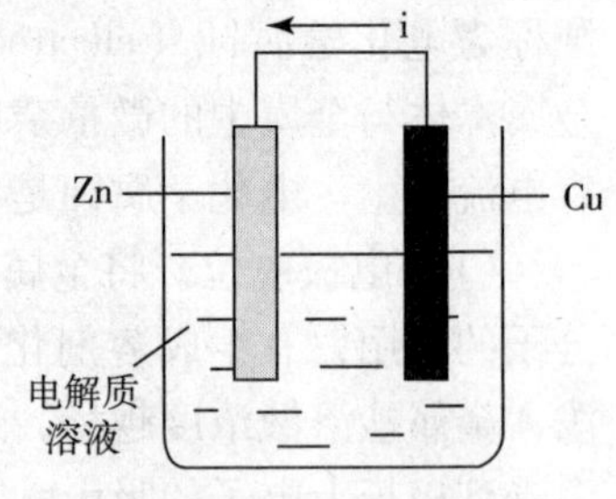

图 2－3　Cu－Zn 原电池示意图

阳极：　$Zn \longrightarrow Zn^{2+} + 2e^-$

阴极：　$2H^+ + 2e^- \longrightarrow H_2$

电池的总反应：　$Zn + 2H^+ \longrightarrow Zn^{2+} + H_2$

由此可见，在上述反应中，锌不断溶解而遭到破坏，即被腐蚀。金属发生电化学腐蚀的实质就是原电池作用。金属腐蚀过程中的原电池称为腐蚀电池。

（3）电化学腐蚀类型。因介质的 pH 不同，电化学腐蚀又分为析氢腐蚀和吸氧腐蚀两类。

①析氢腐蚀。在酸性介质中，金属及其制品发生析出氢的腐蚀，称为析氢腐蚀，如图 2－4 所示。Fe 或其他金属作为腐蚀电池的阳极而被腐蚀，氧化皮（锈皮）、碳或其他比铁不活泼的杂质作为腐蚀电池的阴极，为 H^+ 的还原提供反应的界面，腐蚀过程为：

阳极（Fe）：　$Fe \longrightarrow Fe^{2+} + 2e^-$

$$Fe^{2+} + 2H_2O \longrightarrow Fe(OH)_2 + 2H^+$$

阴极（杂质）：　$2H^+ + 2e^- \longrightarrow H_2$

电池反应：　$Fe + 2H_2O \longrightarrow Fe(OH)_2 + H_2$

若空气中含有较多的 CO_2、SO_2 和 NO_2 等酸性气体时，金属制品暴露于潮湿的空气中容易发生析氢腐蚀。

②吸氧腐蚀。在金属表面吸附水膜酸性较弱时，则会发生如下反应：

阳极（Fe）：　$Fe \longrightarrow Fe^{2+} + 2e^-$

阴极（杂质）：　$O_2 + 2H_2O + 4e^- \longrightarrow 4OH^-$

电池反应：　$2Fe + 2H_2O + O_2 \longrightarrow 2Fe(OH)_2$

这种由于溶解氧的作用而引起的腐蚀，称为吸氧腐蚀，如图 2－5 所示。

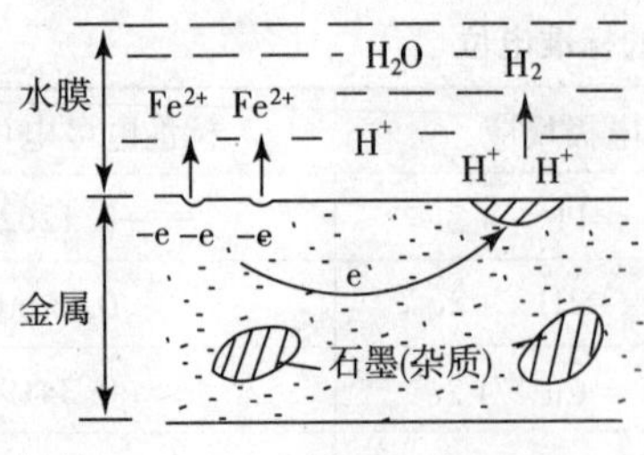

图 2－4　析氢腐蚀示意图

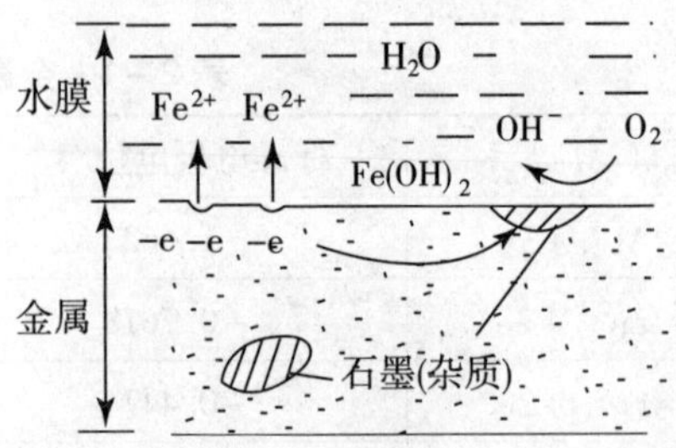

图 2－5　吸氧腐蚀示意图

析氢腐蚀和吸氧腐蚀生成的 Fe（$OH)_2$ 在空气中不稳定，可进一步被氧化生成 Fe（$OH)_3$，脱水后生成 Fe_2O_3，它是红褐色铁锈的主要成分。

3. 微生物腐蚀

微生物腐蚀（microbial corrosion，简称 MIC）是一种由微生物的生命活动而引起（或加速）的材料腐蚀。微生物腐蚀并非是微生物本身对金属侵蚀，而是微生物生命活动的结果间接地对金属的电化学过程产生影响。主要有下述三种情况：

（1）破坏防腐剂。在使用有机物进行防腐蚀时，若这些有机物被微生物代谢而消耗掉，则不能达到预期的防腐效果。

（2）代谢产物的影响。碳氢化合物无论在厌氧菌还是好氧菌的作用下，都会产生酸或酸性物质，降低水体的 pH 值，促进金属的腐蚀。一般厌氧菌的腐蚀只能在裸露的钢管和铸铁管上发生，所以当管外涂层失效和脱落时，就会发生这类腐蚀。好氧菌如嗜硫杆菌能将元素硫或含硫化合物氧化成硫酸，能产生局部浓度达 5% 的硫酸，于是形成了局部腐蚀性极强的酸性环境。这类细菌需要元素硫或化合态硫以维持生存，因此它们常在硫矿、油田以及处理含硫有机废物的排污管内及其附近出现，引起地下钢管的严重腐蚀。

（3）形成浓差腐蚀电池。在有机物含量高且活性细菌多的区域，因氧的消耗，使溶解氧浓度下降显著，这样的缺氧区域成了阳极区，而在细菌等生物少、氧充足的区域成为阴极区，因而形成了氧浓差电池，加速了金属的腐蚀。例如，铁细菌使铁生成三价 Fe（$OH)_3$ 沉淀后形成水垢，而在水垢的里外便形成氧的浓差电池，造成自来水管的腐蚀。

4. 影响金属制品腐蚀的因素

（1）金属制品本身特性对腐蚀的影响。由于常用的金属材料及其制品都不是纯金属，而是多种成分的合金，在成分、组织、物理状态、表面状态等方面都存在着各种各样的不均匀性，这就增加了被腐蚀的可能性。若金属制品中含有电位高于主要金属本身电位的成分或杂质时，就容易加速制品的锈蚀；金属中若加入容易钝化的元素（如钢中加入硅、铬、镍、铝等），则可提高金属及其制品的耐蚀性能。

（2）储存环境因素对腐蚀的影响。所谓环境因素是指储存环境的空气湿度、气温及空气中的有害杂质，如 SO_2、Cl^- 等。这些条件是产品在储存中能否发生腐蚀的决定因素。潮湿大气在金属制品表面形成的水膜使金属制品发生电化学腐蚀；SO_2 对金属制品腐蚀有催化作用，它在金属表面生成 SO_3，溶解在金属表面水膜中生成硫酸，加强了腐蚀的电化学作用。工业大气中的 HCl、Cl_2 这两种气体溶解在水膜中都能形成盐酸而产生 Cl^-，由于 Cl^- 的体积很小，能穿透金属表面的保护膜，同时 Cl^- 容易吸附在金属氧化膜上，取代其中的氧，生成可溶性氯化物而加速金属制品的腐蚀作用。因此，储存环境是防止金属制品腐蚀的主要控制因素。

5. 金属腐蚀的防护

金属和周围介质接触，除少许贵金属（如 Au，Pt）外，都会自发发生腐蚀。控制金属腐蚀须从金属本性和环境介质两个方面考虑。

（1）正确选材。选材时应考虑金属材料所处的介质种类、环境条件。例如，对接触还原性或非氧化性的酸和水溶液的材料，通常使用镍、铜及其合金。对于氧化性极强的环境，采用钛和钴合金。除了氢氟酸和烧碱溶液外，金属钽和非金属玻璃几乎耐所有介质的腐蚀。钽已被认为是一种“完全”耐蚀的材料。

不锈钢是铬与铁的合金，在一般环境条件下能表现出优良的耐腐性能。但不锈钢并不是不生锈的万能材料，在一些特殊腐蚀介质（如氯化物）中不锈钢还不及普通结构钢耐蚀。因此不能用于含盐食品的包装。此外，设计金属包装材料时，应注意避免两种电位差很大的金属直接接触。例如镁合金、铝合金不应和铜、镍、钢铁等电极电位代数值较大的金属直接连接。否则，在电解质溶液中将形成腐蚀电池。

（2）覆盖保护层。在金属表面电沉积（如电镀）金属保护膜，或覆以非金属材料涂层（如油漆、搪瓷及塑料膜等），可使金属和介质隔绝，提高耐蚀性。

白铁（镀锌铁）在工业、民用上应用广泛，如水桶、炉桶、金属包皮等常用白铁板制成。而马口铁（镀锡铁）多用于罐头工业。同样是亮光闪闪的物品，白铁制品，像水桶，即使是经常磕磕碰碰，却依然如故，没有锈痕。但用马口铁制成的存放食品的罐头盒，一旦开启，过不了几天就出现锈斑，这是为什么？这要从镀层金属与基底金属的电极电位来分析。如果镀层金属的电极电位比基底金属高，如铜上镀金、银，铁上镀锡，则镀层只供装饰和起隔离作用，一旦镀层出现缺陷，则基底金属作为腐蚀电池的阳极腐蚀更严重；若镀层金属的电极电位较基底金属低，如铁上镀锌，镀层主要起防腐作用，即使镀层有缺陷，基底金属也会受到保护。

六、老化

某些以有机高分子聚合物为主要成分的包装材料如塑料、橡胶制品及合成纤维织品等，在使用过程中，受热、氧、水、光、化学介质和微生物的综合作用，其物理、化学性质及力学性能发生不可逆的变坏现象，如发硬、发黏、变脆、变色、失去强度等，称为老化。

高分子材料的老化是一个复杂的物理、化学变化过程，其实质是发生了大分子的降解（degradation）和交联（crosslinking）反应。

1. 降解反应

在一定条件下，高分子聚合物聚合度降低的反应称为降解反应。降解的结果可能是大分子链的无规则断裂，变成相对质量较低的物质，也可能是解聚，连接从末端逐步脱除。无论是哪种情况，都必然导致材料性能下降，如变软、发黏、失去原有的机械强度等。常见的降解反应有氧化降解、化学降解等。

（1）氧化降解。含有双键的化合物（如聚烯烃），在有氧的环境中，由于光的作用，易发生氧化降解。一般是先被氧化成过氧化物，然后再分解。

（2）化学降解。指聚合物在化学试剂作用下发生的断链反应。如聚酰胺（尼龙）在胺的作用下发生酰胺键断裂。

2. 交联反应

若干个线型高分子链通过链间化学键的建立而形成网状结构（体型结构）大分子的反应称为交联反应。其结果是高聚物的聚合度增大，会使原来的聚合物变硬发脆而丧失弹性。橡胶制品的老化即是以交联反应为主的，如形成氧桥等。此外，大分子间的交联也可以在双键的部位发生。

3. 防止老化的方法

高聚物制品虽有老化现象发生，但其过程是十分缓慢的，在一定温度范围内仍可作为耐热、耐腐蚀的包装材料。为了延长高聚物材料的使用寿命，重要的措施之一是添加防老剂。防老剂是一种能够防护、抑制或延缓光、热、氧、臭氧等对高分子材料产生破坏作用的物质，可分为抗氧剂、光稳定剂、热稳定剂等。可以在聚合反应时或聚合反应的后处理中加入，也可以在制成半成品或成品时加入。选择时除必须考虑针对性外，还应考虑相混性、不污染食品、对人体无毒、廉价等因素。常用的有：抗氧剂芳香胺类，光稳定剂如ZnO、钛白粉、炭黑，热稳定剂硬脂酸钙等。

此外，在实际生产中也可采用物理防老化法，在高分子材料表面附上一层防护层，起到阻缓甚至隔绝外界因素对高聚物的作用，从而延缓高聚物的老化。如将石蜡、蜡等喷于塑料或橡胶制品的表面，以隔绝光和氧的作用而达到防老化的目的。

1. 包装产品按化学成分一般分为几类？其各自由哪些成分组成？
2. 什么叫包装产品的化学性质？化学性质包括哪几种？举例说明。
3. 什么叫包装产品的化学变化？产品在流通领域中发生的化学变化有哪几种？举例说明。
4. 析氢腐蚀和吸氧腐蚀有什么不同？举例说明。
5. 简述金属的化学腐蚀与电化学腐蚀原理。它们各有何特点？
6. 影响金属制品锈蚀的因素有哪些？包装时如何防止金属制品的锈蚀？
7. 为什么说白铁可起防腐蚀作用，而马口铁只供装饰和起隔离作用？
8. 引起高聚物包装材料老化的原因是什么？如何防止其老化？

第三章　包装工艺的微生物学基础

微生物种类繁多，与包装工业有关的微生物主要包括细菌、霉菌和酵母菌等。包装工艺的微生物学主要是研究微生物的形态、结构、生理特征及生命活动规律。

第一节　微生物的形态结构

微生物类群庞杂、种类繁多，大致可分为细胞型和非细胞型两大类。凡具有细胞形态的微生物称为细胞型微生物。本章所介绍的细菌、霉菌和酵母菌均属于细胞型微生物，按其细胞结构又可分为原核微生物（如细菌）和真核微生物（如霉菌、酵母菌）。

一、细菌

细菌是自然界中分布最广、数量最大、与人类关系极为密切的一类微生物，是微生物学的主要研究对象。

1. 细菌的形态

细菌的形态具有多样性，在环境条件改变时，形态也随之改变，但是在一定的环境条件下，各种细菌经常保持着一定的形态。细菌具有三种基本形态：球状、杆状和螺旋状，分别称为球菌、杆菌和螺旋菌。

（1）球菌。球状的细菌称为球菌，单独存在时为圆形。几个细菌联在一起时，其接触面稍为扁平。按其分裂方向和分裂后排列状态，可以分为：单球菌、双球菌、四联球菌、八叠球菌、链球菌和葡萄球菌，如图 3－1 所示。

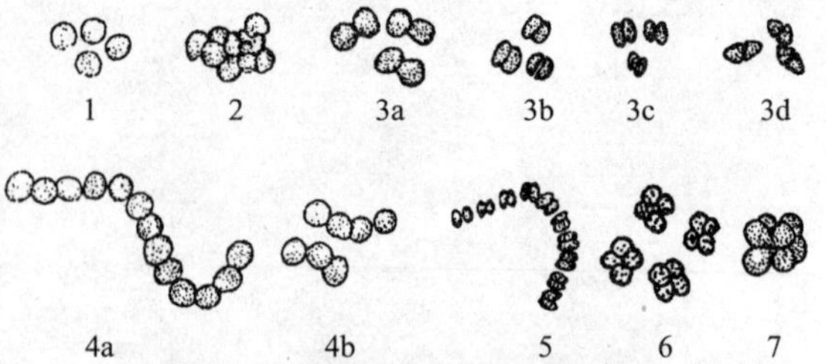

1　2　3a　3b　3c　3d

4a　4b　5　6　7

图 3－1　球菌的形态及排列方式

1－单球菌；2－葡萄球菌；3a～3d－双球菌；4a，4b－链球菌；5－含有双球菌的链球菌；6－四联球菌；7－八叠球菌

（2）杆菌。杆状的细菌称为杆菌。根据其长度不同，一般以长杆菌、短杆菌、球杆菌来区分。根据菌体两端形状的不同又可分为六种，形如棒状的称棒状杆菌，形如梭状的称梭状杆菌，成对排列的称双杆菌，形如链状的称链杆菌，能形成芽孢的称为芽

孢杆菌，不能形成芽孢的称为无芽孢杆菌等，如图 3－2 所示。

(3) 螺旋菌。细胞呈弯曲杆状的细菌统称螺旋菌。菌体略弯、呈香蕉状的称弧菌。菌体弯曲，回转如螺旋状的，称螺菌，如图 3－3 所示。

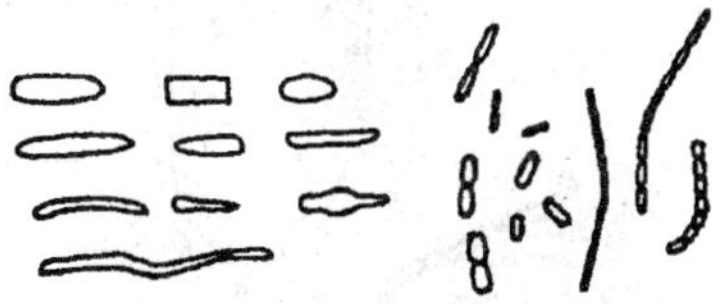

图 3－2　杆菌的形状

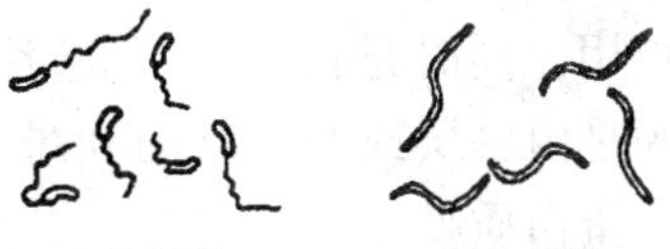

图 3－3　螺旋菌的形态

2. 细菌的大小

细菌的大小可用测微尺在显微镜下进行测量。球形菌是测其直径；杆菌及螺旋菌是测其长度与宽度；但螺旋菌则要测其弯曲形长度。

细菌的大小因种类不同而有差异，各种细菌的大小如表 3－1 所示。大多数球菌直径为 0.5～2.0μm。杆菌一般长为 1～5μm，宽 0.5～1.0μm。芽孢杆菌一般比无芽孢杆菌大。

表 3－1　细菌的大小

球　　菌	直径/μm	
金黄色葡萄球菌（*Staphylococcus aureus*）	0.8～0.9	
溶血链球菌（*Streptococcus haemolyticus*）	0.7～0.9	
乳链球菌（*Streptococcus lactis*）	0.5～0.6	
褐色球形固氮菌（*Azotobacter chroococcum*）	0.4～6.0	
杆菌及螺旋菌	宽度/μm	长度/μm
大肠埃希氏杆菌（*Escherichia coli*）	0.5	1.0～2.0
普通变形杆菌（*Proteus vulg aris*）	0.5～1.0	1.0～3.0
伤寒沙门氏菌（*Salmonella ty phi*）	0.6～0.7	2.0～3.0
肉毒梭状芽孢杆菌（*Clostridum botulinum*）	0.8～1.2	4.0～6.0
枯草芽孢杆菌（*Bacillus subtilis*）	0.5～0.8	1.6～4.0
巨大芽孢杆菌（*Bacillus megatherium*）	1.0～1.5	3.0～6.0
霍乱弧菌（*Vibrio cholerae*）	0.4	2.0
红色螺菌（*Spirillum rubrum*）	0.6～0.8	1.0～3.2

3. 细菌的细胞结构

细菌细胞主要由细胞壁、细胞质膜、细胞质、细胞核及内含物等构成。有些细菌还有荚膜、鞭毛和芽孢等特殊结构，如图 3－4 所示，这些都是细菌分类鉴定的重要依据。

(1) 细胞壁。细胞壁在菌体的最外层，又称外膜，膜薄无色而透明，厚度均匀一致。细胞壁具有高度的坚韧性和弹性，使细菌具有一定的形态和保护菌体的作用。构成细胞壁的主要化学成分为肽聚糖，它是由 N－乙酰葡萄糖胺、N－乙酰胞壁酸以及短肽聚合而成的多层网状结构大分子化合物。不同的细菌，细胞壁的化学成分有一定差异。如革兰氏阳性菌的细胞壁中含有垣酸，即磷酸质，而革兰氏阴性菌的细胞壁中有较高的脂蛋白。

（2）细胞质膜，简称质膜，是紧靠在细胞壁内侧，柔软而富有弹性的薄膜，是具有选择性的半渗透性膜。它在细菌的生活中具有很重要的生理功能，在维持菌体新陈代谢过程中，内外物质交换方面起着重要作用，同时是许多重要酶系统的活动场所。细胞质膜是由一层或两层脂肪和蛋白质分子所组成的脂——蛋白质膜。

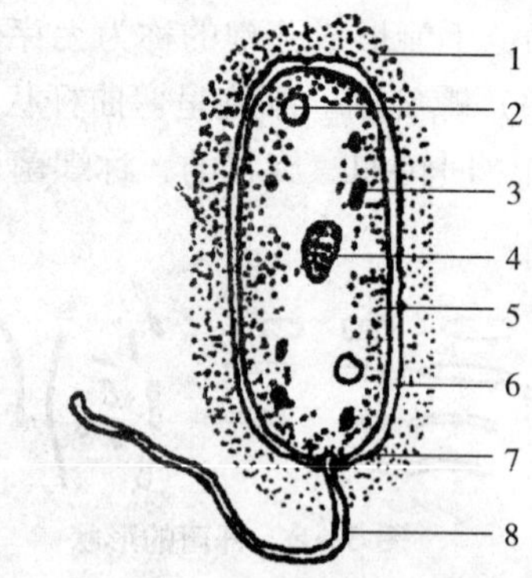

图3-4　细菌的模式结构

1-荚膜；2-液泡；3-颗粒；4-细胞核；5-细胞质；6-细胞质膜；7-细胞壁；8-鞭毛

（3）细胞核。许多细菌具有不固定形态的核质体分散在细胞质内，细菌在快速分裂的细胞中，核质常呈条状、H状、V状或哑铃状。核质体相当于一般生物细胞的核，虽然没有核膜与细胞内的细胞质相隔，但核质体的主要成分是脱氧核糖核酸（DNA），这与一般生物细胞核的组成特点是一致的。核质体是细菌遗传的物质基础，与细菌的遗传变异有密切的关系。

（4）细胞质及其内含物。包在细胞质膜以内的细胞物质，除细胞核以外均为细胞质。细胞质为无色透明黏稠的胶状物，其主要成分为水、蛋白质、核酸、脂类并含有少量糖及无机盐。由于细胞质有丰富的核酸，因而嗜碱性强，幼龄菌着色均匀。细胞质具有一系列酶系统，依靠酶的作用，将营养物质进行合成和分解，不断更新细胞内部的结构和成分，维持菌体代谢活动。

细胞质中存在着各种内含物，它是细菌生命活动的产物。如核糖体、羧酶体、载色体、类囊体、气泡及颗粒状内含物。

（5）荚膜。有些细菌在一定营养条件下，可向细胞壁表面分泌一层松散透明且黏度极大的黏液状或胶质状的物质即为荚膜。有时荚膜不光包围一个单独的细胞，而且包围着许多细胞，形成所谓菌胶团，如图3-5所示。

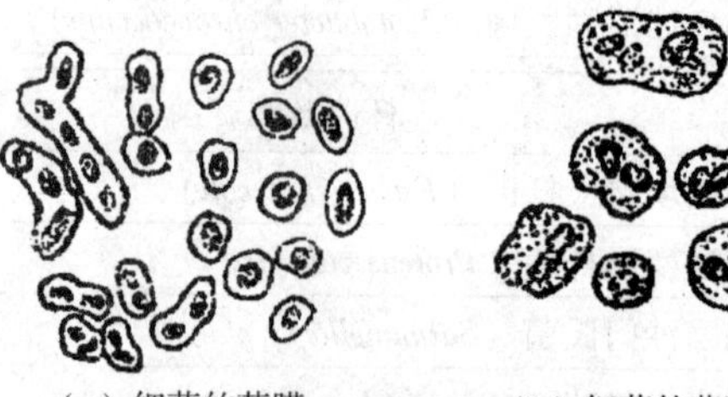

（a）细菌的荚膜　（b）细菌的菌胶团

图3-5　细菌荚膜的形状

荚膜具有保护细菌的作用，寄生在人或动物体内的有荚膜的细菌，不易被白血球吞噬，在体外能抵抗干燥。在某些情况下，尤其是在营养缺乏时，也可作为碳源和能量的来源而被利用。有荚膜的细菌，常常给生产带来麻烦，食品工业中常见的面包和牛奶发黏，都是由于污染了此类细菌引起的。

（6）芽孢。某些细菌，在其生长的一定阶段，在细胞内会形成一个圆形、椭圆形或圆柱形的结构，对不良环境条件具有较强的抗性，这种休眠体即称芽孢或孢子。

芽孢不需要营养物质。芽孢对高温、低温和干燥有强大的抵抗力，而且对化学物质也有强大的抵抗力，各种消毒剂能将繁殖体杀死，但某些细菌的芽孢依然能够生存。繁殖体转变为芽孢后，它的代谢活动可减弱到极低的程度，处于休眠状态，生存能力很强，有的可在自然环境中生存几十年。

（7）鞭毛。在许多细菌的表面，生有一根或数根细长、波曲、毛发状的丝状物，称为鞭毛，它是细菌的运动器官。

鞭毛虽是细菌的“运动器官”，但并非生命运动所必需。它极易脱落，也可因变异而丧失，即使将其除去，对细菌生存毫无影响。有些病原菌的鞭毛还可能与致病性有关，它可协助菌体，穿过动物黏液性分泌物和上皮细胞的屏障进入人体或动物体液和组织中引起病害。

二、霉菌

霉菌不是分类学上的名称，而是一些丝状真菌的统称。在分类学上霉菌分别属于藻菌纲、子囊菌纲与半知菌类。

霉菌在自然界分布很广。它们往往能引起农副产品、衣物、食品、原料、器材包装材料等霉烂，与人们日常生活及生产密切相关。现已知的霉菌估计有 5000 种以上，有的有很大的经济价值，有的霉菌能引起动物、植物病害，有少数种类还可产生黄曲霉毒素等致癌性真菌毒素，危害人类。

1. 霉菌的形态

霉菌菌体由分枝或不分枝的菌丝构成，许多菌丝交织在一起称为菌丝体。霉菌菌丝在显微镜观察下，呈管状（图 3－6），直径大约为 2～10μm。菌种细胞有两种，一种是细胞内无隔膜的，为多细胞菌丝，例如根霉、毛霉等；另一种是细胞内有隔膜的为多细胞丝，例如曲霉、青霉等。

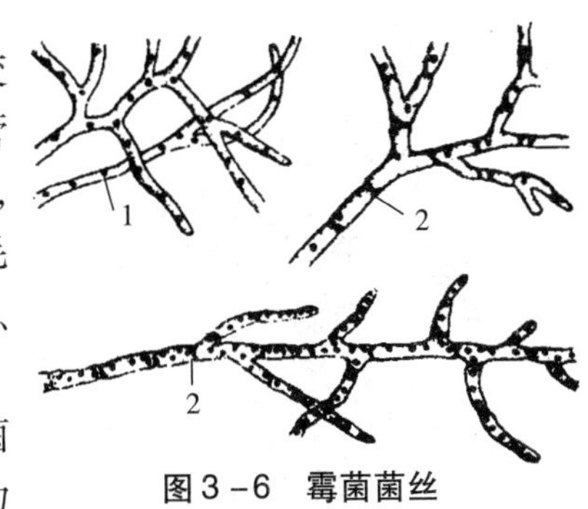

图 3－6　霉菌菌丝

1－核；2－隔膜

霉菌菌丝在功能上已有一定程度的分化，部分菌丝长入培养基内称为营养菌丝，伸出培养基外的称为气生菌丝，气生菌丝上能产生孢子的菌丝体称为子实体。有些霉菌的菌丝聚合成团，构成一种坚硬的休眠体，称为菌核，菌核具有强大的抵抗力，在适宜的条件下，可以萌发新的菌丝。

2. 霉菌的细胞结构

霉菌菌丝细胞由细胞壁、细胞质膜、细胞质、细胞核及各种内含物组成。幼龄时细胞质充满整个细胞，老年细胞则出现大的液泡，产生各种颗粒状储藏物质，细胞壁逐渐变厚并出现双层结构。往往在表面产生色素和结晶体。菌体内含有丰富的蛋白质和酶。

三、酵母菌

酵母菌是一群单细胞的真核微生物。现知酵母菌大约有 370 多种，比起其他类群微生物来说，种类要少得多。

酵母菌用途广泛，可用来发酵做馒头、面包和酿酒，还能生产酒精、甘油、甘露醇、有机酸、维生素等。酵母菌细胞蛋白质含量高达细胞干重的 50% 以上，并含有人体必需的氨基酸。有的酵母菌可用于石油脱蜡，降低石油凝固点，还可制备核苷酸及酶制剂等。

酵母菌也常给人类带来危害。腐生酵母菌能使食物、纺织品及其他原料腐败变质；少数嗜高渗压酵母菌可使蜂蜜、果酱败坏；还有些成为发酵工业的污染菌，它们消耗酒精，降低产量；或产生不良气味，影响产品质量。某些酵母菌可引起人和植物的病害，例如白假丝酵母可引起皮肤、黏膜、呼吸道、消化道以及泌尿系统等多种疾病；新型隐球酵母可引起慢性脑膜炎、肺炎等。

酵母菌主要生长在含糖质较高的偏酸性环境中，诸如果品、蔬菜、花蜜和植物叶子上，在牛奶中也可找到。空气中也有少数存在，它们多为腐生型，少数为寄生型。

1. 酵母菌的形态

大多数酵母菌为单细胞，一般呈卵圆形、圆形或圆柱形。大小约（1～5）×（5～30）μm。最长的可达100μm。有些酵母菌细胞与其子代细胞连在一起形成链状，称为假丝酵母，如图3－7所示。

2. 酵母菌的细胞结构

酵母菌的细胞结构与细菌的基本结构很相似，由细胞壁、细胞质膜、细胞质、细胞核及内含物等构成。但酵母菌与细菌的一个重要区别是酵母菌属于真核微生物，具有明显的核，每一个细胞有一个核，位于细胞中央，由于液泡的逐渐扩大，把细胞核挤在一旁，常变为肾形，如图3－8所示。

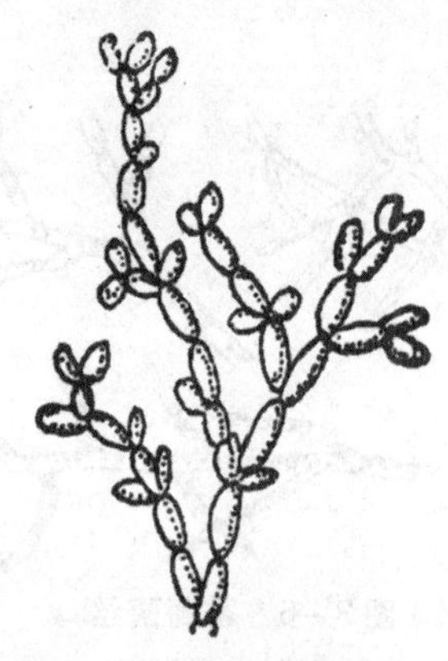

图3－7 酵母菌的假菌丝

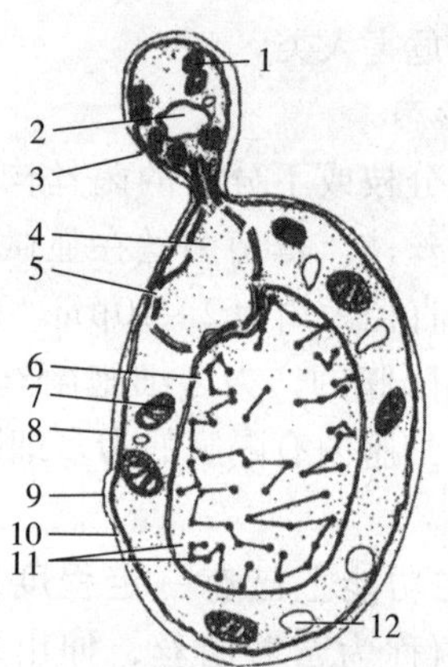

图3－8 电镜下的酿酒酵母细胞结构示意图

1－线粒体；2－芽液泡；3－芽；4－细胞核；5－核孔；6－液泡；7－液泡膜；8－细胞膜；9－芽痕；10－细胞壁；11－液泡粒；12－储藏粒

细胞壁在最外层，较坚韧，其主要成分为酵母纤维素，是一种碳水化合物。

紧接细胞壁内面有细胞质膜及细胞质。细胞质膜具有半渗透性，营养物质的吸收与废物的排除都靠此膜来完成。

第二节 微生物的生理活动

微生物的生理活动是包装工艺微生物学的一个重要组成部分。为此，需要正确了解与微生物新陈代谢有关的呼吸、生长和繁殖的生理过程，以掌握微生物新陈代谢的活动规律，有效地控制它们的生活机能，消灭和抑制有害微生物对包装工业的危害。

一、微生物的新陈代谢

微生物的生命活动过程中，不断从环境中获得营养物质，形成生物体本身的化学组成（合成代谢）的同时，又不断地将各种营养物质或细胞物质降解成简单的产物，并向体外排出一些物质（分解代谢），这种变化过程称为新陈代谢。新陈代谢中的合成代谢和分解代谢既有明显的差别，又紧密相关，分解代谢为合成代谢提供能量及原料，合成代谢又是分解代谢的基础，它们在生物体中偶联进行，相互对立而又统一，决定着生命的存在与发展。

1. 微生物的呼吸

（1）呼吸的性质。微生物在生命活动过程中，在酶的作用下，物质进行分解或合成，同时进行能量的释放和吸取。呼吸是大多数微生物在分解代谢过程中用来产生能量的一种方式，是产生一切能量的氧化还原过程。无论在有氧或无氧的情况下，必然是一个物质被氧化，同时另一个物质被还原。微生物细胞的氧化可有以下三种方式：

①氧的加入。呼吸是在有氧情况下进行的，例如：葡萄糖可氧化为二氧化碳和水

$$C_6H_{12}O_2 + 6O_2 \longrightarrow 6CO_2 + 6H_2O$$

②化合物的脱氢。例如：酒精脱氢成为乙醛

$$CH_3CHOH \longrightarrow CH_3CHO + H_2$$

③失去电子。例如：2 价铁失去一个电子成为 3 价铁

$$Fe^{2+} \longrightarrow F^{3+} + e^-$$

微生物细胞内的呼吸作用所产生的氧化还原过程，大多为氧的加入或氢的脱离，其实质是电子的转移。

（2）呼吸的类型。

①需氧呼吸。微生物在呼吸过程中，能够与分子状态的氧化合，称为需氧呼吸，这种微生物就称为需氧微生物。

需氧微生物具有较完善的呼吸酶系统，它们的呼吸作用主要是借脱氢酶和氧化酶来进行。脱氢酶能使一定基质中的氢游离出来，通过微生物细胞色素的传递作用，将氢传递给氧，另外氧化酶使分子状态的氧活化与氢结合成水。其反应图式如下：

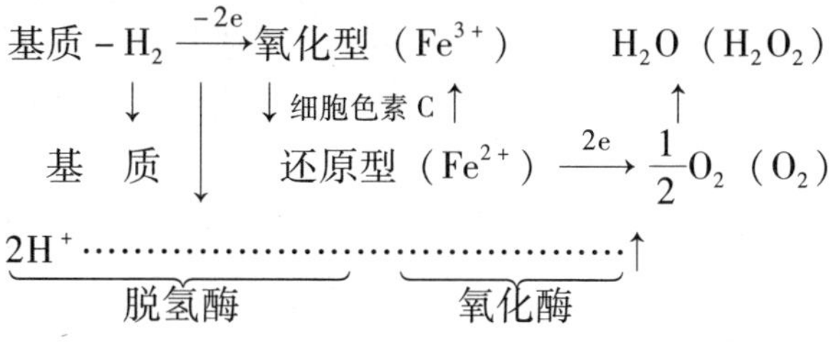

基质 $-H_2 \xrightarrow{-2e}$ 氧化型（Fe^{3+}）　　H_2O（H_2O_2）

↓　　↓　　↓ 细胞色素 C ↑　　↑

基　质　　还原型（Fe^{2+}）$\xrightarrow{2e} \frac{1}{2}O_2$（$O_2$）

$2H^+$ ……………………………………↑

脱氢酶　　氧化酶

需氧微生物具有过氧化氢酶或过氧化物酶，可以将在有氧呼吸时产生的有害于微生物的过氧化氢及时解除，如：

$$2H_2O_2 \xrightarrow{\text{过氧化氢酶}} 2H_2O + O_2$$

$$\text{过氧化物酶} + H_2O_2 \longrightarrow \text{过氧化物酶} \cdot H_2O_2$$

$$\text{过氧化物酶} \cdot H_2O_2 + \text{基质} \cdot H_2 \longrightarrow \text{过氧化物酶} + \text{基质} + 2H_2O$$

微生物进行需氧呼吸时，它们氧化有机物形成二氧化碳和水，并放出大量能量。例如有些需氧微生物可以将葡萄糖彻底氧化，产生二氧化碳和水并有能量放出，其反应式如下：

$$C_6H_{12}O_6 + 6O_2 \longrightarrow 6CO_2 + 6H_2O + 688kCal$$

②厌氧呼吸。微生物只能在无分子状态氧的环境中进行呼吸，称为厌氧呼吸，这种微生物称为厌氧微生物。

专性厌氧微生物缺乏细胞色素和氧化酶。因此，游离氧存在对其有抑制作用。在厌氧呼吸过程中，只有脱氢酶参加，基质中的氢被活化，从基质中脱下的氢经辅酶（递氢体）传递给氧以外的物质，使其还原。其反应图式如下：

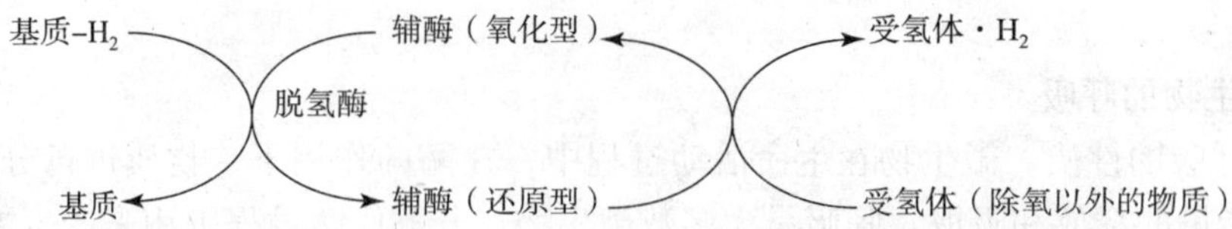

有些厌氧微生物虽然不能利用分子状态的氧，却能引起有机物分解而生成比较简单的产物，并放出能量，这种过程就称为发酵。发酵作用就是这些厌氧微生物摄取生命活动所需能量的主要源泉。例如酵母的酒精发酵，其简式如下：

$$\left.\begin{array}{l} C_6H_{12}O_6 \longrightarrow 2CH_3CHO + 2CO_2 + 4H^+ \\ 2CH_3CHO + 4H^+ \longrightarrow 2CH_3CH_2OH \end{array}\right\} 5000\text{kCal}$$

葡萄糖经过发酵，先形成乙醛、二氧化碳和氢，然后乙醛再接受氢，还原为乙醇。在这个过程中乙醛是受氢体，乙醇是还原了的受氢体。这种厌氧呼吸是葡萄糖本身分解产生的有机物分子。因此，这种呼吸就是分子内的氧化还原过程。

③兼性厌氧呼吸。有些微生物既能在有氧的情况下，又能在无氧的情况下进行呼吸，这种微生物，就称为兼性厌氧微生物。

兼性厌氧微生物，在有分子状态氧的环境中进行需氧呼吸；在无氧环境中，则进行无氧呼吸。有些兼性厌氧微生物在无氧的情况下呼吸时，受氢体不是分子状态的氧而是一种可还原的无机物质，例如反硝化细菌的厌氧呼吸：

$$\left.\begin{array}{l} C_6H_{12}O_6 + 6H_2O \longrightarrow 6CO_2 + 24H^+ \\ 24H^+ + 4NO_3^- \longrightarrow 12H_2O + 2N_2 \end{array}\right\} 420\text{kCal}$$

它们具有的脱氢酶，使葡萄糖的氢活化，氧化酶使硝酸盐中的氧活化，从而使活化了的氢有了受氢体，这种呼吸就是分子间的氧化还原过程，微生物就是在这种氧化还原过程中获得能量的。葡萄糖虽被彻底分解，但所释放的能量比在需氧呼吸时要小，因为其部分能量已供电子转移用。

由此可见，无论需氧微生物或厌氧微生物进行生命活动都需要氧，它们之间的不同，仅在吸取氧的来源上有所区分。

2. 微生物的物质代谢及其产物

微生物在进行物质的吸收和排出、分解和合成、放能与吸能等一系列复杂的新陈代谢过程中，所引起微生物机体内外物质的变化，这种物质的变化，就称为物质代谢。不同类型的微生物因营养特性和营养类型不同，所引起的物质代谢过程以及代谢的产物也各有差别。

（1）物质代谢。

①碳水化合物的代谢。碳水化合物种类繁多，多数糖能被微生物利用。微生物能否利用糖类，主要决定于微生物所具有的酶系统的性质。多糖如纤维素、淀粉等，双糖如蔗糖、麦芽糖和乳糖，这些糖类必须经过微生物分泌的胞外酶水解为简单的物质后，才能被微生物吸收进入细胞。进入细胞后的物质，再继续一系列的分解和合成，一部分物质以供给细胞物质的组成，另一部分物质转变成代谢产物和能量。

微生物分解碳水化合物的一般简要过程如下：

多糖→双糖→单糖→丙酮酸→有机酸、醇、醛等→二氧化碳和水等

碳水化合物在有充分氧的环境中，被微生物利用时，一般可以彻底分解为二氧化碳和水等，而没有中间产物的积累。但也有些需氧微生物，虽然也进行氧化分解，可是它们的最终产物并不完全是二氧化碳和水，而有中间产物的产生。碳水化合物在缺氧环境中被微

生物利用时，则只能进行不完全的分解（发酵），形成多种中间代谢产物，如酸类、醇类及一些简单的产物。无论需氧性微生物还是厌氧性微生物吸收葡萄糖后，都是在微生物细胞内进行分解，与空气中的氧无关，因此称它为无氧降解。葡萄糖经过一系列的无氧降解可生成丙酮酸，丙酮酸以后的一系列代谢变化，根据微生物的不同有不同的途径。因此，无论在有氧或缺氧条件下，微生物对碳水化合物的代谢产物是多种多样的，如表3－2所示。

表3－2　不同发酵类型的微生物

条件	发酵类型	微生物	氧化过程
有氧	醋酸发酵	醋酸菌	$CH_3CH_2OH + O_2 \longrightarrow CH_3COOH + H_2O$
缺氧	酒精发酵	酒精酵母	$C_6H_{12}O_6 \longrightarrow 2C_2H_5OH + 2CO_2$
	乳酸发酵	乳酸菌	$C_6H_{12}O_6 \longrightarrow 2C_3H_6O_3$
	丁酸发酵	丁酸细菌	$C_6H_{12}O_6 \longrightarrow CH_3CH_2CH_2COOH + 2CO_2 + 2H_2$

因此，不同微生物在一定条件下，进行糖代谢过程中都具有代谢产物的特点，可作为鉴别微生物的依据。

微生物在进行分解代谢的同时，还进行着合成代谢。自养型微生物（能在完全无机物的环境中生长繁殖）可吸取二氧化碳和碳酸盐作为碳源来合成细胞组成的碳水化合物。异养微生物（只能从有机含碳化合物中取得碳素）吸取简单的碳水化合物作为碳源转化为细胞内的有机物质。例如微生物的细胞壁、荚膜以及细胞内一些储藏物质都含有多糖物质，这种多糖物质均由微生物同化许多碳源而形成，而且都来自碳水化合物代谢的中间产物。

②蛋白质的代谢。微生物不能直接吸取蛋白质作为氮源，因为蛋白质是由许多氨基酸用肽键结合而成的大分子物质，不能通过细胞质膜，而必须经微生物的胞外酶将蛋白质水解为多肽或氨基酸等，然后才能被微生物吸取进入细胞。进入细胞后的简单含氮化合物再继续进行分解或合成，以供细胞质的组成，同时向细胞外排出一些含氮物质。

蛋白质在有氧环境下被微生物分解的过程称为腐化，这时的蛋白质可被完全氧化，成为最简单的化合物如二氧化碳、氨、甲烷等。蛋白质在缺氧的环境中被微生物分解，称为腐败，这时的蛋白质分解不完全，分解产物多为中间产物，如氨基酸、有机酸等。微生物分解蛋白质的一般过程如下：

蛋白质→蛋白胨→小肽→多肽→氨基酸→有机酸、靛基质、胺、硫化氢、氨、甲烷、氢、二氧化碳等。

多数微生物能分解氨基酸，分解的方式有多种，如脱氨基、脱羧基、水解、氧化、还原等。微生物主要利用氨基酸作为合成菌体的氮源，但氨基酸脱氨后也和有机酸一样可作为碳源和能源。不同微生物分解氨基酸的能力不同，因此分解的产物也不同。这种代谢产物的特点，可用于菌种鉴别。

③脂肪的代谢。脂肪受微生物的脂肪水解酶的作用可变为脂肪酸和甘油。许多微生物又能将甘油脱氢变为丙酮酸，甘油的分解代谢是按照糖的代谢过程进行的。有些微生物能进一步把脂肪酸通过β氧化作用而进入三羧酸循环进行氧化，最后可分解为二氧化碳和水。微生物也有合成脂肪的能力，一般认为微生物合成脂肪酸是按照与上述氧化分解途径相反的方向进行的。微生物皆能用糖类合成脂肪。酵母合成脂肪需要有氧存在；一些微生物在无氧环境下能将乙醇或有机酸合成脂肪。

（2）代谢产物。微生物在进行各种代谢过程中所形成的各种合成产物和分解产物，除上述的一些代谢产物外，还有一些分子构造比较复杂的，并与包装有关的特殊产物。

①抗菌素。某些微生物在代谢过程中，可以产生具有抑制或杀死其他微生物作用的物质，这种物质称为抗菌素。如灰色放线菌产生链霉素，金色放线菌产生金霉素，点青霉和产黄青霉产生青霉素等。

②毒素。有些微生物在代谢过程中，能产生一些对人或动物有毒害的物质，称为毒素。能产生毒素的微生物，在细菌和霉菌中较为多见。细菌的毒素可分为外毒素和内毒素两种。外毒素是由细菌菌体内向菌体外分泌出来的一种有毒物质，毒力较强，大多数外毒素均不耐热，加热至70℃，毒力即减弱甚至破坏。内毒素存在于细菌菌体内，不分泌到菌体外，只能在菌体裂解时，毒素才被释放出来，内毒素毒力较外毒素弱，大多数内毒素较耐热，许多内毒素需加热至80～100℃，1h才可以破坏。如黄曲霉产生的黄曲霉毒素等。

③色素。许多微生物能产生色素。微生物所产生的色素，根据它们的性状可区分为水溶性色素和脂溶性色素。微生物色素的产生与一些条件有关，适于微生物产生色素的温度一般为20～25℃；绝大多数需氧微生物必须在有充足氧的条件下，才有利于色素的产生；一些营养物质中，如有镁盐和磷酸盐的适量存在，会对红色色素的产生有促进作用；蛋白胨作为氮源时，有利于黄色色素的增加；光线的强弱对色素的产生也有一定的影响。

④维生素。维生素为微生物所必需的营养物质，有些微生物自己不能合成，必须从外界吸取；有些微生物能在细胞内合成。细菌、酵母、霉菌中有很多菌种均能合成一定的维生素。例如，一般酵母菌含有维生素 B_1，薛氏丙酸菌能合成维生素 B_{12}，阿氏假囊酵母能合成大量的核黄素等。

二、微生物的生长繁殖

微生物在适宜的环境条件下，不断地吸收营养物质，并按照自己的代谢方式进行新陈代谢，如果合成代谢超过分解代谢，细胞原生质量会不断增加，体积得以增大，表现为生长。细胞的生长是有限度的，当细胞增长到一定程度时，就开始分裂，形成两个基本上相似的子细胞，每个子细胞又可重复以上过程。在单细胞微生物中，细胞分裂后，个体数目增加，称为繁殖。在多细胞微生物中，细胞数目增加并不伴随着个体数目增加时，只能算是生长。一般情况下，环境条件适宜，生长和繁殖始终是交替进行的。从生长到繁殖是由量变到质变的发展过程，这一过程就是发育。微生物处于一定的物理、化学条件下，生长、发育正常，繁殖速率则高；当某些环境条件发生改变，超出微生物可以适应的范围时，就会对机体产生抑制乃至致死作用。

1. 微生物的繁殖方式

（1）细菌的繁殖。微生物的繁殖方式分有性繁殖和无性繁殖两种。近年来，经电子显微镜观察及遗传学研究证实少数细菌存在着有性结合，但频率很低。细菌一般进行无性繁殖，表现为细胞的横分裂，称为裂殖。细菌的分裂繁殖，就是一个发育成熟的细菌，分裂成为两个独立的菌体。如果两个子细胞的大小相同，称为同形分裂；若横隔膜在菌体偏端形成，两个子细胞大小不相同，称异形分裂。如图3－9所示。

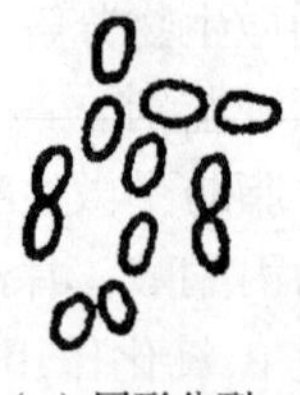
（a）同形分裂

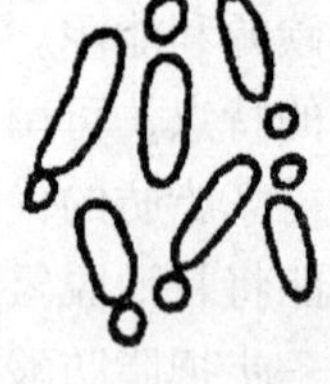
（b）异形分裂

图3－9 细菌的分裂繁殖

球菌分裂时，菌体从圆形倾向于椭圆形，然后在椭圆形的中部形成横隔膜，并分裂成两个新的球菌。球菌由于菌种不同，它分裂时形成隔膜的方向是不相同的，所以出现不同的排列形态。杆菌一般是沿着与长轴线垂直方向进行分裂。

（2）霉菌的繁殖。霉菌的繁殖和酵母一样，具有无性繁殖和有性繁殖两种方式。

①无性繁殖。无性繁殖是霉菌的主要繁殖方式。菌丝不具横隔的霉菌，一般形成孢囊孢子和厚膜孢子；菌丝具有横隔的霉菌，多数产生分生孢子和裂生孢子，少数产生厚膜孢子，如图 3－10、图 3－11、图 3－12、图 3－13 所示。

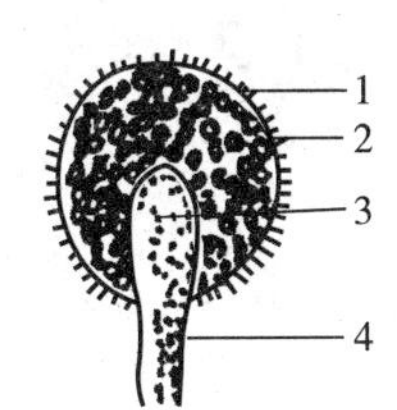

图 3－10　大毛霉的孢囊孢子

1－孢子囊壁；2－孢子；3－中轴；4－孢子囊梗

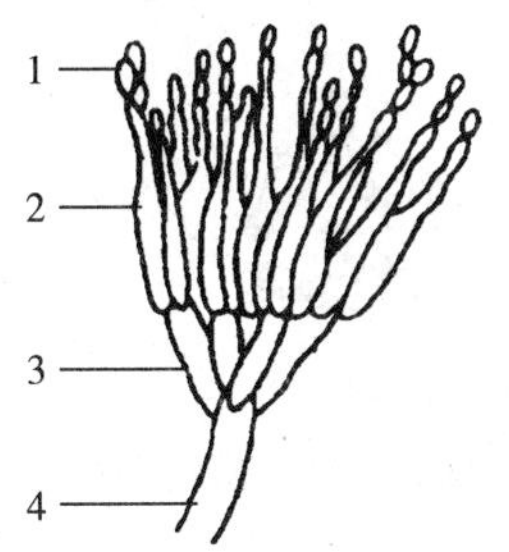

图 3－11　青霉的分生孢子

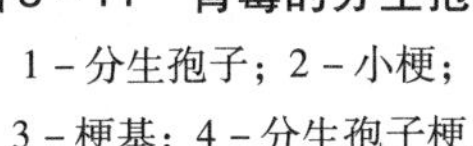

1－分生孢子；2－小梗；3－梗基；4－分生孢子梗

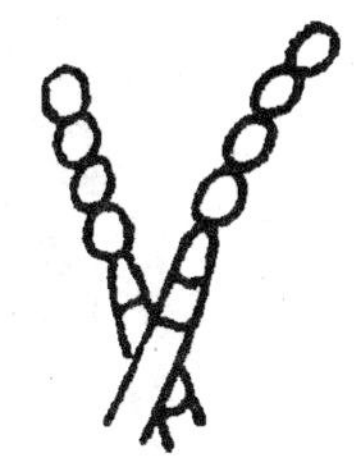

图 3－12　裂生孢子

②有性繁殖。在有性繁殖中无隔膜菌丝的霉菌产生接合孢子，有隔膜菌丝产生子囊孢子。接合孢子是由相接近的两菌丝相接触，接触处的细胞壁溶解，两个菌丝内的核和细胞质融合而形成。接合孢子有厚的壁，表面有棘状或疣状隆起，外界条件适宜时，接合孢子即萌发出新菌丝，如图 3－14 所示。

子囊孢子的形成，首先由两条相邻近的菌丝顶端突出两个性别互异的细胞，当两条菌丝接触时，它们就呈卷曲状而互相缠绕起来，两性细胞随即融合为一，即为受精作用。此后，两细胞之核并不立即相融合，也不立即形成子囊，而是形成很多分枝状菌丝，称为造囊菌丝。造囊菌丝把融合的细胞围起来而后形成被子器。被子器里的“受精卵”经过复杂的核分裂和发育，就可以在被子器里出现很多子囊，子囊里产生的孢子就是子囊孢子，每个子囊通常产生 8 个孢子，如图 3－15 所示。

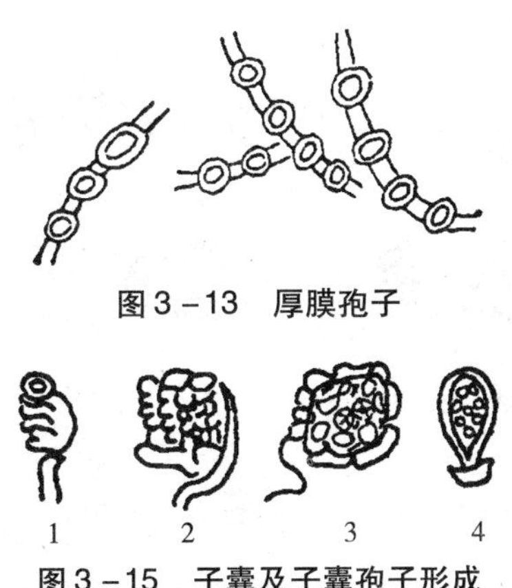

图 3－13　厚膜孢子

图 3－15　子囊及子囊孢子形成

1，2－细胞融合受精；3，4－核分裂形成子囊并产生孢子

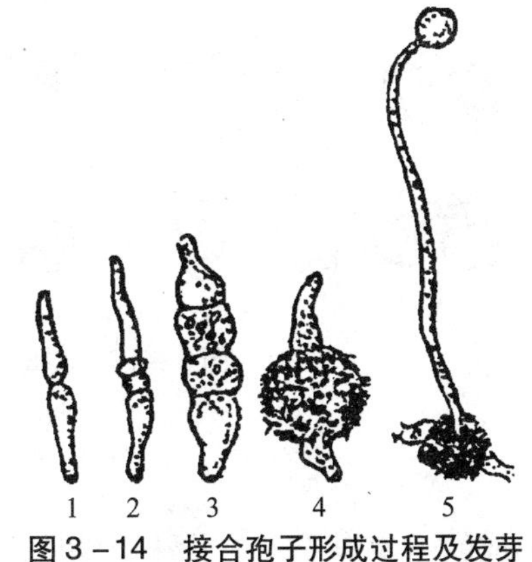

图 3－14　接合孢子形成过程及发芽

1，2，3，4－接合孢子的成熟过程；5－接合孢子发芽形成新菌丝

（3）酵母菌的繁殖。酵母菌的繁殖方式有三种，即芽殖、裂殖和产生孢子繁殖。

①芽殖。酵母细胞在成熟时，先由细胞局部边缘生出乳头状的凸起，如出芽的形状。同时细胞内的核进行分裂，分裂的核除留下一部分在母细胞内，其余部分即流入芽体内（子细胞），芽体逐渐增大，与母细胞交接处形成新膜，使子细胞与母细胞相隔离，子细胞可脱离母细胞，或与母细胞暂时相接。子细胞在形成后，可继续进行芽殖，如果连续芽殖的子细胞都不脱离母细胞，则可出现一堆团聚的细胞群，即称为芽簇。很多种酵母都具有芽殖的特性，例如酵母属的酵母，如图 3－16 所示。

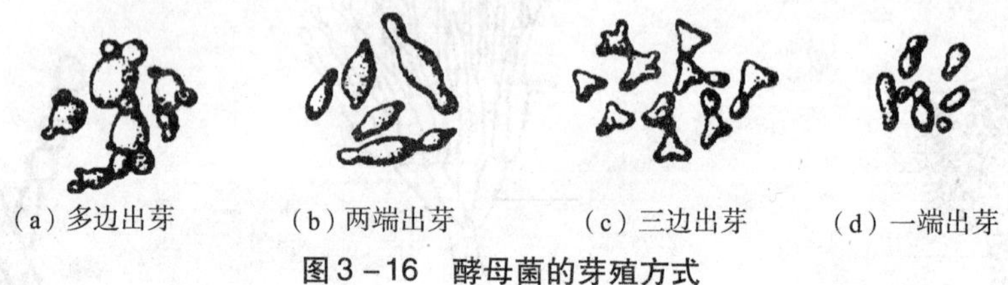

图 3－16　酵母菌的芽殖方式

②裂殖。少数种类的酵母似细菌，借细胞横分裂而繁殖，叫裂殖。如裂殖酵母属的酵母，球形或卵圆形细胞长到一定大小后，在细胞中间产生一隔膜，然后两细胞分开，末端变圆。两个新细胞形成后又开始生长而重复此循环。在快速生长中，细胞可以没有形成隔膜而核分裂，或者形成隔膜而子细胞暂时不分开，类似于菌丝，但最后细胞仍然会断开，如图 3－17 所示。

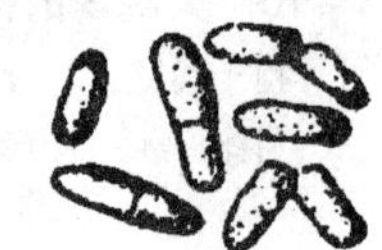

图 3－17　酵母菌的裂殖

③产生孢子繁殖。在一定的环境下，某些酵母菌可以产生孢子而繁殖，其条件是：必须是从营养丰富的培养基中取出的幼龄细胞；必须给以充分的空气；必须有足够的湿度；必须在较高的温度中。酵母菌产生孢子，是通过无性生殖的方式或有性生殖的方式产生孢子。如图 3－18、图 3－19 所示。

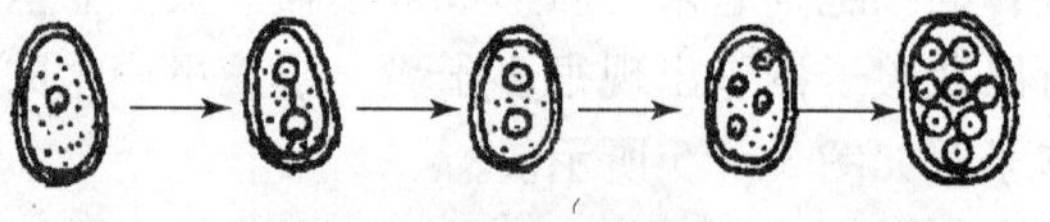

图 3－18　酵母子囊孢子形成过程（无性繁殖）

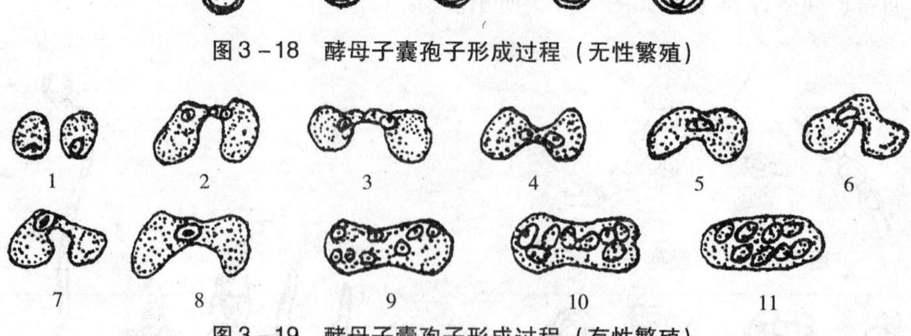

图 3－19　酵母子囊孢子形成过程（有性繁殖）

1，2，3，4－两个细胞接合；5－接合子；

6，7，8，9－核分裂；10，11－核形成孢子

形成的子囊孢子，在子囊破裂时，孢子即被释放出来。在适宜的条件下，孢子膨胀发芽形成新的酵母细胞。

2. 单细胞微生物的曲型生长曲线

单细胞微生物，如细菌、酵母在液体培养基中，可以均匀地分布，每个细胞接触的环境条件相同，都能得到充分的营养物质，因而每个细胞都能较迅速地生长繁殖。霉菌多数是多细胞，菌体呈丝状，在液体培养基中生长繁殖的情况与单细胞微生物不一样，如果采取搅动培养，则霉菌在液体培养基中的生长繁殖情况可接近于单细胞微生物。

将单细胞微生物接种到一恒定容积液体培养基后，在适宜条件下培养，定时取样测定菌体数目，发现开始有一短暂时间，菌体数目并不增加，隔一定时间后，菌体数目增加很快，继而菌体数目又趋稳定，最后逐渐下降直到等于零。如以细胞增长数之对数或生长速度为纵坐标，以培养时间为横坐标作图，可以得到一条微生物生长曲线，它可代表单细胞微生物从生长开始到衰老死亡的一般规律。

根据单细胞微生物生长繁殖速率的不同，生长曲线可以分为四个不同阶段，即延迟期、对数期、稳定期与衰亡期，如图 3－20 所示。

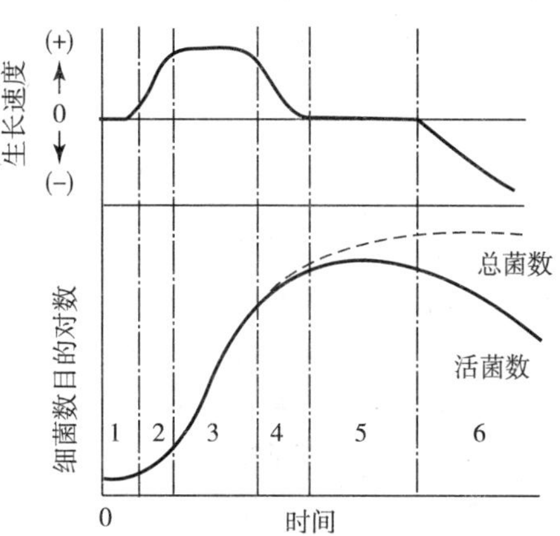

图 3－20　单细胞微生物生长曲线

1，2－延迟期；3－对数期；4，5－稳定期；6－衰亡期

（1）延迟期。当菌种接种到新鲜的液体培养基中，刚开始一段时间，菌体数目并不增加，甚至稍有减少。虽然增加菌数不多，但菌体细胞的代谢很旺盛，菌体细胞的体积增长很快，对不良的环境因素如高温、低温和高浓度的盐溶液等比较敏感，容易死亡。这说明细胞处于活跃生长中，这时期称为延迟期。延迟期的出现被认为是细胞接种到新的环境中，需要合成必需的酶、辅酶或某些中间代谢产物，以及适应新的物理环境而出现的调整代谢的时期。

（2）对数期。经过延迟期之后，菌体细胞分裂速度剧烈上升，菌体数目以几何级数增加，所以称为对数期。对数期的细胞代谢活跃，生长速率高，群体中的细胞化学组成及形态、生理特征比较一致。

（3）稳定期。对数期之后，培养液中的菌体不会全部继续地生长繁殖下去，一部分菌体会逐渐衰老和死亡，并且菌体死亡数目逐渐上升。当培养液内菌体的增多数和死亡数几乎相平衡时，即为稳定期。菌体死亡数目增多是由于培养基内营养物质不断减少，有毒代谢产物的积累、增加所造成的。

（4）衰亡期。这时能生长繁殖的菌体已显著减少，而且速度也逐渐缓慢，菌体死亡的速度显著增加，大大超过了繁殖速度，并可出现菌体变形、自溶等现象。有些产芽孢的细菌还有可能形成芽孢。

第三节　各种因素对微生物的生命活动的影响

微生物与其所处环境之间存在着明显的相互影响。微生物只有与外界环境条件适应时，才能进行正常的生长繁殖；当外界条件发生变化时，微生物的生命活动就受到一定影响，可发生抑制、变异，甚至死亡。研究环境因素与微生物间的相互影响，不仅对探求微生物生命活动的规律是必要的，而且在包装工业生产上，对微生物的利用、抑制、杀灭和防止等方面均有很重要的指导意义。

由于需要和目的不同，对微生物生长控制的要求和采用的方法也就有很大的不同，因而产生的效果也不同。能够杀死和消除材料或物体上全部微生物的方法称为灭菌，这是一种彻底的杀菌措施。能够杀死、消除或降低材料或物体上的病原微生物，使之不致引起疾病的方法称为消毒，常用于牛奶、食品以及某些物体表面的消毒。能够防止或抑制微生物生长，不能杀死微生物群体的方法称为防腐，是一种防止食品腐败和其他物质霉变的技术措施，如低温、干燥、盐腌、糖渍等。

一、物理因素对微生物生长与死亡的影响

许多物理因素可以抑制或杀灭微生物，在控制微生物生长方面有着广泛的应用，如表3－3所示。

表3－3　某些物理杀菌方法的应用

杀菌方法	作用机理	应　用
干热	蛋白质变性	玻璃器皿和金属物品等耐高温材料的灭菌
湿热	蛋白质变性	高压灭菌不能干热灭菌、不被湿热破坏的物品
巴斯德消毒	蛋白质变性	杀灭牛奶、乳制品及啤酒中的病原菌
冷藏/冷冻	降低酶反应速率	可保藏新鲜食品数日/数月；不能杀死大多数微生物
干燥	抑制酶活性	某些水果和蔬菜的保藏；结合烟熏、盐渍可用于肉类的保藏
紫外线	蛋白质和核酸变性	包装材料和容器的表面灭菌
离子辐射	蛋白质和核酸变性	食品、包装材料以及包装成品的灭菌
超声波	细胞破碎	果蔬汁、饮料、酒类等不耐热食品及包装材料的灭菌
微波	水分子振动产生高温	纸盒装食品、塑料袋装食品、瓶装食品的灭菌

二、化学因素对微生物生长与死亡的影响

许多化学药剂可抑制或杀灭微生物，因而被用于微生物生长的控制，在食品生产、医药卫生和无菌包装中有着广泛的应用，如表3－4所示。

表3－4　某些化学杀菌剂的应用

杀菌剂	作用机理	应　用
酸	降低pH，使蛋白质变性	食品保藏
碱	升高pH，使蛋白质变性	仓库、棚舍等环境的消毒
重金属	蛋白质变性	其化合物溶液可杀灭细菌、抑制真菌及藻类的生长
卤素	有机质缺乏时可氧化细胞成分	用于水及厨具的消毒
醇类	与水混合使蛋白质变性	用于皮肤消毒，用作熏蒸剂
酚类	蛋白质和酶变性失活	用于皮肤或物体表面的消毒
氧化剂	破坏二硫键	30%的过氧化氢溶液浸渍或喷淋包装材料后再经热空气烘烤
烷化剂	破坏蛋白质和核酸结构	环氧乙烷气体用于包装容器和封口材料的消毒灭菌

随着科学技术的发展，灭菌技术正在不断的改革更新。近年来，国内外陆续开发出一些新的微生物控制技术，如电阻加热技术、超高压灭菌技术、脉冲电高压灭菌技术、脉冲磁场灭菌技术、微电解灭菌技术、光敏化灭菌技术等（参阅本教材第十一章），具有高效、速效、节能、无毒和环保的特点，已开始应用于食品加工与包装过程。

1. 简述细菌的基本形态及其特征。
2. 细菌的细胞结构分哪几部分？
3. 细菌的细胞壁、细胞质膜的化学组成及其功能是什么？
4. 霉菌菌丝从形态上分为哪几种？从功能上又分为哪几种？
5. 微生物的呼吸有哪些类型及性质？
6. 简述微生物物质代谢的类型及其产物。
7. 论述微生物（细菌、霉菌、酵母菌）的繁殖方式。
8. 什么是单细胞微生物的生长曲线？分哪几个阶段？各有什么特点？
9. 常见的物理杀菌方法有哪些？简述其作用机理。
10. 常见的化学杀菌方法有哪些？简述其作用机理。
11. 解释下列名词：新陈代谢、需氧呼吸、厌氧呼吸、兼性厌氧呼吸、自养型微生物、异养型微生物、生长、繁殖、发育、灭菌、消毒、防腐。

第四章 包装工艺的气象环境学基础

产品及其包装件在流通过程中会受到气象环境因素的影响，由于包装件流通的范围广大，不同地域的气象环境条件存在很大差异，为此包装工程设计人员需要了解气象环境条件的变化规律，评估气象环境条件对包装件性能、品质的影响，加以必要的防护，使包装在规定的储存期或保质期内达到产品包装的要求，减少流通过程中的损失。

第一节 气 象 因 素

气象因素主要包括温度、湿度、雨雪以及太阳辐射等。

一、温度

表示大气冷热程度的物理量，叫做气温。大气中的温度一般指气象站所观测的温度，即距离地面 2m 高、无阳光直接照射且空气流通之处的空气温度。

各地气温变化主要取决于所处纬度，其次取决于当地地势与高度。图 4－1 为全球各纬圈的平均温度。我国幅员辽阔，各地区海拔高度差异显著，气候差别迥异。例如，吐鲁番盆地最高气温曾达 48℃，而黑龙江漠河出现过 －50℃ 的低温。东部地区从南到北有热带、亚热带、暖温带、寒带等气候带，青藏高原上还有高山寒带和全年冰冻气候带。具体来说，由于地表温度有日变化和年变化，使得空气温度相应有日变化和年变化，这种变化具有周期性，是由地面辐射收支的变化引起的。

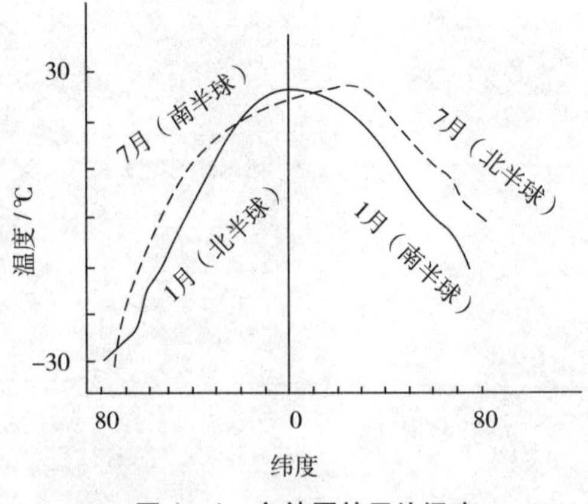

图 4－1 各纬圈的平均温度

1. 气温的日变化

一天中，气温有一个最高值和最低值。最低气温出现在接近日出的时候，日出后，气温逐渐上升，到 14～15 时达到最高值。以后又逐渐下降，一直到日出为止。一昼夜间最高气温与最低气温的差值称为气温日较差，它与纬度、季节、地形、地表性质、天气情况及海拔高度有关。

①纬度。太阳高度角随纬度的增加而减小，因此气温的昼夜差值也随纬度的增加而减小。

②季节。一般，夏季气温日较差大于冬季。春末出现最大值。

③地形。凹下的地面（谷地、盆地、河川地等）气温日较差较凸出的地面（小丘、高地、山顶等）为大。

④下垫面性质。海陆情况不同；海洋上气温日较差比陆地上小。在陆地上沙土、深色土、疏松土表面上的气温变化比黏土、浅色土、紧密土的剧烈。

⑤天气情况。阴天比晴天日较差要小，干燥天气比潮湿天气日较差大。

⑥高度。在对流层中温度日变化的振幅随着高度的增加而急剧减小。

2. 气温的年变化

气温年变化也有一个最高值和一个最低值（赤道附近地区除外）。一年中最高气温出现在夏季，大陆上多出现在7月，海洋上多出现在8月；最低气温出现在冬季，大陆上多出现在1月，海洋上多出现在2月。

气温年变化的幅度称为年较差，它是一年内最热月的平均气温与最冷月的平均气温之差。同样地，它的大小也与纬度、地形、地面性质、天气情况及海拔高度等因子有关。例如在热带，大陆上年较差平均可达20℃，年较差不大，在沿海地区则为5℃左右。在温带年较差很大，而且它随着纬度的增高和深入内陆的程度而增加。在海洋沿岸年较差约15℃，而大陆上可达50～60℃。一年中各纬圈气温年变化情况如图4－2所示。

气温的日变化对包装件品质将产生影响。在日变化最大的干热带地区，在日出前到午后的8小时内温度日较差可接近30℃。大温度日较差可能引起封闭包装件内的相对湿度剧烈变化，甚至出现水汽凝结现象。例如，长途运输用的干式集装箱，内部处于密封状态，箱内空气状态随外界温度或太阳辐射的变化而变化，若货物或包装材料的含水量相当，即可能发生内部结露现象。在相对湿度不变的情况下，温度的变化可以降低或提高产品的含水量，同时温度的变化还会引起某些产品，例如易溶品、易熔品、易挥发液体及具有生理机能的产品发生质与量的变化，使产品在数量上和品质上受到损失。

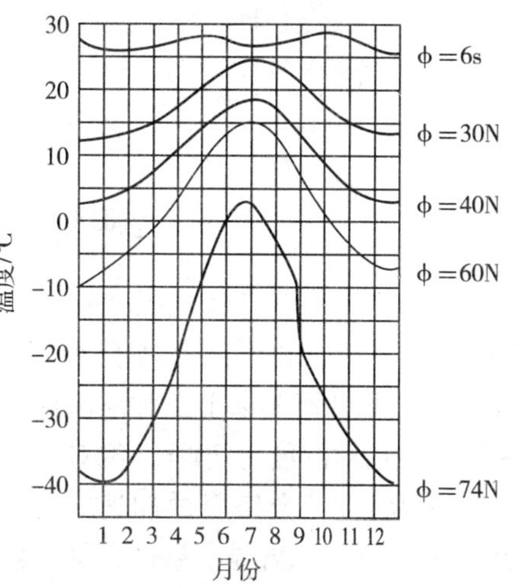

图4－2　一年中各纬圈的平均温度

随着国际贸易的迅速发展，各种商品需要跨地域流通。就我国而言，南北一线，跨越寒冷、寒温、干热、湿热等几个气温带。虽然温度随地域的变化比较平缓，但包装件常常在较短时间内经历较剧烈的温度变化，在跨越赤道的远洋运输中更是这样。例如一飞机航班机舱内4昼夜温度变化在短短的几十个小时内，温差变化达30℃以上。如此剧烈的温度变化下，某些对温度较为敏感的产品如药品、食品、化工产品等很难保持品质稳定，同时一些包装材料、容器的性能也因温度变化而变化。

二、湿度

表示大气中水汽含量多少的物理量叫做湿度。湿度常采用以下几种不同的表示方法：

①绝对湿度。绝对湿度是指单位体积湿空气所含有的水蒸气质量，即空气中的水蒸气密度。绝对湿度不能直接测得，常以水蒸气压强间接表示。

②相对湿度。空气中实际水蒸气压与同温度下饱和水蒸气压之比称为相对湿度，用百分数表示。相对湿度的大小直接表示空气饱和的程度。

③露点。当空气中水蒸气含量不变且气压一定时，如气温不断降低，空气将逐渐接近饱和，当气温降低到使空气刚好达到饱和时的温度称为露点（温度）。必须指出，在气压一定时，露点的高低只与空气中的水汽含量有关。水蒸气含量越多，露点也越高。

上述常用的湿度表示方法，虽然形式不同，但是本质是一样的，各从不同的角度表示大气中水蒸气含量的多寡。

地球上相对湿度分布随纬度变化，南北半球各纬度相对湿度的大致变化规律如图 4－3 所示。由赤道到中纬度（约 35°）附近相对湿度随纬度增高而降低。由中纬度到高纬度变化时，由于气温逐渐降低，相对湿度随纬度增高而增高。

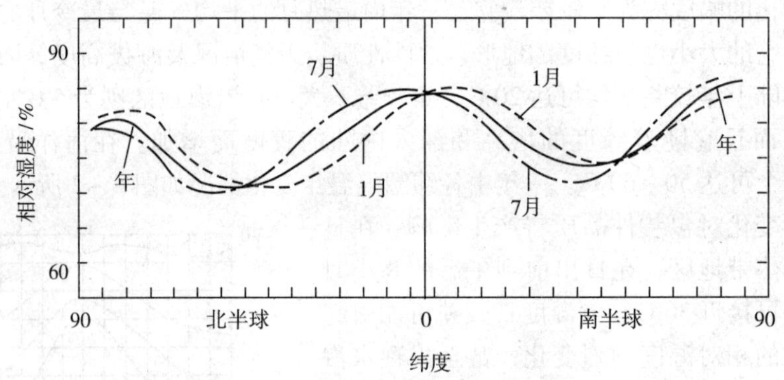

图 4－3　相对湿度随地球纬度的变化

我国境内长江以南地区较湿润，年平均相对湿度为 70%～80%，绝对湿度为 1.6～2.4kPa；年出现相对湿度高于 80% 的累积时数占年总时数的 50%，相对湿度 90% 的时数占一年时间的 25% 以上。黄河流域年平均相对湿度为 70%，绝对湿度为 1.2kPa；东北地区年平均相对湿度为 70%，绝对湿度则只有 0.8kPa。

高湿将促使金属腐蚀加速。一般金属的临界腐蚀湿度为：铁 70%～75%，锌 65%，铝 60%～65%，当湿度超过金属临界腐蚀湿度，其腐蚀速度即成倍增长。高湿条件下，一些有机材料吸湿后表面发胀变形和起泡，既影响外观，又使机械性能变坏。另一方面，低湿度会使纸、木材、皮革、塑料等产生干燥收缩、变形甚至龟裂。

药品、食品、化工产品以及纸制类容器等对湿度尤为敏感。例如，瓦楞纸箱的抗压强度与其含水率有很大关系，通常随相对湿度的提高而下降，设计时必须考虑湿度对容器强度的影响。

三、风力

空气的水平运动称为风。风是一个表示气流运动的物理量，它不仅有数值的大小（风速），还具有方向（风向）。

风速单位常用 m/s、knot（海里/时，又称“节”）和 km/h 表示。风速的表示有时采用压力，称为风压。如果以 v 表示风速（m/s）面积上所受风的压力 kg/m^2，其换算关系为

$$P=0.125v^2$$

大气环流是风形成的基本因子。风存在日变化与阵性。风的日变化是指近地面层中有规律的日变化。白天风速增大，午后增至最大，夜间风速减小，清晨减至最小。风的日变化，晴天比阴天大，夏季比冬季大，陆地比海洋大。当有强烈天气系统过境时，日变规律可能被扰乱或被掩盖。而风的阵性是指风向变动不定、风速忽大忽小的现象，它是因大气中湍流运动引起的。

风对包装的影响主要表现为：一方面风的存在加速了环境气体的流动，从而加剧了原有环境因素对包装件的影响；另一方面风对包装件有作用力，能使包装件和被包装物受到损坏。强风能破坏固定不牢的储存包装件用的防护罩；强风能干扰装卸作业，并使包装件的装载和卸载产生危险。如果采用敞开式运输工具，风力的影响就更为严重。

四、雨雪

从云中降到地面上的液态或固态水，称为降水。由于云的温度、气流分布等状况的差异，降水具有不同的形态。

雨：自云体中降落至地面的液体水滴。

雪：从混合云中降落到地面的雪花形态的固体水。

霜：从云中降落至地面的不透明的球状晶体，由过冷却水滴在冰晶周围冻结而成，直径 2～5mm。

雹：是由透明和不透明的冰层相间组成的固体降水，呈球形，常降自积雨云。

全球年降雨量变化如图 4－4 所示，即随着纬度的升高，年降雨量通常减少，但雨量最丰富的地区在北纬 5°附近。

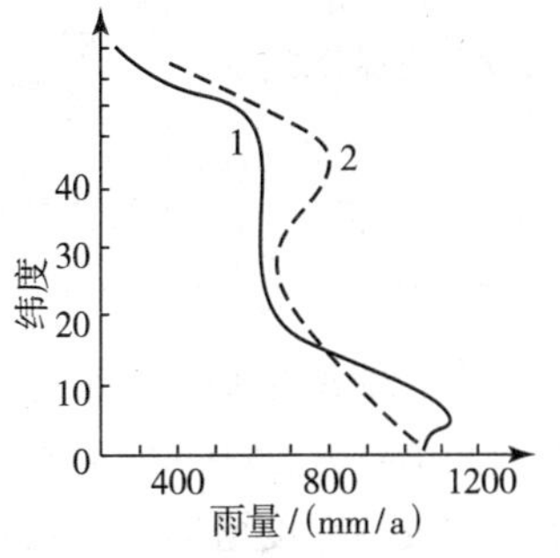

图 4－4　各纬度的年平均降雨量

1－北半球；2－南半球

在流通过程中，产品包装接触雨水的机会很多。雨水以各种方式影响包装件：雨水中有各种阴阳离子，这些离子在一定条件下会转成酸、碱、盐，是促使物体腐蚀的主要因素；有时暴雨伴随着强风，会使雨水降落的倾斜角最大达 60°，极端情况下，大风会使降水几乎成水平方向，还可将落在地面的水吹离地面，这将对户外地面堆放的包装件产生较大的影响。在热带地区常会发生雨水降落地面后即很快蒸发的现象，这是由于热带地区温度高、风力大、阳光强烈、蒸发迅速，这将导致该区域空气的相对湿度显著提高，水蒸气包围包装件或运输件；包装材料长时间受雨淋水浸后会劣化变质，同时暴雨使雨水极易渗进货物内部。这对运输包装件则是十分不利的。

风雪环境大多发生在寒冷及严寒地区，当强风吹雪时，雪的晶体破裂开被磨蚀成大小大致相等的球形的或略带棱角的颗粒，温度越低，雪的颗粒越小。包装好的物品会因这些小雪粒的积聚而受到损害。同时北方冬天冰雪积于露天堆放的包装件上，待融化后即成雪水，继而影响被包装物品。

五、太阳辐射

辐射是具有能量的称为光量子的物质以横波形式在空间传播的一种形态，传播时所具有的能量称为辐射能。太阳辐射是一种由太阳发出的以电磁波形式传到地球上的能量。若辐射能的来源是依赖从外界获得能量或有物体内能的消耗，这种辐射称为热辐射。

太阳的辐射能在地球表面的分布，由于纬度的不同而不一样。因为太阳不是总位于赤道上空，而是往返于赤道南北纬23°37′之间，这样就使地面有了四季之分，也造成了地球的气候带，北半球各纬度带的太阳辐射强度分布情况如表4－1所示。

表4－1　北半球各纬度带的太阳辐射强度

时间段	纬度带范围	纬度带占全球面积的百分比/%	太阳辐射强度平均值/($kJ \cdot cm^{-2} \cdot d^{-1}$)
夏半年（秋分与春分之间）	0°～20°	0.17	2.514
	20°～40°	0.15	2.555
	40°～60°	0.11	2.107
	60°～90°	0.07	1.466
冬半年（秋分与春分之间）	90°～60°	0.07	0.138
	60°～40°	0.11	0.708
	40°～20°	0.15	1.140
	20°～0°	0.17	2.136
全年		0.50	1.830

在一般温带和湿热带地区一天中太阳最大辐射强度可达5.86J/（cm^2·min）；在干热带及海拔1000～3000m的高原地区约为6.70J/（cm^2·min）。在海拔3000～5000m的高原地区，由于大气透明度增加，因此太阳辐射最强，其强度达到7.50J/（cm^2·min）。如在我国西藏那曲地区（海拔4300m），曾测得太阳辐射强度的最大值为7.66J/（cm^2·min）。太阳辐射经过大气削弱以后，直射地面的部分称为直接辐射。太阳辐射受大气介质散射作用而形成的从天空各个方向投射到地面的辐射称为散射辐射。以上两部分的总和就是总辐射。总辐射变化取决于太阳高度、大气透明度、云量等因素的共同影响。

光辐射对包装件的影响主要是由于光具有很高的能量。包装材料、包装产品中对光敏感的成分能迅速吸收光并转化为光能，从而激发包装件发生物理、化学以及生化反应等，使包装件或内装物产生质量变化。在光照下，酒类产品能加速发生氧化反应而变混浊；食品中营养成分的分解将加速（包括加速油脂的氧化反应而发生氧化性酸败；使食品中的色素发生化学反应而变色，导致维生素破坏等）；橡胶、塑料、纺织品、纸张会加速老化。

光具有一定波长，不同波长的辐射构成了辐射光谱。太阳光谱主要由紫外线（波长小于400nm）、可见光（波长在400～760nm之间）及红外线（波长大于760nm）组成。在大气层外，紫外线占太阳光总光通量的7%左右，经过大气层的吸收到达地面时所占比例已很小，一般不超过1%。然而紫外线对包装材料（尤其是塑料、橡胶等）产品（如食品）的质量变化却影响很大。有机材料中的离解能对应于紫外光谱中各种波长的能量，通常称为材料的最大敏感波长。高分子材料的最大敏感波长如表 4－2 所示。而红外线有增热作用，可以使包装件的温度升高，可增加产品的温度，降低产品的含水量。

六、城市气候

表 4－2　高分子材料最大敏感波长

材料名称	最大敏感波长/μm
聚乙烯	0.3
聚丙烯	0.31
聚氯乙烯	0.31
聚苯乙烯	0.318
聚酯	0.325
氯乙烯和醋酸乙烯酯共聚物	0.322～0.364

城市是人类活动的中心，在城市里人口密集，下垫面变化最大。工商业和交通运输频繁，耗能最多，有大量温室气体、“人为热”、“人为水蒸气”、微尘和污染物排放至大气中。因此人类活动对气候的影响在城市中表现最为突出。城市气候是在区域气候背景上，经过城市化后，在人类活动影响下而形成的一种特殊局地气候。在 20 世纪 80 年代初期美国学者兰兹葆曾将城市与郊区各气候要素的对比总结如表 4－3 所示。

表 4－3　城市与郊区各气候要素的对比

要　素	市区与郊区比较
气温	年平均高 0.5～3.0℃，冬季平均最低高 1～2℃，夏季平均最高高 1～3℃
相对湿度	年平均小 6%，冬季小 2%，夏季小 8%
辐射与日照	太阳总辐射少 0～20%；紫外辐射：冬季少 30%，夏季少 5%，日照时数少 5%～15%
云和雾	总云量多 5%～10%，雾：冬季多 1 倍，夏季多 30%
降水	降水总量多 5%～15%，<5mm 雨日数多 10%，雷暴多 10%～15%
降雪量	城区少 5%～10%，城区下风方多 10%
大气污染物	凝结核比郊区多 10 倍，气体混合物多 5～25 倍
风速	年平均小 20%～30%，大阵风少 10%～20%，静风日数少 5%～20%

第二节　环 境 因 素

环境因素主要包括气压、臭氧、盐雾、化学气体、灰尘与沙尘等。

一、气压

气压即大气的压强，通常取纬度 45°处海平面的平均大气压作为标准大气压。在温度为 0℃时，正常的重力加速度下，它等于 0.101MPa（101.325kPa）。在海平面以上，一般气压随海拔高度的增加而降低，在海拔 1～5km 之间，海拔每增高 100m，气压约降低 0.8～1.07kPa。在垂直空间范围内，气压的变化亦近似该值。

通常气压呈现周期性变化与非周期变化。一个地方的地面气压变化总是既包含周期变化，又包含非周期变化，只是在中高纬度地区气压的非周期性变化比周期性变化明显得多，因而气压变化多带有非周期性特征。在低纬度地区气压的非周期性变化比周期性变化弱小得多，因而气压变化的周期性比较显著。气压对包装件质量的影响主要表现为包装件内外压差所造成的影响，特别是对于气密性包装，低气压对包装件的影响尤应关注。在经历高原地区或航空运输中的包装件，低气压环境可能造成密封包装件的气体渗透加剧，密封性能下降，甚至引起包装容器的破损，引起低密度材料会发生物理和机械性能变化。同时研究表明，低气压对电子产品的某些电气性能有明显影响。随着气压的减小，电子产品的电压、电晕减小，外绝缘电气强度也降低；同时气压降低会使某些材料中含有的填料和溶剂物质加速挥发或蒸发，促使材料加速老化和失效。

二、臭氧

大气中的臭氧主要是由于在太阳短波辐射下，通过光化学作用，氧分子分解为氧原子后再和另外的氧分子结合而形成的。另外有机物的氧化和雷雨闪电的作用也能形成臭氧。

大气中的臭氧分布是随地处高度、纬度等的不同而变化的。世界各地的大气臭氧浓度差别不大。世界上大部分地区靠近地球表面的大气中，臭氧的浓度很少超过 0.04 ~ 0.1mg/m^3，实际上浓度更低。但不能忽略它的作用，因它的化学腐蚀大约比大气中的氧的腐蚀性大 200 ~ 500 倍。研究发现，2 ~ 4mg/m^3 的臭氧浓度，即能对聚硫橡胶的腐蚀产生大的影响，在老化过程中，由于臭氧能跟橡胶的不饱和键起作用，使橡胶膨胀，致使其表面产生裂纹，尤其在张力条件下，对暴露在户外的制品来说，不饱和橡胶的臭氧龟裂，是气候老化中最严重的问题。

三、盐雾及化学气体

1. 盐雾

由于海浪冲击海岸，飞溅的海水成为雾状而进入空气中形成的氯化物微粒（包括氯离子），通常称为盐雾。一般以单位体积空气中氯化物的含量来表示（mg/m^3）。盐雾的沉降量，通常是以一昼夜中物体单位面积上所沉积的氯化物含量［mg/（m^2 · d）］来表示。盐雾可随风飘入距海面 30 ~ 50km 的沿海陆地上空。

在包装产品流通过程中，堆放于沿海港口码头、运输船甲板的包装件会受到盐雾的影响。通常，干燥的盐粒影响极微，但是当空气潮湿、大雾或细雨降落时，盐粒便会被溶于水中呈离子状态，此时的氯离子，就具有很强的腐蚀作用，同时易被受潮的金属表面所吸附，破坏金属或其表面镀层的钝化膜而导致金属腐蚀。

2. 化学气体

在城市以及工业区的大气中，工厂动力燃烧和生活中燃烧的含硫煤以及石油制品制造等过程中产生的废气被排放到大气中，这些废气中含有大量 HCl、Cl_2、SO_2、NO_2 等有害气体及水蒸气，在扩散过程中，与空气中的水分相结合，生成 HCl、H_2SO_4、H_2CO_3 等酸性物质，对环境造成污染，如表 4 - 4 所示，同时在风力的作用下，飘洒在金属表面，破坏有色金属及不锈钢的钝化膜，对金属造成腐蚀，包装件的表面油漆产生腐蚀作用。

研究表明，在不同的大气环境下，金属材料呈现不同的腐蚀速率。其中，碳钢的腐蚀速率空间差异最为明显，铜次之，锌最不明显，这与它们对大气污染的敏感性顺序一致。同时碳钢、铜的腐蚀速率与大气 SO_2 关联度最大，锌的腐蚀速率与降水酸度、相对湿度关联度最大，体现出酸性湿环境的强大气腐蚀性。

表 4-4　工业排放物对环境的影响

排放物	形成原因	环境影响
一氧化碳（CO）	碳的不完全燃烧产物	烟雾
二氧化硫（SO_2）	硫的燃烧产物	酸雨，烟雾
氧化氮（NO_2，NO）	燃烧过程的副产品	酸雨
水蒸气（H_2O）	氢的燃烧产物	汽雾
粒子尘、烟灰	未燃或部分燃烧的碳或碳氢化合物	烟雾

此外，一些包装材料，如塑料、木材及密封用的橡胶、黏合剂、密封胶等，也会挥发出一些化学活性物质，这些气体在产品流通过程中很可能影响内装物，在潮湿环境下也可能引起内装物的加速腐蚀。

四、灰尘与沙尘暴

灰尘包括工业粉尘，是指直径为 1～100μm 范围内的颗粒，通常以空气中含有的浓度 mg/m^2 或沉积量 $mg/(m^2 \cdot d)$ 表示。通常在清洁的户外，灰尘沉积量较少，月平均值是 $10 \sim 100mg/(m^2 \cdot d)$；而在多尘地区的户外环境，其沉积量月平均达 $300 \sim 550mg/(m^2 \cdot d)$。

沙尘暴是指大风扬起地面的尘沙，使空气混浊，水平能见度小于 1km 的天气现象。其强度除用浓度、沉积量表示外，还可以用沙暴日数来表示。我国北方地区沙尘暴天气较严重，一年中的沙尘暴主要集中在每年的春季，其中 4 月份最严重，约占所有沙尘暴次数的 50%。

灰尘、沙尘对包装和产品的危害主要是通过渗透和磨损造成的。空中悬浮的灰尘、沙尘，直径大多较小，但具有一定的硬度。伴随着大风，灰尘、沙尘将易渗入密封不严的包装件，同时长时间的作用，将对包装件产生磨损等破坏作用。此外一些酸性或碱性灰尘易吸水汽而潮解，加速包装物的腐蚀。

第三节　气象环境条件与防护包装原理

随着现代工业技术的迅速发展与国际贸易的扩大，包装件流通区域愈来愈广阔，包装件流通过程中所经受的气象环境条件也愈来愈复杂多样。产品在生产、储存、运输、使用过程中要受到各种环境条件的影响和制约，特别是在高温、低温、高湿、低湿、低气压等气象条件下保证包装产品质量与安全尤为重要。为此只有对气象环境条件进行合理分析，才能制定合理的安全标准与制度，正确选择产品的环境防护措施，保证产品能承受恶劣气候环境的影响以及使用过程中的安全可靠。

一、气象环境条件及其表征

针对包装件经历的气象环境条件进行防护性包装，正确认识气象环境条件并加以定量表征是基础。为此需要掌握极端气象环境条件、气象环境条件的相互影响，在此基础上对各类气象环境条件进行正确分类与定量表征。

1. 极端气象环境条件

极端气象环境条件是指在所统计的时段内，流通区域出现过的气象环境因素的极限值（最高或最低值）。很多包装材料、产品有其适宜的气象环境条件使用、储藏范围，若超出此范围，包装材料、产品的性能与质量将大大降低，甚至失去其使用价值。在产品的气象环境防护性包装设计试验中，高温、低温、高湿、低湿、低气压等极端气象因素，通常是考虑的主要因素。

同时，在包装产品的设计、流通和使用过程中，不仅需要掌握过去曾出现过的极端情况，而且要了解环境参数的持续时间和频率对包装质量的影响。当某个极端因素参数对产品的影响比较明显时，对应的各级因素的持续时间和频率通常就反映了该因素对该产品的严酷程度。

2. 气象环境因素的综合效应

极端气象环境条件反映了某单一因素对包装件的影响。但气象环境因素并不是孤立的，如温度、湿度和气压是始终存在的，它们彼此间相互影响，还可能与其他环境因素相互作用，同时包装材料、产品的质量变化也与多因素相关，这些多因素的同时存在，其产生的综合效应往往将加剧对产品的危害。由于气象环境因素很多，产品性能变化的机理复杂，环境因素的综合效应对实际产品性能影响往往需要通过一系列试验才能加以认识。以下就环境因素中的重要因素如温度、相对湿度与其他因素间的相互关系加以简要说明。

（1）温度与其他环境因素的综合效应。通常环境温度的变化将引起其他因素的一系列变化。

温度与相对湿度变化密切。当湿空气的实际水汽含量不变时，随着温度的升高，饱和水汽压迅速增大，而实际水汽压基本不变，因而相对湿度的数值就会减少。相反随着温度的降低，环境相对湿度将增加，急剧的温度变化甚至使原有低相对湿度的环境达到饱和状态，引起水汽结成水、霜或冰。

观测表明，自然环境条件下同时出现高温、高湿的环境条件并不多。我国夏季出现极高温、极高湿的天气（≥35℃时，相对湿度大于75%）是很少见的。当气温在30～35℃，只有长江中下游、江淮地区和东南沿海及华南的部分地区相对湿度较高，相对湿度76%～90%的概率为10%～20%。

温度与气压环境因素的关系非常密切，随着温度的升高，材料的气体渗透作用加剧，而环境气压的变化，也同时影响各种包装材料的渗透性。同时在特殊的运输工具内（如空运环境），存在低温低湿低气压的极端工况。

高温有助于增加盐雾、沙尘所引起的腐蚀速率、增加臭氧的作用；高温和太阳辐射有着天然的联系，辐射越强，温度越高。当然高温将引起生化反应的速度变化，导致产品特别是食品氧化反应增强，微生物繁殖加快，果蔬产品呼吸速率增大，蒸发速度加快等。

（2）相对湿度与其他环境因素的综合效应。湿度会增加低压效应，尤其是电子器材设备。但是，这两种因素综合的实际效应，要由环境温度来确定。高湿度与高污染环境的结合，极易使环境中的化学气体吸潮溶解，对金属包装件产生强烈的腐蚀作用。

在近海及海上区域，高湿与高盐雾环境较普遍，这将加剧两因素对包装件的影响。高湿度条件下，臭氧易与水蒸气反应形成过氧化氢，其对塑料和橡胶等材料的损害程度更严重。

沙尘与相对湿度有天然的联系，环境相对湿度低，引起沙尘天气的概率增大。

同样高湿将引起生化反应的速度变化，导致微生物繁殖加快，产品变质加剧。

3. 流通环境的参数化

包装件在储运过程中所经历的气候环境条件具有复杂多变性、随机性，有些因素是可预测的，有些则是不可知的；这就给产品的防护性包装设计试验带来一定的困难。为了便于工程设计，满足国际间贸易与技术交流的需要，20 世纪 70 年代开始，国外工业发达国家进行了一系列流通环境条件试验研究，对各类环境条件进行科学的分类，对环境的严酷程度进行定量的描述，制定相应的环境条件试验标准。1980 年国际电工技术委员会（IEC）发布了《环境参数及其严酷分类的应用》系列标准。

IEC 将流通环境按条件、性质的不同分为气候条件、生物条件、化学活性物质、机械活性颗粒和机械条件 5 类，并将这 5 类条件分为 45 种参数，每种参数又按严酷程度分为若干等级。

我国国家标准 GB 4796—2008《电工电子产品环境条件 第 1 部分：环境参数及其严酷程度》列出了更详细的 4 类 50 种环境参数，这里的 4 类环境参数为气候环境参数、生物化学环境参数、机械活性物质、机械环境参数。其中气候环境参数的分级描述见国家标准 GB/T 4798 · 2 –2008《电工电子产品应用环境条件 第 2 部分运输》所示。

二、防护包装的基本原理

总体上讲，防护包装的基本机理是根据被包装物的基本特性，结合包装件的流通条件，设计合理的防护包装，阻隔或延缓包装产品品质指标的变化，使产品在保质期内达到产品防护包装的要求。

引起包装产品品质变化的原因不外乎产品本身的品质指标易变性、流通环境条件对其品质指标的影响。包装产品与流通环境的相互关系可用图 4 –5 说明。包装后的产品处于流通环境中，流通环境与包装件之间存在着影响产品品质指标的交换与传输，而这种相互的交换传输将直接导致产品品质指标的下降（也存在使产品品质指标提高的极个别例子）。

防护性包装的基本原理可用图 4 –6 来表征。图中 Q 表示产品的品质指标；T 表示产品包装保质期；Q_0、Q_T 分别表示产品初始品质指标、包装保质极限品质指标。曲线 Q_N 表示未包装产品流通过程中的品质指标变化，曲线 Q_P 表示包装产品流通过程中的品质指标变化。可以看到包装的防护性作用主要体现在延缓包装产品品质指标的变化速率。

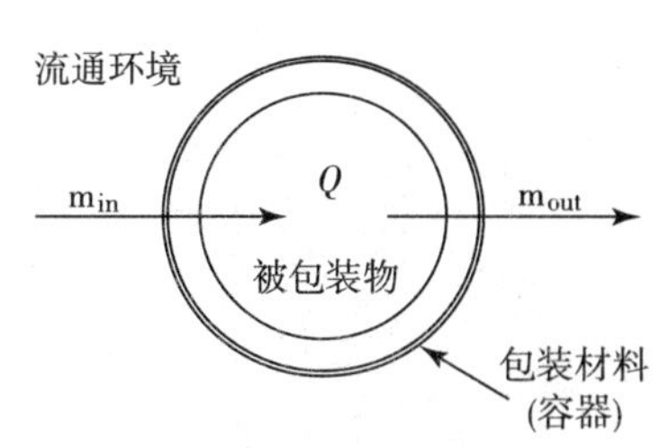

图 4 –5　流通环境与包装件之间的关系

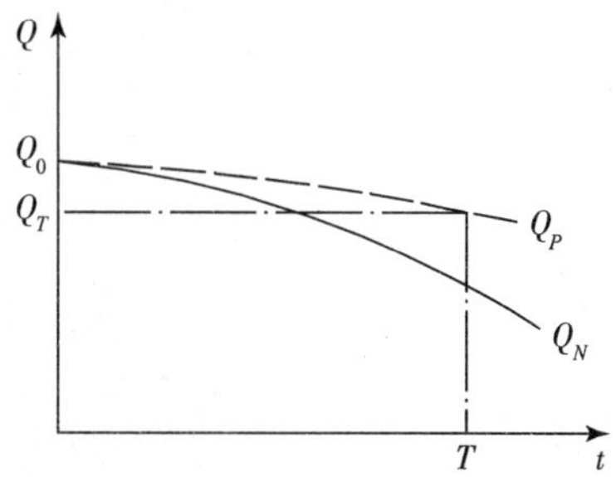

图 4 –6　产品品质随流通时间的变化

一般的防护性包装总是结合产品保质期进行的。合理的包装可保证包装产品在保质期内的品质性能要求，即：

$$Q\Big|_{t=T} \geqslant Q_T$$

基于以上分析，可得出防护包装设计一般流程如图 4－7 所示。其中产品包装品质指标与保质期要求、产品物性与质量变化机理、流通环境参数、包装材料基本性能参数等是包装设计的基础性参数，结合这些参数，进行防护包装设计，并进行包装试验与评价。若评价不符合要求，需要进行重新设计。此时，通常可采取调整包装材料或包装工艺、调整产品初始质量等方法以满足原定包装要求，也可采用缩短包装保质期指标，以降低包装要求。当然一些具体产品的防护性设计中，也可基于包装设计，确定产品的保质期。

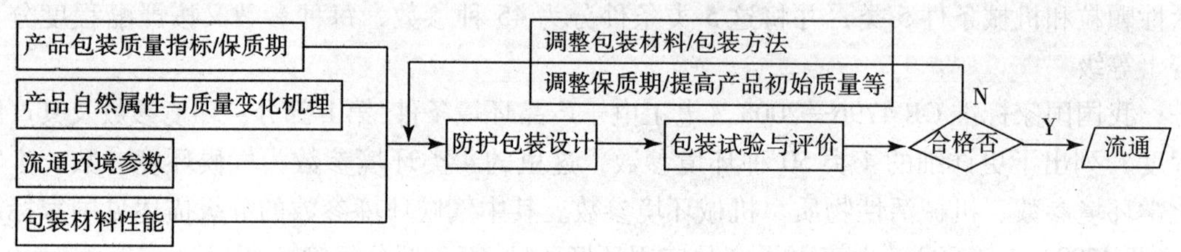

图 4－7　防护包装设计流程

从设计过程看，结合流通环境条件，进行包装产品品质变化的分析与预测是关键，这也是目前产品防护性包装面临的主要课题。

思考题

1. 气象环境因素主要有哪些？各种因素对产品包装有何影响？
2. 极端气象环境条件、环境条件的综合效应对产品包装有哪些影响？
3. 流通环境的参数化对防护包装设计有何意义？
4. 结合具体产品，如何理解防护包装的机理与设计过程？

第二篇

包装工艺

第五章 软包装工艺

软包装（Flexible Package）是指在充填或取出内装物后，容器形状可以发生变化的包装。用纸、纤维制品、塑料薄膜、铝箔，以及它们的复合材料所制成的各种袋、盒、套、包封等都是软包装。

第一节 软包装材料

一、软包装塑料薄膜

软包装常用的薄膜基材一般以塑料薄膜为主。所有的热塑性塑料薄膜的性能，不仅与使用的原材料粒子有密切关系，还与薄膜的生产工艺及参数有关。塑料薄膜的常用加工方法有挤出流延法、吹塑法、双向拉伸法等。软包装塑料薄膜有：

①通用塑料薄膜。聚乙烯薄膜（LDPE、HDPE、LLDPE、VLDPE、mPE），聚丙烯薄膜（CPP、BOPP），聚氯乙烯薄膜（PVC），聚酯（PET），聚酰胺薄膜（PA），聚苯乙烯薄膜（PS）、纤维素塑料薄膜（PT）等。

②高性能塑料薄膜。聚碳酸酯薄膜（PC）、聚氨酯薄膜（PU）等。

③高阻隔塑料薄膜。聚偏二氯乙烯薄膜（PVDC）、乙烯－乙烯醇共聚物薄膜（EVOH）等。

④功能薄膜。热收缩薄膜、拉伸缠绕型薄膜、抗静电薄膜、保鲜薄膜等。

二、软包装复合材料

复合材料就是将不同性质的薄膜通过一定的方式黏结在一起，使之成为统一的整体，从而克服各自的缺点，发挥各自的优点，改进单一薄膜的不足，提高包装材料的保护性能。

1. 种类

复合材料的种类很多，常见的分类方法是：

①按生产工艺分类，有干式复合膜、挤出复合膜、无溶剂复合膜、湿式复合膜、涂布

复合膜等。

②按材料分类，有纸复合材料、铝箔复合材料、塑料薄膜复合材料、织物复合材料等。

③按功能分类，有高阻隔膜、蒸煮膜、抗菌膜、抗静电膜、真空包装膜、气调包装膜等。

2. 结构

常规软包装的结构可用外层、中间层、黏合层、内层等来区分：

①外层材料。通常是机械强度好、耐热、印刷性能好、光学性能好的材料。常用聚酯（PET）、尼龙（Nylon）、拉伸聚丙烯（BOPP）、纸（Paper）等。

②中间层材料。通常是用于加强复合结构的某一性能，例如阻隔性、蔽光性、保鲜性、强度等。常用铝箔（Al）、镀铝膜（VMCPP、VMPET）、聚酯（PET）、尼龙（Nylon）、聚偏二氯乙烯涂布薄膜（KBOPP、KPET、KONY）等。

③内层材料。主要作用是封合性，其次是材料的耐压、跌落、密封性能等。常用未拉伸聚丙烯（CPP）、聚乙烯（PE）及其改性材料等。

④油墨层。主要作用是实现图文信息的传递及色彩的再现，增加促销效果。

⑤黏合层。用于将两层或两层以上的材料黏合在一起，使之成为一个整体。黏合层与薄膜材料间的黏合强度是评价复合材料内在性能的一个重要指标，不同的包装对黏合剂的特性会有不同的要求。

第二节　袋装工艺

袋装是软包装中应用最为广泛的工艺方法之一。所有的软包装材料都可以用于袋装。袋装具有很多优越性，例如适用范围较广，既可包装固体物品，也可包装液态物品；既可用于销售包装，也可用于运输包装；工艺操作简单，包装成本较低，包装件毛重与净重比值最小，无论空袋或包装件所占空间均少，销售和使用都十分方便。但与硬包装（Rigid Package）相比，强度较差，容易受环境条件影响，包装储存期较短。

一、包装袋的类型

包装袋可分为运输包装袋和销售包装袋两大类型。

1. 运输包装袋

（1）运输包装袋的种类。

按其承载量可以分为重型袋和集装袋两种。

①重型袋有全塑料薄膜袋、纸塑复合袋、塑料编织袋和塑料无纺织物袋等，承载量为20～50kg，广泛用于树脂、农药、化肥、水泥、矿砂、饲料、粮食、蔬菜、瓜果等物品的运输包装。

②集装袋是用合成纤维或塑料扁丝编织并外加涂层的大袋，通常呈圆筒形或方形，承载量有0.5t、1t、1.5t等多种。常用做粉状、颗粒状化工产品、矿产品、水泥及农副产品的运输包装。

（2）运输包装袋的形式。

运输包装袋常为三层以上的结构。可以是纸塑等复合材料。其结构形式主要有：

①阀式缝合袋。阀式缝合袋包括平袋和带 M 型褶边袋。这种袋在装货前已将袋口缝合，只在袋侧面留有一阀口，装货时通过该阀口装入颗粒状、粉末状物料后，将袋稍朝阀口侧倾斜，即可使阀关闭，保证充填装物料不从阀口流出。为了排出充填时袋内空气，纸袋纸必须有一定的透气度，否则会使粉末物料反喷，恶化生产环境和降低充填速度。其基本形式有：阀门在内侧，加筋片，两头缝的活门袋，如图 5－1 中①所示；阀门在外，加筋片，两头缝的活门袋，如图 5－1 中②所示。

②开口缝底袋。包括平袋和带 M 型褶边袋。这种袋包装货物前将底缝合，装填物料方便迅速，外形规格尺寸相同时平袋容积小。主要缺点是装货后必须封口，并由于尖底很难自立堆放。其基本形式有：加筋片，一头缝合，另一头开口的重包装袋，如图 5－1 中③所示；不加筋片，一头缝合，另一头开口的重包装袋，如图 5－1 中④所示。

③阀式黏底袋。与缝底袋相比，阀式黏底袋无针脚孔引起的强度降低，密封性较好，再加上防潮底可制成良好的防潮纸袋。其基本形式有：内阀式黏底袋，如图 5－1 中⑥所示，也称内封式双黏底袋；外阀式黏底袋，如图 5－1 中⑦所示，也称外内封式双黏底袋，阀门在外。

④开口黏底袋。这种袋底是粘接而成的，呈六角形，装货后可直立堆放。其基本形式有：一头黏结的开口袋，如图 5－1 中⑧所示；自动黏底开口袋，如图 5－1 中⑨所示。

⑤角部开口的两端缝底袋，如图 5－1 中⑤所示。

⑥两头全开的捆包袋，如图 5－1 中⑩所示，常用于集装袋。

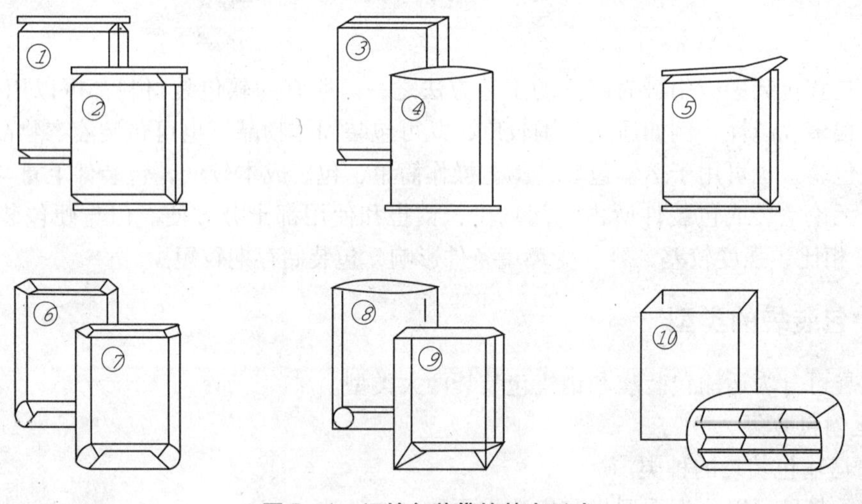

图 5－1　运输包装袋的基本形式

2. 销售包装袋

销售包装袋主要用于食品和日用品包装，一般装载量为 10kg 以下。按照制袋和装袋的方法可分为预制袋和在线制袋两类。

（1）预制袋是在包装之前用手工或制袋机制成，由制袋车间或专业制袋工厂供应。装袋时先将袋口撑开，充填后封口。图 5－2 和图 5－3 分别是以纸为基材和以塑料为基材的复合材料预制袋。

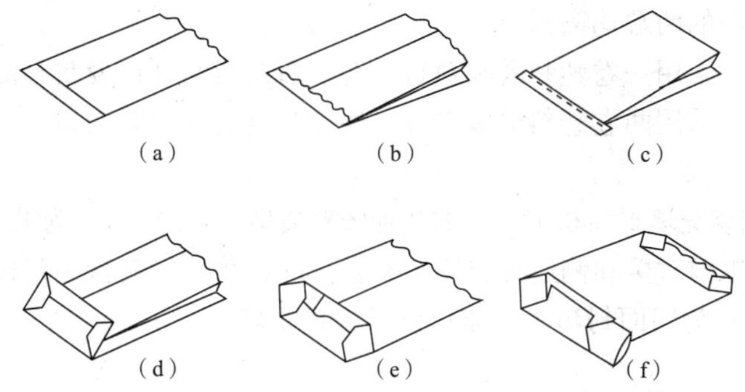

图5-2　以纸张为基材的预制小袋

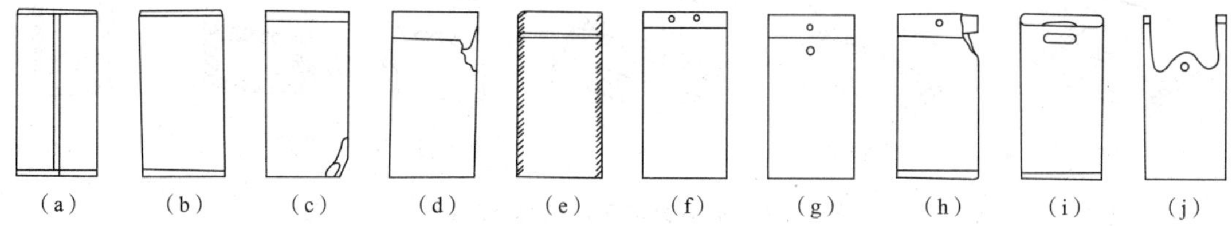

图5-3　以塑料薄膜为基材的预制小袋

图5-2（a）、(b)、(c）是尖底袋；(a）是尖底平袋，类似信封，以纵向搭接和底部翻折黏结成型，用于装扁平的物品；(b)、(c）是尖底带M型褶边袋，袋子容积大，袋口容易打开，装物方便；袋底的封合方式分别为黏合式［图5-2（b)］与缝合式［图5-2（c)］。图5-2（d)、(e)、(f）是平底袋，物料装满后可以立放，且袋口容易打开。平袋底有四边形［图5-2（d)］和六边形［图5-2（e)、(f)］两种；(d）通常带M型褶边，能够自动打开袋口，只要捏住袋口处一抖，袋口就会张开；袋底呈长方四边形，充填很方便；(e）称书包型袋，两侧无褶，但撑开后与自动开口袋无异；(f）是一种粘接阀门袋，两端均封住，在袋的一端角部有充填用的阀管，充填后将阀管折叠后封住。

图5-3为常见的几种预制塑料小袋的形式。其中（a）为背面折叠搭接部位和底部经热封形成的扁平中封袋；(b）为筒状，两侧有褶、底部经热封形成的筒状侧褶袋；(c）为底部有褶、两侧边缝经热封形成的底部有褶袋；(e）为两侧边缝经热封，开口处有一根可噬合的塑料压带，用于包装食品及小工艺品的开启封合袋；(f）为两侧边缝经热封，开口处有小孔的侧封悬挂袋；(g）为两侧边缝经热封，开口处加盖并有按扣的按扣封合袋；(h）为两侧边缝经热封，开口处有加强衬板和小孔，穿上绳子后可提携的衬板带孔袋；(i）为筒状薄膜底部经热封，开口处有腰形孔的手提袋；(j）为两端热封，两侧有褶，上部模切成“W”型的开口，两侧留有手提带，是目前零售商店最广泛使用的一种方便购物袋，又称背心袋。

预制塑料袋用手工或制袋机制成，在包装操作前已将不合格品剔除掉，因此，品质比较有保证。其优点是：制袋接缝牢固，平整美观，并可制成异型袋，但用预制袋包装时生产效率低，不便于机械化操作。

（2）在线制袋装袋是指在制袋-充填-封口机上，连续完成制袋、充填和封口等工序。袋子的主要形式有：

①枕形袋。枕形袋有纵缝搭接和侧边有褶的袋、纵缝对接和侧边有褶的袋，也可以是

无纵缝筒状袋，它们的两端均需封合。

②三面封口袋。采用一卷塑料薄膜对折，充填后两侧与开口处封合的平袋。

③四面封口袋。采用两卷塑料薄膜对齐，底侧封合后充填并封口。

④直立袋。

图5－4为在制袋充填封口机上生产的几种塑料袋型。其中（a）为纵缝搭接和侧边有褶枕形平袋；（b）为纵缝对接和侧边有褶枕形平袋；（c）为纵缝对接裹包枕形袋；（d）为三面封口平型袋；（e）为四面封口平型袋；（f）为直立袋。

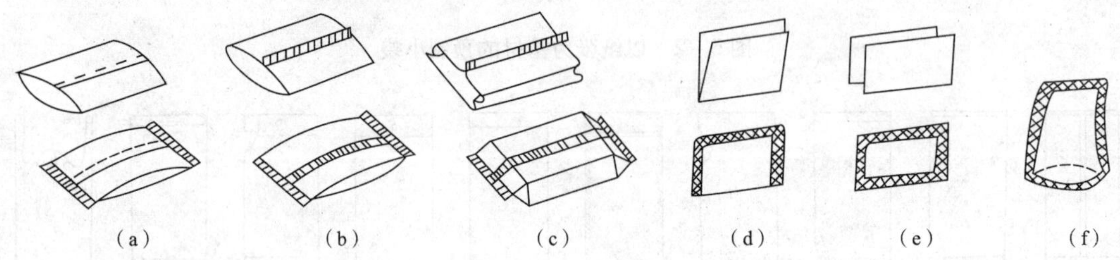

图5－4　制袋充填封口机生产的袋型

在制袋充填封口机上可以连续完成制袋装袋的全部工序，大大节省了包装材料、劳力和能源，而且生产效率高，降低生产成本。缺点是不合格袋在充填包装前不易发现，只能在包装完成后进行检测，造成了一定的浪费。

二、袋装工艺及设备

袋装工艺过程与包装物品所用的袋型、制袋方法及包装设备有关。

1. 大袋装袋工艺

大袋通常都是预制袋。

（1）操作方式。

①手工操作。人工取袋、开袋，把袋口套在放料斗下或充填管上，充填完毕后将袋移至封口工位进行缝合、黏合或热封。

②半自动操作。在手工操作的基础上，附加某些机械辅助作业即成为半自动操作。通常由人工取袋、开袋，把袋口套在充填管上，其后由机械夹袋器夹袋，充填完成后，由输送带将袋送至封口工位，进行机械封口。

③全自动操作。袋子从贮袋器中取出，开袋并夹持，送往充填工位进行定量充填，其后送至封口工位进行封口，整个过程由机械操作自动进行。

（2）充填方法。

充填是装袋工艺的主要环节之一，而充填方法与物料性质及其他因素相关。充填的具体方法选择与工艺过程详见第七章：灌装与充填工艺。

（3）封合方法。

大袋的封合方法较多，封合方法的选用与纸袋类型、材料以及包装要求有关。

阀门纸袋具有自折叠封合阀管，可用手工折叠后再封合，也可采用阀管闭合后再折叠封合。

开口纸袋封口方法主要有三种，即缝合法、黏合法以及捆扎法。

①缝合法。缝合法是目前开口大袋最常用的封口法，其方法一般是夹持袋口两角，用棉线或尼龙线，通过缝袋机进行缝合。应根据物料的颗粒度选择缝线针距以防物料散漏。通常缝线针距一般为 3 ~ 6mm，较大时要求缝合密度为 120 ~ 140 针/米；太稀疏会降低缝合强度，太密将降低纸的强度，使袋沿缝线处易破裂。

缝合形式如图 5 - 5 所示。缝合方法分为链式缝合和双锁缝合。链式缝合是将线头穿过袋壁形成环扣，每环套住前一环扣的单线缝合；双锁缝合是将线头穿过袋壁形成环扣，每一环皆由第二根横向线环锁住的双线缝合。二者各有特点，使用时根据袋重、袋的结构来选择。若是轻载袋，可用简易缝合法，将袋壁捏拢后缝合即可。缝合重载袋时，为了增加封口强度，也采用先在袋口处加块纸板或耐撕裂材料后，再进行缝合。此外为提高封口的密封性，也采用袋口皱纹胶带粘接缝合。

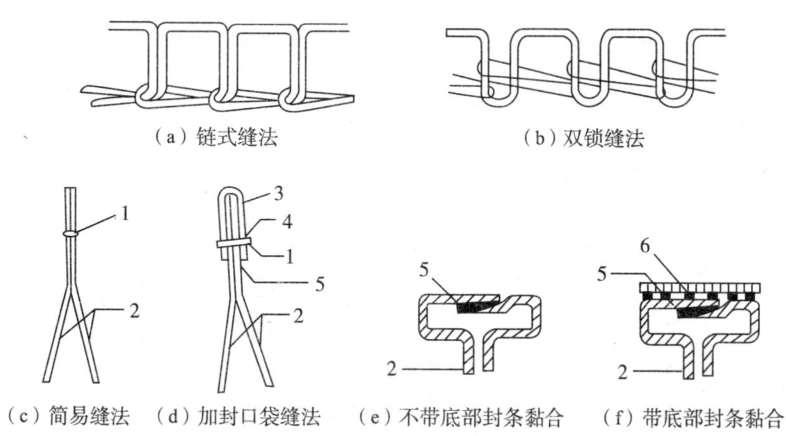

图 5 - 5　袋口缝合法

1 - 缝合线；2 - 袋壁；3 - 封口带；4 - 软线；5 - 黏合剂；6 - 底部封条

缝合式封口方法坚固而又经济，适应性强，使用时开口极为方便，封口速度快，可达 10m/min 以上。但一般的缝合式封口处有缝合针眼，阻隔性能较差。

近年来，对应带 PE 内衬层的纸袋，采用了热封合与缝合的联合封口方法，使封口的密封性与封口强度都得到了保证，包装性能得到了进一步提高。适合于轻载袋、重载袋封口。

②黏合法。开口袋封口也可采用黏合法，即在制袋时，在袋口处涂敷热熔性黏合剂，封口时加热，然后折叠加压进行封合，或在生产线上进行施胶加压封口。黏结式封合密封性能较好，但由于目前技术设备水平的限制，封口速度、封口强度较低，故黏结法一般适合于轻载袋的封口。

③捆扎法。用布条、线绳或金属丝扎紧袋口是最简单快捷的封口方法，但一般也只适合于轻载包装袋；重载多层袋纸的挺度大，扎紧时易使纸张勒破。

2. 小袋装袋工艺

小袋装袋工艺与袋型和所使用的设备有很大关系。

(1) 预制小袋的装袋工艺。一般由取袋、开袋口、充填、封口等工序组成，常采用间歇回转式或移动式多工位开袋充填封口机。因为是间歇运动，充填固体物料的生产速度约 60 袋/分；充填液体物料的生产速度约 30 ~ 45 袋/分。

图 5 - 6 为一种在回转式开袋充填封口机用预制塑料小袋的包装工艺过程示意图；储

袋架 1 上叠放的预制小袋被取袋吸嘴 2 从最上面取走，并将袋转成直立状态，通过上袋吸头 3，送交充填转盘 4 的夹袋手 6 夹住，然后随转盘 4 转动，在不同工位上依次完成 5 打印、7 开袋、8 固体充填（或 9 液体灌装）、预封袋口部分长度等动作，再由送料机械手 11 将其移送给另一真空密封转盘 12 的真空室内，并经 13、14 二级抽真空后进行 15 热封和 16、17 冷却。最后打开真空室将包装件 18 送出机外。

图 5－7 为直立袋在直移式开口充填封口机上的包装工艺过程示意图。预制的直立袋下面封合着底材，当物品充填进入后，袋子就会成为图 5－4（f）的形状。图 5－7 中卷筒预制直立袋 1 在侧导轨 2 和下导轨 3 之间，由送进装置 4 间歇带动向前移动，经过光电监控装置 5，四个袋子一组，在分切工位由分割器 6 切开连体袋身、切断器 7 切掉顶部，到达灌装工位由吸嘴打开袋口，并由升降装置 8 将四个袋子一同升起，用充填装置 9 装入物品，完毕后降下，由封合装置热封袋口，然后成品 10 随传送带 11 输出。

预制塑料小袋可以包装三面、四面封口的扁平袋，或者是各种直立袋；主要采用各种复合包装材料。

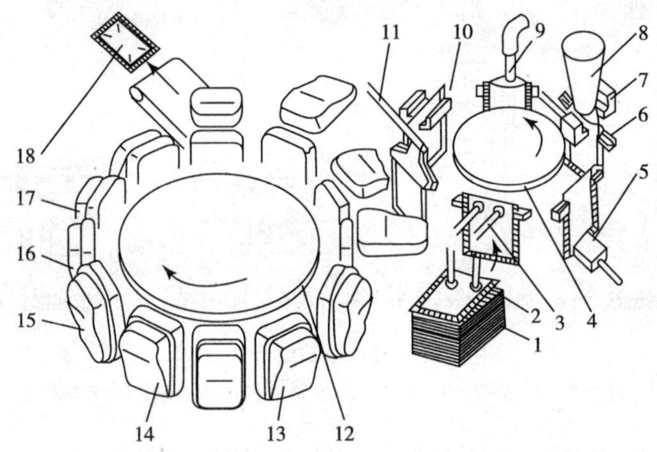

图 5－6　预制小袋在回转式开口充填封口机上的包装工艺过程示意图

1－储袋架；2－取袋吸嘴；3－上袋吸头；4－充填转盘；5－打印器；6－夹袋手；7－开袋吸头；8－加料斗（固体物料）；9－加料管（液体物料）；10－预封器；11－送料机械手；12－真空密封转盘；13－第一级真空室；14－第二级真空室；15－热封室；16、17－冷却室；18－包装件

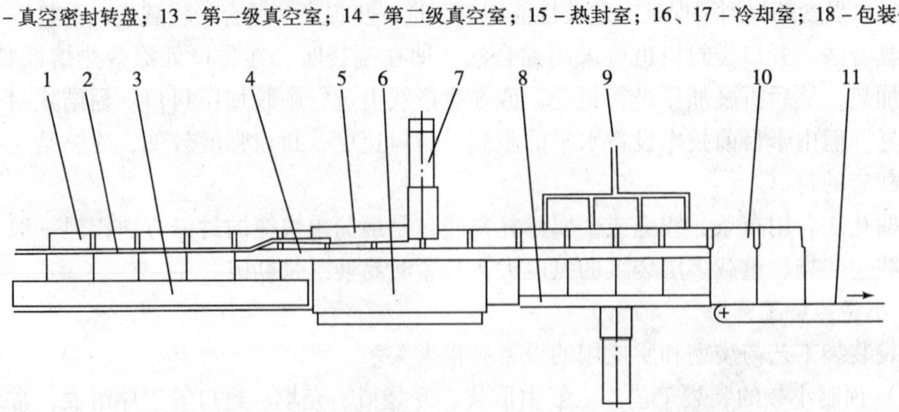

图 5－7　直立袋在直移式开口充填封口机上的包装工艺过程示意图

1－卷筒预制直立袋；2－侧导轨；3－下导轨；4－送进装置；5－光电监控装置；6－分割器；7－切断器；8－升降装置；9－充填装置；10－成品；11－传送带

（2）在线制袋装袋工艺。一般由制袋充填封口机完成。制袋充填封口机有卧式和立式两种；各自结构也不相同。它们的制袋成型器有翻领、象鼻、三角板、U形板和V形板等多种形式，这些在《包装机械》课程中均已做过详细讨论。

图5－8为枕型袋在立式制袋充填封口机上的包装工艺过程示意图，卷筒包装材料经翻领成型器2和纵封器4搭接成圆筒状，由送料管1供料并由送进皮带5利用摩擦力向下牵引，用横封器6从两边封口并用裁切刀7分切，从图中可以清楚地看到横封器的热封面上带有锯齿形波纹，波纹应相互啮合以获得良好的封合效果，裁切刀7在横封器6的中部，它将封口一分为二，一只袋的袋顶封和一只袋的袋底封合，从而形成纵缝搭接两端封口的枕型包装件8。机器可安装不同的输料计量装置以供应不同形态的物料，如颗粒状、流质状或黏稠状物料；其送料管的直径可以变换，以获得不同尺寸的枕型袋；机器的生产率随物料形态、包装材料不同而异，当间歇送进时，生产速度为20～120包/分；在连续送进时，使用旋转或同步横封器，生产速度可提高到150～200包/分。

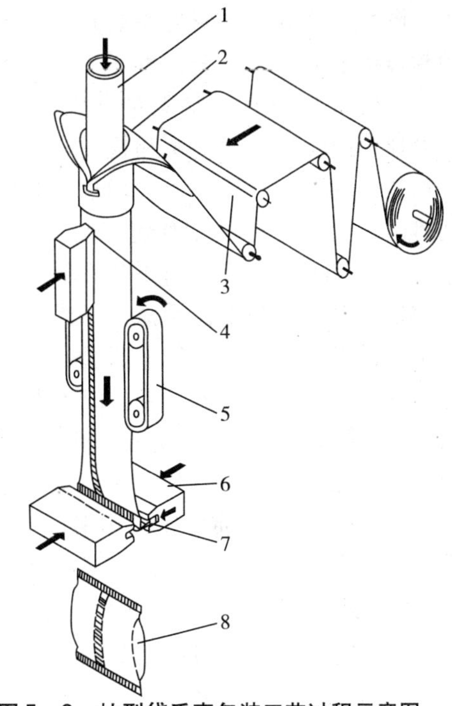

图5－8　枕型袋垂直包装工艺过程示意图

1－送料管；2－翻领成型器；3－卷筒包装材料；4－纵封器；5－送进皮带；6－横封器；7－裁切刀；8－包装件

图5－9为枕型袋在卧式制袋充填封口机上的包装工艺过程示意图，被包装物品形状一般都比较规则：当间歇送进及人工供料时，生产速度为25～40包/分；自动供料时生产速度为50～80包/分；在连续送进时，使用同步横封及自动供料，生产速度可达200包/分。

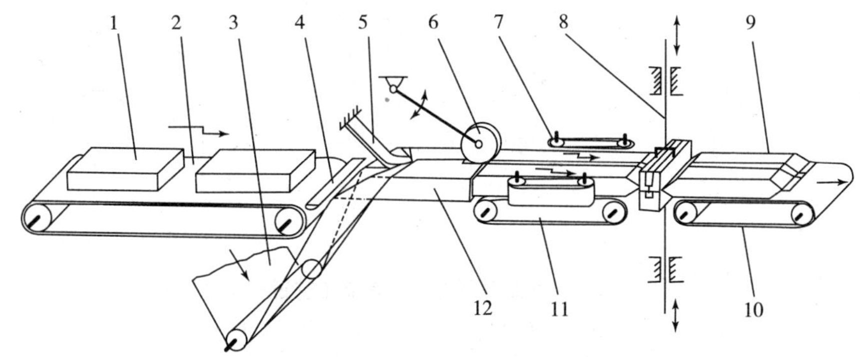

图5－9　枕型袋水平包装工艺过程示意图

1－被包装物品；2－传送带；3－卷筒包装材料；4－过桥；5－纵封推板；6－纵封辊；7－送料皮带；8－横封切断器；9－包装件；10－输出传送带；11－进给传送带；12－方框成型器

图 5－10 为三面封扁平袋在立式制袋充填封口机上的包装工艺过程示意图。卷筒纸 1 经导辊和 U 形成型器 2 对折成为双层膜，再经连续回转的纵封辊 4 和横封辊 5 封合为开口袋，物料由进料斗 3 充填后再封口并裁切排出。生产速度约为 80 包/分。

图 5－11 为三面封扁平袋在卧式制袋充填封口机上的包装工艺过程示意图。卷筒包装材料 1 经过张力辊 2 和三角板成型器 3 在水平方向移动，同时由折叠辊 4 折成 V 形；由纵封器 5 封侧边，经料斗 6 充填，再由横封器 7 封顶边，最后用裁切刀 8 切断，送出包装件 9。这种方法封合品质可靠，用来包装小量黏滞性颗粒状物品，如调味汤料、布丁粉等；由于是间歇送进，生产速度约为 100 包/分。

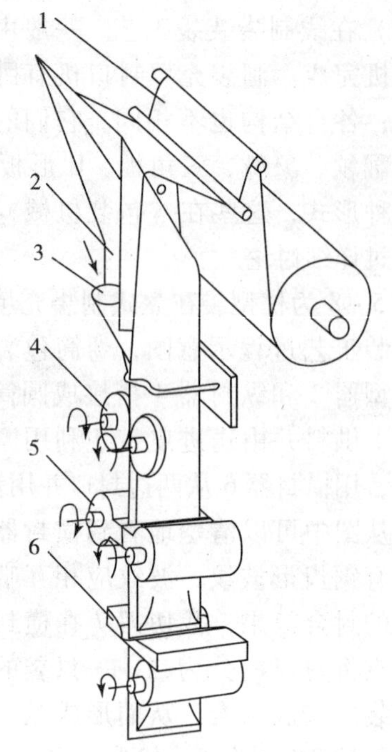

图 5－10　三面封扁平袋垂直包装工艺过程示意图

1－卷筒包装材料；2－U 形成型器；3－进料斗；4－纵封辊；5－横封辊；6－裁切刀

图 5－12 为四面封扁平袋在立式制袋充填封口机上的包装工艺过程示意图。料斗 1 由供料栓 3 控制，进行周期下料；前后两个卷筒包装材料 2 经一对成型封合滚筒 4 形成四面封合的包装件，并由送进辊 5 送至裁切刀 6 切断，包装件 7 由传送带 8 输出。这种方法适于包装小量流动性颗粒状物品，如砂糖、食盐、胡椒、辣椒和植物种子等；采用其他计量和充填装置，还可包装小型规则块状物品，如药片、糖果和口香糖等；在间歇送进时，生产速度为 80 包/分，在连续送进时，颗粒物品生产速度为 120 包/分，块状物品生产速度可达 300 片/分。此外，有的机型设计成多列式，其生产速度相应提高很多（参看本教材辅助教学国内视频资料 CN－02）。

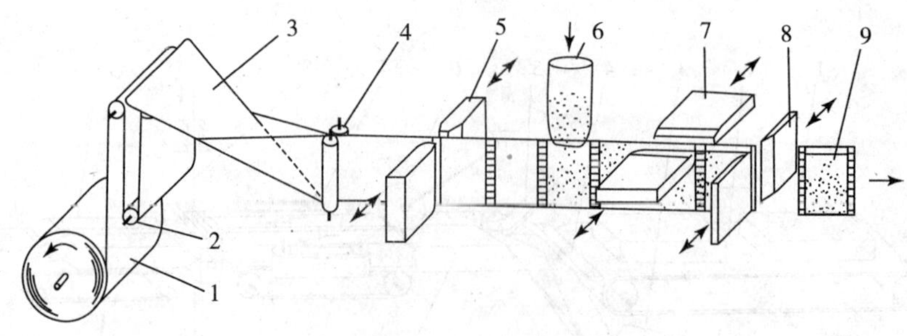

图 5－11　三面封扁平袋水平包装工艺过程示意图

1－卷筒包装材料；2－张力辊；3－三角板成型器；4－折叠辊；5－纵封器；6－料斗；7－横封器；8－裁切刀；9－包装件

图 5－13 为四面封扁平袋在卧式制袋充填封口机上的包装工艺过程示意图。主要用于包装扁平物品；如用 PE 薄膜包装纺织品，也可用于真空或充气包装切片熏肉、香肠、奶酪等，生产速度约为 100 包/分。

无论立式或卧式制袋充填封口机都有很多机型，根据被包装物品性质（颗粒、流体、黏体）、包装材料种类（单层薄膜、复合薄膜）、包装要求（尺寸规格、包装容量、装袋形状）等选用不同的机型，从而设计相应的包装工艺过程。

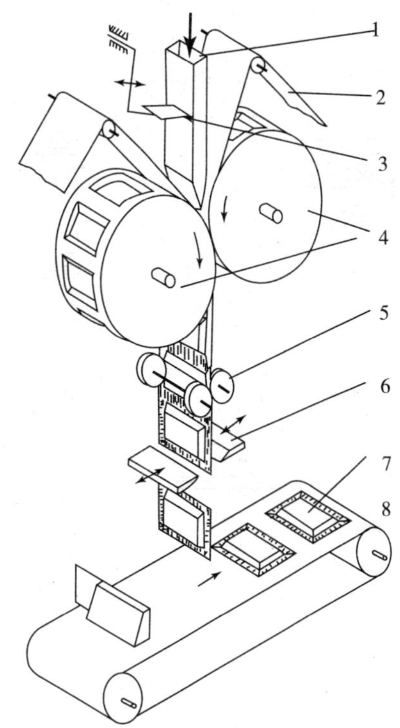

图5－12　四面封扁平袋垂直包装工艺过程示意图

1－料斗；2－卷筒包装材料，前后两卷；3－供料栓；4－成型封合滚筒；5－送进辊；6－裁切刀；7－包装件；8－传送带

3. 袋口塑料薄膜热封方法

图5－14为常用的塑料薄膜热封方法。其中（a）~（h）属于接触式热封方法，（i）、（j）属于非接触式热封方法。

（a）是板条热压封合的方式，板条1被加热到预定的温度后，把需要封合的塑料薄膜2紧压在工作台5上的耐热胶垫4和板条1之间，使其封合。这是热封装置中原理与构造最为简单的一种，封合速度快，可恒温控制。适于封合聚乙烯等复合薄膜，而对受热易收缩、易分解的，如各种热收缩薄膜、聚氯乙烯等，不宜使用。

（b）是辊轮热压封合的方式，将一对或其中一个相向等速回转的辊轮6加热，使连续通过其间的塑料薄膜2受压封合。主要用于复合薄膜的封合，而对单层膜来说，因受热易变形，以致封缝的外观质量较差，不宜应用。

（c）是环带热压封合的方式，用一对相向运动的环形钢带7，夹持并牵引需要封合的薄膜2作直线运动。在前进中，通过钢带内侧设置的加热和冷却装置8、9的作用使薄膜封合。本结构比较复杂，一般多用于单个充填袋的最后封口。它连续工作，适于容易热变形的薄膜。

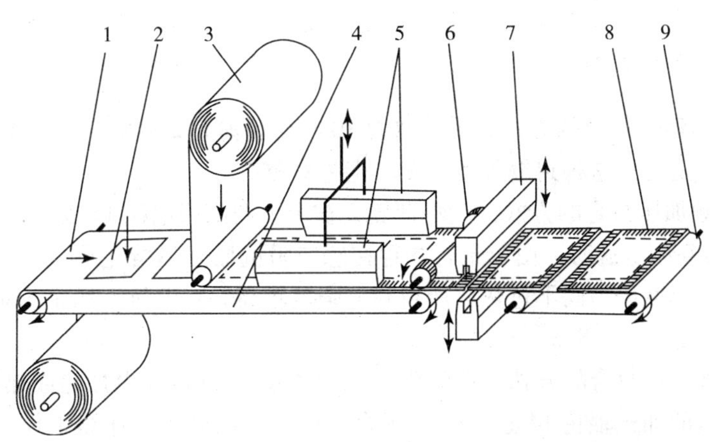

图5－13　四面封扁平袋水平包装工艺过程示意图

1－下卷筒包装材料；2－被包装物品；3－上卷筒包装材料；4－传送带；5－纵封器；6－送进辊；7－横封切断器；8－包装件；9－输出传送带

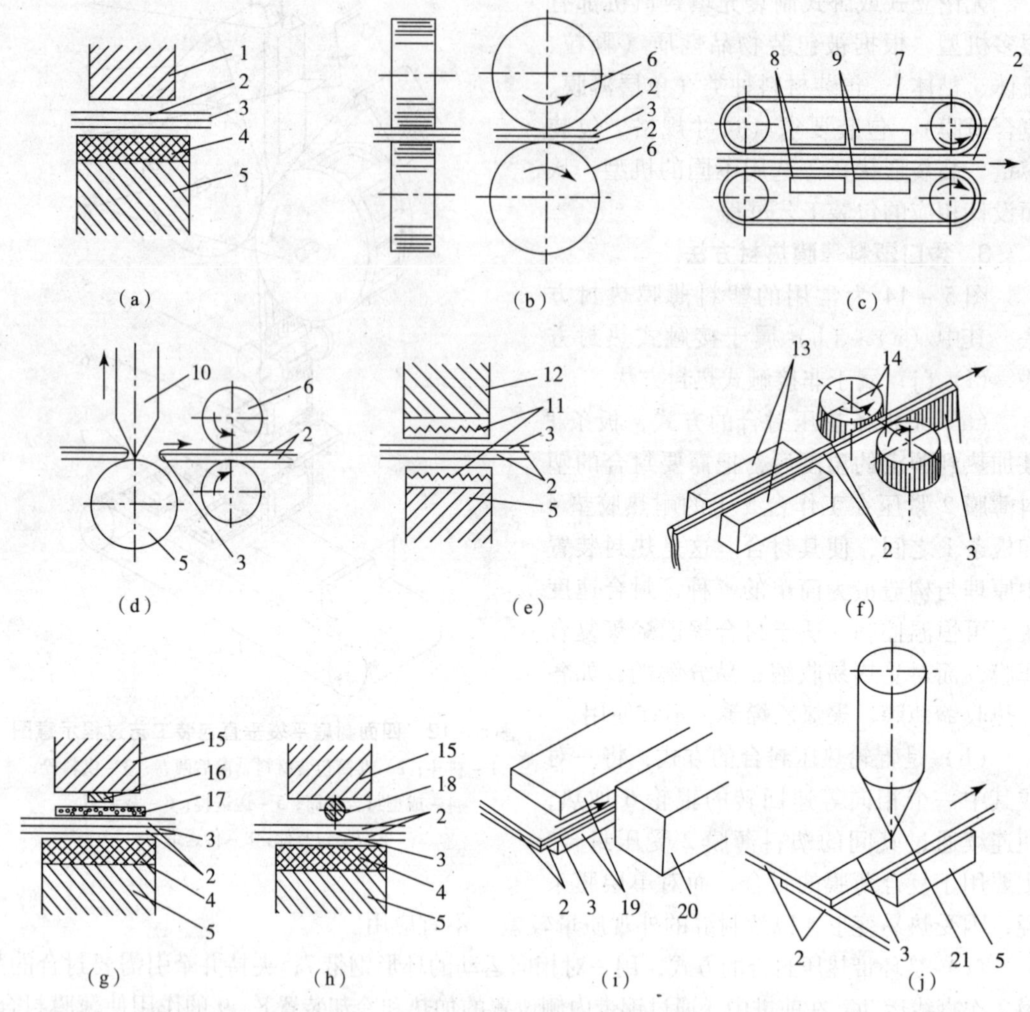

图5－14　常用的塑料薄膜热封方法

1－板条；2－塑料薄膜；3－封缝；4－耐热胶垫；5－工作台；6－辊轮；7－环形钢带；8－加热装置；9－冷却装置；10－热刀；11－高频电极；12－压头；13－热板；14－加压辊轮；15－压板；16－扁电热丝；17－防粘材料；18－圆电热丝；19－冷却板；20－加热板；21－超声波发生器

（d）是加压熔断封合的方式，采用热刀10与塑料薄膜2接触，使其熔封，同时切断。由辊轮6将薄膜退出；这种封缝强度不大，但外观整齐。

（e）是高频加压封合的方式，塑料薄膜2被上下两高频电极11夹在压头12和工作台5之间，当外接高频电源时，由于聚合物存在感应阻抗而发热熔化形成封缝。这是一种内加热方法，中心温度偏高而不过热，所得封缝强度较高。对聚氯乙烯很合适，但不适于低阻抗的薄膜。

（f）是热板压纹封合的方式，薄膜先经一对热板13预热（电加热或热空气加热），再经一对相向回转的加压辊轮14进行压纹封合。此法结构简单，连续工作，能适应热变形较大的薄膜。

（g）是脉冲加压封合的方式，先由压板15连同扁形镍铬合金的电热丝16通过防粘材料17压紧薄膜2在工作台5的耐热胶垫4上，再通过瞬时的脉冲电流进行加热，接着用冷空气或冷却水强制封缝冷却，最后打开压板 15 完成封合。此法适用于容易热变形和受热分解的薄膜，所得的封缝品质比较稳定。然而需花费一定时间，影响生产率提高，一般只用于间歇工作。

（h）是电热加压封合的方式，用圆电热丝 18 代替切刀，所得的封缝强度较好，特别适于热收缩薄膜。

（i）是热板熔融封合的方式，塑料薄膜 2 夹在两块冷却板 19 之间，加热板 20 周期地靠近薄膜的封合端，使封口熔融呈细杆状，封口强度较高，适于热缩性材料，但速度慢，效率低。

（j）是超声波熔焊封合的方式，将超声波发生器 21 发出的超声波传到塑料薄膜 2 的封口部位，使其从里向外发热而熔融黏合，因中心温度高，故对易热变形薄膜的连续封合较为理想，但设备投资费用较大。

薄膜封合还有电磁感应熔焊和红外线熔焊等方式，薄膜封缝处夹上一层薄薄的磁性材料，在高频感应磁场的作用下，薄膜就会熔融黏合。将红外线直接照射在薄膜的封口部位，也可使其熔融黏合。

表 5－1 是热封方式与各种薄膜的适应关系。表 5－2 是热封方法与袋型的配合关系。

表 5－1　热封方式与各种薄膜的适应关系

薄膜种类	热　板	脉　冲	高　频	超声波	电磁感应	红外线
聚乙烯（低密度）	×～○	○			×	○
聚乙烯（高密度）	×～○	○			×	○
聚丙烯（无延伸）	○	○	×		×	△
聚丙烯（双轴延伸）	△	○	×	○	×	△
聚苯乙烯	×	○	×	○	×	△
聚氯乙烯（硬质）	△	○	○		△	△
聚氯乙烯（软质）	×	△	○		△	△
聚偏二氯乙烯	×	△	○	△		
聚氟化乙烯	×	×	×	×	○	○
聚乙烯醇	△	△	△	△	△	△
聚酯（双轴延伸）	×	△	×	○	△	△
聚酰胺（无延伸）	×	△	△			
聚酰胺（双轴延伸）	×	△				
聚碳酸酯	×	△	×	○	△	
尼　龙	×～○	○	△	△	△	△
防潮玻璃纸	△	△		△	△	
乙烯叉二氯	△	△		△	△	△
醋酸纤维素	△	△		△	△	

注：○—最适用；△—一般用；×—不用。

表 5－2　热封方法与袋型的关系

袋　型	热板	热辊	预热压纹	脉冲	熔断	熔焊	超声波	高频	薄膜种类
1 2					○				聚乙烯 聚丙烯（无延伸和双轴延伸）
2 3	○								聚乙烯 聚丙烯
1 3				○		○			聚丙烯（双轴延伸）
1 3		○		○			○		聚丙烯（双轴延伸）
1 3	○	○	○	○					各种复合薄膜
1 3	○	○	○	○					各种复合薄膜
				○				○	聚氯乙烯

注：1－纵封缝；2－折边；3－横封缝。

第三节　裹包工艺

一、概述

裹包使用较薄的软包装材料，如纸、塑料薄膜、金属箔以及其他的复合软包装材料，对被包装物品进行全部或局部的包封。裹包包装形式多样，灵活多变，所用包装材料较少，操作简单，包装成本低，流通、销售和消费都方便，应用十分广泛。

1．裹包形式

裹包是块状类物品包装的基本方式。这种方式不但能对物品直接作单体裹包，而且能够对包装物品作排列组合后的集积式裹包。另外，可对已作包装的物品再作外表装饰性裹包，以增加其防潮性和展示性。裹包形式从总体上看主要有下列几种：

①直接全裹包。全裹包是用柔性材料将物品表面全部裹包的形式。这是应用最广的裹包方式。

②半裹包。半裹包是用柔性材料裹包物品表面的大部分而一部分不被覆盖的裹包方式。

③成型裹包。这是对不规则形状的产品的一种裹包形式。包装物包在产品上或是将产品通过一个模盒，以便使裹包材料收拢，然后在包装件底面上将其封合。

④集合裹包或打包裹包。将一些包装件裹包在一起，即首先将一定数量的小包装件组合（排列）成较大的整件，然后裹包一层结实的重负荷包装材料。

2. 裹包要求

近年来为了更好地满足产品的包装、贮运以及销售要求，对产品裹包提出了新的要求：

①尽可能采用新型包装材料和先进技术以延长商品的储存期。

②在具有同样功能下，以更简单更低廉的包装元件及方法替代原来的包装方式，并实现自动作业。

③适应与实现商品市场化中各种销售单分量的划分，实现数量、质量和尺寸的系列化与标准化。

④使商品包装满足超市化销售要求，使消费者能清晰识别商品的特性、价格以及其他信息，有利于商品在货架上堆叠，且对商品提供有效保护。

⑤改进产品的包装设计，采取有效的防伪、防窃等安全措施。

二、裹包工艺

裹包的类型很多，一般与产品特征、包装材料、封口方法等有关。按裹包的操作方式可分为手工操作、半自动操作和全自动操作三种；按裹包的形状可分为折叠式裹包和扭结式裹包等。

1. 折叠式裹包工艺

折叠式裹包是裹包中使用最普遍的一种方法。其基本工艺过程是：从卷筒材料上切取一定长度的包装材料，或从贮料架内取出一段预切好的包装材料，然后将材料包裹在被包装物品上，用搭接方式包装成筒状，再折叠两端并封紧。根据产品的性质和形状、表面装饰和机械化的需要，可改变接缝的位置和开口端折叠的形式与方向。

折叠式裹包工艺有多种，按接缝的位置和开口端折叠的形式与方向分类，可分为两端折角式、侧角接缝折角式、两端搭折式、两端多褶式、斜角式等。

（1）两端折角式。这种方式适合裹包形状规则方正的产品。基本操作方法是：先裹包成筒状，接缝一般放在底面，然后将两端短侧边折叠，使其两边形成三角形或梯形的角，最后依次将这些角折叠并封紧。

两端折角式裹包工艺较简单，机械作业较易实现，但接缝通常在背面，包裹的紧密性、包装的密封性较差；此外，接缝在背面一定程度上影响了装潢图案的完整性。

手工操作时，接缝可采用卷包接缝，包裹较紧密，包装件表面平整，如图 5－15 所示。机器操作时，因工作原理不同，折角顺序和产品移动方向各有不同。图 5－16 为上下和水平移动的，折叠顺序如图 5－16 中箭头所示的方向。

图 5－17 为块状黄油两端折角式裹包工艺过程示意图。卷筒包装材料 1 由送料辊 2 送至裁切辊 3 处分切为单张片材，再由传递辊 4 送至裹包工位，到达转盘 11 的隔板位置；黄油由加压料斗 6 经定量泵 5、成型筒 8 成型，用钢丝刀 7 切成块状黄油 9 落在裹包材料

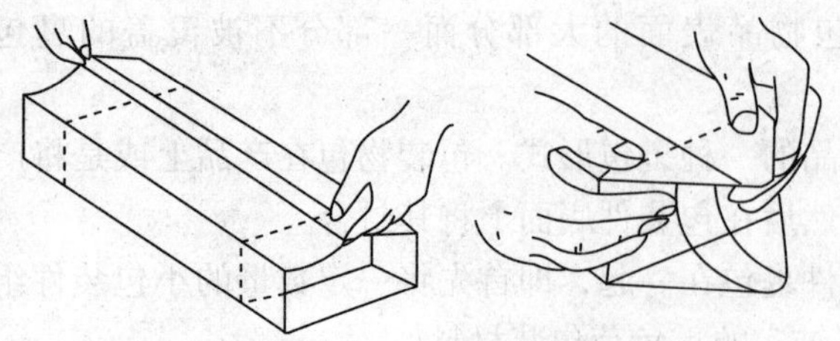

图 5－15　手工操作卷包接缝

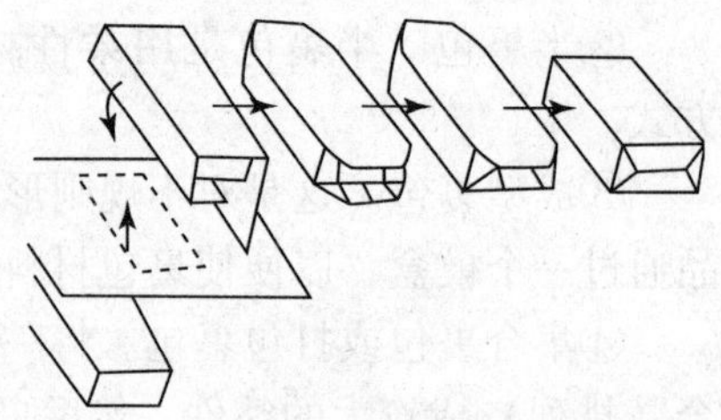

图 5－16　上下和水平移动式折叠

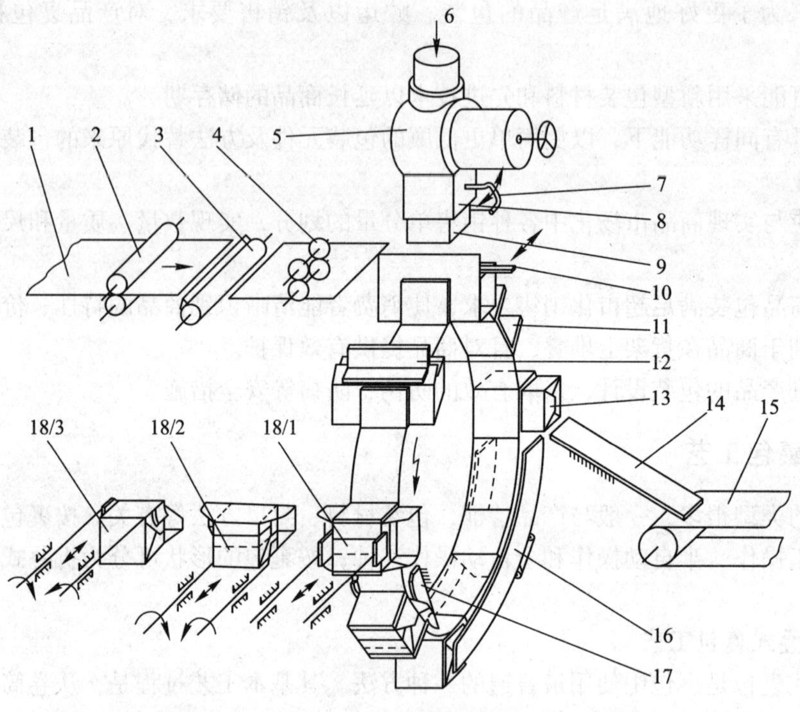

图 5－17　两端折角式裹包工艺过程示意图

1－卷筒包装材料；2－送料辊；3－裁切辊；4－传递辊；5－定量泵；6－加压料斗；7－钢丝刀；8－成型筒；9－块状黄油；10－内侧折叠器；11－转盘；12－外侧折叠器；13－包装好的物品；14－滑道；15－传送带；16－弧形压板；17、18－两侧折叠

上；掉在转盘 11 的隔板中，由内侧折叠器 10 和固定的外侧折叠器 12 共同作用将黄油裹成筒状，在工位 18/1，18/2 和 18/3 处折叠两侧，再经弧状压板 16 将两侧压平封合，包裹好的物品 13 从滑道 14 落在传送带 15 上输出。

图 5－18 为接缝和最后折角均在背面的裹包。对于一些较薄的长方形产品，如口香糖、巧克力板糖等包装内层的铝箔，采用将长边折角全部折向底面与接缝贴合的方式，然后外套印有商标图案的封套。

（2）侧面接缝折角式。又称香烟裹包式。侧面接缝折角式裹包工艺，如图 5－19

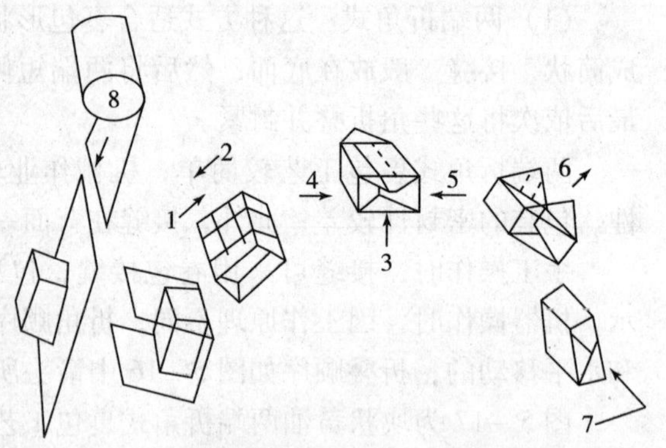

图 5－18　接缝和最后折角均在背面的两端折角式包装工艺过程示意图

所示，其特点是折叠重合接缝及包封封口在包装体的三个侧面。这种裹包方式将包装裹包得较紧密，包装体正面、背面完整，可保证装潢图案的完整性，可弥补两端折角式裹包存在的缺陷，同时特别适应高速全自动裹包作业。

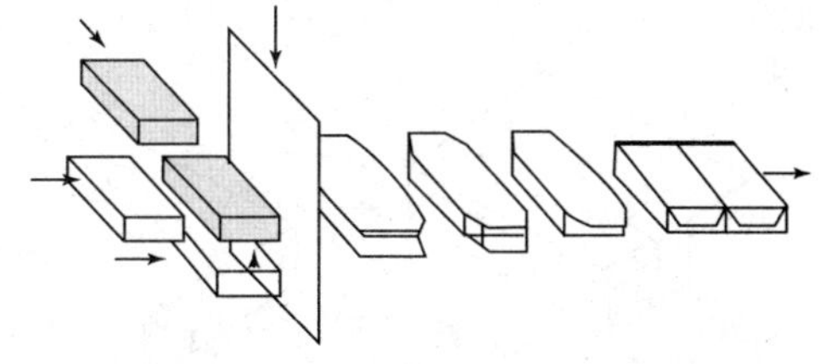

图 5－19　侧面接缝折角式裹包工艺过程示意图

图 5－20 为典型侧面裹包工艺过程。卷筒料经导向辊 1、主送料辊 2 和涂胶辊 3 送到裹包工位；被包装物 6 在工作台上整理排列后，由推杆 7 推向前方，再由推杆 5 推向右方，在固定折板 8 的作用下，折成图Ⅰ所示的形状；裹包纸定长裁切后，推送到折叠工位 9 处，由三个固定折板折成图Ⅱ与图Ⅲ所示的形状，继续向前推行，由侧折板 10 折侧面（图Ⅳ），上、下两个前折板 11 折前面（图Ⅴ），用压板 12 压平，最后形成包装件 13（图Ⅵ），从工作台 14 输出。

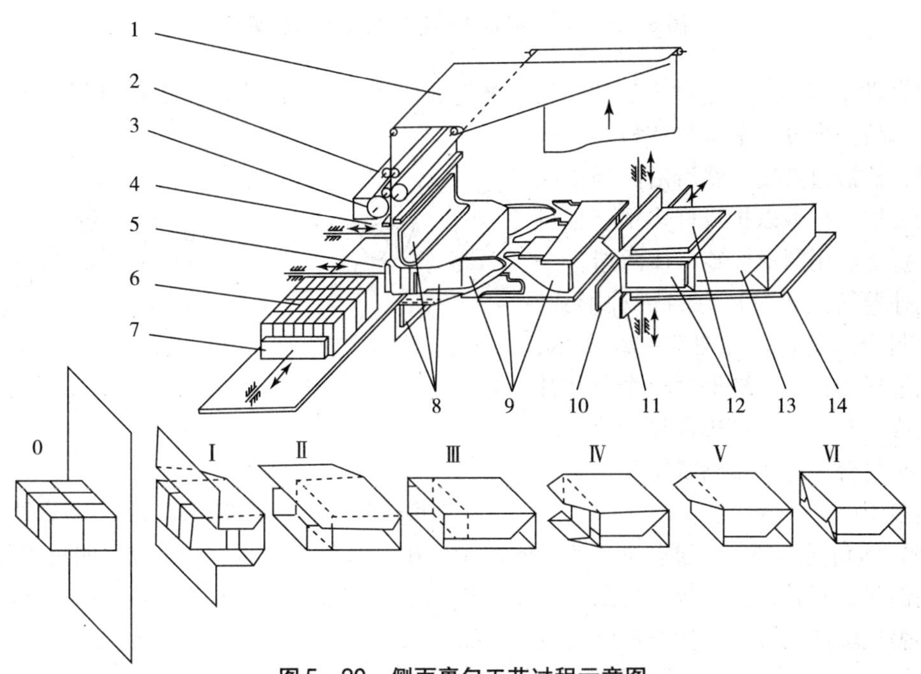

图 5－20　侧面裹包工艺过程示意图

1－导向辊；2－主送料辊；3－涂胶辊；4－切断工位；5、7－推杆；6－被包装物；8－固定折板；9－折叠工位；10－侧折板；11－上、下前折板；12－压板；13－包装件；14－工作台

香烟包装是侧面接缝折角式裹包中很具代表性的例子。普通香烟的原包装，在国内分为简装、精装和外表裹玻璃纸的三种，最内层的是浸沥青纸或裱纸铝箔，采用的是侧面接缝折角式包装。如图 5－21 所示，印有商标图案的一般为外层，采用侧面接缝折角式裹包，最后在开口处贴封签，有些商品如录音磁带、盒装药片等，为了零售方便在裹包时也采用侧面接缝折角式五面包，如图 5－22 所示。

（3）两端搭折式。又称面包裹包式。适合于裹包形状不方正、变化多或质地较软的产品，如面包、糕点等。折叠特点为一个折边压住前一个折边，以此完成裹包。折叠顺序如图 5－23 所示。

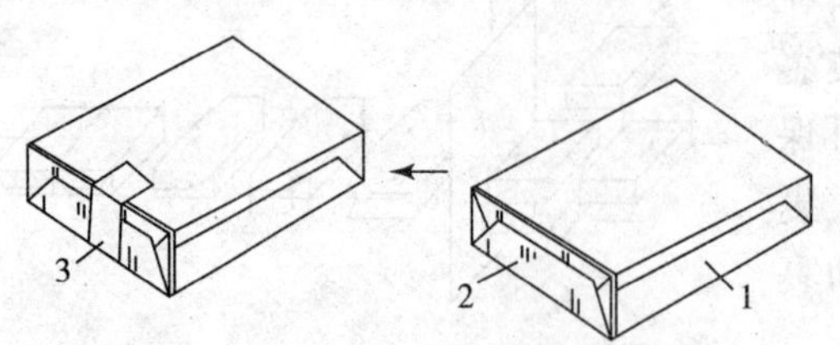

图5-21 香烟外层侧面接缝裹包

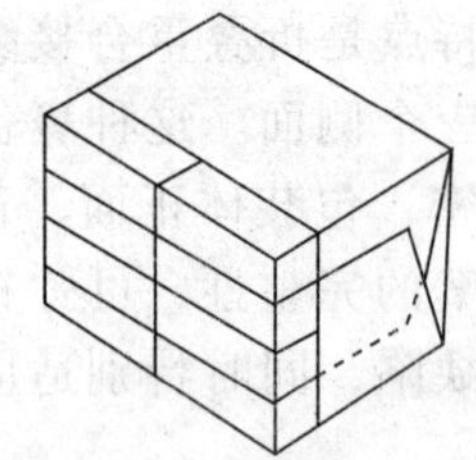

图5-22 多件产品五面裹包

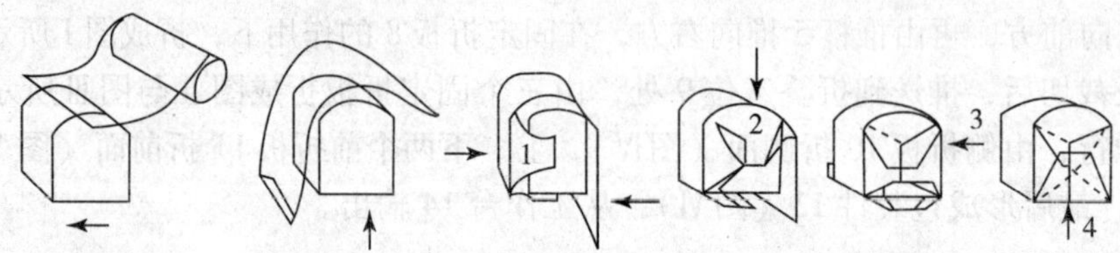

图5-23 两端搭折式裹包工艺过程示意图

（4）两端多褶式。这种方法适合用于裹包圆柱状或类似的产品。操作过程如图5-24所示，产品被推过一个包装片材而卷成一卷筒，长搭边搭接，然后沿圆周依次作两端头累进折叠以折成许多褶。也可在完成折叠后用圆形标签封住两端。

此外卷筒式裹包还有另一种形式，即卷筒封合式裹包。如图5-25所示，其工艺过程为：产品被推过一个包装片材而卷成一卷筒，长搭边搭接封合，然后作端头封合。近年来圆状饼干、曲奇等产品多用此形式的包装。

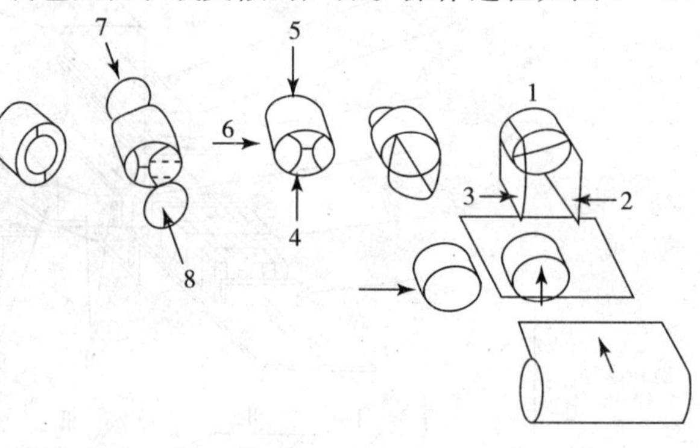

图5-24 两端多褶式裹包工艺过程示意图

（5）斜角式。斜角式裹包如图5-26所示。用一对角放置的片材裹包，四角进行折合并在底部封合。其特点是所有折角都集中在底面上，产品对角线与包装片材对角线重合，适合于裹包较薄的方形、长方形以及浅盘产品。

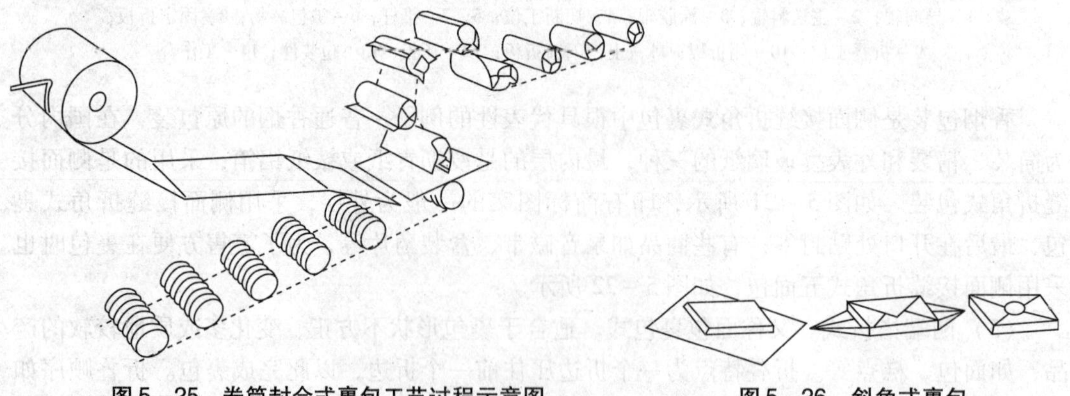

图5-25 卷筒封合式裹包工艺过程示意图

图5-26 斜角式裹包

除上述五种基本的折叠裹包方法外，近年来从节省材料、降低成本、方便销售等方面研究产生了一些新的方法。

对于一些形状不规则或不定形的易碎食品，可先将其装入浅盘盒，或采用由纸板或塑料片材制成的各种形式的保护性支撑物，而后进行裹包。例如，烘烤食品常用平垫板、U形板和浅盘；肉类、家禽和蔬菜等用浅盘等。

2. 扭结式裹包工艺

扭结式裹包是把一定长度的包装材料裹包产品成圆筒形，然后将开口端部分按规定方向扭转成扭结，其搭接接缝不需黏结或热封。为防止回弹松开和扭断，要求包装材料有一定的撕裂强度和可塑性。扭结式裹包动作简单，易于拆开；另一方面，对于包装物件的外形无特殊要求，球形、圆柱形、方形、椭球形等形状都可以实施裹包。可手工操作或是机械操作，但因生产量大，要求速度快，用手工操作时劳动强度大，且不易满足食品卫生要求。目前大部分扭结式裹包食品如糖果、雪糕等都已实现机械作业。

扭结包装材料可采用单层、双层和三层等结构，如果采用复合结构，其内层和外层所用包装材料也可不一样。扭结式裹包形式有单扭结、双扭结和折方等多种，一般多采用两端扭结方式。手工操作时，两端扭结的方向相反，机器操作时，其方向一般是相同的。单端扭结用得较少，如图 5－27 所示，主要用于高级糖果、棒糖、水果和酒类等。双端扭结式如图 5－28 所示。

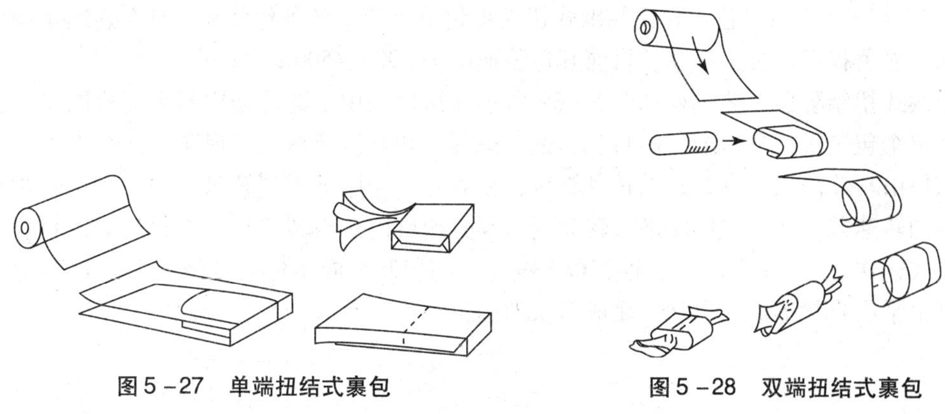

图 5－27 单端扭结式裹包　　图 5－28 双端扭结式裹包

目前两端扭结裹包应用最广，且工艺过程很典型。下面主要叙述此类工艺过程。

两端扭结裹包工艺分为间歇式和连续式两种。

（1）间歇式扭结裹包工艺。如图 5－29 所示，工作中，由包装材料供送系统（1、2、3）、物品供送系统（11、10、9）分别将包装材料和料块送至进料工位 I 时，主轴头正处于停歇状态，主轴头上位于 I 处的钳手处于全开位置。此时下模板 4 和上模板 5 相对运动将料块和包装材料夹住，然后一同向上运动送入钳手 7。料块和包装材料进入钳手时，受钳手约束，包装材料对料块实现三面裹包，接着钳手由开到闭，上模板 5 退回起始位置；内侧折叠器 8 向左水平运动，将底部右侧伸出料块外面的包装材料折向左边；此后由钳手 7 钳住物品随着主轴头 12 间歇转动，由加压板将左侧包材折向右边；裹成筒状的糖块在弧形加压板 6 内侧滑动，至第Ⅳ工位，由一对夹爪 13 靠拢夹住薄膜两端同向扭结，然后松爪退回；在第 V 工位，钳手张开，拨料器 14 将完成裹包的糖块拨入滑道 15，经传送带 16 输出。

间歇式扭结式裹包的操作方法简单，生产控制较易实现，但生产速度较低。

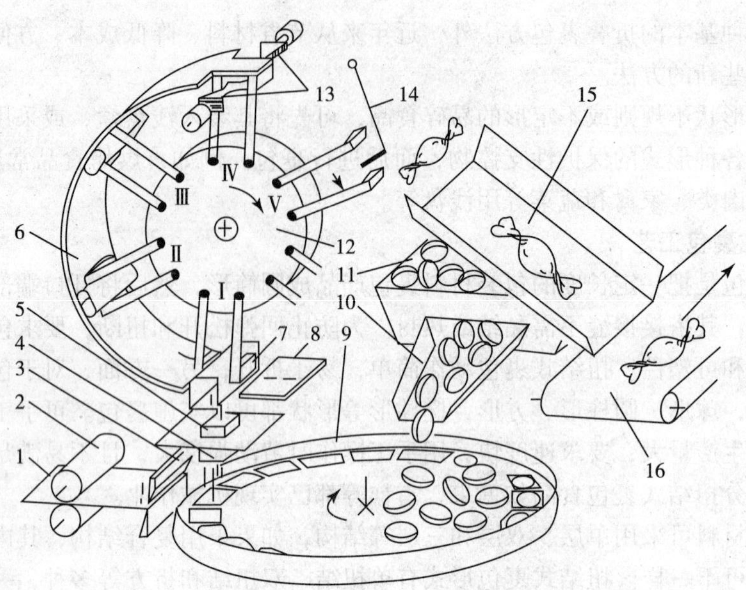

图5－29　间歇式两端扭结裹包工艺过程示意图

1－包装材料；2－送进辊；3－切料刀；4－下模板；5－上模板；6－弧形加压板；7－钳手；8－内侧折叠器；9－料盘；10－滑槽；11－料斗；12－主轴头；13－夹爪；14－拨料器；15－滑道；16－传送带

（2）连续式扭结裹包。它比间歇式扭结裹包更高速，各种包装动作都在连续运动中完成，从而显著提高包装生产率。目前其包装速度为600～1500pcs/min。

连续式扭结裹包工艺过程如图5－30所示。该机采用了链传动钳料手配合同步扭结机构，使整个包装过程从送纸、落料、裹纸、钳料、切纸以及扭结实现连续化作业。

料块由料斗落入转盘5并随转盘旋转，在离心力作用下甩到转盘周边，利用转盘5与料盘6的转速差，使料块依次进入转盘周边等分槽坑内。当转盘转到出料口时，料块依次落入链式输送带中，被刮刀4、推料板3推送，与包装纸同步进入成型器7。经过成型器，包装纸由平展自然形成卷包状，完成料果的裹包动作。

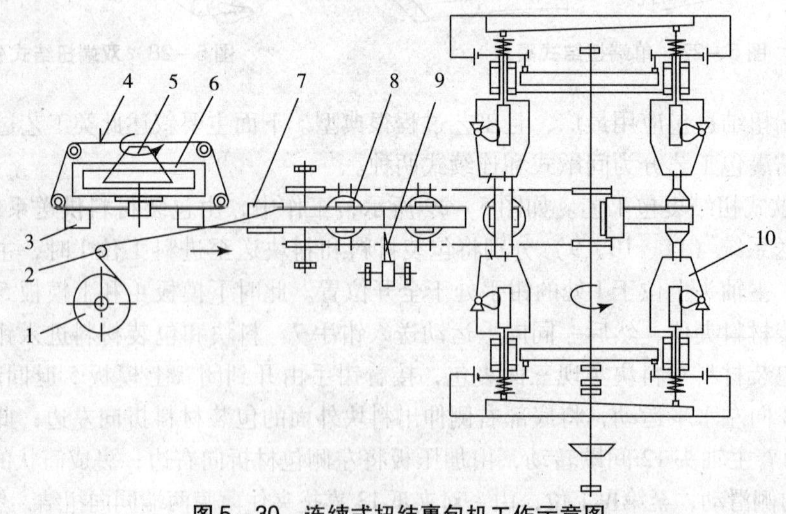

图5－30　连续式扭结裹包机工作示意图

1－包装卷纸；2－导辊；3－推料板；4－刮刀；5－转盘；6－理料盘；7－成型器；8－钳料手；9－切刀；10－扭结手

裹包后的料块与包装纸形成一条圆筒状，被随后到达的钳料手 8 夹住。钳料手通过销轴安装在链条上并由链条带动钳料手向前运行，而钳料手夹持裹包的料块从成型器连续地拉出，经过切纸工位时，被切刀 9 切断包装纸，形成单粒裹包。接着，在运行过程中，钳料手在导向板的作用下旋转 90°，使钳夹的料块转换成如图 5－30 所示的竖直状态，以便进行下一步的扭结工序。

三、裹包机械的选用

裹包机的种类很多，从用途上分有通用和专用裹包机；从自动化程度上分有半自动和全自动裹包机等。它们可以单独使用，也可以配置在生产线中使用。选用裹包机时应考虑以下因素：

（1）半自动裹包机械多属于通用型，更换产品尺寸和裹包形式较易，但机械调整与调试对操作人员的要求高。这种裹包机械多属间歇式作业，生产速度一般为 100～500pcs/min。

（2）全自动裹包机械多属于专用裹包机械，一般只能包装单一品种的产品，包装的可调性较小。机械作业有间歇式和连续式。生产速度分为中速、高速和超高速，中速为 100～300pcs/min，高速为 600～1000pcs/min，超高速可达 1200～1500pcs/min。包装速度可根据产品的大小、形状和裹包形式，以及单件或多件包装而选用。

（3）裹包用的材料都是较薄的柔性材料，机械对材料的机械物理性能要求较严格，尤其是高速和超高速机械，对材料性能要求较为苛刻，往往由于材料不符合要求而不能保证裹包品质，或导致机器不能正常工作。所以，在选购裹包机械时必须考虑设备对材料的选择性及其适用材料的价格及其供应情况。

（4）机械的自动化程度越高，功能越完善。一般都具有品质监测、废品剔除、产品显示记录和故障报警等辅助功能，其中，检测和控制系统一般都采用微电脑控制，因此对现场操作人员和维修人员的技术水平、管理水平要求较高。

第四节 功能软包装工艺

一、泡罩包装与贴体包装

泡罩包装（blister packaging）是将被包装物品封合在由透明塑料薄片形成的泡罩与衬底（用纸板、塑料薄片、铝箔或它们的复合材料制成）之间的一种包装方法。

贴体包装（skin packaging）是将被包装物品放在能透气的，用纸板、塑料薄片制成的衬底上，上面覆盖加热软化的塑料薄膜或薄片，然后通过衬底抽真空，使薄膜或薄片紧密地包住物品，并将其四周封合在衬底上的包装方法。

由于这两种包装方法都是用衬底作为基础，因此也叫做衬底包装或卡片包装（carded packaing）。采用这两种方法制成的包装件，具有透明的外表，可以清楚地看到物品的外观；同时，衬底上可印刷精美的图案和商品使用说明，便于陈列和使用。另一方面，包装后的物品被固定在薄膜薄片与衬底之间，在运输和销售中不易损坏。这种包装方法既能保护物品，延长储存期，又能起到宣传商品、扩大销售的作用。主要用于包装形状比较复杂、怕压易碎的物品，如医药、食品、化妆品、文具、小五金工具和机械零件，以及玩具、礼品、装饰品等物品，在自选市场和零售商店里很受欢迎。

虽然这两种包装方法属于同一类型，但它们的原理和功能以及包装工艺过程仍有一些差异，需要分别予以讨论。

1. 泡罩包装

最初的泡罩包装主要用于药品包装。当时为了克服玻璃瓶、塑料瓶等瓶装药品服用不便，包装生产线投资过大等缺点，加之计量包装、药品小包装的需要量越来越大，因此在20世纪50年代出现了泡罩包装并得到广泛使用。后来经过对泡罩包装材料、工艺和机械等的深入研究和不断改进，使其在包装品质、生产速度和经济性等方面，都取得很大进展。现在，除了药品片剂、胶囊和栓剂等包装外，在食品和日用品等物品的包装中也得到广泛的应用。

泡罩包装可以保护物品，防止潮湿、灰尘、污染、盗窃和破损，延长商品储存期，并且包装是透明的，衬底上印有使用说明，可为消费者提供方便。图5－31为一种药品的泡罩包装，从图中可以看出，药品按剂量封装在一块铝箔衬底上，铝箔背面印着药品名称、服用指南等信息，国外称为PTP（press through pack）包装，国内称为压穿式包装，因为在服用时，用手按压泡罩，药品即可穿过衬底铝箔而取出，或直接送入口中，避免污染。有些小件商品如圆珠笔、小刀、化妆品等采用纸板衬底的泡罩包装，衬底可以做成悬挂式，挂在货架上，十分显眼，起到美化和宣传作用，有利于销售。

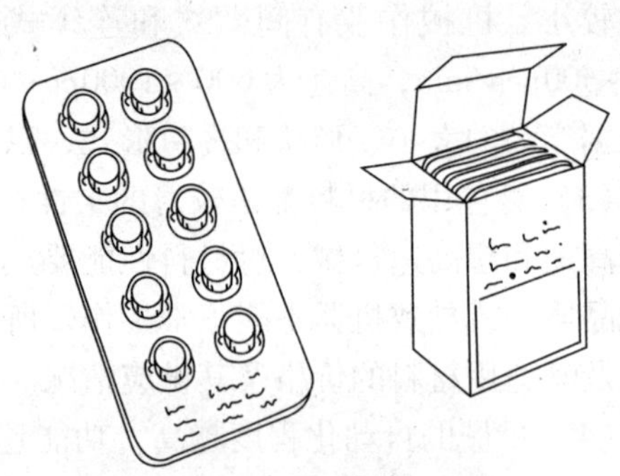

图5－31 药品的泡罩包装

（1）泡罩包装形式。常见的泡罩包装形式如图5－32所示。图中（a）泡罩直接封合在衬底上；（b）衬底插入泡罩的沟槽内；（c）压穿式泡罩；（d）泡罩封合在模切的衬底上；（e）泡罩插入衬底的沟槽中；（f）衬底有铰链开口；（g）衬底有折叠部分，物品可立放或挂在货架上；（h）内装物品可以从泡罩内挤出，而不需打开泡罩；（i）双面泡罩，衬底上有模切的孔；（j）双层衬底；（k）全塑料无衬底的分隔式条状包装；（l）多泡罩分隔式包装；（m）全塑料铰结式或双泡罩无衬底包装；（n）滑槽式可取出内装物品的泡罩包装。

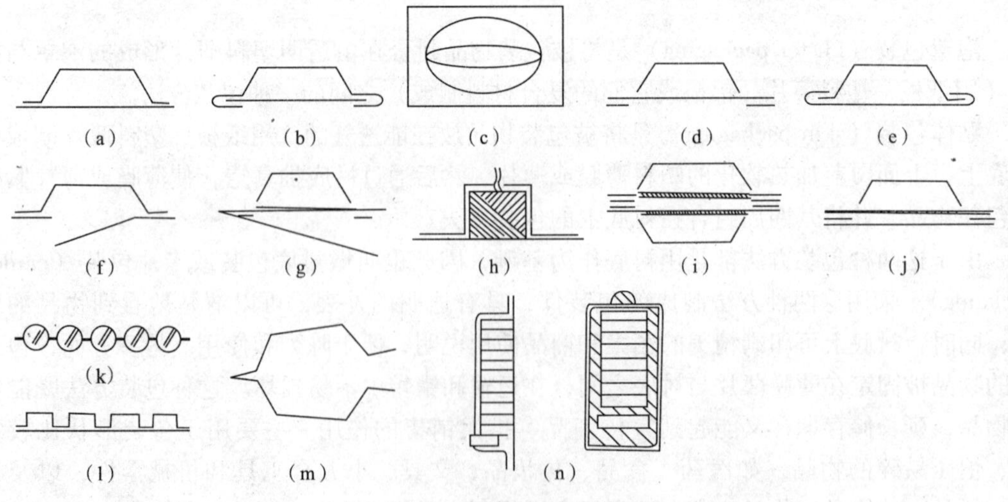

图5－32 常见的泡罩包装形式

（2）泡罩与衬底的连接方式。衬底是构成泡罩包装的基础，它对泡罩包装的美观和品质有很大影响。图5－33是泡罩与衬底连接的横断面图。

衬底与泡罩连接的方法很多，除热封外，还可用其他封合方法。以图5－32中的泡罩包装形式为例，其中（a）在塑料薄片上方加热，热量透过薄片使之与衬底封合，也可以从下方通过衬底加热，使之与泡罩封合；（i）、（j）是从上下两个方向加热，使衬底与夹在中间的塑料薄片封合；（b）是将衬底插入泡罩的沟槽中；（e）是将泡罩插入衬底的沟槽中，这种连接方法可用胶粘或订合，封合方法可根据具体情况选用。

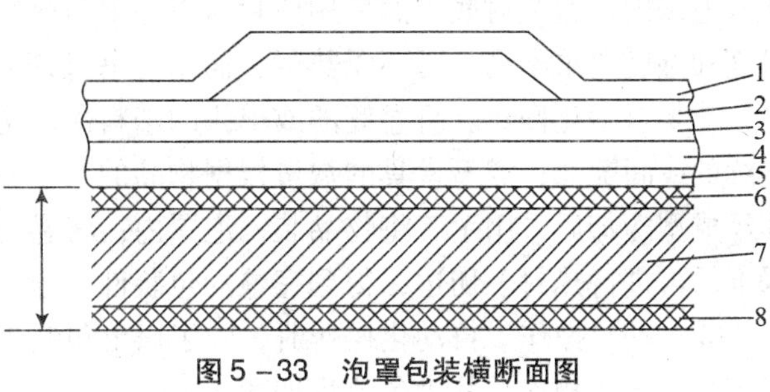

图5－33　泡罩包装横断面图

1－泡罩的塑料薄片；2－热封涂层；3－印刷墨层；4、5－印刷涂层；6、8－衬底表面化学处理层；7－衬底内层

（3）泡罩包装材料。

①塑料薄膜片。泡罩包装采用的塑料薄片种类和规格很多，选用时必须考虑被包装物品的大小、质量、价值和抗冲击性等，还需考虑被包装物品是否有尖锐或突出的棱角，以及材料自身的热封性和易切断性。

泡罩包装用的硬质塑料片材有纤维素、聚苯乙烯和乙烯树脂三类，其中纤维素类应用最普遍，有醋酸纤维素、丁酸纤维素、丙酸纤维素等，它们都具有极好的透明性和热成型性，较好的热封性及抗油脂性，但纤维素的热封温度一般比其他塑料片材要高一些。

定向拉伸聚苯乙烯透明性极好，具有良好的热封性，但抗冲击性差，容易破碎，低温时则更甚。

乙烯树脂价格一般比聚苯乙烯便宜，有硬质的也有软质的，有较好的透明性。它与带涂层的纸板有良好的热封性，加入增塑剂后可提高耐寒性和抗冲击性。

对于要求阻隔性和避光的内装物品，应采用塑料薄片与铝箔的复合材料；包装食品和药品则需要采用无毒塑料如无毒聚氯乙烯等，而且必须完全符合卫生标准。

②衬底。衬底常用白纸板。白纸板用漂白硫酸盐木浆制成，或用再生纸板为基层上覆盖白纸制成。在选用时应考虑内装物品的大小、形状和质量。

衬底的表面应洁白有光泽，印刷适性好，能牢固地涂布热封涂层，以保证热封涂层熔融后，可将衬底和泡罩紧密地结合在一起，以免内装物品掉出。

白纸板衬底的厚度范围为0.35～0.75mm，常用纸板厚度为0.45～0.60mm。

衬底材料还可选用B型或E型涂布瓦楞纸、带涂层铝箔和各种复合材料；特别是在医药包装中使用铝箔制做压穿式包装。

③涂层材料。热封涂层应该与衬底和泡罩有兼容性；要求热封温度应相对地低，以便能很快地热封而不致使泡罩薄膜破坏，常用热封涂层材料有耐溶性乙烯树脂和耐水性丙烯酸树脂，它们都具有良好的光泽、透明性和热封性。

（4）泡罩包装工艺。泡罩包装的泡罩空穴有大有小；形状因被包装物品形状而异；有用衬底的，也有不用衬底的；而且泡罩包装机的类型也比较多。尽管如此，泡罩包装的基本原理大致上是相同的，其典型工艺过程为：

片材加热→薄膜成型→充填物品→安放衬底→热封→切边修整

完成以上过程，可用手工操作、半自动操作和自动操作三种方式。

①手工操作。塑料薄片泡罩预先成型，衬底预先印刷并切割好；包装时用手工将物品装入泡罩内，盖上衬底。然后用热封器将泡罩与衬底封合为一体。有些物品对流通环境的温度和湿度要求不高，可不予热封，而用订书机订封。

②半自动化操作。将卷筒的或单张的塑料薄片送入半自动泡罩包装机内，机器操作是连续的或间隙的；成型模具的数量根据物品的大小和生产量而定，一般都采用多列式；薄片经成型冷却后，用手工将物品装入泡罩内；将卷筒或单张形式的印刷好的衬底覆盖在泡罩上，再进行热封、切边，得到完整的包装件。

③自动化操作。自动化操作时，除了以上包装工序外还可将打印、装说明书、装盒等工序与生产线相连，其生产流程如图 5－34 所示，其中：

a 工位是将卷筒塑料薄片向前送进。

b 工位是将薄片加热软化，在模具内用压缩空气压制或用抽真空吸制成泡罩。

c 工位用自动上料机构充填物品。

d 工位检测泡罩成型质量和充填是否合格；在快速自动生产线上，常采用光电检测器，出现不合格产品时，将废品信号送至记忆装置，待切边工序完成后，将废品自动剔除。

e 工位是将卷筒衬底材料覆盖在已充填好的泡罩上。

f 工位用板式或辊式热封器将泡罩与衬底封合在一起。

g 工位在衬底背面打印号码和日期等。

h 工位切边后形成包装件。如果装有剔除废品装置，则在切边工序之后，根据记忆装置储存的信号剔除废品。

这种自动包装生产线适合于单一品种大批量生产，它的优点是生产效率高、成本低，而且符合卫生要求。

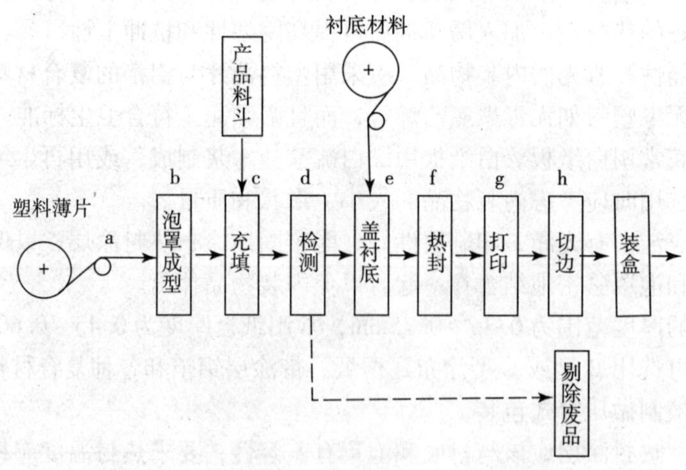

图 5－34　自动化泡罩包装生产线生产流程框图

（5）泡罩包装设备。

①泡罩包装设备的组成。泡罩包装设备的类型虽然很多，但其工艺过程均如图 5－35 所示。首先，卷筒塑料薄片 1 被输送到加热器 2 下面加热软化；软化的片输送到成型器 3，然后从上到下向模具内充入压缩空气，使薄片紧贴于阴模壁上而形成泡罩或空穴等（如泡

罩不深、薄膜不厚时，也可采用抽真空的方法，从成型器底部抽气而吸塑成型），成型后的泡罩用推送杆 4 送进，由定量充填器 5 充填被包装物品，经检验后，覆盖印刷好的衬底材料 6，用热封器 7 将衬底与泡罩封合，由裁切器 8 冲切成单个包装件 10，从传送带 9 输出。

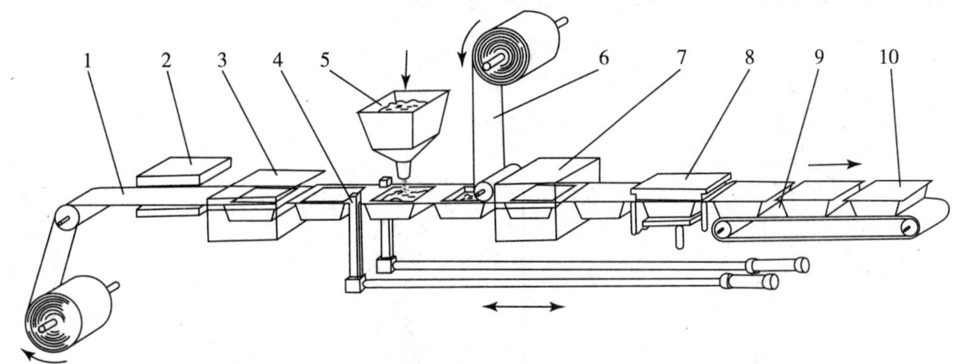

图 5－35　泡罩包装工艺过程示意图

1－卷筒塑料薄片；2－加热器；3－成型器；4－推送杆；5－定量充填器；
6－卷筒衬底材料；7－热封器；8－裁切器；9－传送带；10－包装件

由此可见，泡罩包装设备由以下部分组成：

A. 加热部分。对塑料薄片进行加热使其软化以便于成型。加热方式有两种：直接加热与间接加热。直接加热使薄片与加热器接触，加热速度快，但不均匀，适于加热较薄的材料；间接加热是利用辐射热靠近薄片加热，加热透彻而均匀，但速度较慢，适于较厚的材料。

B. 成型部分。泡罩成型有两种方式，即压塑成型与吸塑成型。压塑成型是用压缩空气将软化的薄片吹压向模具，使之紧贴模具四壁而形成泡罩之空穴，模具采用平板形状，一般为间歇传送，也可用连续传送，其成型品质好，对深浅泡罩均适用。吸塑成型是用抽真空的办法，将软化的薄片吸附在模具的四壁而形成泡罩之空穴，模具多采用连续传送的滚筒形状，因真空所产生的吸力有限，加上成型后泡罩脱离滚筒时受到角度限制，故只适用于较浅的泡罩和较薄的塑料片材。

C. 充填装置。多采用定量自动充填装置。

D. 热封装置。有平板式和滚筒式两种。平板式用于间歇传送；滚筒式用于连续传送。

②泡罩包装设备的分类。泡罩包装设备按自动化程度分类，有半自动包装机、自动包装机和自动包装生产线三种。

A. 半自动包装机。多为卧式间歇传送方式，以手工充填为主，生产效率较低，用于包装单件、颗粒状物品。这种设备在改变品种时，更换模具快，适用于多品种小批量生产。

B. 自动包装机。以卧式为主。有间歇式与连续式操作两种，它们具有一定的生产效率和通用性，既适用于多品种小批量生产，也适用于单一品种的中批量生产。

C. 自动包装生产线。有卧式与立式两种，主要用于药品（药片、胶囊和栓剂等）包装，也称为 PTP 自动包装线。这种设备一般采用多列式结构，生产率高，包装品质好。并带有检测装置和废品剔除装置，可将打印、分发使用说明书和装盒工序联结于生产线内，是有代表性的包装自动生产线。

图 5－36 为连续式滚筒型 PTP 自动包装生产线工艺过程示意图。图中卷筒塑料薄片 1

输送到成型滚筒 3 上，用加热器 2 间接加热，用吸塑成型法制成连续的负压成型的泡罩 4，在连续传送过程中用料斗 5 充填物品；与此同时，覆盖用的衬底材料 6 由热压辊 7 封合在泡罩上，封盖后的泡罩经剥离辊 8 和裁切辊 9 后成为包装件 10，从传送带 11 输出。这种自动包装生产线的生产速度可达 1500～5000 片/分。

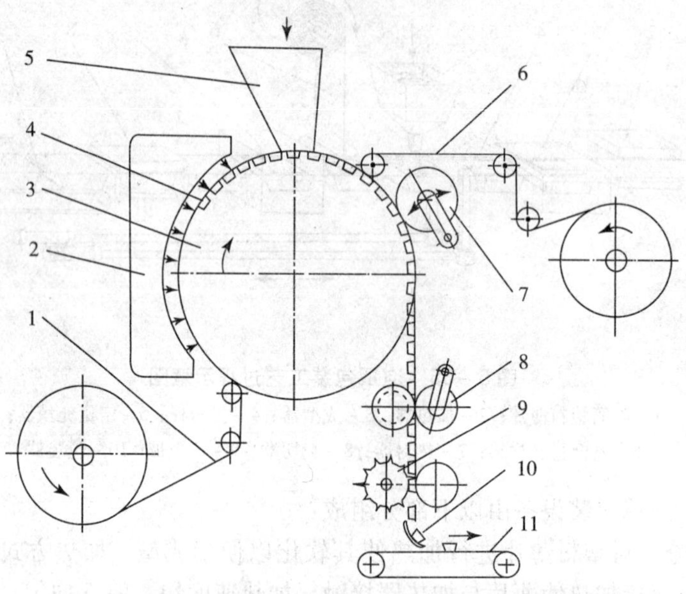

图 5－36　连续式 PTP 自动包装线工艺过程示意图

1－卷筒塑料薄片；2－加热器；3－成型滚筒；4－负压成型的泡罩；5－料斗；6－衬底材料；7－热压辊（停车时摆开）；8－剥离辊；9－裁切辊；10－包装件；11－输出传送带

图 5－37 为间歇式平板型 PTP 自动包装生产线的工艺过程示意图。图中卷筒塑料薄片 1 经调节辊 2，通过加热器 3 间接加热，用压塑成型法在平板式成型器 4 上制成泡罩，在成型时，薄片停歇不动，成型后的薄片由输送器带动前进一个步距，其距离等于加热器的长度，然后输送器返回原始位置；成型的泡罩在料斗 6 处充填物品；与此同时，覆盖用的衬底材料 7 经输送辊 8 送至热封辊 9，封合在泡罩上，封盖后的泡罩经过打印装置 10 和冲切装置 11 完成相应的工序，切下的边角余料落入废料箱 14 中，包装件 13 由吸头 12 输出。这种自动包装生产线的生产速度为 600～1800 片/分。

2. 贴体包装

贴体包装由三部分组成，即塑料薄膜、热封涂料和衬底（纸板或瓦楞纸板）。被包装物品本身就是模型，放在衬底上，上面覆盖着加热软化的塑料薄膜，通过底板抽真空使薄膜紧密地贴包着物品，并与衬底封合在一起。

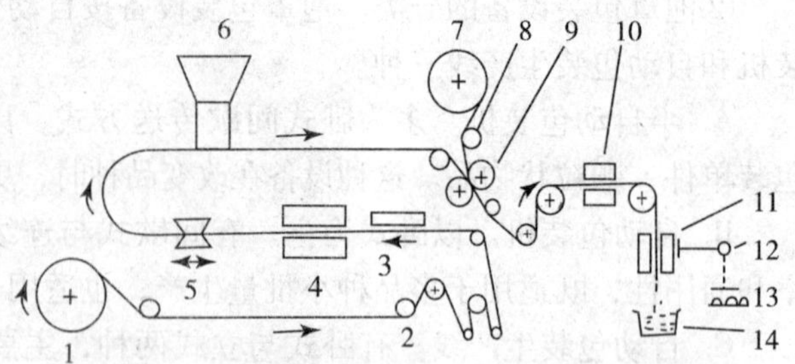

图 5－37　间歇式 PTP 自动包装线工艺过程示意图

1－卷筒塑料薄片；2－调节辊；3－加热器；4－成型器；5－输送辊；6－料斗；7－衬底材料；8－输送辊；9－热封辊；10－打印装置；11－冲切装置；12－吸头；13－包装件；14－废料箱

（1）贴体包装工艺。贴体包装工艺过程如图 5－38 所示。

图 5－38（a）中卷筒塑料薄膜 1 由夹持架 2 夹住；上方的加热器 3 对

薄膜加热；物品 4 放在衬底 5 上，被送到抽真空的平台 6。

图 5－38（b）中夹持架 2 将软化的薄膜压在物品上，开始抽真空。

图 5－38（c）中抽真空后，薄膜紧紧地吸附在物品上，并与衬底封合在一起，形成完整的包装，此时上方的加热器 3 停止加热。

图 5－38（d）中完整的包装件被传送出去。

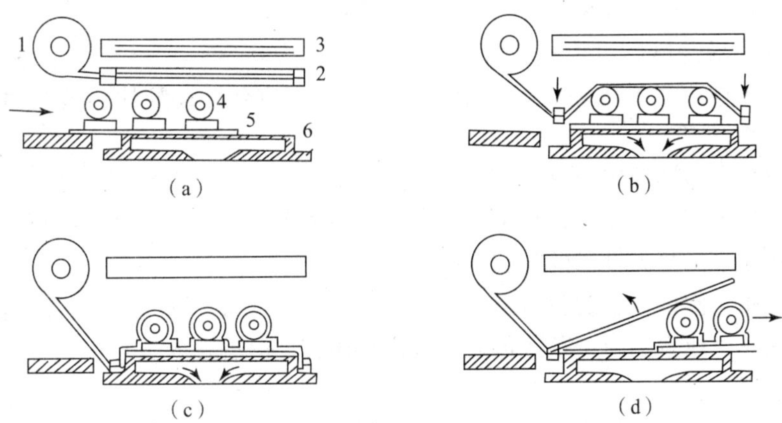

图 5－38 贴体包装工艺过程

1－卷筒塑料薄膜；2－夹持架；3－加热器；4－被包装物品；5－衬底材料；6－抽真空平台

（2）贴体包装材料。贴体包装材料主要是塑料薄膜和衬底材料。

贴体包装常用的塑料薄膜是聚乙烯和离子键聚合物。离子键类聚合物分子中除了存在正常的共价键外，还有离子键存在，此类薄膜韧性较大。包装小而轻的物品时，用 0.1～0.2mm 的离子键聚合物薄片；包装大而重的物品时，采用 0.2～0.4mm 的聚乙烯薄片。

衬底材料通常用白纸板，其厚度为 0.45～0.60mm，最厚不超过 1.4mm。为了抽真空，衬底上需要开若干小孔，开孔时将衬底纸板通过带针滚轮，开出直径为 0.15mm 左右的小孔，密度为 3～4 个/平方厘米。

选择包装材料时，应考虑物品的用途、大小、形状和质量等因素。对销售包装要注意塑料薄片的透明度、易切断性以及纸板的卷曲性能等；对以保护性为主的运输包装，要注意塑料薄片的戳穿强度和拉伸强度等。

（3）贴体包装设备。贴体包装机有手动式、半自动式和全自动式几种。手动式操作过程中，用手将物品放在衬底上，将薄片夹在夹持器中，然后进行吸塑加工。半自动式操作过程中，除放置衬底和物品外，其余过程均由机器自动进行，小型手动和半自动机器每分钟可运行 2～3 张小纸板；较大的机器每分钟运行 1.5～3 张大幅面纸板。图 5－39 是一种连续式全自动贴体包装生产线的工艺过程示意图，自动化程度很高，包装效果很好，生产速度为 5～6m/mim。

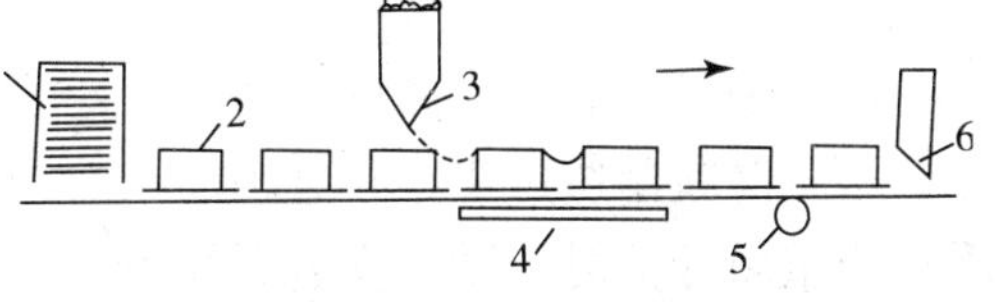

图 5－39 连续式自动贴体包装生产线示意图

1－衬底供给装置；2－物品；3－塑料薄膜挤出头；4－抽真空装置；5－切缝器；6－切断刀

3. 泡罩包装与贴体包装的比较

（1）泡罩包装与贴体包装的共同点：

①一般均为透明包装，能看见内装物品。

②都能包装形状复杂的物品。

③通过衬底的形状和精美的印刷，能增强商品的宣传效果。

④可以悬挂和陈列。

⑤可以包装成组或零件多的商品。

⑥与其他包装方法相比较，包装费用较高。

⑦人工消耗多，包装效率低。

（2）泡罩包装与贴体包装的不同点：

①商品保护性。泡罩包装具有阻隔性能，可以真空包装；贴体包装的衬底有抽真空孔，没有阻隔性。

②包装操作。泡罩包装容易实现自动化或流水线生产，但需要更换模具，适用于少品种大批量的包装生产；贴体包装难于实现自动化或流水线生产，生产效率低，但不需要更换模具，适用于多品种大批量的包装生产。

③包装成本。泡罩包装的包装材料和包装设备都比较贵，对大而重且批量少的物品，由于要制作模具，成本更高；贴体包装一般比较便宜，但需要人工较多，在大批量包装生产时成本比较高。

④包装效果。泡罩包装比较美观，能够提高商品的价值；而贴体包装由于衬底上有抽真空的小孔，外观略逊一筹。

从以上比较可以看出，泡罩包装适用于大批量、小件、不要求良好阻隔性的物品；贴体包装适用于小批量、形状复杂、在流通过程容易破损而且不要求阻隔性的物品。

二、收缩包装与拉伸包装

收缩包装或收缩薄膜裹包（shrink-film wrapping）是利用有热收缩性能的塑料薄膜裹包被包装物品，然后进行加热处理，包装薄膜即按一定的比例自行收缩，紧密贴住被包装物品的一种方法。拉伸包装或拉伸薄膜裹包（stretch-film wrapping）是利用可拉伸的塑料薄膜在常温下对薄膜进行拉伸，对被包装物品进行裹包的一种方法。这两种包装方法的原理并不相同，但包装的效果基本相同，都是将被包装物品裹紧，都具有裹包的性质，但这种裹包方法的原理、使用的材料以及产生的效果都与前面所讲的裹包方法大不相同。本节将分别介绍收缩与拉伸包装工艺。

1. 收缩包装

收缩包装始于20世纪中期，70年代得到迅速发展，目前在包装工业中已获得广泛应用。

（1）收缩包装的原理与特点。

塑料薄膜制造过程中，在其软化点以上的温度拉伸并冷却而得到的分子取向的薄膜，当重新加热时，则有恢复到拉伸以前状态的倾向，收缩包装就是利用塑料薄膜的这种热收缩性能发展起来的。即将大小适度（一般比物品尺寸大10%）的热收缩薄膜套在被包装物品外面，然后用热风烘箱或热风喷枪短暂加热，薄膜会立即收缩，紧紧裹包在物品外面，物品可以是单件，也可以是有序排列的多件罐、瓶、纸盒等，如图5－40所示。

图5－41为收缩包装工艺过程示意图（参看本教材辅助教学国外视频资料1N－01～02）。

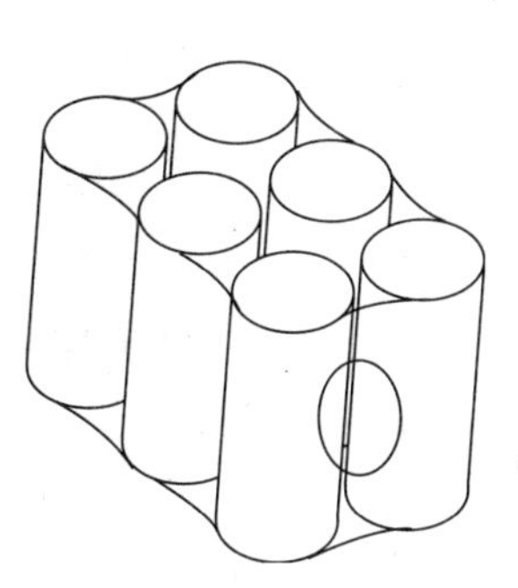

图 5－40　多件的收缩包装

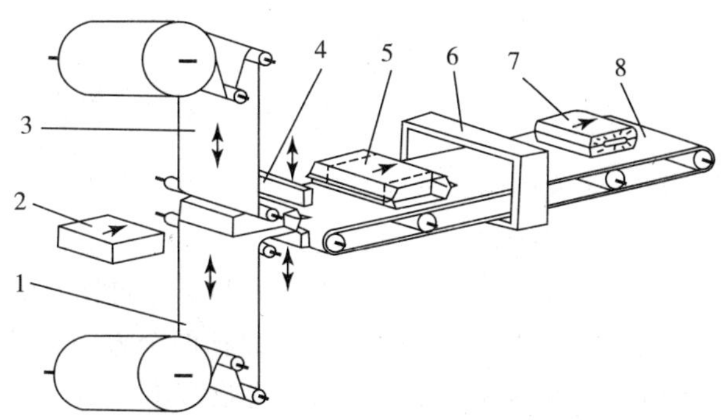

图 5－41　收缩包装工艺过程示意图

1－下卷筒收缩薄膜；2－被包装物品；3－上卷筒收缩薄膜；4－横封加热条；5－裹包物品；6－热收缩通道；7－包装件；8－传送带

（2）收缩薄膜。

适用于热收缩包装的薄膜有 PE（聚乙烯）、PVDC（聚偏二氯乙烯）、PP（聚丙烯）、PS（聚苯乙烯）、EVA（乙烯－醋酸乙烯酯）和离子聚合物薄膜等，其中以 PE 薄膜用量最大，其次是 PVC，两者约占收缩薄膜总量的 75%。

普通塑料薄膜通常采用熔融挤出法、压延法、溶液流延法制得。而热收缩薄膜是将这种制得的片状薄膜或筒状薄膜，再进行纵向或横向的数倍拉伸处理，使薄膜的分子链成特定的结晶面与薄膜表面平行取向，从而增加薄膜的强度和透明度，同时在薄膜拉伸时给予一定的温度，使薄膜在凝固前被拉伸的比例增至1∶4 到1∶7 的延伸率（普通薄膜延伸率为1∶2），这就使薄膜在包装时具有所需要的收缩性能。

为了满足收缩薄膜的要求，必须采取特殊的工艺，国外 PE 收缩薄膜是通过辐射交联制得交联原膜，然后再经双向拉伸制得。交联的目的，除了破坏结晶外，还可以提高收缩薄膜的收缩应力和强度，采用化学交联生产 PE 收缩薄膜的简单工艺流程如图 5－42 所示：

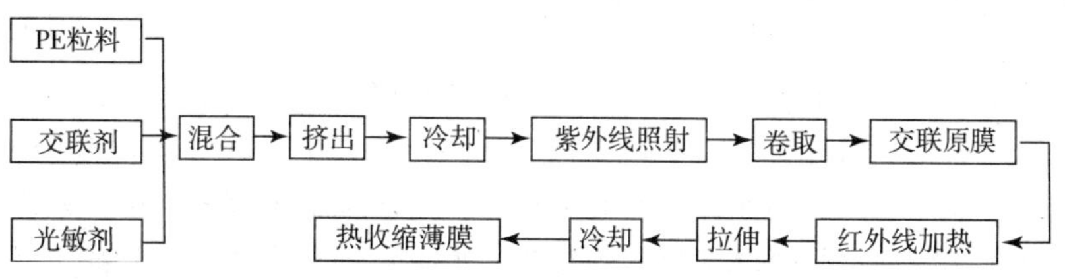

图 5－42　收缩薄膜的生产工艺流程

收缩薄膜按其制造工艺及使用范围不同，大致分为两种：一种是两轴型拉伸热收缩薄膜，薄膜在加工时纵横两轴向的拉伸量几乎相等；另一种是一轴型拉伸收缩薄膜，薄膜在加工时只向一个方向拉伸。两轴型薄膜的适用范围很广，可用于包装新鲜食品或食品的托盘包装等；一轴型常用于管状收缩包装和标签包装，如酒类容器的标签包装，矿泉水、饮料瓶上的标签包装，塑料瓶和玻璃瓶盖的密封包装及新鲜果蔬等的套管包装等。

①收缩薄膜的主要性能指标。

A. 收缩率与收缩比。收缩率包括纵向和横向，测试方法是先量出薄膜的长度 L_1，然后将薄膜浸放在 120℃的甘油中 1～2s，取出用冷水冷却，再测量长度 L_2，按下式进行计算：

$$收缩率（\%）=\frac{L_1-L_2}{L_1}\times 100\%$$

式中 L_1——收缩前的薄膜长度；

L_2——收缩后的薄膜长度。

包装用的收缩薄膜一般要求纵横两个方向收缩率相等，即各约为50%；也有单向收缩膜的，收缩率为25%～50%；还有纵横两个方向收缩率不相等的偏延伸薄膜。

纵横两个方向收缩率的比值称为收缩比。

B. 收缩张力。收缩张力是指薄膜收缩后施加给被包装物品的张力。在收缩温度下产生收缩张力的大小与物品的性质有密切关系。包装金属罐等刚性产品可允许较大的收缩张力，而一些易碎或易褶皱的物品，收缩张力过大，就会变形甚至损坏，因此，收缩薄膜的收缩张力必须恰当。

C. 收缩温度。收缩薄膜加热到一定温度开始收缩，温度升到一定高度又停止收缩，在此范围内的温度称为收缩温度。对包装作业来讲，包装件在热收缩通道内加热，薄膜收缩产生预定张力时所达到的温度也称为收缩温度。收缩温度与收缩率有一定的关系，不同薄膜的收缩率也不相同。图5－43为聚氯乙烯、聚乙烯、聚丙烯和乙烯－醋酸乙烯酯四种常用收缩薄膜的温度－收缩率曲线。在收缩包装中，收缩温度越低，对被包装物品的不良影响越小，特别是新鲜蔬菜、水果及纺织品等。

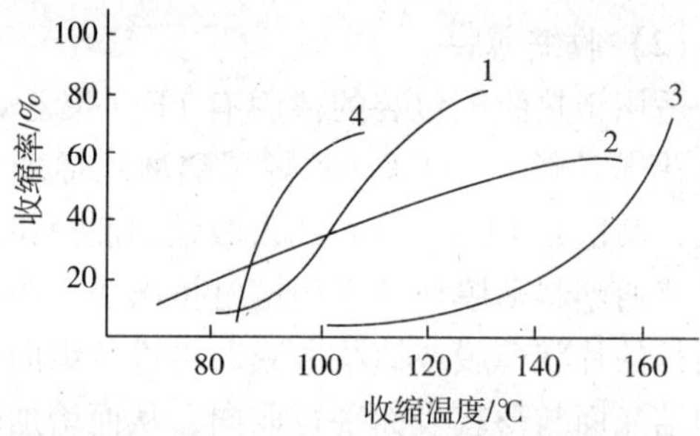

图5－43　常用收缩薄膜的温度－收缩率曲线

1－聚乙烯；2－聚氯乙烯；3－聚丙烯；4－乙烯－醋酸乙烯酯

D. 热封性。收缩包装作业中，在加热收缩前，必须先进行热封，使被包装物品处于封闭的收缩薄膜之中，且要求封缝具有较高的强度。

②常用收缩薄膜的性能和用途。

常用的收缩薄膜有聚氯乙烯、聚乙烯、聚丙烯和聚偏二氯乙烯等，其中聚氯乙烯收缩薄膜收缩温度比较低而且范围大，收缩温度为40～160℃，加热通道温度为100～160℃，其热收缩快，作业性能好，包装件透明而美观，热封部位也很整洁。由于氧气渗透率比聚乙烯低，而透湿率较高，故对含水分多的蔬菜、水果包装较为适宜。其缺点是抗冲击强度低，在低温下易变脆，不适于运输包装。另外封缝强度差，热封时会分解产生臭味，当其中的增塑剂发生变化后薄膜易断裂，失去光泽。目前，聚氯乙烯薄膜主要用于杂货、食品、玩具、水果和纺织品等的包装。

聚乙烯收缩薄膜的抗冲击强度大、价格低、封缝牢固，多用于运输包装；其光泽与透明性比聚氯乙烯差，在作业中，收缩温度比聚氯乙烯约高20～30℃，因此，在热收缩通道后段应有鼓风冷却装置。

聚丙烯收缩薄膜有较好的光泽和透明性，耐油性和防潮性良好，收缩张力强；其缺点是热封性差，封缝强度低，收缩温度比较高且范围窄，适合录音磁带和唱片等物品的多件包装。

其他收缩薄膜如聚苯乙烯主要用于信件包装；聚偏二氯乙烯主要用于肉类包装。

乙烯-醋酸乙烯共聚物抗冲击强度大，透明性高，软化点低，熔融温度范围宽，热封能好，收缩张力小，被包装物品不易破损，适合带突起部分的物品或形状不规则物品的包装。

近年来，随着收缩薄膜的发展，进一步改善了薄膜的气体阻隔性，降低了热封温度，改进了黏合性能，提高了保鲜效果，如 PVDC-PDC 共聚收缩薄膜，具有良好的阻隔性，特别适合食品包装，诸如加料烹调的午餐肉、冷冻禽类及冷冻糕点等。

（3）收缩包装工艺。收缩包装工艺一般分为两步进行。首先是预包装，用收缩薄膜将物品裹包起来，留出热封必要的口与缝：其次是热收缩，将预包装的物品放到热收缩设备加热收缩。

①预收缩包装。预包装时，薄膜尺寸应比物品尺寸大 10%~20%；如果尺寸过小，充填物品不方便，还会因收缩张力过大，可能将薄膜撕破；尺寸过大，则收缩张力不够，包不紧或不平整。所用收缩薄膜厚度可根据物品大小、质量以及所要求的收缩张力来决定。如 PE 热收缩薄膜一般选用厚度为 0.08~0.1mm，对大托盘收缩薄膜，厚度可增加到 0.5mm。

用于收缩包装的薄膜有平张膜、筒状膜和对折膜三种，以供不同包装方法选择。

②热收缩包装方法。

A. 两端开放式或称套筒式收缩包装法。它是用套筒膜或平张膜先将被包装物品裹在一个套筒里然后进行热收缩作业，包装完毕在包装物两端均有一个收缩口，如图 5-44 所示。

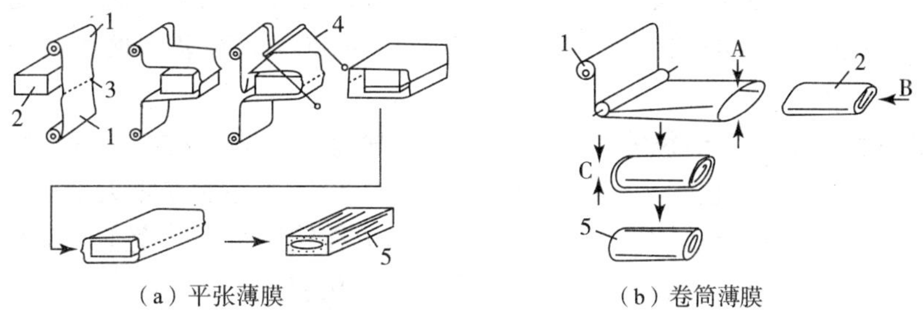

图 5-44　两端开放式收缩包装法

1-薄膜卷筒；2-物品；3-封缝；4-封切刀；5-包装件；

A-开口；B-将物品推入筒状薄膜；C-切断

用平张膜包装可不受物品品种的限制，平张膜多用于形状方整的单一或多件物品的包装，如多件盒装物品的集合包装等。

用筒状膜包装的优点是减少了 1~2 道封缝工序，外形美观，缺点是不能适应物品多样化要求，只适用于单一物品的大批量生产的包装，如电池、卷筒纸等。

B. 四面密封式或称搭接式收缩包装法。将物品四周用平张膜或筒状膜包裹起来，接缝采用搭接式密封。适合要求密封的物品包装。

a. 用对折膜可采用 L 形封口方式，如图 5-45（a）所示。采用卷筒对折膜，将薄膜拉出一定长度置于水平位置，用机械或手工将开口端撑开，把物品推到折缝处。在此之前，上一次热封剪断后留下一个横缝，加上折缝共两个缝不必再封，因此用一个 L 型热封剪断器从物品后部与薄膜连接处压下并热封剪断，一次完成一个横缝和一个纵缝，操作简便，手动半自动均可，适合包装异形及尺寸变化多的物品。

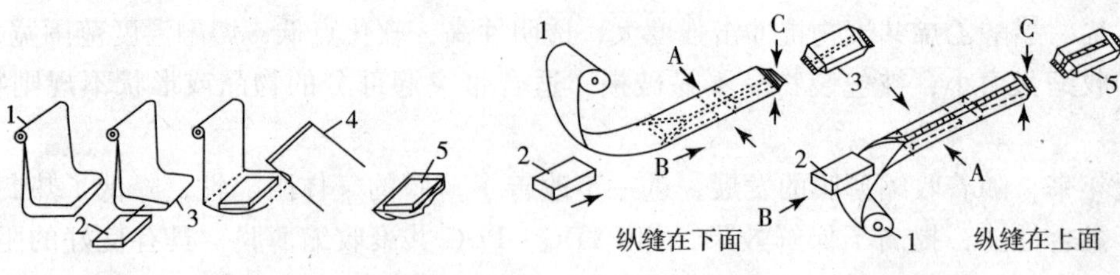

（a）L型封口（对折膜）　（b）机型袋（平张膜）

图5-45　四面密封式收缩包装法

1-薄膜卷筒；2-物品；3-封缝；4-L型封切刀；5-包装件；

A-纵封缝；B-将物品推入筒状薄膜；C-封横缝切断

b. 用卷筒平张膜可采用枕形袋式或筒式包装。这种方法是使用单卷平张膜，先封纵缝成筒状，将物品裹于其中，然后封横缝切断制成枕型包装，或者将两端打卡结扎成筒式包装，操作过程如图5-45（b）所示。

筒式包装主要用于熟肉制品，如火腿肠的包装，其一般包装工艺流程为：

原料验收→预处理→计量充填→真空封口（打卡结扎）→热收缩→冷却干燥→成品

采用四面密封方式预封后，内部残留的空气在收缩时会膨胀，使薄膜收缩困难，影响包装质量，因此在封口器旁常有刺针，热封时刺针在薄膜上刺出放气孔，在热收缩后封缝处的小孔常自行封闭。

C. 一端开放式或称罩盖式收缩包装法。它是有边容器使用的一种包装方法。将容器或托盘边缘下部薄膜加热收缩，如图5-46所示，是罩盖式碗装方便面收缩包装方法示意图。

D. 托盘收缩包装是运输包装中发展较快的一种包装方法。其主要特点是物品可以以一定数量为单位牢固地捆包起来，在运输过程中不会松散，并能在露天堆放。托盘收缩包装过程如图5-47所示。包装时将装好物品的托盘放在输送带上，套上收缩薄膜袋，由输送带送入热收缩通道，通过热收缩通道后即完成收缩包装件。

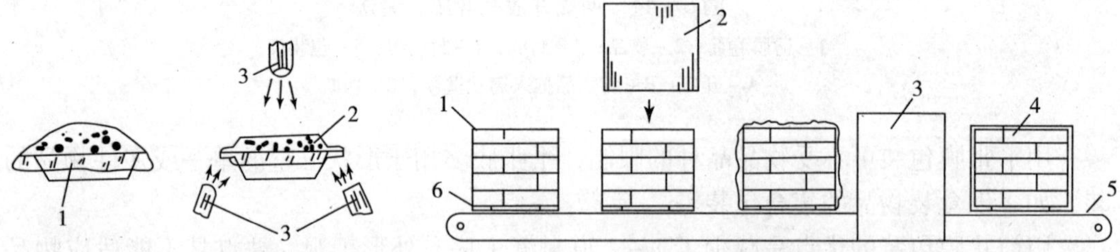

图5-46　罩盖式热收缩包装方法

1-被包装物品上覆盖塑料薄膜；

2-用热风喷嘴加热收缩薄膜；3-热风喷嘴

图5-47　托盘收缩包装过程

1-集装物品；2-收缩薄膜套；3-热收缩通道；

4-包装件；5-输送带；6-托盘

③热收缩操作。热收缩通道是热收缩操作的主要设备，它由输送带和加热室组成。热收缩过程如图5-48所示。将预包装件放在输送带上，以规定速度运行进入加热室，利用热风对包装件进行加热，热收缩完毕离开加热室，自然冷却后从输送带上取下，物品体积过大或薄膜热收缩温度较高时，应在离开加热室后用冷风扇加速冷却。

加热室是一个内壁装有隔热材料的箱形装置，加热室为了保证热风均匀地吹到包装物品上，均采用温度自动调节装置以确保室内温度恒定（温差为 ±5℃），并采用强制循环系统进行热风循环。加热时，热风速度、流量、输送带结构、出入口形状和材质等，对收缩效果均有影响。由于各种塑料薄膜的特性不同，所以应根据各种薄膜的特点，选择合适的热收缩通道参数关系。表 5－3 是常用收缩薄膜与热收缩通道的主要参数关系。

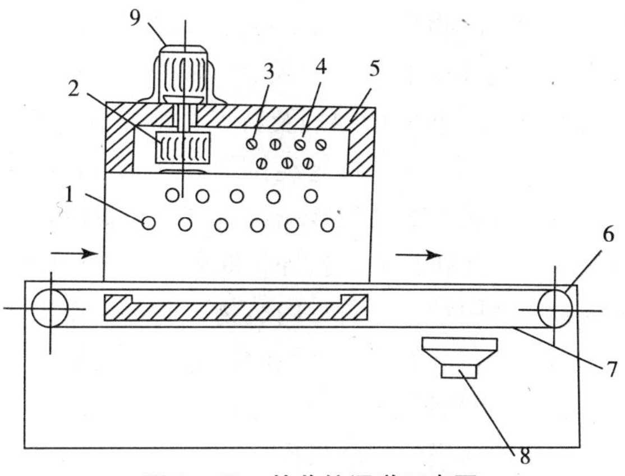

图 5－48　热收缩通道示意图

1－热风吹出口；2－热风循环风扇；3－加热器；4－温度调节器；5－绝热材料；6－驱动轮；7－输送带；8－冷却风扇；9－风扇电机

另外，对于大型托盘集装式物品或体积较大的单件异形物品，可以采用手提式热风喷枪进行现场热收缩。用热功率为 36000kcal/h 的热喷枪，包装一表面积为 2m^2 的包装品，热收缩过程只需约 2min。这种方法简单迅速、方便经济，所用设备除热喷枪外，只需一个液化气罐即可。

表 5－3　常用收缩薄膜与热收缩通道的主要参数关系

塑料薄膜	厚度/mm	温度/℃	加热时间/s	风速/m·s^{-1}	备注
聚氯乙烯	0.02～0.06	140～160	5～10	8～12	因为温度低，对食品之类物品较适宜
聚乙烯	0.02～0.04	160～200	6～10	15～20	紧固性强
聚丙烯	0.03～0.10 0.12～0.20	160～200 180～200	8～10 30～60	6～10 12～16	收缩时间长，必要时停止加热

（4）收缩包装设备。

①小型收缩包装机。主要用于包装水果和新鲜蔬菜等，一般为纸浆或塑料浅盘包装，因包装件尺寸小，多采用枕形袋式包装，其结构与卧式枕形袋包装机相似，配套的热收缩通道温度因包装材料而异。

②L 型封口式包装机。一般使用卷筒对折薄膜，用手工送料方式，其包装能力取决于包装件尺寸的大小和操作者的熟练程度，一般为 10～15 包/分。

③板式热封包装机。用于两端开放式和四面密封式包装，如包装多件纸盒或瓶、罐装物品。四面密封式的端封，一般采用条状热封，侧面封可用条状或滚转式热封。机器有自动包装机和半自动包装机。该机最适用于箱类包装，被包装物品尺寸在宽 200～500mm，长 250～1500mm 之间，其包装能力随制品长度而异，长度 1000mm 左右的制品，每分钟可包装 8～10 件。

④大型收缩包装机。这类机械用于瓦楞纸箱和大袋包装件的集合包装，包装件长宽高一般在 1m 以上，有用托盘的，也有不用托盘的。

2. 拉伸包装

拉伸包装始创于 1940 年，主要为满足超级市场销售禽类、肉类、海鲜产品、新鲜水果和蔬菜等产品包装的需要。拉伸包装过程中不需要对塑料薄膜进行热收缩处理，适于某些不能受热的物品的包装，能够节省能源；用于托盘运输包装能降低运输成本，是一种很有前途的包装技术。

（1）拉伸包装的原理及特点。拉伸包装是在常温下将塑料薄膜拉伸，同时缠绕在被包装物品的外面，由于薄膜经拉伸后具有自黏性和弹性，从而将物品牢牢裹紧。

拉伸包装不需要热收缩设备，可节省设备投资、能源和设备维修费用；可以准确地控制裹包力，防止物品被挤碎；此外，拉伸包装有防窃、防火、防冲击和防震等功能；拉伸薄膜具有透明性，可看见内装物，尤其是作为运输包装，比木箱和瓦楞纸箱容易识别内装物。但拉伸包装的防潮性比收缩包装差，拉伸薄膜具有自黏性，不便堆放。

（2）拉伸薄膜。

①拉伸薄膜的性能指标。

A. 自黏性。自黏性是指薄膜之间接触后的黏附性，在拉伸缠绕过程中和裹包之后，能使被包装物品紧固而不会松散。自黏性受外界环境等多种因素影响，如温度、湿度、灰尘和污染物等。获得自黏性薄膜的主要方法有两种：一是加工薄膜表面，使其光滑具有光泽；二是用增加黏附性的填充剂，使薄膜表面产生湿润效果，从而提高黏附性。

B. 拉伸与许用拉伸。拉伸是薄膜受拉力后产生弹性伸长的能力。纵向拉伸增加时，薄膜变薄，宽度变窄，易撕裂，施加于包装件的张力增加。

许用拉伸是指在一定用途的情况下，保持各种必需的特性所能施加的最大拉伸，许用拉伸越大，所用薄膜越少，包装成本越低。

C. 应力滞留。应力滞留是指在拉伸裹包过程中，对薄膜施加的张力能保持的程度。应力滞留性越差，包装效果越好。

D. 韧性。韧性是薄膜抗戳穿和抗撕裂的综合性质。应要求薄膜包装后具有足够的韧性，以保证包装品质。

另外，拉伸薄膜还应具有光学性能和热封性能，以满足某些特殊包装件的需要。

②常用的拉伸薄膜。常用的拉伸薄膜有 PVC（聚氯乙烯）、LDPE（低密度聚乙烯）、EVA（乙烯-醋酸乙烯共聚物）和 LLDPE（线性低密度聚乙烯）薄膜。

PVC 薄膜使用最早，自黏性好，拉伸和韧性好，但应力滞留差；常用的 EVA 薄膜中含醋酸乙烯 10%～12%，自黏性、拉伸、韧性和应力滞留均好；LLDPE 薄膜出现较晚，但综合特性最好。拉伸薄膜的最终性能，取决于所用原料的质量和加工工艺，吹塑的 LLDPE 薄膜的自黏性比 PVC 及 EVA 薄膜略差，但挤出式薄膜则相同，表 5-4 是几种拉伸薄膜的性质。

表 5-4 拉伸薄膜的性质

拉伸薄膜	拉伸率/%	拉伸强度/MPa	自黏性/g	戳穿强度/Pa
线性低密度聚乙烯	55	0.412	180	960
乙烯-醋酸乙烯共聚物	15	0.255	160	824
聚氯乙烯	25	0.240	130	550
低密度聚乙烯	15	0.214	60	137

（3）拉伸包装工艺。

拉伸包装方法按包装用途可分为销售包装和运输包装两类，不同类型的包装所用的包装设备不同，因而包装工艺也不一样。

①销售包装。销售包装根据自动化程度不同分为手工拉伸包装、半自动拉伸包装和全自动拉伸包装三种方法。

A. 手工包装。一般由人工将被包装物品放在浅盘内，特别是软而脆的物品及多件包装的零散物品，如不用浅盘则容易损坏。但有些物品本身具有一定的刚性和牢固程度，如小工具和大白菜等，可不用浅盘。

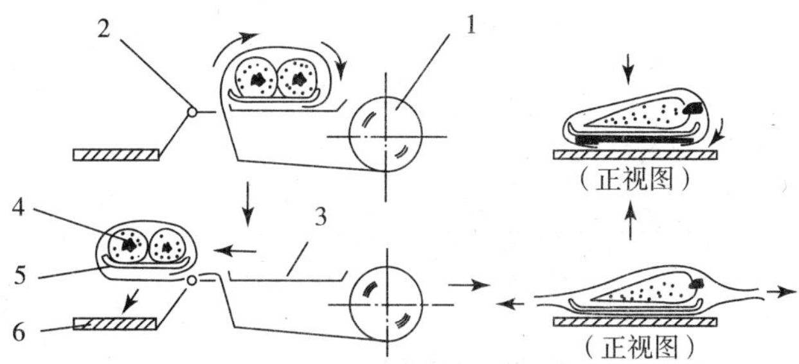

图 5－49　拉伸包装手工操作过程

1－卷筒薄膜；2－电热丝；3－工作台；4－物品；5－浅盘；6－热封板

手工操作包装过程如图 5－49 所示。第一步是从卷筒拉出薄膜，将物品放在其上并卷起来，向热封板移动，用电热丝将薄膜切断，再移动到热封板上进行封合；然后用手抓住薄膜卷的两端进行拉伸，拉伸到所需程度，将两端的薄膜向下折至卷的底面，压在热封板上封合。

B. 半自动拉伸包装。将包装工作中的部分工序机械化或自动化，可节省劳力，提高生产率，主要用于带浅盘的包装，半自动操作拉伸包装使用较少，生产速度一般为 15～20 件/分。

C. 全自动拉伸包装。手工操作虽然有许多优点，但劳动强度大，生产率低，成本高，从而推动了全自动拉伸包装设备的迅速发展。目前自动拉伸包装设备所采用的包装工艺大体可分为两种：

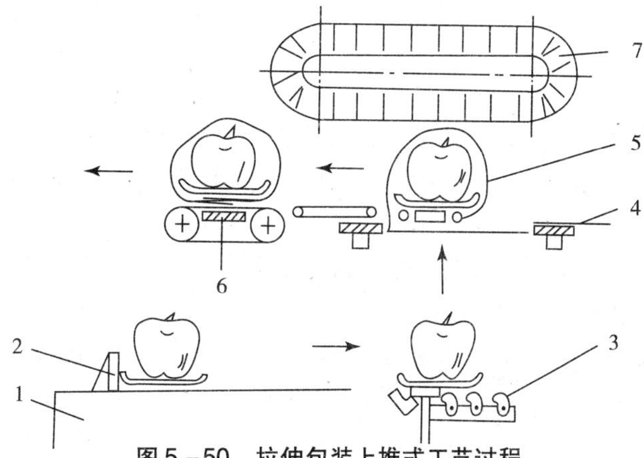

图 5－50　拉伸包装上推式工艺过程

1－供给输送台；2－供给装置；3－上推装置；4－薄膜夹子；5－薄膜；6－热封板；7－输出装置

a. 上推式工艺。它是拉伸包装用于销售方面的主要包装。其操作过程如图 5－50 所示。将物品放入浅盘内，由供给装置推至供给传送带，运送到上推装置；同时预先按物品所需长度切断薄膜，送到上推部位上方，用夹子夹住薄膜四周；上推装置将物品上推并顶着薄膜，薄膜被拉伸，然后松开左、右和后面的三个夹子，同时将三边的薄膜折入浅盘的底下；启动带有软泡沫塑料的输出传送带，浅盘向前移动，同时前边的薄膜被拉伸，此时松开前薄膜夹，将前边薄膜折入浅盘底，将包装件送至热封板封合，完成包装过程。

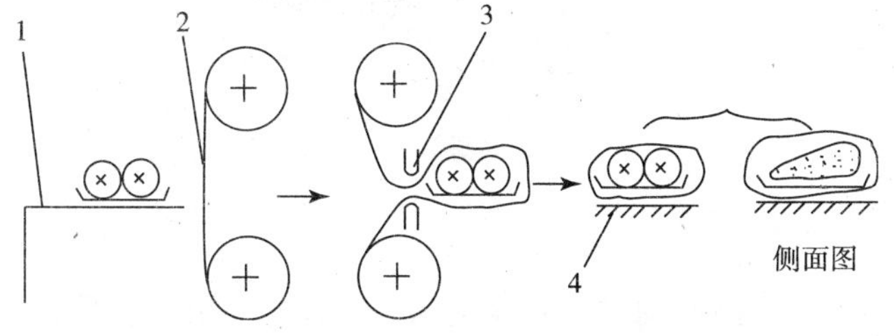

图 5－51　拉伸包装连续直线式工艺过程（一）

1－供给输送台；2－卷筒薄膜；3－封切刀；4－热封板

b. 连续直线式工艺。这是自动拉伸包装最早出现的形式，因为包装较高物品时不稳当在使用上受到了一定限制，其操作过程如图 5－51 所示。

由供给装置将放在浅盘内的物品送到薄膜（浅盘长边方向与前进方向垂直）；前一个包装件的后部封切时，同时将两个卷筒的薄膜封合，被包装物送至此处，继续向前推移时，使薄膜拉伸；当被包装物品全部被覆盖后，用封切刀将后部热封并切断；然后将薄膜左右拉伸，折进浅盘底部送到热封板上热封。

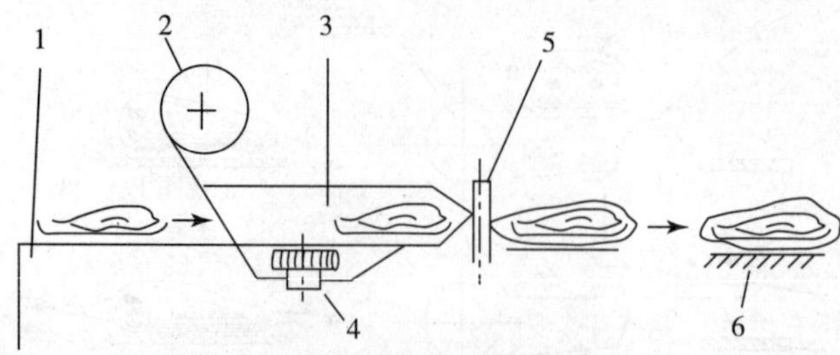

图 5－52　拉伸包装连续直线式工艺过程（二）

1－供给输送台；2－卷筒薄膜；3－制袋器；4－热封辊；5－封切刀；6－热封板

连续直线式还有一种形式，如图5－52 所示。其工艺过程是物品向前推进时，薄膜两侧下折，通过热封辊将两侧形成一条纵缝，此时薄膜形成筒状，裹包着物品然后用封切刀将包装件热封切断，将薄膜 2 的前后两端经拉伸后折入浅盘底部，送到热封板上封合。

②运输包装。将拉伸包装用于运输包装，比传统用的木箱、瓦楞纸箱等包装质量轻、成本低，因此应用广泛，这种包装大部分用于托盘集合包装，也可用于无托盘包装。其基本方法有下列几种（参看本教材辅助教学国内视频资料 CN－06～08、国外视频资料 1N－03～05）：

A. 物品回转式拉伸包装工艺。将物品放在一个可以回转的平台上，把薄膜端部贴在物品上，然后旋转平台，边旋转边拉伸薄膜，转几周后切断薄膜，将末端黏在物品上，如图 5－53 所示。图中（a）为整幅薄膜包装，即用与物品高度一样或更宽一些的整幅薄膜包装。这种方法适用于包装形状方正的物品，优点是效率高而且经济，缺点是材料仓库中要储备幅宽规格齐全的薄膜。（b）为窄幅薄膜缠绕式包装，薄膜幅宽一般为 50～70cm，包装时薄膜自上而下以螺旋线形式缠绕物品，直至裹包完成，两者之间约有三分之一部分重叠，这种方法适于包装堆码较高或高度不一致的物品，以及形状不规则或较轻的物品，包装效率较低，但可使用幅宽的薄膜包装不同形状或堆码高度的物品。

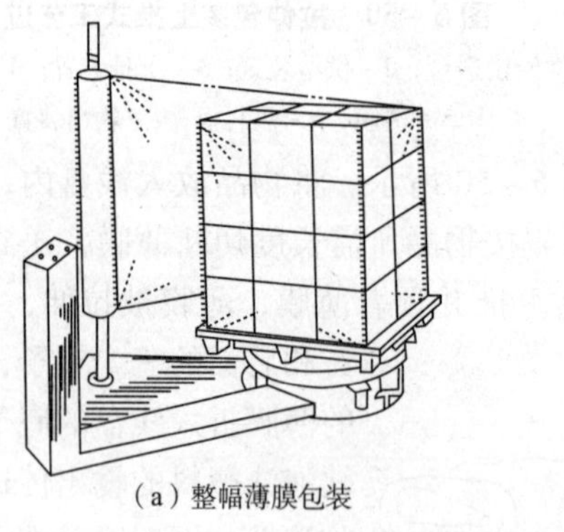

（a）整幅薄膜包装

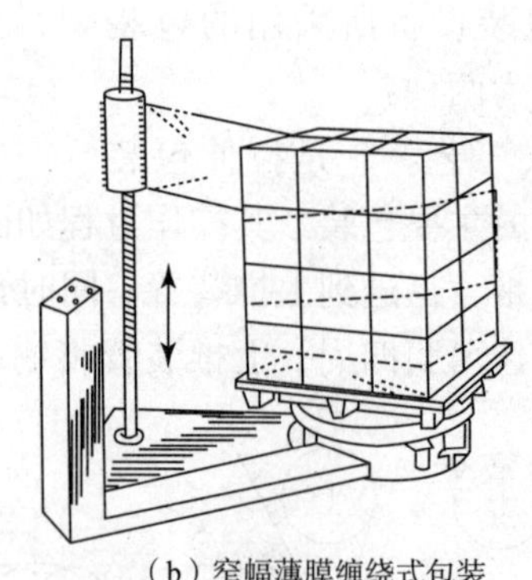

（b）窄幅薄膜缠绕式包装

图 5－53　物品回转式拉伸包装工艺

用回转式将薄膜拉伸包装的基本方法有两种，如图 5－54 所示。一种是使用制动器限制薄膜卷筒 1 转动，当物品 4 回转时，使薄膜拉伸，一般拉伸率为 5%～55%，如图 5－54（a）所示；一种是使用一对回转速度不同的导辊，即薄膜输入辊 2 的转速比输出辊 3 的转速低一些，从而将薄膜拉伸，拉伸率一般为 10%～100%，如图 5－54（b）所示。为了消除方形物品裹包过程中四角处速度突然增加的不利因素，还应装置气动调节辊，以保持拉力均衡。

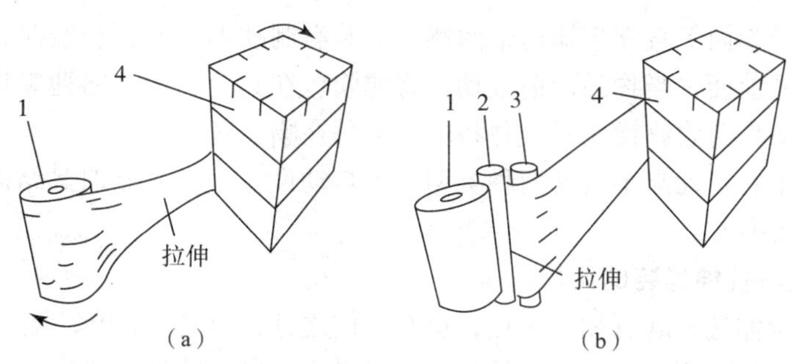

图 5 -54　塑料薄膜拉伸的方法

1 - 薄膜卷筒；2 - 输入辊；3 - 输出辊；4 - 物品

B. 包装臂回转式拉伸包装工艺。其工艺过程如图 5 -55 所示。图 5 -55 (a) 所示的包装臂围绕垂直轴回转，适于裹包较小物品堆垛的包装件或堆垛不规矩的包装件。图 5 -55 (b) 所示包装臂围绕水平轴回转，用于裹包流水生产线上的物品，或在传送带上移动的物品。

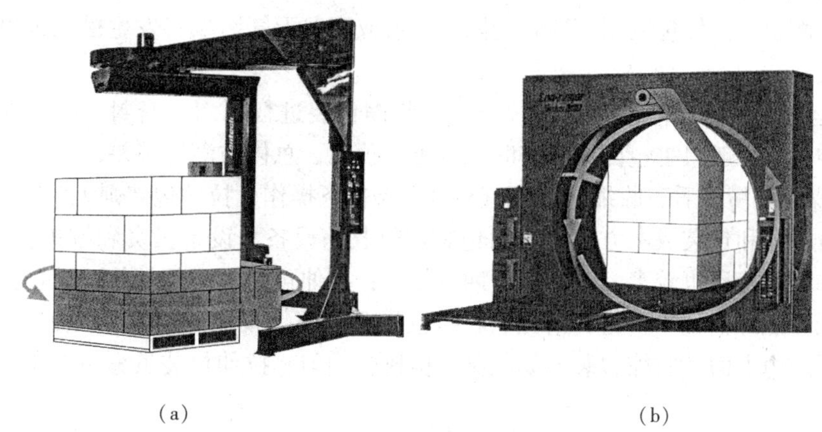

图 5 -55　包装臂回转式拉伸包装工艺

C. 物品移动式拉伸包装工艺。其工艺过程如图 5 -56 所示，将物品放在输送带上，由送进器 [图 5 -56 (a)] 或辊道 [图 5 -56 (b)] 推动向前，在包装工位有一个龙门式

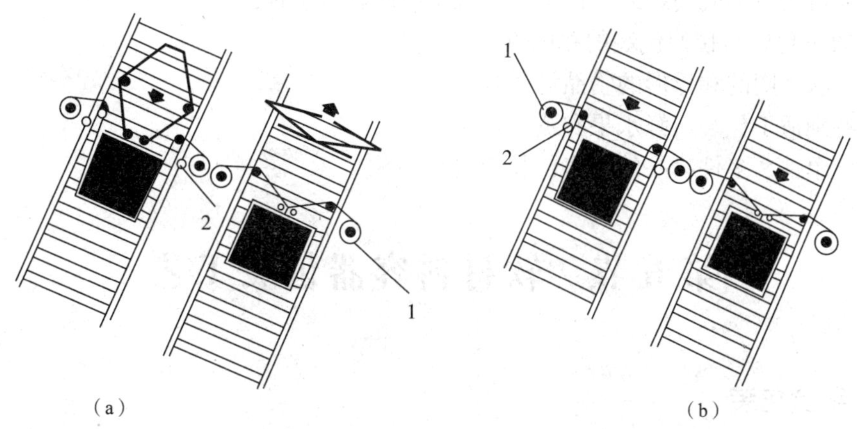

图 5 -56　移动式拉伸包装工艺

1 - 薄膜卷筒；2 - 封合器

的架子，两个薄膜卷筒 1 直立于输送带两侧，并装有制动器；开始包装时，先将两卷薄膜的端部热封于物品前面，当物品向前推动，将薄膜包在其上，同时将薄膜拉伸，到达一定位置后用封合器 2 将薄膜收拢切断，并将端部粘贴在物品背后。

拉伸包装设备有自动与半自动两种类型。半自动设备中，开始时黏结薄膜，结束时切断薄膜，均由手工操作。

3. 收缩包装与拉伸包装的比较

收缩包装与拉伸包装既有相同之点，也有不同之处，且各有利弊，在进行选择时，必须结合具体物品的包装要求和特性，从材料、设备、工艺、能源和投资等方面综合考虑。

（1）收缩包装与拉伸包装的不同点。

①对产品的适应性。

A. 收缩包装不适合冷冻的或怕受热的物品，而拉伸包装不受此限制。

B. 收缩包装可将物品裹包在托盘上，拉伸包装只裹包托盘上的物品。

②对流通环境的适应性。

A. 从包装件存放场所来看，收缩包装不怕日晒雨淋，存放于仓库或露天均可，因而可节省仓库面积；拉伸包装则因薄膜受阳光照射或高温天气影响将发生松弛现象，只能在仓库内存放。

B. 从运输包装的防潮性和透气性来看，收缩包装进行了六面密封，防潮性好、透气性差；拉伸包装一般只裹包四周，有时也可裹包顶面，总体防潮性稍差，但透气性好。

C. 从操作环境来看，收缩包装不宜在低温条件下操作，拉伸包装则无此限制。

③设备投资和包装成本方面。收缩包装需热收缩设备，设备投资和维护费用均较高，能源消耗和材料费用也较多，设备回收期也较长；拉伸包装因无须加热，设备投资和维护费用均较低，能源消耗少，材料消耗比收缩包装少 25%，投资回收期也较短。

④包装应力方面。收缩包装不易控制，但比较均匀；拉伸包装虽容易控制，但楞角处应力过大易损。

⑤堆码适应性方面。收缩包装适应性较好，拉伸包装由于薄膜有自黏性，包装件之间易黏结，搬运过程易撕裂，所以堆码性较差。

⑥库存薄膜的要求方面。收缩包装需要有多种厚度的薄膜，而拉伸包装只要有一种厚度的薄膜即可用于不同的物品，但幅宽视机型可能有若干种。

（2）收缩包装与拉伸包装的相同点。

①对形状规则的和异形的物品均适合。

②都特别适于包装新鲜水果和蔬菜。

③对于单件、多件物品的销售包装均适宜。

第五节　软材料容器包装工艺

一、纸盒包装

纸盒与纸箱是主要的纸制包装容器，两者形状相似，习惯上小的称为盒，大的称为箱。纸盒大多数是由纸板制成。由于其原材料来源广泛，制造成本低，且常用的折叠式空纸盒，重量轻，便于贮运。但是纸板耐水、防潮和阻隔性较差，强度和成型性也有限。故纯纸板纸盒主要用于对密封性要求较低的固体物料包装，也用于经一次包装后的二次包装。目前制盒材料已由单一材料向纸基复合材料发展，纸板与塑料、铝箔复合后制盒，极大地提高了纸盒的阻隔性与封合工艺，扩大了它的应用范围。

1. 纸盒的类型

纸盒的分类方法很多，归结起来可分为以下几种：

①按纸盒的加工方式，有手工纸盒和机制纸盒。按用纸的不同定量，有薄板纸盒、厚板纸盒和瓦楞纸盒三类。

②按制盒材料，有平纸板盒、瓦楞纸盒、纸板/塑料或纸板/塑料/铝箔复合纸盒等。

③按纸盒的结构，有折叠纸盒和固定纸盒两大类。

下面主要按纸盒的结构分类，介绍折叠纸盒和固定纸盒。

（1）折叠纸盒。折叠纸盒通常是把较薄的纸板经过裁切和压痕后，通过折叠组合成型的纸盒。它是目前机械式包装最常用的纸盒。所用纸板厚度通常在 0.3 ~ 1.1mm 之间。生产折叠纸盒的纸板有白纸板、挂面纸板、双面异色纸板及其他涂布纸板等耐折纸箱板。近年来，楞数较密，楞高较低（D 或 E 型）的瓦楞纸板也开始应用。折叠纸盒的特点是：

①结构形式多样。折叠纸盒可进行盒内间壁、摇盖延伸、曲线压痕、开窗、展销等多种新颖处理，使其具有良好的展示效果。

②贮运费用较低。由于折叠纸盒可折成平板状，在流通过程中占用空间小，运输仓储等费用较低。

③适用于大中批量生产。折叠纸盒在包装机械上易实现自动粘盒、充填、折盖、封口、集装和堆码等包装工序，可实现批量生产，因此生产效率高。

常用的折叠纸盒形式有扣盖式、黏结式、手提式、开窗式等。折叠纸盒按盒型的主体成型方法又可分为管式折叠纸盆、盘式折叠纸盒、非管盘式折叠纸盒和非管非盘式折叠纸盒四大类。

（2）固定纸盒。固定纸盒又称粘贴纸盒，是用贴面材料将基材纸板裱合而成的纸盒。要求在储运过程中不改变其原有形状和尺寸，因此其强度和刚性要较折叠纸盒高。

固定纸盒结构挺度好，易于开启，货架陈列方便，但制作较麻烦，占据空间大，自身成本、储运费用都较高。制造固定纸盒的基材主要选用挺度较高的非耐折纸板，如各种草纸板、刚性纸板以及食品包装用双面异色纸板等。内衬选用白纸或细瓦楞纸等。盒角可以采用涂胶纸带加固、订合等方式进行固定。

常用固定纸盒有套盖式、筒盖式、摇盖式、抽屉式、开窗式等。

2. 纸盒的选用

产品包装对纸盒的要求很多，很多因素都将影响对纸盒的选择，如被包装物的特性、形状、保护性要求、贮运要求、生产技术状况、销售对象、陈列展示效果等。一般来说，在选择纸盒时应遵循下列的原则：

（1）普通块状物料。经过一次包装后的块状产品，若易于从盒的端面放入或取出，一般可选用插装式，即采用盖片插入式封口和开启的纸盒；若不易从盒的端面放入或取出的，应选用盘式折叠纸盒。

（2）颗粒状、粉状物料。由于需要一定的密封性，通常可选用黏结式封口的折叠纸盒，或采用纸板/塑料复合纸盒以进行热封合。

（3）液体物料。因其对阻隔性、密封性要求高，通常选用纸板/塑料或纸板/塑料/铝箔复合折叠纸盒，或采用带有衬袋的纸盒，并实施热封合。

（4）大批量生产的普通产品包装，折叠式纸盒是首选，小批量生产的特殊要求产品如礼品、体积或表面积较大的轻质产品，可采用固定纸盒，同时可增强其展示性与装饰性。

3. 装盒工艺

按被包装对象的性质，盒装有物品直接装盒和包装件装盒两类。前者进行装盒时，将被包装物品经计量后直接充填入包装盒中，被包装物品与包装盒相接触。包装件装盒应用于各种基础包装的包装件装盒，通常是单件装盒或多件组合装盒。

（1）根据装盒工艺过程自动化程度分类

按作业自动化程度分为手工、半自动和全自动装盒工艺三种方法。

①手工装盒工艺。这是一种最原始的装盒方法，不需要设备投资和维修费用，但包装速度低，劳动强度大。主要适用于生产产品批量小、品种变化多、现有技术难以实现机械作业的包装。

②半自动装盒工艺。这是一种由操作工人配合机械来完成装盒的一种工艺过程。即装盒过程中的一个或多个工序由人工完成。通常是将产品（包括使用说明书）装入盒中是手工操作，其余工序，如取盒坯、打印、撑开、封底、封盖等都由装盒机械来完成。

半自动装盒机的结构较简单，但其纸盒种类和尺寸可以多变，且变换纸盒种类、尺寸时调整机械所需时间短，适合多品种小批量产品的装盒。生产速度一般为 30 ~ 70pcs/min。

③全自动装盒工艺。全自动装盒工艺与半自动装盒工艺的工艺流程相似，只是它全部的作业工序都实现了自动化。全自动装盒包装速度高，一般为 50 ~ 600pcs/min。包装质量有保证，同时排除了因手工作业可能引起的对产品质量的影响（如食品、药品），但通常设备的适应性较小，产品变换种类和装盒尺寸调整受到限制，故主要适用于大批量、单规格产品的包装。

（2）根据纸盒特征与装盒的功能分类

按纸盒特征与自动装盒的功能分类有多种装盒工艺。下面主要介绍折叠式纸盒的开盒成型、制盒成型以及裹包式装盒工艺。

①开盒成型 - 充填 - 封口装盒工艺。开盒成型 - 充填 - 封口装盒工艺是应用最广的装盒工艺。采用预制盒包装，其基本的工艺流程为：

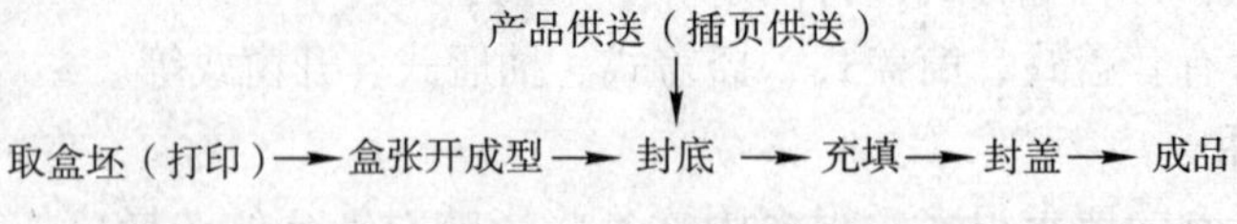

产品供送（插页供送）
↓
取盒坯（打印）→ 盒张开成型 → 封底 → 充填 → 封盖 → 成品

对于单件或多件产品的侧填式横向装盒中，通常在盒成型后即充填，其后同时进行封底、封盖。

根据产品特征，可采用不同的装盒工艺：

A. 单件或多件产品装盒。单件或多件产品的装盒一般采用侧填式横向装盒方法。即产品推入的方向与运盒输送带运动的方向垂直。

单件产品的横向装盒工艺过程如图 5 - 57 所示。取盒装置将折叠的纸盒坯 1 自盒库中吸出并撑展成规则的盒筒2，再送入传送带的纸盒托槽内。此时的包装盒底口及上口都是敞开的；之后，与其一一对应并作横向往复运动的推料杆将内装物平稳地推进包装盒3中，由折封盒盖装置进行折舌，搭接封口盖，实现包装封口4；封口接合部位粘贴封口签，得到装盒包装成品5输出。实际生产中，也采用黏结方式封盒，即在产品推送进纸盒后，利用涂胶或喷胶装置对纸盒折舌的相应部位施胶，其后折舌搭接并压实，实施黏结封盒。该包装过程生产能力较高，一般可达100～200pcs/min。

多件产品的横向装盒工艺过程如图5－58所示。将盒坯从盒库中取出、撑开成筒状，待被包装物排列整理好后，由装填装置推入盒中，再由封盒装置封盒得到成品。

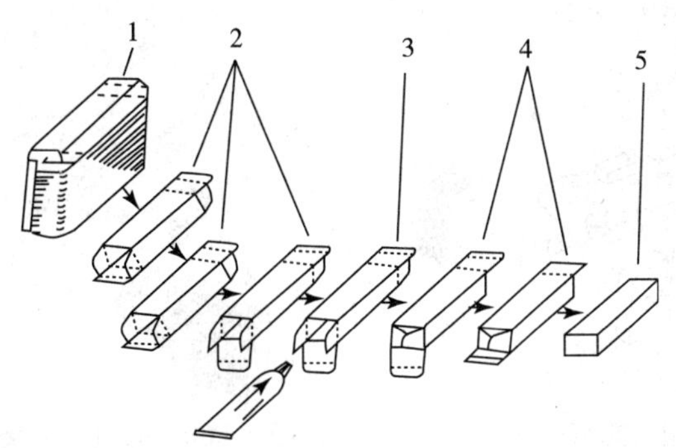

图5－57　单件产品开盒成型—充填—封口横向装盒工艺过程示意图

1－纸盒坯；2－盒筒；3－包装盒；4－封口；5－包装成品

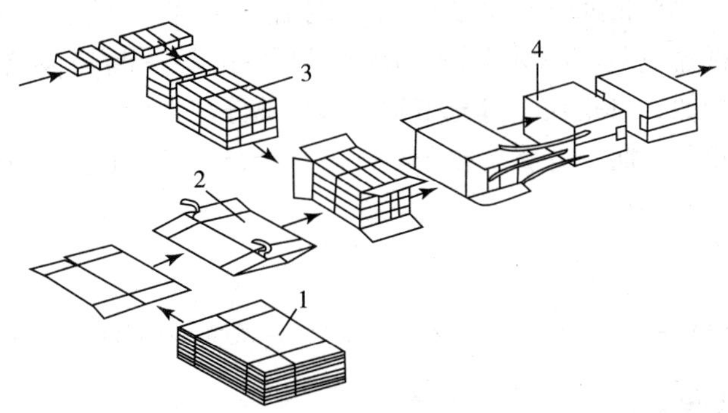

图5－58　多件开盒成型—充填—封口横向装盒工艺过程示意图

1－盒坯；2－撑开；3－被包装物；4－封盒

B. 固体流动性物料（产品）装盒。对于一些固体流动性物料（产品）如洗衣粉、米粉、糖果、皂片、螺钉等的初次包装，包装过程中包装盒始终是处于立式的，即一般采用铅垂方向装盒的方法。如图5－59所示，包装过程为：由取盒装置将盒库中的盒坯吸出并撑展成立体状态的盒筒，送入传送纸盒托槽内。此后，由折封盒底装置折合封底折舌和插接底封盖，形成封闭的盒底，被包装物品通过供料定量充填装置装入包装盒中，此后由折封盒盖装置折合折舌和插接封口盖，实现包装封口。有时，封口接合部位要粘贴封口签，最后输出。

C. 液体类物料的装盒工艺。液体类物料的装盒，由于其阻隔性、密封性要求高，故通常选用纸板/塑料或纸板/塑料/铝箔复合折叠纸盒，或采用带有衬袋的纸盒，并总是采用直立式装盒。

如图5－60所示，带有衬袋的纸盒包装过程与上述非衬袋盒包装过程基本相同，只是在折封盒底前需热封衬袋袋底，而在封口盖前热封衬袋袋口。当然，带有衬袋的纸盒也适用于包装要求高的固体流动产品的包装。

目前纸板/塑料或纸板/塑料/铝箔复合折叠纸盒的应用愈来愈广，纸盒结构也呈现多样化，例如近年来用于鲜牛奶、果汁饮料包装的屋顶式纸盒是其最为典型的应用实例。

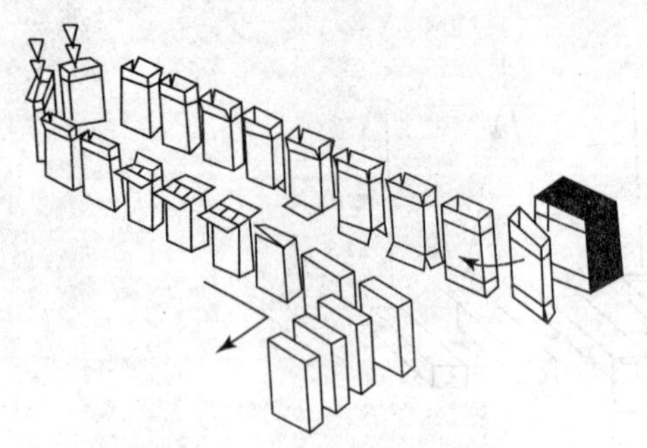

图5－59 开盒成型—充填—封口直立式装盒工艺过程示意图

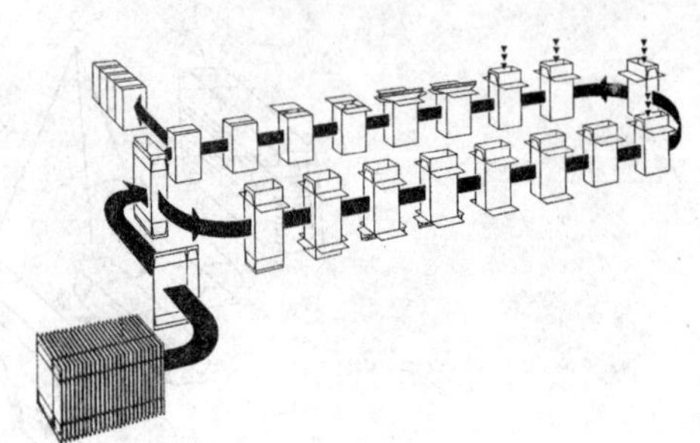

图5－60 开盒（衬袋盒）成型—充填—封口装盒工艺过程示意图

②制盒成型－充填－封口装盒工艺。

近年来，制盒成型－充填－封口装盒工艺正逐步得到推广应用，特别在液体类食品的无菌包装中应用最为典型，通常采用纸板/塑料/铝箔多层复合制盒。例如用于饮料、牛奶等产品的砖形无菌纸盒包装。总体上讲，制盒成型－充填－封口装盒工艺与袋成型－充填－封口工艺基本相似，只是在经过充填和封口且被分割为单个包装后，需进行包装盒的顶部和底部折叠成角并下曲，并将折叠角与盒体黏合，形成规正的砖型包装盒。其基本的工艺流程为：

产品供送 ↓

卷材 → 输送（打印）→（杀菌）→ 纸筒成型 → 封底 → 充填 → 封口/切断 → 纸盒成型 → 成品

③裹包式装盒工艺。

A. 半成型盒折叠式裹包。通常有连续裹包法和间歇裹包法两种。图5－61为连续式半成型盒折叠式裹包原理图。工作时首先把模切压痕好的纸盒片折成开口朝上的长槽形插入模座，已排列好的成组内装物被推送到纸盒底面上，而后进行各边盖的折叠、粘搭等裹包过程。此机适合的盒体尺寸较大，采用此包裹式装盒方法有助于把松散的物件成组包装，而且可进行水平方向的连续作业，可增加包封的可靠性，生产速度可达30～70pcs/min。

B. 纸盒片折叠裹包。纸盒片折叠式裹包是先将内装物按规定数量放置到模切纸盒片上，然后通过向下的推压使之通过型模，一次完成翻转折叠，然后沿水平移动折合完成上盖和侧盖的黏合封口，经稳压定型后再排出机外。此法适用于形状较规则且有一定强度的物件进行多件层或多层集合包装，如图5－62所示。

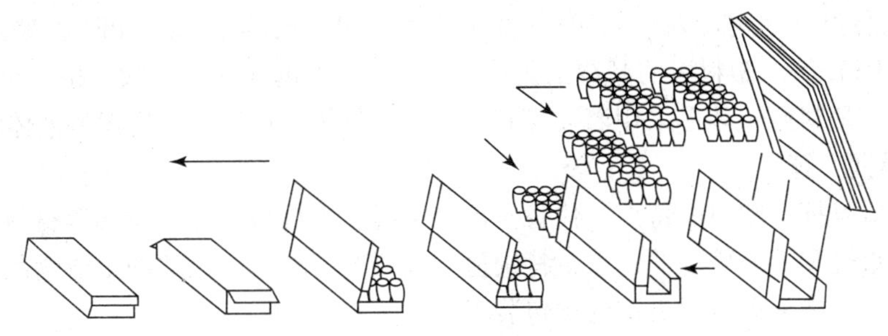

图5-61 半成型盒折叠式裹包工艺过程示意图

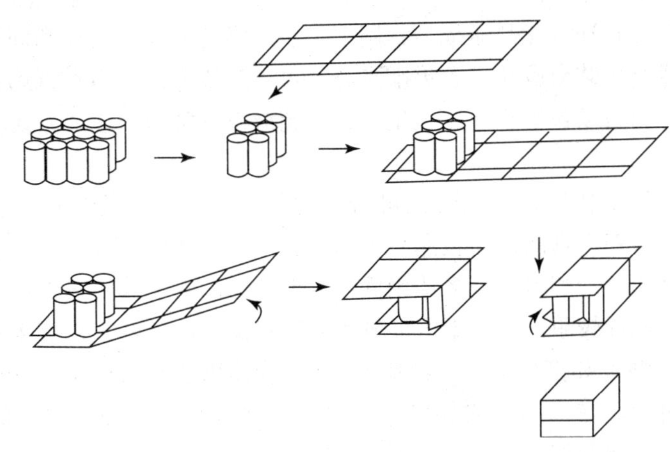

图5-62 纸盒片折叠裹包工艺过程示意图

4. 装盒方法的选用原则

装盒方法与盒及盒坯的供应、产品对象、是否组合包装以及装盒设备等关系密切，选用时必须通盘考虑。一般应考虑如下因素：

（1）纸盒的选用。纸盒的选用是确定装盒工艺的基础。除考虑前已讨论的因素外，实际生产中应结合目前生产技术状况、设备投入、管理技术水平等，进行综合考虑。

（2）盒坯与卷材的供应。需考虑盒坯与卷材的来源。预制盒与盒坯一般委托专业制盒厂加工，其纸盒质量有保障，品种多样，可大量节省设备投资。同时需考虑纸盒成本，目前一些专用预制盒的成本较高。采用卷材进行制盒包装，包装材料成本较低，但通常设备投入较大，纸盒品种与质量受限制。

（3）装盒工艺。装盒工艺的选择，要根据产品的特性、纸盒型式与特点、产量、包装机械性能以及设备投入等确定。

（4）装盒设备的自动化程度和生产能力。包装机械的自动化程度和生产能力，则根据产品的批量、生产能力及产品变换的频繁程度来选择，在产品生产、包装一体化生产线上，包装机械要与产品生产设备的生产率相适应，以保证整个生产线的连续高效运行。

二、塑料容器包装

包装常用塑料容器有瓶、管、桶、箱，以及罐、杯、盘、盒等。

1. 塑料瓶

塑料瓶主要用于包装液体物品，如饮料、药水、香水、洗涤剂等。塑料品种有聚对苯二甲酸乙二醇酯（也称聚酯，PET）、聚氯乙烯（PVC）、聚乙烯（PE）、聚丙烯（PP）、聚苯乙烯（PS）等。塑料瓶的制造工艺主要有双向拉伸的注—拉—吹、挤—拉—吹和多层复合吹塑等。塑料瓶包装多采用灌装，其具体工艺见第七章第二节讲述的液体灌装工艺。

2. 塑料桶、箱

这些容器发挥了塑料的特点，代替了传统金属、木材和陶瓷、玻璃等材料，由于具有耐腐蚀、自重轻和不易破损的优点，特别适于包装酸、碱、盐之类的工业物品，这种容器的包装工艺，可参见第六章讲述的硬包装工艺。

3. 塑料罐、杯、盘、盒

这些容器基本上都是小的塑料制品，它们大多是由聚苯乙烯、聚乙烯、聚氯乙烯以及发泡聚苯乙烯的薄片材连续化热压成型，用来包装或盛装果汁、冷饮和固体饮料。其中发泡聚苯乙烯浅盘盛装包装新鲜鱼肉、果脯点心、水果蔬菜等，采用本章第四节讲述的收缩包装或拉伸包装，由自动包装机连续化生产，是超级市场常用的包装方式。

4. 塑料软管

软管包装是一种将被包装物品装入可挤压的筒状容器的包装方法，主要用来包装膏状、乳状或液状的医药、食品、化妆品、水彩颜料、油墨及化工等产品。容器分为塑料软管和塑料复合软管两种。塑料软管多使用低密度聚乙烯，由于其阻隔性高、成本较低而外观良好；高密度聚乙烯较耐油脂，聚丙烯较耐高温且保香性较好，也有采用；塑料软管可用注吹法（一次成型）和挤拉法（二次成型），即管体用挤吹法成型，管肩和管颈用注吹法成型，两部分再熔焊在一起构成软管。塑料复合软管是为了提高软管的阻气性及防潮性，它采用二次成型法制作，

管身材料多用共挤式复合材料，可为5～9层，其结构如表5－5所示，它是一种极有发展前途的软管包装容器，但价格较高。

表5－5　管身复合材料的结构

层次	材料	厚度/μm	作用
1	LDPE 薄膜	100	印刷，正版背印
2	白 LDPE 或白 EAA	90	衬托，黏合
3	铝箔	30	阻隔，防渗透
4	EAA	50	黏合
5	LDPE	80	保护内装物

塑料软管的灌装工艺及设备见第六章第二节讲述的金属软管包装工艺，灌装内容物后，管尾可采用电热、脉冲、红外线、高频或超声波等方法热封（见本章第四节讲述的塑料薄膜热封方法），封口形式如图5－63所示。

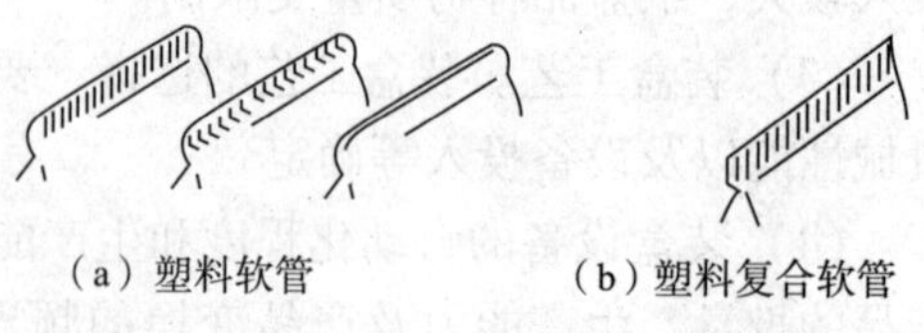

图5－63　塑料软管及复合软管的封口形式

三、其他纸容器包装

这里的纸容器是指纸杯、纸罐、纸盘、纸筒与纸管、纸桶、纸浆模制容器等包装，且大都属于一次性使用的包装。

1. 纸杯

纸杯是以白纸板或加工纸板加工成杯形的小容器。20 世纪 50 年代纸杯开始应用于冰激凌的包装，60 年代出现了咖啡、啤酒等饮料纸杯，稍后，杯装快餐面的面世，使得纸杯的需求量激增。现在纸杯已扩大到了酸乳酪、果子酱、快餐食品的包装上，纸杯应用呈现出不断扩大的趋势。随着复合材料的不断发展，纸容器制造技术的不断提高，以及充填机械的进一步自动化，复合纸杯的生产还将迅速发展。

与其他纸容器比较，纸杯有自身的特点。纸杯重量较轻且不易破损；纸杯一般都采用复合材料制作，可采用先进的灭菌包装工艺，能较好地保护食品的品质；较容易通过造型及印刷装潢的变化，达到良好的装饰及广告效果；可采用机械化、自动化设备，高效率地进行纸杯的制造及充填。

制杯用的原材料是专用纸杯材料，主要有三类：第一类是 PE/纸复合材料，可耐沸水煮而做热饮料杯；第二类是涂蜡纸板材料，主要用做冷饮料杯或常温、低温的流体食品杯；第三类是 PE/铝/纸，主要用做长期保存形纸杯，具有罐头的功能，因此也称纸杯罐头。

纸杯有有盖和无盖之分，杯盖可用黏结、热合或卡合的方式装在杯口上，以形成密封。纸杯产品包装总是选择预制纸杯，包装时采用半自动或全自动灌装进行灌装，并进行封盖。

2. 纸罐

以纸板为主要材料制成的圆筒形容器并配有纸质或其他材料制成的底和盖的容器通称为纸罐或复合纸罐。

纸罐的罐身可用高性能纸板与铝箔、塑料等制成的复合材料，复合纸罐可部分作为金属、玻璃、陶瓷、塑料包装容器的代用品，与这些包装容器相比，复合纸罐具有如下一些特点：

①包装保护性能较好，可防水、防潮，有一定的隔热效果。

②特别适用于食品包装，无臭、无毒，安全可靠。

③造型结构多样，适印性好，具有良好的陈列效果。

④重量轻，流通容易，使用方便，价格较低。

由于复合纸罐具有以上特点，常用于盛装各种液态食品，如果汁、矿泉水、牛奶等，也用于盛装固体产品等。复合罐也可应用特殊包装技术，如真空包装，充气包装等。复合罐的绝热性可阻隔外界温度的影响，但在冷冻和热加工包装上会减缓冷却和加热的速度。

3. 纸盘与纸碟

纸盘多用于包装冷冻食品，其容器较浅，故称纸盘，由一片毛坯纸板冲压成盘型，有圆形和方形之分，四角呈圆形，既可冷冻，又可在微波炉上烘烤加热食品。

比纸盘较深的纸碟是用树脂复合纸板，从卷筒纸或平板纸经模切、热压成型制成。所用的复合纸板是以漂白硫酸盐浆纸板为基材，涂以低密度聚乙烯、高密度聚乙烯、聚丙烯、聚对苯二甲酸乙二醇酯等制成的复合纸板。这样的复合纸板具有耐水、耐油、耐热性，涂布 PET，可耐 200℃以上的热加工温度。纸碟主要用于包装微波炉烹调食品、食品加热及快餐食品，具有加工快、成本低、使用方便、外观好等优点。

4. 纸筒与纸管

纸筒一般用多层纸板卷制而成，为了降低成本，中间层往往采用再生纸板。为了提高密封性能，可复合一层塑料或铝箔；表面则用防水性好的材料，如沥青纸，外层也常用白纸板或金属箔，以便进行装潢印刷，用来宣传产品。

纸管为直径小、纵向尺寸大的管状包装容器，规格为直径从 1～2mm，它可平卷成单层或多层，大体上分为以下两种结构：一种为有活盖的纸管，主要用来包装毛笔、玻璃温度计及羽毛球之类的产品。另一种为有死盖的纸管，主要用来包装巧克力豆等，管内还可加衬微型瓦楞纸以防食品破碎。

另外，纸管大量用于纺织工业和合成纤维工业的卷轴管。

5. 纸桶

纸桶是以纸板做坯料，加内衬（或不加）材料制成的大型桶形包装容器（其容积可为 25～250L）。纸桶主要用来储运散装粉粒状产品，若经特殊处理或附加塑料内衬后，也可用来储运膏状或液状产品。与金属桶、木桶相比，单个货物包装成本和运输成本均较低，自重轻且具有一定的强度和刚度，用于某些低级别危险品，包装十分安全可靠，是很有发展前途的运输包装容器。

6. 纸浆模制容器

纸浆模塑包装材料是以纸浆（或废纸浆）为主要原料，纤维在可排水的金属模网上，经成型、压实干燥制成的纸浆制品。我国从 20 世纪 80 年代初开始进行纸浆模塑产品生产，首先应用于易碎商品运输中的缓冲包装如蛋托，目前其应用范围已扩大至运输包装，如纸浆模制托盘、一些机电产品缓冲结构件。生产纸浆模塑制品时，如辅以漂白、增强、上色、涂布等工艺，则可使模塑制品在使用性能及外观上有进一步的改善，用于食品等的销售包装。随着人们环保意识的增强，纸浆模塑制品可能成为取代泡沫塑料等难处理材料的最好替代品。

思考题

1. 什么是软包装工艺？软包装使用哪些材料？
2. 软包装袋有哪些类型？各适合于何种类型产品的包装？
3. 图 5－64 是图 5－2（d）自开袋的展开图。其中各符号的意义是：D 为纸袋的深度；W 为纸袋底部宽度；L 为纸袋底部长度；a 为搭接宽度；………… 为内折缝；——·——为外折缝；————为切口线。请自行决定 D、W、L 及 a 值，然后按图 5－64 制作一个自开袋。
4. 分别叙述预制软包装小袋和连续式充填软包装小袋的包装工艺特点。
5. 裹包工艺有什么特点？各种裹包工艺方法的主要区别是什么？结合实例具体说明。
6. 裹包机械有哪几种类型？选用原则是什么？
7. 试述泡罩包装和贴体包装各自的原理及主要特点。

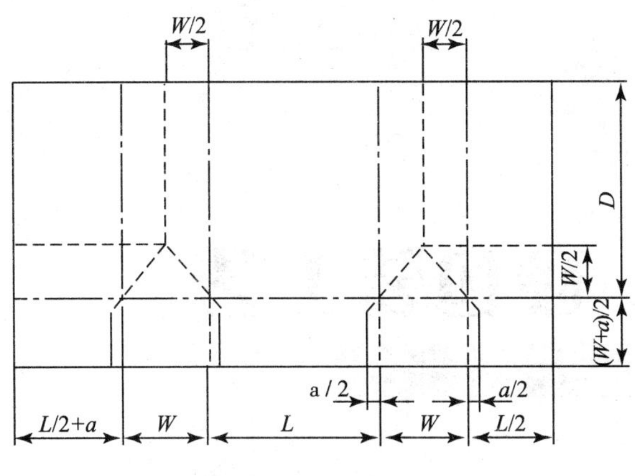

图 5 -64　自开袋展开图

8. 简述胶囊 PTP 包装工艺过程。

9. 简述收缩包装与拉伸包装的特点。

10. 简述碗装方便面的收缩包装工艺过程。

11. 简述回转式拉伸包装工艺过程。

12. 如图 5 - 54（b）所示，设托盘尺寸为 1000mm × 1200mm，上面堆码货物高 2000mm，用拉伸薄膜裹包。(1) 试选择拉伸薄膜的种类；(2) 若拉伸薄膜幅宽 700mm，定量 25g/m^2，问裹包一托盘货物时，最少需用薄膜多少克？（提示：薄膜裹包时考虑重叠、薄膜拉伸率和层数。）

13. 纸盒有哪些基本类型？各适合于何种产品的包装？

14. 装盒工艺有哪几类？各有什么特点？请结合实例叙述说明。

15. 简述塑料及复合材料软管的特点及应用。

16. 举例说明纸杯、纸盒、纸管、纸桶、纸罐、纸浆模塑容器的包装应用实例。

第六章　硬包装工艺

硬包装（rigid package）是指在充填或取出内装物后，容器形状基本不发生变化的包装。该容器一般用金属、木质、玻璃、陶瓷、硬质塑料等材料制成。纸箱介于软包装与硬包装之间，亦在本章讨论。

第一节　纸箱包装工艺

一、纸箱的类型及选用

作为包装容器，纸箱多用于运输包装。包装用纸箱按结构可分为硬纸板箱和瓦楞纸箱两大类，还有蜂窝纸板箱等，其中供长时间储存和运输用的，仍以瓦楞纸箱为最多。因此在此主要介绍瓦楞纸箱。

（1）纸箱的类型。瓦楞纸箱的型式种类繁多，总体上看，主要有折叠式、固定式以及片材式纸箱。

（2）瓦楞纸箱的选用。瓦楞纸箱的选择需考虑的因素较多，首先应考虑包装产品的性质、状态、重量、储运方式与条件、流通环境以及展示性等基本因素；同时应保证足够的强度；此外还要考虑包装件的运输要求，遵循有关国家标准、国际标准。

二、装箱工艺

装箱工艺和装盒工艺相似，但一般装箱的产品质量、体积较大，组合包装数量较多，同时多为运输包装，根据具体产品包装要求，需要加入隔离附件、缓冲衬垫等。所以通常装箱工序较多。

1. 根据装箱自动化程度分类

（1）手工装箱。用人工先把箱坯撑开形成筒状，然后将箱底的翼片和盖片依次折叠并封合，产品从另一开口处装入，最后封箱。通常采用粘胶带或捆扎式封箱。手工装箱劳动强度大，生产速度慢，包装质量波动大。

（2）半自动与全自动装箱。全自动装箱，其作业环节如取箱坯、产品排列整理、开箱、封底、充填、封口等都由设备自动进行，生产速度快，包装质量有保障，同时根据需要可选择不同的封合方法。采用半自动装箱时，通常取箱坯、开箱、封盒为手工操作。

2. 按产品装入的方式分类

按产品装入的方法分，装箱工艺又可分为三类，即装入式、裹包式和套入式。

(1) 装入式装箱工艺。装入式装箱是最常用的装箱工艺，即把整理、计数、排列好的物品从开口处装入箱内。包装产品不同，其排列堆积的方向性不同，相应的装箱方向也不同。产品可以沿铅直方向装入立放的箱内，也可沿水平方向装入横卧的箱内或侧面开口的箱内。因此，装入式装箱工艺又可分为立式装箱法和卧式装箱法两种。

①立式装箱法。装箱时纸箱呈正常排放状态，即箱开口在上，物品从开口处装入箱内。其基本装箱工艺过程为：

产品供送 → 整理排列

取箱坯 → 箱张开成型 → 箱底封合 → 充填（装箱）→ 封盖 → 成品

这种装箱工艺常用于需直立排放的圆形和非圆形的瓶装、罐装产品，也适用于无特殊要求的袋装产品。

立式装箱工艺根据被装箱产品的特性、装箱的目的要求不同，又分为三种方式。

A. 跌落式装箱工艺。图 6－1 为袋装产品跌落式装箱工艺过程。箱坯 6 经开箱后成箱筒 7，进行底面的折片封底，成为上盖打开的纸箱 8，并到达装箱工位；待装箱的袋装物品 1，由传送带 2、3 输送；经活门 4 到达可转动的装箱板 5 处待装，当装箱板向下转动时，产品就自由落入纸箱内，期间可借助移箱机构的作用，使产品在箱内按照一定顺序排列堆积，直至完成规定数量的充填；此后纸箱向前输送，在经过上盖折片 9 和封口作业 10 后，即完成装箱工艺过程。

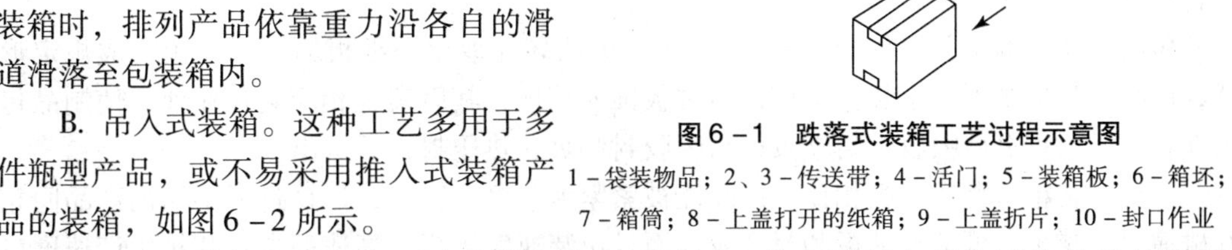

图 6－1　跌落式装箱工艺过程示意图

1－袋装物品；2、3－传送带；4－活门；5－装箱板；6－箱坯；7－箱筒；8－上盖打开的纸箱；9－上盖折片；10－封口作业

对于瓶装产品，也可采用跌落式装箱工艺，只是不能采用上述的直接跌落装箱，通常需要设置专用的跌落滑道，装箱时，排列产品依靠重力沿各自的滑道滑落至包装箱内。

B. 吊入式装箱。这种工艺多用于多件瓶型产品，或不易采用推入式装箱产品的装箱，如图 6－2 所示。

C. 夹送式装箱工艺。夹送式装箱工艺主要适用于具有平行六面体形状物品的装箱。装箱时，装箱机上一对夹送棍作相反方向转动，把待装物品夹持送入箱内。如图 6－3 所示，待装产品 2 由传送带 1 输入，当物品通过所规定的数量时，光电计数装置 3 就发出信号，由相应机械装置控制阻挡后续产品通过，推料板 4 把一组待装产品推向装箱工位处，即 6、7 两夹送辊之间的支承平面上，与此同时已完成封底的纸箱 8 由输送带 5 送至充填工位，接着两夹送辊相向转动，把物品夹送入箱内；完成一组物品的装箱工作循环。

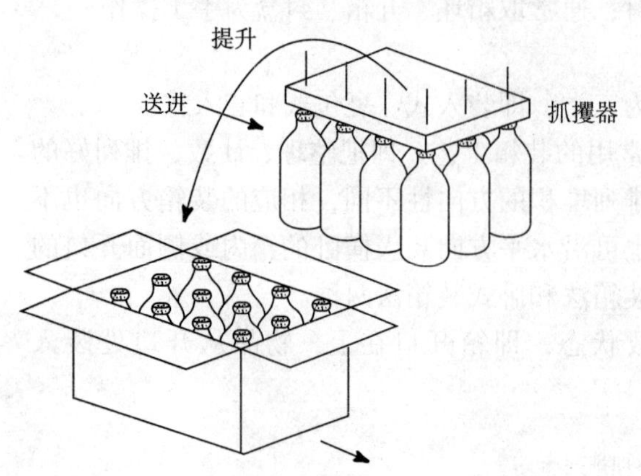

图6-2 吊入式装箱工艺过程示意图

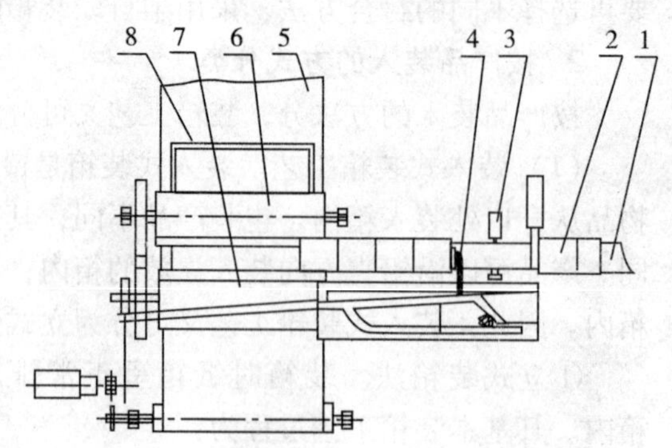

图6-3 夹送式装箱工艺过程示意图

1-传送带；2-产品；3-光电计数装置；4-推料板；5-输送带；6，7-夹送辊；8-纸箱

②卧式装箱法。装箱时纸箱呈侧放状态，即箱开口在水平方向，物品从开口处装入箱内。其基本装箱工艺过程与立式装箱法基本相同。这种装箱工艺常用于对产品在箱内的排放方向无特定要求，并便于整理排列的规则状产品。

其常见的卧式装箱工艺过程如图6-4所示。从箱坯贮存架上取出一箱坯；将箱坯横推撑开成水平筒状；将箱筒送至装箱工位，并合上箱底的翼片；将整理排列好的产品从横向推入箱内。并合上箱口的翼片；其后在箱底和箱口盖片的内侧涂胶；合上全部盖片并压紧实施封箱。

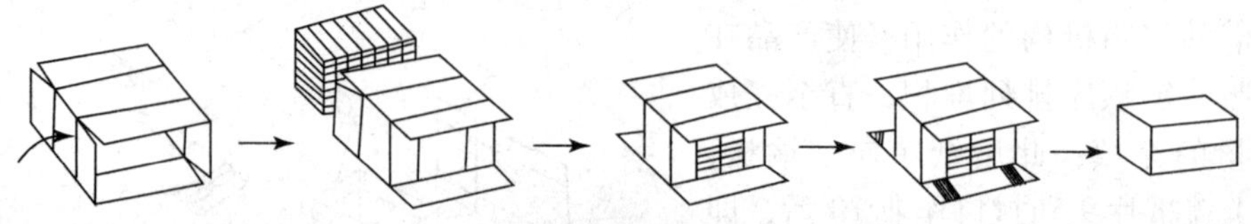

图6-4 卧式装箱工艺过程示意图

（2）裹包式装箱工艺。

裹包式装箱是用片状瓦楞纸板或厚的纸板把整理排列好的产品四周裹包起来，并胶粘封合实施装箱包装。

包裹式装箱的工艺流程如图6-5所示。由箱坯库取出一纸板箱坯，并预折成规定形状，产品经整理排列送至装箱工位，由推板推入箱坯，其后实施相应裹包作业，使制品包裹在箱坯内。折页后喷胶，封端页，再喷胶封侧页，热压封合后送出。

裹包式装箱与普通装箱相比，产品能被紧紧地包裹在箱内，运输过程中箱内产品间相互碰撞现象减少，可节省纸板和封合胶，而且包装速度较高，高速的裹包装箱生产速度可达60pcs/min。但目前封箱质量有待提高，裹包式装箱大都采用黏结式封箱，贮运过程中由于长时间的振动、挤压，往往造成部分黏结部位松脱，影响包装品质。

（3）套入式装箱工艺。

这种装箱方法主要适用于包装质量大，体积大和较贵重的大件物品或包装时不易翻倒的物品。

按装箱物品装入数量不同可分为单体套入式装箱和集合套入式装箱。

①单体套入式装箱。如图6－6所示，这种装箱方法适合包装质量大，体积大的大件物品，如电冰箱、洗衣机等。其特点是纸箱采用两件式，大套件比产品高一些，箱坯撑开后先将上口封住，下口无翼片和盖片；另一件是小套件（浅盘式盖）。装箱时先将浅盘式盖放在装箱台板上．里面放置缓冲衬垫，然后产品置于浅盘上，再将大套件从产品上部套入，直到把浅盘插入其中。最后进行捆扎封箱。

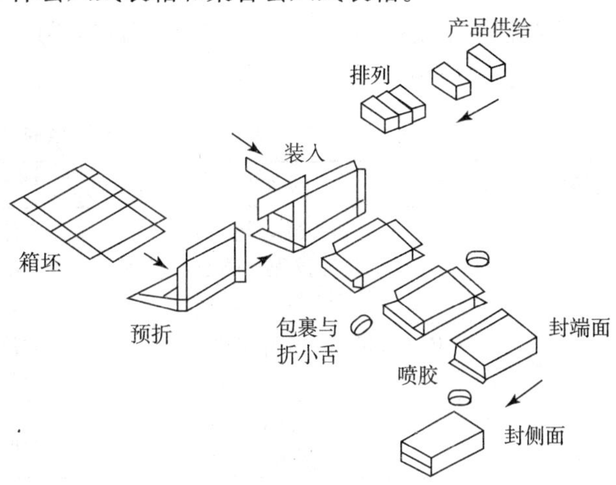

图6－5　裹包式装箱机的工艺过程示意图

②集合套入式装箱。集合套入式装箱工艺是指把经过整理排列好的盒装、瓶罐类集合体套上纸箱而完成装箱的方法。

如图6－7所示，将贮存架上的箱坯取出后撑开成筒状，并进行箱底封合，同时将成组待装产品送至装箱位置，将箱筒自上部套入集合体，然后翻转180°，纸箱上开口折页，封合顶部，完成装箱工序。

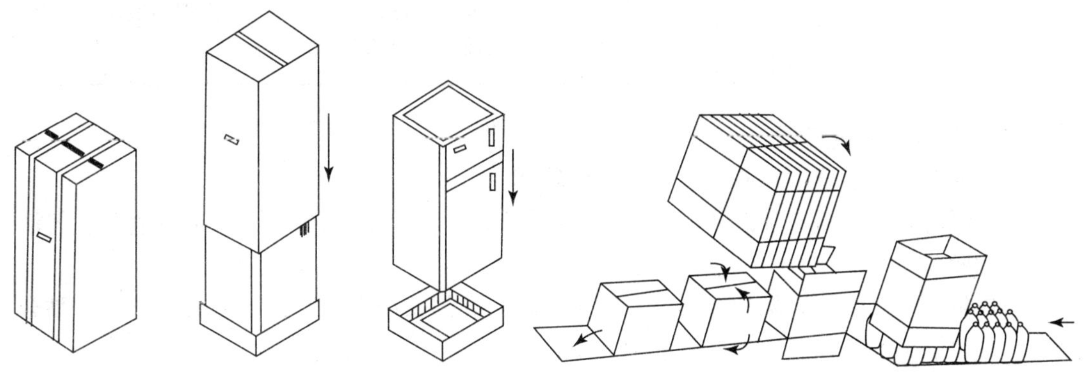
图6－6　单体套入装箱工艺过程示意图　　图6－7　集合套入式装箱工艺过程示意图

第二节　金属容器包装工艺

一、金属包装容器的种类

金属容器包装在包装工业中占有十分重要的地位。常用的金属包装容器按其结构和用途的不同可分为以下几类：

1. 金属罐

金属罐用作食品罐，包括马口铁罐（镀锡薄钢板）、TFS罐（无锡薄钢板）、铝罐等。它们的种类及应用如表6－1所示。

2. 金属桶

金属桶主要是指钢桶（参看本教材辅助教学国外视频资料1N－09），还有一些其他桶型，其种类与应用如表6－2所示。

表6－1 常用金属罐的种类与应用

种类	品种	特点与应用
马口铁罐	三片锡焊罐（可异型） 二片冲拔罐（圆型） 二片深冲罐（可异型）	需内涂料。应用于热加工食品包装（如鱼肉、家禽、蔬菜等）和非热加工食品包装（如干粉、酱类、食油等）以及饮料包装（主要用二片罐）
TFS罐	三片熔接罐和三片黏接罐（可异型） 二片深冲罐（可异型）	需内涂料。主要应用热加工食品包装，某些还用于饮料包装或制作喷雾罐
铝罐	三片黏接罐（可异型） 二片冲拔罐（圆型）	应用同上，主要用于啤酒和饮料包装

表6－2 常用金属桶的种类和应用

种类	品种	特点与应用
钢桶	小口（闭口）钢桶 中口钢桶 大口钢桶	用低碳钢板制成的圆柱形包装容器，用于液体、浆料、粉状或块状食品及轻、化工原料的大型包装
其他金属桶	镀锌钢桶 镀锡钢桶 铝桶	中小型运输包装容器，较轻便，镀锌、镀锡钢桶适用于某些腐蚀性产品，铝桶可作啤酒桶

3. 其他金属包装容器

常用的金属包装容器还有喷雾罐和金属软管。

喷雾罐分为马口铁三片罐或铝二片罐，主要用于气雾产品的包装，如杀虫剂、空气清新剂、发胶、香水等。

金属软管有铅、锡、铝软管，主要用于糊状、乳剂状产品包装，如牙膏、药膏、黏合剂等，现铅、锡软管已基本被铝管取代。

二、食品用金属罐包装工艺

1. 金属罐的罐型

金属罐的罐型和编号如表6－3所示。其规格系列可参看有关标准和手册。

表6－3 我国金属罐罐型和编号

罐型	编号	罐型	编号
圆罐	按内径、外高排列	椭圆罐	500
冲底圆罐	200	冲底椭圆罐	600
方罐	300	梯形罐	700
冲底方罐	400	马蹄形罐	800

2. 金属罐包装工艺

（1）空罐。根据不同产品特点可采用抗硫涂料罐、抗酸涂料罐、防黏涂料罐或钝化处理素铁罐。空罐搬运时应避免罐边摩擦和碰撞，并注意搬运过程中的卫生。装罐前应经沸水喷冲，然后倒罐沥水或烘干。

（2）装罐。根据产品要求，可采用生装或熟装，人工装或机械装。罐内食品应保证规定的分量和块数，并注意排列整齐美观，切忌充填过量。一般罐内应有6～9mm剩余空间（顶隙）。顶隙过小，杀菌时食品受热膨胀，罐内压力增加，会影响罐的密封与耐腐蚀性；顶隙过大，罐内残留空气多，也会促进罐的腐蚀。装罐时还要求保持罐口清洁，不得有小片、碎块、油脂、糖渍或盐渍等，否则影响罐体卷边的密封性。

（3）排气与封罐。封罐前要排除罐内空气，以减少空气对食品品质的影响和减少对罐壁的腐蚀，防止加热杀菌时胀罐。排气与封罐的方法有：

①热力封罐排气法。即用食品热灌法排气，或食品灌装预封再加热排气。一般肉类罐头采用高温（80～90℃）短时间排气工艺，而果蔬罐头含空气量多，宜采用低温（60～75℃）长时间排气工艺，以保证密封罐头有合适的真空度。

②真空封罐排气法。将食品装罐预封后，用真空封罐机在真空密封室内排气密封，真空度一般可达33～40kPa（25～30cmHg）。由于真空封罐机占地面积小，比较清洁卫生，且对一些加热困难的食品罐头也可获得较好的真空度，因此大部分食品罐头多用此法排气。

③蒸气喷射排气法。喷罐时向罐头顶隙内喷射蒸气以驱走空气，并迅速密封。冷却后，顶隙内蒸气冷凝，便形成部分真空。此法适用于空气的溶解和吸收量极低的食品罐头，而且比较方便经济。

（4）杀菌及冷却。密封罐头加热的目的，是杀死食品中所污染的致病菌、毒菌和腐败菌，并破坏食品中的酶，以使食品能储藏2年而不变质。根据食品的性质，可用蒸气高温杀菌（高于100℃），或巴氏杀菌法，杀菌后应迅速进行冷却。冷却不当，会造成食品色香味变差、组织变质，甚至失去食用价值；同时还会促进嗜热微生物繁殖和加快罐壁腐蚀。一般用喷水或浸水冷却。罐头冷却终止温度一般在38℃左右，过低易引起罐外壁生锈。

（5）贴标及装箱。将已冷却、干燥和检验后的罐头进行贴标与装箱，要加热杀菌的食品罐头外壁常用标签装饰，可用人工或机械粘贴，装箱可按QB 222《罐头产品包装、标志、验收规则及运输与保管》标准进行，一般用瓦楞纸箱包装。

三、喷雾罐包装工艺

1. 喷雾包装原理及应用

喷雾包装（aerosol packaging）是指将液体、乳膏状或粉末状等内装物和推进剂（propellents）装入带有阀门的气密性容器中，当开启阀门时，内装物在推进剂产生的压力作用下被喷射出来，即可使用。

按喷雾形态和作用方式，可将喷雾分为三种类型，如图6－8所示。图6－8（a）是三相结构，液相推进剂和液态内装物不混溶而分层，气相推进剂在上端；图6－8（b）用压缩气体与液相内装物；图6－8（c）用气相推进剂与混溶的推进剂和内装物的均质液体；后两种是两相结构。

（1）空间喷雾（space sprays）。喷雾剂为液化气，一般与液相内装物混溶或部分分层，部分蒸发气化。开启阀门，气相推进剂推动液相内装物和液相推进剂经喷嘴喷出释放到空气中，由于压力变化，液相推进剂迅速气化将内装物分裂成细雾状（颗粒直径小于30μm）充满空间。如杀虫剂、空气清新剂等。典型的喷雾罐喷出后1s可产生1亿个以上的细微颗粒。一份液相推进剂变成气体时，能充填的容积为其原体积的250倍，所以虽然罐内剩余的液体内装物很少，只要还有液相推进剂，其空位就会被气相推进剂所填补，内部压力也始终保持不变，直至内装物喷完，如图6－8（a）所示。

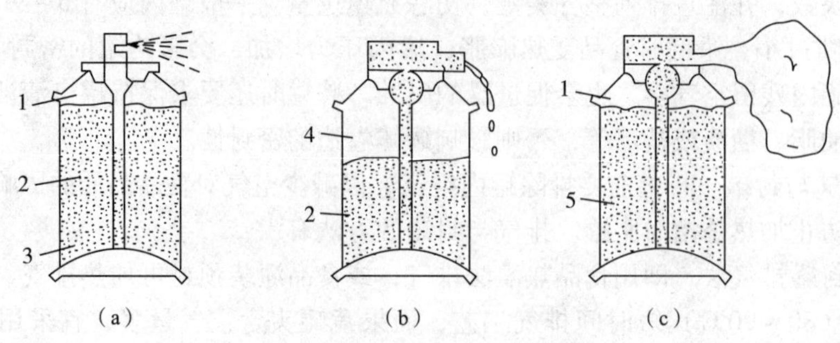

图6－8 喷雾形态的类型

1－气相推进剂；2－液相内装物；3－液相推进剂；4－压缩气体；
5－推进剂和内装物的乳化均质液体

（2）表面喷雾（surface sprays）。推进剂为压缩气体，它不与液相的内装物相混合。开启阀门，压缩气体推动内装物进入阀体经阀嘴喷出，液相内装物悬浮于压缩气体上，颗粒较粗（直径大于50μm），也称"固体流"，喷出后附着于被喷物体表面，属表面喷雾，如油漆、祛臭剂等。随着压缩气体的消耗，喷出压力越来越小，因此喷雾越来越不均匀，如图6－8（b）所示。

（3）泡沫（foams）。推进剂为液化气，内装物和推进剂乳化为均质液相，开启阀门，蒸发了的气相推进剂推动乳化均质的内装物和推进剂进入阀体经阀嘴喷出，推进剂气化后将液相内装物分裂并膨胀，产生泡沫，如刮须膏、护发摩丝等，如图6－8（c）所示。

由上可见，喷雾形态取决于推进剂及内装物配方和喷雾阀门结构。由于喷雾罐结构在《包装结构设计与制造》和《包装材料学》中均有论述，这里仅介绍推进剂和喷雾罐容器与阀门。

2. 推进剂

推进剂又称抛射剂，是迫使内装物从阀嘴喷出的动力源，它能产生气压，使内装物以雾气状、细流状或泡沫状喷出而分配使用。推进剂有液化气和压缩气体两大类。

（1）液化气。常用的液化气有碳氟化合物（氟里昂）和碳氢化合物，其种类及性能如表6－4所示。

①碳氟化合物。又称氟里昂（freon），在使用中有以下特点。

A. 碳氟化合物的代号为F－数字，数字的第一位数表示碳原子数减1（该数字为0时可省去），第二位数表示氢原子数加1，第三位数表示氟原子数。例如二氯四氟乙烷的碳原子数为2，减1后为1；氢原子数为0，加1后为1；氟原子数为4；则代号为F－114。此外，也可将分子式中碳、氢、氟原子数按顺序排列成一组数字，从中减去90，亦可得到代号数码，仍以二氯四氟乙烷为例，其中所含的碳、氢、氟原子数依次排列为204，减去90后为114，可得代号F－114。

B. 碳氟化合物是经压缩的液化气，在喷雾容器内可作为溶剂或稀释剂与内装物混合。

C. 碳氟化合物沸点低，常温下在空气中容易气化并产生较高的气压，可使内装物经喷嘴以雾状喷出，效果很好。

表 6－4　液化气的种类及性能

类别	代号	化学名称	分子式	分子量	沸点/℃	蒸气压/kPa（绝对压力）		密度/(g/mL)(21℃)	使用性能
						21.1℃	54.4℃		
碳氟化合物	F－11	三氯一氟甲烷	CCl_3F	137.5	23.8	92.1	263.6	1.485	低压，有臭味适用于玻璃瓶
	F－12	二氯二氟甲烷	CCl_2F_2	121	－29.8	584	1371	1.323	高压，可单独使用，有臭味
	F－114	二氯四氟乙烷	$CClF_2CClF_2$	170.9	3.6	190	511	1.47	低压，用芳香油溶解好，适用于玻璃瓶
碳氢化合物	A－17	丁烷	$CH_3CH_2CH_2CH_3$	58.1	－0.5	219	561	0.56	
	A－31	异丁烷	$(CH_3)_2CHCH_3$	58	－11.73	315	771	0.58	
	A－108	丙烷	$CH_3CH_2CH_3$	44.1	－42	846	1931	0.50	气味较小，价格较低，相对密度低，用量少，毒性小，但易燃

D. 碳氟化合物有微臭，一般情况下无毒，空气中含有 100ppm 以下对人体无害。它比空气重，置换氧气后，大量的碳氟化合物会使人窒息，如喷到受热表面上，会产生有害的磷酸、盐酸或氢氟酸蒸气。

E. 碳氟化合物作为推进剂，所释放的大量的氯原子会破坏大气臭氧层，增加皮肤癌发病率，引起气候变化并影响农作物收成，因此受到禁止使用，并用碳氢化合物取代。

F. 碳氟化合物的蒸气压与温度的关系符合《物理化学》中研究“相平衡热力学”的克劳修斯－克拉佩隆方程（Clausius－Clapeyron equation），该方程表述为：单组分两相平衡时的压力随温度的变化率 dp/dT 与此时的摩尔蒸发热在 ΔH 成正比，而与温度 T 和摩尔相变体积 V 的乘积成反比，即

$$\frac{dp}{dT}=\frac{\Delta H}{TV}=\frac{\Delta H}{T\left(\frac{nRT}{p}\right)}=\frac{\Delta H}{RT^2}p\ （理想气体状态方程\ pV=nRT）$$

$$\frac{d\ln p}{dT}=\frac{\Delta H}{RT^2}\qquad\left(\frac{dp}{p}=d\ln p\right)$$

两端定积分，有
$$\ln\frac{p_2}{p_1}=\frac{\Delta H}{R}\left(\frac{1}{T_1}-\frac{1}{T_2}\right)$$

式中　p_1——碳氟化合物热力学温度 T_1/K 时之蒸气压，kPa；

p_2——碳氟化合物热力学温度 T_2/K 时之蒸气压，kPa；

R——摩尔气体常数，$8.3145J\cdot mol^{-1}\cdot K^{-1}$；

ΔH——摩尔蒸发热（$J\cdot mol^{-1}$）；积分时设其为与温度无关的常数。

摩尔蒸发热作为物质特性，可从手册查得，也可用经验公式楚顿规则（Trouton's rule）作近似计算，即 $\Delta H/T_b\approx 88/J\cdot K^{-1}\cdot mol^{-1}$ 或 $\Delta H=88T_b/J\cdot mol^{-1}$；其中 T_b 是在大气压力

101. 325kPa 下液体的沸点（K）。

通过上式可以求得任何一个温度时的蒸气压。例如：已知 F－12 的沸点为－29. 8℃（243. 34K），则可用楚顿规则近似求得摩尔蒸发热 $\Delta H = 88 \times 243.35 = 21415 \text{J} \cdot \text{mol}^{-1}$；其在 21. 1℃（294. 25K）时蒸气压为 584kPa，若求 54. 4℃（327. 55K）时的蒸气压，可将有关数据代入上式，即得

$$\ln \frac{p_2}{584} = \frac{21415}{8.3145}\left(\frac{1}{294.25} - \frac{1}{327.55}\right)$$

$$\ln p_2 = 2575 \times 0.00034 + 6.36 = 7.236$$

$$p_2 = 1388$$

即 F－12 在 54. 4℃时的蒸气压为 1388kPa（实测值为 1371kPa，如表 6－4 所示）。

②碳氢化合物，在使用中有以下特点。

A. 碳氢化合物代号为 A－数字，数字是室温 21. 1℃下的英制表的压力读数，由于英制表的压力读数比绝对压力低一个大气压，因此计算绝对压力时应加上一个大气压。例如：丁烷的英制表压力读数为 17lbf/in^2，则代号为 A－17，计算绝对压力时 17lbf/in^2 加上英制大气压读数 14.7lbf/in^2，得到绝对压力 31.7lbf/in^2，亦即 219kPa。

B. 碳氢化合物也是经压缩的液化气，在耐压喷雾容器内是液体，但密度比碳氟化合物小。

C. 碳氢化合物的沸点低，常温下在空气中易汽化，有较高的蒸气压，喷雾效果好。

D. 碳氢化合物有微臭，价格较低，但易燃烧，有一定危险性，常与碳氟化合物混合使用。

③压缩气体。常用的压缩气体有氮气、二氧化碳和氧化氮，其物理性质如表 6－5 所示。

表 6－5 压缩气体的物理性质

名称	分子式	分子量	沸点/℃	蒸气压（21. 1℃）/kPa 表压	在水中溶解度（25℃）$/V_g \cdot V_s^{-1}$
二氧化碳	CO_2	44	－78. 3	5767	0. 7
一氧化二氮	N_2O	44	－88. 4	4961	0. 5
氮	N_2	28	－198. 3	3287	0. 014

注：$L = V_g \cdot V_s^{-1}$，Ostwald 溶解度系数：给定温度 T 和气体分压 P_g 下单位体积溶剂所吸收的气体体积。

压缩气体作为推进剂，有如下特点。

A. 它在喷雾容器中是气体，能部分溶于水，通常不与产品混合，其喷出状态是“固体流”型。

B. 压缩气体通常使用的压力是 600kPa，温度对压力变化影响较小。但在使用过程中，随容器变空，压力变小，会影响喷雾特性，甚至变得无法使用。

C. 压缩气体较卫生安全，可用于食品喷雾包装。

④混合推进剂。混合推进剂可用来调整推进剂用量和蒸气压以达到调整喷射能力的目的。其中混合为高压碳氟化合物/低压碳氟化合物/碳氢化合物，例如 F－12/11/A－31

(45∶45∶10)，简称喷雾剂 A，主要用于喷发胶。

混合推进剂的蒸气压可根据《物理化学》中研究“溶液热力学”的拉乌尔定律（Raoult's law）计算，该定律表述为：溶液的蒸气压等于纯溶剂的蒸气压乘以溶剂的摩尔分数。

即 $p_i = p_i^0 \cdot x_i$

式中 p_i——在 m（一般 $m=2\sim3$）个组分的混合推进剂中，i 组分推进剂的蒸气分压；

p_i^0——i 组分纯推进剂的蒸气压；

x_i——i 组分推进剂的摩尔分数。

其中：$x_i = n_i/n = n_i/\sum_{i=1}^{m} n_i$，

式中 n_i——i 组分推进剂的摩尔数；

n——混合推进剂各组分的摩尔数总和。

根据道尔顿分压定律（Dolton's law of partial pressure）：总蒸气压等于各组分蒸气分压之和，从而求得混合推进剂的总蒸气压 $p=\sum_{i=1}^{m} p_i$。

现以混合推进剂 F12/11（30∶70）为例，计算其蒸气压如下：

F－12 和 F－11 的分子式分别为 CCl_2F_2 和 CCl_3F。其中，已知各元素的原子量：C 为 12、F 为 19、Cl 为 35.5。各化合物的摩尔质量在数值上等于它们的分子量，因此，各组分的摩尔质量 M 为：

$M_{F-12} = 12 + 35.5 \times 2 + 19 \times 2 = 121$（$g \cdot mol^{-1}$）

$M_{F-11} = 12 + 35.5 \times 3 + 19 = 137.5$（$g \cdot mol^{-1}$）

由于两种化合物的比例是 30∶70，则 100g 混合喷雾剂中各组分物质的摩尔数 n_i（mol）=〔该组分物质的质量（g）〕/〔该组分物质的摩尔质量 M（$g \cdot mol^{-1}$）〕，即：

$n_{F-12} = 30/121 = 0.248mol$

$n_{F-11} = 70/137.5 = 0.509mol$

则 100g 混合推进剂的摩尔数总和：$n = 0.248 + 0.509 = 0.757mol$，

并得各组分推进剂的摩尔分数：$x_{F-12} = 0.248/0.757 = 0.328$，$x_{F-11} = 0.509/0.757 = 0.672$，

从表 6－4 可见，F－11、F－12 的蒸气压 p_i^0 各为 92.1kPa、584kPa，因此混合推进剂中各组分的蒸气压为

$p_{F-12} = 584 \times x_{F-12} = 191.6kPa$

$p_{F-11} = 92.1 \times x_{F-11} = 61.89kPa$

由于总蒸气压等于各组分蒸气分压之和，则混合推进剂的总蒸气压为

$p = 191.6 + 61.9 = 253.5kPa$（绝对压力）$= 152.2kPa$（表压）

这个数据比用表实测该混合推进剂的蒸气压 161.8kPa（表压）略有偏差，但对推进剂使用性能无甚影响。

一般金属喷雾罐内压力≤600kPa，玻璃喷雾罐≤400kPa。因此在选用和配制推进剂时要考虑蒸气压。

表 6－6 给出了一些推进剂的选例和用量，可供参考。

表 6－6　推进剂选例及用量示例

内装物	配方号	内装物份额/%	推进剂/%				喷雾特性
			F－12/40 F－114/60	F－12/50 F－11/50	F－12/57 F－114/43	压缩气 N_2（600kPa）	
抗生素		2	8				泡沫
乳剂基质		90					泡沫
香水	1	50		50			细雾
	2	93			7.0		泡沫
刮须膏	1	93			7.0		泡沫
	2					占罐容积 25%	固体流

3. 喷雾罐容器与阀门

喷雾罐容器为耐气压构件，其材料多为金属，如马口铁三片罐或铝二片罐，容积为 15～1000mL，其中 140～650mL 使用最多，约占四分之三。

阀门是用以控制喷雾罐内装物流动与喷出特性的关键构件，它能控制容器中内装物的流动，使用时将它喷出。喷出的产品是泡沫状、雾粒状或是喷流状，完全取决于不同的阀门与按钮开关。阀门的设计形式很多，但原理基本相同。由图 6－9 可看出阀门在喷雾罐中的部位，图 6－10 为典型的阀门结构。喷雾时压下按钮开关 1，阀杆 2 下降，使阀杆喷嘴 12 与阀体空间相通；同时喷雾罐内产品在推进剂气体压力推动下经阀体喷嘴 8 进入混合室 11，再经已打开的阀杆喷嘴进入阀杆通道，最后从按钮开关喷嘴 13 喷出；少部分液化气经排气孔 6 进入阀体协助内装物呈雾状喷出；放松按钮开关 1，阀杆 2 在弹簧 10 的作用下复位，使阀杆喷嘴 12 与混合室 11 隔断，恢复到不工作位置，罐中内装物处于密封状态。

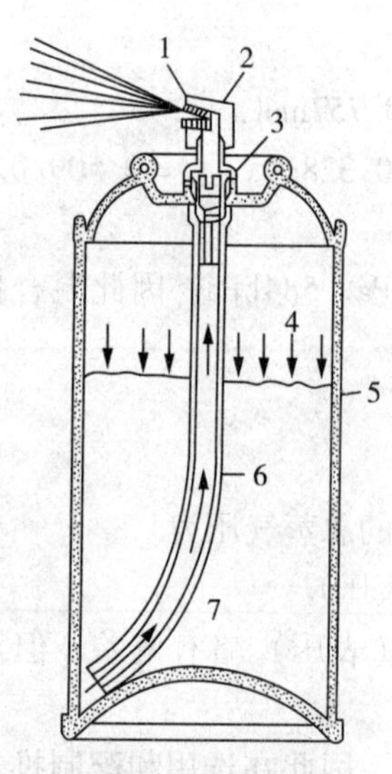

图 6－9　喷雾罐的工作原理

1－喷嘴；2－按钮开关；3－阀门；4－推进剂气相；5－容器；6－导管；7－内装物与推进剂液相

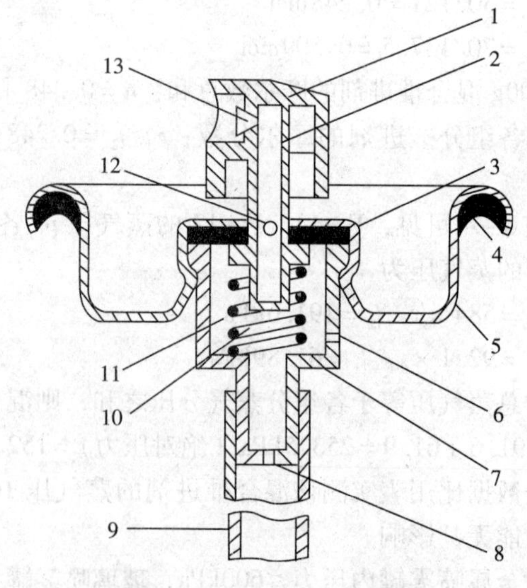

图 6－10　阀门结构示意图

1－按钮开关；2－阀杆；3－阀座；4－衬垫；5－阀门盖；6－排气孔；7－阀体；8－阀体喷嘴；9－导管；10－弹簧；11－混合室；12－阀杆喷嘴；13－喷嘴

喷雾阀的结构，特别是喷嘴的形状和尺寸是影响喷雾特性的重要因素。一般，喷嘴孔径取 0.5 ~ 5mm 之间。

4. 喷雾内装物及推进剂的罐装工艺

喷雾内装物的生产工艺流程如下：

主成分（内装物）的配制及罐装⟶推进剂的配制及罐装⟶喷雾罐盖的接轧密封⟶漏气、质量及压力检查⟶最后包装。

主产品及推进剂的灌装在喷雾包装中具有特殊性和重要性。灌装法有两种：

（1）冷灌装法。主成分不含水分时，可采用冷灌装法。即将内装物与推进剂冷却至推进剂沸点以下，定量装入喷雾容器，然后尽快放上阀门，同时接轧卷边密封。

此法灌装时推进剂损失较少，灌装速度快，但要冷却设备，且灌装后要加热回温以便贴标包装，设备投资大，能耗较大，已逐渐淘汰。

（2）压力灌装法。多数喷雾产品采用此法，即在室温下先灌装内装物，并灌入少量推进剂以驱除容器内空气，接着放置阀门并接轧卷边密封；最后将大量推进剂用灌装头以高压通过阀杆喷嘴泵入已密封的喷雾容器内。

此法对产品配方没有特殊要求，可以含有水分；灌装时不会有冷凝水混入产品；不用冷冻及回温设备，投资较省。但用此法灌装时容器内空气不易驱除干净，而且通过阀嘴灌装，速度较慢。

灌装及密封完毕后，要对罐体进行检漏试验，将罐浸入热水中（55℃）保持 3min，检查有无漏气，待干燥后进行包装。

四、金属软管包装工艺

1. 金属软管包装及其应用

软管是用软金属制成的圆柱形薄壁容器，它的一端折合压封或焊封，另一端形成管肩和管嘴并用螺纹盖封合，挤压管壁时，内装物由管嘴挤出。金属软管可以折叠，所以软管包装在英文中称为“Collapsible Tube Package”。

软管是包装不同黏度的糊状或乳剂状物品的良好容器。它使用方便，可以一次一次地小量挤用，并对剩余内装物提供完全的保护；软管外壁可以印刷装饰；软管产品可用专门设备高速充填灌装，因而在很多领域得到广泛的应用，如包装油彩、牙膏、鞋油、药膏、黏合剂、调味酱等。

2. 软管包装工艺

以牙膏包装为例，其包装工艺过程如下：

膏体供应（泵、管道输送）
↓
软管供给（链式传送带）⟶ 灌装 ⟶ 装盒 ⟶ 装箱

现代化软管包装车间，一般将软管供给机、膏体灌装机和装盒机组成生产线进行自动化生产。现讨论其主要工序：

（1）灌装。牙膏用灌装机灌装，包括软管对中压紧、管帽旋紧、对光定位、膏体灌装、折叠封尾及顶出输送等工序。

①灌装机。灌装机按型式分类，有转盘式、链带式和直线式；按结构分类，有单管式、双管式和多管式；按生产能力分类，有低速机（50 ~ 80 支/分）、中速机（100 ~

200 支/分）和高速机（200 支/分以上）。

②膏体定量灌装。膏体灌装为容积定量。定量装置由料斗、可调节送料泵、可定时开闭的三通转换开关以及喷嘴射膏器等组成。

③封尾形式。膏体从软管尾部灌装后要封尾。机器动作为夹紧尾部、折叠、二次折叠及最后压紧。金属软管的封尾形式如图 6－11 所示。

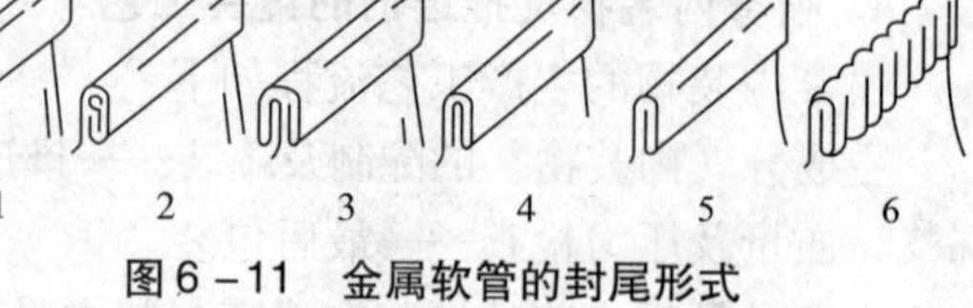

图 6－11　金属软管的封尾形式

1－单折边；2、4－双折边；3－鞍形折叠；5－平式管底；6－波纹管底

（2）装盒。已灌满牙膏的软管要装入纸盒，对产品进行保护和装潢。装盒机有间歇式和连续式两种；连续式装盒机运行平稳，操作及保养较方便，生产能力大，使用较多。

装盒工序包括：纸盒上料分舌；撑开成型；牙膏进入纸盒；折左右小舌（折角）；折大舌；推进大舌；装盒完毕。

（3）装箱。单支牙膏装入小盒后要再装入中盒（一般每盒 20 支），进行保护包装，也可用热收缩薄膜包装。最后中盒包装再装入瓦楞纸箱（一般每箱 12～18 个中盒），以便于运输（此过程可参看本教材辅助教学国外视频资料 IN－06）。

第三节　玻璃容器包装工艺

一、玻璃容器包装的应用和特点

玻璃被认为是一种很好的“从摇篮到摇篮”的包装材料。玻璃包装容器是食品、医药、化学工业中传统的包装容器，它对液体产品包装有特别优良的适应性，尽管现代包装中玻璃容器的使用有下降趋势，在我国玻璃包装容器产值仍占包装工业产值 5%～10%，年人均消耗玻璃瓶罐 15～20 个。因此，玻璃瓶罐不容忽视。

玻璃包装容器中，80%～90%是食品包装用瓶罐，如酒瓶、饮料瓶、水果罐和酱菜罐等。此外还有药瓶、安瓿、化妆品瓶及化工用酸碱瓶等。

食品用玻璃瓶罐一般为钠钙硅系普通玻璃瓶罐。本节仅扼要讨论几种用于液态食品包装的玻璃瓶罐。

二、食品包装用玻璃瓶罐的类型及选用

食品包装用玻璃瓶罐的类型很多，这里只简单介绍常用的几种。

1. 小口瓶（细口瓶）

小口瓶是酒类、液体调味品常用的包装容器。小卡瓶有溜肩和端肩之分，其外形及各部分名称如图 6－12 所示。

我国轻工部对小口酒瓶结构尺寸已制定了行业标准。其中，公称容量有 125mL、250mL、350mL、500mL、640mL、750mL 六种规格，其中 350mL、640mL 两种规格供充气酒瓶使用，其余规格供不充气酒瓶使用。

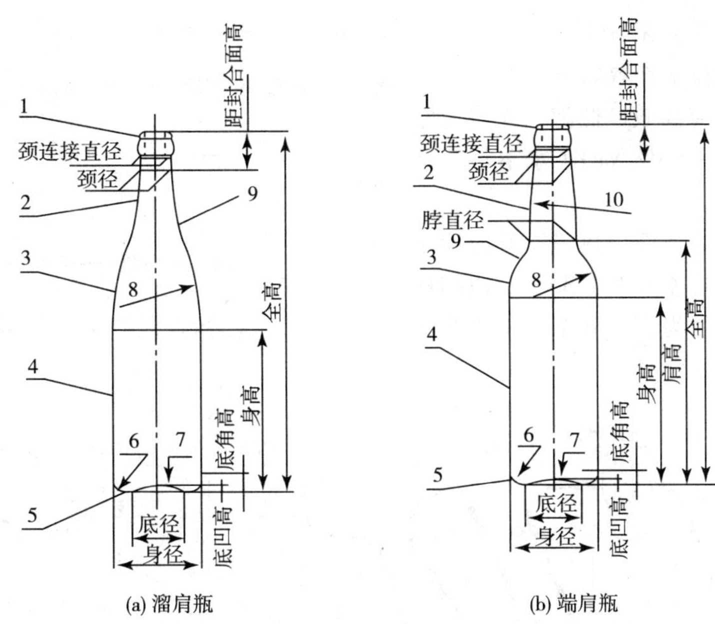

(a) 溜肩瓶　　(b) 端肩瓶

图 6 – 12　细口瓶瓶型及各部名称

1 – 瓶口；2 – 瓶颈；3 – 瓶肩；4 – 瓶身；5 – 瓶底；6 – 底角弧；7 – 底凹弧；8 – 肩内肩；9 – 肩外弧；10 – 颈内弧

小口酒瓶口的封盖形式有皇冠盖（压盖）、螺旋盖和滚压盖（防盗盖）等。皇冠盖由马口铁加工而成，内衬塑料密封垫。

冠形瓶口以皇冠盖用压合密封，具有密封严、耐内压的优点，多用于啤酒和汽水包装。但开启不便，要用启盖器，一经开启便不能完全回封。

2. 罐头瓶

罐头瓶是较矮胖的大口瓶，用于包装在空气中易腐败、密封后必须加热杀菌的食品，如水果罐头。罐头瓶规格可参见《罐头工业手册》。

罐盖为压盖，用马口铁制作，内衬橡胶垫，用封罐机压封。它封口严密，耐内压，但开启十分费力不便。

3. 四旋瓶

它是一种容易启闭且密封较好的大口罐头瓶。常用于各种酱菜、果酱包装。四旋瓶瓶口通过四头不连续的螺纹与罐盖密封，需开启时只要转 1/4 圈便可拧下盖子。盖子用马口铁制造，盖沟内注入了聚氯乙烯胶可加强密封性。

三、小口玻璃瓶（啤酒）包装工艺

啤酒是消费量最大的含气饮料。一般熟啤酒用瓶装或易拉罐装，而鲜啤多用桶装。绝大部分啤酒用小口玻璃瓶包装，其容积有 350mL 和 640mL 两种规格，保存期为 3 个月。

瓶装啤酒的工艺过程如下：

1. 瓶子处理

新瓶如无污染，只需高压水冲洗后即可使用。回收瓶经选瓶后，要经浸瓶和洗瓶处理。现代化啤酒灌装车间浸洗瓶由洗瓶机组进行，如图 6 – 13 所示。

浸洗瓶的目的，是洗去瓶子内外的残存物，并对瓶子进行杀菌处理。浸洗后瓶内外水应尽量沥干，滴水应无碱性反应。

洗瓶工序的技术参数如下：

①浸洗液。应高效、低泡、无毒。常用碱性清洗液，如 3% NaOH 水溶液。清洗液有多种配方。

②浸洗温度。玻璃导热差，升温应平稳。瓶温与液温之差不大于35℃，以防爆裂；碱液最高温度为65～70℃，但不小于55℃。

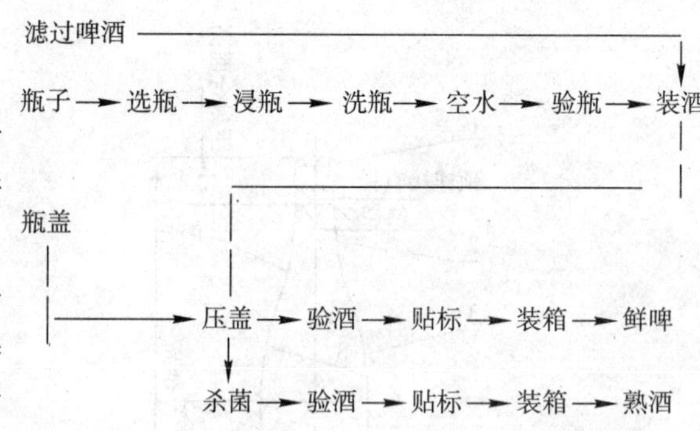

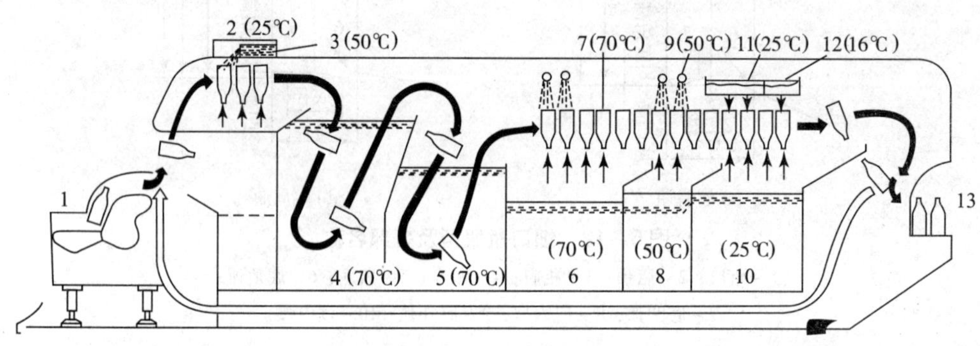

图6－13 浸洗瓶过程示意图

1－进瓶；2－第一次淋洗预热（25℃）；3－第二次淋洗预热（50℃）；4－洗涤剂浸瓶Ⅰ（70℃）；5－洗涤剂浸瓶Ⅱ（70℃）；6－洗涤剂喷洗（70℃）；7－高压洗涤剂瓶外喷洗（70℃）；8－高压水喷洗（50℃）；9－高压水瓶外喷洗（50℃）；10－高压水喷洗（25℃）；11－高压水瓶外喷洗（25℃）；12－清水淋洗（15～20℃）；13－出瓶

③喷淋压力。喷洗液压力0.2～0.25MPa，无菌压缩空气压力0.4～0.6MPa。

浸洗吹干的瓶子，要用人工或光学仪器逐个检验，不合格的应剔除。

2. 装酒

用灌装机灌装啤酒，如图6－14所示。小型灌装机12～24头、中型灌装机40～70头，生产速度为20～200瓶/分。

啤酒灌装的技术条件如下：

①装酒温度控制在－1～3℃，以防 CO_2 逃逸冒酒。

②啤酒灌装采用等压灌装技术，此内容将在第七章讲述。

3. 压盖

啤酒灌至瓶口额定容量时，送至压盖机将皇冠盖压上密封。

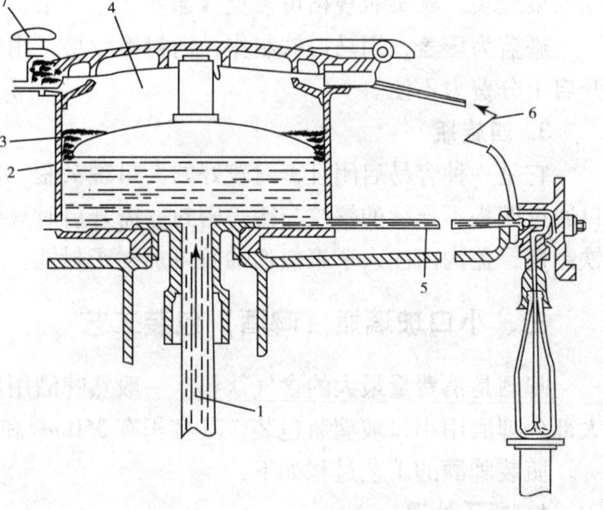

图6－14 灌装机

1－啤酒进口；2－浮漂；3－泡沫；4－储酒槽；5－至灌装头的引酒管；6－背压与返回空气的通路；7－开槽螺丝

4. 杀菌

为了延长啤酒保存期，啤酒要进行巴氏杀菌。杀菌可用喷淋式隧道杀菌或吊笼式热水杀菌，后者因技术落后已很少使用。

喷淋式杀菌工艺曲线如图 6－15 所示。

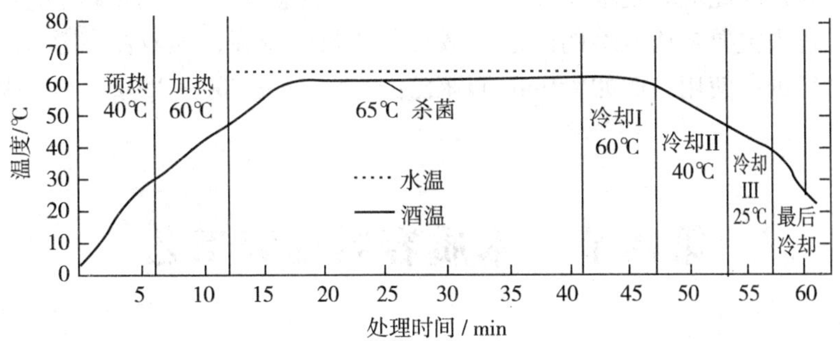

图 6－15 喷淋杀菌工艺曲线

杀菌工艺要求：

①瓶内应留有 3%～4% 瓶容的剩余空间，酒不得灌满。

②杀菌温度一般为 65℃，保温 10～15min。

③加热水与酒的温差应保持在 2～3℃，以防局部过热。

④升温、降温应和缓，以防瓶子破损。

5. 验酒

瓶内啤酒应清明透亮，无悬浮物和杂质；瓶盖不漏气漏酒；上部空隙高度保持在 6～8cm；瓶外无不洁物。

6. 贴标

一般用耐湿耐碱纸商标，用贴标机粘贴。

7. 装箱

可用花格木箱、塑料周转箱或瓦楞纸箱集装。装箱可用人工操作或用装箱机。

四、玻璃容器包装的防破损

玻璃包装容器性脆，所包装物品在流通过程中容易破损。据统计，在短距离储运时其破损率为 5%～7%，长距离储运流通时则达 20%～30%，因此，玻璃容器包装，尤其在包装液态物品时，要特别注意防破损。

防破损一般采取以下措施：

(1) 选用合适的外包装。由于玻璃容器较重，过去多采用强度较大的木箱做外包装。但木箱笨重，回收不便，用量越来越少。

塑料周转箱曾是瓶装啤酒、汽水的主要运输包装形式，它强度大且较轻便，但价格较贵，回收也不便。

(2) 为了便于运输、储存，单个外包装的产品总重和体积要适当。一般规定包装件质量在操作者体重的 40% 以下，约在 15～30kg；容积约在 17～35L，便于操作者搬动，以免粗暴装卸。

(3) 瓶罐在外包装内的安放形式要合适，有时要考虑增加缓冲措施。

一般瓶罐在外包装内是竖立式，并尽量排列紧密，防止碰撞。运输距离长时，要考虑采用缓冲措施，如瓶间用瓦楞纸板隔开、瓶子先装入纸盒或瓶子套入气垫薄膜、泡沫塑料中等。

最后还应该指出：由于玻璃本身固有的脆性特征，使玻璃瓶罐存在两个主要缺点，即质量大和易破碎，因此玻璃瓶罐发展中的一个重要课题就是研制高强度薄壁轻量瓶。为达到这一目的，过去主要是从瓶型的改进来减轻其质量。现在，随着制瓶技术的不断发展，薄壁轻量瓶已经推广使用，例如750mL酒瓶已由600g减至200~250g，其结果必然使包装有相应的改进。

第四节　木质容器包装工艺

一、木质容器包装的特点和应用

木质容器主要有木箱、木桶、木盒以及木托盘，此外，常把竹、柳、藤、荆条编的筐篓和笼也归入木质包装容器中。其中木箱为最常用的包装容器。

1. 木箱结构类型及用途

按物品储运要求的不同，木箱结构也有所不同。一般，按箱板排列疏密和装载量将木箱分为3大类11个品种，如表6-7所示。

表6-7　木箱结构分类

类型	载重/kg	名称	图示
封闭箱（满板箱）	<100	普通木箱	图6-16（a）
		胶合板箱	
		铁皮胶合板箱	
	100~500	普通滑木箱	图6-16（b）
	500~1000	普通滑木箱	
	>1000	框架滑木箱	图6-16（c）
	>1000	胶合板框架滑木箱	
花格箱（条板箱）	<100	小型花格箱	图6-16（d）
	100~500	中型花格箱	
	>500	大型花格箱	
捆板箱	<200	铁丝捆扎箱	

普通木箱、普通滑木箱、框架滑木箱和小型花格箱的结构如图6-16所示。

其中花格箱用于无防湿、防潮要求而怕磕碰损坏的机电产品，如变压器之类。花格箱用料省，结构简单，较经济。封闭箱适用于有防锈、防霉和防潮要求的机电产品，如仪器、仪表、机床、电工产品等。

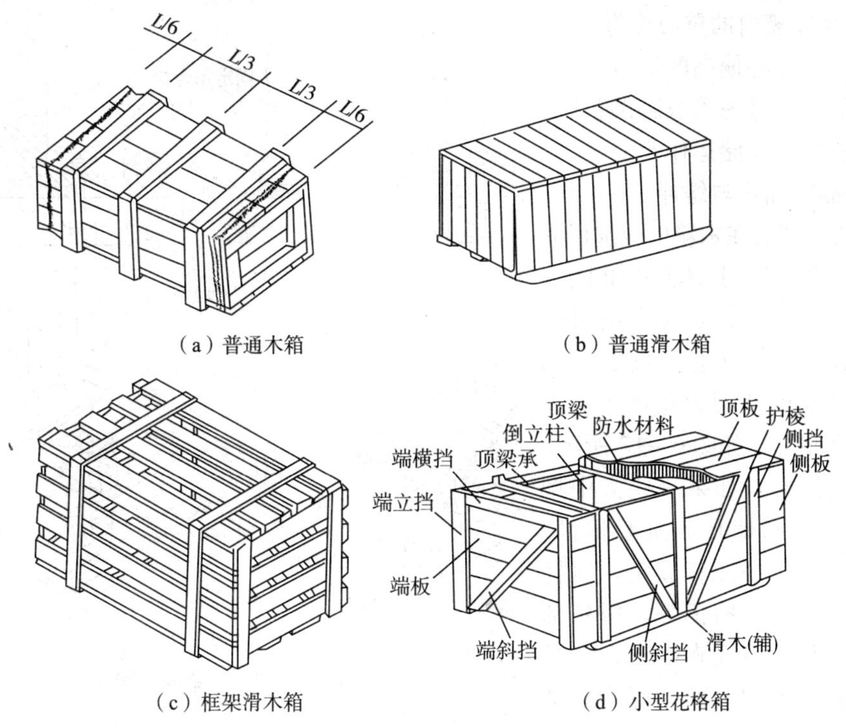

(a) 普通木箱　(b) 普通滑木箱

(c) 框架滑木箱　(d) 小型花格箱

图6-16　木箱结构

普通木箱结构较简单，框架滑木箱较复杂，框架箱承重大，滑木结构便于搬运。木箱结构组件如图6-17所示。

2. 木箱的选用

木箱的选用要根据木箱包装产品的分类及有关标准而定。

表6-8　木箱包装产品分类

类别	产品特征	木箱承载特征	实例
一类产品（易装产品）	形状规则，不易损坏，集装单元质量不大，且可与箱内表面紧密接触	内箱各板面均匀受载（一类载荷）	布匹、香烟、肥皂、散装小钉
二类产品（留空产品）	形状规则，集装后与木箱内表面留有空隙	木箱内表面受均匀分布的集中力（二类载荷）	各种罐头、瓶装产品及卷料
三类产品（难装产品）	外形不规则，质量大，在箱内易移动发生破损或破箱	载荷随机，木箱承受大（三类载荷）	机器、自行车、机械零件精密仪器、机床

①木箱包装产品的分类。根据产品装箱的难易程度及产品对木箱载荷作用的差异，可将木箱包装产品分为3类，如表6-8所示。

②木箱除按产品外形尺寸确定箱内尺寸外，还应使箱外部尺寸符合GB/T 4892—2008《硬质直方体运输包装尺寸系列》和GB 1834—1980《通用集装箱最小内部尺寸》以及机车界限尺寸所规定的要求，选用时请查阅有关手册。

二、木箱包装工艺

机电产品等重物木箱包装，为确保安全运送，应考虑以下工艺问题。

1. 产品在箱内的重心位置

对于一些重心偏高的机电产品，如压力机等，应考虑采取卧倒包装，以降低重心，确保储运作业安全。

2. 产品的固定与缓冲

许多机电产品在木箱中应加以固定或采取缓冲措施，具体方法如下：

①螺栓固定。它是大中型机电产品最常用的固定方法。此法是用螺栓通过产品的地脚螺孔将产品固定在木箱底座上，如图 6－17 所示。

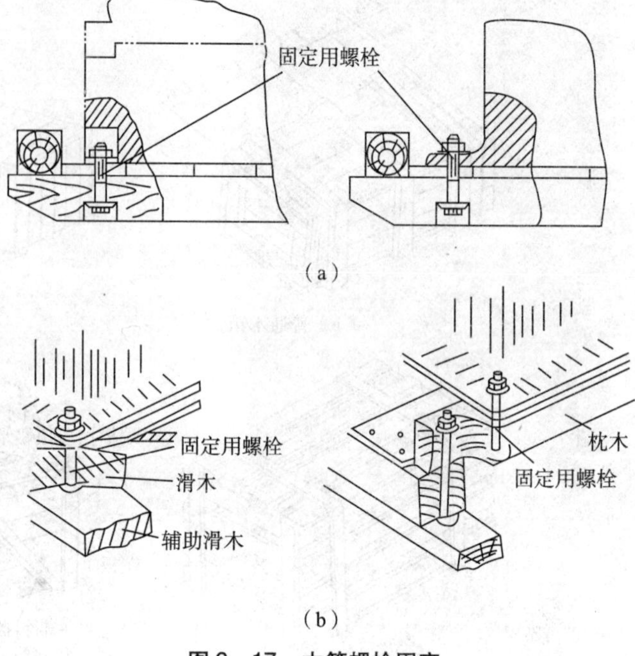

图 6－17　木箱螺栓固定

②压杆固定。如果一些大中型机电产品无地脚螺孔或重心偏高，可用卧倒包装，用压杆固定。压杆可为方木、角钢、槽钢等。压杆部位可利用产品孔洞或直接压在产品上，被压面如为加工面则要作防锈处理，并加衬垫毛毡或橡胶；被压面为涂漆面则仅加衬垫即可。如图 6－18 所示。

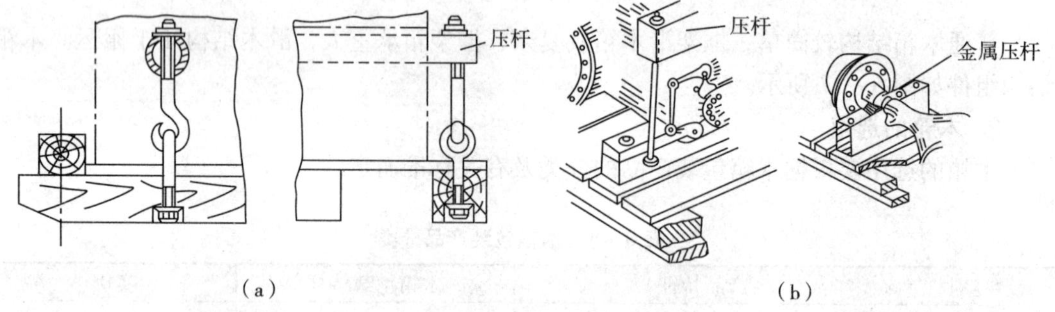

图 6－18　木箱压杆固定

③木块定位固定。有些机电产品，如显微镜，在木箱内要防止移动和震动，常用定位木块（上贴丝绒或海绵）将它从上至下、从左至右、从前至后各个方向紧紧卡住，并起到缓冲作用。如图 6－19 所示。

④铁箍固定。外形呈圆柱体的大中型机电产品或部件，通常用铁箍固定，并衬以毛毡、橡胶板等缓冲材料，如图 6－20 所示。

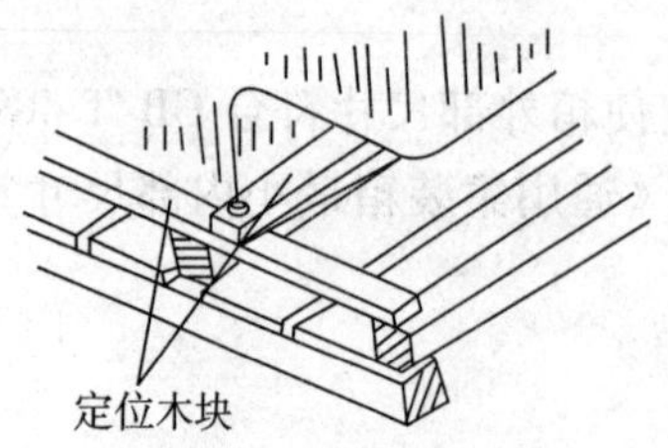

图 6－19　木块固定定位

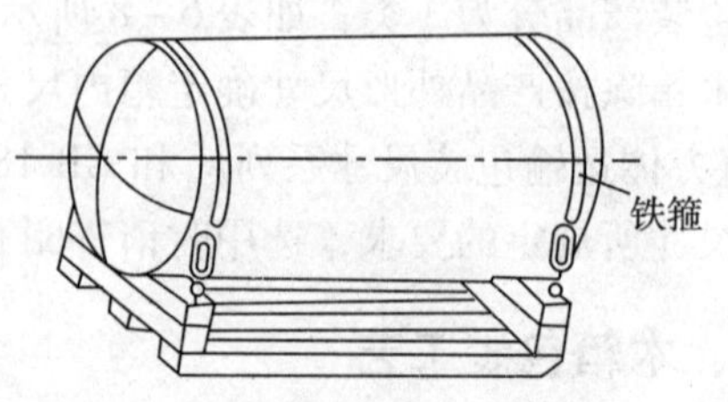

图 6－20　铁箍固定

3. 木箱的防雨与通风

大中型机电产品包装箱，在储运过程中常在露天堆放，为防止雨水漏入，应采用一定形式和结构的箱顶。箱顶形式如图 6-21 所示。

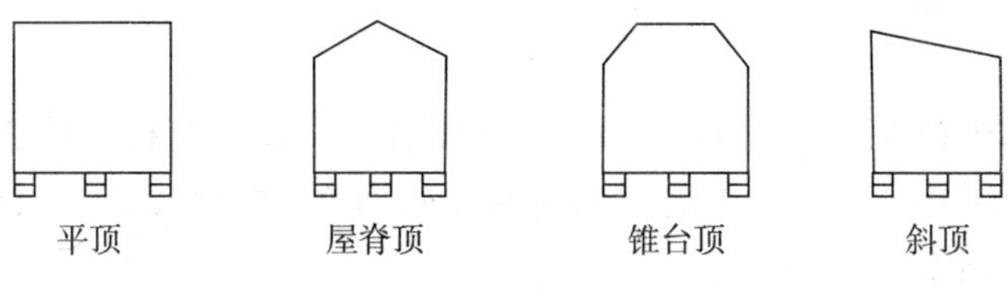

图 6-21　箱顶形式

海运出口包装木箱宜用平顶，以便于装仓；内销包装用木箱屋脊顶较好，可防箱顶积存雨水；斜顶易被吊绳勒损，最好不用。

箱顶可用油毛毡、塑料薄膜等材料组成的防雨结构，如图 6-22 所示。

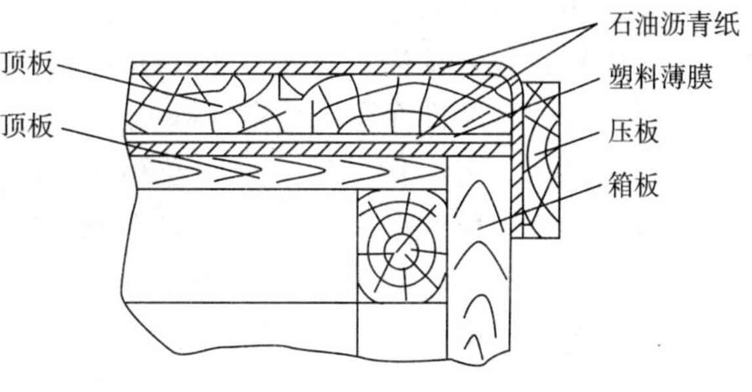

图 6-22　箱顶防雨结构

此外，露天堆放的包装箱，可能因昼夜温差造成箱内产生凝露水而导致产品生锈，有时大型木箱要开通风孔或设通风罩。

4. 木箱的钉合与加固

木箱一般用钢钉钉合。钉合强度取决于钢钉规格和排列方式，不予详述。

为了加固，还可用包铁、钢带（铁腰子）等加固件。对于载重 1t 以上的重大型木箱，应尽可能用螺栓接合，并在柱、撑、梁结合处用 U 形钉、L 形铁、T 形铁等加固。

5. 木箱的安全运送

重型木箱包装在车站码头及送达用户的运送过程中，常用吊运、铲运及滚杠等方法。要做到安全运送，必须注意以下几点：

①木箱滑木要有一定导角，以便滚杠运输和装放吊绳。载重大的木箱，滑木吊装口常镶上保护铁。

②对载重量 10t 以上的重型包装木箱，起吊时吊绳对箱顶夹力较大，易损坏上框木，因此吊绳夹箱位置要增设加强措施，如加 L 形保护角铁，或内衬加固方木等。

6. 装箱单

大型机电设备的木箱包装内应放装箱单一份。装箱单是提供给客户的货物明细表，用以表明每箱或每批货物的明细内容，可简写为 P/L（Packaging List）。P/L 用印有卖方公司（厂）名的用笺打印，基本内容有：

①日期（Date）。

②发票编号（Invoice No.）。

③合同或订货编号（Contract or Order No.）。

④装船、卸船港（Shipping & Unloading Port）。

⑤船名（Name of Vessel）。

⑥项目编号（Item No.）。

⑦货名（Description）。

⑧净重及毛重（Net & Gross Weight）。

⑨尺寸及体积（Mesurement & Cubage）。

7. 箱面标志

已包装好的木箱箱面要印刷标志，以指导搬运、装卸和储存，防止损失和避免事故。这些标志包括收发货标志、储运标志、贸易标志以及危险品标志等，根据需要加以选用。这些标志都应符合国家标准的规定。

（1）收发货标志。收发货标志为文字说明，供有关部门收发货及理货使用，内容有：

①产品型号、名称和规格。

②体积：包装件最大外形尺寸（cm）。

③质量：包装件净重、毛重（kg）。

④箱（件）号：第几型（件）/总箱（件）。

⑤收发货单位或个人（全称），外销用贸易标志。

⑥到站港全称，外销用贸易标志。

⑦出产地全称。

⑧制造厂。

收发货标志的印刷位置参考 GB 6388—1986《运输包装收发货标志》。

（2）贸易标志。它是用于出口商品包装的收发货标志，是由外贸买卖双方确认的。还可以有主标志、副标志。

（3）储运作业图示标志。用于指示搬运、装卸和储存等作业，其类型、图示、印刷均应符合 GB 191—2008《包装储运图示标志的规定》。

思考题

1. 纸箱的类型有哪些？选择瓦楞纸箱的原则是什么？

2. 根据产品装箱方法不同，装箱工艺可分为哪几类？各类装箱工艺有何特征？其包装适应性如何？

3. 金属包装容器在应用上有何优缺点？马口铁罐、铝二片罐、钢桶各适用于哪类商品包装？

4. 了解金属罐装食品包装工艺过程及其一般要求。

5. 喷雾包装中喷雾形态与作用方式有几种类型？喷雾形态与哪些因素有关？

6. 按本书图 6-10 来说明喷雾阀的结构组成。

7. 说明喷雾包装中压力灌装工艺过程及其优缺点。

8. 表 6-6 中 1 号香水配方，温度为 21.1℃，（1）使用金属喷雾罐，求 F12/11（50：50）的表压；（2）使用玻璃喷雾罐，表压限制为 120kPa，求 F12 与 F11 的质量比例。[提示：设 F-12 份额为 A，则 F-11 份额为（100-A），按此计算的两组分蒸气压表压之和应受 $p_{F-12}+p_{F-11} \leq 120\text{kPa}$ 之约束。]［答案：（1）257.8kPa；（2）24∶76］

9. 简述软管包装的含义。它们在应用上有什么特点？

10. 了解牙膏软管包装工艺过程及设备的一般要求。牙膏灌装时如何定量？有哪些铝软管的封尾形式？

11. 玻璃包装容器对液态商品包装有较好的适应性，为什么？玻璃包装容器在应用上有何缺点？如何防破损？

12. 说明小口玻璃瓶啤酒包装工艺过程及设备的一般要求。什么是等压灌装？啤酒如何定量？

13. 重物木箱包装在包装工艺上有何要求？请扼要说明。

14. 了解运输包装箱面标志的种类、有关标准及表示方法。

第七章 灌装与充填工艺

第一节 概 述

将液体产品装入包装容器的操作称为灌装，将固体产品装入包装容器的操作称为充填，它们都是包装工艺中最常用的装料方法。

一、灌装与充填

灌装与充填工艺是包装工艺过程的中间工序。灌装与充填之前是物品的制备和供送，容器的准备（包括容器制备、清洗、消毒、干燥、排列等），它们之后是密封、封口、贴标、打印等辅助工序。

灌装的物品是液体，液体物品的主要影响因素是黏度和含气状况；充填的物品是固体，固体物品范围广泛、种类繁多，按物理状态可分为颗粒充填、粉末充填、块状充填等。按包装容器不同，可分为装瓶、装罐、装盒、装箱等。

由于灌装和充填的物品种类、形态、流动性及价值等各不相同，所以计量方法也不相同；按计量方法分，有容积法、称重法和计数法等。

因为物品种类和包装容器多样化，导致了灌装和充填技术的复杂性，也促进了新技术和新设备不断应用和发展。

二、灌装与充填工艺的精度

工艺精度是指装入包装容器内物料的实际数量值与要求数量值的误差范围。工艺精度低，允许的误差范围大，容易产生装料不足或装料过量。装料不足将损害消费者的利益，也影响企业的信誉；装料过量将会增大成本，影响企业的经济效益。但工艺精度要求过高，所需设备价格就越高。包装成本高，势必造成产品的销售价格过高，影响产品的销售。因此，应该根据产品的种类、价值、应用场合及生产的实际情况，确定合适的工艺精度。一般贵重物品和对分量要求严格的物品（如高档饮料、药品等），装料精度应高一些，而价格低廉的物品，装料精度可要求低一些。有关工艺精度的问题将在第四篇第十五章进一步讨论。

三、灌装与充填工艺的选用

灌装与充填工艺方法很多，一般要求装料准确，不损坏内装物和包装容器；食品和药品类的物品应注意清洁卫生；危险品应注意安全防护。在选择工艺方法时，应综合考虑物品的物理状态、性质、价值，包装容器的种类，包装设备、工艺精度、计量方法、包装成本和生产效率等因素。

第二节　液体灌装工艺

将液体产品装入瓶、罐、桶等包装容器内的操作，称为灌装。液体灌装，是充填工艺的一种，由于液体物料与固体物料相比，具有流动性好，密度比较稳定等特点，所以，将液体灌装单独进行介绍。

被灌装的液体物料涉及面很广，种类很多，有各类食品、饮料、调味品、工业品、化工原料、医药、农药等。由于它们的物理、化学性质差异很大，因此，对灌装的要求也各不相同。影响灌装的主要因素是液体的黏度，其次是液体内是否溶有气体等。一般液体按黏度可分为三类。

第一类是黏度小，流动性好的稀薄液体物料，如酒、牛奶、酱油、药水等。

第二类是黏度中等，流动性比较差的黏稠液体物料，为了提高其流速需要施加外力。如番茄酱、稀奶油等。

第三类是黏度大，流动性差的黏糊状液体物料，需要借助外力才能流动。如果酱、牙膏、浆糊等。

液体饮料，根据其是否溶有二氧化碳气体，分为含气饮料和不含气饮料两类。含气饮料又称碳酸饮料，如啤酒、汽酒、香槟、汽水、矿泉水等。

一、液体灌装的力学基础

液体灌装是将液体从储液缸中取出，经过管道，按一定的流速或流量流入包装容器的过程。管道中流体的运动是依靠流入端与流出端压力差，即流入端压力必须高于流出端压力。根据流体力学，流体在流动过程中由于其所具有的基本条件不同，会出现两种不同的流动状态——稳定流动状态和不稳定流动状态。如果流体在管道中流动时，其任一截面处的流速、压强等物理量均不随时间变化，即属于稳定流动。只要其中一个物理量随时间变化，即为不稳定流动。在液体灌装中，这两种状态都有可能存在。

液体在管道中流动时有两种完全不同的流动状态，即层流和紊流。若流体质点沿管轴作有规则的平行运动，各质点互不碰撞，互不混合，为层流。若流体质点作不规则的杂乱运动，并互相碰撞，产生大大小小的旋涡，为紊流。紊流质点的速度和压强都是脉动的，是一种不稳定流动。其判断准则是：当雷诺数 $Re<2000$ 时为层流；$Re>2000$ 时为紊流。一般管道截面为圆形，假设流过圆形管道截面的液体为稳定均匀层流，根据伯肖（Poiseulle）公式：

$$Q=\frac{\Delta P\pi d^4}{128\mu L}$$

式中 Q——容积流量，m^3/s；

ΔP——压力差，Pa；

d——管道内径，m；

L——管道长度，m；

μ——动力黏性系数，Pa·s。

断面平均流速为：

$$v=\frac{Q}{A}=\frac{4Q}{\pi d^2}$$

从上式看出，容积流量与压力差成正比，与管内径的四次方成正比，与管长成反比，平均流速与流量成正比。由此，可得出以下结论：

①同一种液体，当管长与管径不变时，如果压力差成倍增加，容积流量也成倍增加，平均流速同样成倍增加。

②同一种液体，当管径不变时，如果管长与压力差均成倍增加，则容积流量不变，平均流速也不变。

上述结论，是设计最佳灌装系统的依据。

二、液体灌装方法

由于液体物料性能不同，有的靠自重即可灌入包装容器，有的需要施加压力才能灌入包装容器，所以，灌装方法也多种多样。根据灌装压力的不同可分为常压灌装、压力灌装和真空灌装等。按计量方式不同，可分为定液位灌装和容积灌装。

1. 常压灌装

常压灌装，又称重力灌装，即在常压下，利用液体自身的重力将其灌入包装容器内。该灌装方法是最古老的灌装方法，至今仍是用于自由流动的液体物料最精确、最简单的灌装方法。适用于不含气又不怕接触大气的低黏度的液体物料，如白酒、果酒、酱油、牛奶、药水等。

常压灌装，储液缸位于容器的上方，物料从储液缸中通过灌装阀，靠自重流入包装容器。其方法有两种，一种是由升降机构托着容器上升，容器的口部与灌装阀接触，顶起灌装阀，灌装开始；另一种方法是灌装阀向下移动，与容器口接触，顶起灌装阀，灌装结束时，容器与灌装阀脱离接触，弹簧力使灌装阀关闭。

灌装方法如图 7－1 所示，升降机构 8 将包装容器 7 向上托起，容器的口部与灌装阀下部的密封装置 5 接触并压紧，将容器密封。容器继续上升开启灌装阀 3，使储液缸 1 中的液体物料靠自重流入包装容器；同时，容器内的空气沿着排气管 2 排到储液缸上部；当包装容器内的液面升到排气管口（A—A 截面）后，容器内的空气就不能再排出，而被继续注入的液体略微压缩，当达到压力平衡时，容器内的液面保持在规定的液面高度，液料沿排气管上升到与储液缸的液面相等时，不再上升，升降机构将容器降下，灌装阀失去压力，靠弹簧 4 自动关闭，排气管内的液料也随之滴入容器内，灌装结束。

上面介绍的常压灌装方法的计量是采用定液位灌装，容器中液面的高度由排气管口在容器中的位置确定，并由此来计量包装容器的充填量。这种计量方法，可以使每个容器的灌装高度保持一致。也可以采用定时装置，控制阀门开启关闭时间，来调节流量，但要在灌装液面处装置过流管，以取代排气管。这种灌装系统不需要在容器和灌装头之间保持密封。此外，还可以采用容积灌装，利用定量杯量取液体物料，再将其灌装到包装容器中，此法比定液位灌装计量精度高，但灌装速度低。

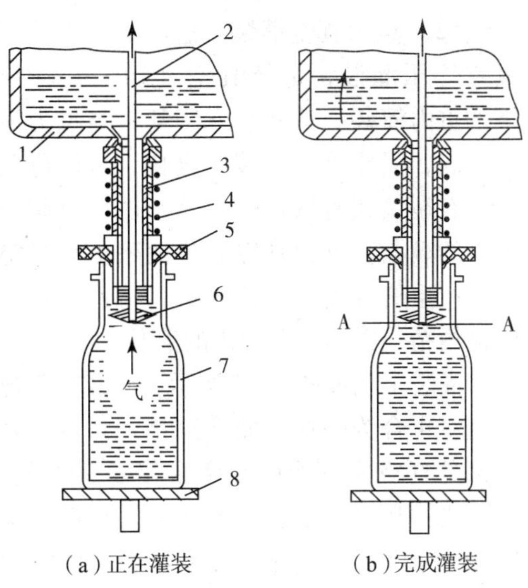

图7-1 常压灌装

1-储液缸；2-排气管；3-灌装阀；4-弹簧；5-密封装置；6-灌装头；7-包装容器；8-升降机构

2. 真空灌装

真空灌装是先将包装容器抽真空后，再将液体物料灌入包装容器内。这种灌装方法不但能提高灌装速度，而且能减少包装容器内残存的空气，防止液体物料氧化变质，可延长产品的保存期。此外，还能限制毒性液体的逸散，并可以避免灌装有裂纹或缺口的容器，减少浪费，适用于不含气体，且怕接触空气而氧化变质的黏度稍大的液体物料以及有毒的液体物料。如果汁、果酱、糖浆、油类、农药等。

真空灌装是在低于大气压力的条件下进行灌装，亦称"负压灌装"。灌装时开动真空泵，通过真空室将包装容器内的空气抽走，然后，依靠液体物料的自重或储液缸与包装容器间的压差进行灌装。前者储液缸与包装容器具有相等的真空度，液体是处在真空等压状态下进行灌装，为真空等压灌装；后者包装容器的真空度大于储液缸的真空度（储液缸处于常压状态，只对包装容器抽气），液体是在真空不等压状态下进行灌装的，为真空压差灌装。

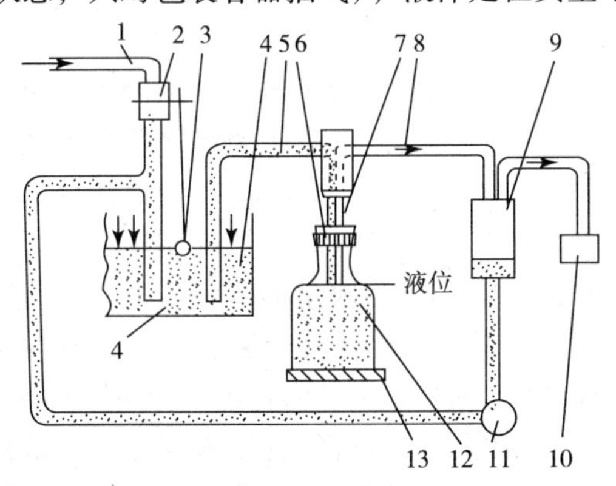

图7-2 纯真空灌装

1-供液管；2-供液阀；3-浮子；4-储液缸；5-吸液管；6-密封装置；7-灌装阀；8-真空管；9-真空室；10-真空泵；11-供液泵；12-包装容器；13-升降机构

（1）纯真空灌装。纯真空灌装即真空压差灌装。如图7-2所示，储液缸4与灌装阀7分开放置，供液管1由供液阀2控制，液位由浮子3保持；真空室9由真空泵10保持真空，灌装阀内有吸液管5和真空管8，真空管与真空室相连；包装容器12上升或灌装阀7下降，容器口与灌装阀上的密封装置6接触，并建立气密密封，然后打开阀门，对容器内抽真空，液体靠这个压差，通过吸液管流入容器内；当液面上升到真空管口时，液体开始沿真空管上升，使容器内的液位保持不变。过量的物料形成溢流和回流，溢出的物料经真空管流入真空室，由供液泵11送回到储液缸；灌装结束，容器脱离灌装阀，在弹簧力的作用下，阀门自动关闭。

纯真空灌装的真空度一般保持在6～7kPa。

纯真空灌装速度高，但有溢流和回流现象，使液体物料往复循环，且能耗较多，灌装结构复杂，管路清理困难。

（2）重力真空灌装。重力真空灌装即真空等压灌装，是低真空（10～16kPa）下的重力灌装。其灌装方法基本与重力灌装相同，但比重力灌装速度快，可以避免灌装有裂纹或有缺口的容器，还可以防止液体的滴漏。重力真空灌装消除了纯真空灌装产生的溢流和回流现象，特别适用于蒸馏酒精、白酒、葡萄酒的灌装。

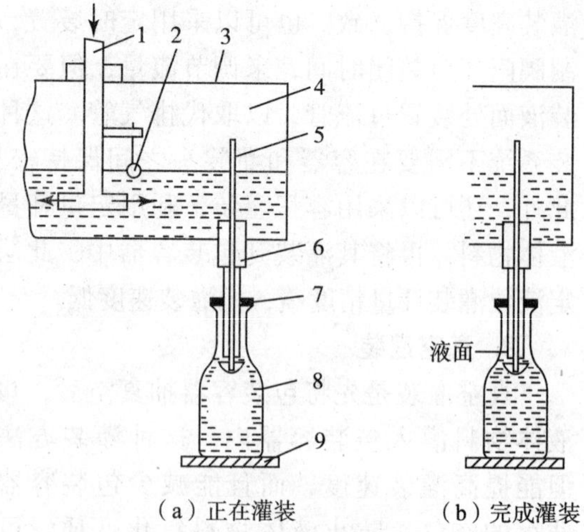

图7－3　重力真空灌装

1－供液管；2－浮子；3－储液缸；4－真空室；5－排气管；6－灌装阀；7－密封装置；8－容器；9－升降机构

灌装工艺如图7－3所示，储液缸3与真空室4合为一体，储液缸是密封的，其上部是真空室，液面高度由浮子2控制；升降机构9将包装容器8托起，与灌装阀6的密封装置7接触，将容器密封；继续上升打开阀门，由于排气管5与真空室相通，容器形成低真空，液体物料靠自重灌入包装容器；当液面上升至排气口上方并达到压力平衡时，停止灌装，液面保持在规定的高度，灌装结束，容器下降，灌装阀由弹簧自动关闭；排气管内的余液受上下管口压差的作用，沿排气管回流到储液缸。

3. 等压灌装

等压灌装，即先向包装容器内充气，使容器内压力与储液缸内压力相等，再将储液缸的液体物料灌入包装容器内。

等压灌装又称压力重力灌装、气体压力灌装。这种灌装方法只适用于含气饮料，如啤酒、汽水、香槟、矿泉水等。该方法可以减少 CO_2 的损失，保持含气饮料的风味和质量，并能防止灌装中过量泛泡，保持包装计量准确。

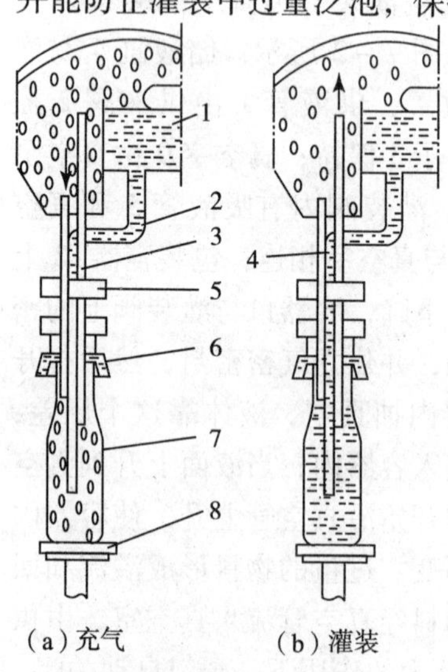

图7－4　等压灌装

1－储液缸；2－进液管；3－排气管；4－进气管；5－旋塞式灌装阀；6－密封装置；7－包装容器；8－升降机构

灌装装置如图7－4所示，储液缸是全封闭的，由气室和液室组成。在往储液缸输送液体物料之前，先往储液缸内通入压缩气体（无菌空气或 CO_2），使储液缸的气室保持一定的压力（0.1～0.9MPa），该气体压力必须等于或稍高于液体物料中 CO_2 溶解量的饱和压力，以使饮料中的 CO_2 溶解。当升降机构8将包装容器7上升与灌装阀5接触并密封时，旋塞式灌装阀将进气管4与容器接通，使储液缸气室内的气体沿进气管压入容器，通常称为“建立背压”；当气压与容器压力相等时，灌装阀旋转接通进液管2和排气管3，液体靠自重流入容器中，同时，气体沿排气管排至气室中；当液面上升封住排气管口时，液面停止上升，液体沿排气管上升到与储液缸液面相同为止；这时，自动停止灌装，灌装阀关闭，灌装结束；然后，容器下降，排气管内的液体物料流入包装容器。为了防止容器失去密封时液体喷出，在阀门中间装一个机械泄压口，使容器顶部与大气相通。

在灌装过程中，与物料接触的气体主要来自瓶内及储液缸内留存的空气，为了减少物料中氧气的含量，延长保存期，可将储液缸做成三个腔室：储液室、背压气室、回气室。储液室内充满物料，与空气脱离接触，容器内排出的空气引入回气室。这样不但可以提高排气和灌装的速度，而且减少了物料与空气接触的时间。

4. 压力灌装

压力灌装，是借助外界压力将液体物料压入包装容器。外界压力有机械压力、气压、液压等。压力灌装主要适用于黏度较大、流动性较差的黏稠物料的灌装，可以提高灌装速度。对一些低黏度的液体物料，虽然流动性很好，但由于物料本身的特性或包装容器材料及结构限制，不能采用其他灌装方法的，也可采用压力灌装。例如对酒精饮料采用真空包装，会降低酒精的含量；对热物料（如93℃的果汁）抽真空，可引起液体急剧蒸发；医药用葡萄糖等液体均采用塑料袋或复合材料袋包装，则也不能用真空灌装；如果采用常压灌装注液管道比较细，阻力大，效率低，为了提高灌装速度，可采用压力灌装。压力灌装，由于采用的外界压力不同，计量方式不同，而有多种类型。下面根据计量方法不同，介绍两种压力灌装方法，一种是定液位式压力灌装，另一种是容积式压力灌装。

（1）定液位式压力灌装。定液位式压力灌装又称为纯压力灌装，与前面介绍的灌装方法不同之处，是将压力施加在物料上。可以通过在储液缸上部空间加压力的方法实现灌装，或者直接把产品泵送到灌装阀实现灌装。对于那些不能抽真空的物料，该方法是比较理想的。这种灌装方法通常用于灌装含较少 CO_2 的液体物料，如一些果酒，可在压力下保持较低的 CO_2 含量；也可以用于将不同黏度的物料装入同一包装容器。

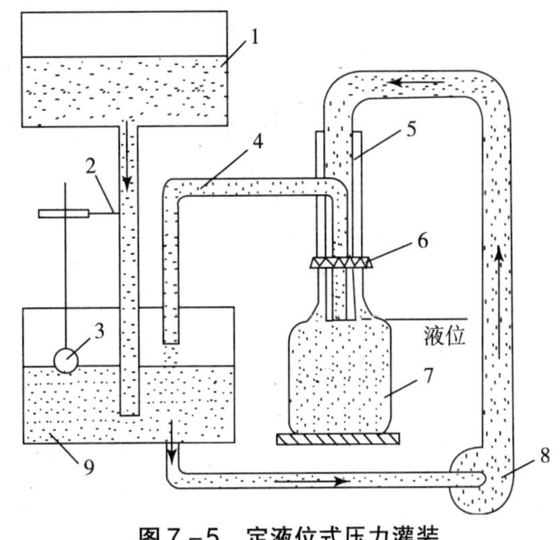

图7－5　定液位式压力灌装

1－供液缸；2－供液阀；3－浮子；4－溢流管；5－灌装阀；6－密封装置；7－包装容器；8－物料泵；9－储液缸

灌装过程如图7－5所示，储液缸9中的液体物料由物料泵8抽出，经灌装阀5进入包装容器7；当容器与灌装阀接触并密封时，灌装阀开启进行灌装；同时，容器内的空气由溢流管4排到储液缸，容器灌装的液位高度，由溢流管管口在容器颈部的位置决定；当液面上升到溢流管管口时，容器内液面不再上升，保持规定的高度，灌装结束。过量的液体物料经溢流管送回到储液缸，只要灌装阀下的容器是密封的，物料就会连续不断地通过溢流管流出，直到容器脱离密封装置6，灌装阀关闭灌装口和溢流口，物料停止流动。

（2）容积式压力灌装。容积式压力灌装又称为机械压力灌装。由各种定量泵进行灌装计量，灌装压力由泵施力，以提高灌装速度。主要适用于黏度较大，流动性较差的黏稠状液体物料，如果酱、牙膏、鞋油、浆糊、美术颜料等。也适用于一些不适于其他方法灌装的低黏度液体物料，如用安瓿包装的针剂注射液，其灌装嘴截面细小；输液用的无毒塑料软包装袋，其灌装管道比较细，这类容器，若采用常压灌装，灌装速度慢，生产能力低，采用真空灌装其结构不允许，所以采用容积式压力灌装是最佳方法，可以提高包装的生产能力。

定量泵的种类很多，有活塞泵、刮板泵、齿轮泵等，其中采用活塞泵的活塞容积式灌装方法应用最广泛。

活塞容积式灌装方法，其定量泵为活塞泵。如图7－6（a）所示，旋转阀2上开有一定夹角的两个孔，一个是进料孔，另一个是出料孔，旋转阀作往复摆动。当旋转阀的进料孔与料斗1的料口相通时，出料孔与下料管5隔断，如图7－6（c）所示，这时活塞3向左移动，将物料吸入活塞筒的计量室4；当旋转阀转动其出料孔与下料管相通时，进料孔也与料斗隔断，如图7－6（b）所示，这时活塞向右移动，物料在活塞的推动下，经下料管流入包装容器7。灌装容量即为计量室的体积，容量大小由活塞的冲程决定，通过调节活塞的冲程可调节灌装容量。该灌装系统还具有“无容器不灌装”装置，只有当包装容器顶起下料管上的释放环6时，活塞才能向右移动，进行灌装。如果下料管下面无容器，释放环不动，则活塞不运动，物料不会外流。

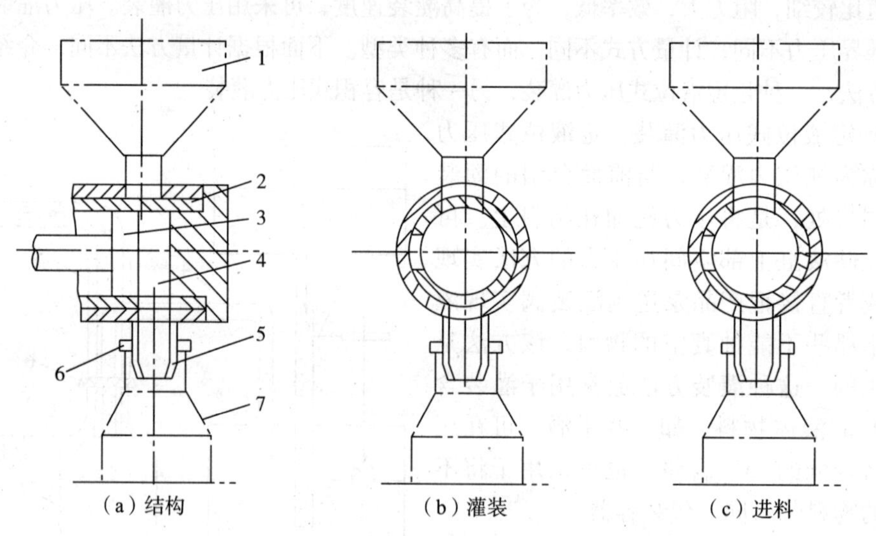

图7－6　活塞容积式灌装

1－料斗；2－旋转阀；3－活塞；4－计量室；5－下料管；6－释放环；7－包装容器

这种活塞容积式灌装方法计量准确，灌装容量调节方便，适于灌装各种高黏度的物料，可以灌装瓶、罐、软管等容器。

5. 液位传感式灌装

液位传感式灌装方法，是利用传感方法，如极低的空气流传感装置、电子传感装置，检测容器是否到位以及灌装液面的高度，并发出适当的信号启闭灌装阀。该灌装方法容积的计量方式为定液位灌装。采用这种方法，包装容器在灌装过程中不需要密封，灌装速度比常压灌装和真空灌装快，灌装液位非常精确。适用于那些由于压力或真空作用，会出现鼓胀或凹陷的塑料容器，特别适用于狭颈塑料瓶和玻璃瓶的高速灌装，也可以用于难于清洗的液体物料的灌装，如油漆等。

液位传感式灌装过程如图7－7所示。储液缸1是封闭的，液体物料由供料管2进入，液面高度由浮子3控制。液面保持一定的压力（0～103kPa），液料经进液管6和灌装阀7流入容器9中，由于容器未密封，液料罐入时容器中的空气从瓶口缝隙排出。

液料的流动是用差压或低压的射流装置（fluidic device）构成的气动控制器4来操纵。控制器检测容器的液面是否到位，然后通过界面阀5的信号开启或关闭灌装阀7。当包装容器9到位后，控制器启动，开始灌装；在进液管6中有一个空气传感管8，在灌装过程中，2.5kPa的低压空气通过空气传感管吹入容器；当液位上升到与传感管口平齐时，传感气流停止，由于射流装置的作用，使控制器4通过界面阀5关闭灌装阀7，灌装停止。

这种灌装方法比重力法和真空法的灌装速度高，而且液面精确度非常高，没有容器时不灌装，是高速灌装塑料容器的良好工艺。

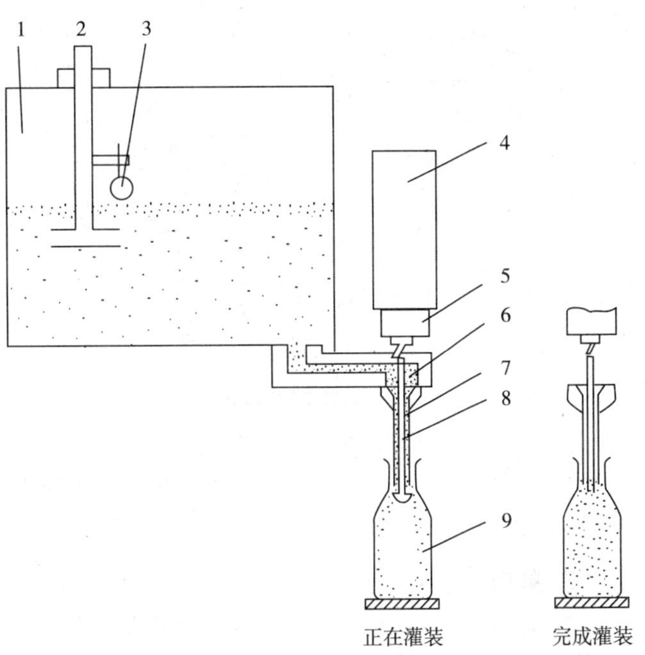

图7-7 液位传感式灌装示意图

1-储液缸；2-供料管；3-浮子；4-控制器；5-界面阀；6-进液管；7-灌装阀；8-空气传感管；9-包装容器

在此装置中进液管要根据不同的物料和容器进行设计，要求能准确地控制流入容器的液体流量，并且能使液体沿容器内壁流动，以保证非紊流状态，尽量减少液体与空气的接触，若在进液管内装上筛网，则可以灌装高泡沫的液体物料。

6. 隔膜容积式灌装

隔膜容积式灌装，是用一个挠性的起伏隔膜在压力气体的作用下，将液体物料从储液缸抽到灌装室，再注入包装容器中。

隔膜容积式灌装与活塞容积式灌装都是采用容积式计量法，即由计量室计量容量，再灌装到容器中，但隔膜容积式灌装是靠隔膜来实现完全密封，从而，避免了活塞容积式灌装中，活塞的密封圈与活塞筒之间的滑动摩擦。因为这种滑动摩擦可能引起擦伤，并会产生细微的粉粒掺入物料中，尽管数量极少，但对于静脉注射液和注射药物来讲还是影响很大。而采用隔膜容积式灌装方法，可以保证液体物料的清洁卫生，且灌装精度高，物料损失少，灌装速度快，适用于灌装较贵重的液体物料，特别适用于各种静脉注射液和针剂的灌装，可以灌装狭颈瓶。

隔膜容积式灌装过程如图7-8所示。储液缸4的液面上方保持一定的压力（7~103kPa），液缸阀门5打开时，在气压作用下，液体物料流入计量室2；当计量室充满液体后，通向储液缸的液缸阀门5关闭。然后，通向包装容器7的灌装阀门3开启，同时进气，空气压力将隔膜1压下，迫使物料流入包装容器；计量室内的物料全部压入容器后，加在隔膜上的气压释放，阀门换向，计量室再从储液缸吸液。

另外，在瓶颈导向装置上还装有“无容器不灌装”机构，该机构只有在运动时碰到容器，才能触动气源控制系统，使气流推动隔膜运动，否则气源不开启，不会进行灌装。

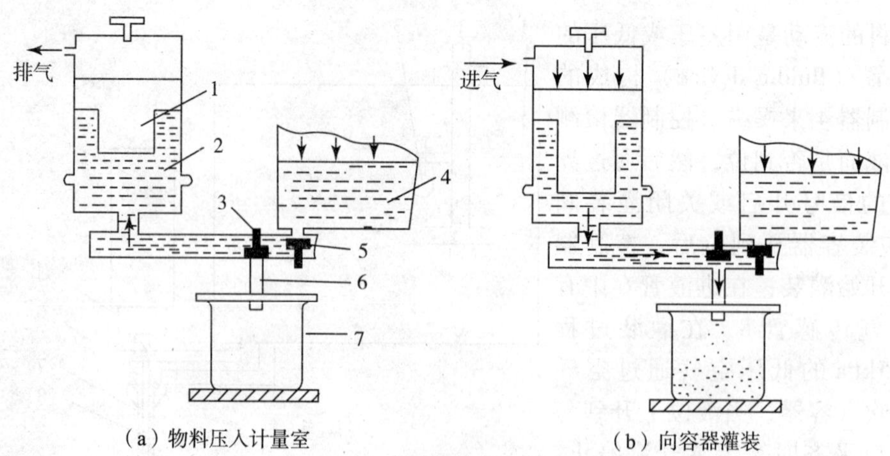

图7－8　隔膜容积式灌装

1－隔膜；2－计量室；3－灌装阀门；4－储液缸；5－液缸阀门；6－进液管；7－包装容器

7. 虹吸法灌装

虹吸法灌装，是利用虹吸原理，使储液缸中的流体物料经虹吸管吸入容器。这种灌装系统结构简单，但灌装速度较低，适用于灌装低黏度不含气的液体物料，如果酒、醋等。

虹吸法灌装过程如图7－9所示。当虹吸管5下降时，灌装头7压紧容器口，灌装阀6打开，储液缸2内的液体物料即被吸入包装容器8内；当容器内液面的高度与储液缸液面相同时，不再进液，灌装停止，液面保持在规定的高度；然后，虹吸管上升，灌装头与容器脱离，切断虹吸通路，灌装阀自动关闭。虹吸管另一端设有储液杯3，可以利用物料封闭管口，以保证下一次循环的正常进行。

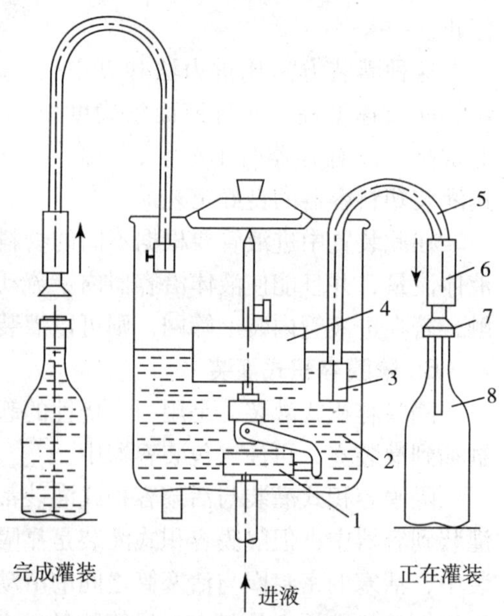

图7－9　虹吸法灌装

1－进液阀；2－储液缸；3－储液杯；4－浮子；5－虹吸管；6－灌装阀；7－灌装头；8－包装容器

虹吸法灌装属于定液位灌装，容器液面高度由储液缸液面控制。利用浮子4来控制进液阀1的流量，以保证储液缸液位的稳定，储液缸液位的稳定是确保虹吸法灌装精度的关键。

8. 定时灌装

定时灌装是在流量和流速保持一定的情况下，通过控制液体流动时间来确定灌装容量。灌装容量的调整，可以通过改变液体流动时间，或调节进料管的流量来实现。其灌装精度，取决于液体流动的均匀性和机构的精确性。

（1）恒容积流量定时灌装。恒容积流量定时灌装方法的定时调节机构有很多种形式，常用的有回转定量盘式、回转泵式和螺杆式3种。下面以回转定量盘式为例介绍恒容积流量定时灌装方法。

灌装过程如图7－10所示，灌装头由两块固定盘和一块回转盘组成，称为回转定量盘。供料泵将液体物料经进液管1输入开有进液槽的固定盘2使两个固定盘的通道内充满液体物料，回转盘 4 开有数个灌装孔，并与容器以一定转速转动。当回转盘上的灌装孔与固定盘 3 上的进液槽相通时，液体物料由灌装孔经排料管 5 灌入包装容器 6 内；当回转盘转到其灌装孔被固定盘堵住时物料停止流动，灌装结束。

灌装容量由灌装孔在进液槽下面的停留时间决定，时间由回转盘的回转速度确定。改变回转盘的回转速度或灌装孔的尺寸、位置，都可以调节灌装容量。

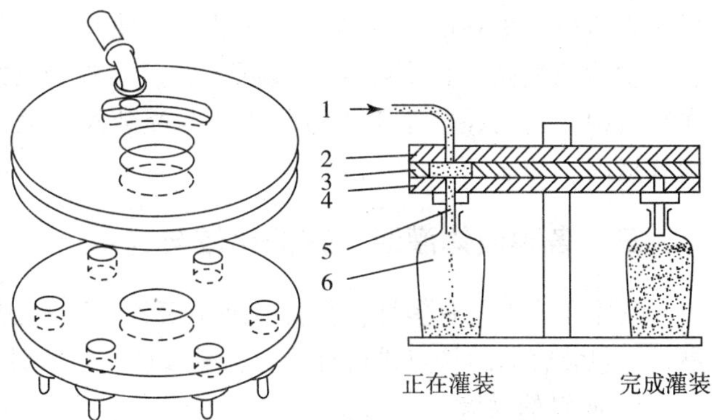

图 7－10　恒容积流量定时灌装

1－进液管；2－上固定盘；3－下固定盘；4－回转盘；5－排料管；6－包装容器

这种灌装方法简单，设备便宜，适于灌装中高黏度的液体物料，如花生酱等，不适于灌装低黏度的液体物料，因为盘与盘之间的泄漏很难控制。如果在固定盘上开几个进液槽，则可以一次将几种不同的物料灌入一个包装容器。由于该灌装系统没有“无容器不灌装”装置，因此，当容器没到位时，会引起物料外流。

（2）可控压差定时灌装。可控压差定时灌装的灌装容量是依靠精确地控制液流时间来实现的。其灌装精度由灌装管口处压差的稳定性及液流时间控制的精确性来决定。可以采用加压储液缸或使物料溢流过一个隔板形成的固定液位，使灌装管口处的液体保持准确的压差。

可控压差定时灌装过程如图 7－11 所示。加压储液缸 1 中部装有进液阀 2，上部有供压阀 3，无毒的空气或氮气经压力控制器 4 可进入供压阀。加压储液缸内的液体物料受压力作用，被输送到多路供液管 6，然后经可控输液阀 8 送到灌装工位，再经灌装管 9 流入包装容器 10 内。液体的压力可由压力传感器 5 随时检测，以确保灌装管口压差的准确性。微处理机 7 可以根据压力的变化，控制每个灌装管口的开口时间，因此，计量极其准确。

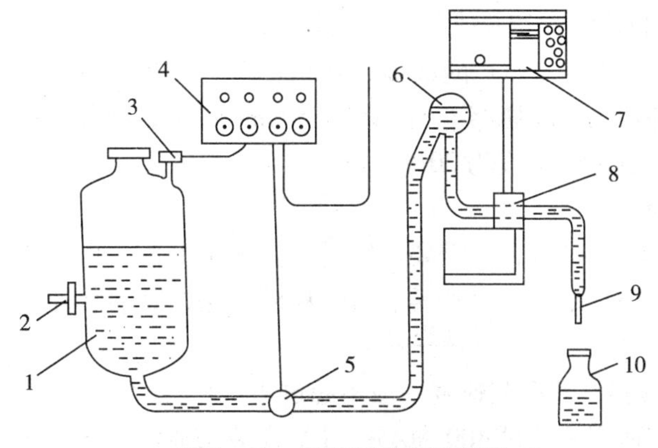

图 7－11　可控压差定时灌装

1－加压储液缸；2－供液阀；3－供压阀；4－压力控制器；5－压力传感器；6－多路供液管；7－微处理机；8－可控输液阀；9－灌装管；10－包装容器

这种灌装方法是比较先进的灌装方法。它的最大特点是灌装精度极高，灌装系统不必拆卸即可进行清洗或蒸汽消毒，易于实现无菌灌装，并且很容易从灌装一种物料转换成灌装另一种物料。适用于灌装流动性比较好且不含气体的液体物料，尤其适用于灌装精度要求比较高的贵重物料或药品以及有剧毒或强腐蚀性的物料。这种灌装方法一般不用于高速灌装。

9. 称重灌装

这是 1986 年才开始应用的新型灌装方法。它用电子计算机辅助操作，可以对塑料、玻璃或金属容器进行低黏度或中等黏度液料的灌装。容器用常规方法放置在旋转工作台的各个工位上，每个工位都是一个有应变载荷元件（straing auge load cell）的精密称盘，当容器进入旋转工作台的工位上，称盘首先扣除容器的毛重，然后精确控制液料流入容器；在灌装过程中电子计算机一直监控着液料的流动速度和灌装量，使其均匀落入容器，并不断调节其流速，使灌装精度达到最高，且实际误差接近于零。液料用压力泵和管道系统直接输送到气密型的灌装阀中，容器在整个工作过程中不与灌装阀接触，也不要求密封，其最大优点在于精确度极高。

三、各种液体灌装工艺的比较与选用

液体灌装工艺有多种，其特点列于表 7－1，在选用时，应对各种方法、设备及物料的黏度、包装容器的特点进行综合分析和比较，以设计出最佳灌装工艺及设备。

1. 液料的黏度

黏度常用厘泊（cP）表示，黏度范围为 1～1000cP 的液体物料，可用上述的任何一种方法灌装；黏度范围为 1000～10000cP 的半流体可用表 7－1 中 LS、TF、TP、PV、DV 或 WF 等方法灌装；黏度大于 10000cP 的黏滞体，可用 TF、PV 两种方法灌装。

2. 包装容器的材料和刚性

刚性容器包括玻璃、金属、陶瓷或复合材料等，它们在承受 8kgf（1kgf＝9. 80665N）左右的压力时不会变形，适用于任何灌装方法；半刚性容器多用吹塑成型或热成型的塑料制成，也可用纸板或复合材料制成，它适用 G、PG、LS、TF、TP、DV 和 WF 等灌装方法；软性容器用塑料薄膜、塑料和金属箔复合材料制成，在灌装时不能承受密封的压力，可用 LS、TF、TP、DV 或 WF 等灌装方法。

3. 包装容器的形状和容量

包装容器按其口颈形状可分为窄颈瓶（瓶口直径小于 38mm）和广口瓶（瓶口直径大于 38mm）。

窄颈瓶可以用任何方法灌装，常用 G、GV、P、V、PG、LS 或 DV 等灌装方法，它们的灌装速度一般为 400 瓶/分。

广口瓶包括气密性金属罐，通常使用 G、PG、TF 或 PV 等灌装方法。

对于容量为 150～800mL 的容器，若灌装不含 CO_2 的液体，其灌装速度一般为 400 瓶/分；容量为 800～3500mL，其灌装速度一般为 200 瓶/分；容量在 3500mL 以上，灌装速度一般都相当慢，通常用半自动设备灌装，其灌装速度为 20 瓶/分。

4. 灌装速度与灌装系统及容器的关系

气密罐通常采用高速灌装（350～2000 瓶/分），并需要和罐盖封合机相匹配，可使用 G 或 PV 灌装法。如果在气密罐中灌装含 CO_2 的饮料，则需使用 PG 灌装法，其灌装速度为800～1500 瓶/分。

LS 和 WF 灌装法通常用于窄颈塑料容器，其灌装速度一般不超过 400 瓶/分。

V 灌装法通常用于刚性窄颈容器，其速度不超过 400 瓶/分。DV 灌装法通常用于窄颈容器，其速度不超过 400 瓶/分。

现根据表 7－1 提供的有关数据举例说明灌装工艺的选用原则。

表 7-1　各种灌装工艺比较表

行号	灌装方法	代号 ①	计量方法 定液位 ②	计量方法 定容积 ③	计量方法 密封 ④	适合灌装的液体物料 性质	黏度/cP 1~1000 ⑤	黏度/cP 1000~10000 ⑥	黏度/cP >10000 ⑦	容器 材料 刚性 ⑧	容器 材料 半刚性 ⑨	容器 材料 软性 ⑩	容器 口颈 广口瓶 ⑪	容器 口颈 窄颈瓶 ⑫	灌装速度/（瓶/分） 1~20 ⑬	灌装速度/（瓶/分） 20~120 ⑭	灌装速度/（瓶/分） 120~300 ⑮	灌装速度/（瓶/分） 300~1500 ⑯	特点
1	常压灌装	G	○		○	不含气、不怕接触大气的低黏度液体物料	○			○	○		○	○	○	○	○	○	1. 液位最准确； 2. 设备最简单； 3. 比真空灌装速度低
				○		不含气、不怕接触大气的低黏度液体物料													比定液位灌装计量精度高，但灌装速度低
2	纯真空灌装	V	○		○	不含气，怕接触大气而氧化变质的低黏度和中等黏度的液体物料以及有毒的液体物料	○			○				○	○	○	○	○	1. 灌装速度比常压灌装速度高，灌装精度高； 2. 可避免给有裂纹或缺口容器灌装，可消除液体物料滴漏； 3. 有溢流、回流现象，物料循环，能耗多； 4. 设备结构复杂，清洗困难
3	重力真空灌装	GV	○		○	不含气、怕接触大气而氧化变质的低黏度液体物料，特别是要求完全不允许接触大气的液体物料	○			○				○		○	○		1. 无溢流、回流现象，物料不循环； 2. 可避免给有裂纹或缺口的容器灌装，物料不滴漏； 3. 比纯真空灌装速度低
4	纯压力灌装	P	○		○	低黏度及中等黏度液体物料；不能抽真空的液体物料；含较少 CO_2 的液体物料	○	○		○				○	○	○	○		1. 压力作用在产品上，可保持较高压力； 2. 可将不同黏度液体物料装入同一包装容器； 3. 有溢流、回流现象，物料循环
5	等压灌装	PG	○		○	只适用于含气饮料	○			○	○		○	○			○	○	1. 可减少 CO_2 损失，保持含气饮料的风味和质量； 2. 防止灌装中过量泛泡，保证包装计量准确
6	液位传感式灌装	LS	○		×	低黏度、中等黏度液体物料；难于清洗的液体物料	○	○		○	○	○		○	○	○	○	○	1. 液位非常准确； 2. 比真空、常压灌装速度快得多，可实现高速灌装； 3. 进料管加筛网；可灌装高泡沫液体物料

续表

行号	灌装方法（项目/列号）	代号	计量方法：定液位	计量方法：定容积	计量方法：密封	适合灌装的液体物料：性质	黏度/cP：1~1000	黏度/cP：1000~10000	黏度/cP：>10000	容器材料：刚性	容器材料：半刚性	容器材料：软性	容器口颈：广口瓶	容器口颈：窄颈瓶	灌装速度/（瓶/分）：1~20	20~120	120~300	300~1500	特点
		①	②	③	④		⑤	⑥	⑦	⑧	⑨	⑩	⑪	⑫	⑬	⑭	⑮	⑯	
7	虹吸法灌装	S	○		×	不含气、低黏度液体物料	○			○						○	○		1. 液位稳定； 2. 灌装液体物料损失少； 3. 设备结构简单； 4. 灌装速度低
8	机械压力灌装	PV		○	×	中等黏度和高黏度的黏稠状、黏糊状液体物料； 不适于用其他方法灌装的低黏度液体物料	○	○	○	○			○			○	○	○	1. 可用不同速度灌装各种黏度的液体物料，应用广泛； 2. 计量准确，灌装容量易调节
9	隔膜容积式灌装	DV		○	×	低黏度及中等黏度液体物料；较贵重的物料，医用注射液及药水等	○	○		○	○	○		○		○	○	○	1. 计量精度高； 2. 灌装速度快； 3. 清洁卫生
10	恒容积流量定时灌装	TF		○	×	中等黏度、高黏度液体物料；不适于低黏度液体物料	○	○	○	○	○	○	○			○	○		1. 灌装方法简单，设备便宜； 2. 可将几种不同物料灌入同一包装容器
11	控压差定时灌装	TP		○	×	低黏度及中等黏度液体物料；灌装精度要求高的、贵重物料及药品； 有剧毒和强腐蚀性的物料	○	○		○	○	○			○	○	○		1. 计量精度极高； 2. 清洗容易，不必拆卸即可清洗及蒸气消毒； 3. 可实现底升式灌装和无菌灌装
12	称重灌装	WF	称重		×	低黏度及中等黏度液体物料；要求灌装精度高的物料	○	○		○	○	○	○	○		○	○		1. 容器自重对灌装量无影响； 2. 电子计算机监控灌装量，精度极高； 3. 灌装速度不高

例7-1　灌装不含CO_2的液料，黏度800cP，用窄颈半刚性容器，要求速度为200瓶/分。

从表7-1⑤列查出，所有方法都能灌装黏度800cP的液料；又从⑨列查出，适用半刚性容器者有G、PG、LS、DV、TF、TP、WF；但其中以G、PG、LS、DV适用于窄颈容器。又从⑮列得知，这几种方法都能达到灌装速度的要求，但是PG仅限于灌装含CO_2的液料；而且经过检验，容器材料的强度不太高，G亦不适用，于是只有在LS与DV之间考虑。结合设备价格分析，如果用定液面法，可选中等价格的液面传感灌装设备；如果用精确的定容法，可选中等价格的隔膜定容灌装设备。

例7-2　灌装某种半流体液料，黏度9000cP，用广口刚性容器，要求速度为350瓶/分。

从表7-1⑥列查出，P、LS、PV、DV、TF、TP与WF均适于灌装中等黏度的液料，而且也适于灌装刚性容器；但其中以PV和TF适用于广口容器。从⑯列可见，只有PV能满足灌装速度的要求。从设备价格上分析，选用中等价格活塞定容式灌装设备较为合适。

由上可见，选择灌装工艺及设备必须考虑许多因素，并进行分析比较，权衡利弊，最后才能作出适当的结论。

第三节　固体充填工艺

固体充填工艺，是指将固体物料装入包装容器的操作过程。固体物料的范围很广，种类繁多，形态和物理、化学性质也有很大差异，导致其充填方法也是多种多样，其中决定充填方法的主要因素是固体物料的形态、黏性及密度的稳定性等。

固体物料按物理状态可分为粉末状物料、颗粒状物料、块状物料；按其黏度可分为非黏性物料、半黏性物料和黏性物料，其特点如下：

①非黏性物料。流动性好，几乎没有黏附性，倾倒在平面上，可以自然堆成圆锥形，这类物料最容易充填，如谷物、咖啡、粒盐、砂糖、茶叶、硬果等。

②半黏性物料。流动性较差，有一定的黏附性，充填时易搭桥或起拱，充填比较困难：如面粉、奶粉、绵白糖、洗衣粉、药粉、颜料粉末等。

③黏性物料。流动性差，黏附性大，易黏结成团，并且易黏附在充填设备上，充填极困难。如红糖粉、蜜饯果脯及一些化工原料等。

固体物料的充填工艺有容积充填法、称重充填法和计数充填法。形状规则的固体块状物料或颗粒状物料通常用计数充填法；形状不规则的块状或松散粉粒状物料通常用容积充填法和称重充填法。

一、容积充填工艺

容积充填法，是将物料按预定容量充填到包装容器内。容积充填设备结构简单、速度快、生产率高、成本低，但计量精度较低。适用于充填视密度比较稳定的粉末状和小颗粒状物料，或体积比质量更重要的物料。

1. 量杯充填

量杯充填是采用定量的量杯量取物料，并将其充填到包装容器内。充填时，物料靠自重自由地落入量杯，刮板将量杯上多余的物料刮去，然后再将量杯中的物料在自重作用下充填到包装容器中。适用于充填流动性能良好的粉末状、颗粒状、碎片状物料。对于视密度稳定的物料，可采用固定式量杯，对于视密度不稳定的物料，可采用可调式量杯。该充填方法充填精度较低，通常用于价格低廉的产品，但可进行高速充填提高生产效率。

量杯的结构有转盘式、转鼓式、插管式 3 种。

（1）转盘式量杯充填装置如图 7－12 所示。量杯由上量杯 4 和下量杯 5 组成。旋转的料盘 3 上均布若干个量杯，料盘在转动过程中，料斗 1 内的物料靠自重落入量杯内，并由刮板 2 刮去量杯上面多余的物料；当量杯转到卸料工位时，由凸轮 10 打开量杯底部的底门 6，物料靠自重经卸料槽 7 充填到包装容器 8 内。旋转手轮 9 可通过凸轮使下量杯的连接支架升降，调节上下量杯的相对位置，从而实现容积调节。

有的量杯充填系统带有反馈系统或称重检验系统，能对充填量进行抽样检测，并能自动调节量杯的容量，以纠正因物料密度变化而引起的质量误差。

这种充填系统特别适合于流动性好的颗粒状物料如稻谷、去污粉等的充填，并可实现高速充填。

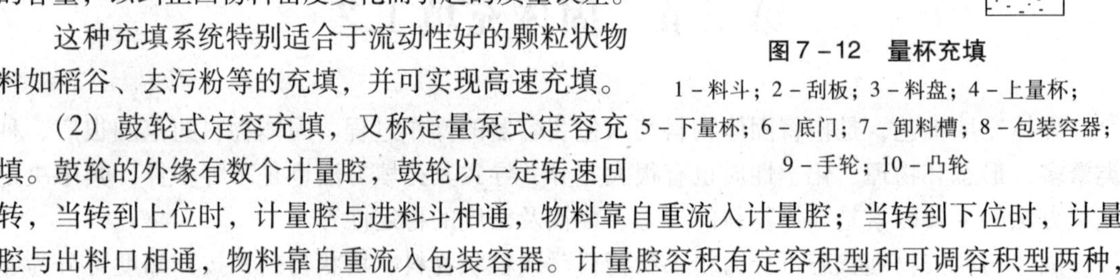

图 7－12　量杯充填

1－料斗；2－刮板；3－料盘；4－上量杯；5－下量杯；6－底门；7－卸料槽；8－包装容器；9－手轮；10－凸轮

（2）鼓轮式定容充填，又称定量泵式定容充填。鼓轮的外缘有数个计量腔，鼓轮以一定转速回转，当转到上位时，计量腔与进料斗相通，物料靠自重流入计量腔；当转到下位时，计量腔与出料口相通，物料靠自重流入包装容器。计量腔容积有定容积型和可调容积型两种，适用于视密度比较稳定的粉末状物料的充填。

（3）插管式容积充填，是利用插管量取产品，并将其充填到包装容器中。充填时，先将插管插入储料斗中，插管内径较小，可以利用粉末之间及粉末与壁之间的附着力上料，然后提起插管，转到卸料工位，再由顶杆将插管内的物料充填到包装容器中，适用于充填带有黏附性的粉末状物料，如充填小容量的药粉胶囊。计量范围为 400～100mg，误差约 7%。

2. 螺杆充填

螺杆充填是控制螺杆旋转的圈数或时间量取物料，并将其充填到包装容器中。充填时，物料先在搅拌器作用下进入导管，再在螺杆旋转的作用下通过阀门充填到包装容器内。螺杆可由定时器或计数器控制旋转圈数，从而控制充填容量。

螺杆充填具有充填速度快、飞扬小、充填精度较高的特点，适用于流动性较好的粉末状细颗粒状物料，特别是在出料口容易起桥而不易落下的物料，如咖啡粉、面粉、药粉等。但不适用于易碎的片状、块状物料和视密度变化较大的物料。

螺杆充填过程如图 7－13 所示，料斗 1 中装有旋转的螺杆 2 和搅拌器 3。当包装容器 4 到位后，传感器发出信号使电磁离合器合上，带动螺杆转动，搅拌器将物料拌匀，螺旋面将物料挤实到要求的密度，在螺旋的推动下沿导管向下移动，直到出料口排出，装入包装容器内；达到规定的充填容量后，离合器脱开，制动器使螺杆停止转动，充填结束。螺杆每转一圈，就能输出一个螺旋空间容积的物料，精确地控制螺杆旋转的圈数，就能保证向每个容器充填规定容量的物料。

3. 真空充填

真空充填是将包装容器或量杯抽真空，再充填物料。这种充填方法可获得比较高的充填精度，并能减少包装容器内氧气的含量，延长物料的保存期，还可以防止物料粉尘弥散到大气中。

真空充填有两种类型：一种是真空容器充填，另一种是真空量杯充填。

（1）真空容器充填。真空容器充填，是把容器抽成真空，物料通过一个小孔流入容器。其充填容量的确定与液体物料灌装中的定液位灌装原理相似。

真空容器充填装置如图 7－14 所示。升降机构将包装容器 4 升起，使密封垫 3 紧紧压在容器顶部，并建立密封状态，通过抽气座 2 下部的滤网给容器抽真空，然后将料斗 1 中的物料充填到包装容器上，为了使容器内的物料充填得更紧密，多采用脉动式抽真空。最终充填容量由真空度和脉冲次数决定；基本容量由伸入容器的真空滤网深度决定，这个深度可通过改变密封垫的厚度来调节。

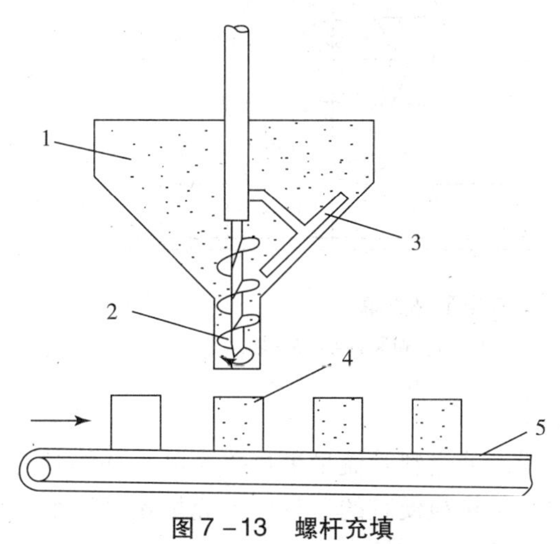

图 7－13　螺杆充填

1－料斗；2－螺杆；3－搅拌器；
4－包装容器；5－传送带

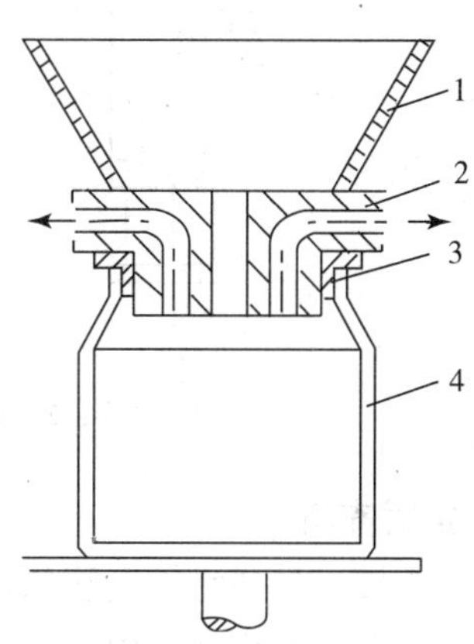

图 7－14　真空容器充填

1－料斗；2－抽气座；3－密封垫；
4－包装容器

由于容器处于真空状态，故物料充填到容器内相当均匀、紧密，因而充填精度也比较高。这种充填方法的缺点是，充填精度要受容器容积的影响，如果容器的壁厚不等或不均匀，就会引起充填容积的变化。因此，要获得较高的充填精度，则要求每个容器都有相对恒定的容积，并有足够的硬度，使其抽真空时不内凹。如果使用非刚性容器，则应在容器外套上一个刚性密封套或放入真空箱内充填，以保证充填过程中包装容器不塌陷、不变形，达到符合要求的充填精度。

另外，对于不同形式的物料，其最佳的真空压力是不一样的。真空度过高，某些物料会被压成粉末；真空度太低，可能达不到所需夯实作用。总之，真空度应根据物料的特征决定。

（2）真空量杯充填。真空量杯充填又称为气流式充填。其方法是利用真空吸粉原理量取定量容积的物料，并用净化压缩空气将产品充填到包装容器内。这种充填方法属于容积充填，充填容量由量杯确定，可通过改变套筒式量杯深度的方法来调节充填容量。

这种充填方法克服了真空容器充填方法充填精度受包装容器容积变化影响的缺点；充填精度高，可达到 ±1% 的精确度；充填范围大，可从 5mg 到 5kg；适用于粉末状物料的充填，适用于安瓿瓶，大小瓶、罐，大小袋等包装容器。

充填过程如图 7－15 所示，料斗 1 在充填轮 2 的上方，量杯沿充填轮的径向均匀分布，并通过管子与充填轮中心连接，充填轮中心有一个圆环形配气阀，用于抽真空和进空气。充填时，充填轮作匀速间歇转动，当轮中量杯口与料斗接合时，恰好配气阀也接通真空管，物料被吸入量杯；当量杯转位到包装容器上方时，配气阀接通空气管，量杯中的物料被净化压缩空气吹入包装容器中，完成充填。

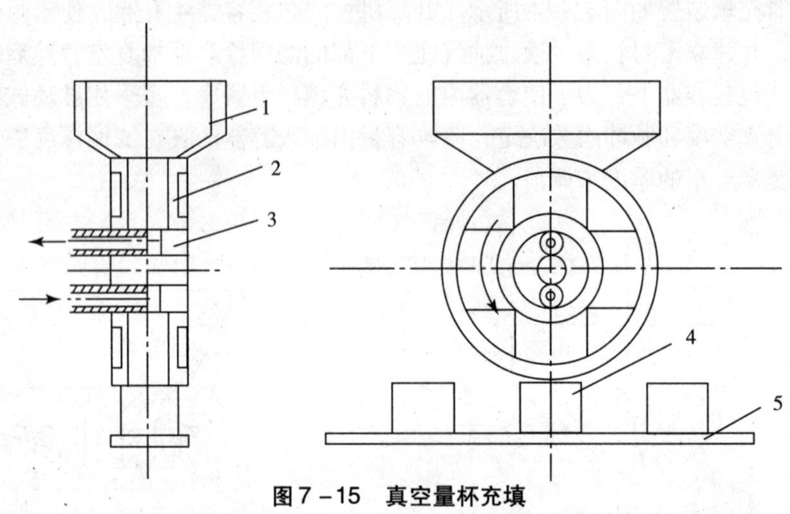

图 7－15　真空量杯充填

1－料斗；2－充填轮；3－配气阀；4－包装容器；5－输送带

4. 定时充填

定时充填，是通过控制物料流动时间或调节进料管流量来量取产品，并将其充填到包装容器中。它是容积充填中，结构最简单、价格最便宜的一种，但充填精度一般较低。可作为价格较低物料的充填，或作为称重式充填的预充填。

（1）计时振动充填。计时振动充填装置如图 7－16 所示。料斗 1 下部连有一个振动托盘进料器 2，进料器按规定时间振动，将物料直接充填到包装容器中。充填容量由振动时间控制，通过改变进料速率、进料时间或振动盘进料器的倾角，可以调节充填容量；进料速率用改变振动器 3 的频率或振幅的方法来控制；进料时间由定时器 5 控制。

计量振动充填适用于各种固体物料，如粉末状物料、小食品一类的松脆物料以及蔬菜加工中的一些大的松散颗粒料或磨料等。

（2）等流量充填。等流量充填装置如图 7－17 所示。物料以均匀恒定的流速落下，通过料斗落入进料管 1，再经过出料斗 3 进入包装容器 4，这样可以防止物料漏损。

充填容量由物料流动时间控制。由于物料是等流量流动，在相同时间内，各容器的充填容量基本可以保持一致。

在充填过程中，容器移动速度及物料流速的变化都会影响充填容量，容器移动太慢，会使充填过量，容器移动太快，又会使充填不足。

为了保持物料在料斗中的料位，使物料稳定地流入容器，可采用振动或螺杆送料机构；为防止物料结团或结块，可添加搅拌装置。

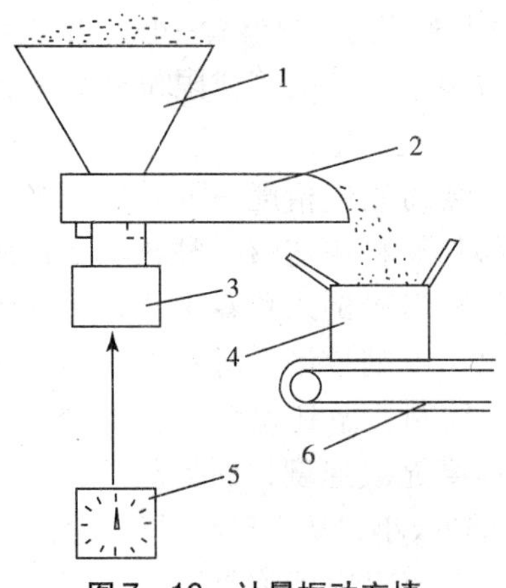

图7-16　计量振动充填

1-料斗；2-振动盘进料器；3-振动器；
4-包装容器；5-定时器；6-传送带

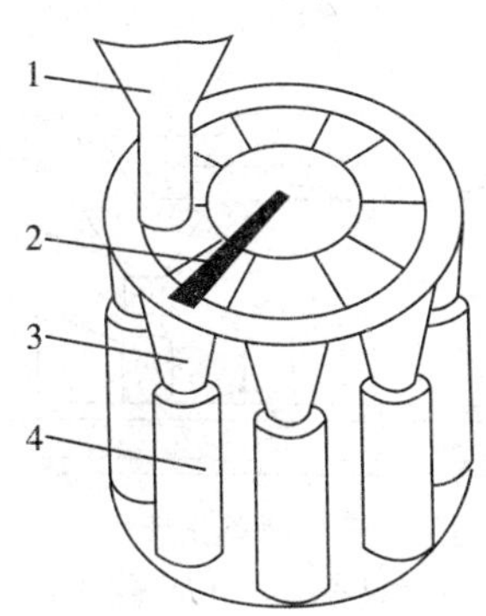

图7-17　等流量充填

1-进料管；2-刮板；3-出料斗；4-包装容器

5. 倾注式充填

倾注式充填过程如图7-18所示，物料以瀑布式流入敞口容器中。容器在下落的物料流中随输送带移动，并得到充填。位置Ⅰ：物料在振动中逐渐充填到包装容器中，这样可以使物料充填紧密；位置Ⅱ：使容器有一定倾斜角，以控制充填容量，外溢的物料又回到充填的物料流中；位置Ⅲ：充填结束，各容器中的物料的密度、充填容量基本上能保证均匀一致。

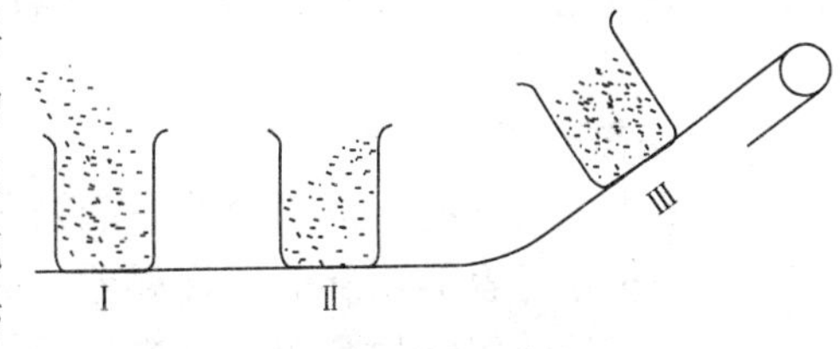

图7-18　倾注式充填

在充填过程中，充填容量由容器移动速度、倾斜角度、振动频率及振幅决定。倾注式充填可实现高速充填，适用于各种流动性物料的充填。

二、称重充填

称重充填，是将物料按预定质量充填到包装容器的操作过程。其充填精度主要取决于称量装置系统，与物料的密度变化无关，故充填精度高，如果称量秤制造精确，计量准确度可达0.1%。但其生产率低于容积充填。

称重充填适用范围很广，特别适用于充填易吸潮、易结块、粒度不均匀、流动性能差、视密度变化大及价值高的物料。

称重充填分为两类：净重充填和毛重充填。

1. 净重充填

净重充填是先称出规定质量的物料，再将其填到包装容器内。这种方法，称重结果不受容器皮重变化的影响，是最精确的称重充填法。但充填速度低，所用设备价格高。

净重充填广泛用于要求充填精度高及贵重的流动性好的固体物料，还用于充填酥脆易碎的物料，如膨化玉米、油炸土豆片等。特别适用于质量大且变化较大的包装容器。尤其适用于对柔性包装容器进行物料充填，因为柔性容器在充填时需要夹住，而夹持器会影响称重。

净重充填装置如图7-19所示。物料从储料斗1经进料器2连续不断地送到秤盘4上称重；当达到规定的质量时，就发出停止送料信号，称准的物料从秤盘上经落料斗5落入

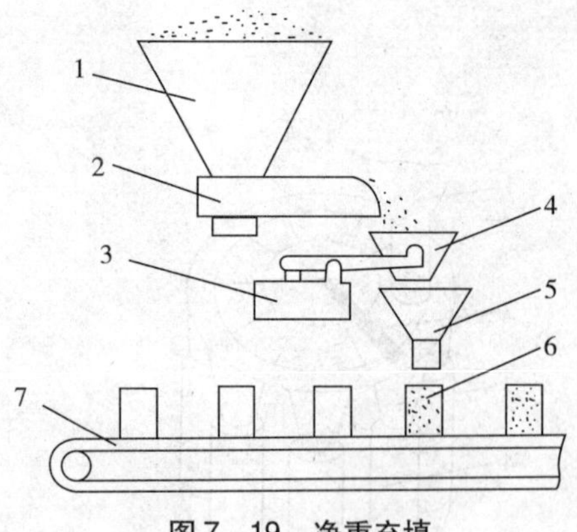

图7－19　净重充填
1－储料斗；2－进料器；3－计量秤；4－秤盘；5－落料斗；6－包装容器；7－传送带

包装容器6。净重充填的计量装置一般采用机械秤或电子秤，用机械装置、光电管或限位开关来控制规定重量。

为达到较高级的充填精度，可采用分级进料的方法，先将大部分物料快速落入秤盘上，再用微量进料装置，将物料慢慢倒入称盘上，直至达到规定的质量。也可以用电脑控制，对粗加料和精加料分别称重、记录、控制，做到差多少补多少。采用分级进料方法可提高充填速度，而且阀门关闭时，落下的物料流可达到极小，从而提高了充填精度。

由于计算机系统应用到称重充填系统中，产品称重计量方法发生了巨大变化，计量精度也有了很大的提高，计算机组合净重称重系统，采用多个称量斗，每个称量斗充填整个净重的一部分。微处理机分析每个斗的质量，同时选择出最接近目标重量的称量斗组合。由于选择时产品全部被称量，消除了由于产品进给或产品特性变化而引起的波动，因此，计量非常准确。特别适用于包装尺寸和重量差异较大的物料，如快餐、蔬菜、贝类食品等的充填包装。

2. 毛重充填

毛重充填是物料与包装容器一起被称量。在计量物料净重时，规定了容器质量的允许误差，取容器质量的平均值。毛重充填装置结构简单、价格较低、充填速度比净重充填速度快。但充填精度低于净重充填。

毛重充填适用于价格一般的流动性好的固体物料、流动性差的黏性物料，如红糖、糕点粉等的充填，特别适用于充填易碎的物料。由于容器质量的变化会影响充填精度，所以，毛重充填不适于包装容器质量变化较大，或物料质量占包装件质量比例很小的包装。

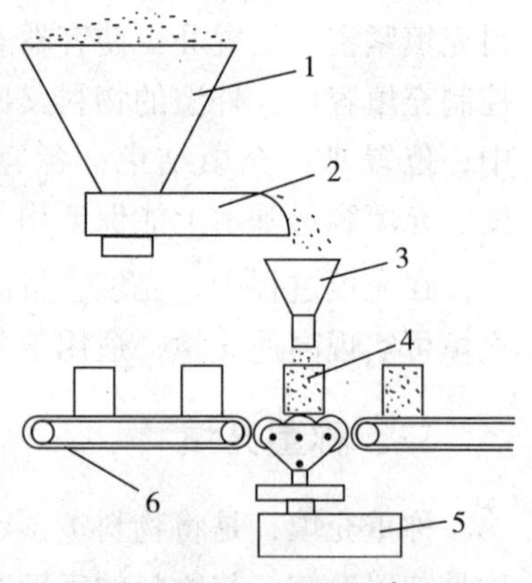

图7－20　毛重充填
1－储料斗；2－进料器；3－落料斗；4－包装容器；5－计量秤；6－传送带

毛重充填装置如图7－20所示。储料斗1中的物料经进料器2与落料斗3充填进包装容器4内；同时计量秤5开始称重，当达到规定质量时停止进料，称得的质量是毛重。

为了提高充填速度和精度，可采用容积充填和称重充填混合使用的方式，在粗进料时，采用容积式充填以提高充填速度，细进料时，采用称重充填以提高充填精度。

三、计数充填

计数充填，是将产品按预定数目装入包装容器的操作过程，在被包装物料中有许多形状规则的产品。这样的产品，大多是按个数进行计量和包装的。如20支香烟一包，10小包茶叶一盒，100片药片一瓶等。因此，计数充填在形状规则物品的包装中应用甚广，适于充填块状、片状、颗粒状、条状、棒状、针状等形状规则的物品，如饼干、糖果、胶囊、铅笔、香皂、纽扣、针等。也适用于包装件的二次包装，如装盒、装箱、裹包等。

计数充填法分为：单件计数充填和多件计数充填两种。

1. 单件计数充填

单件计数充填是采用机械、光学、电感应、电子扫描等方法或其他辅助方法逐件计算产品件数，并将其充填到包装容器中。

单件计数充填装置结构比较简单。例如用光电计数器进行计数的充填装置，物品由传送带或滑槽输送，当物品经过光电计数器时，将光电计数器的光线遮断，表明有一件物品通过检测区，计数电路进行计数，并由数码管显示出来，同时物品被充填到包装容器中，当达到规定的数目时，发出控制信号，关闭闸门，从而完成一次计数充填包装。

2. 多件计数充填

多件计数充填是利用辅助量或计数板等，确定产品的件数，并将其充填到包装容器内。产品的规格、形状不同，计数充填的方法也不同。常将物品分为有规则排列和无规则排列两类。

（1）有规则排列物品的计数充填。有规则排列物品的计数充填，是利用辅助量如长度、面积等进行比较，以确定物品件数，并将其充填到包装容器内。常用的有长度计数、容积计数、堆积计数等。一般用于形状规则，规格尺寸差异不大的块状、条状或成盒、成包物品的充填。

①长度计数充填。长度计数充填是将物品叠起来，根据测得的长度或高度确定物品的件数。当物品达到规定的长度或高度时，由挡块、传感装置发出信号，将物品推入或落入包装容器内。长度计数充填适用于有固定厚度的扁平产品，如饼干、糕点、垫圈的装盒或包装件的二次包装。

长度计数充填装置如图 7－21 所示。排列有序的规则块状物品 1 经传送带 6 输送到计量机构；当前端的物品接触到挡板 3 上安装的触点开关 4 时，触点开关受压迫，发出信号，指令横向推板 5 动作，将挡板 2、3 间的物品推入包装容器；横向推板的长度就是规定数量物品的长度，所以，调节推板的长度就可以调整被充填物品的数量，通常推板长度略小于规定数量物品的叠合长度。

②容积计数充填。容积计数充填是将物品整齐排列到计量箱中，当充满计量箱时，打开闸门将产品推入或落入包装容器内。计量箱的容积即为规定数量物品的体积。适用于等径等长的棒状物品及规则的颗粒状物品的包装，如等径等长的棒状小食品、香烟、火柴等。

容积计数充填装置如图 7－22 所示。物品整齐地水平置于料斗 1 内。振动器 2 使料斗振动，以免架桥，并促使物品顺利地下落而充满计量箱 4；当物品充满计量箱时，即达到了规定的计量数目；这时关闭闸门 3，隔断料斗与计量箱的通道，同时将计量箱底门 5 打开，物料落入包装容器。由于每件物品体积基本相同，所以由容积箱容积确定的物品数目可达到大致相同。

容积计数充填，方法简便，充填装置结构简单，但计量精度低。一般适用于价格低廉，计量精度要求不高的物品的包装。

③堆积计数充填。堆积计数充填，是从几个料斗中分别提取一定数量（等额或不等额）的物品，依次充填到同一个包装容器中，完成一次计数充填包装。堆积计数充填主要用于几种不同品种物品的组合包装。如颜色、形状、式样、尺寸有所差异的物品的计数充填包装。

堆积计数充填装置如图 7－23 所示。工作时，包装容器 2 在托体的带动下，作间歇运动。且与组合料斗 1 中的上下推头协同动作。组合料斗共分四个料斗，每个料斗装有一种颜色的物品。当容器移动到第 1 个料斗下时，推头将一红色物品推入包装容器中，然后容

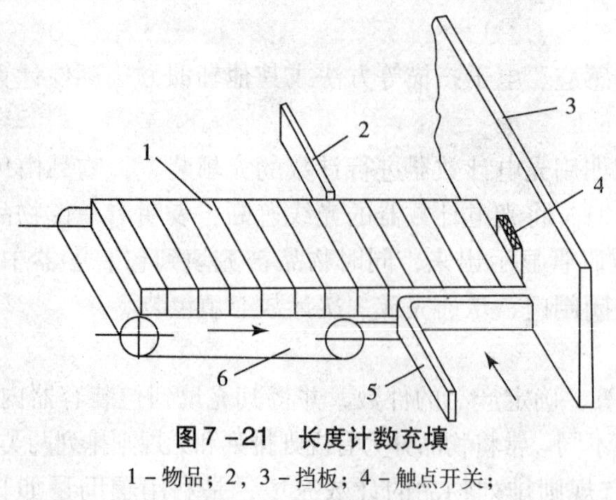

图7-21 长度计数充填

1-物品；2，3-挡板；4-触点开关；
5-推板；6-传送带

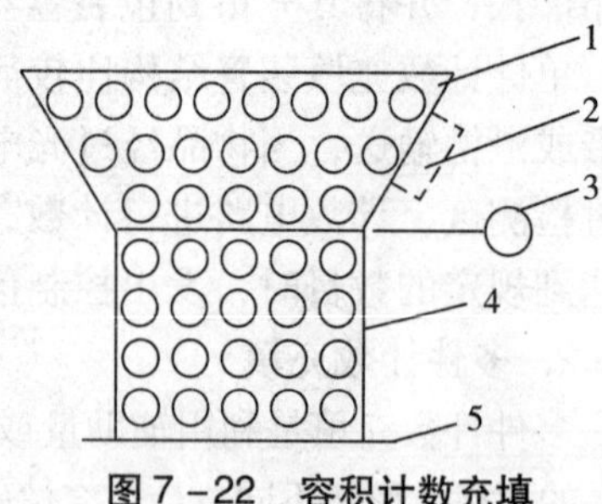

图7-22 容积计数充填

1-料斗；2-振动器；3-闸门；
4-计量箱；5-底门

器继续前进，到第2个料斗下，又将一黄色物品推入包装容器中。这样依次动作，容器移动4次，完成一个容器的计数充填。

（2）无规则排列物品的计数充填。无规则排列物品的计数充填，是利用计数板，从杂乱的物品中直接取出一定数目的物品，并将其充填到包装容器中。可以一次充填得到规定数量的物品，也可以多次充填得到规定数量的物品。适用于难以排列的颗粒状物品的计数充填。

①转盘计数充填。转盘计数充填是利用转盘上的计数板对物品进行计数，并将其充填到包装容器内。每次充填物品的数目由转盘在充填区域中计数板的孔数决定。适用于形状规则的颗粒物料。如药片、巧克力糖、钢珠、纽扣等。

转盘计数充填装置如图7-24所示。物料装在由防护罩3和底板2组成的料斗中。计量盘1上有三组计量孔，成120°分布。孔是通孔，孔径略大于物料；每组计量孔的数目与一次充填物料要求的数量相同，每个孔可容纳一颗物料；底板固定不动，在卸料区域，底板上开有与一组计量孔面积相同的扇形开口，其下部是落料槽4；整个给料装置是倾斜安装的。计量盘作连续回转，当计量盘转动时，在料斗中物料由于与转盘相接触而被搅动，物料进入计量盘的一组计量孔内，每孔一个物料，其余的物料被刮板挡住；装入计量孔中的物料随计量盘一起转动。当该组物料到达卸料区域，由于底板上开有扇形开口，物料失去依托，在重力作用下，从底板上的扇形开口，经落料槽进入包装容器5中。

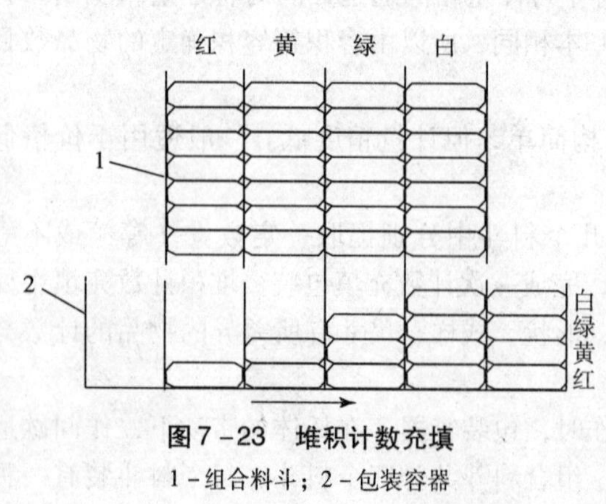

图7-23 堆积计数充填

1-组合料斗；2-包装容器

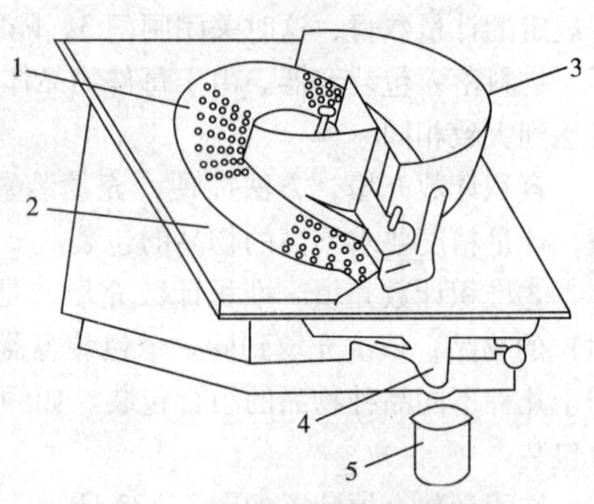

图7-24 转盘计数充填

1-计量盘；2-底板；3-防护罩；
4-落料槽；5-包装容器

当物料尺寸变化或每次充填数量改变时，可以更换相应尺寸和形状的计量盘。

②转鼓式计数充填。转鼓式计数充填是利用转鼓上的计数板对物品进行计数，并将其充填到包装容器中。其计数原理与转盘基本相同，只是计数板均布在转鼓上。转鼓式计数充填适用于直径比较小的颗粒物品的计数充填包装，如糖豆、钢球、纽扣等。

转鼓式计数充填装置如图 7－25 所示。在转鼓 3 圆柱表面上均匀分布有数组计量孔，其孔为盲孔。转鼓做连续回转，当转鼓转到计量孔与料斗 1 相通时，物料依靠搓动和自重进入计量孔中。当该组计量孔带着定量的物料随转鼓转到出料口时，物料靠自重经落料斗 4 落入包装容器 5 内。

③履带计数充填。履带计数充填，是利用履带上的计数板对物品进行计数，并将其充填到包装容器内。适用于形状规则的片状、球状物品的计数充填包装。

履带计数充填装置如图 7－26 所示，计数板为条形，其上有计量孔，孔为上大下小的通孔。根据需要将有孔的板条与无孔的板条相间排列组成计数履带 3，在链轮带动下进行移动。当一组计量孔行经料斗 1 下面时，物品由料斗靠自重和振动器 8 的作用落入计量孔中，并由拨料毛刷 2 将多余的物品拨去。该组计量孔带着定量的物品继续移动，当到达卸料区域时，借助鼓轮的径向推头 5 的作用，将物品成排地从计量孔中推出，并经落料斗 6 进入包装容器 7 中。

形状规则的物品品种、类型很多，其计数充填的方法也很多，除上述介绍的几种外，还有很多，如推板式计数充填、板条计数充填、格盘式计数充填、拾放式计数充填等。在选择计数充填方法时，应综合考虑物品的形状、规格、特性、价值、计量精度等因素。

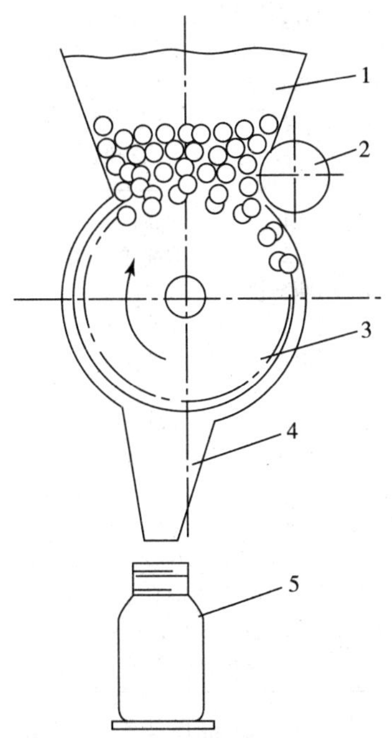

图 7－25　转鼓计数填充

1－料斗；2－拨轮；3－计数鼓轮；4－落料斗；5－包装容器

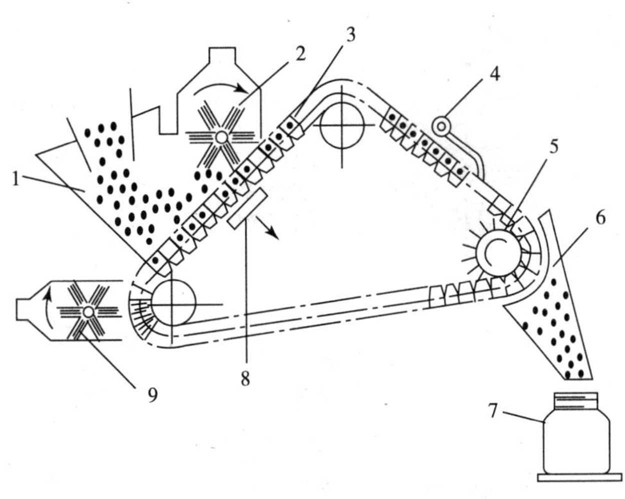

图 7－26　履带计数充填

1－料斗；2－拨料毛刷；3－计数履带；4－探测器；5－径向推头；6－落料斗；7－包装容器；8－振动器；9－清屑毛刷

四、固体充填方法的比较与选用

常用的固体物料充填方法的特点如表 7－2 所示。

表 7－2 各种固体物料充填方法比较表

序号	充填方法	计量方法	适合充填的物料	容器类型	特 点
1	量杯充填	定容积	非黏性的、视密度比较稳定的粉末状、颗粒状、碎片状的物料； 价格比较低廉的物料	①②③[注]	1. 充填速度快； 2. 充填设备简单、操作简便，价格低； 3. 充填精度低
2	螺杆充填	定容积	非黏性的、半黏性的粉末状、细颗粒状物料； 不适合易碎的片状、块状物料和视密度变化较大的物料	①②③	1. 充填速度快； 2. 设备成本较低，操作较简单； 3. 充填精度比较高； 4. 物料飞扬小
3	真空容器充填	定容积	非黏性的粉末状、细颗粒状物料； 要求充填精度比较高或需要减少物料中氧气含量，延长保存期的物料	①②③ 加真空密封罩 容器密封	1. 充填精度高；但受容器容积变化的影响； 2. 防止粉尘逸散到大气中； 3. 充填速度比较低； 4. 充填系数高
4	真空量杯充填	定容积	同真空容器充填	①②③ 大小瓶、罐大小袋、安瓿瓶	1. 充填精度比较高；不受容器容积变化的影响； 2. 计量范围大，从 5mg ~ 5kg，充填精度可达 ±1%； 3. 防止粉尘逸散到大气中； 4. 充填速度比较低
5	计时振动充填	定容积	非黏性的粉末状、大小颗粒状物料及松脆物料等； 价格较低物料	①②③	1. 充填速度高； 2. 设备结构简单，操作简便，价格低； 3. 充填精度低，可作为称重充填的预充填
6	等流量充填	定容积	非黏性、半黏性粉末状、颗粒状物料； 价格较低的物料	①②③	1. 充填速度高； 2. 设备结构简单，价格便宜； 3. 充填精度较低
7	倾注式充填	定容积	非黏性、半黏性粉末状、小颗粒状物料	①②	1. 可实现高速充填； 2. 设备简单，操作简便； 3. 充填精度较低
8	净重充填	称 重	非黏性的粉末状、颗粒状、片状、及大块状物料； 要求充填精度高及贵重物料； 包装容器尺寸、质量变化较大的物料	①②③	1. 充填精度最高，不受容器皮重变化的影响； 2. 设备复杂，操作要求高，价格最高； 3. 充填速度低

续表

序号	充填方法	计量方法	适合充填的物料	容器类型	特　点
9	毛重充填	称　重	非黏性、半黏性、黏性的粉末状、颗粒状物料；易碎的物料； 特别适于黏滞性、易结块的物料	①②③	1. 充填精度比较高，低于净重充填； 2. 充填精度受容器皮重变化的影响； 3. 设备复杂，操作要求较高，价格较高； 4. 充填速度较低，但高于净重充填
10	长度计数充填	计　数	有固定厚度、形状规则的扁平产品及包装件的二次包装	箱、盒、裹包	1. 充填精度高，误差几乎是零； 2. 充填速度快
11	容积计数充填	计　数	等径等长棒状及颗粒状物品；要求计量精度较低、价格低廉的物品	盒、罐、袋	1. 充填精度较低； 2. 充填速度较快
12	堆积计数充填	计　数	形状规则的几种不同品种或颜色、式样、尺寸有所差异的物品，按等数或不等数量装入同一包装容器	箱、盒、裹包	1. 充填精度高，误差几乎是零； 2. 充填速度比较快
13	转盘计数充填	计　数	形状规则的，量值相同的颗粒状物品	①②③	1. 充填精度高； 2. 充填速度比较快
14	转鼓式计数充填	计　数	长径比较小的，量值相同的颗粒状物品	①②③	1. 充填精度高； 2. 充填速度快
15	履带计数充填	计　数	形状规则的，量值相同的片状、球状物品	①②③	1. 充填精度高； 2. 充填速度快

注：①硬质容器：玻璃、陶瓷、金属瓶、罐等；②半硬质容器：薄塑料瓶、杯等；③软质容器：纸、塑料、复合材料袋等。

在选择固体物料充填系统时要考虑许多因素。首先根据被包装物料的情况，选择所使用的充填方法，相应地也就决定了所使用的充填系统，使用中的主要问题除充填精度外，还要注意以下问题。

（1）生产速度。生产速度以每分钟充填的件数计算，生产速度因充填系统的自动化程度不同而不同，最高可达500件/分。

由于设备与材料的影响，生产速度与实际出产量是不同的。例如，系统的生产速度为30件/分，则每班8小时产量为14400件，但由于机器检修、待料停工以及操作不当等，实际产量可能仅为11000件。

在手动（或半自动）充填系统中，工人用手工将容器放在工位上，然后手压按钮或脚踩开关，使机器开始动作，生产速度为5～15件/分，另外，生产速度还取决于充填所需要的时间，一般用手工使生产速度超过15件/分是不实际的。

在间歇式自动充填系统中，容器被机械装置传送到充填工位，停在工位上进行充填，整个循环完成后，容器输出，下一个容器依次进入充填工位。大部分间歇式充填系统生产速度为30~150件/分。其实际产量取决于充填量、充填精度以及容器大小和产品装卸要求等。

连续自动充填系统的生产速度可达500件/分，这种系统采用转盘工作台，用定时输送器将容器送到充填工位，容器在充填料斗下方随工作台一同转动，并在转动中充填物料。

（2）变换物料品种的灵活性。充填系统变换产品品种时的复杂性是不同的。一般而言，充填系统的生产速度愈高，变换品种愈费时亦愈困难；如果充填的物料品种较少而且其物理特性相近，变换品种较易实现。

变换物料时，最简单的方法是把储料斗的物料用另一种物料来代替，也可能需要更换充填器具。螺旋充填机是最灵活的固体物料充填系统，它几乎可用于各种物料，其充填范围为500mg~20kg；但是在变换产品时常需要变换充填器具。

更换容器的时间对机器生产速度有很大影响，大多数间歇式充填系统使用连续传送带和气动定位销使容器定位，因此，在更换容器时需要调节导轨和定位销的位置，并调节定时供料器。连续移动的旋转工作台系统则需要更换零件并需花费时间进行安装，这些零件包括主旋转台、装卸包装容器的星轮以及定时供料器等。

1. 什么是充填？什么是灌装？选择充填方法的准则是什么？

2. 常用的灌装方法有哪些？各是如何计量灌装容量的？

3. 什么是常压灌装、真空灌装、等压灌装、压力灌装？各有什么特点？适用于哪类产品？

4. 纯真空灌装与重力真空灌装有何异同？

5. 常用的固体充填方法有哪些？各是如何计量充填量的？

6. 净重充填与毛重充填有何异同？各适于充填哪类产品？

7. 请给下列产品选择合适的充填方法，并说明选择的理由。

酱油、白酒、葡萄酒、啤酒、浓缩果汁、草莓果酱、绵白糖、红糖、油炸土豆片、面粉、糕点、药片、牙膏、去污粉。

第八章 辅助包装工艺

辅助包装工艺包括封合、捆扎、贴标、打印等辅助包装技术，在操作中一般要使用黏合剂、胶带、金属钉及瓶盖等辅助包装材料和构件，它是包装工艺过程中通用的工序，“辅助”并非不重要，相反地，它们在包装质量和功能方面起着重要的、甚至是关键的作用。

第一节 封合包装工艺

封合也称封口、封闭，或叫做封缄。它的含义广泛，是指用包装品（包装材料和包装容器）将产品包装后，为了确保内装物品在流通（运输、储存和销售）过程中保留在包装品内，并避免受到污染而进行的各种封合工艺。封合包装工艺使用的方法、材料和构件有很多种类，常见的有以下几种。

一、黏合剂与黏合工艺

采用黏合剂将包装品封合称黏合工艺。其优点是工艺简单，生产率高，黏合强度大，应力分布均匀，密封性好，适应范围广，并可增加绝热与绝缘性能。在包装工业中广泛用于纸张、布料、木材、塑料、金属等各种材料的黏合，在封口、复合材料的制造、封箱、贴条、贴标签等过程中，起着重要的作用。

黏合剂种类繁多，成分复杂，按黏合剂基料性质可分为无机黏合剂和有机黏合剂，许多天然材料和合成材料都可作为黏合剂。黏合剂按物理形态可分为水溶型、溶剂型和热熔型三类，按操作温度可分为冷胶和热熔胶两类。

1．冷胶黏合

冷胶分水溶型和溶剂型。溶剂型黏合剂由于受到成本、安全性、环保法规和生产效率等因素的限制，只用于不宜采用水溶型黏合剂和热熔黏合剂的场合，且有逐渐被淘汰的趋势，所以这里主要介绍水溶型黏合剂。

水溶型黏合剂在包装中使用最久，用量也最大。它的优点是操作容易、安全、节能、成本低和黏合强度高。它可分为天然水溶型黏合剂和合成水溶型黏合剂两类。

（1）天然水溶型黏合剂。它以天然产物为基本原料，20 世纪 40 年代前一直是包装用主要的黏合剂，近 30 多年逐渐被性能较好的合成黏合剂所取代。

使用最多的天然水溶型黏合剂是以淀粉为基料的黏合剂，它是用生面粉或淀粉生产的。主要的用途是封合纸箱和纸盒、黏合螺旋纸管或回旋纸管、纸袋封缝和成型以及粘贴金属罐标签等。目前，在瓦楞纸板生产过程中，各国几乎都采用淀粉黏合剂。其优点是容易处理和易于加工，且成本低，能很好地黏合纸张，耐热性良好。缺点是黏合速度较慢，对塑料和涂层的黏附较差，耐水性不好。

其他天然水溶型黏合物质还有动物胶，可作为封箱胶带的再湿性黏合剂的主要成分，或作为糊制硬质固定盒的黏合剂；还有干酪素，主要用做啤酒瓶的贴标黏合剂，因为它能满足啤酒瓶标签所要求的耐冷水浸泡的性能，并且在酒瓶回收后能用碱水洗掉。也可用来制作铝箔和纸复合用的黏合剂；还有天然橡胶乳液，它是从橡胶树提取的白色乳液，在包装中主要用途是作为多层袋结构中聚乙烯与纸复合用黏合剂的主要成分，它通过压力即可自身黏合，因此多用作自封合糖果裹包、压力封合箱及压力封合纸袋的黏合剂。

（2）合成水溶型黏合剂。这类黏合剂多数是树脂乳液，特别是聚醋酸乙烯乳液——聚醋酸乙烯颗粒在水中的稳定的悬浮液。这类黏合剂在包装中应用最为广泛，例如用于成型、封合或箱、盒、软管、袋、瓶的贴标签。由于它有一系列优良性能，目前已在很大程度上取代了天然黏合剂。

（3）冷胶黏合工艺。冷胶黏合剂的黏合过程可用手工操作，也可用涂布设备操作，其黏合操作程序如下：

涂布→压合→固化（挥发）

固化过程是溶解冷胶的水分或有机溶剂挥发，直至黏合剂本身固化的过程。被黏合物涂布黏合剂后，需在相当长的时间内保持压合状态，直至固化。手工涂布时用毛刷或喷枪；设备涂布时，工作方式大致有三种：

①滚轮涂胶法。如图 8－1（a）所示，容器中的冷胶靠旋转的滚轮进行涂布。调节涂胶厚度有两种方式：当滚轮为光滑圆柱形时，可通过轮面与刮刀的间隙进行调节；当滚轮表面有凹槽时，则取决于凹槽的深度。采用滚轮涂布法能够在常温下使用黏合剂，设备结构比较简单，广泛用于折叠纸盒粘贴机等。由于它能对纸盒的折翼全面涂胶，因此，即使内装物为粉末状的，纸盒也能完全密封。但设备需每天清洗，黏合剂损耗较大；若使用有机溶液，则需考虑环境保护问题。

②喷嘴涂胶法。用喷嘴喷胶的方法有两种。一种如图 8－1（b）所示的喷嘴头与被黏合物接触方式，另一种如图 8－1（c）所示的非接触的方式。

向喷嘴供给黏合剂的方法可采用压力罐或压力泵。非接触式喷胶时，喷嘴与被黏合物之间有一定距离，大多使用喷射压力较高的压力泵。此外，从维护保养的角度出发，对于如瓦楞纸板等纸屑容易积攒在喷嘴上的材料，采用非接触方式较为适宜。

与滚轮涂胶法相比，非接触式涂布方向可任意调节，而且不必每天清洗设备；然而由于是通过小口径的喷嘴喷胶，存在着胶液干结堵塞喷嘴的问题，为此，需采取一些措施，例如流水线停车时，应将喷嘴放在潮湿的地方或者向喷嘴端部吹湿气等。此外，有的黏合剂会加速金属喷嘴的腐蚀，在选用时应予以考虑。

喷嘴涂胶法适用于纸盒封口、低速瓦楞纸箱装箱机。

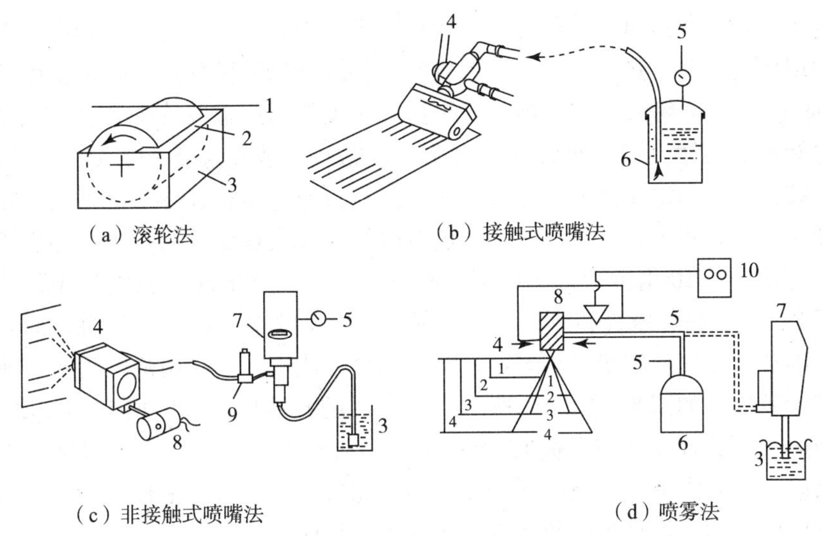
（a）滚轮法　（b）接触式喷嘴法

（c）非接触式喷嘴法　（d）喷雾法

图 8－1　冷胶涂布系统

1－被黏合物；2－刮刀；3－储冷胶槽；4－喷头；5－空气；
6－压力罐；7－压力泵；8－电磁阀；9－过滤器；10－控制器

③喷雾涂胶法。喷雾涂胶与喷嘴涂胶系统的构成没有太大差异，不同之处在于喷嘴涂胶是使冷胶呈线状涂布，喷雾涂胶则使冷胶呈雾状涂布，如图 8－1（d）所示。优点是涂布面积大，涂布少量胶即可获得较好的黏合效果，而且压合时间可缩短，缺点是涂布面边缘模糊。多用于瓦楞纸箱的封合。

2. 热熔胶黏合

热熔黏合剂是以热塑性聚合物为主的固体黏合剂，它的黏合过程按下列步骤进行，即：

涂布→压合→固化（冷却）

涂布液是加热熔融的胶液，固化则是熔融胶液冷却的过程，不同于冷胶的液体挥发。因冷却所需时间比挥发时间要短得多，从而能适应自动包装生产线较高的生产速度。它目前已成为包装中相当重要的黏合剂。

热熔黏合剂应用得最多的有 3 种，第一种是乙烯－醋酸乙烯共聚物（EVA），它能与蜡和增黏树脂配合制成更有用的黏合剂，蜡的作用是降低黏度和控制黏合剂的固化速度、挠曲性和耐热性；增黏树脂的作用是控制黏度和黏合力。第二种是以低分子量聚乙烯为主体的热熔黏合剂，广泛用于纸材黏合，例如纸箱封合和袋子的封缝和封口。第三种以无定形聚丙烯为主体的黏合剂，用于复合纸张，生产耐水包装材料或两层增强的运输包装用胶带。

此外，还有一些满足其他特殊用途的热熔胶。不论是哪种热熔胶，它们都具有一个共同的基本优点，即通过简单的冷却就可完成黏合。但由于它们的固化速度非常快，常发生热熔剂未触及润湿基材就固化的不良黏合现象，而且在提高温度时，它们的强度都会迅速下降，如果经过适当配制则可适合大多数包装应用，但不宜于非常热的充填操作或供烘烤的包装。

热熔胶常用的涂布方法有 3 种：

①滚轮涂胶法。热熔胶的滚轮式涂布设备可以说是加热的冷胶涂布系统，但是因为热

熔胶是有机化合物，在高温加热状态下长期滞留于系统中，会产生热熔胶的热老化，引起黏合不良的现象，为此，热熔胶涂布设备应使供料罐和储胶槽分离，以防止热老化。

图 8－2（a）为滚轮涂胶法。热熔后的胶液从供料罐用输胶管 1 送至储胶槽 2 内，涂胶滚轮 3 与储胶槽接触。当滚轮转动时黏附着胶液，瓦楞纸箱 5 由传送带 4 送至涂胶位置，需要涂胶的折页与滚轮接触而涂胶，然后进行折叠、压合、冷却，完成黏合。

②喷嘴涂胶法如图 8－2（b）所示。热熔后的胶液放在储胶筒 6 内，储胶筒与涂胶喷嘴 7 连接；瓦楞纸箱 10 由传送带 9 送至涂胶位置，喷嘴将加压的胶液喷出，在纸箱片上形成涂胶层 8，经折叠、压合和冷却即完成黏合。由于喷嘴与纸箱不接触，而且胶液在压力下喷出，因此涂布速度较快且均匀。在各种黏合方式中，是应用最广泛的一种。

③平板涂胶法。如图 8－2（c）所示。热熔后的胶液盛于储胶槽 11 中，纸盒坯片 13 的涂胶表面向下，放置在涂胶平板 12 上；涂胶平板作上下运动，下降时携带纸盒坯片在储胶槽内涂胶，然后内上经折叠、压合和冷却，完成黏合。涂胶平板上刻有与纸盒坯片涂胶部位相适应的空槽，可将各涂胶表面一次涂布，从而提高效率。这种方式多用于纸盒的粘贴。

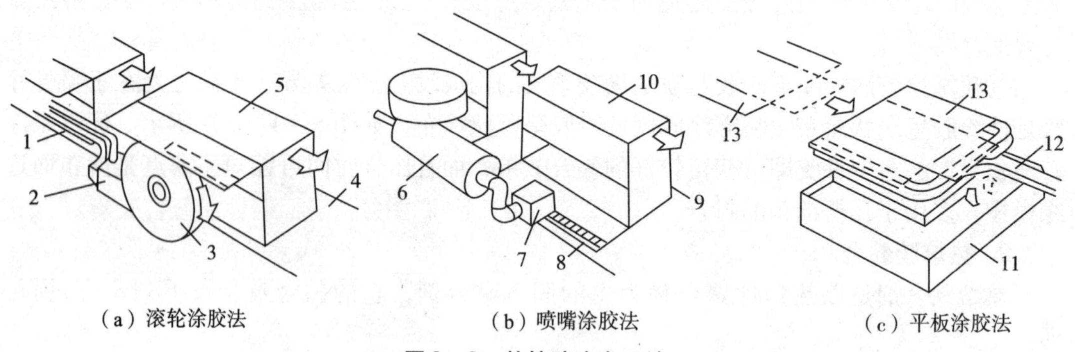

（a）滚轮涂胶法　（b）喷嘴涂胶法　（c）平板涂胶法

图 8－2　热熔胶涂布系统

1－输胶管；2，11－储胶槽；3－涂胶滚轮；4，9－传送带；5，10－瓦楞纸箱；
6－储胶筒；7－涂胶喷嘴；8－涂胶层；12－涂胶平板；13－纸盒坯片

二、胶带及其黏合工艺

胶带是预先涂有黏合剂的带状材料，主要用于封合包装容器。常用的胶带有两种。

1. 普通胶带

普通胶带又称再湿型胶带，简称胶带。它是在不同基材上涂布一层水活化性黏合剂。使用时在胶面上涂一层水，溶解黏合剂而产生黏结力，即可粘贴被黏合物。基材有纸质、布质、纤维增强纸质、复合材料等多种。主要用于密封瓦楞纸箱的中央和箱端的接合处。

（1）胶带的黏合力。胶带的黏合力，一般可分为初期黏合力和持久黏合力，目前还没有两种黏合力都强的胶带，往往是初期黏合力越强持久黏合力越弱，反之亦然。

①初期黏合力。初期黏合力就是胶带涂水后粘贴在瓦楞纸箱上所具有的黏合力。为了使纸箱的盖片很好地合拢，特别是在自动封箱机高速作业的条件下，要求胶带有较强的初期黏合力。

②持久黏合力。持久黏合力就是胶带粘贴后，经过一段时间，黏合剂完全固化的黏合

力。这种黏合力如果不够大，瓦楞纸箱在运输过程中就会出现剥离现象。

胶带从涂水到粘贴这段时间为开放期。在一般涂水量的情况下，为了获得良好的黏合力，可控制开放期在30s内，但是异常干燥而且涂水量很少，且水温较高时应该缩短开放期。自动封箱机上要求开放期很短，涂水后应立即粘贴，此时，所用胶带应适应这一特性。

（2）影响胶带黏合力的因素。粘贴操作条件和使用条件对黏合力有很大影响，了解这些因素才能选择适宜的胶带，充分发挥胶带的黏合作用。

①环境温度。一年四季环境温度变化很大，温度低，初期黏合力和持久黏合力都会下降。当不能使环境温度上升时，可以采取其他措施弥补，例如提高涂水的温度，并用红外线加热，以提高被黏合物表面和胶带本身的温度。

②环境湿度。标准的环境湿度为60%～70% RH，潮湿环境的湿度为90% RH以上，此时黏合速度低，但持久黏合力提高。干燥环境的湿度为50% RH以下，此时初期黏合力强，涂水后不立即粘贴就会降低持久黏合力，在操作过程中应对涂水量和开放期进行控制。

③涂水温度。涂水温度越高，初期黏合力越强，但水温超过40℃时，经过一定开放期，持久黏合力会降低。所以一般使用20～40℃的水。即使在冬季也要避免使用开水。

④涂水量。涂水器的种类不同，涂水量各不相同。涂水越多则持久黏合力越强。一般辊轮涂水量为10～20g/m^2，海绵涂水量为20～30g/m^2。抹布涂水极不均匀，尽量不用。

2. 压敏胶带

（1）压敏胶带的特点。将压敏黏合剂涂在基材上，使用时只要轻轻地按压基材背面，就可以黏合到被黏合物的表面，不需溶剂或加热，且基材的背面可进行防粘处理，便于从胶带卷上拉开使用。基材应柔软而有弹性，以便撕断或切开，还应有良好的纵向抗拉强度以及横向抗拉强度，以保证胶带有足够的抗冲击能力。常用基材有纸质、布质、双向拉伸聚丙烯薄膜或拉伸聚酯薄膜等。黏合剂采用橡胶和黏性树脂或丙烯酸类树脂等。

（2）压敏胶带封箱工艺。用压敏胶带封合瓦楞纸箱，可用人工粘贴，也可用封箱机粘贴。自动封箱机可将纸箱顶部和底部同时封合，每分钟封合5～20箱。自动封箱机从流水生产线上将充填好的纸箱顶部盖片折下，然后进行封合。半自动封箱机放在包装工作地，由包装工人充填纸箱，折下盖片，送到封箱机上封合。封箱机的工作高度和宽度可调节，以适应纸箱封合的要求。

压敏胶带的粘贴方式有两种。如图8－3所示，第一种是I形粘贴，其优点是封箱作业少而且容易，成本较低，缺点是强度不够，不能完全密封；第二种是H字形粘贴，它可以完全密封而且强度高，但是封箱费时，成本高。故后者多用于出口商品、精密仪器等包装，前者则用于一般包装。

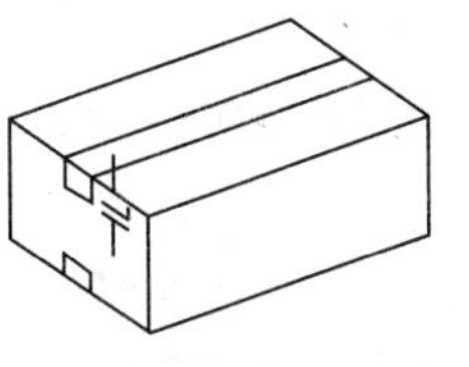

（a）I字型粘贴

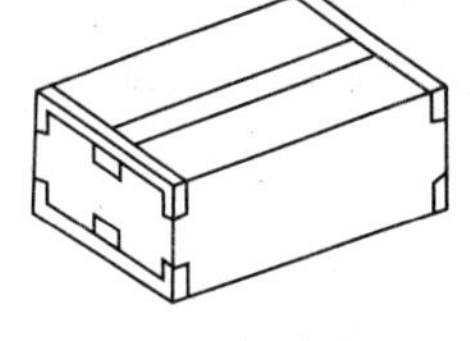

（b）H字型粘贴

图8－3　压敏胶带的粘贴方式

（3）影响压敏胶带黏合力的因素。

①环境温度。压敏胶带通常在10～30℃条件下能发挥良好的黏合性能。由于胶带上的黏合剂是半流动的黏弹性物质，在低温情况下，不易渗透到瓦楞纸板等粗糙表面的深部，以致粘贴面积不够而影响黏合强度。因此当工作环境温度较低时应采取升温措施。

②粘贴压力。如果粘贴有效面积不够，会影响黏合强度，这时应适当加大粘贴压力。

③折弯长度。用压敏胶带封合纸箱时，为防止纸箱盖片反弹，应有足够的折弯长度（图8-3），一般不小于50mm；折弯长度越长，盖片保持封闭的时间就越长。因此对反弹力较强的纸箱可适当长一些。

④内装物的性质。内装物为电视机、电冰箱等整体物品时，胶带所受的力不大。如果以同一质量的内装物进行比较，胶带所受力的大小如下：液体>散装物>整体物。当内装物质量超过70kg时，胶带应具有较强的耐冲击力与抗磨损力。根据内装物质量选用胶带和粘贴方式，如表8-1所示。

表8-1 压敏胶带（宽度50mm）与包装件质量（kg）的匹配

粘贴方式	纸基压敏胶带	布基压敏胶带	聚丙烯压敏胶带
I形	5	20	40
H形	15	80	80

三、封合工艺用封闭物

封闭物是产品装入包装容器后，为了确保内装物在运输、储存和销售过程中保留在容器里并避免受到污染而附加在包装容器上的盖、塞等封合或覆盖器材的总称。封闭物种类繁多、功能各异，需根据包装容器和内装物的要求来选择。

1. 瓶罐的封合

瓶和罐的封闭物主要是盖和塞。这类封闭物与容器一起可完成三个功能：通过有效的密封达到对内装物的保护；提供方便的开启和再封合能力；提供视觉、听觉和感觉三方面的信息。它们按用途可分为密封型、方便型、控制型和专用型四类，但由于在功能上的交叉和重叠，不可能截然分开。

（1）密封型。密封型封闭物的主要功能是为了在大规模生产中提供密封和开启，几乎所有的封闭物都能提供密封性能，例如用于一般用途密封的螺旋盖、用于加压饮料密封的皇冠盖和滚压盖、用于食品真空密封的凸耳盖和压合盖等，都属于这一类。

（2）方便型。方便型封闭物主要是为满足消费者方便地开启和取用产品，并能使液体、粉末、片状和颗粒状产品从容器中倾倒、挤出、淋洒、喷雾或泵射出来。

图8-4（a）所示顶端剪开封盖上有一个倾倒管嘴，在不同的高度上剪断管嘴，可以获得不同的孔径，因而控制取用量；为了重复使用容器上的管嘴，常在其末端加一个小的密封管头，这是倾倒式封盖中成本最低的一种。图8-4（b）所示为掀转倾倒型封盖，它的倾倒管可以转到倾斜位置，也可按压重新封合，可用一只手开启和重新关闭。图8-4（c）是推拉型封盖，用阀门在垂直方向推拉实现开闭和倾斜。图8-4（d）是塞孔型封盖，这种封盖由一个安装在螺纹底盖上的倾倒孔和一个安装在顶部铰链盖内的塞销组成。图8-4（e）则是一种振摇筛盖，它可以撒出粉末状或颗粒状产品，有时还装有旋转配件，可堵住筛孔而封闭内装物。图8-4（f）是为方便使用而设计的刷涂式封闭物。

（3）控制型。控制型封闭物要求容器的开启符合特殊规定，以保护消费者的安全和利益。这些开启控制可分为两大类：显示偷换封闭物和儿童安全封闭物。

①显示偷换封闭物。这一类封闭物有一个显示物或障碍物，这个显示物或障碍物一旦破坏或失去，消费者就会清楚地看到这个包装已经被人干扰过。

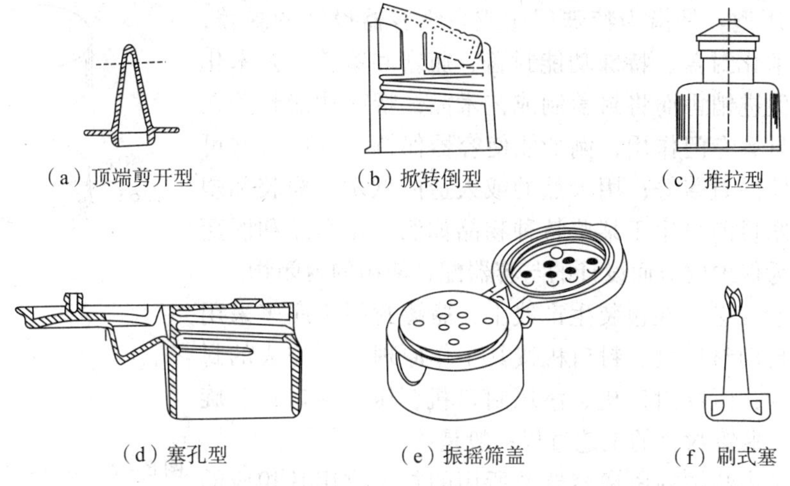

图 8－4　方便型封合物

图 8－5（a）所示为一种机械断开式盖，这些盖都是螺旋盖，沿侧裙的底部制成一条断续线，侧裙底部的箍圈用波形翻边或棘齿锁在瓶颈上，瓶盖扭动时将沿着断续线开裂，使盖扭下来而箍圈仍留在瓶颈上，断开盖可重复封启，是一种常见的显示偷换盖。图 8－5（b）的盖有一个阻止转动的锁箍，开启时必须去除箍圈，为此它设有一撕拉舌，以便抓住进行撕拉。还有一种显示偷换真空盖，当容器密封时，盖上有一钮扣大小的部分被真空吸力吸得凹陷下去；当打开盖并失去真空时，这个钮扣部分立即弹起，从而可向消费者表明该容器是否被打开过。

②儿童安全封闭物。这一类封闭物的目的是使不满 5 岁的儿童在一定时间内不能开启包装，并难于从中取出内装物，但对于成人使用却没有障碍，以避免 5 岁以下儿童因误服药品而中毒，起到了安全保护作用。这种包装的设计基于一系列试验研究的成果，如图 8－6 所示。最好的儿童安全包装系统是增强打开包装的技巧性或识辨能力，使小孩不能做到，但对任何年龄的老年人却不成问题；这样就能达到便于老年人使用而儿童却无法接触的目的。图 8－7 是一种滚珠型儿童安全瓶盖，打开此种包装需借助内外盖之间的一个滚珠。当外盖提起时，滚珠进入楔形空间，可带动内盖将瓶打开；当外盖落下时，滚珠自动进入另一楔形空间，可带动内盖将瓶盖拧紧。由于外盖经常处在落下状态，顺时针方向旋转时拧紧，逆时针方向旋转时空转，从而达到安全防范的目的。此外，占药品包装 60% 以上的泡罩包装也应该采取儿童防范措施；通常是在软质铝箔上粘合纸张或聚酯膜等覆盖材料，以增强铝箔的破裂强度，达到儿童防范目的；成人使用时只需揭去覆盖物，就可以按常规戳破铝箔取出药品。关于儿童安全包装的进一步了解和研究，请参阅参考文献［47］［48］［52］［54］［56］［57］。

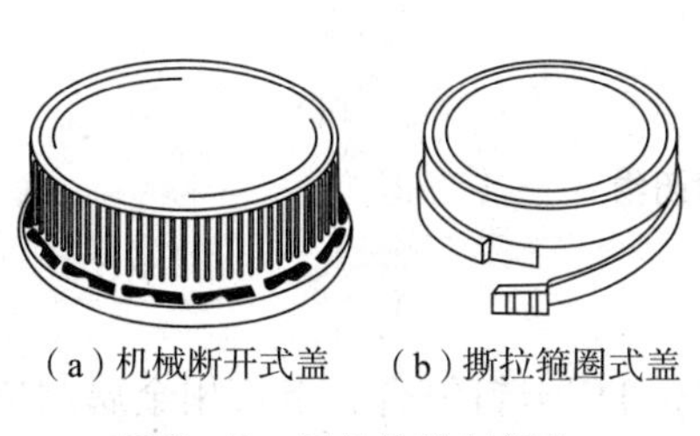

图 8－5　显示偷换封闭物

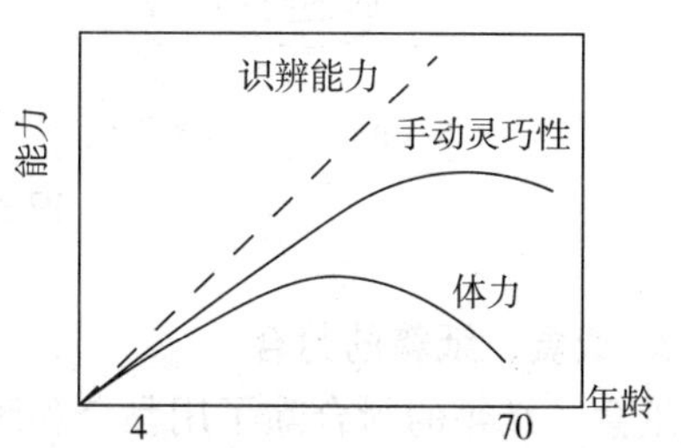

图 8－6　安全包装开启能力与年龄的关系

（4）专用型。是指为特殊用途或高级容器设计的封盖，它们包括艺术化封盖、特殊功能封盖、瓶塞和罩盖。艺术化封盖是为了促进销售而将封盖制成艺术品；特殊功能封盖在销售过程中具有专门作用，例如能使容器保持一定压力并可排放多余气体的封盖等；用天然的或人造的软木、橡胶和塑料制成的瓶塞目前只用于某些特种物品如酒、化学品和医药品；罩盖是为保护内盖而设计的与容器配合使用的封闭物。

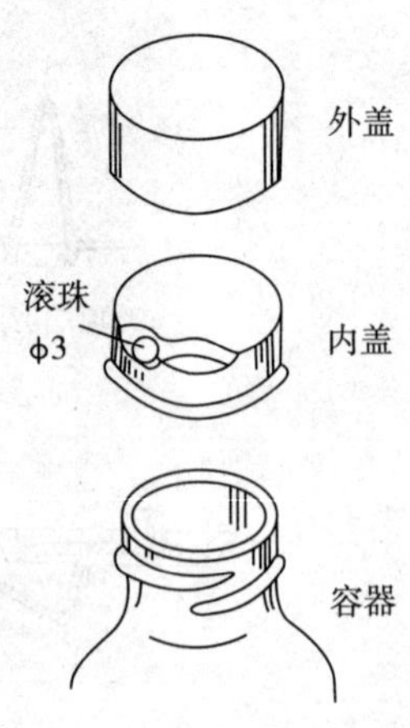

图 8－7　滚珠型儿童安全瓶盖

（5）封合工艺。在包装生产线上，瓶罐封闭工序多采用半自动或全自动封口机。封口机按其工作原理和所完成的封口形式可分为：压纹封口机、滚压封口机、压力封口机、旋合封口机等。瓶罐封合的工艺过程一般是：

①充填了内装物的瓶罐容器及所用的封闭物用其相应的供给装置送达封口工位。

②以适当的方式将封闭物施加于容器的封口部位。

③施加适宜的封口操作，构成牢固密封的结合而完成封口工序。

封口机的生产能力需与充填机、灌装机及后续的装箱机械相匹配。为了获得满意的封口质量，对于瓶盖、衬垫及容器瓶口尺寸、光洁性等都应有严格的要求。

2. 袋类包装件的封合

袋类包装件封合所用的封闭物主要有卡子、带提环的套、按钮带、扭结带和扣紧条等。图 8－8 为 6 种使用方便的塑料袋封闭物。图 8－8（a）为卡子，用于袋装烘烤食品封口；图 8－8（b）为带环的套，包括一个提环和一个套，提环下部两侧有齿可以调节松紧；图 8－8（c）为扭结带，类似电视天线的扁馈线，由两条铝丝外面包以软塑料，扭结后不会松开；图 8－8（d）为按纽带，将袋口捆扎后，用按纽固定；图 8－8（e）为条形拉锁边，在塑料袋一面制一条扁条，另一面制一条扁槽，两者吻合压紧，就可锁住袋口；图 8－8（f）是塑料扣紧条，作用与带提环的套一样，但更简单。

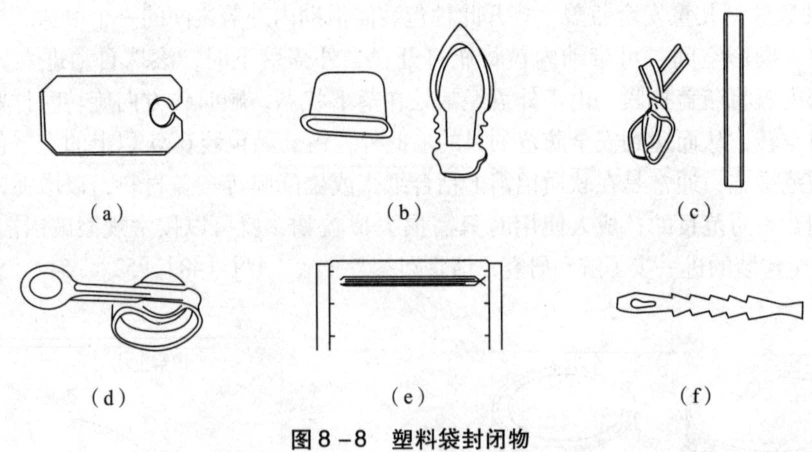

图 8－8　塑料袋封闭物

3. 纸盒、纸箱的封合

纸盒、纸箱的封合除了用黏合和胶带封合外，还可用卡钉钉合，卡钉用金属制成，常用的有带形与 U 形两种。

(1) 带形卡钉。将圆形或扁平的金属丝钉子用塑料粘接成带状，可成卷供应。卡钉经过镀锌，防锈性能良好。使用带型卡钉的封箱机一次可装钉 1250 ~4000 只，适用于各种厚度的瓦楞纸箱，并可深钉或浅钉，不会破坏箱内的衬里，卡钉结构如图 8 -9 (a) 所示。

(2) U 形卡钉。U 形卡钉用胶粘接成条，经过防锈处理，钉合强度良好并且柔软，具有通用性，如图 8 -9 (b) 所示。

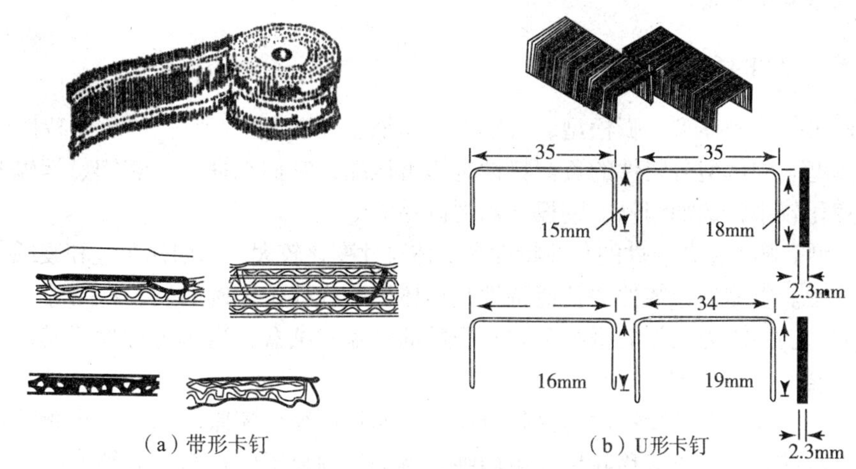

(a) 带形卡钉　　(b) U形卡钉

图 8 -9 卡钉封闭物

卡钉钉合机有手动式、气动式和自动式多种。小批量、薄瓦楞纸箱可用手动式，使用灵活方便。大批量、厚纸箱可用气动式和自动式。此外，还有专门用于底面的钉合机，采用加宽的卡钉，贯穿钉合，不易松脱。

目前瓦楞纸箱生产中使用的钉合机，一般直接采用成卷的钢丝压成 U 形钉，其钉合工艺过程为：纸箱折叠成型后供给钉合机，钉合机从成卷钢丝中切断压型成 U 形钉，一次向箱坯进一个。钉合不是连续进行的，以防止纸板撕裂。大部分钉合机以 45°钉进 U 形钉，这样不论纸箱的瓦楞是垂直还是水平，都可获得牢固的接缝。

第二节 捆扎工艺

捆扎是用挠性带状材料扎牢、固定、加固物品或包装件。捆扎材料有钢带、尼龙带、聚丙烯带和聚酯带四种基本类型。捆扎时要根据具体情况选择最适宜的捆扎材料。

一、捆扎带的主要性能

1. 强度

捆扎带的强度以断裂强度 (N) 和抗拉强度 (MPa) 来衡量，根据包装件的载荷和强度可作适当的选择。

2. 工作范围

工作范围指的是捆扎带所承受拉力的最大值和最小值。一般捆扎带在工作范围内所能承受的拉力为断裂强度的 40% ~60%。

3. 持续拉伸应力

捆扎带受拉力后在带内将产生拉伸应力，并要在一定时间内保持该应力不变，保持性最好的是钢带，其次是聚酯和尼龙带。

4. 延伸率与回复率

延伸率是指捆扎带承受拉力后伸长的程度，用百分比来度量；回复力是指拉力去掉后，捆扎带缩回的延伸量，单位为 mm。对 3 种塑料捆扎带来说，尼龙带回复率最高，其次是聚丙烯带和聚酯带。

二、包装件的负荷特性

包装件可分为刚体型、膨松型、收缩型、压缩型和混合型，它们的负荷特性如下：

①刚体型。刚体型包装件的负荷特性是不可压缩，它们在捆扎、装卸、运输和储存中形体尺寸变化较小，例如钢管、钢板和水泥制品等。

②膨松型。膨松型包装件的负荷特性是形体尺寸变化较大，例如棉花包和废纸捆等。

③收缩型。收缩型包装件的负荷特性是形体凹陷或移位，例如袋装物品等。

④压缩型。如压力捆扎的报纸及装衣服后的全盖式纸盒，当压力撤除后其形状会稍微回弹。

⑤混合型。混合型负荷特性是捆扎时压缩，而在压缩后膨胀。当另一个负荷堆在它上面时，它将收缩，而在负荷移除后发生回弹，例如压扁放平的瓦楞纸箱等。

在选择捆扎带时，首先要了解包装件的负荷特性，另外，还应考虑包装件的形状、外形、自重、稳定性、装卸和运输方法等因素，以做出正确的决定。

三、捆扎带的应用

1. 钢捆扎带

钢带多用于要求高强度、高持续拉伸应力的包装件捆扎，如捆扎重型包装件或将包装件固定在火车车厢或拖车上。它能牢固捆扎刚体型和压缩型的包装件，并能抵抗日光、高温和酷冷的环境，但容易生锈。

2. 尼龙捆扎带

尼龙捆扎带用于捆扎重型物品和收缩型包装件，它具有较高的持续拉伸应力和延伸率与回复率，在塑料捆扎带中价格较贵。

3. 聚丙烯捆扎带

用于较轻型包装件捆扎和纸箱封口。其持续拉伸应力稍差，而延伸率与回复率较高，价格比较便宜。

4. 聚酯捆扎带

用于要求在装卸、运输和储存中保持捆扎拉力的刚体型包装件的捆扎。

四、捆扎工艺过程

1. 捆扎设备

常用的捆扎设备有以下几类：

①手动捆扎设备。有人力、气动和电动 3 种，有整体式和组合式，价格便宜，适于产量小，需移动使用的场合。

②半自动捆扎机。包装件放在适当的位置，开机后捆扎一道，移位后另捆一道；缠绕、拉紧、接头和切断均自动完成。

③全自动捆扎机。所有操作均按规定的程序自动完成。

2. 捆扎操作

不论是手动还是机动，在捆扎前都要先将捆扎带缠绕在物品高度方向，缠绕 1 ~ 3 道十字或井字形，然后拉紧，再将捆扎带两端连接，连接方式可用铁皮箍，对于塑料捆扎带，也可用热黏合。

第三节　贴 标 工 艺

贴标是把标签粘贴在一个特定表面、物品或包装件上的工艺。标签用以指明内装物的名称、性质，制造者或其他内容。

一、标签的种类

在包装领域使用标签的范围和种类日益扩大，所用的材料包括纸板、复合材料、金属箔、纸、塑料、纤维制品及合成材料。常用的标签可分为三大类型，第一类是无黏合剂型，基材为非涂布纸和涂布纸；第二类为自黏型，包括压敏黏合和热敏黏合；第三类为润湿型，又可分为普通胶型和微粒胶型。它们的特点与粘贴方法如下：

(1) 非黏性标签。无黏合剂的普通纸标签用水溶胶粘贴，目前仍被广泛使用。纸张大多是单面涂布纸，也有相当数量采用非涂布纸。这种标签用于大容积的物品，如啤酒、软饮料、葡萄酒和罐装食品等。

(2) 压敏自黏标签。这种标签背面涂有压敏黏合剂，然后黏附在涂有硅树脂的隔离纸上。使用时将标签从隔离纸上取下，贴在商品上。压敏标签可制成单个的，也可黏附在成卷的隔离纸上。压敏标签还可分为永久型和去除型两种。永久型的黏合剂能将标签长时间黏结在某一位置，如果试图去除，则会损坏标签或损伤商品表面；去除型的黏合剂可在一定时间后取下标签并不损伤商品表面。

(3) 热敏自黏标签。这种标签有即时型和延时型两种。前者受到热量和压力后，马上会固定在物品上；后者受热后转变成为压敏型，不用直接在物品上加热，适用于食品等产品。

(4) 润湿型标签。这种标签为使用两种黏胶，即普通胶和微粒胶的带胶标签。前者在纸基材的反面涂敷一层不溶性胶膜，后者是将黏合剂以微小细粒的形式施加在基材上，这样就避免了普通胶纸经常出现卷曲的问题，其加工效率和可靠性较高。

二、贴标工艺及设备

产品的标签必须粘贴在一个特定的正确位置上，不仅要求粘贴牢固，而且还应在产品或容器的有效寿命期内固定于起始位置而不错动，并保持其良好的外观。另外，容器回收后，标签应易于去除。

贴标签工序应与包装生产线上其他工序相适应，不得引起生产线停工。

简单的贴标签设备是用枪式装置将标签贴到产品或容器上。半自动或全自动贴标签设备适用于特殊类型的标签，例如湿胶型、压敏型或热敏型标签。常用贴标设备有以下几种：

1. 湿胶贴标机

湿胶贴标是最便宜的贴标方法，其设备有简单的半自动机和高速的（600 个/分）全自动机，其结构形式在容器供给（直线型或回转型）、标签传送（真空传送或粘取传送）及涂胶方式（全幅涂胶或局部涂胶）上，虽有所不同，但它们都具有下列功能：

①从标签储仓中一次传送出一枚标签。

②用黏合剂涂布标签。

③将带胶标签传送到待贴产品上方。

④将产品固定在正确位置上。

⑤施加压力，使标签牢固粘贴在产品上。

⑥移走贴好标签的产品。

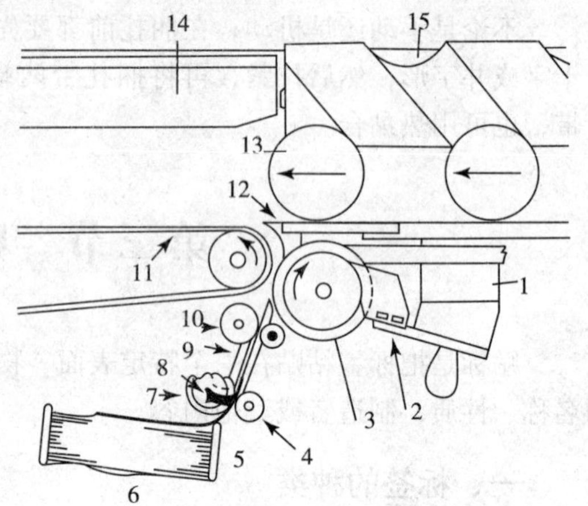

图 8－10 真空机械式贴标机

1－供胶盒；2－刮胶板；3－涂胶辊；4－背辊；5－标签储仓；6－标签；7－取标鼓；8－真空吸嘴；9－标签导板；10－送标辊；11－压紧皮带；12－送标爪；13－容器；14－承压衬垫；15－送进螺杆

用于湿胶贴签的黏合剂有 5 种主要类型，即糊精型、干酪素型、淀粉型、合成树脂乳液和热熔胶。其中除热熔胶外，都是水溶型的。

图 8－10 是一种真空机械式的贴标机，取标鼓 7 上的真空吸嘴 8 将标签 6 从标签储仓 5 内吸出，标签导板 9 与背辊 4 配合将标签推入送标辊 10 送至涂胶辊 3 涂胶，然后由送标爪 12 送至贴标位置在送进螺杆 15 送进的容器 13 上贴标；再由压紧皮带 11 与承压衬垫 14 将标签压紧并送出生产线。该机的特点是可以高速贴标，并可使用各种黏合剂。

2. 压敏贴标机

压敏标签预先涂有黏合剂，为避免粘住其他物品，胶面带有防粘材料的衬纸。因此所有的压敏贴标机都有一个共同的特点，即要有将标签从衬纸剥离的装置，一般是将成卷的模切标签展开，在张力下牵引它们绕过一剥离板，随着衬纸围绕一锐角挠曲，标签的前沿被剥离下来。当标签从衬纸上取下后，就可采用不同的方法将它们向前输送，并压贴在容器的正确位置上。

例如容器被传送到贴标辊下，由贴标辊和承压衬垫之间产生的轻压将标签移贴在容器上，如图 8－11 所示。或者，标签被吸附在真空室或真空鼓上，当容器到达正确位置时将它们粘贴；也可以通过真空的消失和施加气压将标签吹压在容器上，如图 8－12 所示。

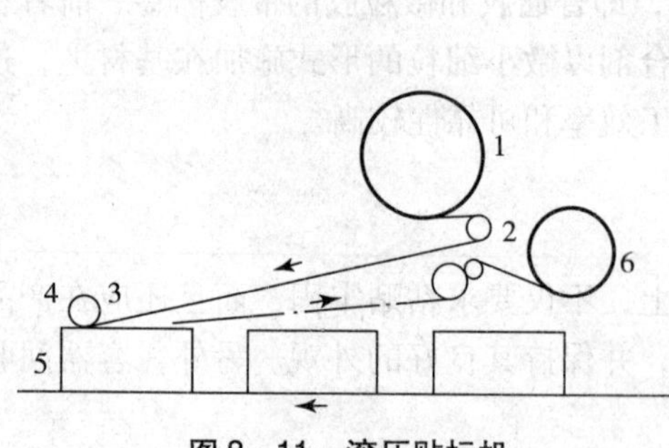

图 8－11 滚压贴标机

1－标签卷；2－导辊；3－剥离板；4－贴标辊；5－容器；6－衬纸卷

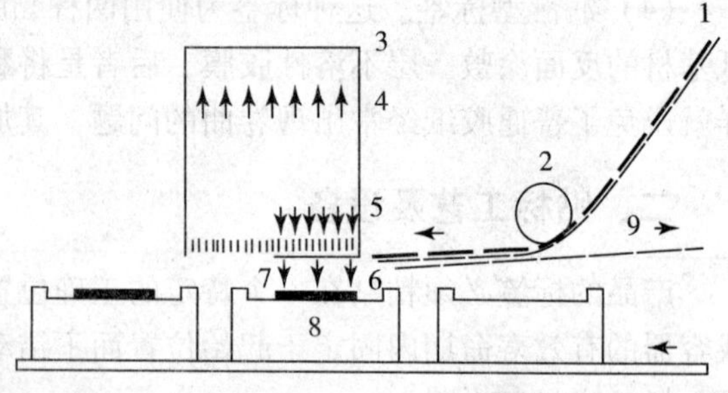

图 8－12 空气吸吹贴标机

1－标签卷；2－导辊；3－空气室；4－抽真空；5－压吹气；6－剥离板；7－标签；8－容器；9－衬纸

第四节 打 印 工 艺

包装件上有一些信息资料需要经常变动，例如产品出厂日期、批号、代码、标志、产品保鲜期、有效期、价格、成分、颜色、质量、尺寸等，这些内容对于产品仓储、运输、销售和消费者购买都很重要，由于要经常变动，因此，在印刷包装袋、包装箱和标签时都不能印刷，必要时只印出空白框格，在包装后再进行打印。

产品的信息资料除了使用文字表达以外，还广泛使用条形码。目前，条形码随处可见，它们由一系列带有数字、字母或符号的黑白条纹和空隙组成。这些条纹用扫描器的激光光束扫描阅读后，被解译为内装物品的代号、规格、数量、价格及出产厂家等信息。使用条形码获取以上数据时，具有速度快、准确度高、可靠性强等优点。世界上流行的条码种类已有 40 余种，但常用的形式有：39 码、25 码、UPC 码/EAN 码和 Coda 码等几种。39 码有 43 个数据符号，它的 9 个条码元素中总有 3 个元素是空白的，故名，常用于工业系统和国防系统。2/5 码只有 10 个数字符号，每个符号由 2 个宽元素和 3 个窄元素等 5 个元素组成，它用于仓储和汽车工业。UPC 码是通用产品代码，EAN 码是欧洲产品编码，它与 UPC 码兼容，广泛用于产品包装来识别制造厂商和产品的有关信息。近几年来，电子标签（RFID，radio frequency identification）广泛用于物流领域，它是一种非接触式的自动识别技术，它通过射频信号自动识别目标对象并获取相关数据，识别工作无须人工干预，可在各种恶劣环境中工作。该技术可识别高速运动物体并可同时识别多个标签，操作快捷方便，已经成为 21 世纪全球自动识别技术发展的主要方向（见本书第十章第三节活性包装与智能包装）。

条形码标签的印刷质量直接影响阅读数据的精确性，因此常用传统的印刷方法预先制作，即能保证品质，又能降低成本。但是如果不能预先知道需要标记的内容，或者符号的性质而不能预先印刷条形码，则需要在现场采用某些打印工艺，进行印刷。

最早的打印工艺都是用手工完成的，常用的工具有漏印版或印章。而现代用的大多是半自动或全自动打印机，它们可分为两类，一类是接触式打印机，另一类是非接触式打印机。

一、接触式打印

接触式打印是指涂布有油墨的打印部件直接与包装品的表面接触印字。打印方法有干式打印、热转印和湿印三种。

1. 干式打印

干式打印的墨辊辊芯吸附并干凝着热熔性塑胶油墨，打印装置通过加热将油墨活化，使热熔塑胶油墨熔化并由打印部件将由油墨形成的文字转移到包装件上。打印出的字迹立即干凝，不易被抹掉。由于油墨快干，可用于高速包装生产线，而且油墨消耗比较缓慢，适于在各种包装材料上打印，能获得较高的打印质量。目前干印的发展方向主要是完善油墨转移过程，以增加油墨传递量，并要求油墨具有更高的黏附性。

2. 热转印

热转印又名烫印，它以薄膜作为载体，首先在薄膜上印刷一层薄的热熔性油墨；使用时，将箔片放在包装品与加热的字模之间，使油墨从箔片上转移到包装品上。印出的字迹清晰，不会被抹掉而且很快干固，适于打印要求清楚美观的高档包装。热印设备价格稍贵，并需要停机安装薄膜，因此，打印费用较高。采用这种印刷方法，对箔片的性能有一定的要求，另外，油墨从箔片上转移的温度应尽可能低，否则会导致加热器和气缸磨损，而且，转移温度过高，不利于在热敏薄膜如12μm 的聚乙烯薄膜上进行热印。此外，油墨厚度对热印字迹的阻光性有很大影响，特别是在印刷条形码时，必须严格控制偏差以便于识别。薄膜材料很多，其中不少都具有良好的油墨转移性能，适于间歇或高速打印。有些材料，如聚酯薄膜，虽然价格较高，但却是优良的油墨载体。总之，选择适宜的材料不但能减小打印设备的损耗，而且能保证较高的打印质量。

3. 湿印

湿印用的油墨或颜料，是用油或其他溶剂调制的，呈流动状态，打印后需经一定时间才能干凝。湿印有两种方法：油墨从印版表面直接转移到包装件上面叫做直接印刷；油墨从印版表面先转移到橡皮布滚筒上，然后再从橡皮布滚筒转移到包装件上面叫做间接印刷，也叫胶印。

从设备和工艺的角度来讲，湿印是一种使用较早和价格便宜的打印方法。但湿印油墨需要保持一定的黏度，使用时容易溅出或泄漏，因此要经常清洗，增加了劳动强度。此外，湿印的字迹容易被蹭脏，需要一定的干燥时间，因此妨碍生产流程。湿印的关键因素是油墨，油墨需按一定配方调制，才能保持墨迹均匀和耐久，而且要求油墨快干，能牢固地黏附在包装件表面。

二、非接触式打印

非接触式打印，即打印机的任何部分都不接触被打印的表面。主要的方法有喷墨式和激光式两种，可以在不同的操作条件下应用，而且在各种不同的包装品上，都能可靠地打印出清晰的字迹和图案。

1. 喷墨式打印

喷墨式打印应用较广泛，这种方法是将微小的墨点从一个或几个喷墨头通过缝隙喷射到包装生产线上的每一个包装品表面，形成由点阵组成的字迹，字高可由几毫米到50mm以上。

喷墨打印机是用一个微处理器控制所需字母和数字的程序以及喷墨头的数目，并通过传感器与生产线速度保持同步，以保证每个包装件都能准确地打上所需的资料。油墨是依靠压力或静电等向印刷表面喷射，墨滴可以沿水平方向、自下而上、自上而下，或者从任意角度打印，其工作原理如图8－13所示。

喷墨系统中所用的油墨必须均匀流畅，不堵塞喷墨头，并能迅速干燥，既要牢固黏附，又要容易清洗，并能在包装件表面形成清晰的字迹。为了适应不同包装材料的要求，要选择不同的油墨，例如玻璃和塑料，它们对油墨有各自的要求。

2. 激光打印

激光打印机由激光器、光束发射系统、光学成像系统和传感定位系统组成，如图8－14所示。在光学成像系统中，除偏转镜和透镜外，还有一个刻有打印资料的模板，激光束穿过模板上的缝隙及聚焦透镜在包装件表面成像，并借助激光能量，将图文转印到包装件表面的微观薄层上，完成打印工作。

激光能量在包装件上产生的作用，取决于承印物表面的组成。在带有涂层的金属和纸上作用，是将涂层材料，如油墨、油漆和涂料等烧去一层而形成字迹；在塑料或陶瓷表面上作用，是将表面颜色加热后呈现出变色的字迹；在玻璃和某些其他塑料上作用，呈现出结霜或蚀刻效果的字迹。

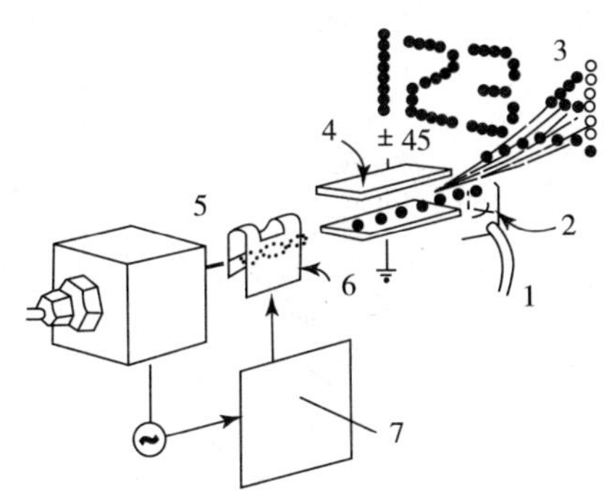

图 8－13 喷墨打印法

1－真空回墨管；2－喷墨传感器；3－打印表面；4－静电偏转板；5－喷墨装置；6－喷墨通道；7－墨滴电子调节器

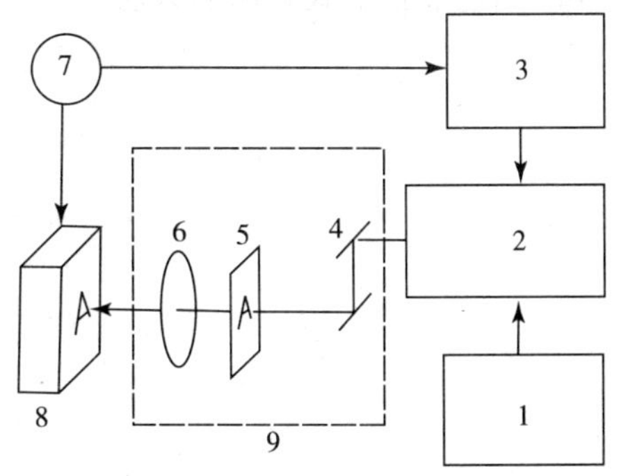

图 8－14 激光式打印法

1－电源；2－激光器；3－数据输入；4－偏转镜；5－模板；6－透镜；7－传感器；8－包装件；9－光学成像系统

不同塑料对激光能量的反应也不同。某些塑料只吸收激光中部分波长的光或者全部不吸收。在醋酸纤维、玻璃纸、聚苯乙烯、聚酯、聚氯乙烯、乙烯树脂和聚碳酸酯等材料上，用激光打印可获得良好的效果。激光对聚丙烯和聚乙烯薄膜不起作用，利用这一特性可以用来穿透上述薄膜而在裹包内的纸上打印，这是其他打印方法做不到的。例如无菌包装的果汁和其他饮料，灌装后外面用对激光不起作用的塑料薄膜裹包，储存在冷藏库或批发商店的冰柜中。当出售给零售商店时才用激光透过塑料薄膜在铝箔或纸上打印出售日期。

激光打印的主要优点是打印的字迹不会被抹脏、涂改和擦去，字迹清晰，字高最小0.5mm，最大可到7.5mm。但价格较贵，使其应用受到限制，一般只用于大批量生产和用其他打印方法无法打印的场合。此外，对于包装件品种繁多的生产厂家，也可使用不同类型的喷墨式和激光式打印机，以便取长补短，获得优良效果。

思考题

1. 为什么说辅助包装在包装质量和功能方面起着重要的作用？试举几个生动的例子加以说明。
2. 举例说明水溶型黏合剂在包装中的应用，并分析其优缺点。
3. 冷胶和热熔胶在使用中各有什么特点？常用的涂胶方式有几种？
4. 胶带有许多类型和形式，你见到过哪几种？它们使用的情况怎样？
5. 列举几个具体的瓶罐，说明它们使用的封闭物如何满足功能要求。
6. 举出使用图 8－4 所示的各种方便型封闭物的包装实例。
7. 试设计一二个显示偷换封闭物和儿童安全封闭物。
8. 举出使用图 8－8 中表示的各种塑料袋封闭物的应用实例。
9. 如何根据包装和负荷的特性来确定捆扎带的主要性能？
10. 描述半自动和全自动捆扎机的工作过程。

11. 用实例说明标签的种类。

12. 请系统地介绍 39 码、2/5 码和 UPC 码/EAN 码的符号集和编码方法。必要时阅读有关参考书，以了解条形码的基本知识。

13. 简述接触式打印的方法。

14. 简述非接触式打印的方法。

专用

第三篇

包装工艺

第九章 物理防护包装工艺

本章主要介绍产品的物理防护包装工艺，包括冲击与振动防护包装工艺、集合包装工艺和危险品包装工艺等内容。

第一节 冲击与振动防护包装工艺

一、冲击与振动防护包装

冲击与振动防护包装是指以防止或减少冲击振动等机械性因素对产品造成的危害为目的的包装，也称为缓冲包装。它包括冲击防护包装和振动防护包装，冲击防护包装主要是将缓冲包装材料合理布置在包装容器和产品之间，吸收冲击能量，延长冲击作用时间，降低冲击加速度值，其目的是缓和冲击。振动防护包装主要是调节包装产品的固有频率和阻尼系数，把包装产品的振动传递率控制在预定的范围内，其目的是抑制低频谐振、衰减高频振动。

缓冲包装材料的作用，一方面是延长外部激励作用时间，降低包装产品的动态响应；另一方面是消耗外界激励传递给包装产品的冲击与振动能量。表 9 - 1 列出了常用的缓冲包装材料的性能指标，如缓冲系数、复原性、抗蠕变性、耐疲劳性、最佳使用温度、腐蚀性、耐侯性。蜂窝纸板也称为纸蜂窝板。

表 9 - 1 常用缓冲包装材料的性能指标

缓冲材料	密度/(g/cm^3)	缓冲系数	复原性	抗蠕变性	耐疲劳性	最佳使用温度/℃	腐蚀性	耐候性
EPS	0.015 ~ 0.035	3 ~ 3.5	差	好	差	-30 ~ 70	小	差
EPE	0.03 ~ 0.4	3 ~ 3.3	好	好	好	-20 ~ 60	无	好
EPP	0.015 ~ 0.03	3 ~ 3.2	好	好	好	-30 ~ 60	无	好
EPU	0.02 ~ 0.09	2 ~ 3	好	较好	好	-20 ~ 60	小	差

续表

缓冲材料	密度/(g/cm³)	缓冲系数	复原性	抗蠕变性	耐疲劳性	最佳使用温度/℃	腐蚀性	耐候性
聚乙烯气泡薄膜	0.01～0.03	4～5	较好	好	差	—	无	好
黏胶纤维	0.06～0.09	2.3～3.3	好	好	好	-30～60	小	较好
泡沫橡胶	0.17～0.45	3～3.5	好	较好	好	-10～60	小	好
蜂窝纸板	0.048～0.066	2～2.8	差	较好	较好	—	小	较好
瓦楞纸板	0.15～0.3	2.6～4	差	较好	较好	—	小	好

冲击与振动防护包装设计也称为缓冲包装设计，它包括冲击防护包装设计和振动防护包装设计。冲击防护包装设计以流通环境条件和缓冲材料的动力特性曲线为依据，合理选用缓冲特性曲线，计算缓冲衬垫尺寸，优化缓冲包装结构形式。振动防护包装设计以流通环境条件和缓冲材料的阻尼特性为依据，合理选择缓冲材料，把包装产品的振动传递率控制在预定的范围内。有关缓冲包装设计的理论与方法可参考运输包装方面的书籍，本书不再详述。

二、冲击与振动防护包装工艺

在冲击与振动防护包装中，规则产品与不规则产品的区别主要是从产品重量、结构尺寸、外形、偏心等方面进行考虑。规则产品适合于采用标准的冲击与振动防护包装工艺。而对于重量大、体积小，带突起物，有突出部分，体积大、重量大，挠度大，底面四棱的受力面积很窄，重心与几何中心不重合等不规则产品，在确定防护包装工艺时应考虑产品自身的特殊包装要求。

1. 常用防护包装工艺

对于形状规则的产品，其包装结构与工艺可按照产品特性，选用全面缓冲包装、局部缓冲包装或悬浮式缓冲包装。

（1）全面缓冲包装。它是指在产品与包装容器之间的所有间隙填充、固定缓冲包装材料，对产品周围进行全面保护的技术方法，如图 9－1 所示。这种包装方法一般采用丝状、薄片状及粒状材料，便于对形状复杂的产品能够很好地填充，承受冲击振动时可有效地吸收能量，分散外力。它适用于小批量、不规则产品的包装，缓冲材料与产品接触面积大，承受应力较小，可选择厚度较小的缓冲材料，节约用料，降低包装和运输费用。

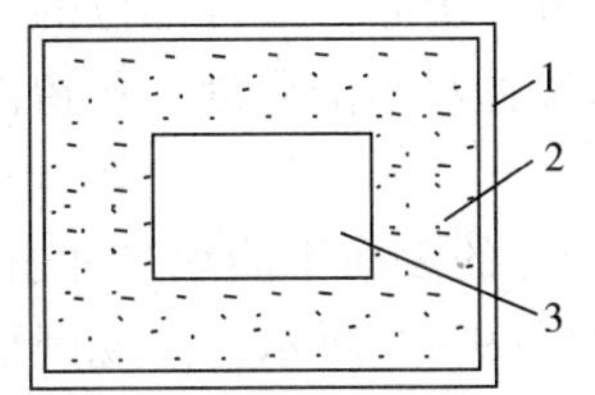

图 9－1　全面缓冲包装法

1－包装容器；2－缓冲材料；3－产品

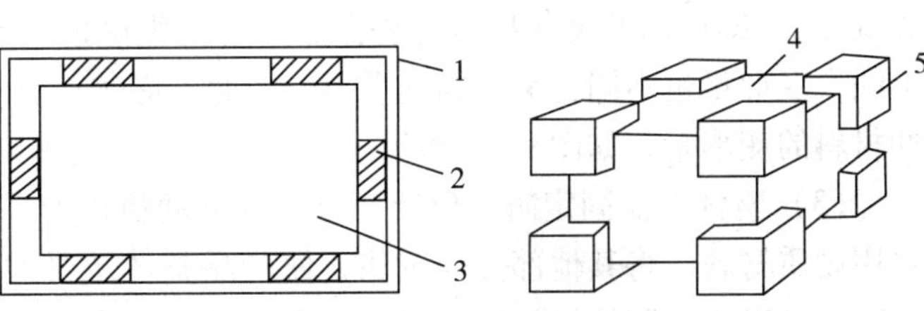

图 9－2　局部缓冲包装法

1－包装容器；2－侧衬垫；3、4－产品；5－角衬垫

（2）局部缓冲包装。它是指采用缓冲衬垫（角衬垫、侧衬垫、棱衬垫）对产品拐角、棱或侧面等易损部位进行保护的技术方法，如图9－2所示。这种包装方法一般采用泡沫塑料、瓦楞纸板、蜂窝纸板或充气塑料薄膜袋等缓冲材料或结构，依据产品的结构特点对易损部位、受力集中部位等进行。它适合于形状规则产品的大批量包装，用料最少，可大幅度减少缓冲包装材料使用量，降低包装和运输费用，应用非常广泛。

（3）悬浮式缓冲包装。它是指采用弹簧将被包装物悬吊在外包装容器四周，产品受到外力作用时各个方向都能得到充分缓冲保护的技术方法，如图9－3所示。这种包装方法适用于精密、脆弱产品包装，如大型电子计算机、电子管和制导装置等。悬浮式缓冲包装在军用包装中使用较多，要求包装容器有较高强度，如木箱、集装箱。

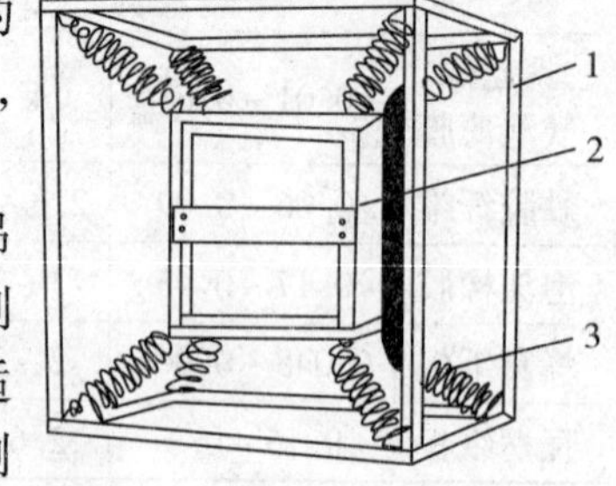

图9－3 悬浮式缓冲包装法

1－木箱；2－产品；3－金属弹簧

2. 特殊防护包装工艺

（1）受压面积调整法。缓冲材料的使用要根据产品或内包装的尺寸，在保证产品不触底的情况下，能吸收被压缩时的变形能量，以减少产品所承受的加速度影响。因此，要根据产品的形状调整缓冲材料或结构的受力面积。对于重量大、体积小的产品，要求缓冲面积比底面积大，缓冲材料与产品之间要用硬质材料胶合板或纤维板等隔开，如图9－4（a）所示，使硬质材料一侧承受总的冲击，再由缓冲材料对硬质材料进行缓冲。与此相反，在需要减小受压面积时，可将缓冲材料或结构与产品不接触部分切去，缩小接触面积，以保证合适的缓冲面积，如图9－4（b）所示。

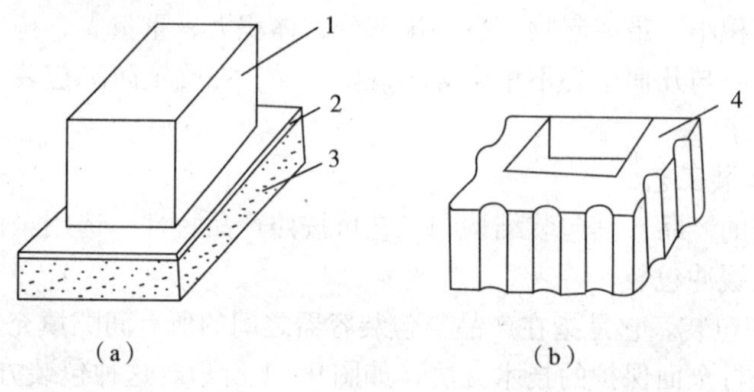

图9－4 受压面积调整形式

1－产品；2－胶合板；3、4－缓冲材料

（2）带突起物产品防护包装。对于带有突起物产品的缓冲包装，必须慎重考虑“触底现象”，即产品的突起物与包装容器四壁发生碰撞的现象。由于缓冲衬垫各部位的厚度不同，变形量也不同，突起物先受力。因此，必须认真地选择缓冲材料的厚度，预留出缓冲材料的变形量，如图9－5所示。

（3）整体产品固定防护包装。对于有可动机件产品，且产品的表面不能承受冲击时，要用硬质材料，将其他部分固定住，使产品整体承受冲击，如图9－6所示。不规则形状的产品可以用模制的衬垫进行缓冲，也可以将产品固定或支承在内包装容器中，再用缓冲材料加以保护。

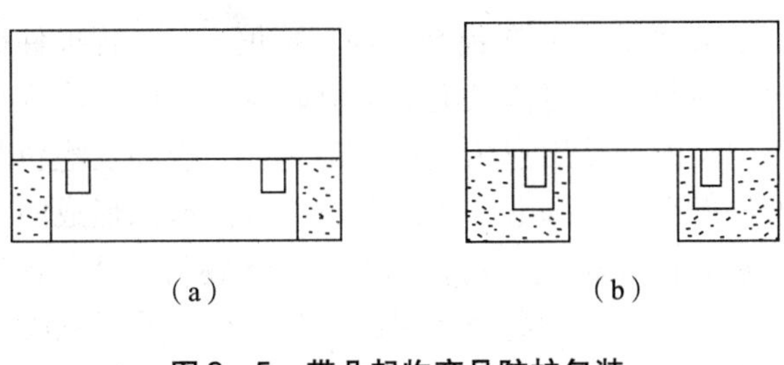
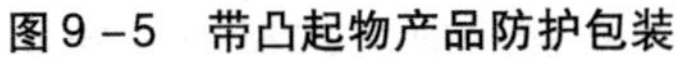

图 9-5　带凸起物产品防护包装

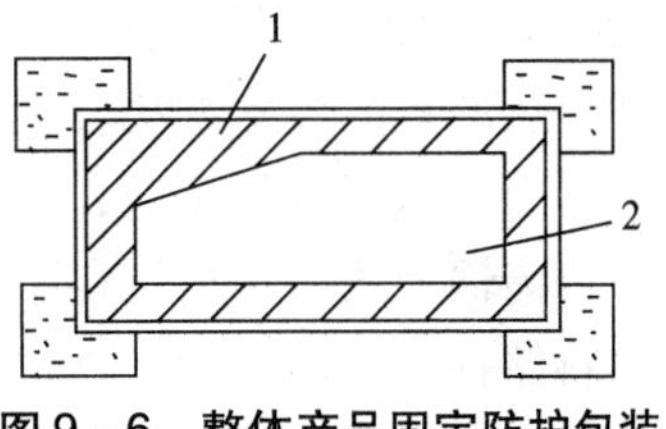

图 9-6　整体产品固定防护包装

1-固定材料；2-产品

(4) 长凸筋防护包装。如果产品底面的四棱只有很窄的受压面积，装卸、运输过程中产品在缓冲材料之间就会发生移动，严重时会从受压面跌落。因此，需要采用长凸筋进行防护，产品即使发生一些移动，也不会影响受压面积，如图 9-7 所示。

(5) 大挠度产品防护包装。对于大挠度产品的防护包装，不能只在产品底面的两端放置缓冲材料。由于产品弯曲可能产生不良后果，因此需要在产品跨度的中央位置也放置受压的缓冲块，如图 9-8 所示，或使两端的缓冲垫朝中央方向至少延伸 1/4 以上，这时防护包装才会有良好的缓冲效果。

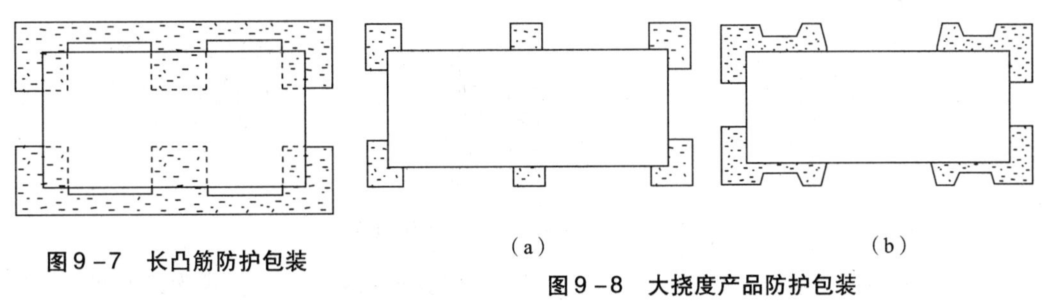

图 9-7　长凸筋防护包装

图 9-8　大挠度产品防护包装

(6) 有突出部分产品防护包装。对于有突出部分的产品，缓冲材料的厚度应以该部分外侧到外包装容器的内侧的尺寸为准，如图 9-9 所示。

(7) 缓冲座防护包装。如果大型产品中某些部件较为脆弱而又可以拆卸，可将该部分拆卸后单独包装。对于体积、重量较大的产品，可将其固定在抗冲击座上，并如图 9-10 所示的橡胶缓冲座上进行防护包装，以防止冲击和振动对产品的影响。这种包装工艺要求组成产品的部件应尽可能减小，产品在包装箱内自由运动的空间应加以限制，以满足产品保护为限度。

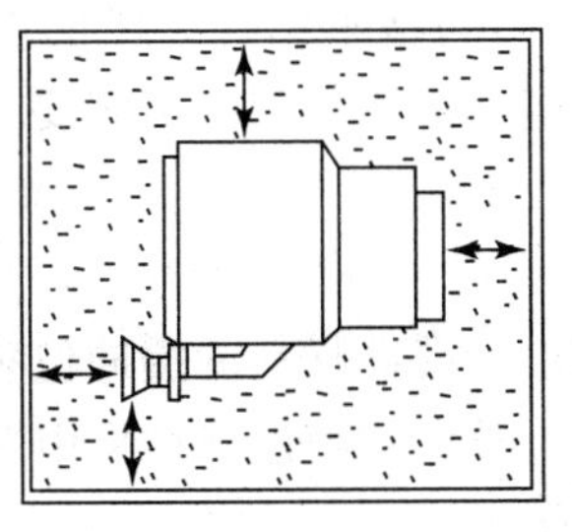

图 9-9　有突出部分产品防护包装

图 9-10　缓冲座防护包装

（8）现场发泡包装工艺。它是一种根据实际需要在包装现场直接填充发泡标准件而达到缓冲包装的目的技术方法。也可以直接封装，即将待发泡的塑料原料（液体）注入包装箱或容器内，直接进行发泡，而把要求包装的产品用泡沫塑料全部包裹。现场发泡包装系统由物料传输系统、物料储存系统、液压操纵系统和电子控制系统组成。泡沫形成的过程是，物料储存系统内有两个物料罐，分别储存A种液体物料和B种液体物料，这两种物料在物料传输系统的泵站作用下，通过管道进入喷射枪混合后引起化学反应，然后从喷射枪中喷出，在待填充空间形成固体泡沫塑料。目前聚氨酯泡沫塑料现场发泡包装工艺很成熟，根据具体缓冲包装要求选用软质或硬质泡沫，其包装工艺过程如图9－11所示。应注意，在使用聚氨酯做现场发泡包装时必须有安全保护，通风良好，因为异氰酸酯等有一定的毒性。

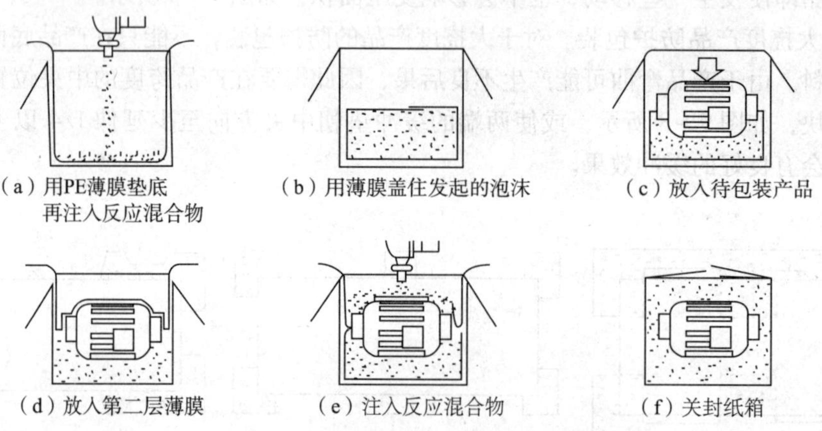

图9－11 现场发泡包装工艺过程

现场发泡包装工艺适用于任何形状的产品，如精密仪器、精密机械及其零部件包装，电子计算机、电子电器产品包装，还可以作为一些产品运输加固材料、衬板填空材料等。由于包装容器和产品之间填充了泡沫塑料，能保证充分的固定和支撑，使产品得到良好的保护，极大地降低了产品破损率，包装箱可以用一般的纸板箱或瓦楞纸箱，而不需要木质包装箱，因此可以节省包装和运输费用。

三、平板显示产品缓冲包装

以液晶显示器（LCD）、等离子显示器（PDP）等典型平板显示器件做显示屏的家电及信息产品，称为平板显示产品。这些产品具有便于数字化驱动、不闪烁、颜色几乎不失真、重量轻、体积小、对人体安全等优点。平板显示产品的基本结构是由两块玻璃板构成，其间由介质均匀间隔开，因此这类产品对缓冲、防震、抗压等包装工艺要求极高，特别是显示屏，若损坏就无法修复，产品几乎完全失效。

1. 单一材料的缓冲包装

平板显示产品防护包装方法有两大类，一类是使用单一缓冲材料的缓冲包装，另一类是使用组合缓冲材料的缓冲包装。图9－12、图9－13和图9－14是分别采用聚苯乙烯泡沫塑料（EPS）、聚乙烯泡沫塑料（EPE）、聚丙烯泡沫塑料（EPP）等单一缓冲材料的缓冲包装。图9－12（a）是采用模压成型技术将EPS原料加工成衬垫，然后将其与整机产品配合形成相应的缓冲包装，图9－12（b）是外筋结构。EPS缓冲包装仅适用于小屏幕平板产品包装，优点是采用最常用的包装材料，加工技术很成熟，成本较低；缺点是缓冲保护性能有一定的局限性，特别是包装产品受到冲击后衬垫容易开裂、移位，缺乏多次保护功能。因此，在国内外比较恶劣的流通条件下，可能造成产品大量破损。增加缓冲衬垫厚度可以避免这种破损情况，但又增加了材料、运输和仓储费用。该类缓冲包装的关键是缓冲衬垫结构设计，即在充分利用材料缓冲性能的同时，采用外筋式以及“U”形、“Z”形等典型弹性结构，以全面提高衬垫缓冲性能。由于平板显示产品对缓冲、防震、抗压等包装要求较高，因此常采用外筋式缓冲衬垫结构。因为产品跌落着地时所受到的冲击力是从外部向里依次传递，筋条在缓冲衬垫的外部，在缓冲过程中变形比较充分，因而缓冲效果较好。

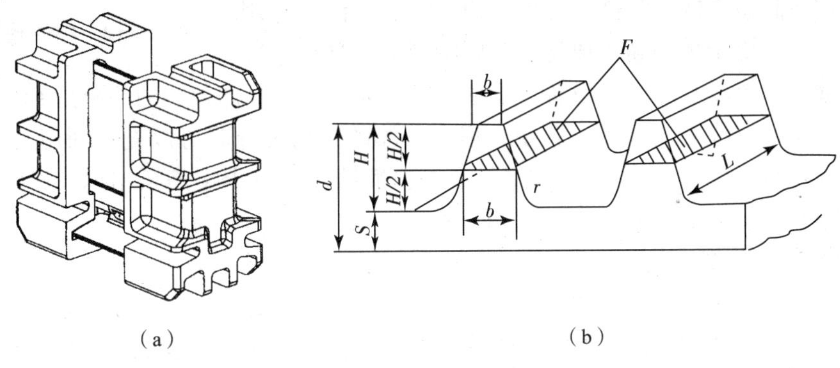

图 9 – 12　EPS 缓冲包装

由于平板显示产品整机外观一般为异型和复杂曲面结构，而 EPE 衬垫采用平面板材加工制成，要保证两者之间的良好配合，难度较大。若配合不良，将严重影响包装产品性能，因此 EPE 衬垫的结构必须精巧，可以采用小面多点、缓冲筋条等结构，以简化与整机的配合难度，优化衬垫各部件空间架构，使零件的数量少，加工简单，便于组装。图 9 – 13（a）所示的缓冲衬垫首先根据 EPE 衬垫的结构将其拆分成平板形状，利用 EPE 板材冲裁或手工加工成相应形状的结构部件，然后通过黏合剂将各结构部件组合成完整的 EPE 缓冲衬垫。图 9 – 13（b）是 EPE 衬垫与整机产品配合形成相应的缓冲包装。EPE 缓冲包装适用于各种尺寸的平板显示产品的包装，优点是柔韧、富有弹性，不会开裂或断裂，具有良好的缓冲保护性能和多次保护能力；缺点是加工难度大，特别是衬垫与异形及复杂曲面的配合处，EPE 缓冲衬垫柔软，压缩强度低，故包装产品的承载能力受到一定的限制。对于大屏幕平板产品（如 PDP 电视机）的缓冲包装，EPE 缓冲衬垫的压缩强度低，包装产品的抗压强度受到一定的限制，因此必须采取合理的包装方案，如在纸箱的外部增加木框架、在纸箱的外部再增加一个纸箱、在纸箱内的底部和顶部增加纸角撑框架、在四个竖棱增加纸角支承柱。

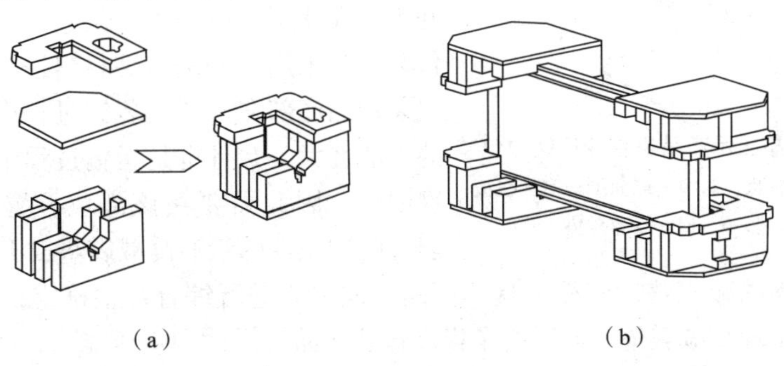

图 9 – 13　EPE 缓冲包装

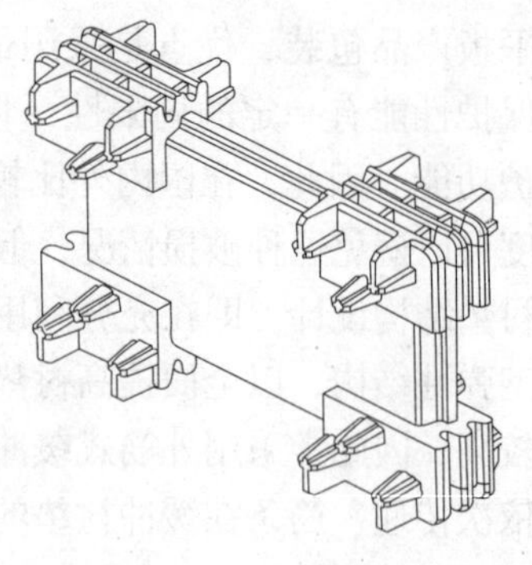

图9－14　EPP缓冲包装

图9－14所示的EPP缓冲包装由于成本较高，常应用于大屏幕产品包装，优点是富有弹性，不会开裂或断裂，具有良好的缓冲性能和多次保护能力，并且较EPP缓冲衬垫的压缩强度高，包装产品的抗压能力较好。EPP缓冲包装的缺点是：加工工艺复杂，相对于EPS成型工艺需要增加预压和成品烘干过程；成本高，其原料价格是EPS原料的4～5倍，而且原料需要在原料供应商工厂完成首次预发泡过程，而预发后的原料体积大幅增加，因此储运成本较高，最终导致EPP缓冲衬垫制品价格非常高。另外，EPP制品需使用专用成型设备，并且由于采用高压成型，需要特别的模具锁紧装置、能源管道系统以及烘房等设备，设备投资巨大。该类缓冲包装的关键是EPP衬垫结构设计等，其设计方法类似于EPS衬垫，但在具体的结构设计时可以充分利用其富有弹性、不易开裂的特点，设计“U”形、“Z”形等弹性结构以及十字筋条结构，以提高缓冲性能，有效降低EPP材料用量和包装材料成本。

2. 组合材料的缓冲包装

平板显示产品使用单一缓冲材料的缓冲包装都存在不足之处，给生产和使用带来了较大困难。通过对多种包装材料的缓冲防震性能的试验研究证明，运用多种材料组合缓冲包装更实用有效。组合分级缓冲包装适用于中、大屏幕平板产品，其优点是所有缓冲包装结构都采用的材料，不需要增加大量的设备投资。另外，除EPS缓冲衬垫外，其余缓冲结构都采用平板结构，避免了采用过多或者复杂的深加工，使生产简单，而且使加工后的缓冲制品便于运输、储存和使用。组合分级缓冲包装的缺点是零件偏多，包装装配较为复杂。根据内包装产品可以选用常用的两种组合方案，第一种是EPS和纸蜂窝板组合包装方案，该方案包装具备优良的缓冲、防震、抗压性能，满足中、小屏幕平板显示产品对包装的要求，成本比使用EPE、EPP缓冲衬垫低，适合于大批量生产。第二种是EPS与EPE、纸蜂窝板组合包装方案，该方案包装具备优异的缓冲、防震、抗压性能，满足中、大屏幕平板显示产品对包装的要求，成本比使用EPE、EPP缓冲衬垫低，适合于大批量生产。

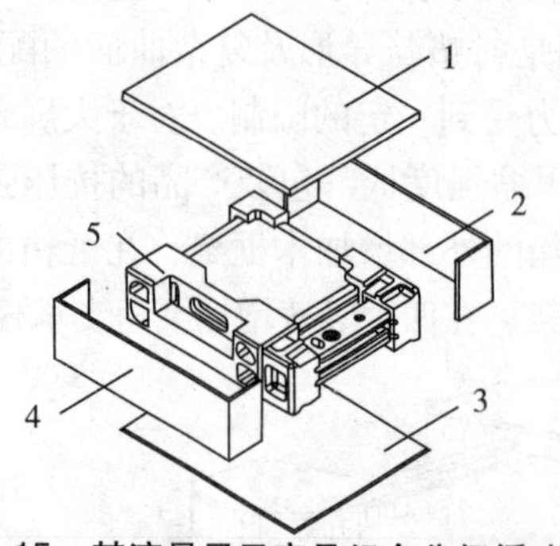

图9－15　某液晶显示产品组合分级缓冲包装

1－顶部纸蜂窝加强板；2，4－侧面纸蜂窝加强板；3－减震垫；5－EPS缓冲衬垫

图9－15是采用EPS和纸蜂窝板组合分级缓冲包装。首先设计EPS缓冲衬垫与异形复杂的裸机组合成一个新的包装产品，使包装产品由复杂结构和异型曲面简化为规则形状，同时将组合使用的纸蜂窝加强板和减震垫简化为平板型结构，并因此简化了相应的加工工艺。然后对规则的内包装产品采用纸蜂窝包装材料进行再设计，由于包装产品底部在搬运、装卸过程中受到冲击跌落的可能性大，并且也是运输过程中承受震动的关键部位，因此需要在该部位叠置具有优良的防震、耐冲压性的纸蜂窝减震垫或EPE减震垫。具体采用何种材料的减震垫，应根据具体产品、成本等进行综合评估确定，优选EPE减震垫，其次选用纸蜂窝减震垫。同时为了提高包装产品的缓冲和抗压能力，在前、后面分别叠置纸蜂窝加强板，在顶部增加纸蜂窝顶部加强板。当包装产品受到冲击、震动时，破坏

作用从纸箱、纸蜂窝衬垫、EPS 缓冲衬垫及产品依次由外向内传递，通过多级衰减，并逐渐减弱至产品可以承受的安全范围，从而达到保护产品的目的。纸蜂窝衬垫在平板显示产品包装中的主要作用是承载和减震，加强型和减震型纸蜂窝材料设计可参考表 9－2 所给出的数据，减震型常需要预压成型，芯纸的具体高度 h 根据产品的实际需要选用，克重的单位是 g/m^2，孔径、孔高的单位是 mm。

表 9－2　纸蜂窝衬垫的芯纸设计

纸蜂窝衬垫类别	芯纸设计		适用范围
	孔径/孔高	等级/克重	
加强型	8/10	B 级/150	中、小屏幕平板显示产品
减震型	12/h	B 级/150	
加强型	8/20	B 级/150	大、超大屏幕平板显示产品
减震型	12/h	B 级/150	

采用纸板/泡沫塑料的组合衬垫的缓冲包装，能充分利用纸角撑强度好、对棱角抗冲击作用强，EPE 具有良好的柔软性、防震、耐冲压性和较高的回复性能等特点，图 9－16 所示的纸板/泡沫塑料的组合衬垫的缓冲包装结构由纸角撑、瓦楞纸板、纸蜂窝板等纸质单元体与 EPE 塑料单元体通过空间架构而组成。首先用纸角撑加工一个矩形框架，同时将 EPE 板材通过冲裁加工成与整机定位、缓冲、支撑等各种构件的单元体，然后将 EPE 单元体粘接在框架上，从而形成纸板/泡沫塑料的组合衬垫，如图 9－16（a）所示。通过上、下纸板/泡沫塑料的组合衬垫套装于整机产品后即形成完整的缓冲包装，如图 9－16（b）所示，框架强度好，对包装产品的棱、角都具有优良的抗冲击保护能力，同时 EPE 缓冲单元具有良好的防震、耐冲压性和较高的回复性能，因此该衬垫具有优良的缓冲防护能力，解决了大屏幕平板显示产品对包装的极高要求。EPE 与纸角撑等组合缓冲包装适用于中、大屏幕平板产品，其优点是所有缓冲包装件均采用常用的材料，不需要增加大量的设备投资；缓冲性能好，多次保护能力强；包装零件少，装配简单。缺点是组合制品的加工工艺较为复杂。需要注意的是：由于 EPE 较柔软，可以在上、下纸板/泡沫塑料的组合衬垫之间安装纸角撑，以提高包装件各棱、角的抗压强度，避免使用双层包装纸箱或木框架，降低包装材料成本。

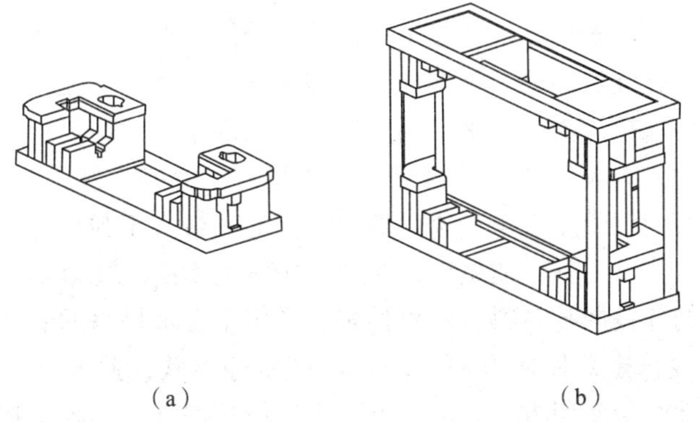

（a）　　　　（b）

图 9－16　大屏幕平板产品纸板/泡沫塑料组合衬垫的缓冲包装

第二节　集合包装工艺

集合包装指将许多小件的有包装或无包装货物通过集装器具集合成一个可起吊和叉举的大型货物，以便于使用机械进行装卸和搬运作业。集装器具按形态大致可划分为捆扎集装、托盘、集装架、集装袋、集装网和集装箱六大类。集合包装的目的是节省人力，降低货物的运输包装费用。

一、捆扎集装工艺

捆扎集装是采用捆扎材料将金属制品、木材或小包装之类的货物组合成一个独立的搬运单元的集合包装方法，如图 9－17 所示。这种包装工艺消耗包装材料少，成本低，便于贮存、装卸和运输，具有封缄、封印、防盗、防止物品丢失或散塌的作用。

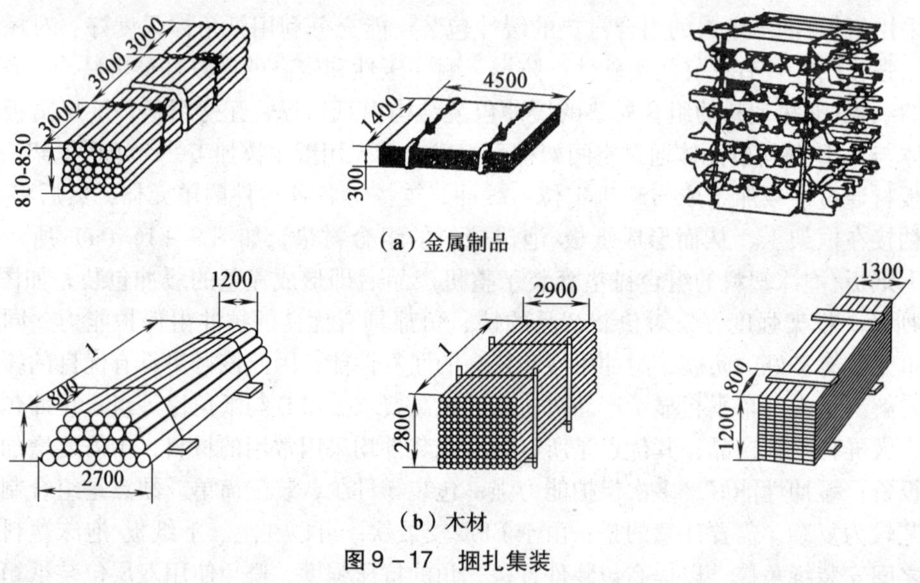

图 9－17　捆扎集装

常用的捆扎材料有钢丝、钢带以及聚酯、尼龙、聚乙烯、聚丙烯、聚氯乙烯等塑料捆扎带和加强捆扎带。钢丝多用于捆扎管道、砖、木箱等刚性物品，捆扎木箱时会嵌入木箱的棱角。钢带是抗张强度最高的一种捆扎带，伸缩率小，基本不受阳光、温度等因素的影响，具有优良的张力保持能力，可承受高度压缩货物的张力，但易生锈。聚酯带有较高的拉伸强度和耐冲击力，有较好的弹性恢复性能，张力保持能力好，耐侯性、耐化学性好，长期储存性好，可替代钢带用于重型物品的包装。尼龙带富于弹性，强度大，耐磨性、耐弯曲性、耐水性、耐化学性好，质量轻，主要用于重型物品、托盘等的捆扎包装。聚乙烯带属于手工作业用的优良捆扎材料，耐水性好，适用于含水量高的农产品捆扎，可保持可靠稳定的形状，存放稳定，使用方便。聚丙烯带质轻柔软，强度高，耐水性、耐化学性强，对捆扎的适应性强，使用方便，成本低，常用做瓦楞纸箱的封箱捆扎带，也可用做托盘化和集装化货物的捆扎以及膨松压缩货物的捆扎。聚丙烯带的张力保持能力与聚酯带、尼龙带相比差一些。加强捆扎带是在聚酯带或聚丙烯带中加入金属丝加强筋的一种捆扎带，适用于中包装的捆扎。

二、托盘包装工艺

托盘是用于按一定形式堆码货物，可进行装卸和运输的集装器具。托盘包装是将若干包装件或货物按一定的方式组合成一个独立的搬运单元的集合包装方法，它适合于机械化装卸运输作业，便于进行现代化仓储管理，可以大幅度地提高货物的装卸、运输效率和仓储管理水平。

1. 托盘包装工艺

（1）托盘包装及其特点。托盘包装是将若干个包装产品堆码在托盘上，通过捆扎、裹包或胶粘等方法加以固定，形成一个独立的搬运单元，以便于机械化装卸、运输的一种集合包装方法。这种包装方法的优点是整体性能好，堆码平整稳固，在储存、装卸和运输等流通过程中可避免包装件散垛摔箱现象；适合于大型机械进行装卸和搬运，与依靠人力和小型机械进行装卸小包装件相比，其工作效率可提高 3 ~ 8 倍；可大幅度减少货物在仓储、装卸、运输等流通过程中发生碰装、跌落、倾倒及野蛮装卸的可能性，保证货物周转的安全性。但是，托盘包装增加了托盘的制作和维修费用，需要购置相应的搬运机械。有关资料表明，采用托盘包装代替原来的包装，可以使流通费用大幅度降低，其中家电降低 45%，纸制品降低 60%，杂货降低 55%，平板玻璃、耐火砖降低 15%。

（2）托盘堆码方式。托盘堆码方式一般有四种，即简单重叠式、正反交错式、纵横交错式和旋转交错式堆码，如图 9 – 18 所示。不同的堆码方式，有其各自的优缺点，在使用时要加以考虑。简单重叠式堆码的各层货物排列方式相同，但没有交叉搭接，货物往往容易纵向分离，稳定性不好，而且要求最底层货物的耐压强度大。从提高堆码效率、充分发挥包装的抗压强度角度看，简单重叠式堆码是最好的堆码方式。正反交错式堆码的奇数层与偶数层的堆码图谱相差 180°，各层之间搭接良好，托盘货物的稳定性高，长方形托盘多采用这种堆码方式，货物的长宽尺寸比为 3∶2 或 6∶5。纵横交错式堆码的奇偶数层按不同方向进行堆码，相邻两层的堆码图谱的方向相差 90°，它主要用于正方形托盘。旋转交错式堆码在每层堆码时，改变方向 90°而形成搭接，以保证稳定性，但由于中央部位易形成空穴，降低了托盘的表面利用率，这种堆码方式主要用于正方形托盘。

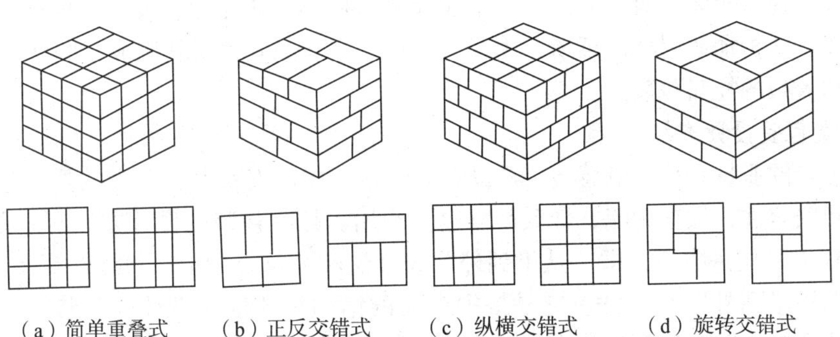

（a）简单重叠式　（b）正反交错式　（c）纵横交错式　（d）旋转交错式

图 9 – 18　托盘堆码方式

为保证货物在托盘上按一定方式堆码的科学性和安全性，在进行托盘包装设计时，要根据货物的类型、托盘载质量及尺寸等，参照国家标准 GB 4892《硬质直方体运输包装尺寸系列》、GB 13201《硬质圆柱体运输包装尺寸系列》和 GB 13757《袋类运输包装尺寸系列》等标准，合理确定货物在托盘上的堆码方式。还应注意，托盘表面利用率一般不低于80%。在选用托盘堆码方式时，应考虑以下原则：

①木质、纸质和金属容器等硬质直方体货物采用单层或多层交错式堆码，并用拉伸包装或收缩包装固定。

②纸质或纤维类货物采用单层或多层交错式堆码，并用捆扎带十字封合。

③密封的金属容器等圆柱体货物采用单层或多层交错式堆码，并用木盖加固。

④需进行防潮、防水等防护的纸质品、纺织品采用单层或多层交错式堆码，并用拉伸包装、收缩包装或增加角支撑、盖板等加固结构。

⑤易碎类货物采用单层或多层堆码，增加木质支撑隔板结构。

⑥金属瓶类圆柱体容器或货物采用单层垂直堆码，增加货框及板条加固结构。

⑦袋类货物多采用正反交错式堆码。

在托盘包装中，底部的包装产品承受上层货物的压缩载荷，而且在长时间的压缩条件下会导致包装容器或材料发生蠕变现象，影响托盘包装的稳定性。因此，在进行托盘包装设计时需要校核包装容器的堆码强度，还应考虑包装容器或材料的蠕变性能，以保证货物在储存、运输时的安全性。

（3）托盘固定方法。托盘包装单元货物在仓储、运输过程中，为保证其稳定性，都要采取适当的紧固方法，防止其坍塌。对于需进行防潮、防水等要求的产品要采取相应的措施。托盘包装常用的固定方法有捆扎、胶合束缚、裹包以及防护加固附件等，而且这些方法也可以相互配合使用。捆扎紧固方式常用金属带、塑料带对包装件和托盘进行水平捆扎和垂直捆扎，以防止包装产品在运输过程中摇晃，图 9－19（a）是捆扎瓦楞纸箱的托盘包装。金属捆扎带主要是钢带，应符合国家标准 GB 4173《包装用钢带》的规定；非金属捆扎带主要是塑料捆扎带，应符合国家标准 GB 12023《塑料打包带》的规定。胶合束缚用于非捆扎的纸制容器等货物在托盘上的固定堆码，它包括黏合剂束缚和胶带束缚，图 9－19（b）和图 9－19（c）分别是黏合剂黏合和胶带黏合的托盘包装。托盘包装也可以采用帆布、复合纸、聚乙烯、聚氯乙烯等塑料薄膜对单元货物进行全裹包或半裹包。全裹包又分为拉伸包装和收缩包装，图 9－19（d）和图 9－19（e）分别是采用拉伸包装和收缩包装方法的托盘包装。对于固定后仍不能满足运输要求的托盘包装，应根据需要选择防护加固附件。防护加固附件由纸质、木质、塑料、金属或其他材料制成，图 9－19（f）是安装框架和盖板的托盘包装。

2. 托盘包装设计方法

托盘包装的质量直接影响着包装产品在流通过程中的安全性，合理的托盘包装可提高包装质量和安全性，加速物流，降低运输包装费用。托盘包装的设计方法有“从里到外”和“从外到里”两种方法，即“从里到外”设计法和“从外到里”设计法。

（1）“从里到外”设计法。它是根据产品的结构尺寸依次设计内包装、外包装和托盘，产品从生产车间被依次包装为小包装件，然后根据多件小包装或尺寸比较大的单个包装来选择包装箱，再将选定的包装箱在托盘上进行集装，然后运输到用户，其设计过程如图 9－20 所示。按照外包装尺寸，可确定其在托盘上的堆码方式。由于尺寸一定的瓦楞纸箱在托盘平面上的堆码方式有很多，这就需要对各种方式进行比较，选择最优方案。

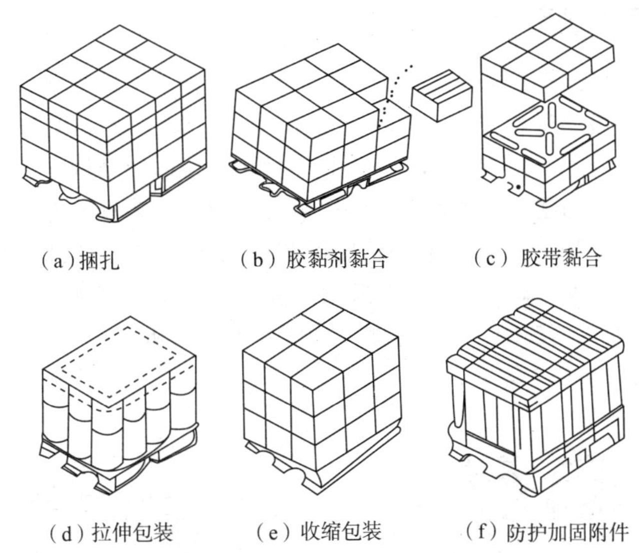

图 9－19　托盘固定方法

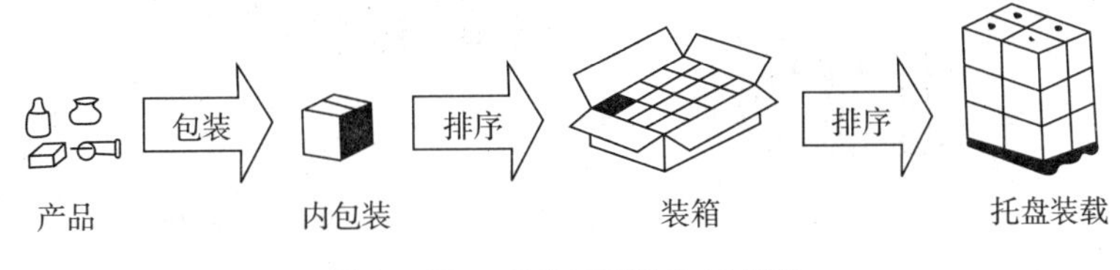

图 9－20　“从里到外”设计法

（2）“从外到里”设计法。它是根据标准托盘尺寸优化设计外包装和内包装，即根据标准托盘尺寸模数确定的外包装尺寸作为包装箱的结构尺寸，再对产品（或小包装件）进行内包装，其设计过程如图 9－21 所示。

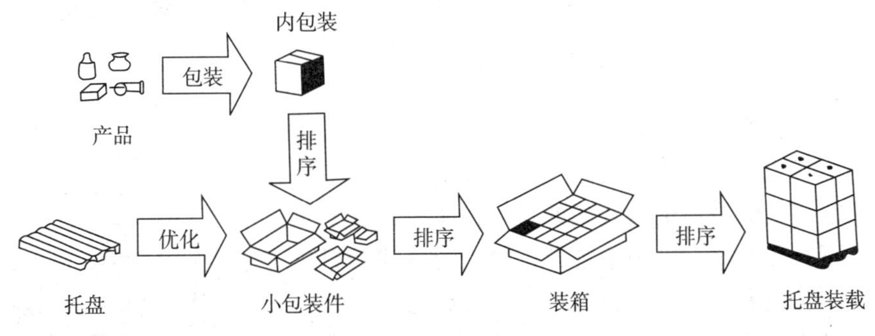

图 9－21　“从外到里”设计法

在托盘包装设计时，应遵循国际公认的硬质直方体的包装模数 600mm × 400mm，优先选用国家标准 GB 2934《联运通用平托盘主要尺寸及公差》中 1200mm × 800mm 和 1200mm × 1000mm 尺寸系列托盘，以充分利用托盘表面积，降低包装和运输成本。目前，国外已有解决托盘装载包装设计系统软件，如美国 CAPE Systems 软件公司开发的 CAPE

PACK 托盘堆码包装设计软件，日本三菱公司开发的托盘装载设计系统软件等。

三、集装架包装工艺

集装架是一种框架式集装器具，强度较高，特别适合于结构复杂、批量大的重型产品包装。在实际的货物流通过程中，有些产品批量很大，但形状很复杂，不能采用托盘包装。对于这类产品，通常采用钢材、木材或其他材料制作框架结构，其作用是固定和保护物品，并为产品集装后的起吊、叉举、堆码提供必要的辅助装置。这种框架结构称为集装架，它可以长期周转复用，与木箱包装相比可节省较多的包装费用，而且可以提高装载量、降低运输费用。图 9－22（a）是内齿轮集装架，两个集装架采用简单重叠式堆码；图 9－22（b）是柴油机集装架，每个集装架内装 4 台柴油机。

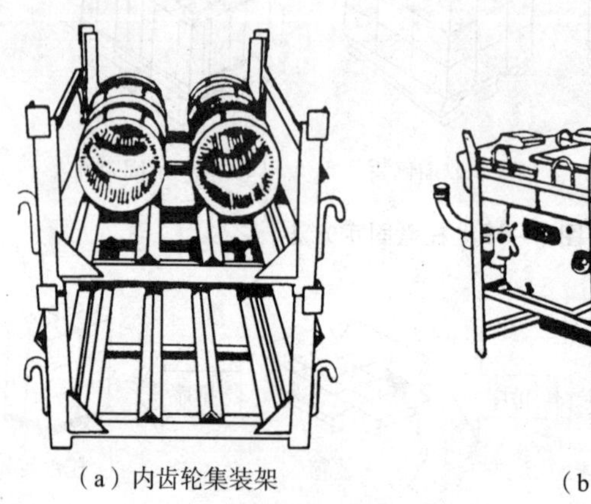

（a）内齿轮集装架　　（b）柴油机集装架

图 9－22　集装架

四、集装袋包装工艺

集装袋是一种大型的柔性集装器具，可以集装 1 吨以上的粉状货物，广泛应用于储运粉粒状产品。我国自 1973 年以来，广泛采用集装袋储运石墨、三聚磷酸钠、聚乙烯醇、聚氯乙烯、水泥、纯碱、化肥、饲料、粮食、砂糖、食盐等，取得了极大的经济效益。

集装袋的结构型式主要有圆筒形集装袋、方形集装袋、圆锥形集装袋、吊包式集装袋、穿绳式集装袋和折叠式箱形集装袋。圆筒形集装袋如图 9－23 所示，它上有装料口，下有卸料口，采用系紧带密封，装料和卸料都很容易，而且设有吊索，装料后可以用吊钩起吊，操作方便。这种集装袋密封性好，强度较高，破包率几乎为零，成本低，可以长期周转复用。空集装袋重量轻、体积小，回收时占用的空间很小。

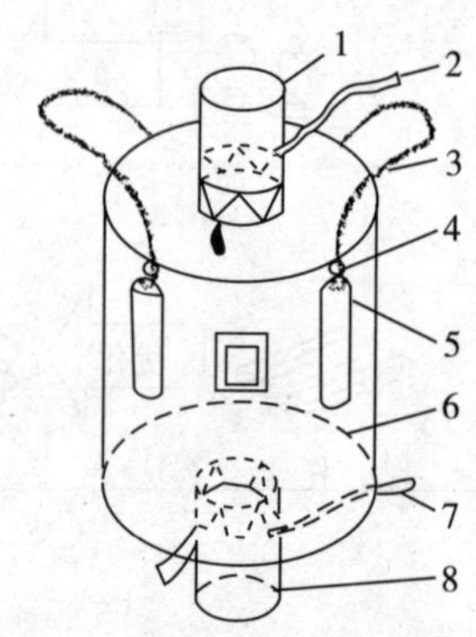

图 9－23　圆筒形集装袋

1－装料口；2－进料口系紧带；3－挂吊索；4－吊环；5－布带；6－袋体；7－卸料口系紧带；8－卸料口

方形集装袋的袋体是长方体，其余部分与圆筒形集装袋基本相同，相同容量的方形集装袋比圆筒形集装袋在高度上可降低大约 20%，提高了堆码稳定性，但制袋所用材料并没有节省。方形集装袋可以重复性使用，但更多的是一次性使用。圆锥形集装袋可以提高集装袋的自立稳定性，主体部分是上小下大的圆锥体。这种集装袋恰似带提手的开口袋，装料、卸料共用一个袋口，且载重量较小，适合于一次性使用，装载粒度较小、密度为0.5左右的产品。吊包式集装袋的袋体上部有开口，周围布置有五根纵贯到袋底的吊带。这种集装袋多为重复性使用，且适合于集装各种小袋包装的产品。穿绳式集装袋的袋体是正方体，采用一根绳索连续穿入袋体上部缝出的四段绳孔，吊索的长度要远大于袋体周长，以便于将吊索挂在叉车的两个叉臂上或套挂在起吊钩上。折叠式箱形集装袋的袋体上安装有两个交叉的刚性框，恰似可折叠的箱体，空袋时折叠，装货时撑开。这种集装袋多为重复性使用，且适合于包装服装、布匹类产品。

常用集装袋有橡胶帆布袋、聚氯乙烯帆布袋和织布集装袋。帆布是用锦纶、维纶或涤纶等强力合成纤维织成基布，其上涂以橡胶或聚氯乙烯而制成，故阻隔性优良、耐酸、耐碱、防水、防潮，能经受恶劣气候环境的考验。橡胶帆布袋耐热、耐寒性良好，既可储运120℃高温的货物，也能在-30℃的低温气候条件下使用，其使用寿命长达8年。聚氯乙烯帆布袋重量轻、易制作、价格低，但耐侯性差，在70~80℃时变软，-10℃以下急剧硬化，使用寿命长达3~5年。织布集装袋多用丙纶或维纶、锦纶、涤纶等织布制成，成本比塑料帆布袋大约低一半，特别适合于出口包装的一次性使用袋。这种集装袋耐候性较好，但阻气性稍差，使用使命可达到3年以上。

五、集装网包装工艺

集装网也是一种柔性集装器具，可以集装1~5吨的小型袋装产品，如粮食、土特产、瓜果、蔬菜等。集装网重量轻，成本很低，运输和回收时占据的空间很小，使用很方便。常用的集装网有盘式集装网、箱式集装网，如图9-24所示。盘式集装网由合成纤维绳编织而成，如图9-24（a）所示，强度较高，耐腐蚀性好，但耐热性、耐光性稍差。箱式集装网的网体用柔性较好的钢丝绳加强，如图9-24（b）所示，钢丝绳的四个端头设有钢质吊环，强度高、刚性大、稳定性好。

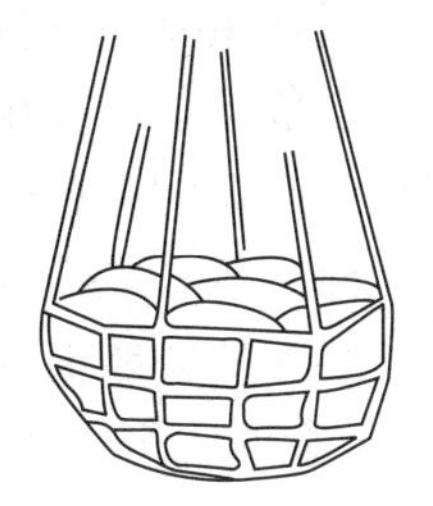

（a）盘式

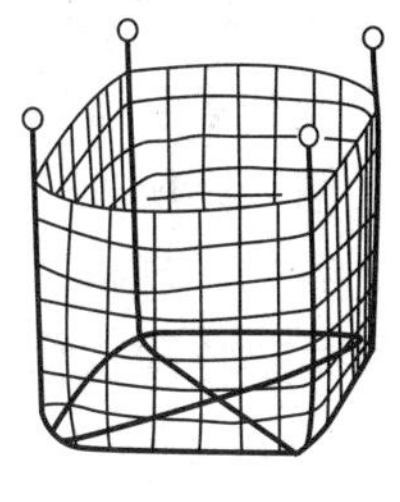

（b）箱式

图9-24　集装网

六、集装箱包装工艺

集装箱是一种综合性的大型周转货箱，也是集装包装产品的大型包装容器。集装箱运输具有其他运输方式不可比拟的优越性，已成为全球范围内货物运输的发展方向。

国际标准化组织ISO/TC 104集装箱技术委员会对集装箱定义为，能长期重复使用，具有足够的强度；途中转运，不移动容器内货物，可直接换装；可进行快速装卸，并可从一种运输工具直接方便地换装到另一种运输工具上；便于货物的装满和卸空；具有1m^{3}以上容积的运输容器。集装箱分类方法很多。按材质分为铝制集装箱、钢制集装箱和玻璃钢制集装箱。按结构分为柱式集装箱、折叠式集装箱、薄壳式集装箱和框架集装箱。按用途分为通用集装箱和专用集装箱。通用集装箱，即一般干货集装箱，是使用最广泛的集装箱，标准化程度很高，一般用于运输不需要温度调节的成件工业产品或包装件。专用集装箱是针对具体包装件或货物有特殊要求的集装箱，如散装集装箱、开顶集装箱、冷藏集装箱、保温集装箱、通风集装箱、侧壁全开式集装箱、板架集装箱、罐式集装箱、围栏式集装箱。

1. 集装箱包装工艺

集装箱包装工艺主要包括编制集装箱货物积载计划、选择运输方式和货运交接方式等。

（1）集装箱运输。它是一种具有足够的强度，可以保证商品运输安全，并将货损与货差减少到最小限度的运输方式。从 1956 年起，国外集装箱运输就由陆地运输发展到了水路运输。集装箱运输具有其他运输方式不可比拟的优越性，已成为全球范围内货物运输的发展方向。这种运输方式可节约包装材料，简化货运作业手续，提高装卸作业效率，减少运营费用，降低运输成本，便于自动化管理。但是，集装箱具有投资大，必须有相应的运输工具和专用码头、泊位以及装卸机械等配套设备。集装箱运输只有在货物流量大、稳定集中，并且能实现公路、水路和铁路“多式联运”，以及从生产企业到零售商店或消费者的“门到门”运输，才能充分发挥其优势，提高运输效率。

（2）装货积载。集装箱的装货积载是指同种货物在集装箱内的堆载形式与重量、不同货物配载的堆载形式以及总重量配比关系。集装箱运输要减少甚至消除货损，在很大程度上取决于集装箱内的积载，因此，集装箱运输必须编制集装箱货物积载计划。编制集装箱货物积载计划时，应主要考虑以下三个问题：

①容积和重量的充分利用。必须熟悉各种集装箱的规格及特性，集装箱容积利用率的计算方法以及货物密度与集装箱容积的关系。

②一般货物配载问题。主要是货物积载重心要低且稳，货物之间相容性要好。

③特殊货物配载问题。特种货物主要指重货和危险货物。特重货物的配载要注意积载的平衡和集装箱容积的充分利用。危险货物按规定一般不准配载。需配载时，应按危险货物运输规则所列的性能进行配载。严禁配载性能不同的危险货物。危险货物的装箱，其性能、容积、规格、储存、积载、标签等，均要符合有关危险货物的运输包装要求。此外，水路运输危险货物的集装箱必须装在船舶舱面的指定位置。

（3）运输形式。集装箱的运输形式可以采用整装货运输和拼箱货运输。整装货运输一般是一批货物达到一个或一个以上集装箱内容积的 75% 或集装箱承载量的 95%，由发货主在其货舱或工厂仓库装箱。集装箱装满后用卡车或其他运输工具运到内地仓库（第一枢纽站），再利用集装箱专用列车运到集装箱码头（第二枢纽站），然后进行海上运输等。拼箱货运输是一批货物不足整箱货的容积或承载量，这些货物由发货主先集中到内地仓库（第一枢纽站），再由仓库根据货物的流向、特性和重量等，把到同一目的地的货物拼装在一个集装箱，然后再用专用列车运到集装箱码头（第二枢纽站），然后进行海上运输等。

（4）货运交接方式。集装箱货运的交接方式有“门到门”、“门到场”、“门到站”、“场到门”、“场到场”、“场到站”、“站到门”、“站到场”、“站到站”九种，具体如下。

①“门到门”交接方式。由发货人货舱或工厂仓库至收货人的货舱或工厂仓库。

②“门到场”交接方式。由发货人货舱或工厂仓库至目的地或卸箱港的堆场。

③“门到站”交接方式。由发货人货舱或工厂仓库至目的地或卸箱港的集装箱货运站。

④“场到门”交接方式。由起运地或装箱港的堆场至收货人的货舱或工厂仓库。

⑤“场到场”交接方式。由起运地或装箱港的堆场至目的地或卸箱港的堆场。

⑥“场到站”交接方式。由起运地或装箱港的堆场至目的地或卸箱港的货运站。

⑦“站到门”交接方式。由起运地或装箱港的集装箱货运站至收货人的货舱或工厂仓库。

⑧“站到场”交接方式。由起运地或装箱港的集装箱货运站至目的地或卸箱港的堆场。

⑨“站到站”交接方式。由起运地或装箱港的集装箱货运站至目的地或卸箱港的集装箱货运站。

2. 集装箱的搬运与固定

（1）搬运方式。集装箱的搬运分叉举、起吊两种方式。叉举是指采用叉车进行集装箱搬运装卸，故要求集装箱一般设有相应的叉槽结构，而且要求叉车的叉臂插入叉槽内的深度必须达到集装箱宽度的2/3以上。起吊是指采用起重机进行集装箱搬运装卸。用起重机起吊包括顶角件起吊、底角件起吊和钩槽抓举起吊三种方式。

（2）固定方法。集装箱可装载的货物种类很多，包装方法也不相同，既使是同一规格的包装产品，装箱后也不一定100%利用箱内容积。对于重荷装载，则可能留有更大的剩余空间。如果集装箱内货物固定不良，则这些情况会导致货物不能承受装卸、运输过程中的冲击与震动，造成散垛、货物破损。因此，需要对集装箱内的货物加以固定，以减少货损。常用的固定方法是拴固带固定法和空气袋塞固法。当集装箱内的货物较少时，可选用拴固带固定法，把拴固带的钩头插入集装箱的导轨插孔里，把带扣拉紧扣牢，以固定货物。当集装箱内的货物不满又不便采用拴固带时，可选用空气袋塞固法，即利用空气袋填充货物装载后形成的间隙，并利用充气膨胀将货物挤紧固定。这种固定方法既可以防止货物相对移动，又可以减轻装卸、运输过程中的冲击与震动。空气袋在充气和放气时，具有很大的伸缩范围，对紧固和装卸作业都很方便。利用空气袋取代传统的方木、木片等填充材料，可节约大量的材料费用和紧固作业时间，并避免了填充材料对紧固作业环境的污染。

第三节　危险品包装工艺

本节主要介绍危险品的包装设计要求以及包装工艺。

一、危险品包装要求

凡是具有爆炸、易燃、毒害、腐蚀和放射性等性质，在铁路运输、装卸、贮存保管过程中，容易造成人身伤亡和财产损毁而需要特别防护的货物，均属于危险货物或危险品。

国际海事组织（IMO）发布的《国际海上危险货物运输规则》，简称国际危规。在国际危规中，危险货物包装级别分为Ⅰ类、Ⅱ类、Ⅲ类三种类型，Ⅰ类是最大危险货物，Ⅱ类是中等危险货物，Ⅲ类是较小危险货物。《国际海上危险货物运输规则》《危险货物及危险货物包装检验标准基本规定》《公路运输危险货物包装检验安全规范性能检验》《水路运输危险货物包装检验安全规范性能检验》《铁路运输危险货物包装检验安全规范性能检验》《空运危险货物包装检验安全规范性能检验》等文件中，对每种危险货物的特性、注意事项、包装、标志和堆码要求都作了规定，还给出了危险货物的垂直冲击跌落试验、防渗漏试验、液压试验、堆码试验、制桶试验五项试验方法，且内容和要求基本相同。

危险品包装必须根据危险品的种类特点，按照有关法令、标准和规定专门设计制造，并依照产品包装技术要求制定和执行质量控制程序，如明确岗位责任、监督检查办法等。对于易燃、易爆、剧毒、放射性产品，必须严格执行包装技术与方法，保证安全运输。易爆品的包装主要应防止产品发生爆炸。有毒品包装主要应防止产品渗漏、泄漏而造成对人体的危害和对环境的污染。放射性产品包装主要应防止产品向外辐射而造成对人体的危害和对环境的污染。在危险品包装设计过程中，技术人员必须严格按照有关标准和规定进行设计。如果既无国内标准，也没有国际标准可以参考，则必须严格分析可能使用的流通环境条件，从最恶劣、最严酷的条件及其参数出发进行包装设计。

二、危险品包装工艺

1. 易爆产品包装

对于军工产品中的弹药、火药、炸药、引信或电子引信、火工品等易爆产品的包装，必须对环境条件认真研究分析，根据运输条件查出或确定跌落高度、运输工具的加速度、频率谱线、堆玛高度、温湿度范围、陆地地面环境、海面和海洋大气环境以及在 80km 高空的大气环境、气压变化范围等，并合理选择相应的内、外包装材料。在包装技术方法的选择中，应根据产品特性，选择阻燃隔热材料以防止日光照射或热辐射作用；采用真空或充气内包装以防止氧化作用；采用密封性好的材料进行防水或防潮包装；内加干燥剂或涂布防锈油以防止锈蚀、腐蚀或霉变；在内包装之外再使用缓冲材料以防止冲击或振动。外包装箱应坚固，以适应战地运输需要，同时也要防止啮齿类动物的损坏。如果包装电子引信或其他电子产品，还应采取场强屏蔽技术，以防止静电场、电磁场、磁场和辐射场的作用。如果产品内包装的相对湿度下降到某种程度时，可能使产品与包装材料之间在流通过程中发生摩擦而引起爆炸，则应采取一些包装技术使内包装保持在一定的湿度范围。图 9－25 是国军标 GJB 145《防护包装规范》中 V－1 方法给出的易爆品包装的实际应用。

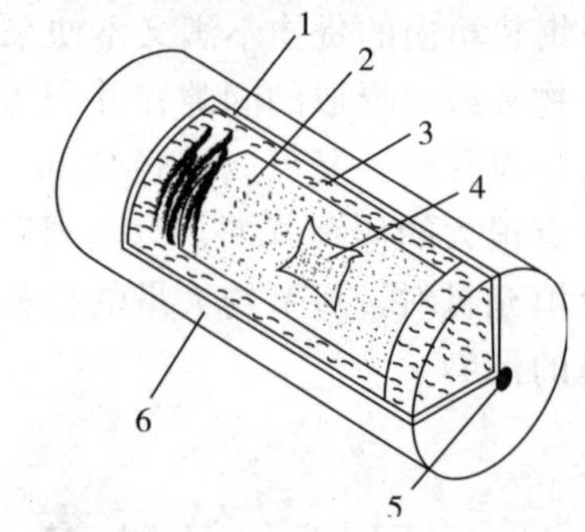

图 9－25　GJB 145 中 V－1 方法

1－防护剂；2－无腐蚀隔离材料；3－缓冲材料；4－干燥剂；5－温度指示；6－刚性金属容器

2. 放射性产品包装

对于放射性产品的包装，必须选择能屏蔽掉或使放射线衰减到对人体或环境无害的包装材料及其技术方法。通常在内包装或内包装外面增加一个一定厚度的金属铅或铅制的防辐射隔离层；外包装通常使用金属箱、金属桶等包装容器，而且密封要好，要牢固。为了防水、防潮、防氧化、防腐蚀等，应合理选择内、外包装材料或采取相应的技术方法。若使用塑料类或复合材料包装，还应保证这类材料受辐射后不产生裂解，不影响封口质量、密封性和牢固度。

3. 有毒产品包装

对于有毒产品的包装，主要应保证包装的坚固性，即在流通过程中不发生破损、渗漏和渗透。因此，内、外包装材料必须具有优良的气密性，防潮、防水，抗腐蚀性良好，不与毒性物质发生化学反应。这类危险品包装之后必须按照国家标准所规定的相关内容进行各种试验，如 GB 19270.2《水路运输危险货物包装检验安全规范性能检验》、GB 19269.2《公路运输危险货物包装检验安全规范性能检验》、GB 19359.2《铁路运输危险货物包装检验安全规范性能检验》、GB 19433.2《空运危险货物包装检验安全规范性能检验》等。危险品包装完全合格后才能投入正常使用。为了在储运中保证安全，在外包装上必须按照国家标准 GB 190《危险货物包装标志》、GB 191《包装储运图示标志》加印危险货物包装标志和包装储运图示标志，并保证在储运期内不脱落。

1. 冲击与震动防护包装有哪些主要作用？
2. 何谓全面缓冲包装、局部缓冲包装和悬浮式缓冲包装？它们的主要区别有哪些？
3. 在冲击与震动防护包装中，常用的特殊防护包装工艺有哪些？
4. 平板显示产品缓冲包装中有哪些实用方法？
5. 捆扎集装工艺有哪些特点？常用哪些包装材料？
6. 托盘包装有哪些特点？如何堆码、固定？
7. 集装架包装工艺有哪些特点？常用哪些包装材料？
8. 集装袋包装工艺有哪些特点？常用哪些包装材料？
9. 集装网包装工艺有哪些特点？常用哪些包装材料？
10. 集装箱装货积载应考虑哪些因素？
11. 集装箱的货运交接方式有哪些？
12. 集装箱如何搬运和固定？
13. 以易爆产品、放射性产品和有毒产品为例，说明危险品包装有哪些要求？

第十章　化学防护包装工艺

化学防护包装是为防止或减弱被包装物品在流通过程中因化学或生物化学反应而发生品质变化所采用的包装技术，包括防锈包装、真空包装与气调包装及活性包装与智能包装等。

第一节　防锈包装工艺

一、防锈包装的等级和种类

金属制品表面因大气锈蚀，会变色、生锈、降低使用性能，造成产品价值降低以致失效。为隔绝或减少大气中水气、氧气和其他污染物对金属制品表面的影响，防止发生大气腐蚀，而采用的包装材料和包装技术方法称为防锈包装或封存包装。

防锈包装与金属冶炼和制品加工中的防锈技术不同，因为用包装封存方法防锈是暂时性防锈，在包装件内装物品投入使用时，防锈包装材料还要求能顺利除去。不过防锈包装的有效期可由数月至数年，对金属制品的储运与销售仍有重要意义。

1. 防锈包装工艺内容

①防锈包装前金属制品的清洁和干燥。

②防锈封存包装。用防锈材料对金属制品表面进行处理与包封。

2. 防锈包装等级

防锈包装等级分为三级，如表 10－1 所示。

表 10－1　防锈包装等级

级　别	防锈期限	要　　求
1 级包装	3～5 年内	水蒸气很难透入，透入的微量水蒸气被干燥剂吸收。产品经防锈包装的清洗、干燥后，产品表面完全无油污、水痕
2 级包装	2～3 年内	仅有部分水蒸气可透入。产品经防锈包装的清洗、干燥后，产品表面完全无油污、汗迹及水痕
3 级包装	2 年内	仅有部分水蒸气可透入。产品经防锈包装的清洗、干燥后，产品表面无污物及油迹

3. 防锈包装方法分类

我国 GB 4879—1999 对防锈包装方法分类如下：

B1　一般防潮、防水包装
B2　防锈油脂的包装
B2－1　涂覆防锈油脂
B2－2　涂防锈油脂，包覆防锈纸
B2－3　涂防锈油脂，塑料袋包装
B2－4　涂防锈油脂，铝塑薄膜包装
B3　气相防锈材料包装
B3－1　气相缓蚀剂包装
B3－2　气相防锈纸包装
B3－3　气相塑料薄膜包装
B4　密封容器包装
B4－1　金属刚性容器密封包装
B4－2　非金属刚性容器密封包装
B4－3　刚性容器中防锈油浸泡的包装
B5　密封系统的防锈包装
B6　可剥性塑料包装
B6－1　涂覆热浸型可剥性塑料包装
B6－2　涂覆溶剂型可剥性塑料包装
B7　贴体包装
B8　充氮包装
B9　干燥空气封存包装
B9－1　刚性容器干燥容器封存
B9－2　套封包装

二、防锈包装中产品的清洗与干燥

被包装产品的清洗与干燥是防锈包装的准备工序。

（1）清洗方法。

①溶剂清洗法。在室温下，将产品全浸、半浸在规定的溶剂中，用刷洗、擦洗等方式进行清洗。大件产品可采用喷洗。洗涤时应注意防止产品表面凝露，并应注意安全。

②清除汗迹法。在室温下，将产品在置换型防锈油中进行浸洗、摆洗或刷洗。高精密小件产品可在适当的装置中用温甲醇清洗。

③蒸气脱脂清洗法。用卤代烃清洗剂，在蒸气清洗机或其他装置中对产品进行蒸气脱脂。此法适用于除去油脂状的污染物。

④碱液清洗法。将产品在碱液中浸洗、煮洗或压力喷洗。

⑤乳液清洗法。将产品在乳液清洗液中清洗或喷淋冲洗。

⑥表面活性剂清洗法。制品在离子表面活性剂或非离子表面活性剂的水溶液中浸洗、泡刷洗或压力喷洗。

⑦电解清洗法。将产品浸渍在电解液中进行电解清洗。

⑧超声波清洗法。将产品浸渍在各种清洗溶液中，使用超声波进行清洗。

（2）干燥方法。

①压缩空气吹干法。用经过干燥的清洁压缩空气吹干。

②烘干法。在烘箱或烘房内进行干燥。

③红外线干燥法。用红外灯或远红外线装置直接进行干燥。

④擦干法。用清洁、干燥的布擦干，注意不允许有纤维物残留在产品上。

⑤滴干、晾干法。用溶剂清洗，表面活性剂清洗或置换型防锈油清洗的产品，可用本法干燥。

⑥脱水法。用水基清洗剂清洗的产品，清洗完毕后，应立即采用脱水油进行干燥。

三、防锈包装材料与方法

在防锈包装中，防锈油脂包装、气相防锈包装和可剥性塑料包装是暂时性防锈的三大防锈材料与方法。此外，套封包装常用于军械防锈包装，也一并讨论。

1. 防锈油脂包装（B－2）

将防锈油脂涂覆于金属制品表面，然后用石蜡纸或塑料袋封装，称防锈油脂包装。此法材料易得、使用方便、价格较低且防锈期可满足一般需要，是应用最早、使用最广泛的防锈方法，常用于钢铁、铜铝及其合金镀件、氧化及磷化件以及多种金属组件的防锈。而且产品涂油还能起到一定的防止划伤和减震作用。

（1）防锈油脂的组成。防锈油脂以矿物油为基体，加入油溶性缓蚀剂和辅助性添加剂组成。

矿物油脂虽然对大气中水分和氧有一定隔绝作用，但效果不够理想，只有添加缓蚀剂才有满意的效果。常用的缓蚀剂有石油磺酸盐、硬脂酸铝、环烷酸锌、氧化石油蜡、羊毛脂及其衍生物，以及有色金属防锈常用的苯并三氮唑等。

缓蚀剂的防锈作用机理可简单解释为：①缓蚀剂在金属表面的化学吸附，降低了金属表面化学活性；②缓蚀剂降低水滴在油膜上的表面张力，因而降低水滴穿透油膜到达金属表面的能力；③缓蚀剂能将金属表面吸附水置换出来。

（2）防锈油脂的分类。防锈油脂可分为防锈脂与防锈油两大类。

①防锈脂。防锈脂是在常温下呈膏状的油脂材料。它的成膜材料主要由润滑油和工业凡士林组成，另外加入缓蚀剂、抗氧剂和分散剂等构成防锈脂。

②防锈油。防锈油是在矿物油中加入油溶性缓蚀剂和其他添加剂配制而成。它的黏度不高，涂覆方便，但油层薄，一般只能作短期防锈。

（3）防锈油脂的刷涂方法。防锈脂用热浸涂或刷涂。即将防锈脂加热熔化至流动状态，然后将清洗干燥的金属件浸涂或刷涂。刷涂后待金属件冷却，再用石蜡纸或塑料袋封装。包装件解封后，要去除金属表面油脂比较麻烦。

防锈油可方便地用浸涂或刷涂，然后用塑料袋封装。

封存用的塑料袋，应注意其与所用防锈材料的相容性。

2. 气相缓蚀剂防锈包装（B－3）

气相缓蚀剂（vapor phase inhibitor）简写为VPI，亦称挥发性缓蚀剂。它在常温下具有一定的蒸气压，在密封包装内能自动挥发到达金属制品表面，对金属起防止锈蚀的作用。气相防锈包装使用很方便，效果好、防锈期长，能用于表面不平，结构复杂及忌油产品的防锈，目前已得到越来越广泛的应用。

（1）气相缓蚀剂的性能要求。气相缓蚀剂材料必须具备以下性能：

①常温下能挥发，具有适宜的蒸气压和扩散能力。蒸气压过小，包装空间不能在较短时间内达到缓蚀剂有效浓度，则金属制品不能及时得到保护而锈蚀；蒸气压过大，缓蚀剂过快充满包装空间，但可能因密封不严或透气而较快损耗，又起不到长期防锈效果。因此缓蚀剂蒸气压以适中为好，一般在0.013～0.133Pa。

②与水作用时，能分解出具有缓蚀作用的基团，这些基团的防锈能力强，同时对金属材料又不腐蚀。这些基团包括NO_2^-、CrO_4^{2-}、OH^-、PO_4^{3-}、$C_6H_5C_0O^-$，以及带NO_2^-、$-COOH$、$-NH_2$的有机化合物和能电离出有机阳离子的化合物等。这些基团可能在金属表面起钝化阳极作用，或吸附在金属表面而形成憎水性膜，或与金属形成稳定络合物等，抑制了电化学作用。

③在水或溶剂中具有一定的溶解度，可制成防锈纸或防锈塑料使用。同时还应具有较好的化学稳定性，在一般光、热作用下不会分解失效，不会生成有害物质等。

（2）气相缓蚀剂的种类及其作用机理。气相缓蚀剂多半可归类为铵类、有机胺类及含氮有机化合物与酸形成的化合物等。气相缓蚀剂有几十种，我国目前使用的气相缓蚀剂及一些缓蚀剂的蒸气压可参阅有关手册。

应当强调指出：金属制品因材料不同，所用缓蚀剂也应不同。气相缓蚀剂配方种类很多，并且都有一定适应性，要经试验后仔细选用。一般钢铁制品常用气相缓蚀剂为亚硝酸二环己胺和碳酸环己胺，有色金属制品常用苯并三氮唑，下面予以简要讨论。

①亚硝酸二环己胺（VPI－260）。它自20世纪40年代开始应用，长盛不衰，目前仍在大量使用，可认为是气相缓蚀剂的代表。其化学式为$(C_6H_{11})_2NH \cdot HNO_2$，一般是在二环己胺的磷酸盐溶液中加入钾、钠或铵的亚硝酸盐而得。它是白色的结晶状物，熔点为178～180℃，能溶于水和有机醇中，它的蒸气压极低，21℃时只有0.013Pa（10^{-4}mmHg），消耗慢，防锈能力可保持较长时间。在实际使用中，一般与其他挥发快的缓蚀剂混用。

亚硝酸二环己胺在常温下气化挥发，到达金属制品表面与其表面附着的水发生水解反应，生成有机阳离子基团并吸附在金属表面，使表面钝化，降低腐蚀速度。在实际使用中，一般密封包装1m^3货物需35gVPI－260，防锈期可达10～15年。

亚硝酸二环己胺对黑色金属有良好的防锈能力但对铜及其合金、铝、镁、锌等金属则促进腐蚀；对塑料、橡胶有相容性。它有弱致癌性，要加强防护。

②碳酸环己胺（CHC）。它是一种优良的钢铁常用气相防锈剂，它主要由环己胺与二氧化碳化合而成。化学式为$(C_6H_{11}NH_2)_2 \cdot H_2CO_3$，它是白色结晶体，熔点为110.5～111.5℃，有氨味，无毒，易溶于水和有机溶剂中，它的蒸气压较大，25℃时为53.32Pa（0.4mmHg），同温下较VPI－260大，它挥发快，易消耗，防锈期较短，常与VPI－260混合使用。一般1m^3包装空间只用0.5～10g即能有效防锈。

碳酸环己胺对钢铁有良好的防锈性能，对铸铁、铝、钢的镀铬、镀锡层及黄铜上的铜焊层等有保护作用，但对铜、镁则加速腐蚀；与塑料、橡胶有相容性。

③苯并三氮唑（BTA）。它一般由邻苯二胺在硝酸存在下产生重氮化而生成，化学式为$C_6H_5N_3$，它为浅黄色或淡褐色结晶粉末，有轻微气味，熔点为95～98℃，易溶于水及极性有机物中，在30℃下蒸气压为5.33Pa（0.04mmHg），但在100℃时蒸气压则为13.33Pa（0.1mmHg）。

当铜和吸附在其表面的 BTA 水溶液作用时，生成络合物皮膜（$C_6H_4N_2 \cdot N)_2 \cdot Cu$，这种皮膜为链状聚合物，成为有效阻止介质对铜腐蚀的阻隔层。

BTA 的防锈性能很好，在 0.1% 的 BTA 汽油溶液或酒精溶液中处理铜及铜合金 2min，就可以形成保护膜防止变色和生锈。用 1% ~5% BTA 处理过的包装纸包装铜及其合金件，具有长期防锈效果。它特别适合在潮湿条件下或 SO_2 气氛中铜及其合金件的防锈包装。

BTA 对其他金属相容性较好，不会引起其他金属腐蚀。与铬酸盐相比，BTA 属于无毒性防锈剂，因此应用广泛。

（3）气相缓蚀剂的使用。各种配方的气相缓蚀剂可按以下形式使用：

①气相缓蚀剂粉末。将气相缓蚀剂粉末直接喷洒于金属件表面，或装入透气纸袋内，或压成丸片放于物品周围。用量约为 50 ~400g/m³。

②气相防锈纸。将溶解于水或溶剂中的缓蚀剂涂布于中性包装纸上，晾干即得，一般涂布量 5 ~10g/m²。涂布液还可加入骨胶（黏合剂）、六偏磷酸钠（扩散剂）及防霉剂等。气相防锈纸可分置于包装件周围或用来包装制品，然后用石蜡纸或塑料袋密封包装。各种气相防锈纸可查阅有关手册。

③气相防锈塑料。将气相缓蚀剂施与塑料薄膜或泡沫塑料中，然后将金属件包封。

④气相缓蚀剂溶液。将气相缓蚀剂直接浸涂或喷洒在金属件上；或浸泡缓冲材料，然后用石蜡纸或塑料薄膜包封。

（4）气相缓蚀剂在使用时的注意事项。

①不同金属材料应用不同的气相缓蚀剂。金属制品为多种金属组件时，则应选用对多种金属均能适应的缓蚀剂。

②气相缓蚀剂的用量。因包装材料、包装方法和防锈期要求不同而异。一般 VPI－260 用量为 35g/m³，CHC 为 10g/m³。也可用经验公式估算：

$$Q = K\ (T \cdot V \cdot q_0)$$

式中 Q——防锈剂用量，g；

q_0——容器内饱和气相防锈剂量，一般为 1g/m³；

V——25℃时一年内漏损防锈剂量，一般木箱为 9.6g/a；

T——安全系数，一般为 1.5 ~2。

③被保护表面与缓蚀剂源之间距离一般不宜大于 30cm。

④密封包装可减少缓蚀剂损耗而延长防锈期，但要注意密封材料与气相缓蚀剂的相容性。不同的密封包装材料、防锈期不同，具体数据如表 10－2 所示。

表 10－2 密封包装材料与防锈期

密封材料	防锈期	
	室内（13 ~21℃，风速 <1.6km/h）	室外遮盖（4 ~21℃，风速 4.8 ~16km/h）
牛皮纸	1 年左右	
浸蜡牛皮纸	2 ~4 年	1 ~1.5 年
沥青纸	2 ~5 年	2 ~2.5 年
塑料薄膜	5 ~10 年	
铝箔及铝塑薄膜	10 年以上	7.5 ~10 年

⑤温度过高（如大于60℃），湿度过高（如大于85%RH），都会影响防锈效果。

⑥气相防锈剂对汗液无效，故包装件在防锈前必须清洁，包装时应戴手套和口罩。

3. 可剥性塑料包装（B－6）

可剥性塑料是以塑料为基本成分，加入矿物油、防锈剂、增塑剂、稳定剂以及防霉剂和溶剂配制而成的防锈材料。它涂覆于金属表面可硬化成固体膜，具有良好的防止大气锈蚀的作用；同时膜层柔韧有弹性，也有一定的机械缓冲作用。由于固体膜被一层油膜与金属件隔开，启封时很容易从金属表面剥下，故称为可剥性塑料封存包装。它于20世纪40年代就在军工产品的防锈包装上使用，现已广泛应用于工具、汽车、飞机、造船业等金属制品的防锈包装上。可剥性塑料有热熔型与溶剂型两大类。

（1）热熔型可剥性塑料。

①主要组成。热熔型可剥性塑料是由乙基纤维素或醋酸纤维素与其他物质配制而成。

乙基纤维素耐碱及弱酸，有较高的化学稳定性；耐热性能好，分解温度为200～270℃；固体膜透明柔韧，有足够的强度和较大的延伸性；有优良的耐寒性。一般用乙氧基为48%～49.5%的乙基纤维素，此时软化点及熔点最低，黏度在0.05Pa·s左右。

醋酸纤维素成膜性能好，不易燃烧；膜层柔韧，耐冲击、耐水、耐候性能良好；但熔融时有恶臭，颇不受欢迎。一般用含醋酸纤维素36%以上的，性能会好一些。

②涂覆方法。金属件清洗干净后，用铝箔或胶带封堵小孔、缝隙、深凹等处。如为组合件，非金属部分同法处理。然后将金属件浸入熔融塑料液中（约180～195℃），涂覆3～10s，提出冷却后即固化成膜。悬挂用的金属丝或尼龙线割断后，用塑料将断头封于膜层中。浸涂温度与时间应根据实际情况给予调节。膜层厚度控制在1.0～2.0mm。

③特点。

A. 膜层可隔绝外界介质对产品的影响，且能从膜层中渗出防锈油液，具有优良的防锈效果。保护膜在－40～60℃内都具有防锈效果。

B. 透明美观，内装物容易辨认检查。

C. 包封操作简单，拆封方便，膜层材料可回收利用。

D. 要在高温下熔化涂覆。

（2）溶剂型可剥性塑料。

①主要组成。溶剂型可剥性塑料是以乙烯树脂为成膜剂，加入添加剂，用适当溶剂配制而成。把它涂覆于金属表面，待溶剂挥发后即形成有防锈性能的固体膜。

常用的乙烯树脂有聚氯乙烯、过氯乙烯、聚苯乙烯和醋酸乙烯－氯乙烯共聚体等。

聚氯乙烯成膜性能好，耐化学性好，不易燃烧，但在光、热作用下易分解并放出有害的HCl气体。与醋酸乙烯共聚后，耐化学性、成膜性及机械强度改善，但热稳定性下降。过氯乙烯含氯高，易分解释放出HCl气体，但成膜性好、强度高，且常温下能溶于多种溶剂，实用性较强。

②涂覆方法。金属件经清洗、干燥，并用铝箔或胶带封堵小孔、缝隙和深凹处后，可用喷涂、刷涂、浸涂或淋涂等方法将塑料液涂覆于物体之上。

③特点。

A. 常温下能涂覆，操作方便，适用于不易涂覆的大型部件及机械，价格较便宜，应用较广。

B. 膜层较薄，一般只有0.2～0.75mm，但膜层中可能有气泡，故防锈能力不如热熔型，主要用于短期防锈。

④涂覆时注意事项。涂覆时应注意通风，涂覆件应避免与有机溶剂接触，并避光和热以防膜层老化。

4. 套封防锈包装（B9－2）

将金属制品密封于包装或一定空间内，使其处于低湿或无氧状态，以防金属件被大气锈蚀的方法，称为环境封存防锈。这类方法有：充氮包装、干燥空气封存－封套包装、茧式包装、脱氧剂封存包装等。

环境封存防锈包装适用于含有多种金属或非金属材料的金属制品，或形状结构复杂又不宜解体的包装。这里只介绍封套包装。

所谓封套包装，是指将金属件放入一密封套内，并放入干燥剂或气相防锈剂，然后在口部用拉链密封的防锈包装方法。拉链启闭灵活，便于检查和使用，但防锈期较短，一般只有2～3年，特别适用于运输途中的短期防锈包装。坦克、装甲车、火炮、鱼雷和枪械等军工产品经常采用封套包装。

封套形状一般与被包装物相仿，相当一件外套，因此应采用柔性材料，且具有良好的气体、湿气阻隔性和较高的强度，一般用复合材料制造，如PVC/PET网布/PVC、PVC/PVDC/PA网布及PE编织复合膜等。口部拉链可用米牙型金属密封拉锁或条型塑料密封拉锁。

套封包装应用用干燥剂，一般用细孔变色硅胶或蒙脱石干燥剂，干燥剂用量可参照第十二章第一节讲述的防潮包装中推荐的经验公式计算。干燥剂应用透气纸袋、布袋或细孔金属容器装好，放入封套中密封。非密封包装使用干燥剂反而促进吸湿，因此禁用。干燥的硅胶是蓝色的，吸湿后变为粉红色，应及时更换，并可烘烤后重复使用。

四、防锈包装方法的选用及实例

防锈包装种类较多，应根据产品性质、储运条件和储存期予以选用。

在储运条件方面应考虑的因素有：

①到达运输终点的距离与时间。

②运输过程与终点的气候条件，是否高温多湿、海滨或极寒等。

③装卸次数，装卸设施；储存期长短及储存条件。

④所用包装容器是用于批发、零售，还是储存。

⑤包装费用。

表10－3是几种防锈封存包装方法的比较，供选用时参考。

表10－3　几种封存包装方法的比较

特征	水剂防锈	油料防锈	气相防锈	可剥性塑料防锈	干燥空气封存	充氮封存	茧式包装
对机械制件大小的限制	一般不适于很大的工件	不限	不限	一般不适用于很大的制件	不限	不限	不限
对机械制件结构的限制	不适用于结构很复杂、特别是有深孔的制件	硬膜防锈油不适用于结构很复杂的制件	不限	不适用于结构很复杂、特别是有深孔的制件	不限	不限	不限

续表

特征	水剂防锈	油料防锈	气相防锈	可剥性塑料防锈	干燥空气封存	充氮封存	茧式包装
对机械制件材质的限制	应注意对非铁金属的适应性	应注意对非铁金属及非金属的适应性，不能用于忌油产品	应注意对非金属及非铁金属的适应性	应注意对非铁金属的适应性	不限	不限	不限
对机构制件表面预处理的要求	水剂清洗液洗净，表面亲水	清洁干燥	清洁干燥可涂以防锈油	清洁干燥	清洁干燥、施用或不施用防锈材料	清洁干燥，施用或不施用防锈材料	清洁干燥
需要的包装	防锈纸或塑料薄膜包装或采用一定容器做全浸式包装	耐油纸、塑料薄膜包装或采用一定容器做全浸式包装	除直接用气相纸包装，可不加密封包装外，应予一定密封	一般可省去内包装	金属容器或气密性封套	金属容器或气密性封套	简单外包装，内用干燥剂
施用工艺是否复杂	简单	简单	简单	较复杂	简单	较复杂	复杂
需要的特殊装备	可使用清洗、涂覆、包装的联合装置	可使用清洗、涂覆、包装的联合装置	可使用清洗、涂覆、包装的联合装置	可不需要	封焊金属容器或封套的工具	充氮装置及封焊工具	喷涂机
启封是否方便	方便	用厚油时不方便	方便	方便	方便	方便	
封存期限	数月至一年	不加外包装1～3年	加密封外包装3～5年	一年以上	根据包装材料而定可达5～10年	5～10年或更长	5年以上

由于金属制品种类繁多，不可能有标准的防锈包装工艺可以套用，只能根据具体要求及条件参考有关手册酌定。

下面以光学仪器防锈包装为例，介绍其包装工艺。如表10－4所示。

表10－4 光学仪器防锈包装工艺

工序名称	工 艺 要 求
零件加工中	使用有防锈性的切削液
热处理后防锈	喷砂法：喷砂→防锈水或防锈油防锈；清洗法：水冲洗→非离子型金属清洗剂清洗→水冲洗→防锈水或防锈油防锈
工序间防锈	碳氢系溶剂两道清洗→防锈水、防锈油、气相纸或气相盒防锈
涂装过程非涂装面防锈	溶剂汽油清洗→硬膜稀释型防锈油→涂装后除油膜清洗→防锈水或防锈油防锈
在制品、备件库防锈	溶剂汽油两道清洗→根据防锈期要求选用防锈油、气相纸或气相柜防锈
半成品库	两道溶剂汽油清洗→储存防锈 3个月以内的，室温涂刷防锈油脂；3个月以上的用防锈油脂防锈，并以苯甲酸钠纸遮盖或包装或干燥封存或浸入防锈油等
装配过程防锈	两道溶剂汽油清洗→用柔软中性纸抹干→室温涂刷防锈润滑油、阻尼润滑油
成品封存包装	两道溶剂汽油清洗→柔软中性纸抹干→裸露金属面涂防锈油料→苯甲酸钠防锈纸或塑料复合纸包装
产品装箱	支撑：紧固部分如遇精加工面，先涂刷防锈油脂→覆盖防锈纸→毛毡衬里→泡沫塑料衬垫。充氮封存：产品装入塑料或铝塑衬套→抽气充氮→粘胶带封口或热焊封口（套内放干燥剂500g/m^3）。光学玻璃组件：封套内加以防霉措施。装箱：装入木箱（木材含水量不超过15%），内衬油毛毡，沥青纸

第二节　真空包装与气调包装工艺

一、真空与气调包装的意义和发展

真空包装（Vacuum Packaging）是将产品装入气密性包装容器，抽去容器内部的空气，使密闭后的容器内达到预定真空度，然后将包装密封的一种包装方法。气调包装 MAP（Modified Atmosphere Packaging）或 CAP（Controlled Atmosphere Packaging）是指将产品装入气密性包装容器，通过改变包装内的气氛，使之处在与空气组成不同的气氛环境中而延长储存期的一种包装技术。或者说，是用脱氧或充气技术，除去包装体系中的氧，改善包装内产品周围的气氛，防止或减弱产品化学或生物化学反应发生，从而达到保护产品目的的一种包装技术。

真空包装，国外始于 20 世纪 40 年代，用于火腿、香肠包装。气调包装始于 20 世纪 50 年代的干酪包装，并于 20 世纪 70 年代得到发展。我国于 20 世纪 80 年代引入气调包装技术，用于茶叶充氮包装。目前，我国的真空包装和气调包装技术已获得广泛使用。

广义的气调包装也包含真空包装。它们有以下特点：

①内装物如食品不用加热或冷冻，不用或少用化学防腐剂，便能有较长的储存期，且食品风味保持较好。

②充气后包装饱满美观，克服了真空软包装缩瘪难看和容易机械损伤的缺点。

③与罐藏和冷冻储藏相比，包装材料和设备较简单，操作方便，费用较少。

但在应用上也有不足之处：

①真空包装抽真空后，软包装缩瘪不美观，不适合有尖锐外形产品及粉状产品的包装。

②气调包装所用的保护性气体一般为 O_2、CO_2 等气体，其对食品的保护作用有限；且因包装透气问题，不一定始终维持在最佳保护气氛中；此类包装对厌氧菌无效。因此，对食品来说，此类包装常与冷藏相结合，才可达到较好的效果。

③与罐藏相比，此类包装速度较慢，效率较低。

二、真空与气调包装原理和应用

实践证明，真空和气调包装的成功应用，取决于以下基本工艺要素：

①包装内气体成分的选择和包装储存温度的确定。

②高阻隔性包装材料的选用和包装容器的密封。

③包装方法和包装机械的选用。

下面侧重结合食品气调包装，介绍常用的气调包装工艺。

1. 保护性气体的作用和储存温度

前已述及，气调包装是指密封包装内产品四周维持有利产品储存的最佳气体成分的包装方法。这些气体有：CO_2、N_2、O_2、SO_2、CO 等。最常用的是：CO_2、N_2、O_2，下面予以讨论。

（1）氧气（O_2）。一般说来，大气中的 O_2 是食品氧化和嗜氧微生物繁育致腐的不利因素，包装时应予抽除。对于水分活性 A_W 在 0.88 以下的食品，除氧可大幅度延长食品储存期。A_W 较高的生鲜食品，除氧也有一定的保鲜效果。包装内 O_2 降至 0.5% 以下，才有杀灭霉菌的作用。图 10－1 是氧气浓度对霉菌发育的影响。

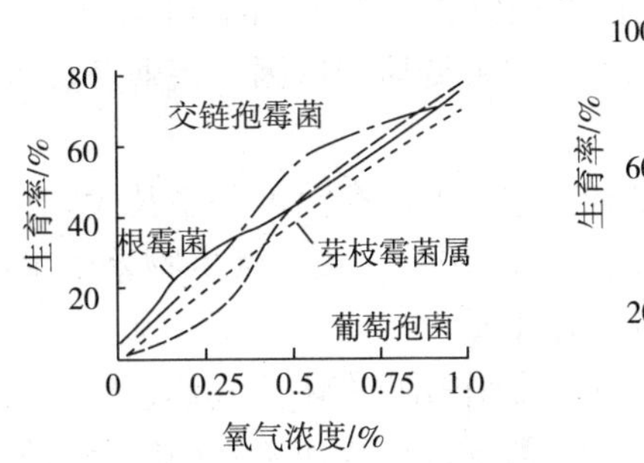

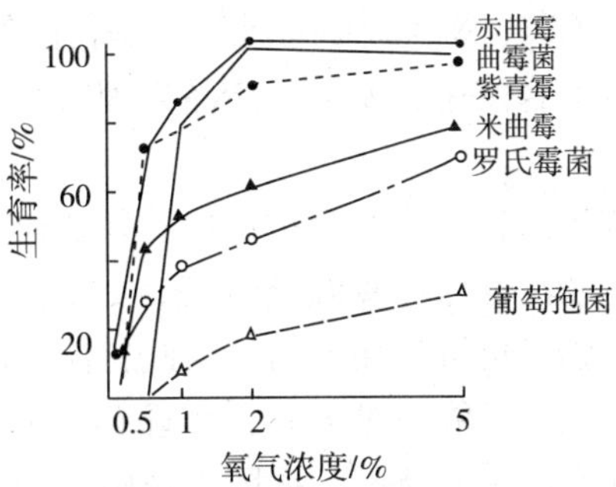

图 10-1　氧气浓度对霉菌发育的影响

此外，O_2 也是包装内虫害和金属制品大气锈蚀的不利因素，包装时应予抽除。

但是，新鲜肉气调包装中，则要充入高浓度 O_2（60%～80%），因为 O_2 可使肉红肌蛋白氧化成氧化肌红蛋白而维持肉的鲜红颜色，有利销售；同时高浓度 O_2 可破坏微生物蛋白结构基团，使其发生功能障碍而死亡。

在新鲜水果蔬菜的气调包装中，也要维持包装内有低浓度的 O_2（一般为 1%～6%），以降低果蔬呼吸强度而又不致产生缺氧呼吸（发酵）。

因此，O_2 在不同食品的气调包装中，作用与要求是不同的。

（2）氮气（N_2）。N_2 本身不能抑制食品微生物繁殖生长，但对食品也无害。N_2 只是作为包装充填剂，相对减少包装内残余氧量，并使包装饱满美观。

（3）二氧化碳（CO_2）。CO_2 是气调包装中用于保护食品的最重要的气体。CO_2 对霉菌和酶有较强的抑制作用，对嗜氧菌有“毒害”作用。高浓度 CO_2（浓度 >50%），对嗜氧菌和霉菌有明显的抑制和杀灭作用。但是 CO_2 不能抑制所有的微生物，如对乳酸菌和酵母无效。CO_2 对一些霉菌的作用如图 10-2、图 10-3 所示。

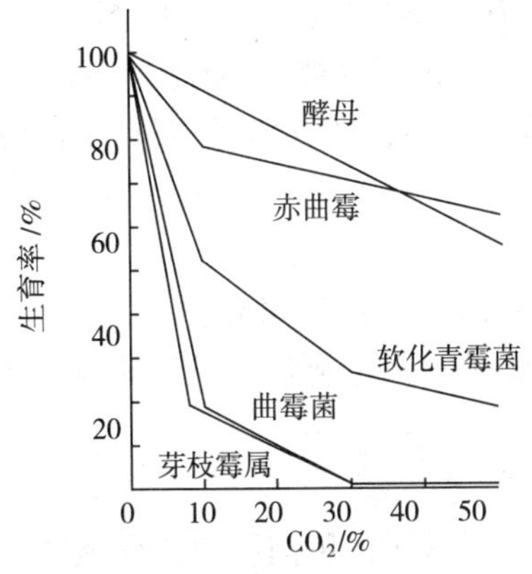

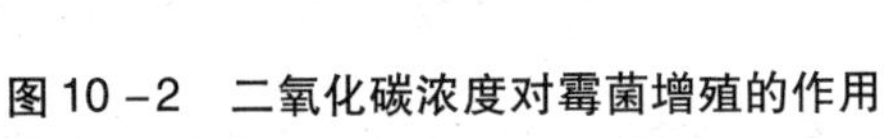
图 10-2　二氧化碳浓度对霉菌增殖的作用

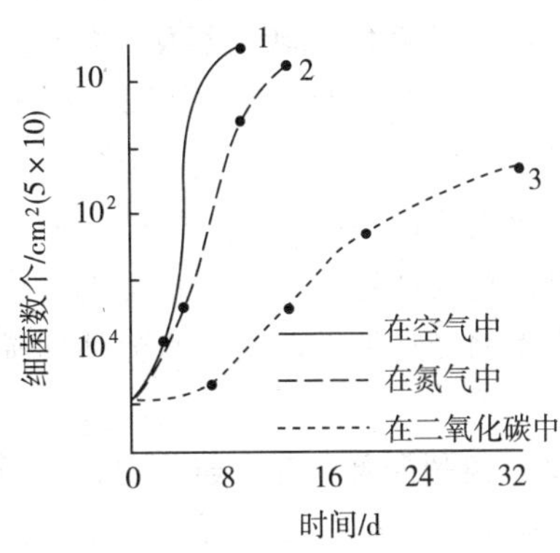

图 10-3　在 4℃储存猪肉的细菌数量增长

由于 CO_2 容易被食品中的水分和脂肪吸收使软包装塌瘪（假真空），或浓度过高引起食品有轻微酸味，因而常掺混一定比例 N_2 使用。

对于新鲜水果蔬菜包装，高浓度 CO_2 可钝化果蔬呼吸作用而延长储存期，但浓度过高又会使植物细胞“中毒”而败坏。一般 CO_2 使用浓度为 1%～10%，不可高于 12%，具体比例视果蔬品种而定。

总结以上 CO_2、N_2 和 O_2 三种气体是目前气调包装中最常用的气体。它们是单独使用，或以最佳比例混合使用，要考虑产品生理特性、可能变质的原因和流通环境等因素，经过实验来确定。

应当强调指出，气体的保护作用效果如何与包装的储存温度关系甚大。在第三章中已经讨论过微生物活性与环境温度有关，如温度上升 10℃，致腐微生物繁殖率可增长 4～6 倍，果蔬呼吸强度也可增加 3 倍，因此，储运温度是食品储藏的关键因素。

由于包装内不可能绝对无氧，而且 CO_2 的保护作用也有限，气调包装食品往往要与冷藏相结合，才有较好的效果。据国外经验，大多数气调包装食品要在 0～5℃储藏；只有少数食品，如烘烤食品气调包装可在常温储藏。因此，建立从储运到销售的冷藏系统，是食品气调包装得以发展的重要条件。

2. 真空包装与气调包装的应用

（1）包装快餐及烘烤食品。这类食品有面条、馅饼、蛋糕、面包等，品种繁多，其主要成分为淀粉类面粉，有的有馅。

这类食品产生变质的因素有：细菌、酵母和霉菌引起的腐败；脂肪氧化酸坏；淀粉老化变干。因此，包装要除氧、充气。一般充入 CO_2 与 N_2 混合气体，能有效抑制细菌和霉菌。食品水分活性 A_W 高，则 CO_2 浓度要高，但过高会使食品微酸；充氮可维持包装饱满。因 CO_2 对酵母无抵制作用，有时食品要适量增加丙酸钙。为防止淀粉老化，可在食品表面涂油脂，并且不宜在低温下储存。

这类食品气调包装在常温下储存仍有较好效果，有良好的应用前景。

（2）包装鲜肉禽及肉制品。鲜肉禽为高水分活性食品，在有氧存在时，很容易在各种微生物作用下发黏、变色、变味和腐坏。

鲜肉禽的保存可以冷冻，但外观与风味变差。真空和气调包装加冷藏有良好的储存效果，且肉色、风味保持较好，颇受消费者欢迎，这类食品大部分采用气调包装。

真空包装的肉呈淡紫色。而鲜肉充入 O_2、N_2 和 CO_2 三种混合气体再加冷藏，可使肉肌红蛋白（紫红色）转为氧化肌红蛋白，使肉呈鲜红颜色，所以被叫做红肉气调包装。由实验可知，包装内 O_2 分压为 32kPa 时，就可维持肉的鲜红色。各种肉的肌红蛋白浓度不同，要求包装内 O_2 的浓度也不同，一般 O_2 占 65%～80%。CO_2 有一定防腐坏作用，但浓度不易过高，以免肉变色、变味。氮常用做充填气体。

鲜肉禽气调包装一定要在低温下冷藏才有好的效果，一般为 1～4℃。

肉制品经过加工杀菌，水分活性降低，用真空包装或气调包装在常温下储存也有好的效果。

（3）包装海鲜食品。鲜海鲜产品气调保鲜难度较大。

鲜海产品致腐有多种形式：细菌使鱼肉三甲胺分解而腐坏；鱼肉脂肪氧化酸败；鱼体内酶使鱼肉降解；低温时厌氧菌产生有害毒素等。

对低脂肪海水鱼充 CO_2、N_2 和 O_2 包装以抑制厌氧菌繁殖；而多脂肪海水鱼包装则只充 CO_2 和 N_2，以防脂肪氧化酸坏。一般 CO_2 浓度不大于 70%，以免渗出鱼汁变味。

鲜海产品气调包装要在 0～2℃下冷藏才有好的效果。

包装鲜果蔬。新鲜水果蔬菜收获后仍是活的有机体，仍继续进行着水分蒸腾、呼吸作用以及后熟等生理过程。要延长鲜果蔬的储存期，最主要的是抑制其呼吸强度。

果蔬的呼吸反应可表示为：

有氧呼吸：$C_6H_{12}O_6 + 6O_2 \longrightarrow 6CO_2 + 6H_2O + 2821.90$（kJ）

无氧呼吸：$C_6H_{12}O_6 \longrightarrow 2C_2H_5OH + 2CO_2 + 117.23$（kJ）

有氧呼吸与无氧呼吸均消耗果蔬养分，引起发热，并导致细菌繁殖而腐坏。

当果蔬包装中有低浓度 O_2 和较高浓度 CO_2 时，其呼吸作用受抑制，但又不致产生无氧呼吸，因而延长了储存期。

储存温度降低，也降低果蔬呼吸强度。但储存温度过低会引起果蔬“冷害”，不同品种果蔬引起冷害的温度不同，因而适宜的储存温度也不同。

有效果蔬气调包装的最佳 O_2、CO_2 浓度和储存温度如图 10－4 和表 10－5 所示。

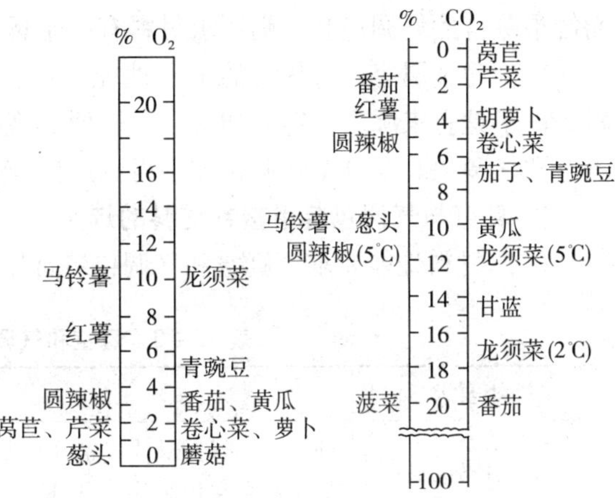

图 10－4　各种果蔬最佳氧气、二氧化碳浓度

表 10－5　影响果蔬的最低温度

果蔬	温度／℃	果蔬	温度／℃
香蕉	10～13	番茄（红）	7
红薯	13	番茄（绿）	13
南瓜	10	西瓜	5
黄瓜	7	苹果	3
圆辣椒	7	甘蓝	0
茄子	7	莴苣	0
马铃薯	4	菠菜	0

鲜果蔬可用气调包装保鲜，但更多的是采用自然气调保鲜，即采用选择性透气薄膜包装，它利用果蔬本身的自然呼吸，和薄膜对不同气体的选择性透过，自动在密封包装内建立起低浓度 O_2、高浓度 CO_2 的储存环境，从而延长储存期，保鲜原理可用图 10－5 的模型来表示。

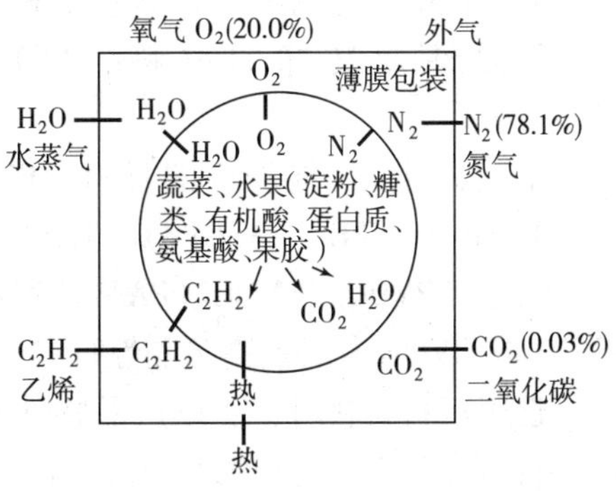

图 10－5　果蔬呼吸与气体透过模型

由图 10－5 可见，随果蔬呼吸的进行，包装内 O_2 浓度降低，CO_2 浓度增高，因而呼吸作用受抵制。当包装内 O_2 浓度过低和 CO_2 浓度过高时，由于薄膜的选择性透过（透过二氧化碳能力大于透氧能力 5～10 倍），大气中 O_2 有少量透入，而包装内 CO_2 有较多透出。只要包装薄膜选择适当，便可使包装内维持某种最佳的气体组成。

三、真空与气调包装材料的选用

包装材料的正确选用，是气调包装能否有效应用的重要条件。

真空和气调包装必须选用阻气、阻湿性能良好的材料，以维持包装内最佳气体组成。而鲜果蔬自然气调包装，则要求材料有一定透气能力。

玻璃和金属容器有优良的阻隔性能，用做真空包装已有多年历史。塑料及其复合材料，由于具有来源广、容易加工以及轻便美观等优点，多以软包装、热成型浅盘等形式在真空和气调包装及自然气调包装中得到广泛应用。这里主要讨论塑料材料的选用。

1. 真空与气调包装用塑料材料的选用

（1）材料性能要求。真空和气调包装常用材料的性能要求可归纳如表 10－6 所示。

表 10－6　真空和气调包装材料性能要求

性能要求	简要说明
气体阻隔优良（透气率低）	使包装内保持最佳气氛（低氧或一定组成的二氧化碳氮气），例如要求薄膜透氧率：真空包装应小于 15，充气包装应小于 70，透气率单位为 $cm^3/[m^2 \cdot (24h)]$，101.325kPa
水蒸气阻隔性优良（透湿率低）	防止环境湿气进入包装内或保持包装内一定湿度，一般透湿率应小于 15～20g/($m^2 \cdot 24h$)
热封性优良	易热封，热封强度大，以保证包装的密封性能
机械适应性	有良好的强度、韧性，在包装及流通过程防止包装破损，以保证包装密封性
透明性	透明、光泽，可见内容物，增加气调包装食品安全感
其他	根据不同食品要求的耐油、保香等其他性能

（2）常用塑料包装材料的性能。各种塑料包装材料对 O_2、N_2 和 CO_2 的渗透率数据可查阅有关书籍和手册，它们的渗透率与阻隔性能成反比，按它们的阻隔性能指标，可以归纳为：

阻隔性能良好的材料：EVAL、PVA、KOPP、PVDC、KPT、OPA、PA、PET 等。

阻湿性能良好的材料：PVDC、KOPP、KPT、HDPE、OPP、PP、LDPE、PET、PVC 等。

阻气、阻湿性能均好的材料：PVDC、KOPP、PET、PET/PE、PT/PE、PA/PE、PA/PE、PP/PVDC/PE、PA/EVAL/PE、PET/EVAL/PE 等。

其中，PVDC、EVOH、PAN 是三种高阻隔性的塑料包装材料，近年，也有采用由 PVDC 或 EVOH 复合的高阻隔性材料。

选用塑料材料时，要以产品特性和真空、气调包装要求为依据，也要考虑来源与价格。表 10－7 为真空与气调包装材料选用实例，可供参考，实际应用中还有其他选择。

（3）自然气调用包装材料的选用。

新鲜果蔬更多地是采用自然气调包装，其透气模型如前述。果蔬自然气调包装或气调包装对塑料材料性能要求有自己的特点，归纳于表 10－8。透气良好的薄膜，一般有 PE、PP、PVC、PS 等。当然，透气率还与薄膜厚度及温度有关。同一种薄膜对不同气体的渗透率是不一样的。一般有 $q_{N_2}:q_{O_2}:q_{CO_2}=1:(3\sim5):(15\sim30)$ 的规律，即所谓选择性渗透。可见二氧化碳的渗透率远大于氧的渗透率，表 10－9 介绍了一些薄膜的选择性渗透比例。通过查表便可以根据果蔬的呼吸强度，选用合适的选择性透过比例的薄膜。如果果蔬呼吸强度大，就应选择透气率大，且选择性渗透比例大的 PE 材料，效果较好。

表 10-7 真空与气调包装材料选用实例

类别	包装要求	产品	气调技术	材料
肉禽	除氧、隔氧、充入保护气体，抑制嗜氧菌、霉菌繁育，有时充入高浓度氧以维持肉鲜红色	香肠	真空包装	PA/PE, PA/PVDC/PE, PET/PVDC/PEIomoner(离子键聚合物)/PET/PE
		鲜肉	充气包装：$65\% \sim 80\%\ O_2$，$20\% \sim 35\%\ CO_2$，5℃冷藏	PVDC，PET，PA，EVOH，PT/PE，PET/PE，PA/PE，PVA/PEEVA/PVDC/EVA，PA/Iomoner
糕点	除氧、隔氧、充入保护气体、抑制嗜氧菌、霉菌繁育，防止油脂氧化	蛋糕 月饼	脱氧包装	OPP/PVDC/PE，OPP/EVAL/PE，PET/PVDC/PE，PET/EVAL/PEOPA/PVDC/PE，OPA/EVAL/PE，PET/PE
		馅饼	充气包装：$70\%\ CO_2$，$30\%\ N_2$	PET/PE，PET/EVAL/PE，PA/Iomoner/PE
果蔬	透气、保湿，使包装内维持低氧（约 $1\% \sim 6\%\ O_2$）高二氧化碳（约 $1\% \sim 10\%\ CO_2$）气氛，以抑制果蔬呼吸作用、防止缺氧呼吸和防止失水萎蔫	莴苣	自然气调	PVC 袋
		香蕉	自然气调	发泡 PS 浅盘，PVC 膜封盖
		花椰菜	充气包装 $5\%\ O_2$，$5\%\ CO_2$，10℃下储存	PVC 片浅盘，PVC 膜封盖
		胡萝卜	充气包装 $3\% \sim 4\%\ O_2$，$10\%\ CO_2$，5℃下储存	纸板浅盘，LDPE 膜封盖

表 10-8 果蔬气调包装材料性能要求

性能要求	简要说明
较好的透气性且具不同的气体选择性透过能力	为抑制包装内鲜果蔬的有氧呼吸和防止缺氧呼吸维持包装内低氧（O_2 浓度约 $1\% \sim 6\%$）高二氧化碳（CO_2 浓度约 $1\% \sim 10\%$）气氛，薄膜应具良好透气率，对不同气体有不同透过能力，大体有以下比例 $N_2 : O_2 : CO_2 = 1 : (3 \sim 5) : (15 \sim 30)$
较好的水蒸气阻隔性和防雾性	保持包装内一定湿度，防止果蔬失水萎蔫，但又要防止温度降低时因包装内相对湿度升高引起凝结水珠
吸收乙烯等特殊功能	果蔬产生的乙烯促进后熟，使品质下降，以致腐烂，应予排除
透明性及其他	

表 10-9 一些塑料的气体渗透率比例

材料	气体渗透率比例		
	q_{N_2}	q_{O_2}	q_{CO_2}
PVDC	1	3	10
PVC	1	4~8	10
PE	1	4	20
PT	1	3	15
PET	1	3	25
NY-6	1	3	8
EVAl	1	1.5	3

近年，为了进一步提高果蔬自然气调包装效果，研究开发了所谓功能包装材料，其概况如表 10－10 所示。

表 10－10　功能包装材料

功　能	简 单 说 明
乙烯气体吸收膜	薄膜中添加沸石、大谷石、方石英、SiO_2 等，可吸附乙烯
简易 CA 效果膜	能使包装内保持 O_2 浓度 2%，CO_2 浓度 8%～10%，达到保鲜果蔬的目的
防止结露和发雾薄膜	膜上涂布食品级脂肪酸酯或混炼入表面活性剂，防止果蔬水分蒸发和结露
抗菌性薄膜	薄膜中混炼入结合银离子的氧化铝、氧化硅填料，银沸石有抗菌性
远红外线膜	薄膜中混炼入陶瓷、常温下有远红外效果，可抗菌

四、真空与气调包装工艺和包装机械

完善的真空与气调包装工艺系统和高效率包装机械的采用，也是真空、气调包装得以广泛应用的重要条件。

1. 真空与气调包装系统

该系统主要由气源、气体混合器、真空、气调包装机以及管路、减压阀、压力表和开关等附件组成。如图 10－6 所示。

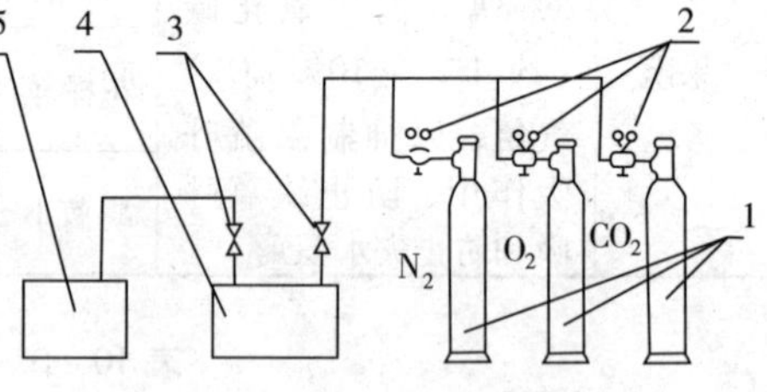

5　4　3　2　1　N_2　O_2　CO_2

图 10－6　气调包装示意图

1－气源；2－减压阀；3－开关；4－气体混合器；5－包装机

2. 气源与配气技术

一般小批量生产采用的气源为钢瓶装压缩气体。二氧化碳用食品级，氮用脱水精氮。钢瓶灌满时压力可达 15MPa，一般有 10～12MPa。

各种压缩气体经减压阀减压后，进入气体混合器进行各种产品所需的最佳比例混合，然后才引入气调包装机进行气调包装。

混合器的配气原理简述如下：

假定减压后的气体为理想气体，则有如本书第六章第二节金属容器包装工艺讲过的状态方程：

$$pV = nRT$$

式中　p——气体压力，Pa；

V——气体体积，m^3；

n——气体摩尔数，mol；

R——摩尔气体常数，8.314J·mol^{-1}·K^{-1}；

T——温度，K。

由上式可知，在一定温度下，设 RT 为常数，令 V 一定，则气体摩尔数 n 只与其分压 p 有关。其中气体摩尔数 n =（气体质量 M）/（1mol 气体质量 F）= M/F，即 M/F 与其分压 p 有关；因此，几种（如 3 种）气体按质量比例混合时，应遵从下式条件：

$$M_1 : M_2 : M_3 = p_1F_1 : p_2F_2 : p_3F_3$$

或

$$p_1 : p_2 : p_3 = (M_1/F_1) : (M_2/F_2) : (M_3/F_3)$$

于是，只要控制几种气体的压力比例就可得到质量比例混合的混合气体。

例如：欲配70% CO_2 +30% N_2 的混合气，已知 N_2 分子量为28，CO_2 分子量为44，由上式可以算出两种气体所需的压力比为：

$$\frac{p_{N_2}}{p_{CO_2}}=\frac{M_{N_2}}{M_{CO_2}}\times\frac{F_{CO_2}}{F_{N_2}}=\frac{30}{70}\times\frac{44}{28}=\frac{132}{196}\approx\frac{1}{1.48}$$

即 N_2 的分压为0.1MPa时，CO_2 的分压是0.148MPa，这样就可得到70% CO_2 +30% N_2 质量比例的混合气体。

配气结果可用奥氏气体分析仪或气相色谱仪检验。

3. 真空与气调包装机的选用

真空包装机或气调包装机品种较多并在不断完善与发展，还没有统一的分类方法。下面介绍几种供参考。

（1）腔室式真空充气包装机。目前我国生产应用的基本上是这一类型。其原理如图10-7所示。

工艺过程为：供袋、装入产品→置入腔室，袋口对着充气口并平搁在热封条上→抽真空→充气（或不充气）→热封→腔室通大气，输出包装件。

腔室式真空充气包装机也有多种类型。按腔室数量，有单腔和双腔，双腔室生产效率较高；按结构，又有台式、传送带式、回转工作台式等。

（2）真空补偿式真空充气包装机。又称热成型自动真空充气包装机，其工作原理如图10-8所示。

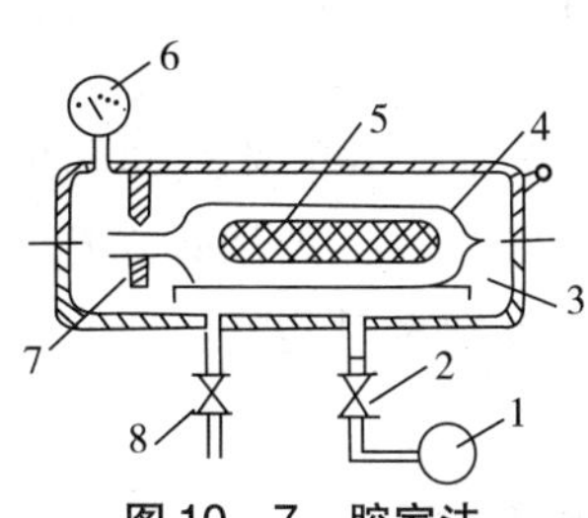

图10-7　腔室法

1-真空泵；2-阀门①；3-真空腔室；4-包装袋；5-被包装物品；6-真空表；7-热封器；8-阀门②

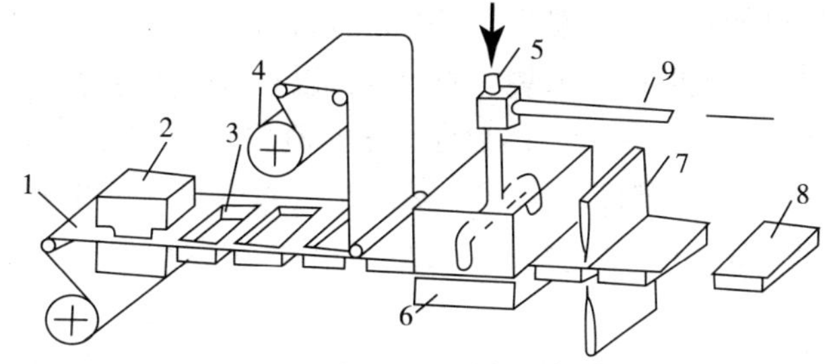

图10-8　真空补偿式气调包装原理

1-底模；2-热成型模；3-塑料盒；4-盖膜；5-充气管；6-抽真空-充气-热封室；7-分割刀具；8-盒式气调包装单件；9-抽真空

工艺过程为：前盘热吸塑成型→置入产品→覆盖膜→抽真空、充气、热封→切断→盒式包装件。

（3）气流冲洗式气调包装机。其工作原理如图10-9所示。

工艺过程为：置入产品→覆膜、纵封（筒膜免）→气流冲洗→横封→切断→枕式包装件。

这种包装机可用于薄膜枕式包装，也可用于热成型浅盘包装。由于是采用气流驱除包装内空气，不用抽真空，因而包装速度快。但充入气体消耗大，包装内残留氧可多达2%～5%，只能用于包装内除氧要求不高的产品。

4. 真空与气调包装工艺参数

工艺参数要根据产品特性和包装袋容积来确定。以下将结合腔室式包装机讨论参数的确定。

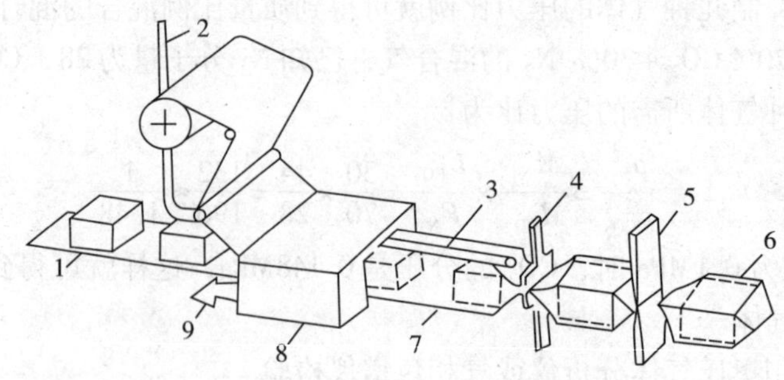

图 10 - 9　气流冲洗式气调包装原理

1 - 产品输送带；2 - 充气管；3 - 喷嘴；4 - 横封装置；5 - 切断道具；
6 - 枕式包装件；7 - 包装薄膜袋；8 - 薄膜成型模箱；9 - 空气排出

（1）抽真空。为使包装内氧降至最低，应有较大的真空度。一般要求腔室内真空度为 1 ~ 3kPa。

真空包装机抽真空后，包装内难以做到绝对无氧。经测定，包装内还有 O_2，其浓度为 1.6% ~ 2.2%。如果包装内还有 O_2，其浓度为 2% ~ 5%，则霉菌、酵母的繁殖基本上同在空气中一样。

抽真空时间根据产品对真空度的要求和包装容积，经实验确定。

（2）充气。引入气调包装机的混合气体要有一定的压力。对于腔室式包装机，一般以 0.15 ~ 0.3MPa 为宜。压力过小，则因腔室大，充气慢，充气量不足；压力过大，则包装袋可能胀破。一般充气后包装袋内压力以不大于 0.12MPa 为宜。

充气时间也依袋容积而定，以袋饱满为原则。

（3）热封合。热封合质量是真空充气包装密封性的重要保证。一般要求热封宽度稍大，这样热封强度较高。热封温度和热封时间可根据包装材料确定。一般用较高热封温度的复合材料，因为随生产连续进行，热封条温度升高，热封时间要及时调整。

第三节　活性包装与智能包装

真空包装和充气包装是通过抽真空或充入保护性气体，改变包装内气氛以保护产品的包装方法，人们把阻隔食品免受环境污染的包装统称为消极包装（passive packaging）。近年来，为了保证食品安全和流通过程中对产品品质有效地管理和监控，将材料、物理、化学、电子、光学和生物等学科应用到包装技术，创建了现代食品包装新技术，称为积极包装，它包括活性包装系统（active packaging）和智能包装系统（intelligent packaging）两部分。

一、活性包装与智能包装的定义

1999 ~ 2001 年，欧洲一项名为《对活性与智能化包装的安全性、有效性、经济环境影响和消费者接受程度的评估》（简称 actipak）的研究项目，对活性包装与智能包装给出的定义分别为：

活性包装。通过改变包装食品环境条件来延长储存期或改善食品安全性或感官特性，同时保持食品品质不变。

智能包装。通过监测包装食品的环境条件，提供在流通和储存期间包装食品品质的信息。

根据以上定义，很多新的包装技术都被用于活性包装系统和智能包装系统。例如，就活性包装而言，食品环境条件对储存期产生影响的有：生理作用（新鲜水果和蔬菜的呼吸作用）、物理作用（面包老化、脱水）、化学作用（脂肪氧化）、微生物作用（微生物引起的腐坏）、虫害作用（昆虫）等，可以根据食品的具体要求，通过吸收或释放 O_2、CO_2、乙烯等气体或采用抗菌剂来调节上述环境条件，就可达到保持食品品质和延长储存期的目的。就智能包装而言，通过检测包装食品环境条件的变化（温度—时间）、包装泄漏（O_2、CO_2）和食品品质变化（鲜度、微生物）等手段来监控和传递产品的品质信息，提高管理效率，就可达到减少损失和保证产品品质和安全的目的。

二、活性包装系统

按照活性物质的作用方式，活性包装系统可分为：①吸收类型的活性包装系统，吸收各种不利于食品防腐保鲜的成分，如 O_2、CO_2、乙烯、多余的水分以及其他有害成分；②释放类型的活性包装系统，向包装顶隙加入或释放抗菌和防腐等活性物质。

1. 吸收类型的活性包装系统

（1）氧气清除剂封存包装。

①清除包装中氧气的意义。真空包装可抽除包装内大部分氧，但由于真空度限制，包装内仍残留少量氧。另外，密封软包装复合材料也可能透入氧。因此，对微量氧敏感的物品，还需要进一步脱氧。如要使霉菌完全受抑制，包装内要求 $O_2<1\%$；全部杀灭，则要求 $O_2<0.5\%$。

氧气清除剂即脱氧剂（free oxygen absorber）是指将脱氧剂小包和被包装物品一起密封在阻隔性良好的包装容器中，使容器内维持 $O_2<0.1\%$ 的“无氧”状态，以达到保护物品的目的。

脱氧剂封存包装主要用于包装加工食品、粮食谷物、中医药材、文物保护、纺织制品、精密仪器、电子器材、军工器械等。

②氧气清除剂的种类和作用原理。氧气清除剂是能与包装中的氧发生化学反应而有效脱除氧的物质，其本身及反应产物应对人体无害且有适宜的反应速度。脱氧剂种类很多，按化学组成可分为有机型和无机型，按反应速度可分为速效型与缓效型。其中以无机缓速型的铁粉系脱氧剂应用较多。下面介绍 4 种脱氧剂的简单作用原理。

A. 铁系脱氧剂。是以铁或亚铁盐为主剂的脱氧剂，属无机缓效型，应用最广。其脱氧反应较复杂，主要反应如下：

$$Fe+2H_2O \longrightarrow Fe(OH)_2+H_2\uparrow \tag{10-1}$$

$$2Fe(OH)_2+\frac{1}{2}O_2+H_2O \longrightarrow 2Fe(OH)_3 \longrightarrow Fe_2O_3\cdot 3H_2O \tag{10-2}$$

$$3Fe+4H_2O \longrightarrow Fe_3O_4+4H_2\uparrow \tag{10-3}$$

反应（10－1）、（10－2）是主反应，可脱除包装内的氧。

由（10－1）、（10－2）反应式可计算，在标准状态下，1g 铁可与 0.143g 游离氧（100mL 氧气）发生反应，即 1g 铁可脱除 500mL 空气中的氧，但考虑到反应（10－3）的发生及或能从大气缓慢渗入包装内少量氧，加脱氧剂量应超过理论计算值许多。

B. 亚硫酸盐系脱氧剂。它是以亚硫酸盐为主剂的常用脱氧剂，属无机速效型，如连二亚硫酸钠（$Na_2S_2O_4$）。主要脱氧反应式如下：

$$Na_2S_2O_4 + O_2 \xrightarrow[\text{水}]{\text{活性碳}} Na_2SO_4 + SO_2 \uparrow \tag{10-4}$$

$$Ca(OH)_2 + SO_2 \longrightarrow CaSO_3 + H_2O \tag{10-5}$$

反应（10－4）是主反应，用 $Ca(OH)_2$ 可除去主反应生成的 SO_2，水是反应（10－4）的催化剂，因此包装空间湿度太低时，脱氧速度将降低。

在标准状态下，1g$Na_2S_2O_4$ 最多可与 0.186g 氧（130mL）发生反应，即除去650mL 空气中的氧。实际加入脱氧剂要高于理论值。

C. 葡萄糖氧化酶。它属于有机中速型脱氧剂。葡萄糖在其氧化酶催化下的脱氧反应如下：

$$2C_6H_{12}O_6 + O_2 \xrightarrow{\text{氧化酶}} 2C_6H_{12}O_7$$

D. 抗坏血酸脱氧剂。维生素 C 就是抗坏血酸，为有机中速脱氧剂，可用于食品和药品包装，但成本较高。其脱氧反应式如下：

$$\text{抗坏血酸} + O_2 \xrightarrow[Ca(OH)_2]{\text{活性碳}} \text{氧化型抗坏血酸} + H_2O$$

③脱氧包装注意事项。

选用脱氧剂的类型和用量时，除了根据被包装物品的特性，如食品的水分活性 A_w 外，使用时还应注意以下几点：

A. 脱氧剂的保存与开封。脱氧剂是用透气小袋包装的，如用 Paper/PE 袋，袋上还可扎小孔；小袋再以一定数量装入氧气渗透率小于 $0.1cm^3/m^2 \cdot 24h \cdot kPa$ 的高阻隔性能袋，如 PE/PA/PE 袋，密封待用。大袋包装的脱氧剂应放于阴凉蔽光处，保存期一年。

当脱氧剂小袋从大袋取用时，应随开封随即装入包装件使用，以免影响使用效果。铁系脱氧剂从大袋取出后，可在 25～30℃、88% RH 环境中，5h 使用完毕，不会影响效果。

B. 放置探氧指示剂。包装内的除氧效果，特别是那些长期封存的仪器、军械、文物等的除氧效果，可同时封入探氧指示剂，以便观察监视，及时采取措施。

探氧指示剂是由番红丁等特种氧化还原染料、还原剂、载体和成型剂等制成的圆片（重约 0.2～0.3 克/片），它的颜色变化可显示包装内氧的变化，如表 10－11 所示。根据颜色变化，便可查出容器是否漏气，以便及时更换脱氧剂。

表 10－11　探氧指示剂与含氧量

包装中含氧量/%	>0.5	0.5～0.1	0.1
指示剂颜色	蓝色	雪青	粉红

C. 安全性。在食品与药品包装中，脱氧剂应特殊标明，以免误食。包装时脱氧剂小包应尽量不与被包装物直接接触。

（2）乙烯清除剂包装。

①清除包装中乙烯的意义。

乙烯（C_2H_4）是一种植物激素，它可以促进新鲜水果和蔬菜的呼吸作用，使之成熟、衰老、软化和熟化，但是富余的乙烯会使果蔬过快地成熟而导致品质劣化并缩短了贮存期，因此有必要清除果蔬包装顶隙中的乙烯。

②乙烯清除剂的种类及作用原理。

乙烯清除剂主要有两种类型：即以高锰酸钾为代表的氧化分解型和以活性炭为代表的吸附型。

A. 高锰酸钾。乙烯清除剂都以 $KMnO_4$ 为基础材料，实际应用中，常把表面积较大的惰性物质如矾土、蛭石、硅胶、硅藻土、活性炭等，放入浓度为4% ~6%的高锰酸钾溶液中浸泡后，装入能透过乙烯的袋中，制成乙烯清除包置于包装内。高锰酸钾对乙烯的氧化可认为有以下两个过程：乙烯最初被氧化为乙醛（CH_3CHO），再被氧化为乙酸（CH_3COOH）；再进一步被氧化为 CO_2 和 H_2O。

$$3CH_2CH_2 + 2KMnO_4 + H_2O \longrightarrow 2MnO_2 + 3CH_3CHO + 2KOH$$

$$3CH_3CHO + 2KMnO_4 + H_2O \longrightarrow 3CH_3COOH + 2MnO_2 + 2KOH$$

$$3CH_3COOH + 8KMnO_4 \longrightarrow 6CO_2 + 8MnO_2 + 8KOH + 2H_2O$$

综合以上3式可得：

$$3CH_2CH_2 + 12KMnO_4 \longrightarrow 12MnO_2 + 12KOH + 6CO_2$$

高锰酸钾的颜色从紫红色转变为褐色时，就失去了清除乙烯的效能。

B. 活性炭。活性炭吸收乙烯主要是利用它的多孔性。活性炭可将乙烯吸附，随后通过金属催化剂（如钯）将其分解。

（3）二氧化碳清除剂包装。

①清除包装中二氧化碳的意义。

食品在变质和呼吸时会产生 CO_2，从而使食品变质，或导致包装胀破，因而必须将 CO_2 清除。但是，CO_2 能够抑制食品表面细菌生长、能够降低鲜活果蔬呼吸速率降低，因此，人为地控制包装空间的 CO_2 浓度对某些食品是很重要的，控制 CO_2 的含量是控制氧气的一种补充。

②二氧化碳清除剂的工作原理。

通常采用在高湿条件下，使氧化钙（CaO）与水反应生成氢氧化钙［$Ca(OH)_2$］，再与 CO_2 反应生成为碳酸钙（$CaCO_3$），其反应式如下：

$$CaO + H_2O \longrightarrow Ca(OH)_2$$

$$Ca(OH)_2 + CO_2 \longrightarrow CaCO_2 + H_2O$$

2. 释放类型的活性包装系统

释放类型的活性包装系统主要是指抗菌包装系统，它是在密封的包装容器内，放入能释放抗菌剂的小包或利用能释放抗菌剂的包装材料来包装食品，以达到抗菌防腐的目的，从而保证食品安全、保持品质和延长包装储存期。

传统食品的保藏方法有时也包含抗菌包装的概念，这些传统保藏方法和抗菌包装的基本原理都是栅栏技术（hurdle technology）。所谓栅栏技术就是根据防腐方法的原理，归结为少数起控制作用的栅栏因子（hurdle factor），栅栏因子与防腐作用的内在统一，就称做栅栏技术。传统包装系统与抗菌包装系统中栅栏技术相比较，传统食品包装系统的功能是阻隔湿度和氧气，而抗菌包装除此以外还增加了阻隔微生物的功能。

（1）抗菌剂的类型。

抗菌剂类型繁多，不同的抗菌剂，如化学抗菌剂、抗氧化剂、生物技术制品、抗菌聚合物、天然抗菌剂及气体等，都可能被添加到包装系统中。

化学抗菌剂在工业中最为常用，包括有机酸（如山梨酸等）、杀真菌剂（如抑霉唑等）、乙醇和抗生素等，具有很强的抗菌活性。

抗氧化剂配合高阻隔性包装材料能够有效地限制霉菌存在所需的氧气。

生物技术制品产生的各种细菌素能够抑制腐败菌和致病菌的生长。

合成的或者天然的聚合物也有抗菌活性。如在天然聚合物中，壳聚糖就有非常好的抗菌活性。

天然植物提取物，如柚子籽、丁香等，都表现出对腐败菌和致病菌有效的抗菌活性。

气态型抗菌剂如乙醇能够蒸发而渗透进包装内非气态抗菌剂到达不了的空间，从而抑制了霉菌和细菌的生长。

不同的抗菌剂可以组合而增强抗菌活性，使包装系统取得最佳的抗菌功效和安全性。

（2）抗菌包装的形式。

抗菌包装的形式有小袋、衬垫、薄膜、纸板、涂层、可食薄膜等。下面介绍其中两种。

①抗菌剂小袋和衬垫。这种包装形式有裹包在二氧化硅微胶囊或小袋中的乙醇释放剂和含抗菌剂的吸收性衬垫。吸收性衬垫主要应用在托盘包装的零售鲜肉中，吸收性衬垫中一般添加有机酸和表面活性剂，放在下面可以吸收鲜肉流出的液汁以防止微生物生长繁殖。

②抗菌塑料薄膜。在塑料薄膜制造过程中混入抗菌剂可以制造出有抗菌功能的包装薄膜。抗菌剂添加量为（0.1～5）g/100g，以融化或溶解方式加入包装材料中。由于塑料薄膜制造过程中温度很高，因此要求抗菌剂能耐高温，银离子抗菌剂可以耐受800℃高温，很适于加工抗菌薄膜。一些不耐热的抗菌剂如酶类可通过溶解方式加入包装材料中，如将溶菌酶溶解到纤维素薄膜中可防止溶解酶变性。薄膜加工时先将铬蛋白、胶原蛋白、大豆蛋白和谷蛋白、多糖、纤维素、明胶、卡拉胶等掺入塑化剂（乳酸链球菌肽、溶菌酶、海藻酸钠、防腐剂等），然后制造成薄膜。

三、智能包装系统

食品包装所用的智能化技术可分为两类：①诊断或检测技术（diagnostic technologies），包括时间－温度显示标签（TTIs）、新鲜度显示标签、热敏油墨、氧气显示标签、包装泄露显示标签、二氧化碳显示标签、致病菌显示标签等；②信息技术（communicating technologies），包括无线射频识别电子标签（RFID）、防盗窃电子监视标签、电磁识别标签等。

显示标签的形式有外部显示标签和内部显示标签两种。外部显示标签贴在包装表面，如时间－温度标签等；内部显示标签附在包装内或包装盖上，如氧气显示标签等。此外，信息技术类型的智能包装还能以智能方式提供食品来源、真伪性、成分、食用和有效期等信息，它能跟踪食品供应链产品情况，具有防盗、防伪等功能，如RFID、EAS等。

下面介绍几种智能包装系统的显示标签。

1. 时间－温度显示标签

时间－温度显示标签常用来观测产品品质的变化。美国3M公司制造的Monitor Mark型TTI是一个体积约为95mm×19mm×2mm的层压纸板自黏标签，标签的中心部位有一条“浸芯”，“浸芯”一端与位于纸板左端的固态染料存放池连接；标签表面用透明塑料薄膜蒙盖着一个腰孔和几个圆孔，用来观察染料的移动情况；标签使用时将背面粘贴在包装表面，并将阻隔固态染料的塑料薄膜拉开，当暴露温度超过标签预设的极限温度时，固态染料熔化，并开始沿“浸芯”向右移动。根据温度－时间的变化，染料逐渐向右移动，直到最后一个圆孔时结束；如图 10－10 所示。TTI 标签的作用仅仅是监测产品暴露超过预设的极限温度的时间－温度记录，并不代表产品的品质，其目的是给管理者或消费者提供产品品质现状的信息。标签在使用前，为了防止固态染料过早反应而熔化，在拉开阻隔固态染料的塑料薄膜之前必须放入冰箱或冷藏柜中按指定温度至少放置 2 小时。

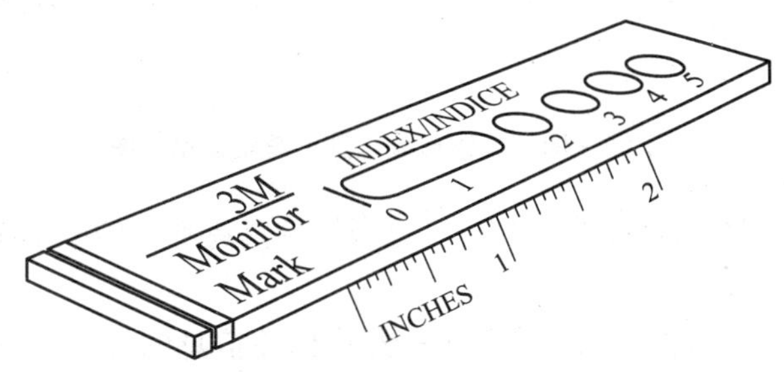

图 10－10　Monitor Mark 型时间－温度显示标签

2. 新鲜度显示标签

食品变质有两种情况：一种是微生物繁殖代谢物导致 pH 值改变，形成毒素成分、臭味、气体和黏液；另一种情况是脂肪和色素氧化导致风味变异，构成不利的生物学反应和变色成分。新鲜度显示标签常用来观测产品的品质变化，大多数的显示技术都是基于食品腐败时微生物代谢物使显示剂产生颜色变化，图 10－11 是一种根据 pH 值变化情况来检测产品新鲜度的显示标签。图中传感器 Sensor Q 的中心呈橘黄色，虚线左边颜色表示新鲜、右边颜色表示变质，如图 10－11（a）所示；当 Sensor Q 中心颜色与右边颜色相同时，如图 10－11（b）所示，表示产品完全变质。

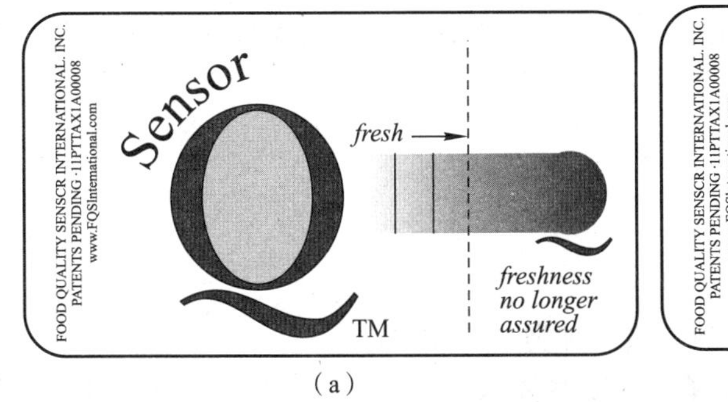

（a）

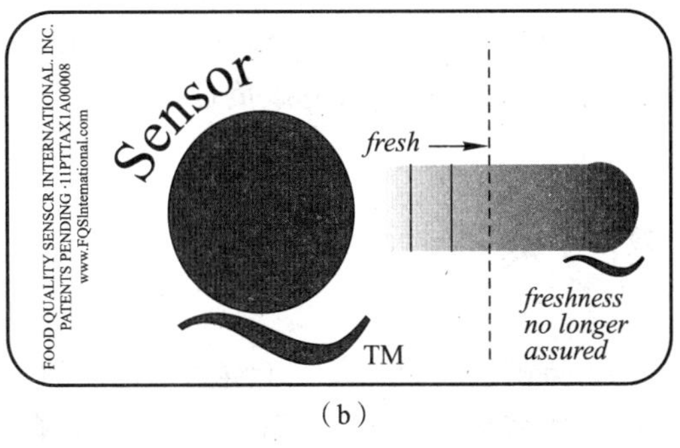

（b）

图 10－11　Q 型新鲜度显示标签

3. 无线射频识别电子标签

无线射频识别（RFID）是一种非接触式的自动识别技术，它通过射频信号自动识别目标对象并获取相关数据，识别工作无须人工干预，可工作于各种恶劣环境。RFID 技术可识别高速运动物体并可同时识别多个标签，操作快捷方便。它被认为是 21 世纪十大重要技术之一，在工农业的许多领域有着广阔的应用前景。

（1）无线射频识别电子标签的基本组成部分

图 10－12 是无线射频识别系统配置示意图。

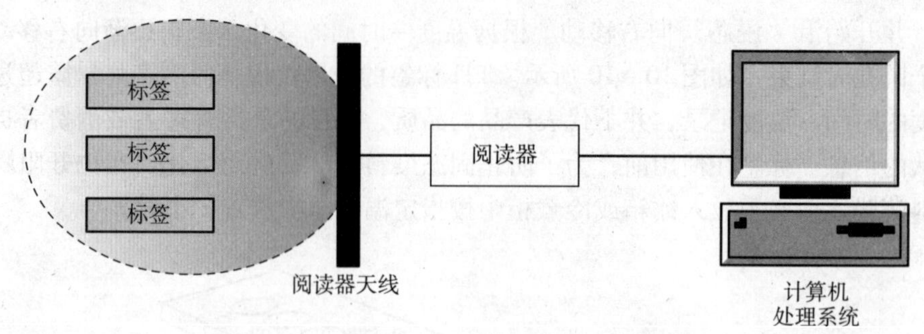

图 10－12　无线射频识别系统配置示意图

标签（tag）：由耦合元件及芯片组成，每个标签具有唯一的电子编码，附着在物体上标识目标对象。

阅读器（reader）：读取（有时还可以写入）标签信息的设备，可设计为手持式或固定式。

天线（antenna）：在标签和读取器间传递射频信号。

（2）无线射频识别技术的基本工作原理。标签进入磁场后，接收解读器发出的射频信号，凭借感应电流所获得的能量发送出存储在芯片中的产品信息（passive tag，无源标签或被动标签），或者主动发送某一频率的信号（active tag，有源标签或主动标签）；解读器读取信息并解码后，送至计算机处理系统进行有关数据处理。

（3）无线射频识别电子标签在智能包装中的应用。

RFID 用于食品包装可以确保食品供应链的高质量数据交流，在食品流通的各个环节，系统利用 RFID 技术，方便快捷地获得食品状态信息和食品所处的环境信息，同时将这些信息经过数据库和网络技术进行整合，形成完整的食品流通信息流程，达到了对食品的全程监控和跟踪追溯。一旦发现危害消费者健康的食品，即可从市场撤出该食品。RFID 还可记录运输途中的食品状态，能准确记录在什么时候及为什么食品发生变质，并且可以确定是供应链中哪个环节应该负责。

思考题

1. 防锈包装的意义。了解防锈包装的等级、种类及有关规定。

2. 什么是气相防锈包装？对气相缓释剂有哪些要求？比较 VPI－260、CHC、BTA 三种气相缓释剂的性能特点和应用范围。

3. 比较防锈油脂、气相缓蚀剂、可剥性塑料、封套等四种防锈包装的原理、特点及应用范围。

4. 结合表 10－4，说明防锈包装工艺过程。

5. 说明真空包装、充气包装、气调包装、自然气调包装的含义。说明真空、气调包装的优缺点及应用范围。

6. 烘烤食品、鲜肉禽及肉制品、鲜果蔬的气调包装原理是什么？说明包装内的气体成分及包装的储存温度。气调包装为什么要加冷藏才有较好的效果？

7. 结合图 10－5 说明鲜果蔬自然气调包装原理。

8. 了解真空充气包装用塑料材料的性能要求。香肠真空包装、鲜肉充气包装、馅饼充气包装应选用什么材料？

9. 了解自然气调包装用塑料材料的性能要求。番茄包装应选用什么材料？

10. 结合图 10－7、图 10－8、图 10－9，说明气调包装机简单工作原理。

11. 假设需配 65% O_2、25% CO_2、10% N_2 的混合气体进行气调包装，请设计配气工艺。

（注：O_2、CO_2 和 N_2 的分子量分别为 32、44 和 28）

12. 用国产腔式真空充气包装机进行充气包装生产，请选用真空、充气、热封工艺参数。

13. 为什么在包装工艺中要选用活性包装和智能包装？

14. 为什么要清除包装中的氧气？氧气清除剂有哪些种类？它们的工作原理是什么？脱氧包装应该注意哪些事项？

15. 为什么要清除包装中的乙烯？乙烯清除剂有哪些种类？它们的工作原理是什么？

16. 为什么要清除包装中的二氧化碳？其工作原理是什么？

17. 试述抗菌包装系统的类型和形式。

18. 智能包装系统的显示标签有哪些种类？它们是怎样工作的？

19. 射频识别电子标签用于什么情况？它有哪些基本组成部分？它的基本工作原理是什么？

第十一章 生物防护包装工艺

被包装物品在流通过程中，除了受到环境、物理和化学诸因素的影响外，还受到生物因素的影响。这里，生物包括属于动物界的部分昆虫和害虫，以及微生物类的霉菌、细菌和酵母菌等。本章将分别讨论防霉、无菌和防虫害等生物防护包装。

第一节 防 霉 包 装

由有机物构成的物品，包括生物性物品及其制品，例如食品、干菜、果品、茶叶、卷烟、纺织品、塑料、橡胶制品、皮革制品、毛制品、纸及纸板等，最容易受霉菌侵袭而发生霉变和腐败。防霉包装就是为了防止这类内装物霉变而采取的一定防护措施。

一、防霉包装的机理

霉菌是生长在营养基质上并形成绒毛状或棉絮状菌丝体的真菌，它们不能利用阳光吸收二氧化碳进行光合作用，必须从有机物中摄取营养物质以获得能源。因此，在外界因素如温度、湿度、营养物质、氧气和 pH 值等适宜时，就会使它们寄生着的物品霉变，不仅影响外观，而且导致物品品质下降。

1. 物品霉腐的因素

(1) 内在因素。容易霉腐的物品都含有霉腐微生物所需要的有机物，例如，霉腐微生物从含糖类的物品（如动物的肌肉、蜂蜜、水果、乳制品、棉麻纤维及其制品）中，从含有机酸的物品（如苹果、葡萄、柑橘等）中获得碳酸供其生长繁殖用；从含蛋白质的物品（如肉类、蛋类、鱼类、乳类及其制品，皮革及其制品，毛线及其制品等）中获得氮源，供其合成菌体的需要；再从含脂肪类物品中获得碳源和能量，加上物品本身所含的水分，就构成了良好的培养基，为霉腐微生物生长繁殖提供了条件。

(2) 外界因素。酶腐微生物获得了营养物质后，还需要适宜的外界环境因素如相对湿度、温度、空气等生长条件。

①相对湿度。水分对酶腐微生物生长繁殖非常重要，因为营养物质必须溶于水才能被吸收，废物必须在有水的条件下才能被排除；霉菌的胞内酶和胞外酶所进行的生物化学反

应只有在有水的条件下才能起到催化作用。所需水分主要来自物品本身所含水分和周围空气所含水分，而物品含水量是随空气相对湿度的大小而变化，当物品含水量超过其安全水分时，就容易霉腐，相对湿度越大，则越容易霉腐。为了防止物品霉腐，要求物品安全水分控制在12%以内，环境相对湿度控制在60%以下。此时，霉菌一般都丧失了生长能力。

②环境温度与空气。环境温度主要影响酶的活性，霉腐微生物因种类不同，其所适应的温度也不相同，多数霉菌适应的温度范围是24～30℃，在此温度下的酶的活性最强，新陈代谢作用随之加速，生长繁殖也最旺盛。此外，霉菌的生长繁殖还需要足够的和适量的氧气，过多或过少都不利。

2. 物品霉腐的过程

物品霉腐一般经过以下四个环节：

（1）受潮。物品受潮是霉菌生长繁殖的关键因素。当物品吸收了外界水分受潮后，其含水量超过了安全限度，就为霉变提供了条件。

（2）发热。物品受潮后，霉菌开始生长繁殖，就要产生热量。一部分供其本身利用，剩余部分就在物品中散发，并使内部温度高于外表温度。

（3）霉变。霉菌在物品上生长繁殖，开始生长菌丝，出现白色绒状物，称为菌毛，继续生长形成小菌落，称为霉点，菌落增大或融合成菌苔，称为霉斑。霉菌代谢产物中的色素使菌苔呈现黄、红、紫、绿、褐、黑、白等颜色。

（4）腐坏。物品发生霉变后，由于霉菌摄取物品中的营养物质，通过霉菌分泌酶的作用，发生霉烂变质，产生霉变，物品内部结构受到破坏，失去原来的物理机械性能，外观出现污点或染上各种颜色，丧失了使用价值。

根据上述霉菌生命活动的特点和霉腐过程，人们只要控制温度、湿度、营养物质和氧气等这些霉菌生长要素中的任何一个因素，就可以控制霉菌的生长，也就能确保包装容器内之物品免遭霉菌的侵袭。

二、防霉包装技术要求

国家标准 GB/T 4768—2008《防霉包装》中规定了机械、电工、电子、仪器和仪表等产品包装件防霉等级，其他各类物品的专业技术文件中亦各自规定了防霉等级，从而对包装也提出了相应技术要求。

1. 防霉包装等级与技术要求

防霉包装等级分为4级。根据内外包装材料与包装件处于 GB/T 4797.3—1986《电工电子产品自然环境条件生物》与 GB/T 4798.2—1986《电工电子产品自然环境条件运输》规定的环境条件，按 GB/T 4768—2008《防霉包装》中规定的试验方法进行28天防霉试验后，各等级有如下要求：

1级包装：产品及内外包装未发现霉菌生长。

2级包装：内外包装密封完好，产品表面及内包装薄膜表面均未发现霉菌生长，外包装（以天然材料组成）可能有霉菌生长，面积不超过整个包装件的10%，但不能影响包装件的使用性能。

3级包装：产品及内外包装允许出现局部少量长霉现象，试验样品长霉面积不应超过其内外表面的25%。

4级包装：产品及内外包装局部或整件出现严重长霉现象，长霉面积占其内外表面积

25% 以上。

2. 防霉包装技术要求

根据防霉等级提出防霉包装技术要求：

（1）品质要求。

①根据物品的性质、储运和装卸条件，设计防霉包装结构、工艺和方法，使包装后的物品在规定的时间内符合防霉包装等级的要求。

A. 密封包装要求在规定的时间内，能控制包装容器内相对湿度低于或等于 60%。

B. 非密封包装要求在规定时间内，采用有效防霉措施，使其符合防霉等级的要求。

②被包装物品，包装前必须按规定进行严格检查，确认物品是干燥与清洁的，物品外观无霉菌生长痕迹，以及无直接引起长霉的有机物质的污染。

③对被包装物品采取防霉措施时，不应对物品产生不良影响。

（2）材料要求。

①所使用的材料在物品包装前，不应有长霉现象与长霉斑痕。

②包装材料应有较强的耐霉性。凡耐霉性差的材料，应按相应标准和规定预先进行防霉处理。

③直接接触物品的包装材料，不允许有腐蚀性，或产生腐蚀性气体。

④包装材料在使用前应按规定进行干燥处理。避免使用含水率与透湿率超过要求的材料。

（3）包装环境条件。

①包装环境条件中相对湿度不能超过规定范围，保持环境清洁，避免有利于霉菌生长的介质带入包装箱内。

②包装过程中避免手汗和油脂等有机污染物污染物品和包装件。

（4）储运环境条件。

①储运场所应该干燥，并有适当的阻隔层以阻止潮气从地下上升，以免外包装吸潮长霉。

②仓库堆放的包装件之间及包装件与墙之间应留有通道，保持适当的距离，以便进行必要的观察、清洁和处理，还有利于通风，防止长霉。

三、防霉包装设计与计算

防霉包装有两大类：密封防霉包装与非密封防霉包装。

1. 密封防霉包装

对外观及性能要求高的物品，可选用以下方法进行密封包装，防止其在运输、储存过程中长霉。

（1）干燥空气防霉包装。

选择气密性好及透湿率低的各类容器或复合材料等进行密封包装，在密封容器内放置一定量的干燥剂（如硅胶、蒙脱石干燥剂等）及湿度指示纸（如氯化钴湿度指示纸，它在湿度大于 60% 时，由蓝色变成粉红色），以控制包装容器内的相对湿度小于或等于 60%。

防霉包装干燥剂用量的计算可参考本书第十二章防潮包装干燥剂用量的计算来进行。

（2）气调防霉包装。

气调防霉包装是通过降低包装内空气中氧气的浓度，人为地造成一个低氧环境，使霉菌的生长繁殖受到抑制，从而达到防霉的目的。气调防霉包装技术的关键是密封和降氧。包装容器的密封是保证气调防霉的重要条件，因此，包装材料除具有低的透氧率和透湿率以外，还必须具有良好的封口性能。封口方法可根据不同的材料加以选择。降氧是气调防霉包装的重要措施，目前降氧的方法主要有：机械降氧法（真空包装或充气包装）和化学降氧法两种。

机械降氧法是在密封包装容器内，抽真空或置换充入保护性气体，如 N_2、CO_2 等，使 O_2 的浓度低于 1%。

化学降氧法是在密封包装容器内放置适当脱氧剂和氧指示剂。脱氧剂可把包装容器内的氧气浓度降至 0.1% 以下，防止物品长霉和锈蚀。脱氧剂用量可按密封容器内剩余空气容积的 1/5（以 mL 为计量单位）选择相近的脱氧剂，如 801 脱氧剂规格有 100 型、200 型多种型号，型号前数字表示该规格脱氧剂公称脱氧量的 mL 数。

（3）气相防霉包装。

在密封容器内放置具有挥发性或升华性的防霉剂，由于防霉剂具有抑菌或杀菌作用，利用其挥发气体与霉菌直接接触，杀死或抑制霉菌生长繁殖，以达到防霉的目的。

这类包装的技术关键是密封和使用适量的防霉剂，目前气相防霉剂有多聚甲醛、SF501、对硝基氯苯、环氧乙烷、对硝基苯甲醛等。

①多聚甲醛为甲醛的聚合物，在常温下升华解聚成甲醛气体，能使菌体蛋白质凝固，从而达到杀菌抑菌的目的。使用时可包成小包或制成片剂放入包装容器内，加以分析密封，任其自然升华扩散。甲醛杀菌的原理是利用其还原作用，甲醛能与细菌蛋白质（含酶蛋白）的氨基结合而使蛋白质变性，但是多聚甲醛升华的甲醛气体能被氧化成甲酸，甲酸对金属制品有腐蚀作用，因此对有金属附件的制品不宜使用，另外，甲醛气体对人的眼睛黏膜有刺激作用，所以操作人员要注意安全保护。

②环氧乙烷常温下为液态，能与菌体蛋白质、酶分子的羟基（－OH）、氨基（$-NH_3$）及羟基中游离的氢原子结合，生成羟乙基，使菌体代谢功能障碍而死。环氧乙烷分子穿透力比甲醛强，因而杀菌力强，能在低温低湿条件下发挥杀菌作用。适用于不能加热、怕受潮物品的防霉包装，但是，环氧乙烷能使蛋白质液化，并能破坏粮食中的纤维和氨基酸，还会残留毒性的氯乙醇，所以只可应用于日用工业品的防霉，不宜于粮食和食品的防霉包装。

③SF501 为淡黄色粉末，可做光学仪器、玻璃零件及各类工业产品密封包装的防霉剂，用量为 50mg/L，用浓度为 0.5% 的 SF501 的苯或乙醇溶液浸渍包装纸制成防霉纸，可包装裸露的光学零件及配件。

2. 非密封防霉包装

非密封防霉包装适合于一些对霉菌敏感度较低或经过有效防霉处理后的产品，在不密封条件能够达到防霉效果的包装。

（1）低温防霉包装。

低温防霉包装是通过控制被包装物品本身的温度，使其低于霉菌生长繁殖的最低界限，抑制酶的活性。它一方面抑制了生物性物品的呼吸、氧化过程，使其自身分解受阻；另一方面抑制了霉菌的代谢与生长繁殖，从而达到防霉的目的。

低温防霉包装所需的温度与时间应视被包装物品的具体情况而定。一般情况下，温度越低，持续时间越长，霉菌的死亡率愈高。按温度的高低和时间长短，可分冷藏和冷冻两种。冷藏防霉包装适用于储存含水量大而又不耐冷冻的容易变质的食品如蔬菜、水果、鲜蛋等，温度为0～4℃，时间较短；在冷藏期间霉菌的酶几乎都失去活性，新陈代谢的各种生物生化作用反应缓慢，甚至停止，生长繁殖受到抑制，但并未死亡。冷冻防霉包装适用于储存含水量大、耐冰冻、容易变质的食品，如肉类、鱼类等商品，温度为－16～－20℃，时间较短；在冷冻期间，物品的品质基本上不受损害，霉菌细胞内的水变成冰晶脱水，冰晶又损坏细胞质膜而引起霉菌死亡。这两个温度正是现代电冰箱所使用的冷藏和冷冻温度。

低温防霉包装应使用耐低温的包装材料。

（2）药剂防霉包装。

这种防霉包装技术是把对霉菌有抑制或杀灭作用的化学药品加到产品和包装材料（如防霉纸）上，来防止产品霉变，其抑制或杀灭的机理主要是使菌体蛋白质凝固、沉淀和变形；有的与菌体酶系统结合，影响菌体代谢，有的降低菌体的表面张力，增加细胞膜的通透性，而发生细胞破裂或溶解。

药剂可在生产过程中某个工序加到物品上（如针纺织品、皮革制品、竹木制品、纸张、油漆、涂料、鞋帽等），这样既方便，又可收到良好的防霉效果，对于库存量少的易霉物品，可在仓库内把防霉剂加于物品表面。

防霉剂的使用要注意防霉效果，用量多少，防霉剂的毒性及污染等。目前常用的防霉剂有四氯苯二甲腈、791防霉剂、五氯酚、多霉净、菌霉净等。

对物品进行防霉处理时，对不抗霉材料及其制成的零部件，可以用浸渍或涂刷防霉剂溶液和涂料，并要求防霉剂具有高效、低毒、稳定、耐热、不影响物品外观性能，使用安全，操作方便等特性。

（3）其他防霉包装。

①电离辐射防霉包装技术主要应用X射线与γ射线，包装的物品经过电离辐射后即完成了消毒灭菌的作用，经照射后，如果不再受到污染，配合冷藏条件，小剂量辐射能延长储存期数周至数月；大剂量辐射可彻底灭菌，长期储存。

②紫外线防霉包装技术使用紫外线最有杀菌作用的一段波长，即260nm左右，其杀菌力最强，但由于紫外线穿透力很弱，所以只能杀死物品表面的霉菌。当包装物品和包装容器或材料在一定距离内经紫外线照射一定时间后，其表面的霉菌即被杀死，再进行包装则可延长包装储存期。

③微波防霉包装技术是使用频率为300～300000MHz的超高频电磁波，在它的作用下，霉菌吸收微波能量，一方面转变为热能而杀菌；另一方面菌体的水分和脂肪等物质受到微波的作用，它们的分子之间发生振动摩擦而使细胞内部受损与产生的热量，促使菌体死亡。微波产生的热能在内部，所以热能利用率高，加热时间短，加热均匀。

④远红外线防霉包装技术使用频率高于300000MHz的远红外线电磁波，其作用与微波相似，其杀菌机理主要是远红外线的光辐射和产生的高温使菌体迅速脱水干燥而死亡。

⑤高频电场防霉包装技术是使含水分高的物品和霉菌在“吸收”高频电能后转化热量而杀菌。只要物品和霉菌有足够的水分，同时又有一定强度的高频电场，消毒杀菌瞬间即可完成。

第二节　无 菌 包 装

无菌包装是在被包装物品、被包装容器（材料）和辅料、包装装备均无菌的情况下，在无菌的环境中进行充填和封合的一种包装技术。它常用于乳品、乳制品、果汁、饮料、食品及某些药品等的包装，尤其适于液态食品的包装。所采用的包装容器有杯、盘、袋、桶、缸、盒等，容积从 10mL 到 1135mL 不等；包装材料主要采用塑料/铝箔/纸/复合塑料薄膜，这种材料制成的容器可比金属容器节省 15% ~25% 的费用，大大降低了包装成本。其中被包装的食品可在常温条件下储存 12 ~18 个月不会变质，保存 6 ~8 个月不损失风味。经过无菌包装的食品无须冷藏库储存、冷藏车运输、冷藏柜台销售，因而节省能源，且成本较低，储存期长，销售方便，经济效益显著，深受消费者欢迎。

一、无菌包装的机理

无菌包装过程主要包括：包装品（材料或容器）的灭菌、被包装物品的灭菌和在无菌环境下进行包装作业；整个过程构成一个无菌包装系统。对于不同的包装品（材料或容器），无菌包装系统的组成部分也不尽相同。

实际上无菌包装并非绝对无菌，无菌包装只是一个相对的无菌加工过程，亦即“商业无菌（commercial sterilization）”。商业无菌是从商品角度对某些食品所提出的灭菌要求。就是指食品经过杀菌处理后，按照所规定的微生物检验方法，在所检食品中没有活的微生物检出，或者仅能检出极少数的非病原微生物，但它们在储存过程中不可能进行生长繁殖。目前，无菌包装中采用的杀菌方法主要有加热杀菌（热杀菌）和非加热杀菌（冷杀菌）两大类。

1. 热杀菌的机理

加热是灭菌和消毒方法中应用最广泛的、效果较好的方法。这是由于食品变质的主要原因是微生物在食品中生长繁殖，而加热能使细菌的细胞中与繁殖性能相关的基因受热变态，从而丧失繁殖能力。微生物中最耐热的是细菌孢子，当环境温度在 100℃ 以上时，温度越高，孢子死亡得越快，即所需灭菌时间越短。表 11 -1 为肉毒杆菌孢子在中性磷酸缓冲溶液中的死亡时间与温度的关系。

表 11 -1　肉毒杆菌孢子的死亡时间与温度的关系

温度/℃	100	105	110	115	120	125	130	135
死亡时间/min	330	100	32	10	4	4/3	1/2	1/6

食品通常有香味和色素，当食品经过一定的温度和时间的加热，它们会发生不同程度的变化，但是这种变化对温度的依存关系比杀灭细菌孢子相对小一些，而对时间的依存性大，从表 11 -1 可以看出，加热温度在 130℃ 以上，杀灭细菌的时间可显著地缩短，因此，热杀菌主要在尽可能短的时间内以一定的温度杀灭有害菌，以保持食品的品质。

2. 冷杀菌的机理

高温在杀菌的同时往往会使食品的品质受到不利的影响，为此，非加热杀菌技术日益受到人们的重视。目前采用的冷杀菌技术主要有紫外线杀菌、药物杀菌、射线杀菌、高压杀菌、高电压脉冲杀菌、磁力杀菌等。其作用机理各有不同，但都是在不需加热的情况下作用于细菌的蛋白质、遗传物质及酶等，使细菌变质致死，这种方法因不需加热，所以对食品的色、香、味有很好的保护作用。更适合于一些不能加热的食品或包装品，因此，已被广泛地采用。

二、无菌包装的灭菌技术

1. 灭菌技术的应用

目前无菌包装主要用于液态食品和固液混合食品中，固液混合食品可以进行连续灭菌或分别灭菌后再混合。此外，固态食品经表面清洗或灭菌处理后，也可在无菌条件下用经过灭菌处理的材料进行包装，然后在低温条件下储存、运输和销售。随着无菌包装技术的不断发展，以及对产品品质的要求愈来愈高，许多食品或其原料都趋向于按照各自不同的特点与要求进行灭菌处理。

①对被包装食品的杀菌可根据食品自身的特性和要求来选择最佳的方法，其目的是使食品的色泽、风味、营养成分得到最好的保护，并可延长其储存期，便于储运和销售。

②用于无菌包装的食品与包装品（包装材料或容器）是分别进行灭菌的，不会导致传热障碍或普通罐装食品灭菌时的那种共热过程，避免食品与包装品发生反应，减少材料成分向食品中迁移。

③包装品的表面灭菌可采用冷杀菌技术或其他有效的表面杀菌技术，所以，对一些耐热性较差的包装材料也能够应用于无菌包装。

④灭菌技术应适用于自动化生产，生产效率高，节能省工，有利于降低生产成本。

2. 被包装物品的灭菌技术

用于被包装物品的灭菌技术有两种：一种是巴氏灭菌技术，另一种是超高温短时间灭菌技术。

（1）巴氏灭菌技术。巴氏灭菌技术是将食品充填并密封于包装容器后，在低于100℃温度下保持一定时间。其目的是最大限度地消灭病原微生物。

巴氏灭菌温度低，时间短，不破坏食品的营养与风味；主要用于柑橘、苹果等果汁饮料、鲜奶、稀奶油、冰激凌原料、乳酸饮料、发酵乳、低度酒、生啤酒、酱油、熏肉、火腿等食品的灭菌。灭菌对象是酵母、霉菌和乳酸杆菌等。

巴氏灭菌装置主要有间歇式杀菌装置、连续式低温灭菌装置和微波加热灭菌装置等。

①间歇式灭菌装置是一种比较古老、日渐被淘汰的装置；一般采用可以搅拌的夹层锅，利用蒸气、热水和冷水达到加热冷却的目的；它热交换率低，操作劳动强度大，目前只有一些小厂仍在使用。

②连续式低温灭菌装置主要用于液态食品灭菌；热交换方式有管式和板式两种。最常用的是板式中的片式热交换器，这种热交换器的最高使用压力可达0.4～0.5MPa，调节温度范围为－30～150℃，流量允许范围为0.5～100m^3/h，是连续式液体食品灭菌的主要装置。

③微波灭菌是近年发展起来的巴氏灭菌技术；其特征是加热效率高，时间短，传热均匀，控制容易，自动化程度高；特别是在面包、糕点的防霉灭菌方面显示了其他方法所没有的优越性。

（2）超高温短时间灭菌技术。超高温灭菌是指在135～150℃温度条件下，短时间对被包装食品进行灭菌处理，以杀灭包装容器内的细菌。采用这种技术不仅能保证食品的品质，生产效率也可大大地提高。目前广泛用于乳品、果汁饮料、豆奶、茶、酒、矿泉水及其他产品的无菌包装。

实践表明，灭菌时间过长，会导致食品的品质下降，特别是对食品的颜色和风味影响较大。从表11－1可见，灭菌温度在100～120℃时，细菌死亡时间一般较长，将温度提高到135℃以上时，则死亡时间大为缩短；根据研究结果，灭菌温度增加10℃，取得同样灭菌效果的时间仅为原来灭菌时间的1/10。在灭菌条件相同的情况下，超高温短时间灭菌与低温度长时间灭菌相比较，不仅灭菌时间显著缩短，而且与品质有关的食品营养成分保存率也很高，由表11－2可见，牛乳在120℃以下灭菌时，食品营养成分的保存率为73%以下，而在130℃以上的高温短时间和超高温短时间灭菌时，食品营养成分的保存率则上升到90%以上。

表11－2 牛乳高温杀菌时芽孢致死时间和食品营养成分保存率

温度/℃	芽孢致死时间	食品营养成分的保存率/%
100	400min	0.7
110	36min	33
120	4min	73
130	30s	92
140	4.8s	98
150	0.6s	99

超高温短时间灭菌装置有两种类型。一种为直接加热形式，就是用过热蒸气直接喷入液体状食品或把液体状食品喷入热蒸气，以达到快速加热灭菌的目的。直接加热法最大的优点是快速加热和快速冷却，最大限度地减少了超高温短时间灭菌处理过程中可能发生的物理化学变化，但是要求热蒸气必须适于饮用，且对过氧化氢包装件加热前后的含水量要严格控制。另一种为间接加热形式，它是利用管式或板式热交换器进行介质间接交换作用加热的间接加热灭菌的过程；间接加热灭菌具有温度控制方便，设备占地面积小、效率高等特点，应用比较广泛。

（3）微波加热灭菌。微波是指波长在1～300mm、频率为300～300000MHz之间的电磁波，它遇到物体阻挡时能引起反射、穿透、吸收等现象；被物体吸收后能引起物体分子间的摩擦，把电磁能转变为热能。微波灭菌技术克服了常规加热方式中先加热环境介质、再加热食品的缺点，对食品的加热方式是瞬时穿透式加热，被加热的食品直接吸收微波能量而产生热能，加热速度快，内外受热均匀，同时食品中的微生物因吸收微波能量而使体温升高，破坏菌体中蛋白质成分，起到杀菌作用。

微波加热可在120～130℃和1～2min条件下对多种液体、黏稠体及固体形状食品进行灭菌，达到保色、保香、保味的效果。而且在食品包装后还可以连同包装一起进行灭菌处理。

（4）电阻加热灭菌。电阻加热灭菌是利用连续流动的导电液体的电阻热效应来进行加热，以达到杀菌目的，是对酸性和低酸性的黏性食品和颗粒状食品进行连续灭菌的一种新技术。

电阻加热灭菌要求交流电的频率50～60Hz之间，因为此时它的电化学性能稳定，交流电的转换率最高，且操作安全。电阻加热的适应范围根据食品物料的导电率来决定，大多数能用泵输送的、含有溶解离子盐且含水量在90%以上的食品都可用电阻加热灭菌，且效果很好。

电阻加热因为是在连续流动的液体中加热，不需高温热交换，各种营养成分损失很少，且能量转化率达90%以上，适合于对物料进行整体加热，所以是颗粒状和片状食品实现瞬时无菌包装的较好的方法，如土豆、胡萝卜、苹果片及牛肉、鸡肉干等。

(5) 高电压脉冲灭菌。高电压脉冲灭菌是将高压脉冲电场作用于液体食品，有效地杀灭食品中的微生物，而对食品本身的温度并无明显影响，因而最大限度地保存了食品中原有的营养成分。

当液体食品流经高压脉冲电场，由于外加电场的作用，液体中微生物的细胞膜上产生相应的电热，导致细胞膜上产生电荷分离。当电势超过其临界值（大约为1V）时，由于带电分子间的相斥作用，引起细胞上出现空隙，导致细胞膜透过性增大和细胞膜功能受损。细胞膜受损程度与外加电场强度有关，当外加电场强度等于或略高于某个临界值时，细胞膜的暂时性损伤可以修复，而当外加电场强度远远超过其临界值时，细胞膜的损伤为不可逆性损伤，导致细胞最终死亡。

高电压脉冲的灭菌效果受很多因素的影响，不仅取决于电场强度、脉冲宽度、电极种类等，还与液体食品的电阻率、pH 值、食品中微生物种类及原始污染程度等有关。目前已经成功地将高压脉冲灭菌用于牛奶、果汁等的灭菌。其灭菌过程是：

液体食品→储液罐→热交换器→加热装置（升温至 40 ~ 50℃）→真空脱气装置（除去液体中气体和液泡，以免影响处理槽中电场的均匀性）→脉冲电场处理槽（电场强度 12 ~ 30KV/cm，脉冲宽度 10 ~ 40μm）→热交换器→冷却装置（降温至 10℃以下）→无菌包装→冷藏

高电压脉冲杀菌是一种新型的非热灭菌技术，耗能低，具有广阔的前途。

(6) 超高压灭菌。超高压灭菌就是将食品在 200 ~ 600MPa 超高压下进行短时间的处理，由于静水压的作用使菌体蛋白质产生压力凝固，达到完全杀菌的目的。

微生物并非一个均一的体系，而是由水、电解质、磷酸、脂肪酸、氨基酸等组成的，具有多种不同性质和不同构造特性。在 200 ~ 600MPa 的超高压下，由于组成细胞的各物质的压缩率不同，体积变化也存在着各向异性。这些不同构造的物质界面膜在高压下就会产生断裂受到破坏，从而达到灭菌的目的。

超高压灭菌的最大优越性是对食品的风味、色素、维生素 C 等没有影响，营养成分损失很少，特别适用于果汁、果酱类食品的灭菌。

(7) 磁力灭菌。磁力灭菌是把需灭菌的食品放于磁场中，在一定的磁场强度作用下，使食品在常温下达到灭菌的目的。

磁力发生装置采用直流电磁石，磁通量由次极间距和电流的大小来决定。首先放置一个非晶体的磁性体，然后将食品置于磁场中，如图 11 - 1 所示。通过曲轴使电机的旋转运动变成食品的上下运动，由于食品上下振荡，发生电磁诱导作用，在非晶体薄膜上生成了电动势，产生了电流。还因非晶体薄膜随食品上下移动对细菌产生搅拌作用，经过一定时间的连续振荡，可使食品达到灭菌的效果。

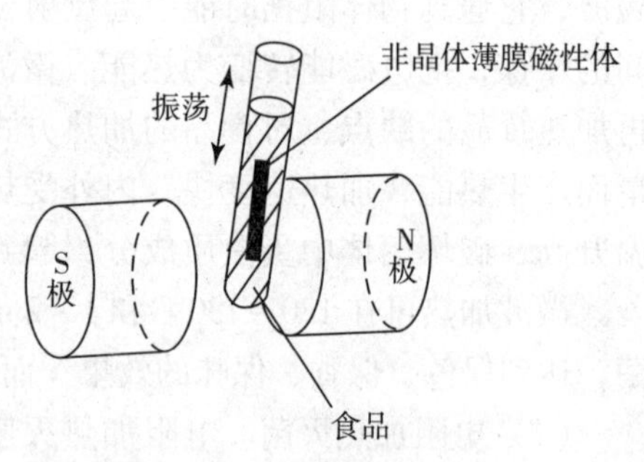

图 11 - 1　磁力灭菌装置

由于这种方式不需加热，不影响食品的风味和品质，主要适用于各种饮料、流体食品、调味品及其他各种固体食品的灭菌包装。

(8) 臭氧灭菌。臭氧（O_3）的灭菌机理主要有两种解释：一种是臭氧很容易同细菌

细胞壁中脂蛋白或细胞膜中的磷脂质、蛋白质发生化学反应，从而使细菌的细胞壁和细胞膜受到破坏，导致细菌死亡；另一种是臭氧可以破坏细菌中的酶或 DNA、RNA，从而使细菌死亡。

臭氧灭菌多用于饮水或食品原料的灭菌，近年来由于人们对臭氧利用技术了解的深入，臭氧被广泛地用于食品的灭菌、脱臭、脱色等方面，尤其是用于解决固体食品在生产过程中细菌的二次污染，臭氧有着其他灭菌方法所不及的特殊作用。

3. 包装品的灭菌技术

无菌包装的包装品必须不附着微生物，同时具有对气体及水蒸气的阻隔性。所以在无菌包装前，还必须对包装品进行灭菌处理。包装容器的灭菌通常有化学灭菌和物理灭菌两类方法。

（1）化学灭菌法。

①过氧化氢灭菌。过氧化氢俗称双氧水，它的灭菌工艺具有以下特点。

A. 提高过氧化氢溶液的浓度，可以提高其灭菌效能，常用浓度为 25% ~30% 。

B. 提高灭菌温度，可以加速初生态氧的灭菌作用，常用温度以 80℃为宜。

C. 不同的微生物对过氧化氢的敏感程度是不同的，特别是细菌孢子具有更强的耐药力。

过氧化氢溶液灭菌可采用浸渍法或喷淋法。灭菌处理后，包装材料再经热空气烘烤，能够增强新生态氧的灭菌效果以消灭一部分残存的细菌，同时材料表面余留的过氧化氢也已消失，随即可进行充填工序。灭菌时，如果结合使用润滑剂，可以提高灭菌的效果，这时过氧化氢的浓度仅为 15% ~20% ，时间只需要 3 ~4s 就能有效地杀死细菌。

②环氧乙烷灭菌。环氧乙烷气体主要用于食品自动包装机有关部件、包装容器和封口材料的消毒灭菌。气体温度为 50℃左右，灭菌 10 ~15min，能使 99% 细菌死亡，灭菌后有一部分残留的环氧乙烷附着在包装材料表面，需采取升温和减压的方法以加速环氧乙烷的散失。

（2）物理灭菌法。

①紫外线灭菌。紫外线的灭菌机理是由于紫外线照射后微生物细胞内的核酸产生化学变化，引起新陈代谢障碍，因而失去增殖能力。其灭菌效果与紫外线的波长、照射强度（$mW \cdot cm^{-2}$）以及照射时间（s）、湿度和照射距离有关。对于多数的微生物和细菌，波长在 240 ~280nm 的紫外线的灭菌效果最为有效。

②辐射灭菌。采用离子辐射的方法来进行灭菌。辐射处理可以在室温下进行处理，能够有效地控制微生物的生长，但有些酵母和过滤性病毒具有抗辐射能力，不会被辐射能量所杀死。此外，热和光的辐射作用会损伤纸和各种塑料的原有性能。例如，聚氯乙烯受热或经紫外线照射会加速老化和分解，离子辐射会促使包装材料中成分的化学变化。研究结果表明，辐射剂量为 10kGy 或更低时，包装材料的机械性能和化学性能只有很微小的变化。

以上所说包装品的物理灭菌法也适用于被包装物品的灭菌。当前，食品灭菌工艺正在逐步摆脱传统的加热灭菌方式，向高温度短时间以及不直接对食品加热的方向发展，以求最大限度地减少食品中营养成分的损失，尽量保持食品原有风味，延长食品的储存期。此外，灭菌方式也在向着配套的方向发展，例如，采用高强度紫外线和低浓度过氧化氢相结合的灭菌方式，能够取得显著的灭菌效果，如图 11 －2 所示，使用浓度低于 1% 的过氧化氢，加上高强度的紫外线在常温下产生的灭菌效力是两者单独使用时的上百倍。由于过氧化氢浓度很低，对于残留的过氧化氢也无须采取措施，避免了传统过氧化氢灭菌需高温、长时间等问题。

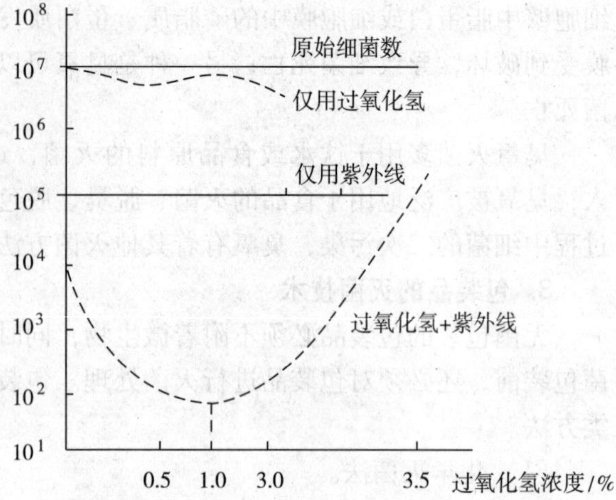

图 11－2 紫外线和过氧化氢结合灭菌的效果

4. 包装环境的灭菌技术

无菌包装应在无菌环境中进行，无菌室的洁净度可划分为四个级别，如表 11－3 所示。

食品及医药品的无菌充填室一般用级别 100，温度控制为 18～26℃，相对湿度为 45%～65%。过滤处理的无菌空气送入洁净室内，应保持室内与室外的静压差大于 10Pa，以免室外不洁空气进入室内。

无菌洁净室内的充填设备均经严格消毒灭菌，包装作业完成后要用 0.5%～2% NaOH 热溶液进行循环清洗，其后用稀 HCl 溶液进行中和，然后用蒸气杀菌。次日使用前还要再次蒸气杀菌。特定的阀门、旋塞等在碱洗之前要卸下清洗。包装设备本身的彻底杀菌操作是进行无菌包装时最重要的工作。

表 11－3 无菌室的空气洁净度级别表

洁净度级别	尘埃最大允许数/m^3		微生物防治最大允许数		换气次数
	≥0.5μm	≥5μm	浮游菌/m^3	沉淀菌/皿	
100	3500	0	5	1	垂直层流≥0.3 米/秒 水平层流≥0.4 米/秒
1000	350000	2000	100	3	≥20 次/时
100000	3500000	20000	500	10	≥15 次/时
300000	10500000	60000	—	15	≥12 次/时

三、无菌包装系统与工艺过程

无菌包装系统主要由以下部位组成：包装品输入部位、包装品灭菌部位、无菌充填部位、无菌封口部位、包装件输出部位等。但为适应不同的包装品，无菌包装系统的结构不尽相同，其工艺过程也各有特色。

1. 瓶罐无菌包装系统与工艺过程

图 11－3 为瓶罐无菌包装系统。其中被包装物品与包装瓶罐分别进行消毒灭菌。包装瓶罐由传送带送入机器，然后通过消毒灭菌部位 1，在此部位包装瓶罐被过热蒸气消毒灭菌，蒸气温度约为 200℃，但此蒸气不是饱和蒸气，因此这种空气的杀菌效果与热空气相类似。包装瓶罐经过消毒灭菌后，经过无菌空气降低包装瓶罐的温度，在充填部位 2 充满无菌空气的环境条件下，把预先消毒灭菌的被包装物品充填入瓶罐，然后在部位 3 加上已经消毒灭菌的罐盖，在工位 4 将其结合处焊接起来。最后，已封入物品的包装件由传送带输出。

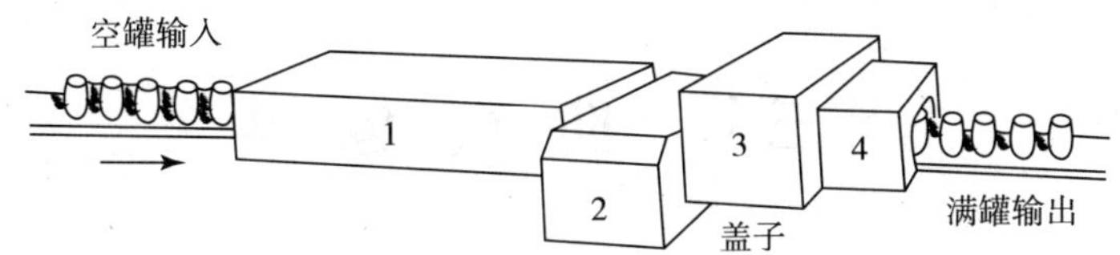

图 11-3 瓶罐无菌包装系统

1-灭菌部位；2-充填部位；3-瓶罐盖灭菌部位；4-封罐部位

2. 杯成型无菌包装系统与工艺过程

图 11-4 为杯成型无菌包装系统。这个系统采用过氧化氢对包装材料进行化学灭菌。两个包装材料卷筒分别将材料送入系统。卷筒 1 提供底部片材，卷筒 9 提供铝箔盖材。底部片材经过过氧化氢液槽 2 洗涤，然后由干燥器 3 作用而使过氧化氢分解，经过干燥器后的片材软化，并由加热器 4 加热，在成型器 5 处容器成型，通过充填部位 6，充填后的容器进入密封部位 10。同时铝箔盖材通过过氧化氢液槽 7，经干燥器 8 除去过氧化合物，在密封部位 10 处将容器封盖，经冲剪模 11 切断，最后从传送带 12 输出包装件。

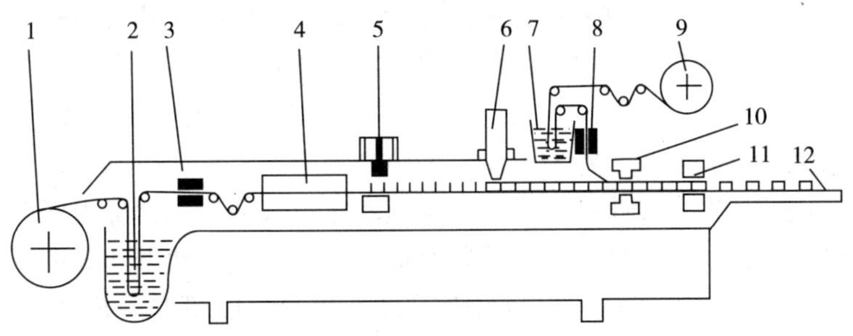

图 11-4 杯成型无菌包装系统

1-片材卷筒；2、7-过氧化氢液槽；3、8-干燥器；4-加热器；5-成型器；
6-充填部位；9-铝箔盖材卷筒；10-密封部位；11-冲剪模；12-传送带

3. 塑料袋无菌包装系统与工艺过程

图 11-5 为塑料袋无菌包装系统。这个系统中两个塑料薄膜卷筒上下合在一起，然后封合成各自独立的小袋子。根据塑料材料的种类，可对这些包装袋采用不同的方式灭菌。用无菌针管将已经灭菌的被包装物品灌进这些预先杀菌的包装袋内，满袋灌装后，在灌装点以外位置封口，完成无菌包装，输出无菌包装件。

本书第十四章第二节叙述了果汁饮料的无菌包装工艺过程，可供进一步讨论研究。

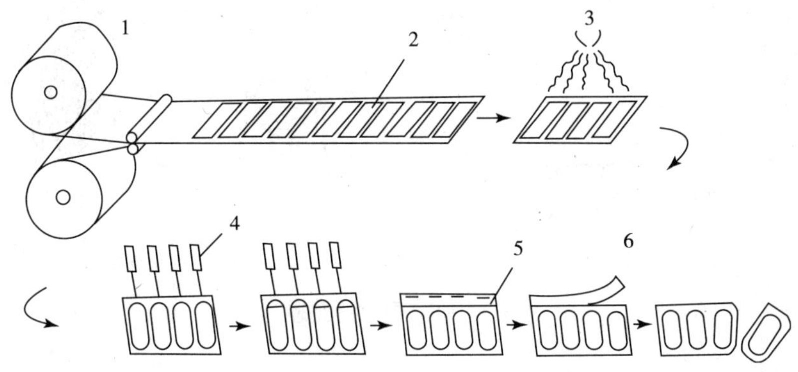

图 11-5 塑料袋无菌包装系统

1-塑料薄膜卷筒；2-制袋；3-灭菌；4-无菌充填；5-封口；6-分切

第三节　防虫包装

包装件在流通过程中会受到虫类侵害，害虫不仅蛀蚀动植物性商品和包装品，破坏商品的组织结构，使商品发生破碎和孔洞，而且害虫在新陈代谢中的排泄物会沾污商品，影响商品的品质和外观。因此对一些易遭虫蛀和易被虫咬的商品应采取一定的保护措施，如在包装材料中掺入杀虫剂，或在包装容器中使用驱虫剂、杀虫剂或脱氧剂，以增强防虫效果，破坏害虫的正常生活条件，扼杀和抑制其生长繁殖。

一、防虫包装的机理

1. 了解商品害虫的生理特征

全世界昆虫的种类在100万种以上，昆虫属于无脊椎动物中节枝动物门的昆虫纲，约占动物界种类的三分之二。在这些昆虫中约有42.8%近40万种昆虫是有害的。昆虫纲中鞘翅目甲虫类和鳞翅目蛾类是危害商品的主要害虫，还有其他一些害虫。

甲虫类种类最多、危害最大，有黑皮蠹、竹长蠹、烟草甲、锯谷盗等。蛾类种类不多，但危害面较大，有袋衣蛾、织网衣蛾、毛毡衣蛾等。害虫从卵的孵化到成虫产卵，要经过外部形态、内部构造以及生活习性等一系列变化，这种变化就称为变态。甲虫类和蛾类要经过卵、幼虫、蛹、成虫四个发育阶段，称为完全变态。幼虫和成虫不仅在外部形态上不相同，而且在内部器官结构和生活习性上也不相同。如图11－6（a）所示，卵是个体发育的第一个虫态，也是不活动虫态。幼虫是卵孵化出来的幼体，幼虫期是昆虫取食生长的时期，也是危害最严重的虫期；蛹是完全变态类昆虫由幼虫转变为成虫的过程中所必须经过的一个静止的虫态。

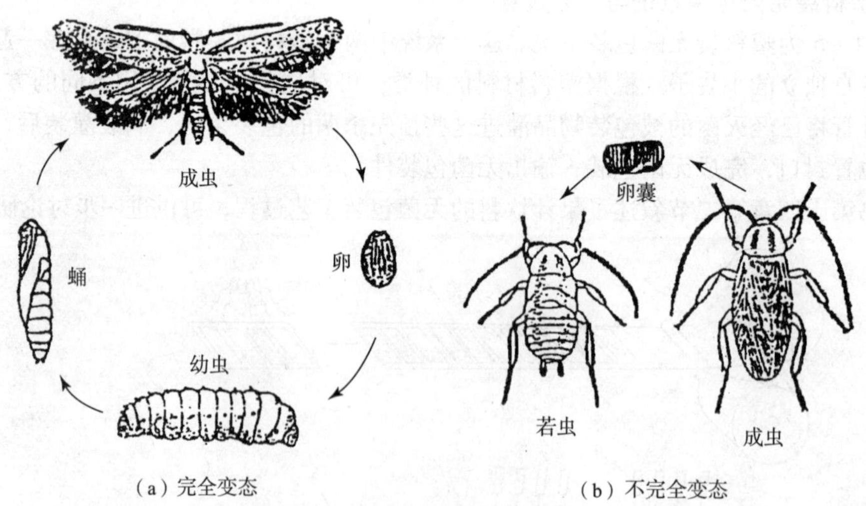

图11－6　昆虫的变态

在发育过程中，其内部器官结构与组织发生着巨大的变化，成虫是个体发育的最后一个阶段，其主要任务是交配、产卵以繁殖后代。蛾类昆虫进入成虫期，其生殖腺已成熟，即能交配、产卵，但成虫寿命较短，产卵后即死亡。甲虫类昆虫羽化后生殖腺尚未成熟，还需去取食，吸收卵发育所需要的营养，因此，这类昆虫在幼虫期和成虫期都有危害性，并且成虫寿命较长。

另外，有些昆虫（如书虱）只经过卵、若虫、成虫三个发育阶段，这种变态称为不完全变态，如图 11－6（b）所示。若虫的外形和昆虫基本相似，但躯体较小，翅与生殖器官发育不全。若虫、成虫期都有危害。

2. 控制害虫的生长环境条件

任何一种害虫都与其生活环境密切相关，周围的环境因素不断影响着它们的生长、发育和繁殖。害虫为了适应周围环境，常常形成不同的生活习惯，以适应多变的环境。为了做好防虫包装，必须研究昆虫的生长条件，并采取措施予以控制。

（1）温度。昆虫是变温动物，它们能通过改变呼吸强度和水分蒸发速度来调节体温，以适应环境温度的变化，但这种调节是很有限的。因此，温度对昆虫的个体发育速度、成虫的寿命、繁殖率、死亡速度、食量及迁移分布等都有直接影响。

任何害虫对温度都有一定的要求，不同温度范围对害虫的生长发育和繁殖等有不同的影响。如图 11－7 所示，温度可以划分为以下几个区域。

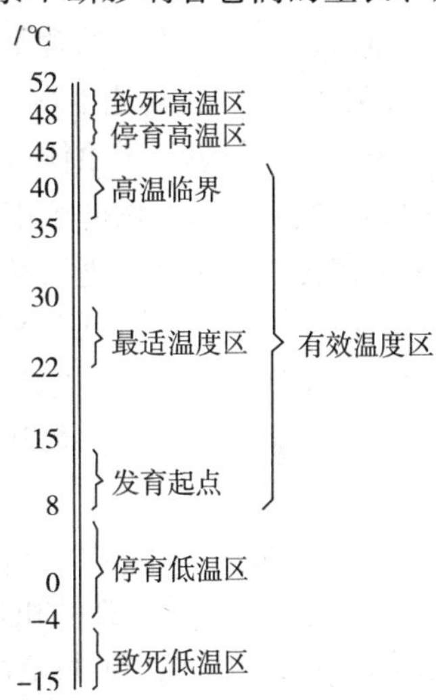

图 11－7　昆虫的生存温度范围

①有效温度范围（8～40℃）。昆虫在此温度范围内通常能完成其正常发育。在此范围内的最适宜温度是 22～30℃，这时昆虫发育最快，繁殖能力最强，个体死亡率低，成虫寿命最长。35～45℃是最有效温度的上限，在此范围内，昆虫的生长开始出现热抑制状态，称为高温临界。8～15℃是有效温度的下限，是昆虫发育的起点。超过上限和下限的温度，对昆虫有着致死作用。

②停育高温范围（45～48℃）。昆虫在此温度范围内常呈休眠状态，称为夏眠或越夏。昆虫的各部分代谢速度加快而不能得到平衡，生理功能失调，生命活动降低。

③致死高温范围（48～52℃）。昆虫在此温度下因体内大量失水，蛋白质凝固而死亡。

④停育低温范围（8℃以下）。昆虫在此温度条件下，新陈代谢减慢，生命活动降低，进入冷昏迷状态，称为冬眠或越冬。

⑤致死低温范围（0～－15℃）。昆虫在此温度下经过一定时间，因体液结冰，细胞原生质受机械损伤、脱水，生理结构受到破坏而死亡。

致死高温和致死低温作用时间的长短，因害虫的种类、虫期等的不同而差异较大，而且还受温度变化速度的影响，温度快速变化常使害虫难于适应；一般害虫对高温的忍耐力要小。

（2）湿度。湿度对害虫的影响有两个方面：一方面直接影响虫体内水分的蒸发，影响其新陈代谢；另一方面湿度影响害虫食物的含水量，从而间接影响害虫的生长繁殖。

昆虫体内含水量因虫种、虫期和环境条件而异。一般昆虫体内含水量占体重的 50%～90%。昆虫体内水分直接来自食物中的水分。一般仓库害虫在食物含水量低于 8% 时就难于生存，但也有一些种类的昆虫能耐干燥环境，如谷斑皮蠹能够生活于含水量为 2% 的食物中。

昆虫体内的水分和外界环境水分保持着相对平衡状态。它们主要通过获得和散失水分来调节这种平衡，以适应不断变化的环境，维持正常的生理活动。昆虫体内水分的散失，主要通过水分的蒸发作用，当外界空气中相对湿度降低时，可提高水分蒸发速度，体内水分散失量增加；相反在潮湿的条件下体内水分消失缓慢，易于保持着较稳定的含水量。

湿度对昆虫的生命活动也与温度一样有一定范围，有致死干燥点、渐适湿度范围、最适湿度范围、渐不适湿度范围、停育湿度范围、致死湿度等。一般害虫在食物含水量13%以上和空气相对湿度70%以上条件下都能生活，相对湿度范围70%～90%是多数昆虫的最适湿度。昆虫对环境适度的变化极为敏感，尤其是对低湿度反应更为明显，因此，一般害虫均喜欢潮湿的环境。在最适湿度范围内，湿度大，昆虫生长发育快，繁殖力强，危害也严重。设法降低物品的含水量，提供干燥的环境条件，对防治害虫有着重要的意义。

（3）空气。和其他生物一样，害虫在生命活动中要进行呼吸，吸收氧气，氧化体内营养物质，产生能量，供虫体进行正常的生理活动；同时呼出二氧化碳，因此，害虫生活环境中，氧气和二氧化碳的浓度直接影响其呼吸作用；降低氧气浓度，增加二氧化碳浓度，可以抑制害虫的正常生理活动，达到抑制或杀灭害虫的目的。

一般，当氧气浓度低于8%、二氧化碳浓度大于20%时，可以达到防虫的目的；当氧气浓度小于2%、二氧化碳浓度大于35%时，可以达到杀虫的目的。因为高浓度的二氧化碳环境中，害虫气门全部敞开，有利于毒剂分子进入体内或害虫体内水分大量蒸发，将害虫杀死。

（4）光线。太阳照射到地球上的光线，除了热效应（温度）对害虫的生命活动有明显影响外，光线的性质、强度和光照周期对害虫也会有不同程度的影响。人类的可见光区与昆虫不同，人类的可见光波长范围是390～770nm，波长短于390nm的光为紫外光，长于770nm的光为红外光，这两种光为不可见光。而昆虫类的可见光为紫外线，其他光为不可见光。

另外，昆虫有趋光性，不同波长光线的刺激，对许多害虫有极强的诱杀力。尤其对甲虫类诱捕效果较好。昆虫的取食、交尾、产卵与光线强度有密切关系，光照周期也直接影响着害虫的生理活动。红外线、微波对害虫有抑制和杀伤作用。

（5）人为因素。人类的各种经济活动对害虫也有一定的影响。如食品在加工、储存、运输、销售、外贸等环节，若是管理不善、检查不严、预防处理不及时，都会造成害虫繁殖蔓延。

3. 研究被包装物品的特性

产品的虫害除了与某些仓虫以及环境温、湿度等因素有关外，还与被包装物品的化学成分有关。容易引起蛀蚀的物品都含有丰富的有机养分，如羊毛织品、蚕丝织品、人造纤维织品、天然草织品、毛皮及其织品、粮食、干果等，它们均含有丰富的蛋白质、氨基酸、脂肪、糖类及纤维素等有机营养成分，这些营养成分一旦被害虫消化利用，必然造成物品的蛀蚀，使物品遭受破坏。

害虫对物品的危害不仅造成物品在数量和品质上的损失，而且会引起物品霉变、腐烂。因为这些害虫在物品中生活，它们的排泄物、粪便、蜕皮及尸体等混杂于物品之中，破坏性极大。所以必须对害虫进行综合治理，采取相应的防虫害包装来保护物品，有效地控制害虫的发生与发展。

二、防虫害包装技术

在包装中防治虫害是一项艰巨的工作，必须本着安全、经济、有效的原则，以防为主，综合防治。根据害虫的生活习性和生存环境条件，人为地控制和创造对害虫不利的因素，来抑制其生长发育及传播蔓延或直接杀灭害虫。防虫害包装技术是通过各种物理方法或化学药剂作用于害虫的肌体，破坏害虫的生理机能和肌体结构，恶化其生存环境，促使害虫死亡或抑制害虫繁殖，达到防治虫害的目的。

1. 高温防虫害包装技术

高温防虫害包装技术就是利用较高的温度来抑制害虫的发育和繁殖。这种方法一直被广泛采用，具有良好的防虫杀虫效果。因为当环境温度上升到40～45℃时，一般害虫的新陈代谢活动就会发生紊乱，生长、发育及繁殖就会不同程度地产生终止现象，但仍能保持生命力；当温度上升到45～55℃时，一般害虫将处于热昏迷状态，体内新陈代谢速度加剧，如时间持续较长，害虫将会大量死亡。表11－4是杂拟谷盗害虫死亡与温度的关系。

表11－4 杂拟谷盗害虫死亡与温度的关系

温度		造成50%死亡所需时间			
℃	℉	卵	幼虫	蛹	成虫
44	111.2	14h	10h	20h	7h
46	114.2	1.2h	1h	1.5h	1.2h
48	118.4	—	8min	12min	26min
50	122.0	—	4.7min	4.5min	4.9min

高温杀虫的效果不仅因害虫的种类及虫期的不同而异，而且与内装物品的种类和含水量、接触高温的时间、保温性能等因素有密切关系。

（1）高温致死的主要原因。

①虫体水分过量蒸发。高温使害虫的生理代谢加剧，增加呼吸强度，促使害虫气门长时间开放，这时，虫体内水分从气门大量外逸造成虫体失水。

②虫体壁的护蜡层和蜡层熔化，破坏了害虫的上表皮和外表皮结构。

③虫体的蛋白质凝固。高温使虫体蛋白质凝固变性，引起虫体组织破坏致死。蛋白质的凝固温度，因其含水量的不同而异，虫体含水量高的蛋白质易凝固，凝固温度较低；含水量少，凝固温度就高。因此，生长发育旺盛的虫期，虫体内的含水量较高，易受温度变化的影响，高温杀虫效果也就较为理想。

④虫体的类脂物质液化。害虫的神经系统和细胞原生质含有程度不同的类脂化合物，如磷脂、固醇、脂蛋白等，它们的性质类似于脂肪，它们在高温下容易熔化变性，引起害虫组织破坏而死。

（2）高温防虫害包装技术。高温防虫害包装技术有多种方法，目前广泛应用的有日光暴晒法、烘烤干燥法、远红外线干燥法、微波干燥法等。它们的作用都是降低物品本身的含水量，防止害虫蛀蚀；提高环境温度，抑制或杀死害虫。下面介绍几种常用的高温杀虫法。

①日光暴晒法。利用太阳辐射的热能，降低物品水分，提高物品自然抗虫能力，破坏害虫躯体组织结构和生理机能，导致其死亡。另外，紫外线还具有消毒杀菌作用，防止物品霉变。具体方法是选择晴朗天气，用光洁的晒场或晒具将物品如粮食、干鱼、干菜、干果等摊开晾晒。此法简单，经济方便。杀虫效果取决于晒场环境、质地、日晒强度，晾晒时间、物品含水量及暴晒方式、晒后处理等因素。

②烘烤干燥法。利用干热空气降低物品含水量，起到防虫和杀虫作用。根据烘烤设备不同，有以下不同烘烤方法：

A. 烘房烘烤：房内设烘架数层，直接加热空气传热。

B. 烘箱烘烤：利用电加热或热蒸气加热。

烘烤温度及升温、保温时间，应根据物品的品种和规格、含水量等确定；一般烘房内温度在65～110℃之间。如烘干粮食要求确保不影响粮食品质，因此要控制烘干的热空气温度在80～110℃之内，不得超过120℃，烘干时间在30～50min，不宜超过1h；烘干出口处的粮食温度应控制在50～55℃，不得超过60℃。烘干主要用于处理高水分原粮、虫粮，对于成品粮和种子粮不宜采用。

③远红外线干燥法。远红外线是介于可见光和微波之间的一种电磁波，远红外线加热干燥是20世纪70年代发展起来的新技术，由于它能穿透物品，且受热均匀，干燥较快，能迅速干燥储存物品和直接杀死害虫。

④微波干燥法。微波杀虫是使害虫在高频电磁场作用下，体内的水分、脂肪等物质受到微波的作用，其分子发生振动，分子之间产生剧烈的摩擦，生成大量的热能使虫体内部温度迅速上升致死。

微波杀虫具有处理时间短、杀虫效率高、无残害、无药害等优点，但微波对人体健康有一定影响，因此操作时应采取必要的防护措施。

2. 低温防虫害包装技术

低温防虫包装技术是利用低温抑制害虫的繁殖和发育，破坏其内部组织，并使其死亡。

害虫的耐寒能力与其体内的含水量有密切关系，含水量低，体液中糖和盐的浓度就相应增高，细胞质的黏性增加，细胞内易形成稳定的高渗透压，抗寒能力强；反之，含水量高的害虫，抗寒能力就差。耐寒性与体内结合水和游离水的比例也有关系。体内结合水比例高的害虫耐寒性强，游离水比例大的害虫耐寒能力就差。

在低温情况下，害虫的活动减少，营养物质的消耗降低，新陈代谢处于低水平，关闭气门，有氧呼吸减弱，以分解体内糖类物质来维持缺氧呼吸和生命，仓库害虫一般在环境温度8～15℃时开始停止活动；－4～8℃时害虫的生理代谢变得极其缓慢，各虫期停止发育，处于冷麻痹状态。如果持续时间过长，能使害虫死亡。

（1）害虫低温致死的主要原因。

①新陈代谢作用停止。在长时间冷昏迷状态下，体内储存的营养物质被消耗，代谢水分增多，耐寒能力下降，最终因新陈代谢作用停止而死亡。

②细胞膜破裂。在致死低温状态下，虫体细胞内的游离水外溢到细胞间结冰，细胞膜会因冰体积增大而破裂，导致害虫死亡。

③原生质脱水。细胞间隙中的游离水结冰会使原生质脱水浓缩，盐浓度增大，代谢物的正常排泄受阻，导致代谢物在细胞内的积累中毒而死亡。

④酶的活性受到抑制。酶是生理活动中不可缺少的物质，酶的活性会因低温而受到抑制和破坏。虫体内的生理生化活动也会随着酶的失活而减缓或中断，致使害虫生理机能丧失而死亡。

一般害虫在气温下降到7℃时就不能繁殖，大部分开始死亡；温度降到0℃以下，足以达到防虫的目的。

（2）低温防治害虫的主要方法。

①室外自然冷却法。在有条件的寒冷地区，可选择这种方法。在晴天寒冷时，可将物品摊放在室外场地上进行冷却，冷冻时间可根据害虫情况而定，然后入库密封或进行包装处理。

实验结果表明，冷冻温度在 -2～-4℃，冷冻时间为 7～8h，杀虫效果较差；冷冻温度 -8℃，冷冻时间 7～8h 可以杀死 60% 的害虫；若继续密封 15～30 天，能将玉米象、麦蛾等害虫全部杀死。

②室内通风冷却法。在严冬的晴天，将仓库门窗全部打开使干燥的冷空气在仓库内对流自然降温。如果条件允许，也可采用风道、单道和多管风机等设备进行机械通风降温，以杀死或抑制害虫。

③机械制冷法。就是利用各种空调或制冷设备，将物品储存温度控制在较低水平。可以采用低温储存、冷存、冷冻等方法有效地抑制害虫的生产发育和繁殖，达到防治害虫、保护内装物品的目的。

低温储存即温度控制在 8～15℃以下，使一般害虫不能获得生产繁殖的适宜温度；冷存温度控制在 0～8℃，使害虫处于冷麻痹状态，长久则导致部分死亡；冷冻温度控制在 0℃以下杀死害虫。

3. 气调防虫害包装技术

气调防虫害包装就是改变包装容器或储存环境内的气体成分，造成对害虫不利的生态环境条件，来达到防治害虫的目的。

害虫在其生命活动中，要吸入 O_2，呼出 CO_2。O_2 是害虫生命活动不可缺少的因素，而 CO_2 则是对其不利的气体，气调防治的杀虫效果与容器内 O_2 和 CO_2 的含量以及缺氧时间的长短有密切关系。一般氧气含量为 5%～7% 时，1～2 周可杀死害虫，氧气浓度在 2% 以下，杀虫效果更为理想；CO_2 杀虫所需的浓度一般较高，多为 60%～80%。在低 O_2 高 CO_2 环境下杀虫效果较理想。低 O_2 和高 CO_2 的杀虫剂效果，如表 11-5 和表 11-6 所示。

表 11-5　几种害虫在不同含氧量中致死时间

氧浓度/%	玉米象 100 头	拟谷盗 100 头	大谷盗 100 头	锯谷盗 100 头	麦蛾 20 头
2～1	5 昼夜	5 昼夜	1 昼夜	5 昼夜	很快死亡
1～0.5	3 昼夜	3 昼夜	1 昼夜	3 昼夜	很快死亡
0.5 以上	2 昼夜	2 昼夜	1 昼夜	2 昼夜	很快死亡

表 11-6　CO_2 对赤拟谷盗成虫的毒害

CO_2 浓度/%	致死率/%	致死时间/h
80	100	48
90	100	36
95	100	24

由表 11-5 和表 11-6 可以看出：O_2 浓度越低，CO_2 浓度越高，杀虫的时间就越短，杀虫效果也越理想。气调杀虫的方法有：自然降氧法、机械降氧法、充 CO_2 法、脱氧剂除氧法等。

①自然降氧法。将物品用塑料薄膜密封，通过物品如粮食、果品等和害虫的呼吸作用，使包装件内的 O_2 浓度下降，积累 CO_2，从而达到降低害虫生理活动、防治害虫，安全储存的目的。除氧的速度与物品的品种、品质、含水量及外界环境条件等有很大关系。

②机械降氧法。利用机械来降低物品储存环境中 O_2 的浓度，达到防虫的目的。小型

袋包装可采用充氮降氧，先用真空泵将包装小袋抽真空，然后充入 N_2，再密封；对于大型环境可采用循环降氧，利用循环降氧机置换环境中的氧气。

③充二氧化碳法。利用真空泵等机械设备，将密封仓库或小袋包装件内的空气抽出后再充入 CO_2。高浓度 CO_2 对害虫有致死效果。

④脱氧剂除氧法。脱氧剂可以同空气中的氧气发生化学反应，从而降低空气中氧气的含量。目前，用得较多的有连二亚硫酸钠和铁粉等。

温度和水分对脱氧剂的除氧效果有明显的影响，只有在合适的温度下，脱氧剂才能充分发挥作用。

4. 电离辐射防虫害包装技术

电离辐射防虫害包装技术是利用射线破坏害虫的正常新陈代谢和生命活动，使其不育或死亡，达到防虫害的目的。

辐射用射线主要有 X 射线、γ 射线、快中子等，目前应用较多的是 γ 射线。γ 射线的穿透能力较强，能量较大（光子流），而且 γ 射线也容易从放射性同位素 C_0^{60} 中获得，并可将其制成固定或流通式的辐射源装置，便于操作使用。

（1）电离辐射方法杀虫。

电离辐射方法杀虫有如下特点。

①较高的剂量对各种害虫及其各级虫期都有很好的致死效果；较低的剂量能引起害虫的生理生化变化，产生不育现象。

②射线具有较强的穿透性，能杀死物品内较深部位的害虫。例如：虾干、鱼干易生虫，辐射一次可以保证 2 个月不受害虫危害。

③可以连续处理大批量的物品，不产生高温，不会使物品变质及严重污染。

（2）电离辐射量。

电离辐射防虫法根据其对害虫的杀伤程度不同，而将辐射量分为 3 种。

①立即致死量。害虫受到射线处理后，立即死亡所需要的辐射量，一般要数十万伦琴（伦琴，Roentgen，在一毫升空气中生成正负电荷各为一静电单位的 X 射线或 γ 射线的剂量）才有效，例如对锯谷盗的致死量为 40 万伦琴。

②缓期致死量。害虫受到照射后要经过一周以上的潜伏期方能大量死亡所需的辐射量，一般在五千至数万伦琴。例如玉米象的缓期致死量为 1 万 ~2 万伦琴。

③不孕量。害虫受到照射后，丧失生殖能力。产生不育现象所需的辐射量，一般在 1 万伦琴以下。不孕剂量处理可以降低照射费用，并可避免高剂量对某些物品引起变质等不良影响。

5. 化学药剂防虫害包装技术

化学药剂防虫害包装技术就是利用化学药剂来抑制或杀灭害虫，以保护内装物品。

常用的化学药剂根据其使用形态可分为：粉剂、可湿性粉剂、水溶剂、乳剂、烟剂、熏蒸剂等。根据其侵入虫体的途径和药剂的作用可分为：

①胃毒剂。药剂通过害虫的口腔，进入消化道后引起中毒死亡的杀虫剂。

②触杀剂。药剂直接触及害虫，通过害虫皮进入虫体，引起中毒死亡的杀虫剂。

③熏蒸剂。利用在室温下可以气化或发生化学变化放出毒气（蒸气），通过害虫的呼吸系统或由其体壁的膜质进入虫体，引起中毒死亡的杀虫剂。

化学药剂防虫由于是利用其毒性对害虫起到防治作用，在使用时要注意安全，对食品等不宜采用。化学药剂防虫必须注意杀虫药剂、害虫和环境条件等方面的因素，了解杀虫剂的物理化学性能和使用方法，了解害虫有机体的生理状态及不同种类、虫期的害虫对药剂的抵抗力以及内装物品的种类、性质、用途等，并且正确运用它们之间的相互关系，达到良好的杀虫效果，并注意保护物品和人畜安全。

6. 啮齿动物的防治

啮齿动物主要指鼠类，有家鼠和野鼠之分。在仓库中常见的是家鼠，主要有小家鼠、黄胸鼠和褐家鼠三种。鼠类的繁殖能力极强，四季均可繁殖，一年产仔5~6次，平均每次产8~9只，一般寿命为1~3年。鼠类食性杂乱并且有啮嚼特性，记忆力强，视觉、嗅觉及听觉都很灵敏，一般在夜间活动，并能传播疾病，危害极大。

防鼠的办法：保护仓库内外清洁卫生，清除垃圾，及时处理堆积的包装物料及杂物，不给鼠类造成藏身场所；采用碎瓷片、碎玻璃、石灰等堵塞鼠洞，截断其活动通道等。

灭鼠的方法有：

①用工具、器具捕鼠。如捕鼠夹、笼等，还可用各种黏胶粘鼠。

②用驱鼠剂驱鼠。如放线酮，这种驱鼠剂对鼠类口腔黏膜有强烈的刺激作用，鼠类闻到此药味便远远逃避。

③毒饵诱杀。常用的灭鼠药有磷化锌、灭鼠宁、氟乙酰胺等，鼠类食后即死亡。

三、防虫包装设计

在进行防虫包装设计时，一般应考虑并解决下列一些问题。

(1) 了解被包装物品的性质。被包装物品是否容易生虫，有没有害虫生存的营养物质，如果容易生虫，又有害虫生存所需要的营养物质，如食品、粮食、纤维制品、皮革制品等，必须采取防虫措施或防虫包装。而对金属、塑料等制品就不必考虑防虫的问题。

(2) 考虑储运的季节和储运的期限。一年四季中，害虫活动于夏、秋两季，静止于冬季。如果被包装物品容易为害虫所蛀蚀，但储存、运输时间较短，储运季节又在冬季，那么，包装就不一定要采取严格的防虫措施；如果储运时间较长，或流通过程主要是在夏、秋季节，那么，这种包装就必须采取良好的防虫措施。

(3) 选择适宜的杀虫方法。防虫包装要做好三件工作：

①防止外界害虫穿透包装阻隔层材料进入包装容器危害被包装物品。

②消灭被包装物品本身所带有的虫源。

③采用能杀死害虫或是抑制害虫活动的防护包装。

因此，在对内装物品进行包装之前，应先对其进行处理，以消灭其所潜藏的害虫，或是害虫的幼虫或虫卵，做好清理虫源的工作，再配以适宜的包装，就可取得较好的防虫经济效益。

(4) 选择适宜的内包装阻隔层材料。应根据前面所说的防虫技术来选择适宜的包装阻隔层材料。例如，对密封性包装可选用聚乙烯、聚丙烯、聚酯等透气率比较低的薄膜，或者是铝塑复合膜及涂聚偏二氯乙烯的薄膜等。对非密封性的包装，可采用纸张进行包装。

在这种包装内还可加入杀虫剂或驱虫剂（如除虫菊和丁氧基葵花香精的混合物），以保证被包装物品不发生虫害。

(5) 考虑外包装的防虫处理。如果储存、运输时间比较长，储运条件又比较差时，对不具有抗虫蚀的外包装容器（如纸箱、木箱等）应进行防虫处理，以避免在储运过程中受害虫或白蚁所侵蚀，或受蛀蚀穿孔而危及内包装和内装物品。

1. 防霉包装方法有哪些？并简要说明其机理。
2. 无菌包装系统是什么？简述无菌包装杀菌机理。
3. 无菌包装技术分为哪几大类？各采用哪些杀菌技术？
4. 影响害虫生存的主要因素有哪些？
5. 简述几种防虫害包装技术的机理。

第十二章　环境防护包装工艺

环境保护包装是指防止流通环境因素对内装物的影响而采取的一定的防护措施。本章主要针对自然流通环境中的主要天然因素如温度、湿度、雨水等，讨论防潮包装和防水包装。针对社会流通环境中的主要人为因素，如假冒伪劣商品，讨论防伪包装等。

第一节　防 潮 包 装

空气湿度的变化是引起被包装物品品质变化的重要因素。防潮包装就是采取具有一定阻隔水蒸气能力的材料对物品进行包装，阻隔外界湿度变化对物品的影响，同时使包装内的相对湿度满足物品的要求，保护物品的品质。防潮包装具有防止易吸潮的物品（如医药、农药等）潮解变质，防止含有水分的物品（如食品、果蔬等）脱水变质，防止某些物品（如纤维制品、皮革等）受潮霉变，防止金属及其制品腐蚀锈坏等。

一般防潮包装方法有两类，一类是为了防止被包装物品失去水分，主要采用阻隔性包装材料防止包装中的水分向外排出；另一类是为了防止被包装物品增加水分，主要是在包装内加入吸湿性的材料——吸湿剂等。

第一类防潮包装要根据被包装物品的性质、形状、防潮要求和使用特点等来合理地选用防潮包装材料，进行必要的计算，设计包装容器和包装方法。其内容将在第四篇第十三章渗透机理与包装储存期作详细讨论。

第二类防潮包装是为了保护物品品质，防止被包装物品增加水分而采用的防潮包装方法，包装内部采取一定的干燥方法，吸收包装内部的水分和从包装外部渗透进来的水分，以减缓包装内部湿度上升的速度，延长防潮包装的储存期。采取的干燥方法有两种：静态干燥法和动态干燥法。静态干燥法是用装入包装内一定数量的干燥剂以吸去内部的水分，其防潮效果取决于包装材料的阻隔性、干燥剂的性质和数量、包装内部空间的大小等，一般适于小型包装和有限期的包装。动态干燥法是采用降湿机械，将经过干燥除湿的空气输入包装内，置换出潮湿的空气，以控制包装内的相对湿度，使内装物保持干燥状态，这种方法适于大型包装和长期的包装。这一类的典型被包装物品是容易锈蚀的金属，容易吸湿的肥料、水泥、农药、火药等，它们都适于储存在干燥的环境中。

一、防潮包装等级

包装的防潮等级应根据被包装物品的性质、流通环境、储运时间、包装品的一般性能等因素来确定，如表12－1所示。表中还列出了不同等级对包装材料水蒸气渗透率的要求。

表12－1 防潮包装等级（GB/T 5048—1999）

级别	要求			
	防潮期限	温湿度条件	被包装物品性质	包装材料水蒸气渗透率 Q*
1级包装	1～2年	温度＞30℃ 相对湿度＞90%	易回潮、生锈、长霉、变质物品贵重、精密	＜2
2级包装	0.5～1年	温度在20～30℃之间 相对湿度在70%～90%之间	较易回潮、长霉、变质物品较贵重、较精密	＜5
3级包装	0.5年以内	温度＜20℃ 相对湿度＜70%	不易回潮、长霉、变质	＜15

*：包装材料水蒸气渗透率Q在温度为40℃、相对湿度为90%的条件下测量，单位是 $g/(m^2 \cdot d)$。

二、干燥剂

1. 干燥剂的种类

常用的干燥剂有吸附型和解潮型两类。吸附型干燥剂有硅胶、蒙脱石活性干燥剂、分子筛和铝凝胶（活性氧化铝）等；解潮型的干燥剂主要是生石灰等。

变色硅胶由于能清楚地以颜色由蓝变红（或变白）来反映出周围空气中湿度的增大，因而深受使用者的欢迎，但由于它们的价格较高，再生温度偏高时容易失效，因而使成本增加；特别是在生产硅胶时要用硫酸，成品可能残存硫酸根离子等有害物质，不利于环境保护；一些发达国家已不准许进口产品中用硅胶做干燥剂，现在他们广泛地使用的是一种蒙脱石活性干燥剂（montmorillonite drier）。蒙脱石活性干燥剂由天然的蒙脱石矿开采后，经高温加热、有机质炭化、蒙脱石矿体膨化、通蒸气处理、烘干干燥、活化、破碎、过筛、精选，而得到一种天然的、无毒的、pH中性的硅酸钙矿物质，它的全部加工过程都是采用物理手段，没有化学物质的污染，因而它是一种无毒害的“绿色物品”；其价格不到变色硅胶的一半，但吸湿能力和再生寿命都与变色硅胶基本相似，而且对金属没有腐蚀性；其废弃物对环境也没有污染；加之密度较大，在同样的空间中可以多放一些；被认为是硅胶的更新换代产品。

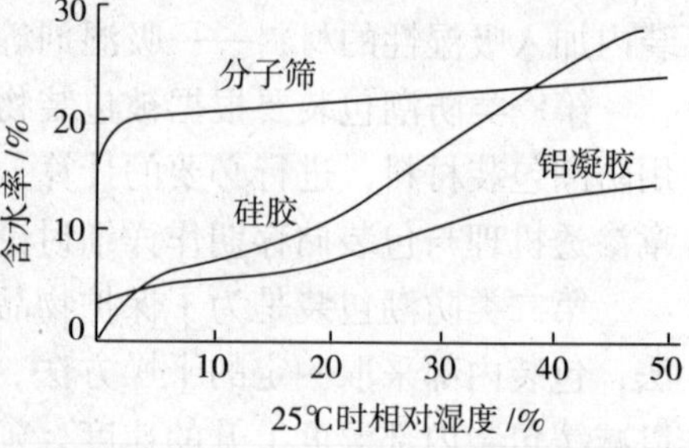

图12－1 干燥剂含水率与相对湿度的关系

硅胶、分子筛和铝凝胶的吸湿性与环境温湿度的关系如图12－1所示。

2. 干燥剂用量计算

防潮包装中，干燥剂的用量与防潮材料的透湿率、储存期、包装面积等多项因素有关。

（1）一般干燥剂的选用。

一般干燥剂的简单计算选择用量按式（12－1）计算：

$$W = \frac{1}{2K'} \times V \tag{12-1}$$

式中　W——干燥剂用量，g；

K'——干燥剂的吸湿率关系系数；

V——包装容器的内部容积，dm^3（取量值）。

其中干燥剂的吸湿率关系系数 $K' = K'_b/K'_a$，K'_a 为细孔硅胶在温度25℃、相对湿度60%时的吸湿率，取30%；K'_b 为其他干燥剂（如分子筛、氧化铝活性黏土等）在同样温、湿度条件下的吸湿率，如粗孔硅胶为12.82%。采用细孔硅胶时，$K' = 1$。

（2）硅胶干燥剂的选用。

①细孔硅胶用量按式（12－2a）、式（12－2b）、式（12－2c）、式（12－2d）计算。

使用机械方法密封的金属容器：

$$W = 20 + V + 0.5D \tag{12-2a}$$

使用铝塑复合材料制成的袋子：

$$W = 100AY + 0.5D \tag{12-2b}$$

使用聚乙烯等塑料薄膜包装材料制成的袋子：

$$W = 100AQ_1Y + 0.5D \tag{12-2c}$$

使用密封胶带封口罐和塑料罐：

$$W = 300Q_2Y + 0.5D \tag{12-2d}$$

式中　W——干燥剂用量，g；

V——包装容器的内部容积，dm^3（取量值）；

D——包装内含湿性材料的质量（包装纸、衬垫、缓冲材料等），g；

A——包装材料的总面积，m^2（取量值）；

Y——预定的储存时间（下次更换干燥剂的时间），a；

Q_1——温度为40℃、相对湿度为90%的条件下包装薄膜材料的透湿率，$g \cdot m^{-2} \cdot d^{-1}$；

Q_2——温度为40℃、相对湿度为90%的条件下密封胶带封口罐、塑料罐的透湿率，$g \cdot m^{-2} \cdot d^{-1}$。

②复合材料的水蒸气渗透率是由各层的透湿率组合起来的。通常用各个组成材料的透湿率（Q_1，Q_2，…，Q_n）的倒数之和为其总透湿率（Q）的倒数来求得。即：

$$\frac{1}{Q} = \frac{1}{Q_1} + \frac{1}{Q_2} + \cdots\cdots + \frac{1}{Q_n} \tag{12-2e}$$

③式（12－2b）、式（12－2c）、式（12－2d）中的储存条件是在气候条件（温、湿度）较恶劣时的储存时间，如需要换算不同气候条件下的储存时间可按 GJB 145A—1993《防护包装规范》的附录 B 和附录 C 的规定进行。

（3）蒙脱石干燥剂的选用。

蒙脱石干燥剂的选择用量按式（12－3a）、式（12－3b）计算。

密封刚性金属包装容器：

$$U = K''V' + X_1D + X_2D + X_3D + X_4D \tag{12-3a}$$

除密封刚性金属包装容器以外的包装容器：

$$U = CA + X_1 D + X_2 D + X_3 D + X_4 D \quad (12-3b)$$

式中 U——干燥剂用量的单位数，一个单位的干燥剂在25℃的平衡气温条件下，至少能吸附3g（20% RH）或6g（40% RH）的水蒸气，一个单位相当于干燥剂33g；

K''——系数，包装容器内部容积以 m^3 为单位给出时，取42.7；

V'——包装容器内部容积，m^3（取量值）；

C——系数，防潮罩套内表面积以 m^2 为单位给出时，取17.2；

A——包装箱内表面积，m^2（取量值）；

X_1——系数，垫料为纤维材料（包括木材）以及在下列归类中没有列出的其他材料时，取17.64；

X_2——系数，垫料为黏接纤维板时，取7.29；

X_3——系数，垫料为玻璃纤维时，取4.41；

X_4——系数，垫料为泡沫塑料或橡胶时，取1.11；

D——垫料的质量，kg（取量值）。

3. 干燥剂用量计算实例

例12-1 包装容器的内部容积为0.5m^3，采用细孔硅胶或粗孔硅胶做干燥剂，大概需用多少为宜?

解：按照公式（12-1），用细孔硅胶时 K′=1，则需用干燥剂

$$W = \frac{1}{2K'} \times V = \frac{1}{2} \times 500 = 250\text{g}$$

若用粗孔硅胶时，$K'_b = 12.82$，$K'_a = 30$，故

$$K' = 12.82/30 = 0.427$$

则需用干燥剂 $W = \frac{1}{2K'} \times V = \frac{1}{2 \times 0.427} \times 500 = 585\text{g}$

即需用细孔硅胶250g，用粗孔硅胶则需585g。

例12-2 采用厚度为0.08mm的低密度聚乙烯薄膜（透湿率为11g/m^2·24h）包装一物品，包装的总面积为1m^2，储运时间为6个月，内装物品带有瓦楞纸盒等湿性材料1kg，问需用多少细孔硅胶干燥剂?

解：按照公式（12-2c），代入有关数据，则求得的细孔硅胶干燥剂需用量为

$$W = 100AQ_1Y + 0.5D = 100 \times 1 \times 11 \times 0.5 + 0.5 \times 1000 = 1050\text{g}$$

例12-3 用容积为0.4m^3的金属罐包装一种精密仪器，内用0.25kg的泡沫塑料做垫料，若选用蒙脱石干燥剂，问用量为多少?

解：按照公式（12-3a），代入有关数据，可得

$$U = K''V' + X_4 D = 42.7 \times 0.4 + 1.11 \times 0.25 = 17.4$$

即需用蒙脱石干燥剂18个单位，相当于600g。

4. 干燥剂的放置

干燥剂分别放入布袋或强度足够的纸袋中，并放在包装件最合适的一个或多个位置上。干燥剂袋的袋口应用线绳系牢，吊挂或用其他方法固定。防止袋子移动或破损而损坏物品。干燥剂袋放置时不得与物品表面接触；在与涂有防锈剂的物品接触时，须用无腐蚀油包装材料将袋子和物品隔开；处理好的干燥剂从取出到安装在包装件中密封起来的时间

应尽量短。

三、防潮包装工艺

（1）采用水蒸气渗透率为零或接近零的金属或非金属容器将物品包装后加以密封，有：
①不加干燥剂的包装，如真空包装、充气包装等。
②加干燥剂的包装，干燥剂一般选用硅胶或蒙脱石。
（2）采用水蒸气渗透率较低的柔性材料，将物品加干燥剂包装，并封口密闭，有：
①单一柔性薄膜加干燥剂包装。
②复合薄膜加干燥剂包装。
③多层包装，采用不同的水蒸气渗透率较低的材料进行包装。

第二节　防 水 包 装

包装件在流通过程中与水接触的机会很多，例如在运输、装卸、储存时，经常放置在露天之下，会受到雨、雪、霜、露的侵袭，产生渗水现象；船舶运输中浪花飞溅、仓底积水，敞蓬车辆没有遮掩等，都会使包装件浸水，意外或可能落入水中。如果在潮湿多雨的地区流通，也会使水浸入包装件，雨水会使包装材料受潮变质损坏，一旦侵入包装内，还会使内装物受潮变质、锈蚀和长霉；同时，雨水中常含有各种阳离子和阴离子，如 Cl^-、SO_4^{2-}、NH_4^+、Na^+ 等，这些离子会转化成酸、碱和盐类物质，促使内装物锈蚀，因此有必要采取保护性的防水包装。

一、防水包装的特性

防水包装是为了防止因水侵入包装件而影响内装物质量所采取一定防护措施的包装。防水包装属于外包装，一些具有保护性的内包装，例如防潮包装、防锈包装、防霉包装、防震包装等，可以与防水包装结合考虑，但不能代替。一般而言，外包装采用防雨水结构，内包装为了防止潮气的影响而采用防潮、防止金属的氧化而采用防锈、防止或抑制霉菌孢子的发芽与生长而采用防霉等结构，它们的工艺措施并不完全相同。虽然液态的雨水和气态的水蒸气（潮湿空气）的物理化学性质是相同的，但它们对包装件的侵袭方式和现象是不尽相同的。所以，防雨水包装结构不一定能兼防潮包装的作用。因为，防雨水包装只是单纯为了防止外界雨、雪、霜、露等渗入包装内侵蚀内装物，除非是采用气密性容器包装，它对外界潮湿空气的侵蚀是防止不了的，也不能起阻止作用。要想防止包装内的残存潮气及内装物蒸发出来的潮气对内装物的影响，还需要采用防潮、防锈及防霉等其他防护包装。

设计防水包装时，必须了解流通环境的降雨气候特点，例如降雨分布情况、降雨强度情况、持续降雨日数情况，这些在气象部门和水文部门都有统计资料，我国和世界各地的降雨气候情况，在本书第四章包装工艺的气象环境学基础中也有论述。有时，为了向遭受水灾地区空投救济物资，包装件可能会在水中浸泡一定的时间，就要求包装件具有相当的耐浸水能力。

二、防水包装工艺

1. 防水包装等级

防水包装的等级是根据包装储运的环境条件及耐受浸水或喷水试验的等级来划分的。根据国家标准有关防水包装（GB/T 7350—1999）、运输包装件喷淋试验方法（GB/T 4857.9—2008）和运输包装件浸水试验方法（GB/T 4857.12—1992）的规定，防水等级的划分指标如表 12-2 所示。

表 12-2　防水包装等级

<table>
<tr><th rowspan="2">条件
类别　等级</th><th></th><th rowspan="2">储运条件</th><th colspan="2">试验条件</th></tr>
<tr><th></th><th>试验方法</th><th>试验时间/min</th></tr>
<tr><td rowspan="3">A 类浸水</td><td>1</td><td>包装件在储运过程中容易遭到水害，并沉入水面以下一定时间</td><td rowspan="3">将包装件以不大于 300mm/min 下放速度放入水中，当包装件的顶面在水面以下 100mm 时进行浸泡</td><td>60</td></tr>
<tr><td>2</td><td>包装件在储运过程中容易遭到水害，并短时间沉入水面以下</td><td>30</td></tr>
<tr><td>3</td><td>在储运过程中包装件的底部或局部短时间浸泡在水中</td><td>5</td></tr>
<tr><td rowspan="3">B 类喷淋</td><td>1</td><td>在储运过程中包装件基本上露天存放</td><td rowspan="3">以（100±20）$L/(m^2 \cdot h)$ 的喷水量均匀垂直向下喷淋包装件，喷水装置离开箱顶面距离不小于 2000mm</td><td>120</td></tr>
<tr><td>2</td><td>在储运过程中包装件部分时间露天存放</td><td>60</td></tr>
<tr><td>3</td><td>包装件主要库内存放，但在装运过程中可能短时遇雨</td><td>5</td></tr>
</table>

注：必要时，包装件在进行浸水或喷淋试验前做垂直冲击跌落试验。

2. 常用防水包装方法

对防浸水的防水包装应采用刚性容器，如金属材料或硬质塑料；对防喷淋的防水包装可采用木质容器，木箱内壁应衬以防水阻隔材料，并使之平整完好地紧贴于容器内壁，不得有破碎或残缺。防水包装容器在装填内装物后应严密封缄，具体的防水结构可参见相关的国家标准。

三、防水包装材料

防水包装使用的材料通常分为外壳框架壁板材料和内衬防水材料、防水黏合剂等。

1. 包装的外壳框架壁板材料

防水包装的外壳框架壁板材料可以分为木材、金属、瓦楞纸板三大类。它们应该具有一定的机械强度，应能承受内装物的质量，在装卸、搬运与储存过程中遇到各种机械应力时不会损坏。即能承受搬运过程中的动应力和堆垛时的静压力，在受到外力作用时，仍能保持其感性，不影响内装物的品质，特别是在受潮后仍应具有一定的机械强度，刚性不会明显降低。

（1）木材。能被用来制造运输包装的木材有落叶松、马尾松、紫云杉、白松、榆木等，以及与其物理机械性能相近似的其他树种。只要材质的缺陷没有超越有关标准的规定，均可用来制作防水包装用的木箱容器。此外，也可用胶合板（如针叶树材胶合板、阔叶树普通胶合板）或硬质纤维板来制作防水包装木箱容器。

防水包装用的木材、胶合板和硬质纤维板，可以预先作防水处理，也可以不作防水处理，视内装物的特点和防水包装的等级而定。

（2）金属板。制箱用的金属板材，可采用低碳钢，也可采用铝或铝合金。以此制成的铁皮箱、铝合金箱等均可作为防水包装的容器。

（3）瓦楞纸板。用瓦楞纸板制成的瓦楞纸箱表面必须经过防水处理，才能用作防水包装的容器，而且应该采用双面双瓦楞纸板箱。质量小于 25kg 的小物品，才可以采用耐破度不小于 2MPa 的双面单瓦楞纸板箱。

防水包装箱也可采用经过实验证明性能可靠的其他材料来制作，如采用两种或两种以上材料制成的硬质塑料箱、钙塑箱、钢木结构组合箱、纸木结构组合箱以及近年研制开发的竹胶板箱等。但不管使用哪种材料，都应确保防水包装箱的强度，并符合储运与装卸的要求。

2. 内衬材料

外壁框架板材多数是为了确保防水包装的强度，对于防水包装性能，除金属箱外，必须在箱板内侧衬垫其他的防水包装材料，用做防水包装容器内衬的材料主要有以下几类。

（1）纸类。防水包装用纸有石油沥青油毡、石油沥青纸、防潮级柏油纸、蜡剂浸渍纸和石蜡纸等。

（2）塑料类。各种塑料薄膜以及涂布的、复合的薄膜均可用来做防水包装箱的衬里。常用的塑料薄膜有：LDPE、HDPE、PVC、PS、PU、PVA、CPP、PVDC 以及塑料瓦楞板、泡沫塑料板等。

（3）复合材料。各种复合材料均可应用。如铝塑复合膜、塑纸复合、塑塑复合、塑布复合等复合材料。

3. 密封材料

防水包装用密封材料有压敏胶带、防水胶黏结带、防水黏结剂、密封用橡胶等。它们都应具有良好的黏结性和耐水性。遇水后，黏结性能不应显著下降，结合部位不应有自然分离现象。其中压敏胶带用于纸箱密封，密封橡胶用于金属箱、罐的密封。

4. 防水涂料

用于纸箱、胶合板箱等表面防水处理的防水涂料有石蜡、清漆等。

5. 外覆盖材料

包装容器外的覆盖材料主要有防水篷布等，它们除应具有一定的强度和耐水性能外，还应具有耐老化、耐高温、低温和日晒等性能。

四、防水包装的试验考核

防水包装的防水性能除由包装工艺措施保证外，还应经过浸水试验或喷淋试验。浸水试验是将包装件完全浸入水中保持一定时间后取出，进行沥水和干燥，根据包装件和内装物的损坏情况，判断所采取的防水措施是否能满足包装要求。喷淋试验是将包装件放在试验场地上，在稳定的温度条件下，由人工供水系统将水按预定的时间及速度喷淋到包装件上，它不只是对渗水情况进行检验，还通过试验前后抗压强度的变化，跌落、斜面冲击等试验结果，对喷淋后包装的强度优劣进行检验。试验要求和方法可参见相关的国家标准。对其他必要的物理机械性能试验，如堆码试验或压力试验、垂直冲击试验等，亦应按照有关专业标准来进行适当的试验和考核。

第三节　防伪包装

防伪的目的是防止假冒伪劣商品，有效地保护企业和消费者的利益，它与伪造或造假是一对矛盾，具有抵抗性。假冒伪劣商品充斥市场，严重扰乱公平竞争的市场秩序，被认为是全世界仅次于贩毒的第二大公害。防伪包装已成为保证商品、有价证券、证件等安全生产与流通的一个重要的研究课题。本节主要介绍常用的防伪包装技术、防伪包装技术的选用方法等内容。

一、防伪与防伪包装

1. 防伪与防伪技术

防伪是指防止以欺骗为目的，未经所有权人准许而进行的仿制或复制。防伪技术是指为了达到防伪的目的而采取的措施，在一定范围内能准确鉴别真伪并不易被仿制和复制的技术。防伪技术最初应用于钞票、支票、邮票、股票等有价证券领域，现已广泛应用于如香烟、白酒、药品、食品等商品包装。防伪力度是指防伪技术识别真伪、防止假冒伪造功能的持久性与可靠程度，可以按照防伪技术的仿制难度、防伪技术的类别、检测手段的先进程度、保持防伪性能的最低时间等指标对防伪技术进行全面评价，各种评价指标的等级分为 A、B、C、D 四个等级，其中 A 级为最高级，D 级为最低级。

2. 防伪包装

（1）定义。防伪技术为商品防伪包装提供了技术支持，而商品防伪包装是防伪技术的一个重要应用领域。防伪包装是对包装保护功能的补充与完善，是建立在包装的保护功能之上的防止商品被假冒和伪造的技术。因此，防伪包装可定义为，借助包装，防止商品在流通与转移过程中被人为有意识的因素所窃换或假冒的技术方法。

（2）作用。防伪包装的作用主要包括五个方面：

①保护商品生产企业的利益和声誉，保护消费者的利益和身心健康。

②遏制制作假冒伪劣商品的行为。

③促进包装新技术、新材料、新工艺、新的管理销售意识的应用和推广。

④提高对商品真伪性的科学验证。

⑤增加商品的信誉度和安全感。

二、常用防伪包装技术

防伪包装技术是指以包装达到商品防伪目的的技术。商品所选用的防伪包装技术涉及范围很广，常用的技术包括防伪油墨技术、防伪材料技术、防伪印刷技术和防伪包装技术。

1. 防伪油墨技术

防伪油墨属于材料化学防伪技术，利用化学物质在光、电、水、热、磁等特定条件下所产生的特殊化学现象来判别商品标识或包装的真伪。防伪油墨具有使用简单、成本低、隐蔽性好、色彩鲜艳、检验方便、重现性强等优点，广泛应用于产品商标和包装印刷，如紫外荧光油墨、日光激发变色油墨、红外防伪油墨、光致变色油墨、热敏防伪油墨、压敏防伪油墨、磁性防伪油墨、光学可变防伪油墨、防涂改防伪油墨、化学加密油墨等。例如，有色荧光油墨印刷品的图文肉眼可见，而无色荧光油墨印刷品的图文肉眼不可见，但两者都需要在紫外线照射下才能显示荧光。另外，光致变色油墨印刷品在白光下呈现一种颜色，在紫外线照射下变成红、蓝或黄色，当再用白光照射时，又还原成本色，这一过程是可逆的。

2. 材料防伪技术

材料防伪是利用产品的材料或利用产品的内、外包装材料所具备的难以仿造或无法仿冒的特点来达到防伪目的。常见的防伪材料属于后一种情况，如各种防伪纸张、防伪薄膜、防伪胶带等已经广泛地应用于商品包装领域。例如，防伪纸张多用于商品的内、外包装，其防伪功能可以通过在纸张上印制防伪标志，在抄纸的工艺工程中添加特殊材料或完成包装后对包装物做印后加工处理，如在纸张上烫印防伪标志来达到防伪目的。防伪薄膜具有良好的防伪性能，在软包装中已经广泛应用，如激光全息防伪薄膜、光干涉变色薄膜、光学回反膜、揭显镂空膜、核微孔膜、光学透镜三维显示防伪薄膜、立体成像防伪薄膜、压敏高分子多孔薄膜、原子核双卡加密塑料膜等。

3. 防伪印刷技术

防伪印刷是一种非常重要的传统的防伪包装技术，涉及制版与印刷方式、印刷设备、承印材料、印刷工艺等方面，主要用于商品防伪和有价证券防伪。印刷工序越复杂、印刷难度越大，包装印刷品防伪效果越好。采用单一的印刷方式不易印刷出高质量的印刷品，但组合采用平凸合印、多工序合印可印刷高档包装印刷品。对于一些要求更高更复杂的包装印刷品，还可采用平、凸、凹、丝等多工序合印。金属光泽印刷、珍珠光泽印刷、亚光印刷、缩微文字印刷等也可使得商品包装具有较安全的防伪作用。采用专用的图形处理软件制作特别复杂、细微、精致、高分辨率的印刷品底纹，用人工、照排或扫描均难以复制，如复杂的团花，任意的几何图形，四方链、同心圆、平线浮雕、曲线浮雕、多色浮雕、多色单嵌式浮雕等。团花还可嵌入文字，底纹图形也可渐变。

4. 防伪包装技术

（1）外包装防伪技术。采用精美的特殊纸类或塑料类等材质，经过特殊工艺制成包装盒，难以仿制。如烫金纸、压纹纸、压花纸、磨砂纸等防伪包装材料。如含有全息图文、缩微印刷、荧光字符、密码等的一次性防伪封口标识，易拉线，防伪封箱胶带等。

（2）内包装防伪技术。内包装容器可选用独特的材料、形状、颜色及隐含的暗记，其封口技术基本与外包装相同。酒类、饮料类包装容器常采用一次性包装（或破坏性防伪包装），属于包装结构防伪，如塑料扭断盖、铝制防盗盖。另外，迷宫式瓶嘴也具有防伪功能。烟酒类包装盒防伪功能是采用破坏性盒盖和（或）盒底实现，如插入式、插卡式、锁口式、插锁式、摇翼连续折插式和掀压封口式盒盖，插口封底式、插舌锁底式、摇翼连续折插、锁底式、连翼锁底式、自动锁底式、间壁封底式、间壁自锁封底式、黏合封底式和掀压封底式盒底。

（3）喷码防伪技术。用喷码机在内包装、外包装、标识、标牌或包装容器的封口处喷上代码或生产日期。喷码有明、暗两种，明码肉眼可见，暗码只能在紫外线照射下显现。

（4）条码防伪技术。条码是一组宽度不同的平行线条按特定的格式与间距组合而成的符号，代表各种数字和文字信息，包含商品的类型、代号、规格和生产厂家等信息，具有输入和识读速度快，数据准确可靠和保密性强等优点。如覆盖式隐形条码、光化学法处理的隐形条码、隐形油墨印刷的隐形条码。隐形油墨印刷的隐形条码成本低，很适合商品的防伪包装。金属条码具有耐风雨、耐高低温、耐腐蚀、抗老化等特性，用于机械、电子等名优产品使用。

（5）电码电话防伪技术。电码电话防伪由电码防伪标识物系统和电话识别网络系统组成，属于计算机网络防伪技术。电码电话防伪标识是一种在每件商品包装或标签上设置有一个顺序编码和一个随机密码的标识物，其具有使用一次性、数码唯一性和保密性。电话识别网络系统由大型计算机中心数据库、联网计算机组成。当消费者购买具有电码电话防伪包装的商品后，打开商品包装或刮掉标识上的覆盖膜，即出现电码电话防伪标识，然后拨通系统查询电话，并按电话语音提示依次键入数码、密码，便可确知该商品的真假。电码电话防伪技术已被广泛应用于商品的防伪包装。

（6）全息图防伪技术。全息图防伪，如防伪标识上的激光全息图、烫金全息图、透过全息图和光聚合物全息图。纸全息防伪标识是具有环保和防伪等多项功能的绿色包装产品。磁条还可以和全息图结合，形成全息磁条防伪系统，具有综合防伪功能，更有利于防伪、保密。检验时使用全息磁卡阅读器。

三、防伪包装技术选用方法

1. 选用原则

对于商品的防伪包装，有许多技术可供选用，但这些防伪包装技术的技术难度和防伪效果不尽相同。因此，在选择防伪包装技术时，应遵循一些普遍的标准和依据。

（1）不易被仿制。防伪包装的目的是保证商品不被假冒伪造，若商品包装技术易于仿制，则失去了防伪包装的意义。从广义角度，防伪包装技术的“不易被仿制”包括四个方面的含义，即包装技术本身不易被仿制、经济方面不易被仿制、包装材料不易被获得、包装设备不可替代等。

（2）易于识别。从销售角度，防伪包装技术的目的是使消费者能够比较容易地辨别商品的真伪，即要保证该技术具有易识别性。防伪包装技术本身可以十分复杂和难以仿制，但必须保证其防伪特征的易识别性和易辨别性。若消费者不能对防伪包装进行有效地、正确地、简便地识别，则这种防伪技术就如同虚设，达不到防伪目的。

（3）重视时效性。任何一种防伪技术的防伪性效果都不可能是长期的、永久的，而是有一个防伪时效，即防伪技术具有时效性。防伪技术在开发成功的初期和使用初期阶段，其防伪性能明显。而在使用一段时间之后，随着该项防伪技术的推广普及，也就逐渐失去了其新颖性和保密性，从而减弱少了防伪力度。因此，包装企业、防伪产品生产企业应重视防伪包装技术的时效性。

2. 组合防伪包装

组合防伪技术指同时使用两种或两种以上的防伪技术，以提高商品的防伪力度。它大致可划分为两大类：一类是多功能防伪技术，如自检激光全息防伪标志，属于一种防伪产品。揭开表层复合的激光全息膜标志，露出的底层上还有一个图文标志，该图文标志可用防伪油墨印刷，起到双重防伪效果。另一类是组合防伪包装技术，即在商品包装中同时采用多种防伪技术，以增加商品包装的防伪力度，减小商品包装被仿制或假冒的程度。例如“兰州”牌香烟包装盒采用金卡纸、激光全息防伪标志、压凸烫金、条码、喷码、多种印刷工艺等组合方式提高其防伪性能。人民币20元券以组合了固定花卉水印、两条红蓝彩色纤维、安全线、手工雕刻头像、隐形面额数字、胶印缩微文字、雕刻凹版印刷和双色横号码八种防伪技术，有效地提高了纸币的防伪性能。“五粮液”白酒包装盒采用金卡纸板、多种印刷工艺、一次性包装结构等组合方式提高该产品的防伪性能。国外的香烟包装已采用了金拉线防伪技术（金拉线有白色、彩色并印有卷烟厂名称或卷烟牌号）、薄膜防伪技术、特种版防伪印刷技术（缩微文字和安全油墨）、印花税票防伪技术和激光密码技术等。

组合防伪包装的实质是基于商品包装材料或容器，通过对包装材料（含油墨）、包装标识、包装结构、包装印刷以及其他防伪技术等的有机组合来有效地实现商品包装的防伪效果。在商品包装设计中，如何将多种防伪技术进行有机组合，既要能有效防伪，又要易于识别，而且防伪成本适中，这就涉及了组合防伪包装的优化问题。组合防伪包装的优化准则可从以下三个方面考虑。

①防伪性能最优准则。可采用防伪性能指数来描述其优化目标函数，即：

$$f_1 = \sum_{i=1}^{n} x_i a_i \tag{12-4}$$

式中 f_1——组合防伪包装性能函数；

$x_i = 1$——采用第 x_i 种防伪技术；

$x_i = 0$——不采用第 x_i 种防伪技术；

a_i——第 x_i 种防伪技术的性能指数；

n——可选择的防伪技术的数量。

②防伪成本最低准则。可选用防伪成本指数来描述其优化目标函数，即：

$$f_2 = \sum_{i=1}^{n} x_i b_i \tag{12-5}$$

式中 f_2——组合防伪包装成本函数；

b_i——第 x_i 种防伪技术的成本指数。

③防伪性价比最大准则。综合考虑防伪技术的性能指数和成本指数，其优化目标函数可描述为：

$$f = \sum_{i=1}^{n} x_i \left(\frac{a_i}{b_i} \right) \tag{12-6}$$

式中 f——组合防伪包装的性价比函数。

一般情况下，防伪技术的防伪性能和防伪成本是一对矛盾，而且防伪性能指数或成本指数都不能全面评价防伪技术。因此，在组合防伪包装的优化问题中，选用防伪性价比最大准则作为优化目标函数更合理。

防伪技术的评价指数及其数据库是进行组合防伪包装设计的必备条件，但目前对现有的防伪技术的评价指数及其数据库等方面的研究非常少，还没有一套具体的评价方法。表12－3、表12－4从可靠性、简便性、时效性、成本等方面给出了一些防伪技术的评价指数，仅作为参考。

计算机技术、智能决策系统已广泛应用于各种类型的实际工程领域，研究、开发防伪包装智能决策系统，可为不同类型、不同防伪要求的商品包装提供最佳的组合防伪包装方案。

表 12－3　防伪技术的性能指数和成本指数

种类	性能评价指标				成本指标	
	可靠性	简便性	时效性	指数	评价	指数
激光全息图	中	好	短	0.7	低	0.5
核微孔膜	好	好	长	0.95	中	0.75
透过全息图	中	好	中	0.8	低	0.5
热色液晶	好	中	长	0.9	高	1.0
电码电话	中	中	中	0.8	高	0.9

表 12－4　防伪油墨的性能指数和成本指数

种类	性能评价指标				成本指标	
	可靠性	简便性	时效性	指数	评价	指数
干涉油墨	好	好	长	0.95	高	0.9
可逆温变油墨	中	好	短	0.75	中	0.6
不可逆温变油墨	中	好	短	0.75	中	0.45
光致变色油墨	中	好	短	0.70	高	1.0
压敏变色油墨	中	好	中	0.70	中	0.75

思考题

1. 试述两类防潮包装的内容和使用范围。
2. 包装等级是怎样确定的？
3. 防潮包装所用干燥剂有哪些类型？如何选用？
4. 用容积为 1.2m^3 的金属罐包装一种精密仪器，内用 0.5kg 的泡沫塑料做垫料，若选用蒙脱石干燥剂，问用量为多少？
5. 防水包装等级是怎样划分的？
6. 何谓防伪包装？其作用有哪些？
7. 举例说明常用防伪包装技术的分类及特征。
8. 防伪包装技术的选用原则有哪些？
9. 何谓组合防伪包装？

包装

第四篇

工艺专题研讨

第十三章 渗透机理和包装储存期

第一节 水蒸气渗透与包装储存期

一、产品包装与水蒸气

包装件在储存与流通过程中均易遭受空气中水蒸气的影响，以致内装物品品质降低，甚至完全失去使用价值。水蒸气阻隔包装又叫做防潮包装，就是采取一定的防护措施，隔绝空气中水蒸气对内装物的侵袭，避免其潮湿、变质、发霉、腐烂、锈蚀等。但每种内装物品的吸湿特性不同，对水分的敏感程度不一样，对防潮性能的要求也有所不同；包装件在流通过程中，接触到的空气水蒸气含量也经常处于变化之中，为了正确地选择防潮包装材料及工艺，就应该充分考虑包装件所处的自然流通环境和内装物品的吸湿特性。

1. 空气中的水蒸气和相对湿度

在温度一定的条件下，相对湿度越大，空气中水蒸气的含量也越多。

$$RH=(p/p_0)\times 100\% \tag{13-1}$$

式中 RH——相对湿度；

p——空气中水蒸气分压力；

p_0——饱和水蒸气压力。

显然环境空气中相对湿度的大小，可以反映出空气中水蒸气的含水量对包装件的影响。当相对湿度处于饱和状态时，在常温范围内空气的含水量如表 13-1 所示。

从表 13-1 可以看出，在相同的相对湿度条件下，温度升高，空气中水蒸气含水量增多；若温度下降，极易使空气中的水蒸气含水量达到过饱和状态，而产生水分凝结，或相对湿度升高。这种相对湿度变化与防潮包装有很大关系，如在较高温度下封入包装内的空气相对湿度处于被包装物品所允许的范围内，当温度降低到一定程度，包装内相对湿度会发生变化，就可能超过被包装物品所允许的范围。所以根据内装物的使用环境条件，控制防潮包装在密封时封入的空气相对湿度，具有重要意义。若封入包装容器内的空气相对湿度过高，就会失去防潮包装的意义，因为这时内装物品处于包装内的高湿条件之下，尽管包装件外部环境的相对湿度不高，还是会引起变质。

表 13-1 空气中饱和水蒸气的含水量

温度/℃	含水量/(g/m³)	温度/℃	含水量/(g/m³)	温度/℃	含水量/(g/m³)	温度/℃	含水量/(g/m³)
2	5.61	12	10.6	22	19.10	32	32.8
4	6.43	14	12.0	24	21.4	34	36.4
6	7.33	16	13.5	26	23.9	36	40.2
8	8.31	18	15.1	28	26.6	38	44.3
10	9.40	20	17.0	30	29.6	40	48.6

2. 包装内装物的吸湿特性

凡需要进行防潮包装的物品，都是容易吸收水分或在表面吸附水分，引起潮解、发霉和腐蚀的物品。为使防潮包装能达到良好的效果，在进行防潮包装设计时，应该对被包装物品的吸湿特性进行充分了解，提出明确的防潮要求，选择适当的防潮材料，设计出有效的防潮包装方案。

食品是容易腐坏变质的物品，这与食品中的含水量有很大关系；干燥食品不容易变质；含水量少的食品也不容易变质；只有当食品中的水分达到适宜微生物生长繁殖的含量时，食品才会腐坏变质。引起食品腐坏的最低含水量，亦即微生物生长繁殖所需要的最低含水量，称为水分活性，用 A_w（water activity）来表示。在装有食品的密闭容器内的蒸气压 p 与同一温度下纯水的蒸气压 p_0 之比，即为该食品的水分活性：

$$A_w = p/p_0 = n_A/(n_A + n_B) \tag{13-2}$$

式中 p——食品的蒸气压；

p_0——纯水的蒸气压；

n_A——溶剂的摩尔分数；食品中的水为溶剂；

n_B——溶质的摩尔分数，食品中的砂糖、食盐和其他可溶性调味品等为溶质。

不含任何物质的纯水的 $A_w = 1$，无水的食品的 $A_w = 0$，因此，A_w 最大值为 1，最小值为 0。各种食品都有其本身的最低水分活性，如鲜肉、鸡蛋、果酱分别为 0.98 ~ 0.97、0.97、0.79。而各种微生物的生长繁殖也有其本身所需要的最低水分活性，如大肠杆菌、红酵母、黄曲霉和白曲霉分别为 0.96 ~ 0.935、0.89、0.80 和 0.75。当 A_w 满足有关微生物生长繁殖的最低值时，食品就开始腐败变质。食品的含水量越多，则水分活性越高，微生物生长繁殖相对越快，在储存中也越容易腐坏变质。此外，气温较高时也容易使微生物生长繁殖，因为它使空气中水蒸气的含水量增加。若把 A_w 值降低到 0.70 时，则可在较长时间内不会变质；当 A_w 值低到 0.65 以下时，食品可以在 2 ~ 3 年内不变质，因为此时微生物几乎无法生长繁殖。

一般金属及其制品的表面也容易吸附空气中的水分而形成水膜，水膜达到一定厚度，在适当的相对湿度条件下，就会开始剧烈地腐蚀，这个湿度条件就称为金属的临界腐蚀湿度。如钢铁的临界腐蚀湿度为 70%，铜的临界腐蚀湿度为 60%，铝的临界腐蚀湿度为 76% 等。当相对湿度在临界湿度以上，金属表面的水膜更容易形成。金属上的水膜厚度小于 0.01μm 时，只能使金属产生轻微腐蚀，若水膜厚度增加到 1μm 时，则腐蚀速度随水膜的加厚而急剧上升，为了防止金属及其制品在包装内的腐蚀，就要求把防潮包装内的相对湿度控制在金属的临界腐蚀湿度以下。

所有被包装物品都具有吸湿性，在含水率尚未达到饱和之前，将随着所接触空气中的相对湿度增加而增加。因为物品都不是绝对干燥的，总含有一定水分，并在某一允许的相对湿度范围内，吸湿量和蒸发量相等，即达到允许的平衡含水率，此时内装物的品质会得到保证；超过这个湿度范围，就会改变允许的平衡含水率，使内装物发生潮解，造成变质损失。例如：茶叶生产时经过烘干的含水率约为3%，在相对湿度为20%时达到平衡；若相对湿度为80%时，其平衡含水率约为13%，但在相对湿度为50%时，茶叶的平衡含水率为5.5%，这时茶叶就要发生霉变，品质急剧下降。因此对茶叶进行防潮包装时，就要保证在储存期间茶叶包装中的含水率 M 不超过5.5%。由图13－1可以看出，M_1 是茶叶包装时的初期含水率，M_2 是容许的含水率，只有将包装内相对湿度保持在50%以下才能符合要求。再如，黑火药在包装内的相对湿度为65%时，含水率在0.7%～1.0%内，其使用性能变化不大，若包装内相对湿度升高，则它将吸收水分而受潮结块，造成点火困难、降低燃烧速度而影响使用。

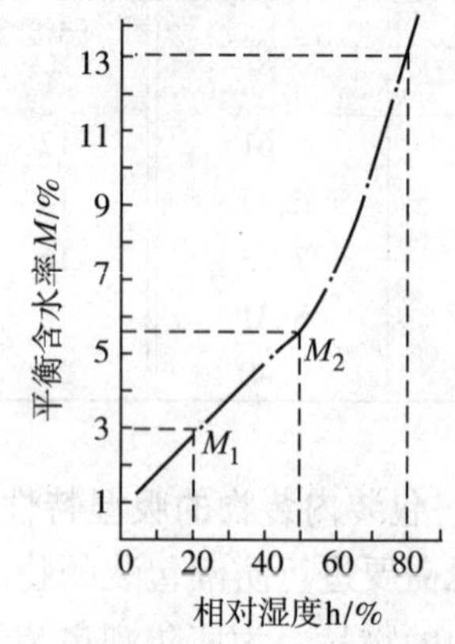

图13－1　茶叶平衡吸湿特性曲线

二、水蒸气阻隔包装的原理

1. 渗透机理

一般气体都有从高浓度区域向低浓度区域扩散的性质；空气中的湿度也有从高湿度区向低湿度区进行扩散流动的特性。要阻隔这种流动在包装容器中的进行，只有采用一定厚度的金属或玻璃容器才能达到。而现在广泛应用的包装材料是塑料薄膜及其复合薄膜，由于水蒸气和气体的分子能扩散透过，不能达到完全阻隔的目的。所以包装容器的阻隔性，在很大程度上取决于所用包装材料的渗透率（Q，对于水蒸气，叫做水蒸气渗透率或透湿率 Q_{wv}。对于气体，叫做气体渗透率或透气率 Q_g），即在单位面积上，单位时间内水蒸气和气体的渗透量；其计量单位对于水蒸气为 $Q_{wv}=g/(m^2 \cdot 24h)$，对于气体为 $Q_g=cm^3/(m^2 \cdot 24h)$。显然，渗透率大的材料阻隔性能低，渗透率小的材料阻隔性能高。渗透率是包装材料阻隔性能的一个重要参数，是选用包装材料、确定储存期限、采取防范措施的主要依据。

水蒸气或气体对包装材料的渗透机理，从热力学观点来看，是单分子扩散过程，即气体分子在高压侧的压力作用下，首先渗入包装材料（如塑料薄膜）内表面，然后气体分子在包装材料中从高浓度向低浓度进行扩散，最后在低压侧一面向外散发。

渗透过程的这一反应，从形式上来看十分简单，可是从化学动力学的观点来看却比较复杂，因为这一反应是由若干基元反应组成的，但这里只是从宏观反应动力学的角度了解渗透反应的机理和表现的动力学行为，即对从基元反应到总反应进行宏观的研究。

气体对包装材料的渗透过程可用如图13－2表示。设包装材料厚度为 l，气体在高压侧的压强为 p_1，在低压侧的压强为 p_2，气体浓度为 c，高浓度为 c_1，低浓度为 c_2。在高压侧 $x=0$，在低压侧 $x=l$。

根据费克第一扩散定律（Fick's first law of diffusion），单位时间、单位面积的气体渗透量与浓度梯度成正比，可用下式表示：

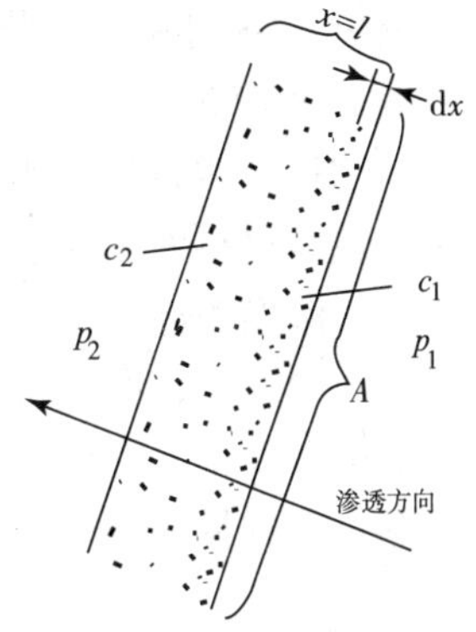

图 13－2　气体渗透机理示意图

$$m = -D\frac{dc}{dx}$$

式中 $\frac{dc}{dx}$——浓度梯度，负号是因为从高浓度向低浓度扩散；

D——扩散系数（diffusion coefficient）。

即　　　$m dx = -D dc$

两端积分　　$m\int_0^l dx = -D\int_{c_1}^{c_2} dc$

$$ml = -D(c_2 - c_1)$$

$$m = \frac{D(c_1 - c_2)}{l}。$$

根据亨利定律（Henry's law），在一定温度下，水蒸气或气体溶解在包装材料中的浓度 c 与该气体的分压力 p 成正比，即 $c = Sp$，式中 S 称溶解度系数（solubility coefficient），用单位体积中所溶解水蒸气质量或气体体积来表示，

因此得　　$m = \frac{D(Sp_1 - Sp_2)}{l} = DS\frac{(p_1 - p_2)}{l}$

式中，取 $P = DS$，并命名 P 为渗透系数（Permeability coefficient），

则　　$$m = P\frac{(p_1 - p_2)}{l} \qquad (13-3)$$

或　　$$P = \frac{ml}{p_1 - p_2}$$

式中 m——水蒸气或气体在单位时间（s）、单位面积（cm^2）上的渗透量，对于水蒸气，单位为 $g/(s \cdot cm^2)$；对于气体，单位为 $cm^3/(s \cdot cm^2)$；

p_1、p_2——包装材料两侧的压强，p_1 为高压侧压强，p_2 为低压侧压强，kPa；

l——包装材料厚度，cm；

D——水蒸气或气体在包装材料中的扩散系数，cm^2/s；

S——水蒸气或气体在包装材料中的溶解度系数，水蒸气：$g/(cm^3 \cdot kPa)$，气体：$cm^3/(cm^3 \cdot 101.325kPa)$；

P——水蒸气或气体透过包装材料的渗透系数，水蒸气：$g \cdot cm/(cm^2 \cdot s \cdot kPa)$，气体：$cm^3 \cdot cm/(cm^2 \cdot s \cdot kPa)$。

2. 渗透系数与渗透率

根据渗透机理，单位时间的渗透量可以看做渗透速度。渗透系数则是参与渗透反应过程的诸动力因素与渗透速度之间的一个比例常数，在一定温度下，渗透系数是一个恒值。

在水蒸气阻隔包装设计中，主要考虑水蒸气渗透系数（透湿系数）P_{wv}（wv：water vapor）。

由式 13－3 可见，水蒸气透过包装材料的质量与包装材料两侧的压力差成正比，与材料的厚度成反比，式中的比例常数就是渗透系数 P。

根据 $P=DS$ 可见，水蒸气透过包装材料的渗透系数 P 与水蒸气在这种包装材料中的扩散系数 D 和溶解度系数 S 有关。因而，水蒸气对包装材料的渗透性就取决于水蒸气在包装材料中的扩散能力和溶解能力。

由于包装材料处于经常变化的流通条件下，受储存环境温度和湿度的影响很大，在不同的温度、湿度条件下，水蒸气在单位时间和单位面积上透过包装材料的渗透量——渗透速度有很大的差异，温度高、湿度梯度大，水蒸气的渗透速度就会增大；温度低、湿度梯度小，渗透速度就会降低。关于它所表现的动力学行为，在下面还要作进一步讨论。

水蒸气渗透量（渗透率）q_{wv} 与 m 之间的关系为：

$$m=q_{wv}/At$$

式中 q_{wv}——水蒸气渗透量，g；

A——塑料薄膜包装总面积，cm^2；

t——时间，s。

因此，由式 13－3 可以求得：

$$P_{wv}=\frac{q_{wv}\cdot l}{(p_1-p_2)\ A\cdot t}\text{或}\frac{q_{wv}}{A\cdot t}=\frac{p_{wv}\ (p_1-p_2)}{l} \tag{13-4}$$

并且可以得到温度为 40℃ 条件下的透湿率（permeability）：

$$Q_{40}=\frac{q_{wv\cdot 40}}{At/f}=\frac{P_{wv\cdot 40}\ (p_1-p_2)}{l}\cdot f=\frac{P_{wv\cdot 40}\cdot p_{40}\ (90-0)\ \times 10^{-2}}{l}\cdot f\ (\mathrm{g\cdot m^{-2}\cdot d^{-1}}) \tag{13-5}$$

式中 f——Q（m^2、d）与 P_{wv}（cm^2、s）之间的面积与时间单位换算因子（$1m^2\cdot d=864\times 10^6 cm^2\cdot s=f cm^2\cdot s$）。

如果在温度 40℃ 条件下测得的薄膜透湿率为 Q_{40}，在任意温度 θ℃ 条件下测得的薄膜透湿率为 Q_θ，则它们之间的关系可写为：

$$\frac{Q_\theta}{Q_{40}}=\frac{P_{wv\cdot\theta}\cdot p_\theta\cdot\Delta h\%}{P_{wv\cdot 40}\cdot p_{40}\ (90-0)\%}$$

令

$$\frac{P_{wv\cdot\theta}\cdot p_\theta}{P_{wv\cdot 40}\cdot p_{40}\cdot 90}=K \tag{13-6}$$

则

$$\frac{Q_\theta}{Q_{40}}=K\cdot\Delta h$$

式中 Q_{40}、Q_θ——某种薄膜在温度 40℃、θ℃ 时的透湿率，$\mathrm{g\cdot m^{-2}\cdot d^{-1}}$；

$P_{wv\cdot 40}$、$P_{wv\cdot\theta}$——某种薄膜在温度 40℃、θ℃ 时的透湿系数［将 Q_{40} 值代入（13－5），计算 $P_{wv\cdot 40}$ 值，换算成单位为 $\mathrm{g\cdot \mu m\cdot m^{-2}\cdot d^{-1}\cdot kPa^{-1}}$ 的数值，列入表 13－4］；

p_{40}、p_θ——在温度 40℃、θ℃ 时的饱和水蒸气压强，kPa（表 13－2）；

$(90-0)\%$、$\Delta h\%$——在温度 40℃、θ℃ 时薄膜两侧的相对湿度差；

$p_{40}\cdot 90\%$、$p_\theta\cdot\Delta h\%$——在温度 40℃、θ℃ 时薄膜两侧的水蒸气压差，kPa；

K——系数，如表 13－3 所示。

表 13－4　为包装用塑料薄膜在不同温度下的透湿率与透湿系数。

表 13-2 -10～100℃时饱和水蒸气压强值/kPa

温度/℃	0.0	0.4	0.8	温度/℃	0.0	0.4	0.8
-10	0.287	0.278	0.269	45	9.583	9.781	9.983
-5	0.422	0.409	0.397	50	12.334	12.586	12.839
-0	0.610	0.593	0.576	55	15.737	16.039	16.345
0	0.610	0.629	0.647	60	18.716	20.278	20.665
5	0.872	0.897	0.922	65	25.003	25.451	25.904
10	1.228	1.261	1.295	70	31.157	31.691	32.237
15	1.705	1.749	1.795	75	38.543	39.197	39.837
20	2.338	2.396	2.456	80	41.343	48.129	48.903
25	3.167	3.243	3.321	85	57.808	58.715	59.662
30	4.243	4.341	4.441	90	70.095	71.167	72.254
35	5.623	5.748	5.877	95	84.513	85.766	87.035
40	7.376	7.530	7.69	100	101.32	102.78	104.25

表 13-3 各种薄膜在不同温度下的 K 值（$\times 10^{-2}$）

薄膜种类 \ θ/℃	40	35	30	25	20	15	10	5	0
聚苯乙烯	1.11	0.85	0.64	0.48	0.35	0.257	0.184	0.131	0.092
软聚氯乙烯	1.11	0.73	0.49	0.31	0.20	0.126	0.078	0.046	0.028
硬聚氯乙烯	1.11	0.80	0.58	0.41	0.29	0.199	0.136	0.090	0.061
聚酯	1.11	0.73	0.48	0.31	0.20	0.129	0.081	0.048	0.029
低密度聚乙烯	1.11	0.70	0.45	0.28	0.18	0.105	0.063	0.036	0.021
高密度聚乙烯	1.11	0.69	0.44	0.27	0.17	0.100	0.059	0.033	0.019
未拉伸聚丙烯	1.11	0.69	0.43	0.25	0.16	0.092	0.053	0.029	0.017
拉伸聚丙烯	1.11	0.67	0.41	0.24	0.15	0.084	0.047	0.025	0.014
聚偏二氯乙烯	1.11	0.65	0.39	0.22	0.13	0.074	0.040	0.021	0.011

表 13-4 包装用塑料薄膜在不同温度下的透湿率与透湿系数

序号	塑料薄膜种类	厚度/μm	40℃ (90-0)%RH		25℃ (90-0)%RH		5℃ (90-0)%RH	
			Q_{40}	P_{40}	Q_{25}	P_{25}	Q_5	P_5
1	聚苯乙烯	30	129	583	55.2	580	15.6	596
2	软聚氯乙烯	30	100	452	28.6	295	4.5	171.9
3	硬聚氯乙烯	30	30	135	11.0	116	2.3	87.9
4	聚酯	30	17	77	4.8	.50	0.77	29.4

续表

序号	塑料薄膜种类	厚度/μm	40℃ (90－0)%RH		25℃ (90－0)%RH		5℃ (90－0)%RH	
			Q_{40}	P_{40}	Q_{25}	P_{25}	Q_5	P_5
5	低密度聚乙烯	30	16	73	4.0	42	0.5	19
6	高密度聚乙烯	30	9.0	41	2.2	23	0.26	10.4
7	未拉伸聚丙烯	30	10.0	45	2.3	24	0.24	9.5
8	拉伸聚丙烯	30	7.5	34	1.6	16	0.17	6.9
9	聚偏二氯乙烯	30	2.5	11	0.5	5		
10	聚乙烯牛皮纸复合	20	28.5	115	10.6	74		
11	聚乙烯牛皮纸复合	40	20.5	124	6.1	86		
12	聚乙烯玻璃纸复合	30	19.0	86	5.1	54		
13	偏氯乙烯牛皮纸复合	15	48.7	147	15.7	83		
14	偏氯乙烯牛皮纸复合	25	12.0	54	4.0	36		

注：①Q_{40}、Q_{25}、Q_5 是温度分别为 40℃、25℃、5℃，相对湿度差为（90－0）%时的透湿度，Q_θ 单位为 g/(m^2·d)；

②P_{40}、P_{25}、P_5 是温度分别为 40℃、25℃、5℃时的透湿系数，P_θ 单位为 g·μm/(m^2·d·kPa)；

③复合材料的透湿率和透湿系数可参照本章式（13－6）计算；

④根据换算，$P_\theta = Q_\theta\ (1.111l/p_\theta)$。

3. 渗透反应动力学

渗透反应动力学是借助物理学中化学反应动力学的理论，研究在渗透过程中各种因素，诸如温度、湿度、浓度、压力、材料等对渗透速度的影响。

温度对化学反应速度的影响早已被人们所了解。大部分化学反应的速度随温度升高而加快，渗透反应速度也不例外。在大量实验的基础上，出现了许多描述温度对反应速度影响规律的公式。

（1）经验规则公式。

范特霍夫规则（van't Hoff rule）根据实验提出：温度每升高 10℃，化学反应的速度大约增加 2～4 倍，把它用来描述温度与渗透反应速度之间的关系，则有

$$\frac{P_{T+10}}{P_T} = 2 \sim 4 \tag{13-7}$$

式中 P_T 和 P_{T+10}——分别代表热力学温度为 T 和 $T+10$（K）时的渗透系数。

根据式（13－4），随着渗透系数增大，包装储存期相应缩短，对包装产生不利的后果，这一点在包装设计时应予以充分考虑。

范特霍夫规则大致描述了温度对渗透速度的影响程度，但若作为定量计算，未免过于粗糙。

（2）定量计算公式。

在化学反应动力学中，有一个应用颇广的阿伦尼乌斯方程（arrhenius equation），它在总结了大量实验的基础上提出：化学反应速度系数与温度之间存在着指数依赖关系。这也是一个经验公式，若用来描述渗透反应过程，则有

$$P_{wv} = P_0 \exp\left(-\frac{E}{RT}\right) \tag{13-8}$$

式中 P_{wv}——透湿系数，g·cm·m^{-2}·d^{-1}·kPa^{-1}；

P_0——常数，在阿伦尼乌斯方程中称为指（数）前因子，单位与 P_{wv} 同；

E——活化能，是单位 mol 气体中参与渗透的活化分子发生反应所需要的能量，J·mol^{-1}；

R——摩尔气体常数，8.314J·mol^{-1}·K^{-1}；

T——热力学温度，K。

在渗透过程中，E 和 P_0 实际上是两个经验常数。把式（13-8）写为对数式，则有

$$\ln P_{wv} = -\frac{E}{RT} + \ln P_0 \tag{13-9}$$

两边对温度求导后，可以得到活化能的定义式

$$E = -RT^2 \frac{\mathrm{d}\ln P_{wv}}{\mathrm{d}T} \tag{13-10}$$

以 $\ln P_{wv}$ 对 $1/T$ 作图，可以得到一直线，其斜率为 $-E/R$，截距为 $\ln P_0$。

根据实验数据计算，可绘制一组厚度为 30μm 的塑料薄膜在水蒸气渗透过程中的阿伦尼乌斯方程的对数直线。如图 13-3 所示。图中直线序号与表 13-5 的序号是对应的。

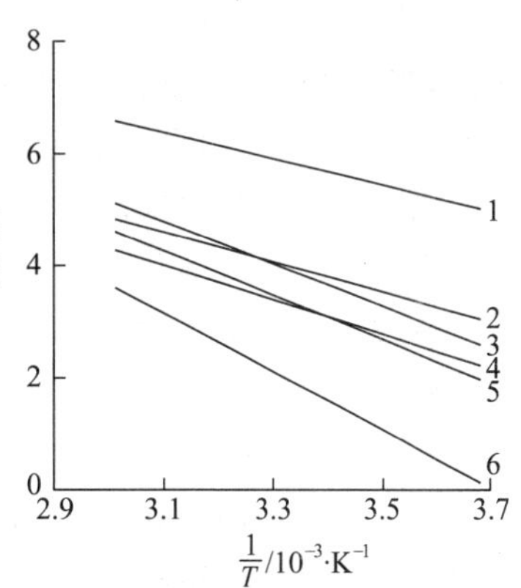

图 13-3 水蒸气渗透反应的 $\ln P_{wv}$-（$1/T$）图

表 13-5 包装塑料薄膜的活化能值与指前因子值

序号	包装塑料薄膜	厚度/μm	E/(kJ·mol^{-1})	$(-E/R)$/(10^3·K)	$\ln P_0$
1	PVC	30	22.165	-2.665	14.629
2	PET		22.436	-2.698	12.964
3	LDPE		28.721	-3.455	15.330
4	HDPE		30.038	-3.613	15.258
5	CPP		32.664	-3.929	16.360
6	PVDC		40.946	-4.925	18.133

根据《物理化学》中“反应动力学”的公式 $\ln(P_{WV\cdot\theta_2}/P_{WV\cdot\theta_1}) = E/R(1/T_{\theta1} - 1/T_{\theta2})$ 计算活化能 E 值；根据式（13-9）计算指前因子 P_0 自然对数值，并列于表 13-5 中。用这两个参数，就可列出各包装塑料薄膜的阿伦尼乌斯方程的对数式。并可以求得一定温度条件下，某一种塑料薄膜材料的水蒸气渗透系数。

例如：当温度为 30℃时，$(1/T) = (1/303\text{K}) = 3.30\times10^{-3}\text{K}^{-1}$；则 PVDC 的 $-E/R = -40.946\times10^3\text{J}\cdot\text{mol}^{-1}/8.314\text{J}\cdot\text{mol}^{-1}\cdot\text{K}^{-1} = -4.925\times10^3\text{K}$；$-E/RT = -4.925\times10^3\text{K}\times3.30\times10^{-3}\text{K}^{-1} = -16.253$，将此值与 PVDC 的指前因子 $\ln P_0$ 值一并代入式（13-9）可得 PVDC 的 $\ln P_{wv} = -16.253 + 18.133 = 1.88$ 得 $P_{wv} = \exp(1.88) = 6.6$

即 $P_{wv \cdot 30} = 6.6 g \cdot \mu m \cdot m^{-2} \cdot d^{-1} \cdot kPa^{-1}$

应当指出：计算式是根据实验数据得到的，因此，所求得的结果，也应与实验数据吻合。

此外，表 13－5 仅列出为数不多的几种塑料薄膜材料，因此，还应开展包装科学的基础理论研究，进行大量实验，获取足够数据，给出更多的必要的计算方程。

研究图 13－3 与表 13－5 以及与渗透反应有关的动力学问题可以得到如下结论：

①根据费克定律与亨利定律所表述的规律，渗透系数是渗透反应速度与渗透反应过程的诸多动力学因素（温度、湿度、压力、浓度、材料、介质等）之间的一个比例常数；在一定温度条件下，渗透系数是一个恒值。

②阿伦尼乌斯方程提出反应速度系数与温度之间存在着指数关系，这是一个很重要的发现。实践证明：$1/T$ 的指数关系不仅准确地描述了温度对渗透系数的显著影响，而且与物理化学中一系列重要理论如热力学理论、现代速率理论等相一致。

③阿伦尼乌斯活化能 E 为正值，它是活化分子发生渗透反应所需的能量，活化能越高，渗透系数越小，渗透反应速度就越慢；反之，活化能越低，渗透系数越大，渗透反应速度就越快。因此，选择包装材料时，应该是活化能较高、渗透系数较小的材料最好。参看表 13－5 所列的数据。

④阿伦尼乌斯活化能 E 值的大小，反应了渗透系数随温度的变化程度。活化能较大，温度对渗透系数的影响显著；活化能较小，则对渗透系数的影响亦较小。在图 13－3 中，PVDC 薄膜明显地表现了这一关系。从活化能的定义式（式 13－10）也可以看到，活化能 E 值越大，$d\ln P/dT$ 就越大，表明 P 对 T 的敏感程度越大。

⑤阿伦尼乌斯指前因子 P_0 与活化分子发生渗透反应的速度有关。在本章第二节气体渗透与包装储存期的图 13－5 气体渗透反应的 $\ln P_g-(1/T)$ 图和表 13－7 包装塑料薄膜的活化能与阿伦尼乌斯方程指前因子值中可以看出，虽然低密度聚乙烯比聚酯的活化能 E 值大，但前者比后者的指前因子 P_0（$\ln P_0$）值要大许多，因此，聚酯比低密度聚乙烯的透气系数小，透气速度也较慢。从上面的讨论来看，渗透系数可以用反应过程中的两个参数 E 和 P_0 来表示，E 和 P_0 在渗透反应动力学中起着重要作用，称为渗透反应的动力学因素。

三、水蒸气阻隔包装储存期的设计与计算

1. 水蒸气阻隔包装的类型及设计计算

阻隔水蒸气的包装也就是防潮包装。在第十二章第一节中已经介绍过，防潮包装方法可分为两大类：第一类是为了防止被包装物品吸收或排出水分；第二类是为了保护物品品质，防止被包装物品增加水分。这里主要是讨论第一种类型。在进行设计计算时，有两种情况：①根据被包装物品的性质、防潮要求、储存期限、形体特征和使用特点来合理的选用防潮包装材料，设计包装容器和包装方法；②根据给定的包装材料，按照被包装物品的条件，验算是否能满足储存期限的要求。

计算公式来自前面对渗透反应动力学的讨论。将式（13－4）改写为

$$t_\theta = \frac{q_{wv \cdot \theta} \cdot l}{P_{wv \cdot \theta}(p_{\theta 1} - p_{\theta 2})A} \qquad (13-11a)$$

式中　θ——为储存环境的温度条件。

把式（13－6）代入式（13－11a）中，则有

$$t_\theta = \frac{q_{wv\cdot\theta}\cdot l}{\dfrac{P_{wv\cdot 40}\cdot p_{40}90\cdot K}{p_\theta}(p_{\theta1}-p_{\theta2})\ A}$$

$$= \frac{q_{wv\cdot\theta}\cdot l}{\dfrac{P_{wv\cdot 40}\cdot p_{40}\ (90-0)\ K}{p_\theta}p_\theta\ (h_1-h_2)\ 10^{-2}A}\times\frac{f}{f}$$

$$= \frac{q_{wv\cdot\theta}\cdot f}{\dfrac{P_{wv\cdot 40}\cdot p_{40}\ (90-0)\ 10^{-2}\cdot f}{l}(h_1-h_2)\ K\cdot A}$$

用式（13－5）置换，得 $\dfrac{t_\theta\cdot A}{f}=\dfrac{q_{wv\cdot\theta}}{Q_{40}\ (h_1-h_2)K}$

注意：此式中 $t\cdot A$ 的单位为 $s\cdot cm^2$，除以单位换算因子 f 后，$t\cdot A$ 的单位为 $m^2\cdot d$ 由此可得

$$t_\theta=\frac{q_{wv\cdot\theta}}{A\cdot Q_{40}\ (h_1-h_2)\ K}\ (d) \qquad (13-11b)$$

式（13－11a）和式（13－11b）都是计算储存期的公式，不过式（13－11a）用透湿系数 $P_{wv\cdot\theta}$，而式（13－11b）用透湿率 Q_{40}；它们的计算结果应该是一致的。现举例予以说明。

例 13－1　湿敏性食品烤馍片，干燥时重 100g，装入厚度为 0.003cm 的未拉伸聚丙烯（CPP）薄膜袋中，包装面积 $650cm^2$；该食品干燥时含水率为 2%，不会变质的允许最大含水率为 5.5%，图 13－4 是该食品的等温平衡吸湿特性曲线。如果储存在平均温度 22℃和相对湿度 70% 的环境中，计算其储存期是多少天？

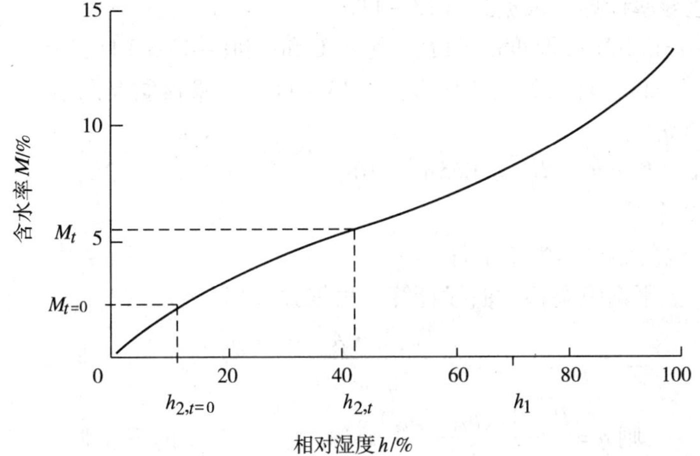

图 13－4　烤馍片的等温平衡吸湿特性曲线

（1）按照透湿系数计算，根据式（13－11a）。

①从表 13－4 查得，厚度 30μm 的未拉申聚丙烯（CPP）薄膜，在 40℃和（90－0）% RH 的环境下，其透湿系数 $P_{WV\cdot 40}=45g\cdot \mu m/(m^2\cdot d\cdot kPa)$；从表 13－2 查得 40℃时饱和水蒸气压强 $P_{40}=7.376kPa$，用插值法求得 22℃时的饱和水蒸气压强 $P_{22}=2.670kPa$；从表 13－3 插值求得 CPP 在 22℃时 $K=0.196\times10^{-2}$。

将以上所有数值代入式（13－5），则有：

$P_{wv \cdot 22} = P_{wv \cdot 40} \cdot P_{40} \cdot 90K/p_{22}$

$= [45\text{g} \cdot \mu\text{m}/(\text{m}^2 \cdot \text{d} \cdot \text{kPa})] \times 7.376\text{kPa} \times 90 \times 0.196 \times 10^{-2}/2.670\text{kPa}$

$= 21.92\text{g} \cdot \mu\text{m}/(\text{m}^2 \cdot \text{d} \cdot \text{kPa})$

如果用表 13－5 中 CPP 的阿伦尼乌斯方程的对数式，$\ln P_{wv} = -E/RT + \ln P_0 = -3.929 \times 10^3 \cdot \text{K}\ (1/T) + 16.360 = -3.929 \times 10^3\text{K}\ (1/295\text{K}) + 16.360 = -3.929 \times 10^{-3}\text{K} \times 3.389 \times 10^{-3}\text{K}^{-1} + 16.360 = -13.319 + 16.360 = 3.041$

则 $P_{wv \cdot 22} = \exp\ (3.041) = 21$，可得 $P_{wv \cdot 22} = 21\text{g} \cdot \mu\text{m}/(\text{m}^2 \cdot \text{d} \cdot \text{kPa})$

②该食品的容许含水量为：$q_{wv} = 100\text{g}\ (0.055 - 0.020) = 3.5\text{g}$。

③求包装材料两侧水蒸气分压差：

A. 包装外部分压 $p_{\theta 1}$。储存环境温度为 22℃，其饱和水蒸气压强 $P_{22} = 2.670\text{kPa}$；相对湿度 70% 时，水蒸气压强为 0.70×2.670 = 1.869kPa，即包装外部水蒸气分压。

B. 包装内部分压 $p_{\theta 2}$。先根据图 13－4 所示的该食品的等温平衡吸湿特性曲线，可知平衡含水率 2% 时的相对湿度为 8%，5.5% 时的相对湿度为 43%。为了使储存期的估算更准确，可采用储存初始和允许最大相对湿度的平均值，即（0.43 + 0.08）/2 = 0.255，则包装内部水蒸气分压为 0.255×2.670 = 0.681kPa。

C. 包装材料两侧水蒸气分压差 $\triangle p = p_{\theta 1} - p_{\theta 2} = 1.869 - 0.681 = 1.188\text{kPa}$。

将以上数值代入式（13－11a）求得储存期：

$$t_{22} = \frac{q_{wv \cdot \theta} \cdot l}{P_{wv \cdot \theta}\ (p_{\theta 1} - p_{\theta 2})\ A} = \frac{\text{m}^2 \cdot \text{d} \cdot \text{kPa}}{21.92\text{g} \cdot \mu\text{m}} \cdot \frac{3.5\text{g} \cdot 30\mu\text{m}}{1.188\text{kPa} \cdot 0.065\text{m}^2}$$

$$= 62\text{d} \approx 2\ 月$$

④计算结果：包装储存期为 2 个月。

（2）按照透湿率计算，根据式（13－11b）。

从表 13－4 查得 30μm 厚度的 CPP，在 40℃ 和（90－0）% RH 的环境条件下，其透湿率 $Q_{40} = 10\text{g}/(\text{m}^2 \cdot \text{d})$，将相关数值代入式（13－11b），求得储存期

$$t_\theta = \frac{q_{wv \cdot \theta}}{A \cdot Q_{40}\ (h_1 - h_2)\ K} = \frac{3.5}{0.065\text{m}^2 \cdot 10\text{g} \cdot \text{m}^{-2} \cdot \text{d}^{-1}\ (70 - 25.5)\ 0.196 \cdot 10^{-2}}$$

$$= 61\text{d} \approx 2\ 个月$$

计算结果：包装储存期为 2 个月。

（3）按照等温平衡吸湿特性曲线计算，根据式（13－4），有：

$$q_{wv \cdot \theta} = \frac{P_{WV \cdot \theta} \cdot A\ (p_{\theta 1} - p_{\theta 2})}{l} t_\theta$$

$$则\ q = \frac{P \cdot A\ (p_{\theta 1} - p_{\theta 2})}{l} t\ （略去\ q,\ P,\ t\ 的下注脚）$$

$$或 \frac{q}{t} = \frac{P \cdot A \cdot p_\theta}{l}\ (h_1 - h_2)$$

等温平衡吸湿特性曲线线性部分（见图 13－4），有：

$$h = a + bM$$

于是，含水量随时间的变化率 $\frac{\text{d}q}{\text{d}t} = \frac{P \cdot A \cdot p_\theta}{l}\ (h_1 - a - bM)$

由于 $M = \frac{q}{W}$（M：含水率；q：含水量；W：物品总重）

则
$$\frac{\mathrm{d}q}{\mathrm{d}t}=\frac{P\cdot A\cdot p_\theta}{l}\left(h_1-a-\frac{bq}{W}\right)$$

可得
$$\frac{\mathrm{d}q}{h_1-a-\frac{bq}{W}}=\frac{PAp_\theta}{l}\mathrm{d}t$$

两端积分
$$\int_{q_1}^{q_2}\frac{\mathrm{d}q}{h_1-a-\frac{bq}{W}}=\frac{PAp_\theta}{l}\int_0^t\mathrm{d}t \quad ①$$

令
$$u=h_1-a-\frac{bq}{W} \quad ②$$

则
$$\mathrm{d}u=-\frac{b}{W}\mathrm{d}q$$

即
$$\mathrm{d}q=-\frac{W}{b}\mathrm{d}u$$

$-W/b$ 是常数，从式②和图（13－4）可见：当 $q=q_2$ 时，$q_2/W=M_t$，则有 $u_2=(h_1-h_2)_t$；当 $q=q_1$ 时，$q_1/W=M_{t=0}$，则有 $u_1=(h_1-h_2)_{t=0}$，于是式①可写为：

$$-\frac{W}{b}\int_{(h_1-h_2)_{t=0}}^{(h_1-h_2)_t}\frac{\mathrm{d}u}{u}=\frac{PAp_\theta}{l}\int_0^t\mathrm{d}t$$

$$-\frac{W}{b}\ln\frac{(h_1-h_2)_t}{(h_1-h_2)_{t=0}}=\frac{PAp_\theta}{l}t$$

$$t=\frac{Wl}{bPAp_\theta}\ln\frac{(h_1-h_2)_{t=0}}{(h_1-h_2)_t} \quad (13-12)$$

由图（13－4），式中斜率 $b=\frac{h_t-h_{t=0}}{M_t-M_{t=0}}=\frac{W(h_t-h_{t=0})}{q}$，记为 b（g·物品）/（g·H_2O）。

则例 13－1 中，若 $b=\frac{100\text{g}(0.43-0.08)}{3.5\text{g}}=10$，其储存期可按式（13－12）计算如下：

$$t=\frac{l\cdot W}{P\cdot A\cdot p_\theta\cdot b}\ln\frac{(h_1-h_2)_{t=0}}{(h_1-h_2)_t}$$
$$=\frac{\text{m}^2\cdot\text{d}\cdot\text{kPa}}{21\cdot\text{g}\cdot\text{cm}}\cdot\frac{30\mu\text{m}\cdot100\text{g}}{0.065\text{m}^2\cdot2.67\text{kPa}\cdot10}\ln\frac{0.70-0.08}{0.70-0.43}$$
$$=82.3\times0.831$$
$$=68.4\text{d}\approx2\text{ 个月}$$

计算结果：包装储存期为 2 个月。

例 13－2　饼干干重 80g，储存在温度 25℃、相对湿度 85% 的环境中。饼干初始相对湿度为 20%，最终相对湿度为 70%，允许含水量为 4.4g。选用厚度为 30μm 的未拉伸聚丙烯（CPP）塑料包装薄膜。如果要求储存期不低于四个月，试计算包装的最大面积。

解：①根据已知条件，$b=W(h_t-h_{t=0})/q=80\text{g}(0.70-0.20)/4.4\text{g}=9\text{g}$·饼干/（g·$H_2O$）。

②根据表 13－4，厚度 30μm 的 CPP 在温度 25℃时，透湿系数 $P_{25}=24\text{g}\cdot\mu\text{m}\cdot\text{m}^{-2}\cdot\text{d}^{-1}\cdot\text{kPa}^{-1}$。

③根据表 13－2，温度 25℃时饱和水蒸气压强 $P_{25}=3.167\text{kPa}$。

④储存期 $t=120\text{d}$。

⑤式（13－12）中，$\ln\dfrac{(h_1-h_2)_{t=0}}{(h_1-h_2)_t}=\ln\dfrac{85-20}{85-70}=1.466$。

⑥从式（13－12）导出包装的面积：

$$\begin{aligned}A&=\frac{l\cdot W}{P\cdot p_\theta\cdot t\cdot b}\ln\frac{(h_1-h_2)_{t=0}}{(h_1-h_2)_t}\\&=\frac{m^2\cdot d\cdot kPa}{24g\cdot \mu m}\times\frac{80g\cdot 30\mu m}{3.167kPa\cdot 120d\cdot 9}\times 1.466\\&=0.0428m^2\end{aligned}$$

计算结果：所需包装的最大面积为 $0.0428m^2$

例 13－3 某种湿敏性产品，干燥时重 100g，装入厚度为 30μm 的塑料袋中，包装面积为 $700cm^2$，该产品允许干燥含水率为 30%～80%，对应的相对湿度为 50%～85%。现该产品干燥含水率为 50%，相对湿度为 70%，如果储存在平均温度 24℃、相对湿度 40% 的环境中 18 个月，请选择适宜的包装材料。

进行这类问题的计算时，由于储存环境的相对湿度低于包装内部的相对湿度，因此产品将进行脱湿，即排出水分。

①设选用的包装材料的透湿系数是 $P_{wv\cdot\theta}g\cdot\mu m\cdot m^{-2}\cdot d^{-1}\cdot kPa^{-1}$。

②求得产品允许排出水分：$q_{wv\cdot\theta}=100\times(30-50)\%=-20g$。

③求包装材料两侧水蒸气分压差。

A. 包装外部分压 $p_{\theta1}$。储存环境平均温度为 24℃，从表 13－2 插值求得 24℃时的饱和水蒸气压强 $p_\theta=3.001kPa$，在相对湿度 40% 时，水蒸气压强为 $P_{\theta1}=0.40\times3.001=1.201kPa$，此即包装外部水蒸气分压。

B. 包装内部分压 $p_{\theta2}$。包装内部平均湿度 $(0.70+0.50)/2=0.60$，则包装内部水蒸气分压 $p_{\theta2}=0.60\times3.001=1.801kPa$。

C. 包装两侧水蒸气分压差。$p_{\theta1}-p_{\theta2}=1.201-1.801=-0.600kPa$。

④将以上相关数据代入式（13－11a），得：

$$q_{wv\cdot\theta}=\frac{P_{wv\cdot\theta}\ (p_{1\theta}-p_{2\theta})\ A\cdot t}{l}$$

$$-20g=\frac{P_{wv\cdot\theta}g\cdot\mu m}{m^2\cdot d\cdot kPa}\cdot\frac{-0.6kPa\cdot 0.07m^2\cdot 540d}{30\mu m}$$

求得 $P_{wv\cdot\theta}=26.455g\cdot\mu m/m^2\cdot d\cdot kPa$。

由于一般包装材料都是在 40℃和 (90－0)% RH 的条件下测得 $P_{wv\cdot40}$ 值，可能没有提供 $P_{wv\cdot24}$ 的数值，为此，可根据式（13－6）求得 $P_{wv\cdot40}\cdot K=P_{WV\cdot\theta}\cdot p_\theta/(p_{40}\cdot 90)$ 值，再根据 $P_{wv\cdot40}$ 选用相应的包装材料。

在本例中 $P_{wv\cdot40}\cdot K=P_{wv\cdot\theta}\cdot p_\theta/(p_{40}\cdot 90)=26.455\cdot 3.001/(7.376\cdot 90)=0.12$。当 $K=0.250\times10^{-2}$，则 $P_{wv\cdot40}=48$ > 表 13－4 中 41，可选 HDPE；当 $K=0.232\times10^{-2}$，则 $P_{wv\cdot40}=52$ > 表 13－4 中 45，可选 CPP。

若选用其他包装材料，则因它们的透湿系数过大或过小，均不能满足储存期的条件。

如果按照表 13－5，因温度为 24℃，得 $(1/T)=1/(297K)=3.367\times10^{-3}K^{-1}$，通过计算，HDPE 的阿伦尼乌斯方程的对数公式 $\ln P_{wv\cdot24}=-E/RT+\ln P_0=-3.613\times10^3K\ (3.367\times10^{-3}K^{-1})+15.258=3.093$，得 $P_{wv\cdot24}=\exp(3.093)=22.06$，亦即 $P_{wv\cdot24}=22.06g\cdot\mu m/$

$(m^2 \cdot d \cdot kPa)$，由于此值小于而且接近于计算出来的 $26.455g \cdot \mu m/(m^2 \cdot d \cdot kPa)$，因此，选择 HDPE 较为合适。同理求得 CPP 的 $P_{wv \cdot 24} = 23g \cdot \mu m/(m^2 \cdot d \cdot kPa)$。亦可入选。

这个问题，也可用求包装材料透湿率的方法来求解。设若将有关数据代入式（13-11b），则有：

$$t_\theta = \frac{q_{wv \cdot \theta}}{A \cdot Q_{40}\ (h_1 - h_2)\ K}$$

$$540d = \frac{-20g}{0.07m^2\ (40-60)\ K \cdot Q_{40} g \cdot m^{-2}\ (24h)^{-1}}$$

得 $Q_{40} \cdot K = 0.0265$

当 $K = 0.250 \times 10^{-2}$，则 $Q_{40} = 10.6 >$ 表 10-7 中 9.0，可选 HDPE；

当 $K = 0.232 \times 10^{-2}$，则 $Q_{40} = 11.4 >$ 表 10-7 中 10.0，可选 CPP。

2. 加速试验的应用

采用各种包装材料包装对湿气敏感的产品时，为了判断其对水蒸气的阻隔性能，往往要在使用环境条件下进行环境储存试验，这虽是一种可靠的试验方法，但却要花费很长时间。为了在较短时间内得到其阻隔性能的实验数据，可采用在高温高湿条件下进行加速试验，一般是在温度为（40±1）℃和相对湿度为（90±2）%的条件下进行这种试验，测定被包装物品的含水量达到额定数值时所需要的时间，设为 t_{40} 天，而储存在任意温度 θ℃时所预定的时间为 t_θ 天，由于渗透同量水蒸气所需时间与渗透率成反比，则有：

$$\frac{t_\theta}{t_{40}} = \frac{Q_{40}}{Q_\theta}$$

将式（13-6）关系代入，并上下乘以 90，则有：

$$\frac{t_\theta}{t_{40}} = \frac{P_{wv \cdot 40} \cdot p_{40}\ (90 - h_2)\%}{P_{wv \cdot \theta} \cdot p_\theta\ (h_1 - h_2)\%} \cdot \frac{90}{90}$$

因 $\frac{1}{K} = \frac{P_{wv \cdot 40} \cdot p_{40} \cdot 90}{P_{wv \cdot \theta} \cdot p_\theta}$，则 $\frac{t_\theta}{t_{40}} = \frac{(90 - h_2)}{K\ (h_1 - h_2)\ 90}$

由此可得

$$t_\theta = \frac{t_{40}\ (90 - h_2)}{K\ (h_1 - h_2)\ 90}\ (d) \qquad (13-13)$$

式中　t_{40}、t_θ——同一包装材料在温度 40℃、θ℃，相对湿度差 $(90 - h_2)\%$、$(h_1 - h_2)\%$ 时渗透同量水蒸气所需时间，d；

Q_{40}、Q_θ——同一包装材料在温度 40℃、θ℃，相对湿度差 $(90 - h_2)\%$、$(h_1 - h_2)\%$ 时的透湿率，$g \cdot m^{-2} \cdot d^{-1}$；

$h_1\%$、$h_2\%$——包装外部和内部的相对湿度。

根据式（13-13），在加速实验时测得 t_{40} 后，已知实际储存环境中的温度 θ℃和包装外相对湿度 $h_1\%$、包装内相对湿度 $h_2\%$，就可计算出实际环境条件下的储存期。

例 13-4　某产品用厚度 0.03mm 的 PVDC 塑料薄膜包装材料，包装内相对湿度为 35%，经过高温高湿加速实验，23 天达到了最大限度允许的含水量；现实际储存环境平均温度为 25℃，相对湿度为 70%，其储存期为多少？

解：根据表 10-3，PVDC 材料在 25℃时 $K = 0.22 \times 10^{-2}$。

将相关数据代如入式（13-13），得到实际的储存期：

$$t_\theta=\frac{t_{40}\ (90-h_2)}{\mathrm{K}\ (h_1-h_2)\ 90}=\frac{23\ (90-35)}{0.22\times10^{-2}\ (70-35)\ 90}=182\mathrm{d}$$

用加速试验方法求得实际环境条件下的储存期，其理论基础仍是范特霍夫规则［式(13－7)］和阿伦尼乌斯方程［式（13－8)］，其依据是：同一包装材料随温度不同、内外相对湿度差不同，透湿率或透湿系数也不同，渗透同量水蒸气所需时间与透湿率或透湿系数成反比。

第二节　气体渗透与包装储存期

一、常用塑料薄膜的气体阻隔包装储存期设计与计算

包装使用的塑料包装材料具有一定的渗透性，因此，包装外界氧气经过一段时间，就会渗透穿过包装材料达到包装内物品容许的吸氧量，这个经历的时间就是包装储存期。

气体对包装材料的渗透机理与上面所讨论的水蒸气相同，因此，可以根据式 13－4 写出气体渗透系数的表达式：

$$P_g=\frac{q_g\cdot l}{(p_1-p_2)\quad\cdot A\cdot t}\qquad(13-14)$$

式中　P_g——气体渗透系数（透气系数，g：gas)，它的单位是 $\mathrm{cm^3\cdot\mu m/(m^2\cdot d\cdot kPa)}$，一些薄膜的透气系数见表 13－6；

q_g——气体渗透量（透气量)，$\mathrm{cm^3}$；

l——塑料薄膜厚度，μm；

(p_1-p_2)——包装薄膜两侧气体分压差，kPa；

A——包装薄膜表面积，$\mathrm{m^2}$；

t——储存期，d。

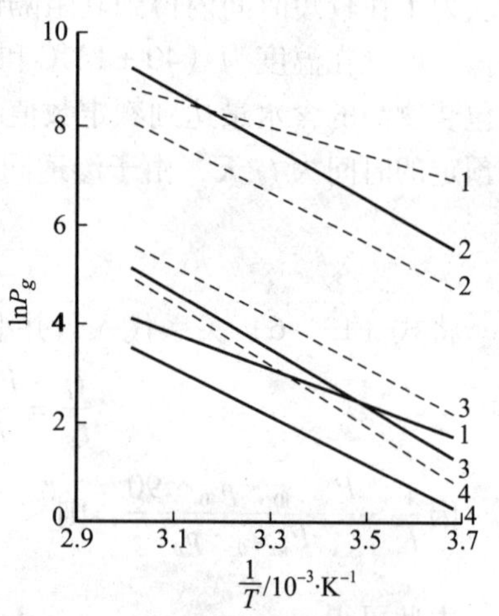

图 13－5　气体渗透反应的 $\ln P_g-(1/T)$ 图

—— O_2；---- CO_2

渗透反应动力学的讨论同样也适用于气体渗透过程。图 13－5 绘制了几种塑料薄膜的 $\ln P_{co_2}-(1/T)$ 与 $\ln P_{o_2}-(1/T)$ 对数直线，其中实线代表 O_2；虚线代表 CO_2。其直线序号与表 13－7 中的序号相对应。它们的活化能 E 值和指前因子 P_0 值列在表 13－7 中。

按照表 13－7 中所给予的数值，可以求得一定温度条件下，某一种塑料薄膜材料的透气系数。

例如，当温度 $t=24℃$ 时，$(1/T)=1/297\mathrm{K}=3.367\times10^{-3}\mathrm{K}^{-1}$，则 PVDC 的 $\ln P_{O_2\cdot24}=-E/RT+\ln P_0=-8.059\times10^3\mathrm{K}\times3.367\times10^{-3}\mathrm{K}^{-1}+29.44228.240=-27.135+28.240=1.105$

得 $P_{O_2\cdot24}=\exp\ (1.105)=3.02$

即 PVDC 的 O_2 渗透系数 $P_{O_2\cdot24}=3.02\mathrm{cm^3\cdot\mu m\cdot m^{-2}\cdot d^{-1}\cdot kPa^{-1}}$

PVDC 的 $\ln P_{CO_2\cdot24}=-E/RT+\ln P_0=-6.255\times10^3\mathrm{K}\times3.367\times10^{-3}\mathrm{K}^{-1}+23.936=-21.061+23.936=2.875$

表 13－6　塑料薄膜的透气系数 P_g，单位：$cm^3 \cdot \mu m/(m^2 \cdot d \cdot kPa)$

序号	塑料薄膜	厚度/μm	P_g		
			O_2	CO_2	N_2
1	低密度聚乙烯（LDPE）	25	1900	700	630
2	高密度聚乙烯（HDPE）		260	230	95
3	尼龙 6（Nylon 6）		25	50	3.5
4	聚酯（PET）		22	80	39
5	聚偏二氯乙烯（PVDC）		3.3	19	60
6	聚丙烯（PP）		620	2100	80
7	聚氯乙烯（PVC）		29.6	108.6	7.7
8	乙烯－乙烯醇（EVOH）		0.2		
9	聚乙烯（PE）		427		

注：温度 25℃。

表 13－7　包装塑料薄膜的活化能与阿伦尼乌斯方程指前因子值

序号	塑料薄膜	厚度/μm	气体	E /(KJ·mol^{-1})	$-E/R$ /(10^3·K)	$\ln P_o$
1	PET	25	O_2	32	－3.849	16.008
			CO_2	18	－2.165	15.207
			N_2	33	－3.969	16.817
2	LDPE		O_2	43	－5.172	24.907
			CO_2	39	－4.691	22.294
			N_2	49	－5.894	26.226
3	Nylon 6		O_2	44	－5.292	20.979
			CO_2	41	－4.931	20.460
			N_2	47	－5.653	20.224
4	PVDC		O_2	67	－8.059	28.240
			CO_2	52	－6.255	23.936
			N_2	70	－8.420	32.352

得 $P_{CO_2 \cdot 24} = \exp(2.875) = 17.72$

即 PVDC 的 CO_2 渗透系数 $P_{CO_2 \cdot 24} = 17.72 cm^3 \cdot \mu m \cdot m^{-2} \cdot d^{-1} \cdot kPa^{-1}$。

用透气系数计算真空充气包装的储存期，可以将式（13－14）改写为以下形式：

$$t_\theta = \frac{q_{g \cdot \theta} \cdot l}{P_{g \cdot \theta} (p_{\theta 1} - p_{\theta 2}) A} \tag{13-15}$$

式中　θ——储存环境的温度，℃。

现举例说明计算的程序。

例 13－5　有一种对氧气敏感的产品，干燥时重 100g，装在厚度为 25μm 的聚酯塑料袋中，包装面积为 1300cm²；该产品允许最大吸氧量为 150cm³/100g，密封前充换氮气，设储存环境平均温度为22℃，那么，储存期是多久？

解：①求该产品允许氧气渗透量 $q_{O_2}=100g\times150cm^3/100g=150cm^3$。

②氧气渗透系数。由于表 13-6 没有提供温度22℃条件下的聚酯透氧系数 P_{O_2}，因此可以按表 13-7 中所给予的数值，代入阿伦尼乌斯方程的对数式，得 PET 的 $\ln P_{O_2}=-3.849\times10^3K\times(1/295K)+16.008=-3.849\times10^3K\times3.390\times10^{-3}K^{-1}+16.008=-13.048+16.008=2.96$

则 $P_{O_2\cdot22}=\exp(2.96)=19.3$

即 $P_{O_2\cdot22}=19.3cm^3\cdot\mu m\cdot m^{-2}\cdot d^{-1}\cdot kPa^{-1}$。

③氧气的分压强按道尔顿分压定律：0.2093×101.325kPa=21.207kPa。

④将相关数值代入式 13-15 中：

$$t_\theta=\frac{q_{O_2\cdot\theta}\cdot l}{P_{O_2\cdot\theta}(p_{\theta1}-p_{\theta2})A}=\frac{m^2\cdot d\cdot kPa}{19.3\times m^3\cdot\mu m}\cdot\frac{150cm^3\cdot25\mu m}{21.207kPa\cdot0.13m^2}$$
$$=70.48d$$

⑤计算结果，该包装储存期为70天。

例 13-6 真空包装氧气敏感物品 30g，储存环境温度为25℃，包装袋材料为聚偏二氯乙烯薄膜，厚度为 0.025mm，长度 150mm，宽度 100mm；设允许吸氧量为 150mg/kg，试计算该包装的储存期。

解：①计算包装允许吸氧量及体积：$30g\times150\times10^{-6}=4500\times10^{-6}g$。

由于在标准状态下 1mol 氧气分子的质量为 32g，容积为 22.4L，因此氧气体积为：

$$q_{O_2}=4500\times10^{-6}g\times\frac{22400cm^3}{32g}=3.15cm^3$$

②根据表 13-6 查得 PVDC 的氧气渗透系数：

$$P_{O_2}=3.3cm^3\cdot\mu m\cdot m^{-2}\cdot d^{-1}\cdot kPa^{-1}$$

如果按照表 13-7 所给予的数据，代入阿伦尼乌斯方程对数式 $\ln P_{O_2}=-8.059\times10^3K(1/298K)+29.442=-27.046+28.240=1.194$，也可求得 25℃ 条件下 $P_{O_2}=\exp(1.194)=3.3$，即 $P_{O_2}=3.3cm^3\cdot\mu m\cdot m^{-2}\cdot d^{-1}\cdot kPa^{-1}$。

③氧的分压强和上题同样，按道尔顿分压定律为：0.2093×101.325kPa=21.207kPa

④将相关数值代入式 13-15 中，得：

$$t_\theta=\frac{q_{O_2\cdot\theta}\cdot l}{P_{O_2\cdot25}(p_{\theta1}-p_{\theta2})A}=\frac{m^2\cdot d\cdot kPa}{3.3\times cm^3\cdot\mu m}\cdot\frac{3.15m^3\cdot25\mu m}{21.207kPa\cdot0.03m^2}=37d$$

⑤计算结果，该包装的储存期为37天。

以上计算适于无生命活动的被包装物品，对于有生命活动的物品，诸如果蔬之类，由于物品还有呼吸作用，也就是说，包装内部除了有气体渗透作用外，还有物品一直在消耗 O_2 和产生 CO_2 的活动；这样一来，被包装物品的变质机理显得相当复杂，物品品质指标与呼吸速率之间的关系，难于用理论公式准确表达，使得物品储存期的理论预测十分困难，目前，国内外的研究大都采取试验测定储存期的方法。

二、复合包装材料的气体阻隔包装储存期设计与计算

在包装用塑料制品中，为了延长包装储存期，经常需要将二层以上的材料复合起来，

以获得良好的保护性能。复合材料的组成通常有基材（纸张、塑料薄膜等）、涂层材料（蜡、清漆、硝酸纤维素等）、黏合剂及其他辅助材料。复合材料的加工方法有黏合（干式复合、湿式复合）、涂布、热熔复合、挤涂、共挤出等。

复合材料的渗透性计算可以通过分析各组成层的传递行为得到。图 13－6 是一个三层结构的复合材料，假设材料处于稳态，即通过每一层的渗透物的量是相等的，且都等于通过整个结构的量。

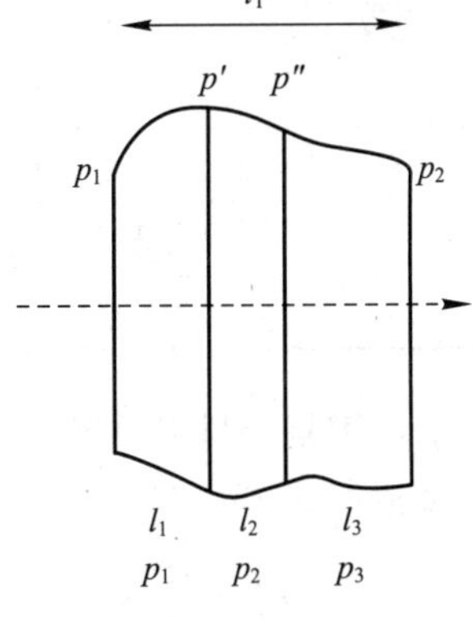

图 13－6　通过复合材料的渗透过程

各层的分压差为：

$$\Delta p = p_2 - p_1$$

$$\Delta p_1 = p' - p_1$$

$$\Delta p_2 = p'' - p'$$

$$\Delta p_3 = p_2 - p''$$

因此：

$$\Delta p = \Delta p_1 + \Delta p_2 + \Delta p_3$$

对于整个结构，则有：$P_T = \dfrac{ql_T}{At\Delta p_T}$，并由此得到 $\Delta p_T = \dfrac{ql_T}{AtP_T}$

对其他各层同样可以得到：

$$P_1 = \frac{ql_1}{At\Delta p_1},\ \Delta p_1 = \frac{ql_1}{AtP_1}$$

$$P_2 = \frac{ql_2}{At\Delta p_2},\ \Delta p_2 = \frac{ql_2}{AtP_2}$$

$$P_3 = \frac{ql_3}{At\Delta p_3},\ \Delta p_3 = \frac{ql_3}{AtP_3}$$

把以上各式相加，得：

$$\Delta p = \frac{q}{At} \cdot \frac{l_T}{P_T} = \frac{q}{At}\left[\frac{l_1}{P_1} + \frac{l_2}{P_2} + \frac{l_3}{P_3}\right]$$

因此，有：

$$\frac{l_T}{P_T} = \frac{l_1}{P_1} + \frac{l_2}{P_2} + \frac{l_3}{P_3}$$

由此式可见，如果已知各层材料的厚度和渗透系数，就可计算出整个复合材料的渗透系数。如果有 n 层材料，这个公式也可推广为：

$$\frac{l_T}{P_T} = \sum_{i=1}^{n} \frac{l_i}{P_i}$$

求解 P_T，可得

$$P_T = \frac{l_T}{\sum_{i=1}^{n} \frac{l_i}{P_i}} \tag{13-16}$$

例 13－7　有一复合材料，共有四层，试计算其总的渗透系数。［渗透系数 P 的单位为 $cm^3 \cdot \mu m/(m^2 \cdot d \cdot kPa)$］

层数	聚合物	厚度/μm	渗透系数 $P/\text{cm}^3\cdot\mu\text{m}\cdot\text{m}^{-2}\cdot\text{d}^{-1}\cdot\text{kPa}^{-1}$
1	聚乙烯	45	427
2	尼龙 6	25	25
3	聚氯乙烯	30	29.6
4	聚丙烯	50	620

解：①复合材料总厚度 $l_T=45+25+30+50=150\mu m$。

②根据式 13－16，有：

$$\frac{l_T}{P_T}=\frac{l_1}{P_1}+\frac{l_2}{P_2}+\frac{l_3}{P_3}+\frac{l_4}{P_4}=\frac{45}{427}+\frac{25}{25}+\frac{30}{29.6}+\frac{50}{620}=2.83\ \frac{\text{m}^2\cdot\text{d}\cdot\text{kPa}}{\text{cm}^3}$$

③因此复合材料总的渗透系数 $P_T=\frac{150\mu\text{m}\cdot\text{cm}^3}{2.83\cdot\text{m}^2\cdot\text{d}\cdot\text{kPa}}=53\ \frac{\text{cm}^3\cdot\mu\text{m}}{\text{m}^2\cdot\text{d}\cdot\text{kPa}}$。

例 13－8 假设复合材料的五层结构是 PE/黏合剂/EVOH/黏合剂/PE，每层 PE 厚度 380μm，每层黏合剂厚度 25μm，EVOH 厚度 75μm。试求其总的氧气渗透系数。

解：PE 和 EVOH 的氧气渗透系数可从表 13－6 查得；由于大多数可共挤的黏合剂是改性的聚烯烃，于是可假定 $P_N=389$，因为非阻隔层的 P 值的偏差对 P_T 几乎没有影响，由此，根据式 13－16，有：

$$\frac{l_T}{P_T}=\frac{l_{PE}}{P_{PE}}+\frac{l_{EVOH}}{P_{EVOH}}+\frac{l_N}{P_N}$$

$$\frac{885}{P_T}=\frac{380\times2}{427}+\frac{75}{0.2}+\frac{25\times2}{389}$$

得到总的氧气渗透系数 $P_T=2.35\text{cm}^3\cdot\mu\text{m}/\text{m}^2\cdot\text{d}\cdot\text{kPa}$，从而大大地降低了氧气渗透率。

注意：如果只使用 EVOH 也可以获得相同的氧气阻隔效果。因为上式可近似写为：

$$\frac{885}{P_T}\approx\frac{75}{0.2}$$

由此可得 $P_T=2.36$。这个结果表明，整个复合材料的氧气渗透率（$P_T/l_T=2.35/885=0.0026$）完全由阻隔层 EVOH 的氧气渗透率（$P_{EVOH}/l_{EVON}=0.2/75=0.0026$）决定，而复合材料的其余部分只起到载体作用。不过，EVOH 对水较为敏感，从而会影响其对氧气的渗透系数，如果阻隔层采用对水不敏感的材料（如聚偏二氯乙烯、丙烯腈共聚物或聚酯）时，则可不必考虑水对氧气渗透系数的影响。

复合材料主要用于真空包装、充气包装、蒸煮食品包装和外表包装等方面。其中食品、医药用量最大。复合材料应根据被包装物品的种类考虑储存期，选用一定阻隔性能的材料；在保证品质的前提下，尽量使用层数较少、成本较低的薄膜，对于要求蔽光的物品应首选以纸为基材的结构；并兼顾材料的印刷适性，以便获得较好的装潢效果。

第三节　热传导阻隔与包装储存期

一、热传导阻隔包装与导热定律

热传导阻隔包装也叫做阻热包装，它是冷链物流过程中对物品储存运输环节采取的重要防护技术措施，通常是在包装容器内衬放阻热材料和阻热介质，以减少包装内部与外界的热传导，使被包装物品在规定的时间内，仍保持原来的状态和性质。它用来作为易熔（冰果、熔融型化学物品等）、易腐（生猛海鲜等）和生物制品的包装，特别是在医疗中，可用来作为人体组织与移植器官的包装。

图 13－7 为这种包装的结构形式。其中（a）为瓦楞纸箱型，（b）为塑料制品型；后者广泛为我国人体器官移植医学所应用。确定适当的阻热材料及其形状和尺寸，不仅可以避免过分包装，还可减少不必要的制造费用和运输费用。

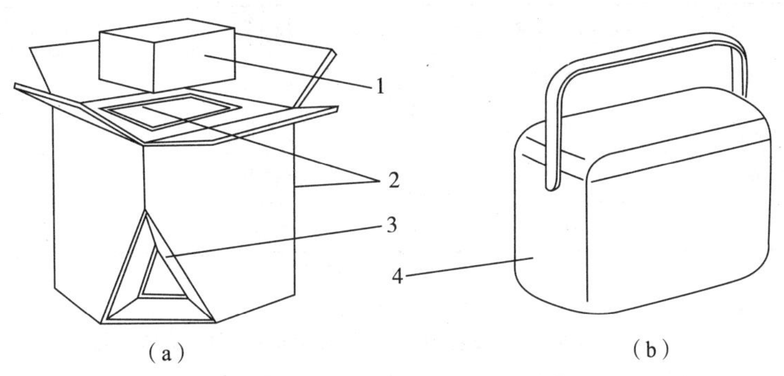

图 13－7　阻热包装的结构形式

1、3－泡沫塑料；2－瓦楞纸板；4－硬质塑料

凡是有温度的地方，就有热量自发地从高温传向低温的所谓“热传导”。由于自然界到处存在着温度差，所以热传导是一个非常普遍现象。

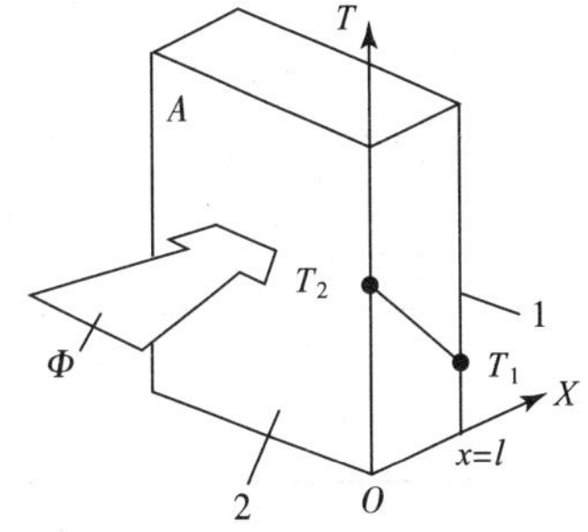

图 13－8　通过平板的热传导

图 13－8 为在一块面积为 A、厚度为 $x=l$ 的平板两侧，有维持均匀恒定的温度 T_1 和 T_2（K）。单位面积在单位时间内从表面 2 传导到表面 1 的热量称为热通量 Φ，它与温度梯度 dT/dx 成正比，亦即与（T_2-T_1）成正比，与厚度 l 成反比，写为数学表达式，有

$$\Phi=\lambda\frac{(T_2-T_1)}{l} \tag{13-17}$$

这就是导热基本定律，或叫做傅里叶导热定律（Fourier's law of heat conduction）。

式中，λ 是比例常数，称为导热系数，单位为 $J\cdot h^{-1}\cdot cm^{-1}\cdot K^{-1}$，它的倒数叫做阻热系数 R，单位为 $h\cdot cm\cdot K\cdot J^{-1}$。两者之间的关系有：

$$R=\frac{1}{\lambda}$$

阻热系数 R 反映了材料阻热能力的大小。由于阻热包装的阻热层由多种材料组成，综合考虑各阻热材料的阻热系数和厚度，则有总阻热系数 R_0。R_0 由以下部分组成：

$$R_0=\sum R_i l_i=R_1l_1+R_2l_2+R_3l_3+R_4l_4 \quad (h\cdot cm^2\cdot K\cdot J^{-1})$$

式中　R_1——主要阻热材料（如聚氨酯泡沫、发泡聚苯乙烯等）的阻热系数，l_1 是它的厚度；

R_2——包装内部空气的阻热系数，空气是静止的，一般取 $R_2l_2=0.32h\cdot cm^2\cdot K\cdot J^{-1}$；

R_3——包装外部空气的阻热系数，空气是流动的，一般取 $R_3 l_3 = 0.08 h \cdot cm^2 \cdot K \cdot J^{-1}$；

R_4——外包装瓦楞纸板的阻热系数，l_4 是它的厚度，取决于所用瓦楞纸板的层数和楞型组合。瓦楞纸板可作内、外包装，亦可只作外包装。

表 13－8 是几种材料在 293K（20℃）时的阻热系数。表 13－9 是发泡聚苯乙烯在不同温度条件下的导热系数和阻热系数。

表 13－8　几种材料在 293K（20℃）时的阻热系数

材料	$R/h \cdot cm \cdot K \cdot J^{-1}$	材料	$R/h \cdot cm \cdot K \cdot J^{-1}$
硬质聚氨酯泡沫	1.16	碎纸片	0.64
硬质发泡聚苯乙烯	0.74	刨木屑	0.43
软质聚氨酯泡沫	0.64	胶合板	0.24
瓦楞纸板构件	0.53	木材	0.24

表 13－9　发泡聚苯乙烯在不同温度条件下的导热系数 $\lambda/J \cdot h^{-1} \cdot cm^{-1} \cdot K^{-1}$ 与阻热系数 $R/h \cdot cm \cdot K \cdot J^{-1}$

平均温度/K	材料密度/$kg \cdot dm^{-3}$							
	0.016		0.024		0.032		0.048	
	λ	R	λ	R	λ	R	λ	R
273－10	1.16	0.86	1.10	0.91	1.05	0.95	1.10	0.91
273＋0	1.23	0.81	1.15	0.87	1.09	0.92	1.15	0.87
273＋20	1.35	0.74	1.23	0.81	1.19	0.84	1.23	0.81
273＋40	1.48	0.60	1.40	0.71	1.33	0.75	1.33	0.75

二、热传导阻隔包装储存期的设计与计算

1. 包装物品储存温度不随时间变化的阻热包装

这种情况在“传热学”中称为稳态导热。

在传热过程中，热量 Q、时间 t、面积 A 与热通量 Φ 之间有如下关系：

$$\Phi = \frac{Q}{t \cdot A} \qquad (13-18)$$

因此，式（13－18）也可写为：

$$t = \frac{Q \cdot R_0}{A(T_2 - T_1)}$$

式中　Φ——热通量，$J \cdot h^{-1} \cdot cm^{-2}$；

Q——热量，J；

t——时间，h；

A——面积，cm^2；

l——厚度，cm；

T_1——包装外界温度，K；

T_2——包装内部温度，K；

R_0——总阻热系数，综合考虑阻热材料的阻热系数和厚度，$h \cdot cm^2 \cdot K \cdot J^{-1}$。

公式（13－18）用来设计和计算内装物品储存温度不随时间变化的阻热包装。例如，当阻热包装内部的物品是在0℃时放入的，并要求在相当的时间内一直保持在0℃，就需同时放入阻热介质——冰块，则在设定的环境中，0℃的冰块逐渐吸收包装内部的热量，直至全部消融为0℃的水。这时冰块从固体变为液体，只有相态的变化，而没有温度的变化，所吸收的热量叫做潜热，如图13－9中A－B段所示。按式（13－18）计算这种阻热包装的过程可用实例说明。

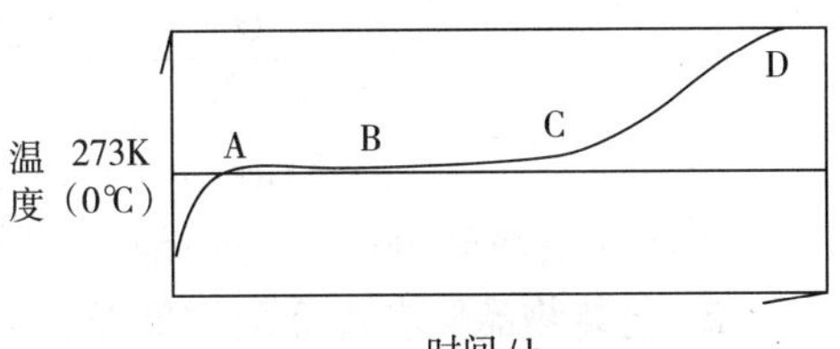

图13－9　包装内物品温度与时间的关系

例13－9　设有如图13－7（a）所示结构形式的阻热包装箱，采用发泡聚苯乙烯阻热材料，其密度为$0.032kg/dm^3$，厚度4cm，外形和内腔呈正四面体形，内腔边长和高度均为40cm，在273K（0℃）时放入物品，并置4.5kg冰块与之同时储存，问在外界温度为293K（20℃）时，使包装内物品保持在273K（0℃），能储存多长时间？

解：储运箱体所处的平均温度为（293K＋273K）÷2＝283K（10℃）。按表13－9，用插值法可查得材料密度$0.032kg/dm^3$在283K（10℃）时阻热系数$R_1 = 0.88h \cdot cm \cdot K \cdot J^{-1}$，则$R_1 l_1 = 0.88 \times 4 = 3.52h \cdot cm^2 \cdot K \cdot J^{-1}$；从表13－8查得瓦楞纸板构件的阻热系数为$0.53h \cdot cm \cdot K \cdot J^{-1}$；设采用五层瓦楞纸板作为外包装，其楞型组合为B－C型，则纸板厚度平均为0.75cm，由此可求得$R_4 l_4 = 0.53 \times 0.75 = 0.39h \cdot cm^2 \cdot K \cdot J^{-1}$。而阻热层总的阻热系数：

$$R_0 = \sum R_i l_i = 3.52 + 0.32 + 0.08 + 0.39 = 4.31h \cdot cm^2 \cdot K \cdot J^{-1}$$

冰块的潜热为$333kJ \cdot kg^{-1}$，重4.5kg，则能吸收热量$Q = 333000J \cdot kg^{-1} \times 4.5kg = 1498500J$。又，边长和高度为40cm的正四面体形内腔的表面积为$A = (40cm \times 40cm \times 4) + (40cm \times 40cm \times 2) = 9600cm^2$

将有关数据代入式（13－18）：

$$t = \frac{Q \cdot R_0}{A\ (T_2 - T_1)} = \frac{1498500J \times 4.31h \cdot cm^2 \cdot K \cdot J^{-1}}{9600cm^2\ (293K - 273K)} \approx 33h$$

即在所提供的条件下可储存33小时。

例13－10　同例13－9，若采用发泡聚苯乙烯阻热材料的厚度为5cm，而其他条件均不变，问能储存多长时间？

解：发泡聚苯乙烯材料厚度为5cm，则$R_1 l_1 = 0.88 \times 5 = 4.4h \cdot cm^2 \cdot K \cdot J^{-1}$

总的阻热系数$R_0 = 4.4 + 0.32 + 0.08 + 0.39 = 5.19h \cdot cm^2 \cdot K \cdot J^{-1}$

将有关数据代入式（13－18）：

$$t = \frac{Q \cdot R_0}{A\ (T_2 - T_1)} = \frac{1498500J \times 5.19h \cdot cm^2 \cdot K \cdot J^{-1}}{9600cm^2\ (293K - 273K)} \approx 40h$$

即当阻热材料增至5cm时，可储存40小时。

例 13－11 同例 13－10，若将冰块增至 9kg，而其他条件均不变，问物品能储存多长时间？

解：冰块增至 9kg，则能吸收热量 $Q = 333\text{kJ}\cdot\text{kg}^{-1}\times 9\text{kg} = 2997000\text{J}$

将有关数据代入式（13－18）：

$$t = \frac{Q\cdot \mathrm{R}_0}{A\ (T_2 - T_1)} = \frac{2997000\text{J}\times 5.19\text{h}\cdot\text{cm}^2\cdot\text{K}\cdot\text{J}^{-1}}{9600\text{cm}^2\ (293\text{K} - 273\text{K})}$$

$$\approx 81\text{h}\approx 3\text{d}$$

即当冰块增至 9kg 时，能储存 3 天。

2. 包装物品储存温度随时间变化的阻热包装

这种情况在“传热学”中称为非稳态导热。

这里首先要建立物品的导热微分方程式，从而获得温度随时间变化的规律。

设在包装内物品的体积为 V、密度为 ρ、表面积为 A、初始温度为 T_0，储存在温度为 T_2 的环境中。由于包装内物品在热传导作用下而升温或降温，设包装材料的表面传热系数为 k_0，经时间 $\mathrm{d}t$ 后，包装内物品的温度变化了 $\mathrm{d}T$ 而到达 T_1。根据能量守恒定律，单位时间内物品吸收的热量等于其热力学的变化，即：

$$k_0 A\ (T_2 - T_1) = \rho V c\frac{\mathrm{d}T}{\mathrm{d}t}$$

引进过余温度 $\theta = T_1 - T_2$，代入上式并分离变量，

则有：
$$\frac{\mathrm{d}\theta}{\theta} = \frac{k_0 A}{\rho V c}\mathrm{d}t$$

两边积分
$$\int_{\theta_0}^{\theta}\frac{\mathrm{d}\theta}{\theta} = -\int_0^t\frac{k_0 A}{\rho V c}\mathrm{d}t$$

得：
$$\ln\frac{\theta}{\theta_0} = -\frac{k_0 A t}{\rho V c}$$

即
$$\ln\frac{T_1 - T_2}{T_0 - T_2} = -\frac{At}{Wc\mathrm{R}_0}$$

整理后得：
$$t = \frac{Wc\mathrm{R}_0}{A}\ln\frac{T_0 - T_2}{T_1 - T_2} \tag{13-19}$$

式中 V——体积，cm^3；

ρ——密度，$\text{kg}\cdot\text{m}^{-3}$；

W——质量，$W = V\cdot\rho$，kg；

c——比热容，单位质量物体改变单位温度时所吸收或释放的能量，$\text{J}\cdot\text{kg}^{-1}\cdot\text{K}^{-1}$；表 13－10 列出几种液体物质在 293K（20℃）时的密度 ρ 与比热容 c；

θ——过余温度（excess temperature），K；

T_0——包装内部初始温度，K；

T_1——包装内部容许温度，K；

T_2——包装外界温度，K；

R_0——总的阻热系数，$\text{h}\cdot\text{cm}^2\cdot\text{K}\cdot\text{J}^{-1}$；

k_0——表面传热系数，$\text{J}\cdot\text{h}^{-1}\cdot\text{cm}^{-2}\cdot\text{K}^{-1}$；这里，$\mathrm{R}_0$ 与 $1/k_0$ 单位相同且数值相近；

t——时间，h。

表 13－10　几种液体物质的密度 ρ 与比热容 c/20℃

物品	$\rho/10^{-6}kg \cdot cm^{-3}$	$c/J \cdot kg^{-1} \cdot K^{-1}$
水（H_2O）	998	4182
氨（NH_3）	609	4740
乙醚（$C_2H_5OC_2H_5$）	714	2339
乙醇（C_2H_5OH）	789	2395
丙酮（CH_3COCH_3）	791	2156

如果包装内的物品是在 T_0K 时放入的，这时包装外界的温度为 T_2K，由于包装内外存在温度差，因而产生了热传导，经过 t 小时后，包装内物品的温度达到了 T_1K，也就是达到了允许的程度，那么，阻热包装设计与计算的任务就是要在包装内温度达到 T_1K 时，其经历时间应满足事先确定的储存期要求。图 13－9 中 C－D 段所表示的就是温度随时间变化的过程。

下面举例说明这类阻热包装的设计与计算。

例 13－12　某种对温度敏感的液体装在外径 0.6m、高 1m 的铁桶中，两者共重 225kg，并用 5cm 的发泡聚苯乙烯阻隔热传导。铁桶在 353K（80℃）时装满液体，设液体比热容为 $3760J \cdot kg^{-1} \cdot K^{-1}$，达到 313K（40℃）时就会使液体品质稳定性变差。已知发泡聚苯乙烯材料密度为 $0.032kg/dm^3$，铁桶储存的外界温度为 283K（10℃）。问能储存多长时间？

解：从已知条件确定物品的平均温度应为（353K＋313K）÷2＝333K（60℃），则聚苯乙烯的平均温度应为（333K＋283K）÷2＝308K（35℃），从表 13－9 插值可得密度 $0.032kg/dm^3$ 聚苯乙烯材料阻热系数 $R_1=0.77h \cdot cm^2 \cdot K \cdot J^{-1}$，则 $R_1 l_1=0.77\times5=3.85h \cdot cm^2 \cdot K \cdot J^{-1}$。因聚苯乙烯裹包着铁桶，中间没有空气阻隔，也没有瓦楞纸板，因此，$R_2 l_2=0$、$R_4 l_4=0$，此例总的阻热系数：

$$R_0=\sum R_i l_i=3.85+0+0.08+0=3.93h \cdot cm^2 \cdot K \cdot J^{-1}$$

又聚苯乙烯裹包面积 $A=[\pi \cdot (30cm)^2\times2]+(\pi\times60cm\times100cm=24504.48cm^2\approx 24505cm^2$。

将有关数据代入式（13－19）：

$$\begin{aligned} t &= \frac{WcR_0}{A}\ln\frac{T_0-T_2}{T_1-T_2} \\ &= \frac{225kg\times3760J \cdot kg^{-1} \cdot K^{-1}\times3.93h \cdot cm^2 \cdot K \cdot J^{-1}}{24505cm^2}\ln\frac{353K-283K}{313K-283K} \\ &= 114.96h\approx4.5d \end{aligned}$$

即可储存时间约为 4 天半。

例 13－13　设有容积 15cm×7.5cm×7.5cm 的聚苯乙烯箱体在 255K（－18℃）时装入 1kg 胶体。胶体比热容 $3340J \cdot kg^{-1} \cdot K^{-1}$，物品在 298K（25℃）环境中运输，历经 7 小时，为防止胶体熔化，要求其温度不要高于 269K（－4℃），那么，发泡聚苯乙烯的厚度应选多少才合适？

解：根据题意，所有数据可列为清单：$t=7h$；$W=1kg$；$c=3340J \cdot kg^{-1} \cdot K^{-1}$；$A=4\times(7.5\times15)+2\times(7.5\times7.5)=562.5cm^2$；$T_0=269K$；$T_2=298K$。

将这些数据代入式（13－19）：

$$t=\frac{WcR_0}{A}\ln\frac{T_0-T_2}{T_1-T_2}$$

$$7h = \frac{1kg \times 33400J \cdot kg^{-1} \cdot K^{-1} \times R_0}{562.5cm^2} \ln \frac{255K - 298K}{269K - 298K}$$

$$R_0 = \frac{7h}{2.34J \cdot cm^{-2} \cdot K^{-1}} = 2.99h \cdot cm^2 \cdot K \cdot J^{-1}$$

又 $2.99 = R_1 l_1 + R_2 l_2 + R_3 l_3 + R_4 l_4 = R_1 l_1 + 0 + 0.08 + 0$（与例 13-12 情况相同）

得 $$R_1 l_1 = 2.91h \cdot cm^2 \cdot K \cdot J^{-1}$$

从已知条件中可知胶体的平均温度为（269K - 255K）÷2 = 262K（-11℃），也可知发泡聚苯乙烯材料的平均温度为（262K - 298K）÷2 = 280K（7℃）

从表 13-9 中，当平均温度为 280K（7℃）时，对于密度为 0.016kg/dm^3 的发泡聚苯乙烯，$R_1 = 0.78$，由此得聚苯乙烯材料厚度为：

$$l_1 = \frac{2.91h \cdot cm^2 \cdot K \cdot J^{-1}}{0.78h \cdot cm^2 \cdot K \cdot J^{-1}} = 3.73cm$$

同样，从表 13-9 中，当平均温度为 280K（7℃）时，对于密度为 0.032kg/dm^3 的发泡聚苯乙烯，$R_1 = 0.89$，由此得聚苯乙烯材料厚度为：

$$l_1 = \frac{2.91h \cdot cm^2 \cdot K \cdot J^{-1}}{0.89h \cdot cm^2 \cdot K \cdot J^{-1}} = 3.27cm$$

因此，在这种情况下，选用密度为 0.016kg/dm^3、厚度为 4cm，或密度为 0.032kg/dm^3、厚度为 3.5cm 的发泡聚苯乙烯材料均可。

3. 阻热包装设计时的思考

（1）在设计与计算阻热包装时，如果被包装物品非常重要，例如是移植的人体器官（如脏器、角膜等）或人体组织（如骨髓、血清等），考虑问题必须细致周到，仅就西安一地为例，平均差不多每天都有一例肾脏移植手术，这些肾脏器官在采撷后，储存温度为 0~4℃，一般要求不超过 24 小时就必须临床应用。职责所系，性命攸关，岂容轻率！因此除了包装设计外，在包装件的流通过程中，诸如存放条件、运输工具、运输路线、环境温度等都必须详细规划，各个环节都应处于可控状态；流通时间安排也必须精打细算，甚至对于可能发生的飞机航班取消、中途停留、时间延误等也要事先考虑应急措施。运送到港的包装件，应及时转移，送达目的地。

（2）当前的阻热包装材料中，聚氨酯泡沫的阻热性能比聚苯乙烯更为优越，例如密度为 $0.032kg \cdot dm^{-1}$ 平均温度为 293K（20℃）的聚氨酯泡沫的阻热系数为 $1.18h \cdot cm \cdot K \cdot J^{-1}$，但使用聚氨酯泡沫需改善其成型性并降低成本，为此，应研究开发使用包括聚氨酯泡沫在内的阻热性能更优越的材料。

思考题

1. 试述包装材料的透湿机理。决定透湿系数的因素有哪些？

2. 透湿率与透湿系数之间有何关系？$P_{WV \cdot \theta} = 1.111 Q_\theta \cdot l / p_\theta$ 是怎样换算出来的？［提示：公式（13-5）］

3. 某种湿敏性产品，干燥时重 50g，装入厚度 30μm 的塑料袋中，包装面积为 400cm^2。该产品允许干燥含水率为 2%~12%，对应的相对湿度为 40%~80%。现该产品干燥含水率为3%，相对湿度为45%。如果储存在平均温度为21℃、相对湿度为70%之环境中，其储存期预定为9个月，试根据透湿系数选择适当的包装材料。

4. 湿敏性产品干燥时重150g，装入厚度30μm的软质聚氯乙烯塑料袋中，袋长20cm，宽15cm。该产品允许干燥含水率30%～80%，对应的相对湿度范围为50%～85%。现该产品干燥含水率为45%，储存在平均温度22.5℃、相对湿度35%大环境中，其储存期为多少天？（提示：在这种环境下，产品将脱湿，即排出水分）。

5. 某种湿敏性产品，干燥时重200g，装入厚度30μm的聚偏二氯乙烯（PVDC）袋中，包装面积为1300cm²；该产品干燥时含水率为3%，允许最大含水率为8%；图13-10为其等温吸湿特性曲线；如果储存在平均温度22℃和相对湿度为70%的环境中，计算其储存期是多久？

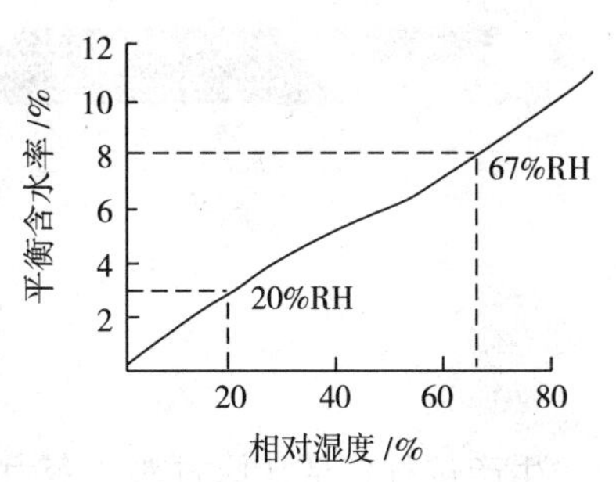

图13-10　某产品平衡吸湿等温曲线

6. 包装一湿敏物品，设物品干重150g，储存在温度23℃、相对湿度85%的环境中，物品初始湿度15%，最终相对湿度75%；若包装材料采用聚酯（PET）薄膜，厚度30μm，包装面积200cm²，等温吸湿特性曲线线性部分的b = 12g·物品/(g·H_2O)。请问：①b的物理意义是什么？按照题目提供的具体参数，本物品从初始湿度到最终湿度，允许吸收的最大水分量q是多少？②计算的包装储存期是多久？

7. 在例13-4中，如果所有的环境条件不变，要求储存期为一年，那么在高温高湿加速试验时，包装最少要在多少天内，才能达到产品最大允许的含水量？

8. 将干燥重75g的物品装在面积为400cm²、厚度25μm的塑料袋中，并在密封前充换氮气。设该物品允许吸氧量为15cm³/100g，预定储存期为90天，请选用合适的包装材料。

9. 温度28℃条件下，已知某种塑料薄膜的氧气渗透系数为10cm³·μm/(m²·d·kPa)，设活化能的值为40kJ·mol⁻¹。求该塑料薄膜在4℃条件下的氧气渗透系数。［答案：2.63cm³·μm/(m²·d·kPa)］

10. 设计四层复合材料结构，要求氧的渗透系数为7.5cm³·μm/(m²·d·kPa)

试计算其阻隔层（第二层）的厚度。（答案：l=64.8μm）

层数	厚度/μm	渗透系数/[cm³·μm/(m²·d·kPa)]
1	64	62.5
2	X	2.5
3	38	37.5
4	53	39.5

11. 阻热包装中，包装物品储存温度不随时间变化和包装物品温度随时间变化两种形式，各适用于哪种场合？

12. 有一生物制品，体积约1dm³，储存温度为0～4℃；阳春三月，欲从西安运往北京，请为之设计阻热包装。

13. 热敏生物试剂瓶装毛重560g，比热容3800J·kg⁻¹·K⁻¹，常年储存温度(15±5)℃，今在常温条件下，从西安运到成都，请为之设计阻热包装。

第十四章 包装工艺规程

生产过程包括从原材料转变为产品的全部过程。在成为商品之前，几乎所有产品都需要经过包装才能进入流通领域，因此，包装是使产品成为商品的重要步骤。

包装工艺过程是对各种包装原材料或半成品进行加工或处理，最终将产品包装起来，使之成为商品的过程。包装工艺规程则是文件形式的包装工艺过程。

第一节 包装工艺规程制定总则

一、包装工艺过程

产品包装时，可能要在不同的工作地和不同的设备上进行一系列工作，为了便于分析讨论包装的工作情况和制定包装工艺规程，可以将工艺过程分为几个组成部分：

1. 工序和工步

工序是组成包装工艺过程的基本单元。工序是指一个（或一组）操作者，在一台设备（或一个工作地）对一个（或同时对几个）产品连续完成的那一部分包装工艺过程。通常把仅列出主要工序名称的简略包装工艺过程叫做包装工艺路线。

工步是在一个工序中分别完成的那部分包装工艺过程。

以真空气调包装工艺过程为例，被包装的物品是一种膨化小食品，重80g，使用PET/VMAL/CPP复合薄膜包装袋。其包装工艺过程包括以下主要内容：①彩印文字与图案；②复合薄膜材料；③分切复卷；④预制塑料袋；⑤称重充填；⑥真空充气包装。

在一般的生产条件下，它的工艺过程如表14－1所示。

从表14－1可以看出：

（1）为了降低生产成本和有利于专业化生产技术的发展，所有工序并不一定要在一个工厂内完成，而是可以由几个专业工厂共同完成。例如，印刷文字、图案和复合薄膜材料的工序可以交给塑料彩印厂协作完成，他们拥有精密高效的多色印刷机和配套的复合、分切等设备，能完成在PET薄膜背面印刷彩色图文、然后与真空镀铝的CPP薄膜复合的工作，并向包装工厂提供优良的包装材料。

表 14－1 膨化小食品真空充气包装工艺过程

工序号	工序内容	设备
1	彩印文字和图案	柔性版印刷机或凹版印刷机
2	复合薄膜材料	复合机
3	分切复卷	分切机
4	制袋	制袋机
5	称重充填	充填机
6	装袋、抽真空、充气、封口、取出包装件	真空充填包装机

（2）由于生产规模不同，以及所使用的设备不同，工序的划分和每一个工序所包含的内容也不相同。例如，印刷工厂提供彩印卷筒塑料薄膜，可在包装厂的制袋机上直接制成袋子；也可先将卷筒塑料薄膜分别裁切，然后用封口机封合成袋子；也可由塑料彩印工厂提供制好的袋子，因而工序的划分和内容也就不相同了。

（3）在每一个工序中包含有不同的工步。例如，工序 6 包含 5 个工步：①将装有膨化小食品的塑料薄膜袋放入真空充气包装机的真空室内；②抽真空；③充惰性气体；④真空室内小气室封袋口；⑤取出包装好的成品。

2. 定位与工位

在包装设备上，必须使包装容器和产品有正确的相对位置，才能进行正常的包装，包装容器和产品按一定要求放置，叫做定位。如表 14－1 的工序 6，为了封口，袋子必须放在正确的位置上，亦即与上下两个热封条相适应，才能保证封口品质。

许多包装设备上有若干个加工位置，包装容器定位安装后，要经过若干个加工位置，依次装入产品，才能完成全部包装过程；产品在包装设备上完成的那部分包装工艺过程，所占据的每一个加工位置就叫做工位。例如前面说过的真空包装工序，如果采用双室真空包装机，每一个真空室就是 1 个工位，在第一个工位上取出包装件、放置产品的同时，在第二个工位上完成抽真空、充气和封口，这个工序的 5 个工步，分别在真空包装机的两个工位上交替地完成，能够显著地提高生产率。又如在多头灌装机上，每一个灌装头就是 1 个工位，包装容器在安装位置上被定位安装后，随着灌装头旋转 1 周，在不同的角度区域内，依次完成升瓶、启阀、灌装、关阀、降瓶、退出等工步，从而完成了整个灌装工序；由于许多工位同时进行灌装工作，显著地提高了灌装生产速度。

二、包装工艺规程

包装工艺过程的内容按一定的格式用文件的形式固定下来，叫做包装工艺规程，也可叫做包装工艺过程文件。

1. 包装工艺规程的作用

①它是生产中应该严格执行、认真贯彻的纪律性文件；它有利于指导生产工作，保证包装工作质量，便于计划和组织生产，提高包装设备利用率。

②在新包装件投入生产前，有了工艺规程，就可以有计划地做好生产技术准备工作，例如设计和制作各种工具，如纸筒纸板包装容器使用的模切压痕刀，泡罩包装用的泡罩模具等；购置原材料，如纸张、塑料等；订购半成品，如玻璃瓶或金属容器等；配备工作人

员等。

③先进的包装工艺规程还能起到交流和推广先进经验的作用，使其他工厂在包装同类产品时少走弯路，缩短试制过程。

④在设计新厂（车间）或扩建改建旧厂（车间）时，全套的包装工艺规程是计算和确定设备、人员、车间面积和投资额的原始资料。

2. 制定包装工艺规程的原则

①制定的工艺规程应遵守产品包装的技术要求，保证品质，提高生产效率，降低成本，完成生产任务。

②制定的工艺规程应从本厂实际条件出发，充分利用现有设备，挖掘企业生产潜力。

③制定的工艺规程应尽量采用国内外新技术、新工艺、新材料、新设备，做到经济合理、技术先进。当生产纲领较大时，可采用先进的设备，这样不但提高了生产率，而且也降低了生产成本；反之，若生产纲领不够大，过分追求采用先进设备，由于其价格较高，经济效益就可能很差。

最后应该指出，由于生产技术不断发展，包装工艺规程在生产中应不断总结经验，吸收国内外先进技术，及时修订和定期整顿，使其永远起到指导生产的作用。

三、制定包装工艺规程的原始资料

1. 被包装物品的特性和形态

首先要了解被包装物品的形态，即气态、液态或固态；第二要了解其化学成分和物理性质，如耐热性、导热性等；机械性质，如弹性、韧性、脆性等；化学性质，如稳定性、腐蚀性、毒害性、燃爆性等。因为根据物品的不同特性，才能掌握其在流通过程中的品质变化规律，选择相应的包装材料和包装技术，制定出合理的包装工艺规程。

物体都有其外观形状，气态和液态的物品其外观形状随包装容器而异；固态物品的外观，有的是天然形状，如农副产品中的水果、鸡蛋等，在包装时要按它们的形体，合理排放在包装容器中；各种工业产品的形状大多在生产过程中形成，在制定包装工艺规程时，应取得其图纸和技术规范，并尽可能取得实物，根据其外形选择衬垫的形状和数量，确定物品在包装箱内所要求的支撑。因为物品表面形状和表面刚度，对衬垫形式和数量有很大影响，一个表面无突出物或伸出物的平整物品所需的衬垫，就比具有尖角或硬点的物品少得多，因为尖角或硬点极易刺破包装材料；此外，尺寸与质量也是影响包装工艺的重要因素，尺寸大的物品在包装容器中需要结实坚固的支撑梁架，并且需要大面积的衬垫材料；质量大的物品在其突然停止运动时所产生的冲击力较大，为了保证其在包装容器中的位置，所用固定和拉紧构件应坚固；质量仅集中于小面积的物品，应将其分散到大面积上，或将其部分质量从容器的一个面传到容器的边缘上或容器的角部。

2. 包装的技术条件

国际标准和我国国家标准中，对包装技术（防霉包装技术、防锈包装、防潮包装等）、包装材料（瓦楞纸板、塑料薄膜等）、包装容器（瓦楞纸箱、玻璃瓶、钢桶等）以及测试方法等都制定了标准，一些产品还有具体的包装标准，如通信设备、电视广播接收机、机械产品、运输包装件等。包装中规定了产品包装防护性能的类型与要求，对包装容器的要求以及对包装件的试验检测的具体要求。各种包装件应参照这些标准制订产品包装技术条件，并在编制包装工艺规程时予以满足。

此外，在制定包装工艺规程时，也需要向协作部门提出各种包装方面的要求，例如提出包装材料或包装容器方面的要求，使材料生产厂或容器制造厂能够按照要求提供材料和容器。

3. 生产纲领

生产纲领是包括基本年产量和附加年产量在内的年总产量。生产纲领对编制包装工艺规程有很大影响。

包装单件、小批产品，如大型机电产品，编制的工艺规程比较简单，包括定量购买包装材料，采用一般的包装设备和一些简单易行的工艺方法，如果选择收缩包装，可以采用手提式热风喷枪进行现场收缩。

包装成批和大量的产品，编制的工艺规程比较详细，重点工序还应有工序文件，包装材料和包装容器需要专门订购和制备，包装工序需要通用的包装设备或生产效率高的专用包装设备，而且配备专用的模具，有时还需采用包装流水生产线进行包装。

4. 包装车间或工部的生产条件

制定包装工艺规程必须符合现有的生产条件，例如现有包装设备的规格、性能、包装精度以及更换辅助工具后适应不同产品包装的能力，工人的技术水平等，使制定的包装工艺规程现实可行。

5. 国内外包装生产的现状与发展状况

制定包装工艺规程时，应充分了解国内外包装生产技术与发展趋势，引进、消化、吸收、使用同类型产品包装的先进经验，并结合企业的具体情况创新运用，制定出高水平的先进的包装工艺规程。同时，密切注意包装科技发展的政策和动态，贯彻落实“以人为本，全面、协调、可持续的科学发展观”，以发展循环经济为核心，建立节约型社会，树立环境保护观念，大力推行绿色包装。目前，世界各国针对包装业已陆续制定有关环保法规，其中包括对许多包装材料（如聚氯乙烯、发泡聚苯乙烯等）和工艺方法（如溶剂型油墨、铁丝钉箱等）的限制；因此，在选用包装材料和容器以及工艺方法时，应该持严肃审慎的态度。

四、制定包装工艺规程的步骤

制定包装工艺规程的主要步骤如下：

（1）分析研究被包装物品的全面情况。

①根据实物或图纸，分析研究被包装物品的形态、结构与特性；了解产品的销售方式（批发或零售）、销售对象（个体或群体）、销售情况及使用情况等。

②分析研究包装件在流通环节中可能遇到的物理、化学、生物和环境等因素的影响，以及它们对包装和内装物可能造成的破坏。

③收集国内外同类型产品包装设计的资料，分析研究它们在结构设计、外观形态、表面装潢以及技术处理等方面的特征；了解包装废弃物回收处理及环境保护的有关问题；探索采用包装新材料、新工艺、新技术与新设备的可能性，确定新包装系统在包装材料、包装设计、包装印刷、包装工艺及包装检测上的技术措施。

④遇到因被包装产品结构不合理而造成的包装工艺性不佳时，可建议或会同产品设计人员共同改进产品的结构。所谓良好的包装工艺性是指产品的结构能使包装总费用最低。

例如为某型复印机设计运输包装时，进行振动试验发现复印机冷却风扇支撑架螺丝断裂，其原因在于脚架太高，风扇重心高，振动时发生严重摆动，导致固定螺丝断裂，如图14－1（a）所示。在这种情况下，如果借助包装来避免破损，一定会大大增加包装成本，为了达到良好的包装工艺性，包装设计人员和产品设计人员共同研究，认为以改进易于破损部分的方法最为可行，于是设法将风扇架的高度降低，并增加一个固定点，解决了风扇的固定问题，改善了包装工艺性，且无须增加包装成本。改进后的固定方式如图14－1（b）所示。

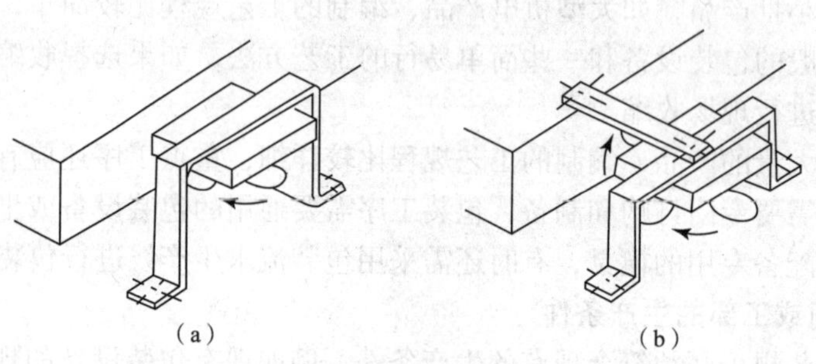

图14－1　改进包装工艺性

（2）包装设计。包装设计的基本任务是完成包装容器的造型、结构和装潢设计。包装设计与包装材料有密切的联系，包装设计时要考虑合理选择包装材料，同时，包装设计还必须满足和实现包装功能，例如容纳功能、保护功能和方便功能等；在保护功能中，又包括物理防护（防冲击、防震动等）、化学防护（防锈蚀、防燃爆等）、生物防护（防霉、防虫害等）、环境防护（防潮、防水等）。

包装设计包括造型设计、结构设计、装潢设计，这三项设计既具有独立性，又相互联系。只有将三者有机地结合起来，才能整体发挥包装设计的功能和作用。

造型设计指包装容器外部形状的构思和创造。它是遵从各种形态要素的规律，以一定的设计原则，结合科学技术进行艺术创造的一种劳动，要求既有实用性，又有欣赏性。结构设计是对包装外形结构及内部结构所进行的设计。它必须体现现代科技水平，并从实际情况出发，使设计方案容易实现。装潢设计是运用艺术手段对包装进行外观的平面设计，包括图案、色彩、文字、商标的设计。装潢不仅能美化商品，而且能传递商品信息，促进销售。显而易见，不注意外观效果的结构设计，不以结构为基础的外观造型和装潢，不协调的造型和装潢风格，都不可能得到完美的包装设计。

包装设计最终任务是要提出表现包装容器造型和结构的生产工作图、装潢设计图和效果图，在加工订货或生产制造时，列入包装材料技术规范中。

（3）选择包装品。包装品泛指包装材料和包装容器等一切用来包装产品的用品。包装材料通常指各种包装原材料如纸张、塑料、玻璃和金属等。包装容器则是指用原材料制成的半成品如瓦楞纸箱、纸盒、塑料袋、玻璃瓶、喷雾罐、易拉罐等。

包装品应根据被包装产品的特性、价值及包装件运输、储存、销售或使用要求来选择，同时应考虑原材料的来源、价格和加工性能，制定出包装品的技术规范。

（4）拟订包装工艺路线。包装工艺路线是指产品经过的全部包装工作步骤，它是制定包装工艺规程的重要依据。应同时提出几个工艺路线方案供分析比较，并选择技术上先进、经济上合理的方案。工艺路线主要包括：确定包装方法，安排包装顺序，安排检验及其他辅助工作等。

（5）确定各包装工序所采用的加工设备及其所采用的工艺装备。

（6）确定各包装工序的技术要求及检验方法。

（7）确定每个包装工序的工时定额。尤其是包装自动生产线，为了保证各工序生产节奏均衡，其工序、工步的时间定额都需准确计算。例如，灌装工序的工时定额与灌装机主轴转速 n（r/min）与灌装头数 j 有关，即每分钟可灌装 n 瓶液料，由此就可求得该机器的产量，并根据年生产纲领确定所需机器数量。灌装工序时间应与后续的封盖机、贴标签机的工序时间相均衡，保持流水生产连续不断地进行。

（8）技术经济分析。在制定包装工艺规程时，往往有几种可供选择的方案，其中有的方案具有很高的生产效率，但包装设备和工艺装备投资较大；有的方案投资可能较节省，但生产效率较低。因此，不同的方案有不同的经济效果。为了选取在给定的生产条件下最经济合理的方案，就需要对不同的包装工艺方案进行技术经济分析和评比。

（9）填写包装工艺规程文件。

五、包装工艺规程的主要内容

制定包装工艺规程需要考虑很多问题，涉及面十分广泛。下面对包装工艺规程的主要内容进行讨论。

1. 包装品的技术规范

包装品技术规范包括材料性质——材料的成分、尺寸和造型工艺性；性能——包装品如何实现其预定的保护产品、传达信息及使用等方面的功能；必要时还包括包装表面处理，即表面结构和图案的要求，包装品技术规范中对这些规定和要求应作出具体说明。产品包装厂据此可向包装品生产厂或供应商提出订货，使包装品生产厂按照要求制造半成品，并由质量管理部门进行检测，以保证包装部门顺利使用。

（1）包装品技术规范的要求。

①具体列出所选择的包装品的重要质量标准，如包装容器结构要求及允许误差，性能要求及其测试方法等。

②具体列出包装品需要避免的不合格内容，并将不合格品按质量特性不符合的严重程度分类，有极重要质量特性不符合规定的称为A类不合格，有重要质量特性不符合规定的称为B类不合格，有一般质量特性不符合规定的称为C类不合格。

③确定每百件包装品所允许的不合格品数，即接收质量限（AQL，acceptable quality limit），但是已确定了合格标准的包装品不在此列。

④确定抽样和检查验收的方法，以便判定给定批量的包装品是否符合质量标准。

以上由包装品质量标准、不合格及其严重程度、接收质量限等内容具体地规定了包装品的质量；抽样和检验方法可以确定其是否符合技术规范。有了这些具体的规定，使用者和供应者双方都可了解相应的包装品的质量要求及其判定方法。

（2）包装品技术规范的内容。

①技术规范的制定。为了达到包装结构和性能的要求，包装品技术规范通常由产品包装工厂提出。

②标记代码和日期。包装品技术规范有一定的使用期，往往由于某些原因，如为了降低成本，为了在新的或在改进的包装机上加工，为了改善销售功能，或是为了符合法律或

法规的要求，颁布一年左右就要修订，当进行修订后，为避免继续使用旧的版本，就需要采用标记代码和日期，以便识别。

③适用范围。包装分为三个层次，即一级包装（销售包装）、二级包装（配送包装）和三级包装（运输包装）。一级包装是对产品的包装，如纸盒、玻璃瓶和金属罐包装等；二级包装则是将一级包装构成一个包装单元，如瓦楞纸箱包装等；三级包装则是运输单元，例如作为外包装的装运容器，或用捆扎带或用塑料薄膜裹包捆扎的托盘或滑片等。因此，应指明包装品的适用范围，即适用于哪种层次的包装。

④包装品的结构和允差。包装材料有纸、纸板、塑料、玻璃、金属木材和纤维织品等，它们是以构件形式单一或组合使用。应绘制构件结构图，标注出尺寸和公差，以及有配合关系的零件配合尺寸，例如在瓶口上的外螺纹与瓶盖上的内螺纹配合尺寸，并把尺寸精确地规定在允差范围内。其目的在于，控制材料用量及成本；使构件相互配合；能在包装设备上保持一致；在陈列销售中具有一致的外观。

⑤包装品性能要求。包装的主要功能是容纳、保护和宣传产品，为了完成其功能，包装品必须有一系列性能要求，每一性能要求都应确定其测试方法。如果包装功能一直到内装物使用完毕都是有效的，例如喷雾罐、蒸煮袋等，它们的性能要求也应列入技术规范中，并提出相应的测试方法。此外，由于产品的使用说明一般都借助装潢图案和表面结构来表示，因此，包装必须有耐摩擦能力，防止其在流通和装卸过程中被擦掉。

⑥不合格分类和接收质量限。为了满足包装的性能要求，每一种包装品都有专门的包装指标来监控其是否符合技术规范，这些指标有两类：定性类和变量类。定性的指标用“是”与“否”作为质量指标，例如纸盒是否有破损，印刷彩色是否套准，装潢图案是否清楚，玻璃瓶是否有裂缝等；变量的指标是可测量的指标，例如高度、压力、厚度或质量等，它们均可在规定的范围内测量。前者用目测或自动机械评定，后者则可用仪器来测量。

包装品一旦确定了不合格及其等级，接收质量限就可确定，抽样方案也就确定了，并可在国家标准 GB/T 2828.1—2003 上查到合格判定数，从而对一批材料的质量水平作出判断。不合格的包装品按质量特性不符合的严重程度分类，其具体内容参见第十五章。

⑦装潢印刷及色彩标准。装潢印刷是包装的重要内容，包装上的图像文字能传达包装内装物的信息，色彩能增加其美观。因此，必须向印刷工厂提供装潢图案的色彩规范。图案和文字色彩可提供标准样板，由印刷工厂调配油墨。彩色图像应提供分色照相制版，或计算机系统制版时所用的原稿；实地印刷也采用标准样板。在塑料容器制造时，可将按标准色彩样板调配的色料在注塑时加入塑料树脂，使之达到规定的色彩规范。

⑧包装品的装运。包装品按一定的技术规范装运，可降低装运费用，减少损坏，使它们能安全地送到产品的包装部门。表 14-2 是向生产厂家提供的主要包装品的几种标准装运方案。

2. 拟定包装工艺路线

工艺路线指的是产品包装所经过的全部工作程序，它是制定包装工艺规程的重要依据，在拟定包装工艺路线时要考虑以下几个方面的问题：

（1）划分包装工作阶段。包装工作一般要经过 3 个阶段：第一阶段是前期工作，包括容器设计制造，清理及供应等；第二阶段是包装工作，包括充填、计量、贴标、封合、捆扎等；第三阶段是后期工作，包括堆码、储存运输等。

表 14－2　包装品的装运方案

包装品	一般装运方式
玻璃瓶罐	①装在带隔衬的瓦楞箱内，再装在可回收的托盘或不回收的滑片上； ②散装在托盘上，层间加有垫板，用塑料薄膜收缩包装或拉伸包装，托盘和垫板都可回收
塑料瓶	散装在可折叠的、可回收的瓦楞箱中，并带有薄膜衬袋
金属罐	像玻璃瓶第②种方式那样，散装在托盘上，或用未封合的罐端相对堆码，用纸裹包
纸盒	①先折成平板，再堆起来并用薄膜裹包，或者堆码在托盘或滑片上用薄膜拉伸包装； ②折成盒坯形式，其余同①
瓶盖	散装在带衬袋的瓦楞箱中，再捆扎成装运单元或装在托盘上；
卷筒状软包装材料	①每个卷筒用表面裹包，再以 8～10 卷筒为一组，捆扎起来装在托盘上； ②每个纤维板桶装 2 个卷筒，每个托盘上装 4～5 个纤维桶，桶和托盘都可以回收
塑料热成型包装容器	①堆码在瓦楞箱内，再装在托盘或滑片上； ②堆码并用薄膜裹包，然后堆码在有层间垫片的托盘上，再用薄膜拉伸包装
瓦楞箱和多层袋	将箱或袋压平，以 10～20 个捆扎在一起，然后捆扎在可回收的托盘上

前期工作主要是提供包装品，可能有以下两种方式：

①由包装品制造工厂完成。例如生产纸袋、塑料袋、纸盒、纸箱、玻璃瓶或金属罐的工厂，向产品制造工厂的包装部门提供包装容器。

②由产品制造工厂的包装部门采购包装原材料，然后在产品生产线直接包装产品，例如用聚酯吹塑中空容器灌装天然矿泉水、用卷筒塑料薄膜材料在方便面生产线上包装方便面等。

包装品生产部门为了提高生产率、降低成本、增强竞争能力，需要不断采用和开发新技术和新设备，从而促进了包装技术的发展；不过，产品生产工厂的包装部门往往提出一些新的包装构思，大大地推动了包装技术进步。例如两片铝罐就是由一个啤酒厂提出的。这样，包装部门和专业的包装品生产部门始终都有开发新包装的积极性。前期工作的内容因被包装物品和采用的包装容器的不同而有所差异，例如其中的清理工作，是指对玻璃瓶进行清洗和干燥，纸盒包装则没有这项工作。

包装工作主要在包装部门完成。其内容随包装形式而不同，一般在生产过程中有 3 种不同的包装形式。

①包装与产品形成一体。包装是产品的一个组成部分，它们在制造、流通和消费过程中都不能分开。以灌装食品为例，在食品灌装和加热消毒时，产品和包装品事先配备，然后在生产过程中形成一体，包装具有保护和销售产品的功能，除非受到严重损坏，否则不能与产品分开。属于这一类包装形式的有：无菌包装的果汁与牛奶、啤酒、含气饮料、水果、蔬菜和肉食罐头，真空包装的新鲜肉食，喷雾包装的除臭剂和护发摩丝，蒸煮袋装的食品，定量医药包装等。

②包装在产品上形成。包装材料在包裹住产品时才能形成包装。由于使用现代化的包装设备可以把包装和产品加工连在一起，使包装件的生产率大大提高，成本也相应降低，满足了社会的需求。例如，过去包装土豆条所用的包装袋都在专业的制袋工厂制造，现

在，采用卷筒状复合材料，在软包装机上顺序地经过制袋、充填和封口后制成包装件，由于省去了包装袋加工订货及坯料储存，成本大大降低。大容量的牛奶包装，现在大都采用吹塑成型的高密度聚乙烯塑料瓶，其工艺路线为：容器吹塑成型、充填、密封；对于小容器的奶制品，可用热成型容器充填和密封。这些容器都在包装部门制造，并且在产品上形成包装，可提高生产率，降低成本，取得了良好的经济效益。

③预先制成包装容器。包装容器由专业制造部门预先制成，并提供给包装部门将产品装入容器，然后封口制成了包装件。预制的包装容器有罐、瓶、袋、固定纸盒和压扁纸箱坯等，它使包装部门有很大的选择性和方便性，而且有利于包装的技术进步。

充填是包装的核心。但是贴标、封合、捆扎和打印等也是很重要的工作，在第八章中已经讲过，它们在保证包装品质和功能方面往往起着不容忽视的作用。

后期工作中，包装件在装卸、储存、搬运等操作中，会受到振动、冲击等影响；因此，在包装设计及包装工艺过程中，对于包装件的运载工具、堆码强度、储存期限等问题都应预先考虑并采取一切技术措施，保证包装件不受损坏。

（2）包装工艺路线的一般顺序。不管包装形式如何，其工艺路线的基本顺序可归纳为：

①准备产品。

②检测数量、质量、体积。

③制备一级包装品。

④将产品装入一级包装品中。

⑤封合一级包装。

⑥把一级包装汇集起来装入二级包装品中。

⑦把组合的二级包装装入三级包装中，组成装运容器。

⑧把装运容器装入集合包装中，例如托盘和集装箱。

以糖块生产为例，其简化的产品生产工艺路线包括如下内容：①制备糖料；②制备玉米糖浆；③混合糖料和玉米糖浆；④调配风味；⑤添加色料；⑥熬制糖块；⑦包装糖块；⑧储运发送。

从糖块生产工艺路线可见，包装只是其中一个组成部分，但实际上包装这道工序包含很多，包装的工艺路线包括如下内容：

①制备聚丙烯薄膜（订购、检测、储存）。

②聚丙烯薄膜裹包糖块（准备聚丙烯薄膜，准备糖块，送到裹包机，检验，裹包废料汇集，送到袋装机）。

③用聚乙烯薄膜袋包装糖块（聚乙烯薄膜印刷、分切成卷，送到制袋机，检验，袋装裹包糖块，废料汇集，送到装盒机）。

④用纸盒包装糖袋（制备纸盒，送到装盒机，撑开纸盒，装入糖袋，封盒，送到装箱机）。

⑤用瓦楞纸箱包装盒装糖袋（制备纸箱，检验，送到装箱机，撑开纸箱，填装纸盒糖袋，封合黏结，输送到托盘）。

⑥在托盘上堆码、裹包。

⑦仓库储存。

⑧运输发送（按订货单校核，选择装运方式，装上运输工具发送）。

(3) 在安排包装工艺路线顺序时，应该遵循以下原则。

①安排主要的包装顺序。以包装的基本顺序，构成工艺路线的基本框架。

②安排必要的检验工序。为了保证主要包装工序的质量，对包装品和包装件质量应进行检验，例如糖块一级包装所用的流延聚丙烯薄膜，如果宽度误差过大，必然影响裹包机的正常工作，降低生产速度，或使设备停工，阻碍前后工序的衔接。

③安排相应的辅助工序。将储存、封合、运送等辅助工序进行合理安排，使工艺路线完整统一。

3. 包装设备选择与布置

选择设备应以保证产品包装过程的连续性、生产速度和生产能力为基本点，其他如产品特性及其包装前的状态，是选择设备应考虑的技术因素；设备价格、被包装产品的价值、工人技术熟练程度及占用场地面积等则是应该考虑的经济因素。

在包装工艺路线中的每个工序常需采用不同的包装设备，每一工序又可分解为一系列机械操作。例如，用纸盒和纸箱包装松散产品，其包装工艺路线为：①将折平的盒坯撑开成为纸盒；②黏合箱底折翼；③产品装入纸盒；④黏合顶面折翼；⑤打印标记和日期；⑥将折平的箱坯撑成纸箱；⑦黏合箱底折翼；⑧以 24 盒组成一个集合单元；⑨将集合纸盒装入纸箱；⑩黏合箱面折翼；⑪打印标记和日期；⑫纸箱排列成层；⑬将四层纸箱堆码在托盘或滑片上；⑭拉伸裹包；⑮包装件运出。其中①②③④用装盒机；⑥⑦⑧⑨用装箱机；⑩用封箱机；⑤⑪用标记机；⑫⑬用堆码机；⑭用拉伸裹包机。

图 14－2 为用纸盒和纸箱包装松散产品的工艺路线简图。

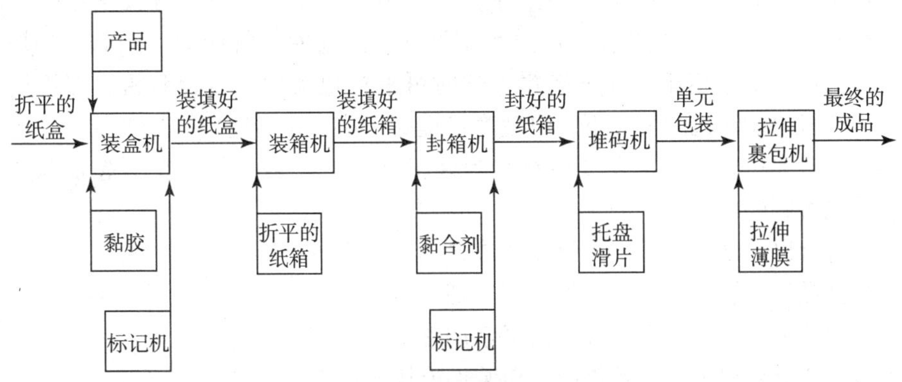

图 14－2　分散状产品包装工艺路线简图

又如，包装速溶咖啡时，其包装工艺路线为：①传送带将玻璃瓶送出；②进行整理和排列；③清洗干燥；④在高速旋转充填机上进行充填；⑤装瓶盖并装入复合材料内衬；⑥贴标签；⑦装箱；⑧封箱；⑨用堆码机将纸箱装在托盘上。以上工序要采用多种设备，其中用于整理玻璃瓶的设备也可用于包装含气饮料和乳制品；用于装箱的设备也可用于包装含气饮料和日用化学品；堆码机为通用设备。有些包装设备为专用设备，仅适用于一定的产品对象，虽也可用于其他产品，但对其特殊的要求需作专门设计。为了使选用的包装设备符合生产需要，往往还需要包装部门和设备制造部门共同协作，对其技术规范达成协议，必要时也可开发新的包装设备，但需进行精确核算和充分论证，以获得最好的经济效益。开发新型包装设备也和开发新的包装系统一样，必须做到：①明确使用目的；②明确被包装物品的特性及其要求；③了解包装品的形态、尺寸和材质；④制定生产效率；⑤制定生产能力；⑥制定输入条件；⑦制定所期望的输出；⑧制定设备功能要求；⑨制定价格。这些内容实际上就决定了设备的技术规范，这些技术规范应提交有经验的包装设备制造厂，由包装厂与之协作，制订经费预算和工作进度，在研制过程中，还可根据实际情况改变方案，减慢或加快进度，甚至停止开发，以避免人力和财力的浪费。

设备选择后，要合理布局使之形成有效的系统，以便最经济的满足生产能力、生产效率、产量与质量的要求。和包装的其他因素一样，设备布局之前要确定各项参数，例如设备价格、工作场地、劳动力价格、设备的尺寸、功率消耗、原材料供应和出产数量、储存场地（储存被包装物品、包装品和废弃物料等），要考虑便于包装品和包装件运进、通过或送出工作场地，便于维护与修理的可能性；此外，布局还应符合安全技术的要求，并满足劳动法规和环境保护的要求。

由于包装品制造供应部门、包装设计部门以及包装设备制造厂家在不断开发新技术、新设备，因此包装部门的设备布局也应具有一定的灵活性，预见到未来生产能力的拓展和降低成本的可能性。如果现有设备布局十分紧凑，所选设备也只够眼前使用，那么更换新设备以扩充生产能力或降低成本就比较困难。当然预见很难十分精确，而预留空地和预购设备都需占用大量资金，较好的办法是留有扩充地，需要时再购买设备，这时的管理费用可低一些。

包装生产线应满足流水生产的要求，如前所述，包装生产线通常要完成一系列工序，以纸盒生产为例，有纸盒撑起、充填、封合、裹包、装箱和装托盘等工序，其中任何一个工序出了差错，都会使整个生产线停工或减产。显然，生产线的生产率和产量取决于最慢的工序，对于关键的容易造成堵塞的工序，可采用两套设备平行布置或增设附加的生产线，或实行多班工作制，和/或在生产过程中设立中间仓库进行调剂。例如细颈玻璃瓶灌装液料时，与后续工序相比其速度较慢，这时可平行地增加一台灌装机，在不增加标签机、组合包装机或装箱机的情况下，可使产量提高一倍。在高速罐头生产线上，若为 1 台充填机和 1 台双卷边接缝机配备 2 台组合包装机（将 6 个罐头包装在一起）和 2 台装箱机，其产量也可翻一番。

总之，符合以下条件时可采用机械化或自动化生产线布局：

①包装件数量足够大，机械化设备能得到充分利用。

②长期包装一个产品，生产线不需经常调整。

③被包装物品和包装品源源供应，包装件能快速运走。

其中，机械化生产线与自动化生产线稍有不同。机械化是指借助电力、气压、真空或液压等动力操作，代替了包装生产上许多由人力完成的工作，例如增加专用工具使容器便于成型或充填，或增加传送带使工序间实现自动传递。自动化则指生产线上各工序的启动和控制都不需人的脑力或体力参与，充填后的包装件由光电传感器识别，并与固定的信号比较后，打开通过或不通过栅门使之继续前进或走向剔除通道。机器进行所有工作和正常判断，工人遥控其动作，只在例外的情况下才参与工作。

在机械化和自动化生产线布局中，每一个工序都在一定的工作地上、在规定的时间内按顺序完成；包装品应连续不断地供给；生产线可以连续运动，也可以间歇运动；后者在工序进行期间停止运动，在工序完成后再开始移动。生产过程控制比较简单，出了缺陷后可以迅速而准确地查明根源。

生产线上可用各种类型的机械化传送带进行传递运输工作；在高度机械化的包装生产

线上还可用气动式、真空式或机械的输送装置进行工序间的运送。设计时应尽量缩短工序间传送时间，以节约传送装置的投资，减少包装件在储存地停留等待的时间；特别是对于容易腐坏的物品，等待或储存都会导致腐败变质。

图 14－3 是年产 3 万吨啤酒的灌装生产线工艺路线及设备布置图。工艺流程为瓶子装在纸箱内被送到卸瓶机 1，瓶子被送入洗瓶机 2，空箱送到装箱机 7；瓶子清洗后经过空瓶检查台 3，在灌装封口机 4 上灌装，经检液装置 5 检查，送入杀菌冷却机 6 处理；在贴标机 8 上贴标签，然后装箱输出。各工序间用传送装置 9 进行传送，布局紧凑合理，是流水生产典型的布局方案。

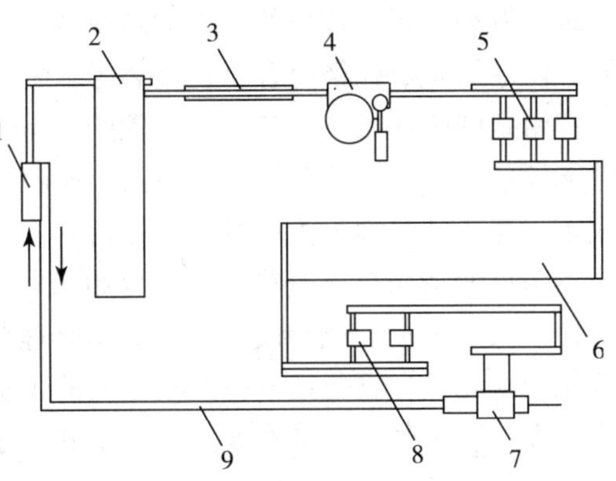

图 14－3　啤酒灌装生产线设备布局及工艺路线图

1－卸瓶机；2－洗瓶机；3－空瓶检查台；
4－灌装封口机；5－检液装置；6－杀菌冷却机；
7－装箱机；8－贴标机；9－传送装置

4. 包装工艺规程的生产效率与技术经济分析

在制定包装工艺规程时，首先应保证包装品质，在此基础上要采取相应措施提高生产效率和降低生产成本。生产效率是指在单位时间内制造出合格包装品的数量，或用包装单件产品的劳动时间来衡量。

（1）时间定额。时间定额是在一定的技术、组织条件下完成某项工作（如一个包装工序）所需要的时间；把主要工序和辅助工序时间汇总起来，就是包装单件产品所需要的时间。时间定额是安排生产计划、核算成本的重要依据之一，也是设计或扩建包装生产部门时，计算设备和人员数量的重要资料。

完成一个包装工序的时间称为单件时间，它由以下几部分组成：

①工艺操作时间。是指对物品直接实施包装操作的时间，例如包装机械中对被包装物品计量、充填、封合等操作。

②辅助操作时间，是指对物品实施包装操作时需要进行的准备性操作，或使包装机的包装工艺过程得以持续进行或完成所需要的时间，如物品的供料、传送、卸料等。

工艺操作时间和辅助操作时间的总和称为基本时间，它们可以由包装机器自动完成，也可以在操作者参与下由机器完成。

③其他操作时间。包括工作地服务时间，如操作者在工作时间内照管工作地点及保持工作状态所需用的时间，包括自然需要时间，如操作者休息和生理需要所用的时间。

在完成一批物品包装之前，需要花一定的时间做下列工作：开始时要熟悉工艺规程，更换模具，调整设备；完成包装工作后要归还模具，发送包装成品等。所耗费的时间叫做准备－结束时间，它可以分摊到每个物品的单件时间内。在常年包装固定的一种物品时，则不需要计算准备－结束时间。

时间定额中，工艺操作时间可按包装设备的生产能力来确定，其他时间可按经验统计资料来确定。

（2）包装工艺规程的技术经济分析。制定包装工艺规程时，一般物品的包装可能有许多方案，也就是说可以用不同的包装材料和容器、不同的包装设备采用不同的工艺方法来实现。例如，吸湿性强的干燥的颗粒状物品酸梅粉可以用玻璃广口瓶、塑料广口瓶、金属罐、防潮纸盒、铝箔复合软包装袋等材料，相应地需采用不同的包装设备和模具。为了选取在给定的生产条件下最经济合理的方案，应对不同的工艺方案进行技术经济分析和环境性能评估；技术经济分析一般只需分析比较与工艺过程直接有关的生产费用，即所谓工艺成本，与工艺过程无关的费用，如行政人员工资等在同一生产条件下基本是相等的。工艺成本由可变费用与不变费用两部分组成；可变费用与包装件年产量有关，它包括材料费、操作工人的工资、包装设备折旧费和修理费、模具费用、设备动力费用等；不变费用与包装年产量无关，它包括设备调整工人的工资、专用设备和模具折旧费和修理费。全年工艺成本 $S_{全年}$ 和单件工艺成本 $S_{单件}$ 可用下式表示：

$$S_{全年} = \mathrm{N} \cdot V + \mathrm{C}\ （元）；\ S_{单件} = V + \mathrm{C}/\mathrm{N}\ （元）$$

式中 V——每个包装件的可变费用，元/件；

C——全年的不变费用，元；

N——包装件的生产纲领，件。

当工艺方案的基本投资相近或都采用现有设备时，工艺成本即可作为衡量各方案经济性的依据；若两方案中少数工序不同、多数工序相同时，可通过计算少数不同工序的单件工序成本进行比较，作出选择；若两方案中多数工序不同，少数工序相同时，则以该包装件的全年工艺成本进行比较。当两种工艺过程的基本投资差额较大时，再考虑工艺成本的同时还要考虑基本投资差额的回收期限。

技术经济分析应该全面，如果仅考虑最大限度地降低包装材料费用，并不一定能得到最经济的工艺方案。例如降低材料费用后增加了高速生产设备的停机时间，或导致包装件在流通过程中严重破损，其结果反而会减少总利润；另一方面，增加包装材料费用也可能会增加利润，例如用于包装啤酒或其他饮料的铝制易拉罐，虽比平盖罐的成本高，但因饮用方便，促进了销售，给制罐厂和饮料厂带来较大的经济效益。

环境性能评估采用生命周期评价（LCA）法，从包装方案的全生命周期对环境性能进行评价。这在专门的著作中已有论述。

六、包装工艺规程的形式

包装工艺过程无统一的格式，可以用表格、卡片和文字来表达，各个工厂根据生产需要可有不同的内容和格式，这里介绍两种基本的文件格式。

1. 包装工艺过程综合卡片

是以工序为单位用卡片的形式简要说明包装工艺路线，包括各个工序的名称、生产车间、包装材料、包装设备、工艺装备、工人技术等级及时间定额等，这种卡片是做好技术准备、安排生产计划、组织生产调度的依据。

2. 包装工艺过程工序卡片

此卡片是在包装工艺过程综合卡片 1 的基础上分别为每一个工序编制的一种工艺文件，指导某一重要包装工序的操作，应附有工序简图，并详细说明每一工步的工作内容。

表 14 - 3 和表 14 - 4 分别为包装工艺过程综合卡片和工序卡片的格式。

表 14－3　包装综合工艺卡片

（工厂名称）		包装综合工艺过程卡片	产品名称及型号					第　页 共　页
工序	工步	工序内容	生产车间	包装材料	包装设备	工艺装备	技术等级	时间定额/min
编　制					核　准			

表 14－4　包装工序卡片

（工序简图）			产品名称		产品型号		第　页
			生产车间		生产工段		共　页
			工序号		工序名称		
			设备编号		设备名称		
			包装材料与容器				
工序号	工　步　内　容	工艺装备		时间定额/min			
		编号	名　称	工艺时间	辅助时间	其他时间	
编　制		核　准					

第二节　典型包装工艺规程的制定

一、工业产品包装工艺规程的制定

工业产品种类繁多，其包装主要是满足产品运输储存要求，保护其在流通过程中不致损坏。现以批量生产的家用电冰箱（代表产品 BCD－201 无氟型，有效容积 201L，质量

45kg，外形尺寸544mm×528mm×1562mm）包装工艺过程为例，简单地介绍工业产品包装工艺规程设计的方法和要点。在设计过程中可参照BB/T 0035—2006《家用电冰箱包装》标准。

1. 电冰箱的结构特点及其对包装的技术要求

（1）包装技术要求。电冰箱属于家用电器产品，它除了有使用性能的要求外，还有外形美观的要求，包装的保护功能应满足这两方面的要求。

（2）包装设计要求。电冰箱包装设计应做到结构紧凑、防护周密、安全可靠、便于装卸，确保在正常装卸、运输条件下和在有效储存期限内，产品不会因包装原因发生损坏、长霉、锈蚀而降低产品的安全和使用性能。

①包装环境应清洁、干燥、无有害介质，包装环境为室温条件，相对湿度不大于85%。

②包装材料必须保持干燥、整洁，与产品直接接触的包装材料，应对产品无腐蚀作用和其他有害影响。

③产品在包装箱内不应松动、碰撞，不应与包装箱内壁直接接触。以免受外力的冲击而损伤产品。

④包装应满足集装箱或托盘运输的要求。并应符合铁路、公路、水路、航空运输等包装的规定。

⑤产品包装防护功能应满足防潮、防霉、防锈及防震的要求。储存仓库应通风良好、温度不得高于32℃，相对湿度不大于75%，包装有效期为两年。

2. 电冰箱包装防护功能设计

（1）防潮、防霉与防锈包装。电冰箱箱体由钢板和塑料制成，内部结构主要包括由压缩机和管道线路等元件构成的制冷系统和自动控制系统。根据电冰箱包装的技术要求，应按国家防潮（GB/T 5048—1999）、防霉（GB/T 4768—2008）和防锈（GB/T 4879—1999）包装规定处理。

防潮处理，一般是在瓦楞纸箱外表面涂刷防潮涂料，或对瓦楞纸箱的箱面纸进行防潮处理。此外，在电冰箱外覆盖聚乙烯薄膜罩，除了能够防尘，还可防潮。必要时，在箱内放入适量的干燥剂，如袋装硅胶、蒙脱石等。

防霉性能应按"防霉包装"（GB/T 4768—2008）的规定进行试验后，外观质量及有关性能应符合产品标准规定的要求，且在有效期内不长霉。

防锈处理，电冰箱表面要求干燥、无污物及油迹；采用聚乙烯薄膜覆罩后，防锈性能应满足两年内无锈迹。

（2）防震包装。

①确定缓冲材料的厚度。电冰箱的允许脆值 $G=100$；其质量 $m=45\text{kg}$，则重力为 $45\times9.81=424\text{N}$；其底面积为 $51.5\text{cm}\times52.8\text{cm}$；在流通过程中的等效跌落高度 $H=45\text{cm}$，由此可计算缓冲材料所受到的静应力：

$$\sigma_{st}=\frac{W}{A}\times10^4=\frac{442}{51.5\times52.8}\times10^4$$
$$=1.63\text{kPa}$$

缓冲材料可选用发泡聚苯乙烯，密度 $\rho=0.025\text{g/cm}^3$，其最大加速度－静应力曲线如图14－4所示；由图可见，$\sigma_{st}=1.63\text{kPa}$ 与 $G=100$ 的交点位于5cm曲线附近，因此缓冲材料的厚度取5cm。

②缓冲材料衬垫选择设计。

A. 电冰箱底部采用全面缓冲包装方法，防震底垫的形状与尺寸如图14－5（a）所示。

B. 电冰箱顶部的左右各设一棱垫，其形状与尺寸如图14－5（b）所示。

C. 电冰箱前面、左侧面和右侧面各有一块防护衬垫，其形状与尺寸如图14－5（c）所示。

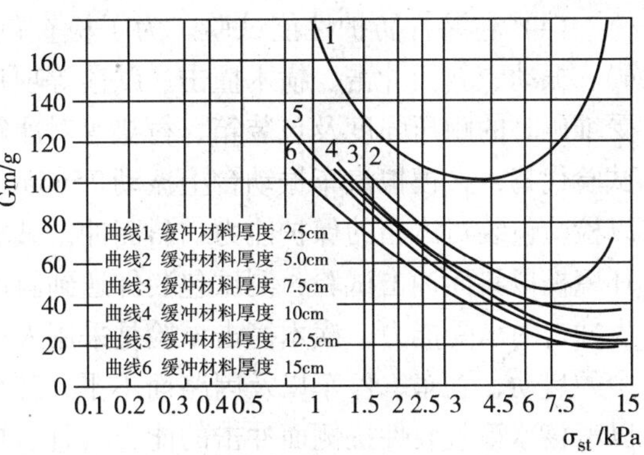

图14－4　EPS的最大加速度静应力曲线

$\rho=0.025g/cm^3$；$H=45cm$

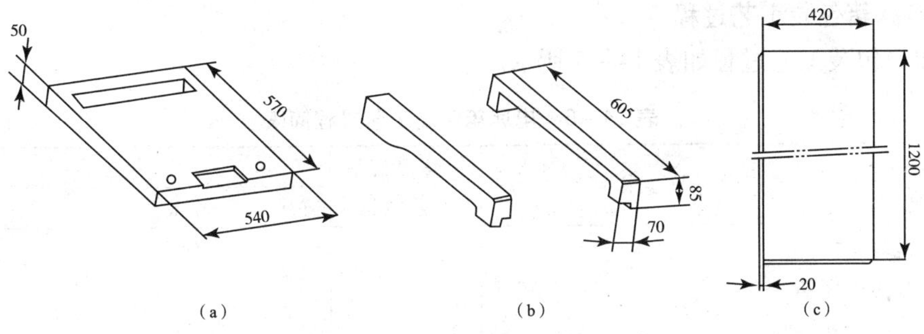

图14－5　电冰箱衬垫形状及尺寸

（3）瓦楞纸箱设计。电冰箱外包装箱选用AB楞型组合的5层瓦楞纸板。瓦楞纸箱箱顶与箱底采用组合型0201/0310，即箱顶由上、下摇盖构成，瓦楞纸箱尺寸计算的顺序是，先计算内部尺寸，最后计算外部尺寸。图14－6为电冰箱瓦楞纸箱和箱坯图。当瓦楞纸箱尺寸不够大时，箱坯可做成两片。箱底用钙塑瓦楞底盘，以提高其坚固耐久、防水防潮的性能。底盘内放置前、后、左、右四根木条购成的框架，其厚度为15mm。木框上放置防震衬垫，瓦楞纸箱套在底盘上，如图14－6所示。

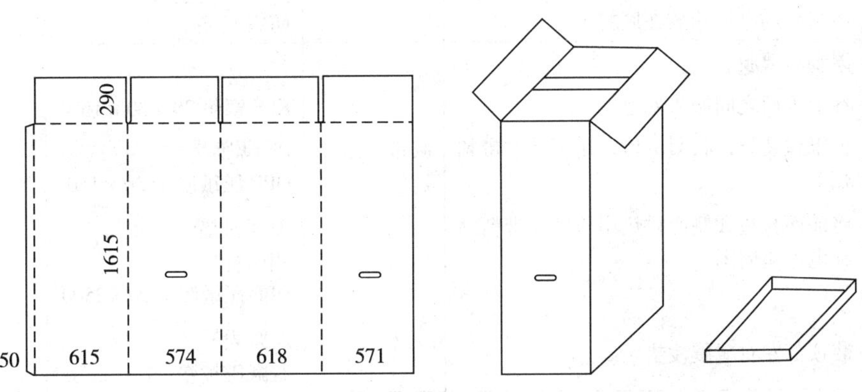

图14－6　电冰箱瓦楞纸箱和箱坯图

（4）包装件防护性能试验。为了检查包装对电冰箱的保护程度，对包装件应进行堆码、振动、斜面冲击、横木撞击、跌落等项目试验。堆码试验是为了考核电冰箱包装件承受堆码时的耐压强度及包装箱、衬垫等对冰箱的保护能力。振动试验用模拟汽车运输振动试验代替，在模拟汽车振动台上振动75min，相当于冰箱包装件在三级公路上运输200km，以检验包装对冰箱的保护能力；斜面冲击试验是根据我们国内运输装卸的特点，采用人工环境模拟斜面冲击试验，测试包装件遇到斜面滑动及斜坡上的急刹车，对前后车厢挡板产生冲击的承受能力；横木撞击试验是采用人工环境模拟斜面横木撞击试验，模拟汽车运输中的启动、刹车、停车以及因路面不平，使包装件产生摇晃和侧面抵挡挡板等实际情况，以考核冰箱包装件抗侧面冲击的能力（注：GB/T 1019—2008《家用和类似用途电器包装通则》已经取消了横木撞击试验的内容，但BB/T 0035—2006《家用电冰箱包装》仍保留此内容；跌落试验用来评定冰箱包装件在装卸过程中，受到垂直冲击时的耐冲击强度及托盘底垫对冰箱缓冲的保护能力。

3. 电冰箱包装工艺过程

电冰箱包装工艺过程如表14-5所示。

表14-5 电冰箱包装工艺过程简表

工序	工步	工序内容及要求	包装设备与工艺装备	包装品	
				名称	数量
1		包装准备			
	1	验收电冰箱			
	2	验收衬垫			
	3	检查纸箱			
2		封箱门			
	1	将附件和文件袋放入电冰箱冷藏室内			
	2	用压敏胶带将上下门粘封	胶带切断器	PP压敏胶带 B×L=25×280	2条
3		装钙塑瓦楞底盒			
	1	放平底盒、将木条放入底盒内侧四周		钙塑瓦楞底盒	1个
	2	将底垫放在底盒内的木条上		木条	4根
	3	将封好的电冰箱放在底衬上		防震底垫	1个
4		罩塑料薄膜袋			
	1	在上下门之间嵌入塞垫		EPS塞垫30×30×15	1个
	2	覆罩包装袋，收紧下口，用压敏胶带粘贴	胶带切断器	PE薄膜袋 OPP压敏胶带20×150	1个 1条
	3	将前面衬垫和侧面衬垫用压敏胶带粘贴在电冰箱周围		前面衬垫 侧面衬垫 OPP压敏胶带20×2500	1个 1个 1条
	4	装顶部左右减震棱垫		左减震棱垫 右减震棱垫	1个 1个

续表

工序	工步	工序内容及要求	包装设备与工艺装备	包装品	
				名称	数量
5		套纸箱			
	1	在纸箱侧面手把孔内装塑料手把圈		塑料手把圈	2个
	2	套纸箱		纸箱	1个
	3	封箱顶 ①盖前后翼片 ②盖左右翼片			
		③订箱钉	订箱器	箱钉 35×18	2个
		④用胶带粘贴顶部合缝		OPP 压敏胶带 50×850	1条
		⑤打印出厂日期	打印机		
6		覆罩外包装袋，收紧下口，用胶带贴牢		PE 薄膜袋 OPP 压敏胶带 20×150	1个 1条
7		捆扎			
	1	在纸箱侧面方向等距捆扎	自动捆扎机	PP15508J 打包机	
	2	抽查捆扎力	测力计 0～50N		
8		运送			
	1	护送电冰箱下线	带夹板叉车		
	2	将电冰箱按品类堆放整齐，临时堆放高度不超过 3 层			
9		入库 搬入仓库，堆放高度不得超过 2 层	带夹板叉车		
10		检验 按批量对包装方法、随箱文件、捆扎和封箱质量等项目按照 GB/T 2828.1 抽样方案进行抽检			

4. 电冰箱包装工艺过程分析

（1）封箱。封箱门之前，首先验收电冰箱，检查外观质量，进行必要清洗。然后将合格证挂在电冰箱的中铰链上，并将装有装箱单、保修证的文件袋放入冷藏室中，装入所有附件，如图 14－7 所示。再用两条宽 25mm、长 280mm 的聚丙烯压敏胶带 2，在适当位置将门贴牢。同时，将木条放置在钙塑瓦楞底盒 4 内侧四周，并将防震底垫 3 放在木条上，再将封好的电冰箱放在防震底垫上，电冰箱的位置要正确，底腿放在防震底垫上对应的孔穴中。根据电冰箱底部的结构形状，也可在制成电冰箱体后，立即放在装有防震底垫的底盒内，再接着进行后续制造工序。

（2）覆罩内塑料袋。如图 14－8 所示，覆罩聚乙烯吹塑薄膜袋 2 时，要将下口收紧，并用宽 20mm、长 150mm 的 OPP 压敏胶带 5 在距底面 80mm 处将包装袋扎住。然后将两块侧面衬垫 6 和前面衬垫 3 放在电冰箱周围，要求放在防震底衬上，并与箱体靠紧；再用宽 20mm、长 2500mm 的 OPP 压敏胶带 4 粘贴一圈。最后将左右两根棱垫 1 卡在电冰箱顶部，要求前后、左右位置正确，如图 14 - 8 所示。

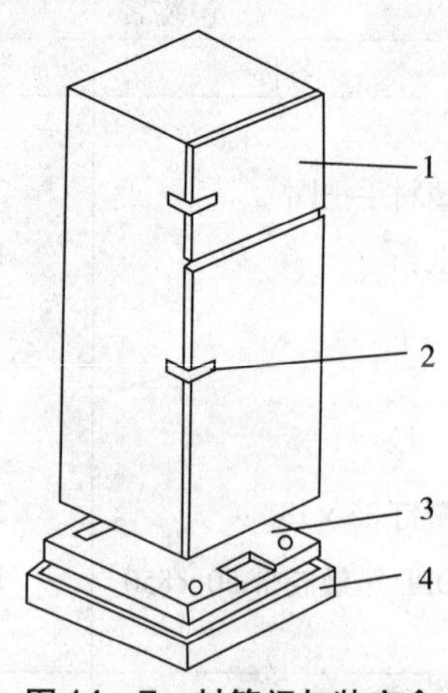

图 14 -7 封箱门与装底盒

1 - 电冰箱；2 - OPP 压敏胶带；
3 - 防震底垫；4 - 钙塑瓦楞底盒

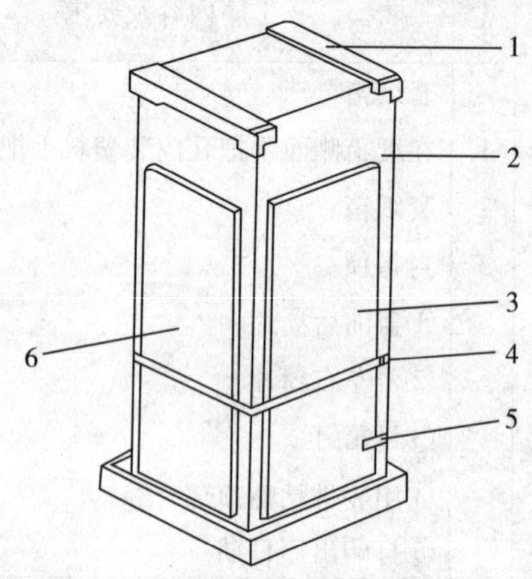

图 14 -8 套包装袋及安置衬垫

1 - 棱垫；2 - 塑料薄膜袋；3 - 前面衬垫；
4、5 - OPP 压敏胶带；6 - 侧面衬垫

电冰箱还可采用其他衬垫形式。图 14 -9 为底部采用托盘衬垫，上部采用护棱方顶大包盖，四周用四根立式护棱组成框架结构。

（3）套纸箱。先在纸箱侧面的手把孔内装入塑料手把（此工作也可由纸箱制造部门完成），然后将纸箱从上向下套在电冰箱外面，纸箱的前后方向应与电冰箱一致，并不得碰坏蒸发盒。封箱时先盖纸箱的前后盖，再盖纸箱的左右盖片。前面所说左右两根棱垫也可在盖纸箱时卡在电冰箱顶部。

如图 14 - 10（a）所示，用两个规格为 35mm × 18mm 的箱钉 1 将左右盖钉住，箱钉与纸箱边缘距离保持 30 ~ 40mm。两头的胶带长度要留均匀。并用宽 50mm、长 850mm 的聚丙烯压敏胶带 3 封住纸箱顶部开合处；接着将外包装塑料薄膜覆罩在纸箱外面，将包装袋下口收紧，用宽 20mm、长 150mm 的 OPP 压敏胶带粘贴，以利于捆扎机顺利工作。

（4）包装件捆扎。包装件在自动捆扎机上进行捆扎，如图 14 - 10（b）所示；打包带 4 代号为 PP15508J，即聚丙烯宽度 15.5mm、厚度 0.8mm 的机用打包带，其长度为 4620mm. 捆扎时打包带作“井”字形或作 2 ~ 3 道等距平行捆扎；捆扎位置要正确、对称，并保持纸箱清洁无损。捆扎后沿打包带方向距箱体一端 300mm 处，使用弹簧秤钩住打包带进行拉出试验，试验时拉力必须垂直于箱面，拉力不小于 19.6N，打包带拉起距离应不大于 50mm。

包装后期工作。主要包括堆码、储存和运输。堆码高度一般不超过两层；用仓库储存时，与墙、柱、灯、顶之间应留有一定距离，并离地面不少于 15cm；运输时无论用何种方式，均不应露天运输；装卸时用人工或机械，应轻装轻卸，不得顶撞箱体，而且不应倒置，垂直倾斜角度不大于 45°。

5. 电冰箱包装检验

电冰箱包装件的检验分为出厂检验和型式检验。

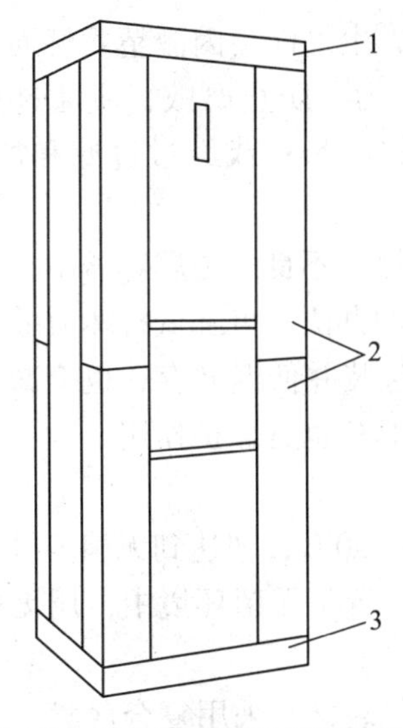

图 14－9 电冰箱衬垫的框形结构

1－方顶大包盖；2－护棱；3－托盘

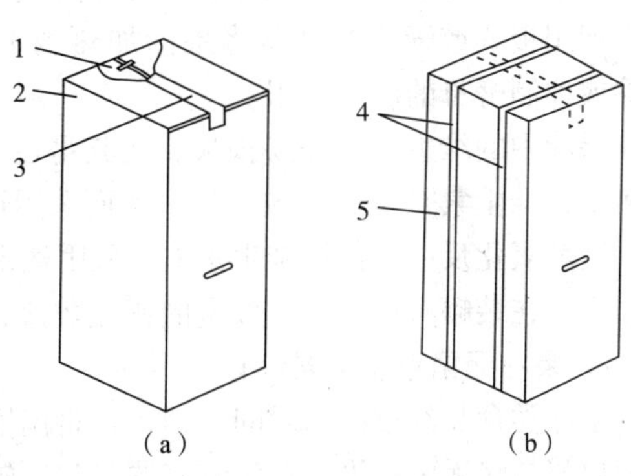

图 14－10 包装箱封合与捆扎

1－箱钉；2－纸箱；3－OPP 压敏胶带；4－打包带；
5－覆罩塑料薄膜袋的包装件

出厂检验项目有包装方法、随箱文件和捆扎状况。检验时不需逐个检验，而是从整批包装件中随机抽取一批样本，根据对样本的检测结果，判断这批产品是否合格。出厂检验采用 GB/T 2828. 1—2003《计数抽样检验程序第一部分：按接收质量限（AQL）检索的逐批检验抽样计划》中正常检验一次抽样方案。

型式检验是在设计定型的新产品试销之前进行。检验项目有跌落、斜面冲击等。型式检验采用 GB/T 2829—2002《周期检验计数抽样程序及表》中判别水平 I 的二次抽样方案。为了检验在规定周期内包装生产过程的稳定性是否符合规定的要求，可以逐批检验合格的某批或若干批中抽取样本，按 GB/T 2829—2002 进行周期检验。

GB/T 2828. 1—2003 和 GB/T 2829—2002 标准的使用将在包装工艺过程质量控制一章中讨论。

6. 填写工艺文件

填写表 14－3、表 14－4 等工艺文件。

二、饮料食品包装工艺规程的制定

食品包装的作用主要是：防止食品在流通环境中腐坏变质，保证质量；防止食品受到微生物和脏物的污染；利用机械化和自动化包装，提高生产效率，使生产更加合理化；促进并改善食品流通和经营管理；提高食品的商品价值。为此，食品包装采用了一系列新技术和新工艺，其中有蒸煮袋包装食品技术、速冻食品技术、保鲜包装技术、无菌包装技术等。现以果汁饮料无菌包装为例，介绍食品包装工艺规程的制定。

1. 果汁饮料的特征及对包装的技术要求

果汁是由不同水果制成的，它们的成分和特性各不相同。与包装有关的主要因素是果汁的酸性、酶、维生素 C、色泽和香味。

所有水果与果汁都含有不同程度的有机酸，有机酸能显示水果特有的香气，给人们以味觉享受，且有益于人体健康，因此，包装标准既要保护果汁中的有机酸，又要防止有机酸对包装的腐蚀作用。果汁食品的 pH 值一般在 4. 5 以下，正常条件下不会有细菌滋长，果汁变质主要是由酵母和霉菌引起的；在室温条件下，生果汁会因酒精发酵而变质，继而因表面上的酵母菌或霉菌繁殖造成酒精和水果酸化。为了防止腐败，应通过高温瞬时灭菌，即用板式或管式换热器将果汁加热到 110℃，保持 15s；或经过过滤和加入防腐剂，消除或抑制酵母的破坏作用。

果汁中的维生素 C 极易损失，尤其是在铁、铜或镀锡不良的金属容器中，由于存在金属离子，维生素 C 很容易被氧化，因而采用迅速蒸煮的办法，可降低抗坏血酸氧化酶的作用，缓解氧化反应，保护维生素 C。采用气密和遮光包装并低温储存，也会减少维生素 C 的损失。在装罐时加入一点数量的亚硫酸盐，对维生素 C 也有保护作用。

2. 果汁无菌包装容器设计

果汁类食品经过高温瞬间灭菌，再将温度降至 20～30℃，即达到无菌要求。果汁食品无菌包装是将无菌的果汁、包装容器和包装辅助材料，置于无菌环境中，用无菌灌装机进行充填和封合的一种包装系统。

无菌包装采用的包装容器有杯、盒、袋、桶等，包装材料采用复合薄膜。采用复合薄膜制成的包装纸盒质量仅为同容积（例如 1L）玻璃瓶的 8%，不仅成本较低，而且产生的废物较少，有利于环境保护。

无菌包装纸盒的结构如图 14－11 所示，复合薄膜由六层材料组成，即聚乙烯/纸/聚乙烯/铝箔/聚乙烯/聚乙烯复合材料。其中 75% 是纸、20% 是聚乙烯、剩余 5% 是铝箔。

包装纸盒的外层纸的图文印刷、材料复合及裁切压痕均由专业厂家完成，并以卷筒状运送到包装工厂。市场上常见的砖形无菌包装纸盒容量为 250mL，其结构设计图如图 14－12 所示。图中实线表示轮廓裁切线，虚线表示内折叠压痕线，点画线表示外折叠压痕线。运到包装工厂的包装材料卷筒直径约 0.8m，长度约 800m，可制 250mL 的砖形无菌包装纸盒约 5000 个。

3. 果汁无菌包装工艺过程

果汁无菌包装工艺过程如表 14－6 所示。

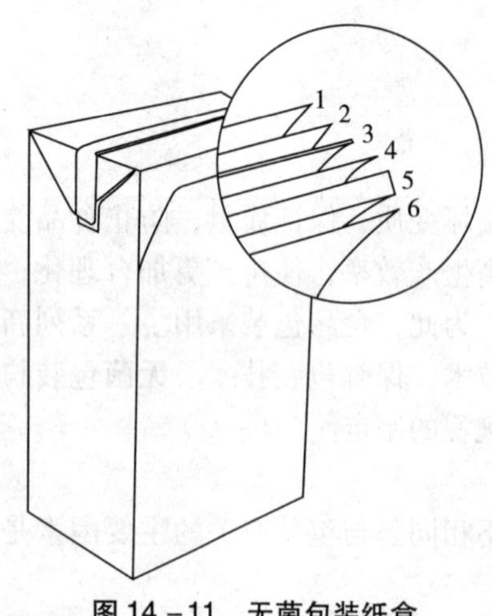

图 14－11 无菌包装纸盒

1、2、4、6－聚乙烯；3－铝箔；5－纸

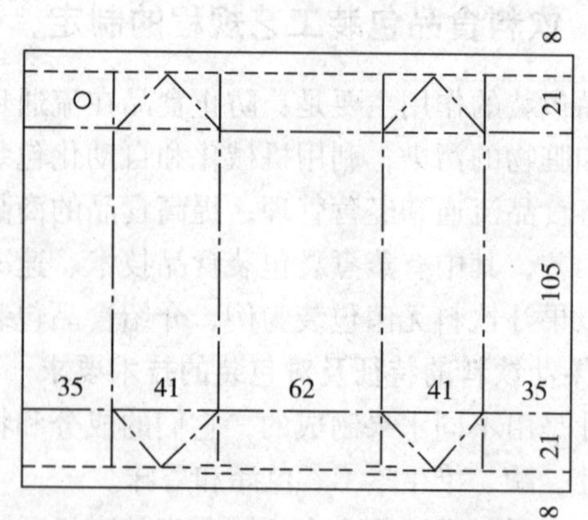

图 14－12 250mL 砖形无菌包装纸盒结构设计图

表 14 -6　果汁无菌包装工艺过程简表

工序	工步	工序内容及要求	包装设备与工艺装备	包装品	
				名称	数量
1		包装准备			
	1	准备无菌果汁			
	2	环境消毒			
	3	验收卷筒包装材料			
2		灌装	砖形纸盒无菌灌装机		
	1	纸卷上料		复合材料纸卷	
	2	打印日期	打印装置		
	3	粘贴纸条	封条粘贴机	OPP 压敏胶带	
	4	浸渍氧化氢		过氧化氢液	
	5	挤压掉包装纸上的过氧化氢			
	6	高温无菌空气吹干包装纸			
	7	包装纸纵封成管形			
	8	灌装果汁			
	9	定容、压棱及横封切断			
	10	砖体成型			
3		检验			
4		粘贴吸管	贴管机	EVA 热熔胶	
	1	喷热熔胶			
	2	分切并粘贴吸管			
5		装瓦楞托盘			
		排列无菌纸盒产品，3 ×9 =27	托盘机	无菌纸盒	27
		瓦楞托盘成型		瓦楞托盘	1
6		热收缩包装	热收缩包装机	PVC 收缩薄膜	
	1	预包装			
	2	热收缩			
7		堆码			
		在托盘上堆码 8 层，层间交错排列	堆码机	托盘 TP2 瓦楞托盘中包装	1 96
8		拉伸包装	缠绕式拉伸包装机	LLDPE 拉伸薄膜宽度 500	
9		入库	叉车		

4. 果汁无菌包装工艺过程分析

果汁包装工艺过程分为前期工作、灭菌处理和包装三个阶段。包装的前期工作包括：选择复合材料，设计砖形纸盒和盒坯结构图，并进行装潢设计，然后交付包装材料专业工厂按照装潢设计的图案、文字、色彩进行印刷，按照结构设计进行压痕裁切，最后以卷筒纸料运入包装厂。

包装前后要对操作车间的环境进行灭菌处理，并保持车间环境内的气压略高于外界大气压，以阻止外界空气进入车间，减少细菌和污物的侵袭。

下面着重对包装工作阶段的主要工序作一介绍。

(1) 灌装。灌装是整个包装工艺过程中最重要的工序，它由一系列工步组成，并在一台灌装机上完成。无菌灌装机的工作过程如图 14-13 所示。

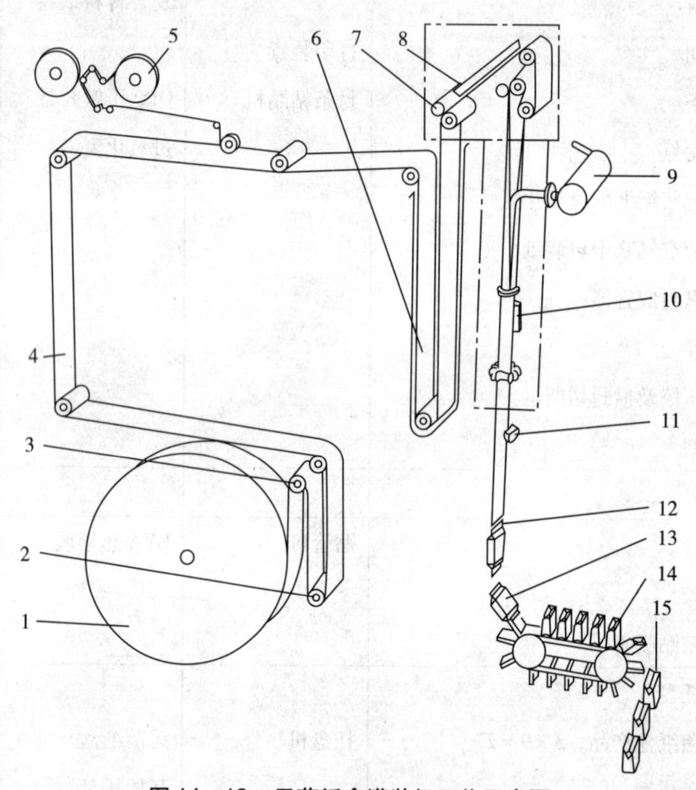

图 14-13　无菌纸盒灌装机工作示意图

1-纸卷；2-惰轮；3-进料滚筒；4-日期打印装置；5-封条粘贴器；6-过氧化氢槽；7-挤压滚筒；8-气帘；9-果汁灌装器；10-纵封装置；11-自动图案校正系统；12-定容、压棱、横封装置；13-包装好的小包装；14-砖形折叠器；15-成品传送带

①纸卷上料。使用一辆特制手推车，把纸卷推送到机器旁，并可使用自动驳纸器，当旧纸卷快用完时，在不停机的状态下，把新旧纸卷接驳起来。纸卷 1 由马达驱动的进料滚筒 3 送进，惰轮 2 可以启动或停止进料滚筒 3。纸带行走至 4 处打印生产日期，并压横折痕。

②封合。为了使无菌纸盒背面热封后不会发生渗漏现象，要用胶带对热封部位进一步密封。具体方法是用封条粘贴器将宽度 8mm 的 PP 胶带的一半贴在包装纸里面一侧的边缘上，另一半在纵封时与包装纸的另一侧边缘黏合，得到紧密结实的封口。

③灭菌。包装纸在灌装之前先通过 H_2O_2（过氧化氢）槽浸渍，进行灭菌处理。H_2O_2 的浓度一般为 25% ~30%；提高灭菌温度，可加速初生态氧的灭菌作用，以 80℃ 为宜。过氧化氢灭菌是现今广泛使用的化学加热式灭菌系统。

④干燥。是使用一对挤压滚筒 7 挤压掉包装纸上的过氧化氢。同时，使用气帘 8 喷出 140 ~150℃ 的高温无菌空气以吹干经挤压后仍残留在包装纸表面上的 H_2O_2，使之分解成为无害的水蒸气和氧气，这时，高温空气还能增强新生态氧的灭菌效能，杀掉一部分残存的细菌。

⑤热封与灌装。包装纸通过 4 个导辊和成型器形成管状，这时包装纸两侧边缘搭接约 8mm，由纵封装置 10 将包装纸里外面的 PE 膜在搭接处连续热封，并且将预先贴在内边缘的 PP 胶带牢固粘接；与此同时，经过杀菌处理并从无菌管道输送来的果汁通过灌装器 9 注入纸筒，为了达到无菌包装的要求，灌装管端一直淹没在果汁内，如图 14 - 14 所示。

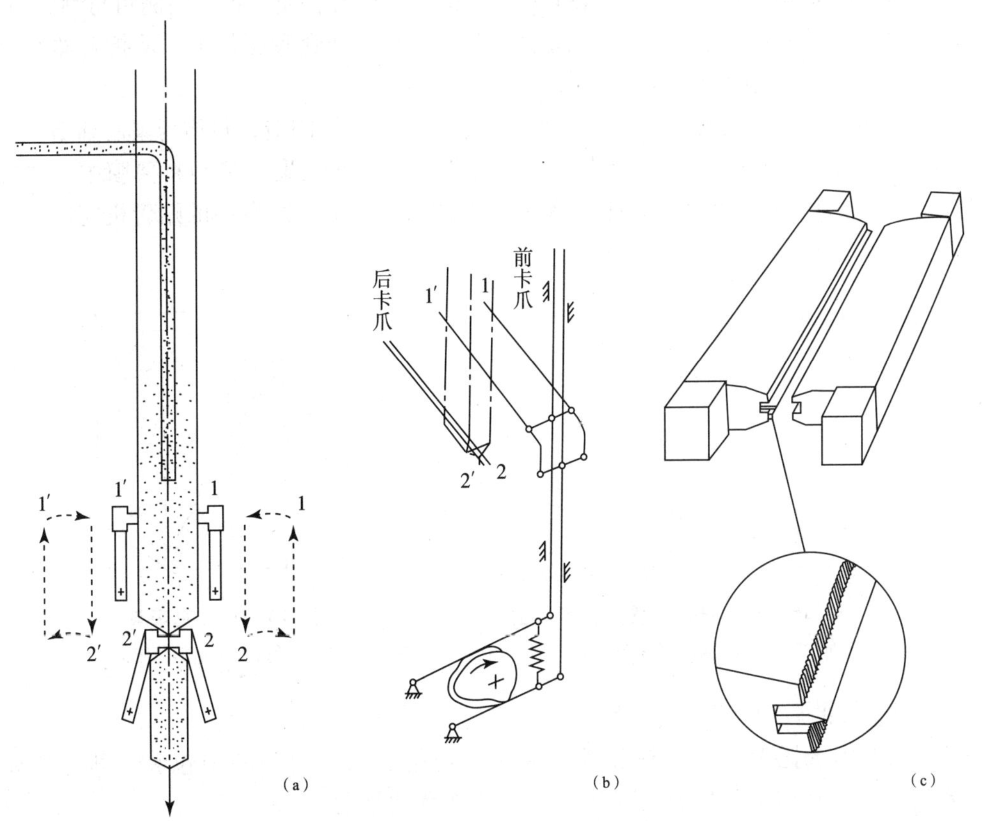

图 14 - 14　成型夹爪工作示意图

⑥定容、压棱、横封。装置由两对连续上下交替移动的卡爪 1、1′和 2、2′组成，图 14 - 14（a）是其示意图。上面的一对卡爪 1、1′向中心摆动时，将 250mL 果汁封闭在压棱呈矩形截面的纸筒腔内，并与卡持的纸盒一起下降，与此同时，下面的一对卡爪 2、2′从中心摆开，松脱灌装好的纸盒，并上升到达卡爪 1、1′原来所在的位置，它们相互交替所行走的循环轨迹如两旁虚线框图所示。两对卡爪的底面与顶端相距约 0.7mm。由于两对卡爪分别处于前后位置，从顶上看好像一个“吕”字，因此上下运动时不会冲突。图 14 -

14（b）是其工作原理图，前后位置各有这样一个轭架。外面的凸轮主管轭架上下运行，里面的凸轮与之配合在上下端使卡爪张开或封合，卡爪封合端面形状如同 14－14（c）所示，它分别将相邻两个纸盒借助包装纸内的两层 PE 薄膜进行横向热封，热封宽度约为 16mm，在此宽度上用裁切刀切为上下两部分，上一半作为前一个纸盒的顶封口，下一半作为后一个纸盒的底封口。这种装置的生产效率可达每分钟 100～120 盒，灌装后的小包装如图 14－15 所示。

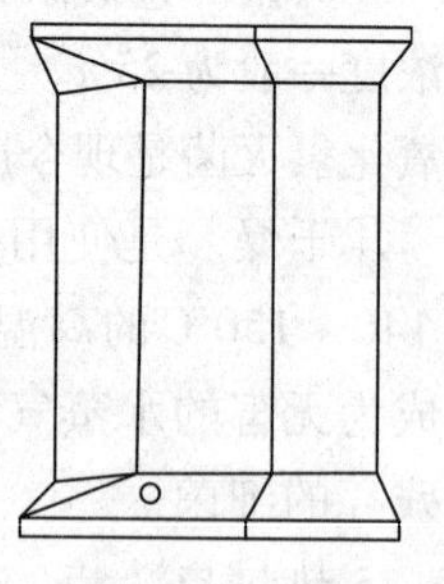

图 4－15　灌装后的小包装

图 14－15 中的图案自动校正系统可自动监控并校正包装纸行走中的正确位置。点画线方框内为一个密封的无菌区域，可以进一步保证灌装工作在无菌的小环境中安全可靠地进行。

⑦折角。在图 14－15 中，小包装顶部及底部的侧角在砖形折叠器内分别被折向侧面和底面，并利用 160℃高温蒸汽喷在底面和侧面的四个位置，使其顶面两侧角与侧面粘贴、底面两侧角与底面粘贴，如图 14－16 所示，在折叠器内纸盒底面朝上，从折叠器卸放到传送带上时，成品顶面朝上。

（2）贴吸管。吸管是为消费者饮用而设，它由专业工厂制造，材质为聚乙烯塑料，长度为 115mm，直径为 4mm；预先装在与其长度相适应的两层聚乙烯塑料薄膜中，并排分别封合，以备使用。吸管贴在无菌包装纸盒背面的对角线上，由专用的贴管机完成，如图 14－17 所示。

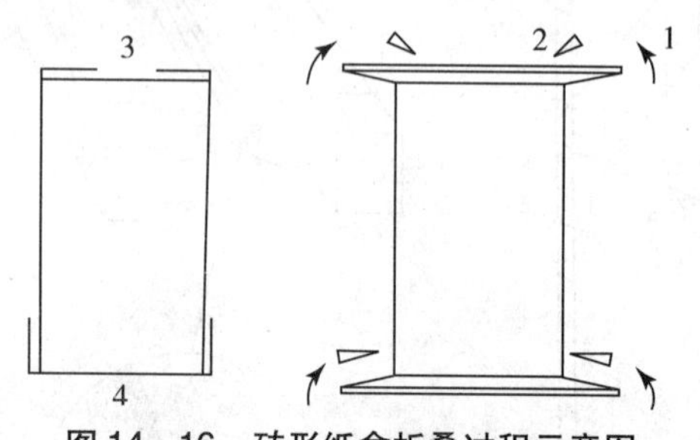

图 14－16　砖形纸盒折叠过程示意图

1－折叠方向；2－蒸气喷射方向；3－底面；4－顶面

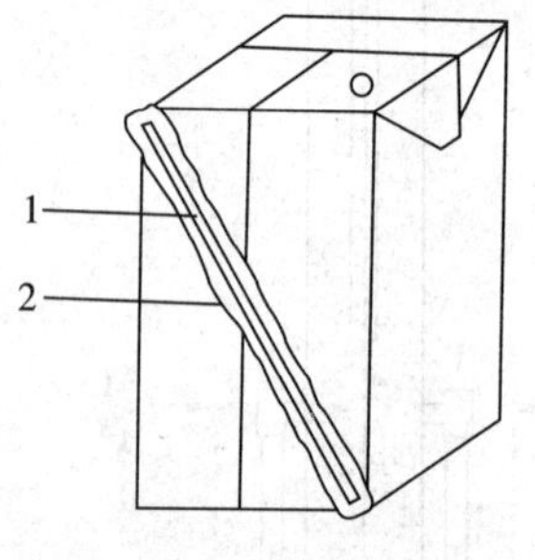

图 14－17　贴吸管

1－吸管；2－塑料薄膜袋

以下是包装的后期工作。

（3）装瓦楞纸托盘并进行热收缩包装。这是用于无菌包装的中包装，其形状如图 14－18 所示。在瓦楞纸托盘中共装有 3×9＝27 个无菌纸盒。

瓦楞纸托盘用 E 型瓦楞纸板制成，根据纸盒排列的形式，其尺寸为 395mm×193mm×110mm。

热收缩包装之前，先在托盘机上排列产品。托盘机上有两个工位，在第一个工位上将 3 个无菌纸盒排为一排，推放在平铺的瓦楞纸板上，直到推放 9 排为止；在第二个工位上，瓦楞纸板折成盘状，并将四角粘贴。

在热收缩包装机上也有两个工位，先用平膜对由托盘与产品构成的包装单元进行预包装，当 PVC 热收缩薄膜包住托盘后，封剪机构下落将另一侧边热封并同时剪断；将预包装件放在传送带上送入热通道，利用 150℃的热空气使 PVC 薄膜收缩，经冷却后从传送带取下，形成收缩包装件，如图 14－18 所示。

（4）集合包装。无菌包装纸盒利用集装箱运输时，需使用拉伸包装对其进行外包装。首先在堆码机上按图 14－19 所示的排列方式将瓦楞纸托盘堆码放在联运平托盘上，GB/T 2934 中 TP2 型托盘尺寸为 800mm×1200mm，奇数层和偶数层排列呈交叉状，堆码后不易倒塌。由于产品本身抗压性能不强，不宜堆码过高，一般堆码 8 层，这样一个托盘可放中包装件 12×8＝96 件，无菌包装纸盒 2592 个。

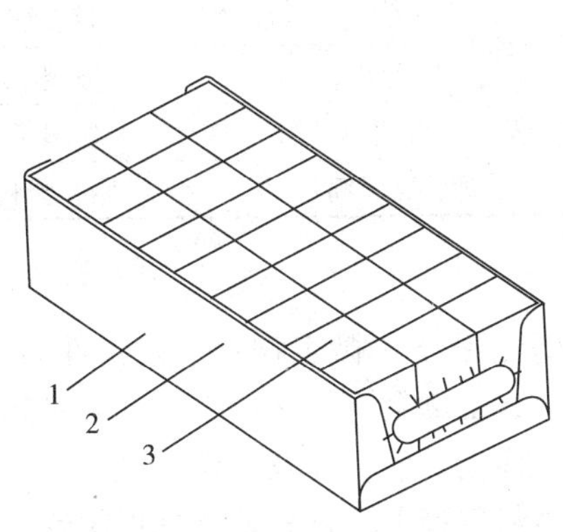

图 14－18　热收缩的中包装件

1－PVC 热收缩薄膜；2－瓦楞纸托盘；3－无菌包装纸盒

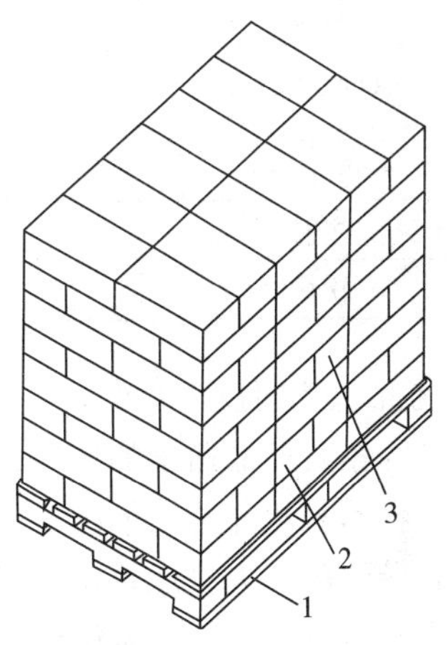

图 14－19　拉伸裹包外包装

1－托盘；2－中包装件；3－LLDPE 拉伸薄膜

在缠绕式拉伸包装机上用宽度 500mm 的线性低密度聚乙烯（LLDPE）拉伸薄膜，自上而下地以螺旋线形式缠绕，也可用宽度为 1m 的拉伸薄膜在回转式拉伸包装机上进行整幅裹包。果汁无菌包装中也可采用不同的工艺方案，例如用 C 型 3 层瓦楞纸箱作为外包装，一般单层排列为 3×9 或 6×6 等。

5. 果汁无菌包装件检验

果汁无菌包装件实行在线检验。灌装机刚调整后，在贴管之前，每 10min 抽检 2 盒，检查成型、封合粘贴品质及灌装容量；在运行正常后，每 30min 抽检 2 盒，检查内容相同。

6. 填写工艺文件

填写表 14－3、表 14－4 等工艺文件。

三、药品包装工艺规程的制定

药品是一种特殊商品，关系到人的生命安全，因此必须严格保证其有效性、安全性和稳定性。世界卫生组织（WHO）提出的药品生产质量管理规范（GMP），就是为了使药品从原料进厂到最终包装出厂等操作过程，实行全面质量管理，其中对制药厂的包装操作规程、包装场所、从事包装的人员以及使用的包装容器、包装材料、包装设备、包装标志等都作了明确的规定，提出了严格的要求。总之，医药包装必须具有安全可靠、保护性好、便于加工、促进销售、经济实惠、方便使用、传递信息的功能，才能确保药品质量，发挥其应有的疗效。

1. 药品种类及其对包装的要求

（1）药品的分类方法有多种，表 14 - 7 为按药品剂型分类及所采用的包装形式。

表 14 - 7　药品剂与包装形式

剂型		包装	容器	材料
固态	片剂、胶囊剂	散装	瓶、袋、罐	玻璃、金属、塑料
		单位包装	条形包装、泡罩包装	塑料
	散剂、细粒剂	散装	瓶、袋罐	玻璃、金属、塑料
		单位包装	小袋	塑料、纸
液态	液体剂		瓶	玻璃
	注射剂		安瓿、玻璃瓶、筒	玻璃
黏态	软膏剂		管、瓶、筒	金属、塑料

（2）药品包装的技术要求。

①外界因素对药品瓶子的影响。药品极易受物理、化学、微生物及气候条件的影响，如在空气中容易氧化并感染细菌，遇光容易分解变色，受潮会溶解变质，受热容易挥发和软化，从而导致药品失去疗效；有时不但不治病，反而会致病，危及生命安全。所以，医药包装无论在造型、结构、装潢设计，以及在包装材料选择上，首先要考虑保护性能，即维护药品疗效。药品的有效期平均为 2 年，有的可达 3 年以上，因此包装还应保证药品在有效期内成分稳定，不会变质。不同剂型的药品，其变质方式亦不同。

片剂、散剂等固态药品容易受潮，在温度和湿度变化时，其形状和品质会逐渐变化。例如糖衣片剂受潮后，表面会潮解，时间长久还会出现龟裂，使药品主要成分含量下降，药效减小。又如粉末剂和颗粒剂受潮后发生黏结现象，同样使药效品质下降。

液体或注射剂等药品虽不易受潮，但与空气中的氧接触易发生氧化，也会使药品主要成分改变，并产生变色或沉淀；有的药剂还容易受到细菌、霉菌和酵母菌的污染而变质，完全丧失疗效而成为废品。

软膏剂等黏态药品在温度变化及光线照射下会变软，或发生氧化和颜色变化。

②药品包装要求。首先要考虑到病患者的心理状态和要求，在包装上应包含足够的信息，使购买者明了本药的成分和制造背景、对疾病的确切疗效及服用方法。在造型设计上要体现安全感和信赖感。

此外，为了确保内装药品的安全，药品包装结构设计应采用显示偷换包装和儿童安全包装等特殊包装（见本书第八章图 8 - 5、图 8 - 7）。

医药包装应便于使用、携带和保存，还应考虑有利于实现包装自动化，以提高生产率。

2. 药品包装防护功能设计

根据药品流通环境（温度、湿度、氧气、光线等）以及药品剂型的特性，应选用适宜的包装工艺和材料进行防护包装设计。如对于容易受潮的药品，需采用防湿包装材料进行防潮包装设计；对遇光不稳定的药品，应采用蔽光材料，进行蔽光包装设计；对遇氧气容易变质的药品，应采用充气包装设计；对于受震动与冲击而容易损坏的药品，应采用缓冲包装材料，进行缓冲包装设计。

（1）药品防潮包装设计。潮湿对固态剂型有较大的破坏作用，它能使散剂润湿、潮解或结块，使片剂膨润、变色，还会使药品的成分含量发生变化，出现异味乃至分解。

进行防潮包装设计时，首先要确定药品的有效储存期，掌握环境温湿度的影响规律，以选用相应的包装材料和容器，并进行计算和试验，以判断其防潮能力的可靠性。通常使用的经验方法是把固态药品包装好，然后在规定条件下进行加速时效稳定性试验，例如在40℃和 RH 75%的条件下放置4个月后，若品质劣化程度显示在允许限度内，则说明这种包装方式的有效期限能达到药品的保质期。此法虽然简单，但可靠性却相当高。

（2）药品蔽光包装设计。光线能引起药品质量劣化，但与温度湿度所起的作用不同；光具有一定的辐射能，它能激发氧化反应，加速药品分解，使药品发生变质。因此，对于光敏药品，制造中要避光操作，选择带色的玻璃瓶、金属容器、深色塑料瓶，铝箔复合材料等进行包装。在实用中常用高照度荧光灯昼夜照射法进行检查，例如以2000lx 荧光灯照射12.5天（相当于60万 lx·h 的照射量）来检查包装的蔽光效果。

（3）药品充气包装。降低包装容器内的氧气浓度，可以减缓药品氧化变质速度。如果在药品包装内充换二氧化碳或氮气等惰性气体后，可使氧气浓度降低到0.5%左右。此外，把食品包装领域内广泛使用的吸氧剂用于医药包装，也会取得一定的效果。

3. 安瓿药品包装工艺过程

不同剂型的药品有不同的包装形式，也有不同的包装工艺过程，下面以注射用药品为例，说明药品包装工艺过程设计的有关问题。

注射用药品的包装形式有安瓿瓶和小玻璃瓶。其中安瓿瓶适用于1～20mL 液体药物或干燥粉末药物的包装，其典型包装工艺过程如表14－8所示。

表14－8　安瓿药品包装工艺过程简表

工序	工步	工序内容及要求	包装设备与工艺装备	包装品	
				名称	数量
1	 1 2	安瓿备料 拆箱，将安瓿排放在不锈钢盘中 用蒸馏水清洗，压力0.15～0.2MPa	洗瓶机	玻璃安瓿	
2		烘干，温度300℃，时间10min	灭菌隧道烘箱		
3		灌装 工位1 压缩空气清洁安瓿内部 工位2 灌装药液 工位3 充填惰性气体 工位4 预热 工位5 高温加热 工位6 拉丝封口	双针安瓿灌装机		
4		灭菌	双扉灭菌柜		
5		检漏			
6		清洗			
7		检验			

续表

工序	工步	工序内容及要求	包装设备与工艺装备	包装品	
				名称	数量
8		印刷	安瓿印刷机		
9		装盒，每盒10支	装盒机		
10		贴标签，封盒	贴标签机		
11		捆扎，10盒一捆	捆扎机	纸盒	
12		封箱，20捆一箱	装箱机	五层瓦楞纸箱 OPP压敏胶带（50×600） PP15508J打包带	1个 2条

4. 安瓿药品包装工艺过程分析

（1）瓶坯处理。安瓿是由玻璃生产厂家采用硼硅酸和钠钙玻璃原料生产出各种管径的管坯，再由安瓿加工厂家对玻璃管的口径大小进行分拣，使同一批量的管径一致，其允许误差为±0.5mm。第一步是对玻璃管进行清洗干燥，放在自动成型机上，用氧气喷灯加热使之成半熔融状态，拉成细长的收缩部分，接着制成安瓿的缩颈、颈泡及外形，然后按规定尺寸切断、封底；最后经修整，并在缩颈周围刻画线痕，用陶瓷颜料作出标志以便使用时折断。为了降低热成型时引起的应力，安瓿还需在450~500℃的温度下退火，经检查后，制成合格的曲颈易折安瓿成品，如图14-20所示。而非易折安瓿已被取代。

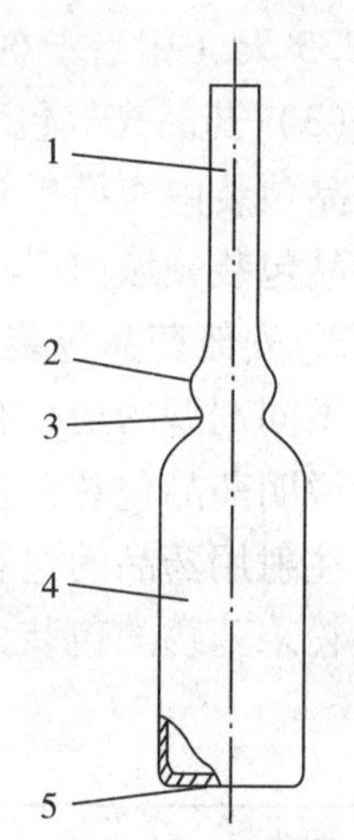

图14-20　曲颈易折安瓿

1-丝颈；2-颈泡；3-缩颈；4-瓶身；5-瓶底

曲颈易折安瓿在使用时不需砂轮划痕，只要对正瓶颈上的陶瓷颜料圆点就可掰开。易折安瓿口是敞开的，为制药厂省去一道切口工序。这样，安瓿加工厂在用RSC型五层瓦楞纸箱运输时，纸箱内必须采用塑料袋或纸盒包装，以保持安瓿清洁。运到制药厂后拆箱，将安瓿朝上整齐排放在不锈钢盘内，在清洗机上用蒸馏水分粗、精两步冲洗其内壁，水压为0.15~0.2MPa，经甩干后用压缩空气将瓶内残余水分和杂质除去。再把安瓿倒置装盘，送入灭菌隧道，其温度为300℃，时间10min，烘干后准备灌装。

（2）灌装。灌装是安瓿药品包装的重要工序。对于常用的1~2mL安瓿药品，清洁、灌装和封口工作可在一台专用的双针灌装机上进行，灌装机共有6个工位，每个工位上有两支安瓿同时进行工作，其生产效率为4200~4900支/时。

灌装时，送料装置通过传送链将安瓿每两个一组送到第一工位，依次走过6个工位，分别完成以下工作：

第1工位用压缩空气清洁安瓿内壁，压缩空气压力为0.2~0.3MPa。

第2工位灌装药液，每次注入药液量可以通过灌装头上的旋钮调节。灌装时，注射针不可接触安瓿的内壁和瓶口，以免封口时，药烧结成黑斑而报废。

第3工位充填惰性气体，以降低瓶内氧气浓度，避免药品氧化变质。充氮压力为0.12MPa。

后面3个工位是用乙炔焰或其他燃气对安瓿封口。

第4工位预热，防止剧烈加热引起安瓿炸裂。

第5工位高温加热，使瓶口呈半熔融状态。

第6工位拉丝封口。

灌装的药量由操作工人和检验人员抽查，药液的平面高于或低于某个高度则属不合格产品，应及时调节机器。为了使安瓿生产过程密闭连接，提高生产率，可采用安瓿洗烘灌封联动机，联动机由安瓿超声波清洗机、灭菌隧道烘箱、多针拉丝灌封机等组成，既可联动生产，也可单机使用。

（3）灭菌。药品内部灭菌使用双扉式灭菌柜，水蒸气温度为100～120℃，具体温度和时间根据药品而定。不同品种规格的灭菌条件，应按灭菌效果 F_0 值（注：F_0 值是以相当于121℃热力灭菌时杀死容器中全部微生物所需要的时间为标准）大于8或其他确认达到无菌的方法加以验证。验证后的诸参数如温度、时间、柜内放置数量和排列层次等，不得任意改变。

灭菌时应及时记录柜内温度、压力及时间；灭菌后必须逐柜取样本作无菌检验。灭菌开柜之前，在真空度0.08MPa的条件下喷淋色水，以检查并剔除泄漏的安瓿，然后用热水浸洗。

（4）检测。检验项目主要是澄明度，按照卫生部规定的标准逐支检查。检查的方法有肉眼检查和自动检查两种。肉眼检查时，以白色或黑色作为背景，用眼睛观察是否有异物或封合不良现象。在检测中，应有目的地减小给定时间内被检物体的面积，增大视力所能观察到的范围（例如采用放大或投影技术），缩短每次凝视的时间，对于提高检测水平会有很大帮助。此外，要求检测员视力在0.9以上，并每年视力复检一次。自动检查是用光电自动检查机，自动检查的精度取决于机器的完善程度。目前不少工厂同时并用两种方法。

（5）标志。安瓿标志有两种形式，即印刷标志和标签标志。印刷标志就是用安瓿印刷机直接把标志印刷在安瓿瓶体上，如图14－21所示。标志内容包括药品名称、容量、有效期及生产厂家等，但直接印刷的方法很难印刷所有信息，而且消毒时，印刷标志容易模糊甚至消失，所以今后的趋向是使用标签标志，特别是使用透明聚酯标签，采用相应的贴标签机，使生产效率也得到提高。

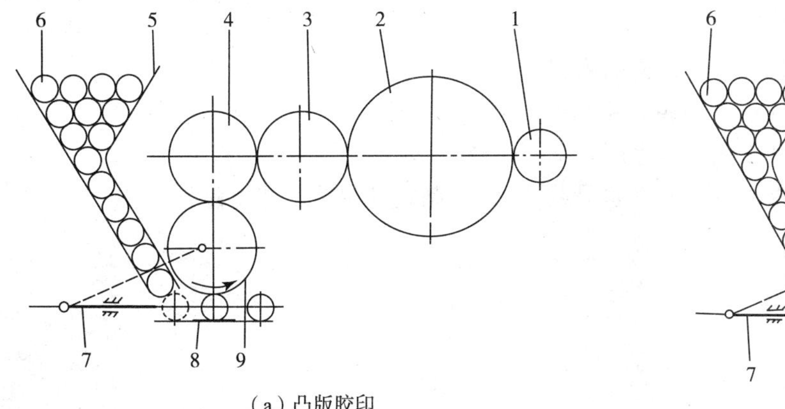

（a）凸版胶印

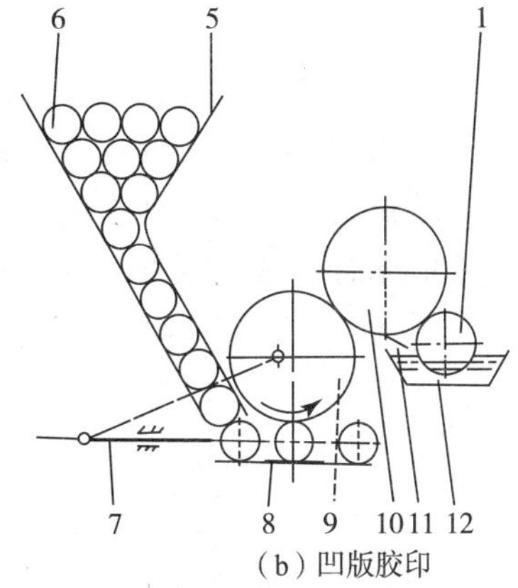

（b）凹版胶印

图14－21　安瓿印刷机示意图

1－上墨辊；2－匀墨辊；3－着墨辊；4－凸版辊；5－料斗；6－安瓿；7－推送杆；8－软衬垫；9－胶皮辊；10－凹版辊；11－油墨刮刀；12－油墨槽

（6）装盒。安瓿装盒一般以 10 支为单位装入带有瓦楞纸隔条的纸盒，使用装盒机能连续将安瓿输送到纸盒中，但不易顺利进入间隔，有时会出现堆挤或空隔现象，需要用人工和机器进行整理，使安瓿在纸盒中排列得整齐有序，放入说明书后关闭盒盖。

（7）封口。纸盒关闭后需用标签封盒口，可用贴标签机，也可用人工操作。纸盒上的批号和有效期可用贴标签机贴标签，也可用专门的打印机，例如用喷墨印字机直接打印。批号编码为年—月—流水号。

（8）装箱。将纸盒 10 个一捆、20 捆为一箱装入 5 层瓦楞纸箱中，用两条 50mm × 600mm 的 OPP 压敏胶带封箱口，然后在捆扎机上用厚度 0.8mm、宽度 15.5mm 的聚丙烯机用打包带捆扎两道，最后在箱面打印或粘贴批号标记，全部包装工艺过程结束。

5. 填写工艺文件

填写表 14－3、表 14－4 等工艺文件。

思考题

1. 包装工艺过程的组成及其内容是什么?
2. 什么是包装工艺规程？简述其作用和要求。
3. 制定包装工艺规程需要什么原始资料?
4. 叙述制定包装工艺规程的步骤。
5. 包装品技术规范的要求与内容有哪些?
6. 在包装工艺过程中有哪几种不同的包装形式?
7. 举例说明包装工艺路线的一般顺序。
8. 举例说明包装设备选择与布局应考虑的问题。
9. 在制定包装工艺规程时，常需计算包装设备数量和负荷率（设备负荷率 = 设备计算台数/设备采用台数）。现已知某啤酒厂日产瓶装啤酒 40t，设每瓶灌装啤酒 640mL，（啤酒密度为 $1.013 \times 10^3 kg/m^3$），采用等压灌装法；若充气与灌装时间总共为 10s，并知灌装机头数为 52，主轴每转中灌装区所占角度为 200°，问在一般工作的情况下，需用几台灌装机才能完成任务?
10. 说明包装工艺过程经济分析的内容。
11. 常用包装工艺规程有哪些文件形式?
12. 试讨论提高包装工艺过程生产效率的途径。
13. 结合本地区某种工业产品（食品或药品），制定其包装工艺规程。

第十五章 包装工艺过程质量控制

质量控制、质量管理、质量检验等都是为了确保包装品质。质量控制贯穿在产品的生产过程中，也贯穿在包装材料和容器的生产过程中；同样，将产品用材料和容器包装起来的包装工艺过程中也必须进行质量控制，才能得到优质的包装件，即符合流通环境要求的商品。

质量控制是质量管理的重要组成部分，最初的质量管理是在产品生产过程中单纯依靠检验来剔除不合格品，即质量检验阶段。到 20 世纪 20 年代产品生产过程中引入了数理统计和统计抽样方案等一系列科学方法，人们采用控制图，把质量分散的原因区分为偶然因素和系统因素，并对后者进行追查处理，使生产过程处于控制状态。这些成就奠定了质量控制的理论基础，使“事后被动检验”发展到“事前主动预防”的阶段，称为统计质量控制阶段。从 20 世纪 60 年代开始，又提出全面质量管理的新概念，即在企业管理中，把组织管理、数理统计方法以及现代科学技术密切结合起来，形成一整套的质量控制系统，使质量控制进入一个比较完善的新时期，即全面质量管理阶段。质量控制运用数理统计的原理，在生产过程中运用有限的信息，预测生产趋势，并可根据少量样品，判定大批产品的生产情况，因而是一种先进的管理方法。

第一节 包装质量特性值的统计分析

产品质量特性的含义十分广泛，每一种产品都有其质量特性。一般来说，凡是反映产品使用目的的各种技术经济参数都可以叫做质量特性。质量特性有用文字定性说明的，如外形美观、使用方便等；也有用数值定量表示的，叫做质量特性值，例如表示包装件形状特性的，有长（mm）、宽（mm）、高（mm），表示包装量的有充填量（kg）、灌装量（mL），表示塑料薄膜或纸张规格的有厚度（mm）、定量（g/m^2），表示包装件外观品质的有疵点数（个数）等。这些质量特性值又分为计量值与计数值，凡是可以用量具、仪器等进行测量而得出连续性数值的叫做计量值，它可以出现小数，如尺寸、质量、化学成分等；凡是不能用量具、仪器来度量的非连续数值叫做计数值，它们是正整数值，如合格品数、废品数、疵点数等。

用数据表征一批产品数量足够大、长时间重复生产的产品的质量特性时，可以发现，从个体数据看是偶然的，没有什么规律，但从总体数据看，则往往符合或服从一定的统计规律。因此，对质量特性值进行统计分析，是产品质量控制中的一项基础工作。下面以包装件质量特性值之一——充填量为例讨论质量控制方法。

一、包装精度与包装误差

包装精度是指包装后的数量（如灌装量或充填量）与技术指标规定的数量符合的程度，符合程度愈高，包装精度也越高。实际上，检验一批充填包装件，结果并不相同，也就是与规定的数量有一些偏离，这种偏离就是包装误差。从一批包装件检测的数据来看，误差可分为系统误差和偶然误差。

系统误差是指在连续充填一批包装件时，充填误差的大小和方向或是保持不变，或是按一定的规律而变化，如由包装机械或称量装置的制造误差引起的充填误差。

偶然误差是指在连续充填一批包装件时，充填误差的大小和方向呈不规律的变化，例如采用容积充填方式时，物料的堆积状态所引起的充填误差。

上述两类不同性质的误差，可用不同的方法予以补偿。系统误差具有一定的变化规律，在查明其大小和方向后，可以用调整或检修设备的办法来解决。对于偶然误差，表面上看来似乎没有什么规律，但是在应用数理统计的方法找出一批包装件包装误差的总规律后，也可针对其产生的根源，采取适当措施以减小其误差，例如由物料堆积的状态所引起的误差，可采取振动加料等措施，使物料在充入计量仪器时尽可能均匀一致。

二、包装误差的统计分析法

统计分析法就是在生产现场对一批包装件进行检测，运用数理统计的方法处理所测得的数据，从中发现规律性的东西，用以找出解决问题的途径。

常用的统计分析法有直方图法和控制图法。

1. 直方图法

（1）实际分布曲线与正态分布曲线。例如检测一批内装物为液体的包装件，其标注的灌装量为500mL，抽查件数 $n=100$，检测结果表明它们的灌装量各不相同，所有的数据中，最高灌装量为510mL，最低灌装量为489mL，可得：

分散范围 = 最高灌装量 − 最低灌装量

$$=x_{\max}-x_{\min}=510-489=21\text{mL}$$

把数据分为k组，取k=7，有：

$$\text{组距}\quad \Delta x=\frac{\text{分散范围}}{\text{组数}}=\frac{21\text{mL}}{7}=3\text{mL}$$

组界的第一组上下限为 $x_{\min}\pm\frac{\Delta x}{2}$，其余可类推。分组后的数据可作出频数分布表，如表15－1所示。

表15－1中 n 是测量的包装件数量，用每组件数（频数）m 或频率 m/n 作为纵坐标，以灌装量的中间值 x 作为横坐标，各组的频数用直方柱的高度表示，所作直方图如图15－1所示。

表 15－1　频数分布表

组号 j	灌装量范围/mL	中间灌装量 x_j/mL	组内件数（频数）m_j
1	487. 5～490. 5	489	3
2	490. 5～493. 5	492	7
3	493. 5～496. 5	495	14
4	496. 5～499. 5	498	29
5	499. 5～502. 5	501	27
6	502. 5～505. 5	504	13
7	505. 5～508. 5	507	5
8	508. 5～511. 5	510	2

说明：将各组内件数（频数）m_j 除以件数总和 n（本例为100），即可得到各组的频率（m_j/n）

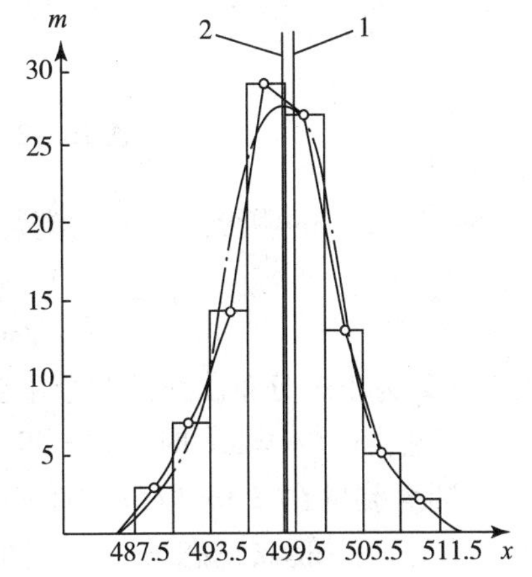

图 15－1　包装件灌装量直方图

1－标注灌装量（500mL）；2－分散范围中心（499. 17mL）

直方图虽然不能清楚地表明每个包装件的状态，但是能够刻画出整批包装件的情况，直观地表示出数据分布的中心位置及分散幅度的大小，是质量控制中非常有用的工具。

从图 15－1 中，可以求得分散范围中心，即平均灌装量 $\bar{x} = \sum_{j=1}^{k} m_j x_j / n = 499.17\text{mL}$。

将直方图各方柱的顶边中点用直线连接起来得到一条折线，如图 15－1 中细实线所示。若所测包装件是一大批，测得数据很多，作直方图时，需分组很细，组距极小，则各方柱顶边中点的连线近似于一条光滑曲线，如图 15－1 中点画线所示。此曲线反映的是包装件灌装量出现的频数的分布规律。如果检验的件数无限多，则此光滑曲线可用理论曲线——正态分布曲线来描述，如图 15－2 所示。它的方程式可用概率密度函数 $y(x)$ 来表示：

$$y(x) = \frac{1}{\sigma\sqrt{2\pi}} \exp\left[\frac{-(x-\bar{x})^2}{2\sigma^2}\right] \qquad (15-1)$$

式中　x——包装件灌装量（标注包装量）；

$\bar{x}$——包装件平均灌装量（分散范围中心）；

σ——标准偏差。

$$\bar{x} = \sum_{i=1}^{n} x_i / n \left(或 \sum_{j=1}^{k} x_j m_j / n \right)^{注} \qquad (15-2)$$

注：通常总体的平均值（分散范围中心）和标准偏差用 μ 和 σ 表示，样本用 $\bar{x}$ 和 S 表示，前者可通过后者估算，亦即 $\mu \approx \bar{x}, \sigma \approx S$。

$$\sigma = \sqrt{\sum_{i=1}^{n}(x_i - \bar{x})^2/n}\left[或\sqrt{\sum_{j=1}^{k}m_j(x_j - \bar{x})^2/n}\right] \quad (15-3)$$

式中　$i=1, 2, \cdots, n$；n——包装件总数（一般取 50～100 件）；
$j=1, 2, \cdots, k$；K——组数（一般取 7～10 组）。

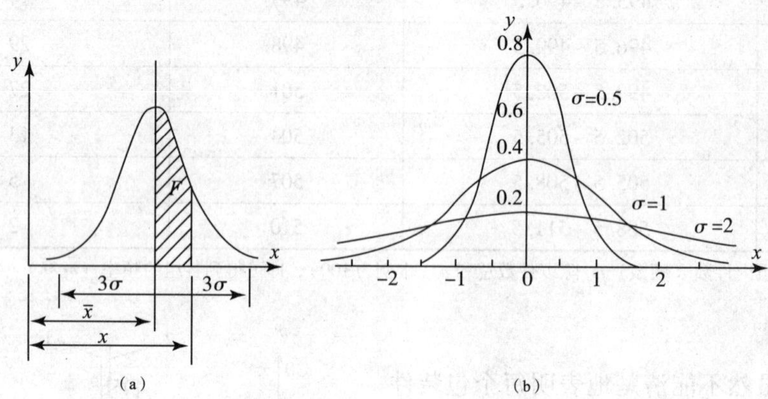

图 15－2　正态分布曲线的性质

图 15－2（a）的阴影面积 F 为灌装量从 $\bar{x}$ 到 x 间的包装件的频率：

$$F = \frac{1}{\sigma\sqrt{2\pi}}\int_{\bar{x}}^{X}\exp\left[\frac{-(x-\bar{x})^2}{2\sigma^2}\right]dx$$

表 15－2 为正态分布曲线的几个主要积分值。

表 15－2　正态分布曲线的几个积分值

$\frac{x-\bar{x}}{\sigma}$	F
0.50	0.1915
1.00	0.3413
1.50	0.4332
2.00	0.4772
2.50	0.4938
3.00	0.49865

由此可见，$x-\bar{x}=3\sigma$ 时，$F=49.865\%$，$2F=99.73\%$，即灌装量在 $\pm 3\sigma$ 以外的频率只占 0.27%，可以忽略不计。一般取正态分布曲线的分散范围为 $\pm 3\sigma$，如图 15－2（a）所示。

同时，式（15－1）的概率密度 $y(x)$ 可表达为：

$$y(x) = \frac{概率}{组距} = \frac{频率}{组距} = \frac{1}{组距}\cdot\frac{频数}{包装件数} = \frac{fx}{\Delta x\cdot n} \quad (15-4)$$

式中　fx——理论频数。

将 $x-\bar{x}=0$、$x-\bar{x}=\sigma$、$x-\bar{x}=2\sigma$、$x-\bar{x}=3\sigma$ 分别代入式（15－1），并由式（15－4）求得相应点处的频数：

$$y_{max}=0.4/\sigma, \quad f_{max}=y_{max}\cdot\Delta x\cdot n=0.4\cdot\Delta x\cdot n/\sigma$$

$$y_{\sigma}=0.24/\sigma, \quad f_{\sigma}=y_{\sigma}\cdot\Delta x\cdot n=0.24\cdot\Delta x\cdot n/\sigma$$

曲线在 $\bar{x}\pm\sigma$ 处有拐点，当 $|x-\bar{x}|>\sigma$ 时，曲线向上弯曲；$|x-\bar{x}|<\sigma$ 时，曲线向下弯曲；

$$y_{2\sigma}=0.05/\sigma, \quad f_{2\sigma}=y_{2\sigma}\cdot\Delta x\cdot n=0.05\cdot\Delta x\cdot n/\sigma$$

$$y_{3\sigma}=0.004/\sigma, \quad f_{3\sigma}=y_{3\sigma}\cdot\Delta x\cdot n=0.004\cdot\Delta x\cdot n/\sigma$$

按表 15－1 所检测的样本灌装量来计算总体标准偏差 σ：

$$\sigma = \{[3(489-499.17)^2+7(492-499.17)^2+14(495-499.17)^2$$

$$+29\ (498-499.17)^2+27\ (501-499.17)^2+13\ (504-499.17)^2$$
$$+5\ (507-499.17)^2+2\ (501-499.17)^2]\ /100\}^{1/2}$$
$$=18.8811^{1/2}$$
$$=4.35$$

曲线分散范围 $6\sigma=6\times4.35=26.1$

因此，知道标准偏差 σ、组距 Δx 和包装件总数 n，就可求得正态分布曲线上对称的各相应点，也就可以画出正态分布曲线的基本形状。

若使用的灌装机精度范围为 ±2%，按 500mL 进行灌装，则灌装量范围应在 490 ~ 510mL 之间，即最少为 490mL，最多为 510mL；灌装量的分散范围中心为 500mL。如果灌装机状况良好，包装过程正常，这时影响系统误差的因素不变，影响偶然误差的因素较小且数量大致相等，则从检验该机灌装的一批包装件来看，其灌装量的变化基本遵循正态分布曲线的规律。正态分布曲线的特点是：

①曲线呈古钟形，中间高、两头底。表示包装量靠近分散范围中心的包装件占大多数，而包装量远离分散范围中心的包装件是少数。

②包装量大于分散范围中心 $\bar{x}$ 和小于 $\bar{x}$ 的同间距的频率是相等的。

③表示正态分布曲线形状的参数之一是标准偏差 σ，如图 15－2（b）所示，σ 越大，曲线越平坦；σ 越小，曲线越陡峭，包装量也越集中，包装精度也越高。

④正态分布曲线的分散范围为 $\pm3\sigma$，即 6σ，它的大小代表一种包装机在正常工作条件下所具有的精度；对于价值昂贵的产品应该选择精度较高的包装机，以便使大部分包装件的包装量都在分散范围中心（标注包装量）附近。例如按照我国《零售商品称重计量监督规定》，每千克价值高于 100 元的食品，称重为 0.5kg，允许 1g 的误差，亦即包装精度应为 ±2%。这种情况下，公差范围（T_u-T_l）与标准偏差 σ 之间具有下列关系：

$$(T_u-T_l)\ \geqslant 6\sigma$$

式中　T_u、T_l——公差范围的上界限与下界限。

我们常用一批包装件所得检测数据来计算标准偏差 σ，并作为绘制理论正态分布曲线的依据，它实际上表示了有一定精度的包装机包装一批包装件时，灌装量分散的范围。尽管都是按规定的标注包装量调整包装机，但实际的分散范围中心值与公差范围中心值仍然不一致，在本例中灌装的公差范围中心值是 500mL，而实际分散范围中心值为 499.17mL。这个不重合度在评定工序能力时必须考虑。

（2）工序能力的分析。在包装工艺过程中，要给定包装量的允许公差范围，并以此作为评定包装件品质是否合格的标准。要达到这一标准，必须依靠包装工序或其他包装工序的工作质量来保证，工序对工作质量的保证程度叫做工序能力，也叫做过程能力（process capability），常用工序能力系数 C_P 来表示，它是公差范围（T_u-T_l）与实际包装误差（分散范围 6σ）之比值，即：

$$C_p=\frac{T_u-T_l}{6\sigma} \tag{15-5}$$

C_p 适用于公差范围的中心值（T_u-T_l)/2 与检测数据的分散范围中心 $\bar{x}$ 重合时，即无偏差情况；如果公差范围的中心值与分散范围中心不重合时，则需考虑不重合系数 k，这时用 C_{pk} 来计算工序能力系数，即：

$$C_{pk}=(1-k)\ \frac{T_u-T_l}{6\sigma} \tag{15-6}$$

其中不重合系数：

$$k=\frac{\left|\frac{1}{2}\ (T_u-T_l)\ -\bar{x}\right|}{\frac{1}{2}\ (T_u-T_l)} \tag{15-7}$$

工序能力根据系数的大小，可以分为5个等级。

特级：　$C_p>1.67$　工序能力过于充分，不太经济

一级：　$1.67\geqslant C_p>1.33$　工序能力充分，允许有一定的波动

二级：　$1.33\geqslant C_p>1.00$　工序能力勉强，需严格控制

三级：　$1\geqslant C_p>0.67$　工序能力不足，可能有一些不合格品

四级：　$C_p\leqslant 0.67$　工序能力不行，必须加以改进

一般情况下，工序能力不应低于二级。在前面的例子中，若允许公差范围为±15mL，即灌装量范围在485～515mL之间，根据检测一批包装件所得的数据（表15－1），计算其不重合系数k为0.055，工序能力系数C_{pk}为1.09，属于二级，说明工序能力勉强，需严格控制。

（3）标注包装量x与调整包装量X。包装机调整的包装量是否正好等于包装件上标注的包装量呢？例如，容器上标注的灌装量是500mL，那么在包装工艺过程中，是否将灌装机的灌装量正好调整为500mL呢？从上面所举的实例和对正态分布曲线的特点来看，检测一批包装件，其灌装量总是分布在分散范围中心两边，而且数量相等。如果这个分散中心就是标注灌装量，我们按标注灌装量调整包装机，除了有一部分刚好等于标注灌装量的包装件以外，还有一半是超重的。超重部分使厂方受损，欠重部分则使用户吃亏。在这种情况下，为了照顾用户的利益，厂方应将包装机的灌装量调整得稍微大一些，即将分散范围中心右移一段距离。若右移3σ，则几乎全部包装件都位于标注包装量的右侧，其中包括等于或超过标注包装量的所有包装件。从表15－2可见，这部分为0.5＋0.49865＝0.99865或99.865%，只有极少数即0.5－0.49865＝0.00135或0.135%的包装件欠重。若右移2σ，即曲线处于图15－3中点画线的位置，处在标注包装量右侧的包装件为0.5＋0.4772＝0.9772或97.72%，而有0.5－0.4772＝0.0228或2.28%的包装件欠重，如图15－3中的阴影部分所示。若右移1σ，处在标注包装量右侧的包装件为0.5＋0.3413＝0.8413或84.13%，而有0.5－0.3413＝0.1587或15.87%的包装件欠重。到底应该右移多少，或者调整包装量应比标注包装量大多少呢？原则上应该选择厂方和用户都可接受的调整量，让大部分包装件超重，而让少部分包装件欠重，这样，虽然有少部分用户拿到了欠重的商品，但在大量或多次购买同一商品时，仍然不会吃亏。对于昂贵的商品，厂方应选用高精度的包装机，虽然，购置设备需要投资，但可以从减少超重商品以获得补偿，这对厂方和用户都有利。显然，这与有意短斤缺两、存心坑害用户的经营作风是完全背道而驰的。

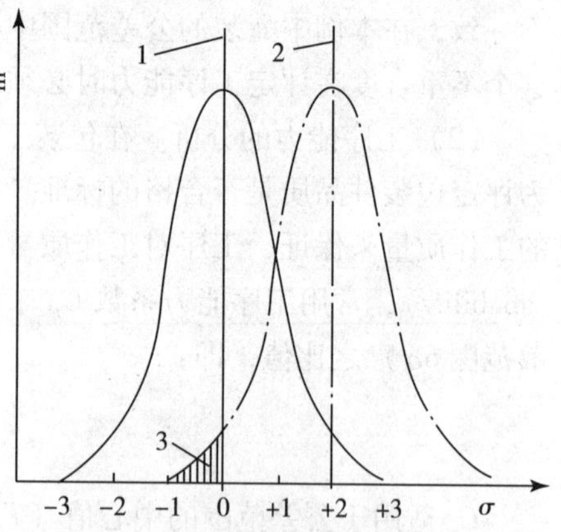

图15－3　标注包装量与调整包装量的关系

1－标注包装量；2－调整包装量；3－欠重包装件

调整包装量可以根据标注包装量x（公差范围中心）与检测数据分散范围中心$\bar{x}$的重合情况来计算。图15－4给出了三种情况：

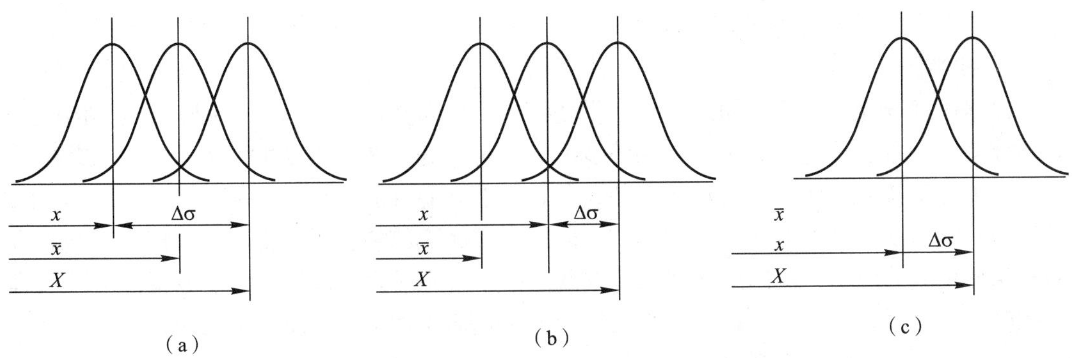

图 15－4　调整包装量与标注包装量和平均包装量的关系

(a) 检测数据分散范围中心 $\bar{x}$（包装件平均包装量）大于公差范围中心 x（标注包装量），调整包装量 X 应减去（$\bar{x}-x$），即 $X=x-(\bar{x}-x)+\Delta\sigma=2x-\bar{x}+\Delta\sigma$。

(b) 检测数据分散范围中心 $\bar{x}$（包装件平均包装量）小于公差范围中心 x（标注包装量），调整包装量 X 应增加（$x-\bar{x}$），即 $X=x+(x-\bar{x})+\Delta\sigma=2x-\bar{x}+\Delta\sigma$。

(c) 检测数据分散范围中心 $\bar{x}$（包装件平均包装量）等于公差范围中心 x（标注包装量），即（$x-\bar{x}$）$=0$，则调整包装量亦可写为 $X=2x-\bar{x}+\Delta\sigma$。

因此，无论哪种情况都可用下面公式计算

$$X=2x-\bar{x}+\Delta\sigma \tag{15-8}$$

式中　X——调整包装量；

x——标注包装量（公差范围中心）；

$\bar{x}$——包装件平均包装量（分散范围中心）；

Δ——标注包装量调整系数；

σ——标准偏差。

公式（15－8）说明：

①如果公差范围中心与检测数据分散范围中心重合，即 $x=\bar{x}$，则 $X=x+\Delta\sigma$；

②系数 Δ 根据产品的特性和厂方用户双方都能接受的超重和欠重包装件数确定，如表 15－3 所示。表中数值是根据正态分布曲线积分值推算出来的。

表 15－3　包装量调整系数

欠重包装件/% <	0.15	1	2.5	5	10	15	20	25	30	40	50
Δ	3	2.33	2	1.65	1.29	1	0.85	0.68	0.53	0.26	0.0

上例中标注灌装量 $x=500$mL，检测一批包装件灌装量数据的分散范围中心 $\bar{x}=499.17$mL，计算所得标准偏差 $\sigma=4.35$mL；如果将欠重包装件数量控制在 2.5% 以内，则按式（15－8）和表 15－3 可求得调整灌装量为：

$$X=2x-\bar{x}+\Delta\sigma=2\times500-499.17+2\times4.35=509.53\text{mL}\approx509.5\text{mL}$$

同例，若分散范围中心 $\bar{x}=500.87$mL，其余条件均不变，则按式（15－8）和表 15－3 可求得调整灌装量为：

$$X=2x-\bar{x}+\Delta\sigma=2\times500-500.87+2\times4.35=507.83\approx507.8\text{mL}$$

由上述讨论可见，在整批包装件中取出一小批来进行检测，求得其分散范围中心和标准偏差，按数理统计理论，与整批包装件的分散范围中心和标准偏差相当接近。因此，不必逐件检查，而采取抽查较少包装件的方法来研究包装工艺过程中的精度问题，并进行质量控制，亦即用局部参数来代表整体参数的近似方法，化繁为简，极为方便。但在单件和小批生产中，就不能用统计分析的方法。

2. 控制图

根据数理统计学原理，如果包装工艺过程的质量参数的总体分布，即分散范围中心$\bar{x}$和标准偏差σ在整个生产过程中保持不变，那么可认为工艺是稳定的。为了验证工艺的稳定性，了解参数随时间变化的动态形势，并以此为依据了解过去、掌握现在、预测未来，可使用$\bar{x}$控制图与R控制图并用的形式，以控制和保证包装过程正常进行。控制图与直方图有相辅相成的作用，控制图处理动态数据，直方图处理静态数据。当前者指出包装过程失控时，可用后者寻找原因；后者给出结果又为前者的有效使用提供必要的信息与依据，两者相互配合，使质量控制更臻完善。

具体的方法是：对一批包装件按照包装顺序，以m件为一组，分成k组，求每组的平均值$\bar{x}$；并用组内最大值和最小值之差求出极值R（$x_{max}-x_{m/n}$）；画出$\bar{x}$和R控制图；$\bar{x}$控制图主要观察分析平均值的变化趋势；R控制图主要观察分析偶然误差的分散程度。在$\bar{x}-R$控制图上分别画出中心线和上下控制界限，就可用来判断包装工艺是否稳定。

$\bar{x}$图的中心线：$$\bar{\bar{x}}=\sum_{j=1}^{k}x_j/k \quad (15-9)$$

R图的中心线：$$\bar{R}=\sum_{j=1}^{k}R_j/k \quad (15-10)$$

$\bar{x}$图的上控制界限：$$UCL_{\bar{x}}=\bar{\bar{x}}-A_2\bar{R} \quad (15-11)$$

$\bar{x}$图的下控制界限：$$LCL_{\bar{x}}=\bar{\bar{x}}-A_2\bar{R} \quad (15-12)$$

R图的上控制界限：$$UCL_R=D_4\bar{R} \quad (15-13)$$

R图的下控制界限：$$LCL_R=D_3\bar{R} \quad (15-14)$$

以上各式中，A_2、D_4、D_3的数值均可由表15-4查出，它们是根据数理统计的原理定出来的。当$m\leqslant 6$时，D_3为负值，但R不可能为负值，故LCL_R不存在，表中的D_3亦不列出。

现举例说明$\bar{x}-R$控制图的绘制方法。某面粉厂生产5kg装小袋包装面粉，公差范围为±0.05kg；称量工具为电子计重秤，读数值为5kg；检测件数100袋，依加工顺序分为20组，每组件数为5件（$m=5$，$k=20$）。

表15-4 控制界限系数值

每组件数 m	A_2	D_4	D_3
4	0.729	2.282	—
5	0.577	2.115	—
6	0.48	2.00	—

①将检测结果的每一个数据减去4.950kg，乘以1000，即可列出面粉充填量的实测值的换算数据为两位整数，如表15-5所示。

每袋面粉的实测充填量应是：4950+表中数据，如：表中第一个实测值为4950+80=5030g=5.030kg。

②制作$\bar{x}-R$图数据表，求得$\bar{\bar{x}}=5.003$，$\bar{R}=0.0497$；按式（15-9）、式（15-11）、式（15-12）和表15-4求得$\bar{x}$控制图数据：

$$\bar{\bar{x}}=5.003 \quad UCL_{\bar{x}}=x+A_2\bar{R}=5.0317 \quad LCL_{\bar{x}}=\bar{\bar{x}}I-A_2\bar{R}=4.9743$$

按式（15-10）、式（15-13）和表15-4求得R控制图数据：

$\bar{R}=0.04975 \quad UCL_R=D_4\bar{R}=0.1050$

用以上数据绘出$\bar{x}-R$控制图（这里没有绘出）。并根据检测的数据计算出$\sigma=0.02037$kg，则$6\sigma=0.122$kg，由于公差范围中心$(T_u+T_l)/2=5$kg，与分散范围中心5.003kg有偏差，按式（15-6）求得工序能力指数为：

表 15－5　面粉充填量实测值的换算数据（前）

组号	换算数据					组号	换算数据				
1	80	75	25	90	20	11	40	75	50	10	30
2	85	20	30	70	100	12	70	80	60	45	60
3	60	55	35	65	70	13	35	30	70	40	40
4	70	70	45	55	45	14	50	35	75	85	25
5	45	50	65	50	30	15	70	50	50	40	50
6	70	30	60	40	50	16	25	45	90	70	85
7	75	80	75	35	30	17	60	55	30	75	45
8	45	70	65	25	50	18	50	90	55	40	30
9	55	25	60	15	80	19	80	30	20	40	80
10	35	20	75	20	90	20	40	50	70	50	50

$$C_{pk}=(1-k)\ \frac{(T_u-T_l)}{6\sigma}$$

A. k 值由式（15－7）求得：

$$k=\frac{\left|\frac{1}{2}\ (T_u+T_l)\ -\bar{x}\right|}{\frac{1}{2}\ (T_u-T_l)}=\frac{\left|\frac{1}{2}\ (5.050+4.950)\ -5.003\right|}{\frac{1}{2}\ (5.050-4.950)}=0.06$$

B. 计算出工序能力指数　$C_{pk}=(1-0.06)\ \dfrac{5.05-4.95}{0.122}=0.77$

由于 $1>C_{pk}=0.77>0.67$，工序能力指数属三级，说明工序能力不足，可能出现一些不合格品。要想提高充填精度，应该寻查误差的根源，采取相应措施。根据对现场实际操作情况的分析，发现主要原因是由于供给包装机的粉料忽快忽慢、忽多忽少，如果设置一个储存装置，使面粉在进入包装机前有一个均匀下料的过程，保证供料基本稳定，就有可能提高充填精度。

采取上述技术措施后，重新收集到100个实测值，其换算值列于表 15－6 中。$\bar{x}-R$ 控制图数据如表 15－7 所示。

表 15－7 中的总平均值实际为 4950g＋51.4g＝5.0014kg，极值为 0.035kg。

表 15－6　面粉充填量实测值的换算数据（后）

组号	换算数据					组号	换算数据				
1	60	75	45	35	50	11	45	75	50	30	35
2	35	55	40	70	65	12	65	80	60	45	30
3	55	45	35	40	50	13	60	50	55	40	50
4	45	60	60	75	55	14	25	45	55	65	80
5	55	55	60	45	35	15	60	55	30	75	45
6	40	40	55	60	65	16	50	40	55	30	50
7	40	30	25	45	60	17	70	65	55	70	65
8	80	70	30	50	35	18	45	55	70	50	25
9	45	50	65	50	55	19	30	40	65	35	75
10	70	35	60	40	55	20	70	55	60	45	45

根据式（15－9）、式（15－10）、式（15－11）、式（15－12）、式（15－13）和表15－4可计算出$\bar{x}-R$控制图的中心线和控制界限分别为：

$$\bar{\bar{x}}=5.0014$$
$$\bar{R}=0.035$$
$$UCL_{\bar{x}}=\bar{\bar{x}}+A_2R=5.022$$
$$LCL_{\bar{x}}=\bar{\bar{x}}-A_2R=4.981$$
$$UCL_R=D_R\bar{R}=0.074$$

绘制$\bar{x}-R$控制图，如图15－5所示，从中可以看出所有采样点都没有超出控制界限，排列无缺陷，说明工艺是稳定的。

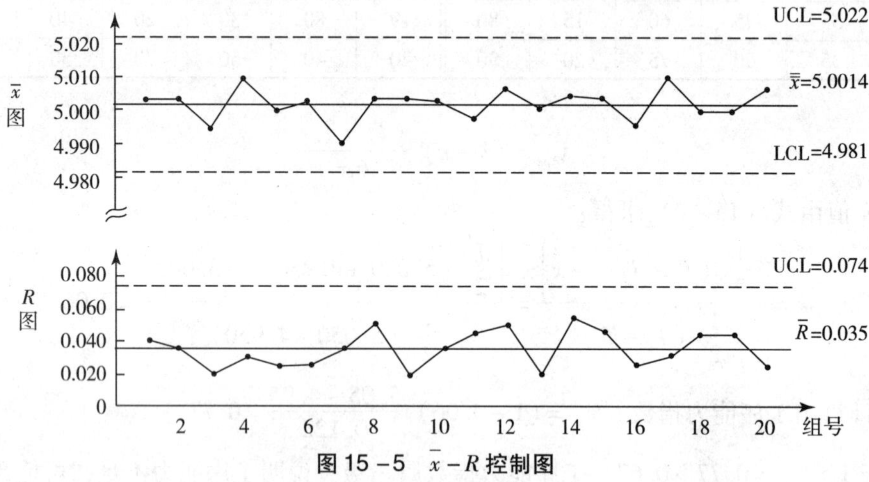

图15－5 $\bar{x}-R$控制图

表15－7 $\bar{x}-R$控制图数据表

物品名称	面粉	使用设备	粉料自动称量包装机
工序名称	充填	测量工具	电子计重秤（读数值5g）
质量特性	（5±0.050）kg	测量单位	g

组数j	测量值x_i					总计$\sum x_i$	平均值x_j	极差R_j	备注
	x_1	x_2	x_3	x_4	x_5				
1	60	75	45	35	50	265	53	40	
2	35	55	40	70	65	265	53	35	
3	55	45	35	40	50	225	45	20	
4	45	60	60	75	55	295	59	30	
5	55	55	60	45	35	250	50	25	
6	40	40	55	60	65	260	52	25	
7	40	30	25	45	60	200	40	35	
8	80	70	30	50	35	265	53	50	
9	45	50	65	50	55	265	53	20	
10	70	35	60	40	55	260	52	35	
11	45	75	50	30	35	235	47	45	

续表

物品名称		面粉			使用设备		粉料自动称量包装机	
工序名称		充填			测量工具		电子计重秤（读数值5g）	
质量特性		（5±0.050）kg			测量单位		g	
组数 j	测量值 x_i					总计 $\sum x_i$	平均值 x_j	极差 R_j	备注
	x_1	x_2	x_3	x_4	x_5				
12	65	80	60	45	30	280	56	50	
13	60	50	55	40	50	255	51	20	
14	25	45	55	65	80	270	54	55	
15	60	55	30	75	45	265	53	45	
16	50	40	55	30	50	225	45	25	
17	70	65	55	40	65	295	59	30	
18	45	55	70	50	25	245	49	45	
19	30	40	65	35	75	245	49	45	
20	70	55	60	45	45	275	55	25	
						合计	1028	700	
						总平均	$\bar{x}=51.4$	$\bar{R}=35$	

从表15－7可找出充填量的最大值为80，最小值为25，因此，充填量分散范围为80－25＝55g。

把数据分为10组，则组距$\Delta x=55/10=5.5$g。第一组组界为22.25～27.75，其余可类推，并作出频数分布表如表15－8所示。

表15－8 频数分布表

组号 j	充填量范围/g	中间充填量 x_j/g	组内件数（频数）m_j
1	22.25～27.75	25	3
2	27.75～33.25	30.5	7
3	33.25～38.75	36	8
4	38.75～44.25	41.5	10
5	44.25～49.75	47	13
6	49.75～55.25	52.5	26
7	55.25～60.75	58	11
8	60.75～66.25	63.5	8
9	66.25～71.75	69	6
10	71.75～77.25	74.5	5
11	77.25～82.75	80	3
总计			100

根据式（15－3）计算出标准偏差值：

$$\sigma = \sqrt{\sum_{j=1}^{k} m_j (x_j - \bar{x})^2 / n} = \sqrt{169.4}$$
$$= 13.015\text{g} = 0.013\text{kg}$$

图15－6为直方图，从图可见（公差范围3）大于（分散范围4）。由于5.0014kg与5.000kg有偏差，因此工序能力系数按式（15－6）、式（15－7）计算：

$$k = \frac{\left| \frac{1}{2}(T_u - T_l) - \bar{x} \right|}{\frac{1}{2}(T_u - T_l)} = 0.028$$

$$C_{pk} = (1-k)\frac{T_u - T_l}{6\sigma} = 1.24$$

因为$1.33 > C_{pk} = 1.24 > 1.00$，属于二级，说明工艺能力尚可，但需严格控制，认真检测，否则容易产生不合格包装件。

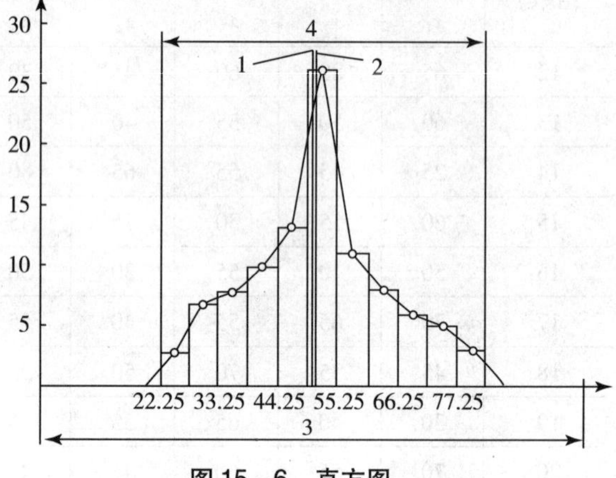

图15－6　直方图

1－标注充填量；2－分散范围中心；3－公差范围；4－分散范围

在绘制控制图中应该注意：第一，要求控制图上的点不能超过控制界限；为了避免数据过少而产生错误的判断，规定至少应有25点以上连续处于控制界限内才算控制状态；不过，在35个连续点中有一点超出控制界限，或连续100点中有2点超出控制界限，也可认为基本上处于控制状态。第二，要求控制图上的排列分布没有缺陷，如果点子的分布有缺陷，仍不能判定该过程处于控制状态，例如：如果图上的点连续出现在中心线的一侧；或有较多的点间断地出现在中心线的一侧；或有若干点连续上升或下降；或点的上升和下降出现明显的周期间隔；或点接近中心线和上下控制界限等，都需要加以注意，查明原因，作出正确判断，并采取必要措施。

第二节　包装品及包装件的质量控制

包装品是包装所用的材料和容器的总称，包装件是产品经过包装后的总称。在现代包装生产线上，不管是全自动、半自动的，都是由一些复杂和精密的包装设备组成。为了使这些设备充分发挥功效，必须提供符合技术规范要求并保证质量稳定的包装品，否则必将引起包装工艺过程停顿或包装件质量降低。因此，包装材料供应者和容器制造厂也必须对他们的产品进行质量管理，实施检测和控制。对于包装品的质量除了集中于他们的外观形状外，还要强调其使用功能。为此，对包装品也规定了技术规范和检验步骤与方法。包装部门在接受一批材料或容器时需要检验，决定是否接受；在完成一批产品的包装后，对包装件也需要检验，以便判定其是否合格。包装品和包装件的检验方法有两种：第一种是全数检验，把不合格产品挑拣出来，虽然全数检验可提供较多的质量信息，但只有在数量少的情况下才能做到，数量大时，费用高、时间长，而且还难免漏检，至于有些破坏性的检验，更不可能每件都做。第二种是抽样检验，即从整批产品中抽取样本，检验样本的质量以代表整体的质量。样本必须尽可能地随机选取，让每个产品都有同等的中选机会，为了使抽样结果有足够的可信度，可适当增加样本数量，但样本增多会加大检验费用，所以应从技术与经济两方面综合考虑。此外，也应指出，抽样只是不能采用全检时的一种应变之策，在抽样中可能合格批被拒收，不合格批被接受，因此，它要承担由于推断失误造成的风险。

一、统计抽样检验

许多国家都有自己的抽样检验标准，较早的有美国军用标准 MIL - STD - 105D，在此基础上，国际标准化组织颁布了 ISO 2859—1974。我国在它们的基础上衍生出了自己的国家标准 GB/T 2828，这是一个族标准。其中第一部分 GB/T 2828. 1—2003（等同采用 ISO 2859—1. 1999）：《按接收质量限（AQL）检索的逐批检验抽样计划》，为包装行业的抽样检验提供了有效的依据。

GB/T 2828. 1—2003 计数抽样检验的内容包括：

（1）规定产品质量标准。即对产品质量的具体要求，由包装品提供者会同使用者共同制定技术规范，其中包括外观形态，如材料的种类、容器尺寸和结构；内在性能，如包装能否实现其预定的保护产品、传达信息及方便使用等方面的功能。

（2）确定不合格和不合格品。

不合格及其类别指不满足规范的要求称为不合格，通常按不合格的严重程度将它们分类。

① A 类认为最被关注的一种类型的不合格。它们在使用中使包装内装物的性能受到根本影响，如瓦楞纸箱黏结或钉合接缝脱落，印刷错误等。

② B 类认为关注程度比 A 类稍低的一类不合格。它们在使用中使内装物的性能受到一定影响，如瓦楞纸箱黏结或钉合接缝歪斜等。

③ C 类认为关注程度比 A 和 B 低。它们在使用中包装内装物的性能不受影响，如瓦楞纸箱外表面印刷颜色深浅不一或有污渍等。

不合格品及其类别指具有一个或一个以上不合格的单位产品称为不合格品。不合格品类别有：

① A 类不合格品是指产品包括 1 个或 1 个以上 A 类不合格，可能有 B 类和（或）C 类不合格。

② B 类不合格品是指产品包括 1 个或 1 个以上 B 类不合格，可能有 C 类不合格，但不包括 A 类不合格。

③ C 类不合格品是指产品包括 1 个或 1 个以上 C 类不合格，不包括 A 类、B 类不合格。

不合格数并不等于不合格品数。例如从生产线上抽取 2000 个产品进行检验，发现 5 个产品有 A 类不合格，4 个产品有 B 类不合格，2 个产品有 A 类、B 类不合格，3 个产品有 B 类、C 类不合格，5 个产品有 C 类不合格。则 A 类、B 类、C 类三类不合格数各为 7、9、8，合计不合格数为 24。而 A 类、B 类、C 类三类不合格品数各为 7、7、5，合计不合格品数为 19。

（3）确定批量。批的组成和批量，应由负责部门确定或批准。

（4）规定检验水平 IL。检验水平（inspection level）规定了批量与样本量之间的关系，它有3个一般检验水平（Ⅰ、Ⅱ、Ⅲ）和4个特殊检验水平（S－1、S－2、S－3、S－4）。除非另有规定，通常采用一般检验水平Ⅱ。

（5）确定AQL。由制造者和使用者协商确定接收质量限AQL（acceptance quality limit），并写入技术规范或订货合同中。接收质量限原则上按不合格的分类分别规定。对A类规定的接收质量限要小于对B类规定的接收质量限，对C类规定的接收质量限要大于对B类规定的接收质量限。另外，可以考虑在同一类中对部分或个别不合格项目再规定，也可以考虑在不同类别之间再规定接收质量限。接收质量限用每百个包装产品的不合格数表示。例如，瓦楞纸箱的接收质量限是：A类1.0，B类4.0，C类6.5。

（6）根据批量和检验水平确定样本量字码。如表15－9所示。

表15－9 样本量字码

批量	特殊检验水平				一般检验水平		
	S－1	S－2	S－3	S－4	Ⅰ	Ⅱ	Ⅲ
2～8	A	A	A	A	A	A	B
9～15	A	A	A	A	A	B	C
16～25	A	A	B	B	B	C	D
26～50	A	B	B	C	C	D	E
51～90	B	B	C	C	C	E	F
91～150	B	B	C	D	D	F	G
151～280	B	C	D	E	E	G	H
281～500	B	C	D	E	F	H	J
501～1200	C	C	E	F	G	J	K
1201～3200	C	D	E	G	H	K	L
3201～10000	C	D	F	G	J	L	M
10001～35000	C	D	F	H	K	M	N
35001～150000	D	E	G	J	L	N	P
150001～500000	D	E	G	J	M	P	Q
500001及其以上	D	E	H	K	N	Q	R

（7）根据抽样方案类型（分一次、二次、五次等）确定抽样方案，即样本量及接收数和拒收数。

GB/T 2828.1—2003给出了正常、加严、放宽的一次、二次抽样方案。这是为了能根据质量变化的情况，适时改变方案的严格程度，能以较小的样本，取得较满意的抽样效果。这里，我们仅给出正常检验一次抽样方案，如表15－10所示。

（8）抽取样本并检验样本。

（9）判断逐批检验合格或不合格，作出检验后的处置方案。

表 15－10　正常检验一次抽样方案

样本量字码	样本量	接收质量限（AQL）																									
		0.010	0.015	0.025	0.040	0.065	0.10	0.15	0.25	0.40	0.65	1.0	1.5	2.5	4.0	6.5	10	15	25	40	65	100	150	250	400	650	1000
		Ac Re	Ac Re	Ac Re	Ac Re	Ac Re	Ac Re	Ac Re	Ac Re	Ac Re	Ac Re	Ac Re	Ac Re	Ac Re	Ac Re	Ac Re	Ac Re	Ac Re	Ac Re	Ac Re	Ac Re	Ac Re	Ac Re	Ac Re	Ac Re	Ac Re	Ac Re
A	2	↓	↓	↓	↓	↓	↓	↓	↓	↓	↓	↓	↓	↓	↓	0 1	↓	↓	1 2	2 3	3 4	5 6	7 8	10 11	14 15	21 22	30 31
B	3	↓	↓	↓	↓	↓	↓	↓	↓	↓	↓	↓	↓	↓	0 1	↑	↓	1 2	2 3	3 4	5 6	7 8	10 11	14 15	21 22	30 31	44 45
C	5	↓	↓	↓	↓	↓	↓	↓	↓	↓	↓	↓	↓	0 1	↑	↓	1 2	2 3	3 4	5 6	7 8	10 11	14 15	21 22	30 31	44 45	↑
D	8	↓	↓	↓	↓	↓	↓	↓	↓	↓	↓	↓	0 1	↑	↓	1 2	2 3	3 4	5 6	7 8	10 11	14 15	21 22	30 31	44 45	↑	↑
E	13	↓	↓	↓	↓	↓	↓	↓	↓	↓	↓	0 1	↑	↓	1 2	2 3	3 4	5 6	7 8	10 11	14 15	21 22	44 45	44.5	↑	↑	↑
F	20	↓	↓	↓	↓	↓	↓	↓	↓	↓	0 1	↑	↓	1 2	2 3	3 4	5 6	7 8	10 11	14 15	21 22	↑	↑	↑	↑	↑	↑
G	32	↓	↓	↓	↓	↓	↓	↓	↓	0 1	↑	↓	1 2	2 3	3 4	5 6	7 8	10 11	14 15	21 22	↑	↑	↑	↑	↑	↑	↑
H	50	↓	↓	↓	↓	↓	↓	↓	0 1	↑	↓	1 2	2 3	3 4	5 6	7 8	10 11	14 15	21 22	↑	↑	↑	↑	↑	↑	↑	↑
J	80	↓	↓	↓	↓	↓	↓	0 1	↑	↓	1 2	2 3	3 4	5 6	7 8	10 11	14 15	21 22	↑	↑	↑	↑	↑	↑	↑	↑	↑
K	125	↓	↓	↓	↓	↓	0 1	↑	↓	1 2	2 3	3 4	5 6	7 8	10 11	14 15	21 22	↑	↑	↑	↑	↑	↑	↑	↑	↑	↑
L	200	↓	↓	↓	↓	0 1	↑	↓	1 2	2 3	3 4	5 6	7 8	10 11	14 15	21 22	↑	↑	↑	↑	↑	↑	↑	↑	↑	↑	↑
M	315	↓	↓	↓	0 1	↑	↓	1 2	2 3	3 4	5 6	7 8	10 11	14 15	21 22	↑	↑	↑	↑	↑	↑	↑	↑	↑	↑	↑	↑
N	500	↓	↓	0 1	↑	↓	1 2	2 3	3 4	5 6	7 8	10 11	14 15	21 22	↑	↑	↑	↑	↑	↑	↑	↑	↑	↑	↑	↑	↑
P	800	↓	0 1	↑	↓	1 2	2 3	3 4	5 6	7 8	10 11	14 15	21 22	↑	↑	↑	↑	↑	↑	↑	↑	↑	↑	↑	↑	↑	↑
Q	1250	0 1	↑	↓	1 2	2 3	3 4	5 6	7 8	10 11	14 15	21 22	↑	↑	↑	↑	↑	↑	↑	↑	↑	↑	↑	↑	↑	↑	↑
R	2000	↑	↑	1 2	2 3	3 4	5 6	7 8	10 11	14 15	21 22	↑	↑	↑	↑	↑	↑	↑	↑	↑	↑	↑	↑	↑	↑	↑	↑

注：①↓—使用箭头下面的第一个抽样方案。如果样本量等于或超过批量，则执行100%检验；

②↑—使用箭头上面的第一个抽样方案；

③ Ac—接收数；

④ Rc—拒收数。

例如，检验某种包装品，批量为 10000。按 GB/T 2828.1—2003《按接收质量限（AQL）检索的逐批检验抽样计划》执行，采用一般检验水平Ⅱ，亦即 IL = Ⅱ；用正常检验一次抽样方案，从表 15－9 查得样本量字码为 L；再从表 15－10 查得样本量为 200，随机抽取样本。按 3 种类别的接收质量限：A 类是 1.0，B 类是 4.0，C 类是 6.5，则从表 15－10 可以看出，由样本量字码 L 所在行与 AQL = 1.0、4.0、6.5 所在列相交处读出〔5，6〕、〔14，15〕、〔21，22〕；其中 5、14、21 分别为 A 类、B 类、C 类三类不合格品的接收数；6、15、22 分别为 A 类、B 类、C 类三类不合格品的拒收数。若在样本中出现的不合格品数大于或等于拒收数，则判定这批包装品是不合格批。

当不合格品数达到拒收数时，这一批包装品是否拒收，还要作具体分析。有时需采取折中办法，例如可以接收但警告需要采取纠正措施；也可以拒收但约定经分类或再加工后接收。

二、包装品和包装件质量检验

包装品在生产过程中需要进行质量控制，并按照所获得的信息调整机器设备，使其规定的质量特性值保持在要求的限度内。使用者在收到包装品后要进行质量检验，判定其是否符合制造的技术规范，并检查在运输过程中有无明显的破损。

使用者绝不能放弃检验的权利，如果认为全数检验工作量过大，也可采用抽样检验的方案。但不论采用哪种方式，都必须进行以下工作：①制定包装品的技术规范；②制定评价标准；③采用可信的检验工具和检验方法；④记录检验数据；⑤提出对检验结果的处理意见。

下面讨论几种典型包装品和包装件的技术规范和评价标准。

1. 瓦楞纸箱

（1）瓦楞纸箱的技术规范。

①标准。按照 GB/T 6543—2008《运输包装用单瓦楞纸箱和双瓦楞纸箱》和 GB/T 6544—2008《瓦楞纸板》的规定，合格的纸箱和纸板由纸箱厂在纸箱上标出检验合格的标志。

②材料。瓦楞纸箱所用瓦楞纸板应符合 GB/T 6544—2008《瓦楞纸板》的规定。瓦楞纸板所用瓦楞芯（原）纸和箱纸板的定量应符合 GB/T 13023—2008《瓦楞芯（原）纸》和 GB/T 13024—2003《箱纸板》的规定。制成的瓦楞纸板表面应平整，无凸凹现象。

③图案标志。瓦楞纸板的印刷应符合规定的色彩标准，图案标志要清晰；“勿用手钩”、“切勿倒置”之类的字眼要显著醒目。

④纸箱性能。瓦楞纸箱的构造应能达到其在高速包装生产线上正常操作的要求并顺利地竖起来。有些包装厂使用包装品的货源不止一个，因此要求纸箱能够完全互换，保证包装厂更换不同厂家的纸箱时，不致造成停工现象。

⑤瓦楞纸箱形状必须折叠方正，钉合搭接宽度在整个长度上要均匀一致，单瓦楞纸箱为 30mm 以上，双瓦楞纸箱为 35mm 以上，误差不得大于 3mm。首先应选用黏合接缝式纸箱，黏合接缝在 -20℃ 下放置 72h 后，纤维必须 100% 撕开；如果选用钉合接缝式纸箱，无论斜钉或横钉，应排列整齐、距离均匀；双钉钉距不大于 110mm，单钉钉距不大于 80mm；头尾钉距底面压痕中线的距离为 13mm ±7mm。钉合接缝应钉牢、钉透，不得有叠钉、翘钉、不转角等缺陷。

⑥压痕与开槽。压痕应有足够的深度，压痕线宽度不大于 17mm，打开纸箱时，使翼片在规定的位置上成一条直线。切口要光滑整齐，不带毛边和不黏附碎屑片，翼片开槽必须在盖片压痕线 5mm 以内；压痕线必须与接缝适应，允差为 3mm。

⑦环保卫生。瓦楞材料应在现代化的卫生条件下制造，并应在运输过程中加以适当的保护，防止脏物、害虫、化学物品或其他物质的污染。

⑧规格尺寸。瓦楞纸箱以内尺寸为准，尺寸公差为单瓦楞纸箱 ±3mm，双瓦楞纸箱为 ±5mm。

⑨瓦楞和箱型。除非另有规定，所有纸箱都应是规则开槽箱（RSC）；箱侧面瓦楞应为垂直向下的方向。

⑩包装标记。瓦楞纸箱箱坯按一定数量捆扎在一起，再装上托盘或组成包装单元。每

个包装托盘或包装单元的包装都要标明制造厂家、每单元中的件数、材料规格和尺寸、所包装的物品代号和名称、制造日期、批号等。

⑪储存条件和装卸。瓦楞纸箱应储存在干湿度适宜的清洁地方，堆码不应太高，以免受压变形。不使用时不要打开捆包。仓库的储存物要依次取用，先放入的要先取用。

（2）瓦楞纸箱不合格分类。

① A 类不合格。纸箱不能满足保护或标识内装物的功能。

A. 接缝脱落。

B. 尺寸超出允许误差范围。

C. 质量低于规定的最小值。

D. 压痕线处破裂或箱面被切断。

E. 表面撕裂、戳穿，有空洞或盖片、翼片不规则并粘连有多余的纸板片。

F. 印刷有错误、印刷不全或色彩图案有错误。

G. 外界物质造成的污染。

② B 类不合格。纸箱功能不全或存在问题。

A. 接缝黏合不完全，胶带接头不完全或接头钉合不充分。

B. 开槽切入纸箱侧边的边缘。

C. 盖片不能对接，其间隙大于 3mm。

D. 纸板含水量高于 20% 或低于 5% 。

E. 纸箱非压痕处出现弯曲。

F. 箱面印刷不全或图文模糊。

G. 纸箱没有按规定采取防滑措施。

③ C 类不合格。纸箱外观欠佳，但不影响其使用功能。

A. 开槽或纸箱模切粗糙。

B. 纸板表面有搓板状的凸凹不平，影响印刷图文质量。

C. 箱面有污染杂点。

D. 浅度划伤或标记被擦掉。

以上不合格的接收质量限分别是：A 类 1.0；B 类 4.0；C 类 6.5。

在 GB/T 6543—2008《运输包装用单瓦楞纸箱和双瓦楞纸箱》中规定了采用 GB/T 2828.1—2003《按接收质量限（AQL）检索的逐批检验抽样计划》正常检验二次抽样方案（表 15 - 11 是 GB/T 2828.1 正常检验二次抽样方案的摘录），一般检验水平 IL = Ⅰ，接收质量限 AQL = 6.5。

二次抽样方案根据第一个样本提供的信息，决定是否抽取第二个样本，所以这种方案不一定每批都需抽取两个样本；它的优点是平均抽样量比一次抽样量少，从心理上也容易为人们所接受。

（3）纸箱检验。对于一批纸箱，最初可以用目测法进行检验，但必须按一定顺序进行。

①检验纸箱有无捆扎或碰撞损坏，有无雨淋或受潮情况。

②从抽样货捆中部抽取一只纸箱铺平，检验印刷质量、模切形状、折缝状况及纸板外观。

③打开纸箱，检验开槽切口、接头尺寸、盖片和翼片质量。

表 15－11　瓦楞纸箱抽样与合格判定方案

批量	样本量字码	第一次			第二次		
		抽样数	接收数 Ac	拒收数 Re	抽样数（累计数）	接收数 Ac	拒收数 Re
＜150	D	5	0	2	5（10）	1	2
150～280	E	8	0	3	8（16）	3	4
281～500	F	13	1	3	13（26）	4	5
501～1200	G	20	2	5	20（40）	6	7
1201～3200	H	32	3	5	32（64）	9	10
3201～10000	J	50	5	9	50（100）	12	13
＞10000	K	80	7	11	80（160）	18	19

④切取 80mm×30mm 纸板，检验材料及楞型。

⑤检验上下底重叠质量及纸箱内尺寸。

⑥检验接缝黏合（钉合、胶带）质量。

纸箱不合格处应做记录，为了证实其不合规范，可在实验室作进一步测试。例如：粗略检验出纸板定量（g/m^2）不足，可测量瓦楞芯纸或箱纸板的厚度，因为纸张厚度与定量存在一定关系。精密检查则需在恒温恒湿条件下，使用精密天平进行测试。如果技术规范中还制定了纸板的物理和化学性能，如耐破强度、抗压强度等，那么必须按照规定的方法进行测试。这些实验可在使用者的实验室进行，如果使用者没有测试手段，也可委托专门试验机构进行测试。

2. 纸盒（以折叠纸盒为例）

（1）纸盒的典型技术规范。

①侧缝黏合。在黏合的整个长度上都应是纤维撕裂；黏合的偏差小于 0.8mm；外表面不应见到黏合剂。

②压痕线。压痕线要均匀且有一定深度，使纸盒能形成直线的轮廓，清晰的折叠形状。当纸盒在折叠和压平成 180°时，为了使压痕线上出现的裂纹最少，应该使用轮廓分明的压痕刀压线，纸盒折片切刀应对准盒面压痕线的中心。所有模切边缘都应干净平整。所有需要压痕的地方都要预压以保证能在包装及其上正常生产。

③平整度。纸盒应平整，不得有变形与翘曲；而且彼此分离，不得粘连。

④清理。包装前对纸盒进行清扫和擦刷，以除去模切对纸盒表面留下的灰尘和废纸屑。

⑤印刷。纸盒上的印刷应遵照色彩标准，并保证图文协调美观。

⑥食品和药品管理规定。生产中使用的包装品不应含有任何超过限制的迁移物质，这个限制由食品和医药主管部门及其下属部门制定。

⑦包装和销售。印刷纸盒要按照规定进行包装，可装入瓦楞纸箱用胶带封合，也可堆放在托盘上，用拉伸包装或收缩包装裹包。每个包装单元都应标明制造厂家、纸盒数量、纸盒的类型和尺寸、制造日期和批号等。

⑧储存和装卸。纸盒应储存在洁净的地方，温度不超过 27℃，相对湿度在 40%～60%之间。装纸盒的纸箱不得采用侧面堆码，而且不要放在辐射体和其他热源附近，也不要放在容易使之受潮的地板上。取用纸盒时应本着“先入先出”，用多少打开多少的原则。

（2）纸盒不合格分类。

① A 类不合格。妨碍纸盒盛装产品和妨碍在纸盒上打印标记。

A. 纸盒开启力或回弹力过大。

B. 尺寸超过结构设计图规定的允差。

C. 纸盒破损，有漏洞或擦伤，使印刷图案擦坏或模糊不清。

D. 印刷的一种或几种颜色出现差错。

E. 印刷颜色没有套准，造成图案模糊不清。

F. 压痕错位，在包装生产中纸盒不能成型，无法充填和封合。

② B 类不合格。纸盒勉强能用，或外观质量较差。

A. 印刷图案有污迹或表面擦伤，露出纸板或白垩涂料。

B. 压痕不全或不够，使纸盒在包装生产线上难以成型，导致包装效率下降。

C. 自动锁底式折片锁合时，插口开得不够合适。

D. 纸盒侧面的易开孔冲切不合适。

③ C 类不合格。仅影响外观而不影响使用。

A. 印刷表面粗糙，上光质量不佳。

B. 印刷色彩略偏标准。

以上不合格的接收质量限分别是：A 类 0.4；B 类 1.0；C 类 2.5。

（3）纸盒检验。在纸盒生产厂应进行有效的质量控制与检验，以保证其符合技术规范。如果由于纸盒性能不佳，使一整批货品（一卡车约有 500000 个纸盒）不符合要求，生产厂质量管理部门有权要求重新查验。

3. 玻璃容器

（1）玻璃容器的技术规范。

①形状。玻璃容器的基本形状主要取决于所盛装物品的种类和数量。瓶子形状确定后，应绘出工作图来展示容器的外形。通常用一张正视图，有时还须附加一张顶视图，形状复杂时还要有一张侧视图，此外瓶口还须另绘一张局部放大图。

②尺寸。玻璃容器的重要尺寸应在工作图中注出，并给出公差，还应包括其他项目，如容量或容积。尺寸与公差必须与制造厂协商制定，因为制造厂的制瓶机有其固定的高度和直径，往往限制了瓶罐的形状和尺寸；常用的制瓶机对瓶罐的高度大致限制在 25 ~ 300mm 之间；瓶罐的直径与在一个机段上生产瓶罐的个数有关，其直径在 12 ~ 150mm 之间。

③公差。玻璃瓶在成型过程中受到一些因素的影响，使其在形状和尺寸方面存在一些差异，所以要对瓶罐尺寸给出可接受的变化范围或公差。标准公差适宜于容量（mL）、质量（kg）、高度和直径（mm）。小瓶罐的容量公差是 15%，大型瓶罐则不到 1%，各种瓶罐容量公差在这两个极限之间。质量公差大致是所规定的瓶罐质量的 5%，高度的变化范围为总高度的 0.5% ~ 0.8%。最小直径为 25mm 左右的小瓶，直径公差为 8%；最大直径为 200mm 瓶罐的公差为 1.5%；其他瓶罐的公差介于这两个极限之间。

（2）玻璃容器不合格分类。

① A 类不合格。在使用中有危险以及由于瓶子畸变，或者因为玻璃没有完全充满模具致使瓶罐完全不能使用。

A. 粘丝。瓶子内部存在长细玻璃丝，在瓶子灌装时有可能脱落。

B. 飞边。瓶口内面向上伸出的一圈凸缘，锋利伤人。

C. 裂口。从瓶口顶面向下延伸的开口裂纹。

D. 裂纹。细微而浅的表面裂纹；冷致裂纹常呈波纹状，热致裂纹一般呈直线状。裂纹分布的位置可能在瓶口、瓶子合缝线附近、瓶肩和瓶底上。

E. 瓶口不饱满。瓶顶表面呈波纹状或倾斜形，通常正好位于螺纹起点的上方。有时也出现螺纹或过渡颈圈压制不饱满现象。

F. 畸形。瓶形弯曲和瓶口歪斜等奇形怪状，致使瓶子完全失去使用价值。

G. 玻璃分布不均。瓶肩过厚过薄、瓶颈过窄，底部过厚或倾斜，或在模缝线上出现玻璃瘤块等。

H. 瓶口条纹。密封表面上的线条，有时叫做剪刀印。

I. 软气泡。一种细小的气泡，常出现在密封面或密封面附近，也可能出现在瓶子的其他部位。

J. 针孔。导致瓶罐泄漏的任何小孔。

② B 类不合格。瓶罐的可用性或瓶内物品的可用性降低。

A. 瓶口裂片。生产过程中瓶口顶部边缘有裂片脱落。

B. 结石。任何非玻璃材料的细小杂质。

C. 凹底。瓶底中心有凹陷部分。

D. 错位。瓶口的两半边呈上下或左右错位。

E. 合缝线凸出。瓶口顶部的密封面有凸起或在接缝处沿瓶体上下有凸起。

F. 瓶口不圆。瓶口被夹扁或压扁，或成椭圆形。

G. 凸缘底。在模缝线处环绕底面的一圈玻璃凸缘。

③ C 类不合格。不影响瓶子的可用性，但影响瓶子的外观，影响瓶罐的可接受性。

A. 塌肩。玻璃没有吹足或吹制后下陷。

B. 开口裂纹。类似裂纹，不过是开口的，当轻轻敲打时开口裂纹和裂纹一样不会碎裂。

C. 搓板状波纹。瓶体部位呈波纹水平线条。

D. 内部气泡。深埋在玻璃内部不易破碎的气泡。

E. 污染物。鳞状或粒状非玻璃杂质。也包括油、炭、模具用润滑剂、铁锈、石墨或其他夹杂物。

F. 斜底。瓶底玻璃一边厚一边薄。

G. 印痕。由细小的垂直折痕组成的细条纹；油迹是由于油在模具上的聚集而造成，炭迹来自供料机或模具润滑剂。

H. 口模合缝线。瓶口和瓶体间合缝处的隆起部分。

I. 长颈。瓶子从模具内钳出时由于温度过高而造成瓶颈拉长。

J. 黏结。瓶子还没有硬化时互相接触而黏在一起，分开时就会留下粗糙的斑点。

K. 合缝线。由皱型模形成的合缝线和由成型模形成的合缝线不一致，如果此线不是非常粗或者很难看，不影响使用。

L. 表面冷斑。也称做冷模斑，它是玻璃表面的一种斑状痕。

M. 波状瓶。内表面不规则的瓶罐。

以上三类不合格的接受质量限分别是：A 类 0.25；B 类 1.5；C 类 4。

（3）玻璃瓶检验。检验方法是从一类物品中随机抽样检验，瓶子数量至少为 100 个，最好是300个或更多，以确保A类不合格品不被遗漏。样品不应从运输中受到损坏的包装箱中抽取。如果A类不合格或B类不合格超过规定的限度，应重新抽样检验；如果再次抽样的不合格数量仍然超过规定限度，这批包装品应报废；如果C类不合格超过规定限度，使用者在接受产品的同时应对制造厂家提出警告。

4. 电冰箱包装件

电冰箱包装件的检验分为出厂检验和型式检验。

（1）出厂检验。BB/T 0035—2006《家用电冰箱包装》（国家标准GB/T 16268—1996转行业标准）规定电冰箱出厂检验采用GB/T 2828. 1—2003《按接收质量限（AQL）检索的逐批检验抽样计划》中正常检查一次抽样方案。其不合格品分类有B类、C类两类。

① B类不合格。

A. 包装方法不符合包装工艺工程规定：防震护楞或护板以及顶盖衬垫安装不合要求；纸箱包装不合要求。

B. 随箱文件不齐全、封装不合理。

C. 捆扎位置不正确、不对称，用弹簧秤测得的捆扎带与箱面之间的垂直距离超过50mm。

B类不合格的接受质量限AQL=2. 5

②C类不合格。封箱所用胶带两端下垂长度小于50mm，压盖了箱面标志及字迹。

C类不合格的接受质量限AQL=2. 5

出厂检验检验水平IL=Ⅰ，主要是视检。B类不合格c项IL=S-2，规定沿捆扎带方向距箱体一端300mm处，用弹簧秤（二级）钩住捆扎带进行拉出试验，试验时拉力必须垂直箱面，拉力不小于19. 6N，测量捆扎带与箱面之间的垂直距离。

（2）型式检验。以下情况应进行型式检验：①成批生产的产品重新设计包装；②新设计产品的包装定型；③包装工艺有较大改变；④在产品进行型式检验的同时进行包装件型式检验。

BB/T 0035—2006《家用电冰箱包装》规定电冰箱型式检验采用GB 2829—2002《周期检验计数抽样程序及表》。该标准以不合格质量水平（RQL，refusal quality level），即不合格品百分数或每百单位产品不合格数为质量指标的一次、二次、五次抽样方案及抽样程序，它适用于对过程稳定性的检验。并设有3个判别水平（DL，distinction level）Ⅰ、Ⅱ、Ⅲ；它把一个周期内专门为生产定型制造的全部产品作为一批，在制订周期检验方案时，先规定不合格质量水平，给定判别水平和方案类型，再从相应的表格中确定抽样方案。

电冰箱包装件型式检验采用GB 2829中DL=Ⅰ的二次抽样方案；它由第一样本量n_1、第二样本量n_2和判定数组（Ac1、Ac2，Re1、Re2；其中Ac代表合格判定数，Re代表不合格判定数）结合在一起组成抽样方案，用以判断这批包装件是否合格。二次抽样方案根据第一个样本提供的信息，决定是否抽取第二个样本，所以这种方案不一定每批都需抽取两个样本；它的优点是平均抽样量比一次抽样量少，从心理上也容易为人们所接受。

GB 2829的二次抽样方案中，不合格质量水平RQL是在抽样检验中认为不可接受的批质量下限值，以每百单位不合格品数表示。RQL有一系列优先值，由使用方和制造方共同协商确定。电冰箱按不同的不合格品分类分别确定了RQL=40、65，即每100个单位产品中有 B 类 40 个和 C 类 65 个不合格品，若检验批的实际质量大于或等于此值时，则认为不可接受。在三个判别水平Ⅰ、Ⅱ、Ⅲ中，当需要的判别力不强或经济上不允许采用判别水平Ⅱ、Ⅲ时，则采用判别水平Ⅰ。考虑到所能承受的试验费用与试验设备的现有能力，根据 GB/T 2829—2002 查出判别水平Ⅰ的一次抽样方案（表 15－12 是其节录）：RQL＝40，n＝5，Ac＝1，Re＝2；RQL＝65，n＝5，Ac＝2，Re＝3。该标准提供了表格，可以选择与一次抽样相对应的判别水平Ⅰ的二次抽样方案（表 15－13 是其节录）：RQL＝40，n_1＝n_2＝3，Ac_1＝0，Ac_2＝1，Re_1＝2，Re_2＝2；RQL＝65，n_1＝n_2＝3，Ac_1＝0，Ac_2＝3，Re_1＝3，Re_2＝4。

表 15－12　GB/T 2829－2002《周期检验计数抽样程序及表》判别水平Ⅰ的一次抽样方案（节录）

样本量	RQL											
	30		40		50		65		80		100	
	Ac	Re	Ac	Re	Ac	Re	Ac	Re	Ac	Re	AC	Re
1					0	1					1	2
2			0	1					1	2		
3	0	1					1	2			2	3
4					1	2			2	3	3	4
5			1	2			2	3	3	4	4	5
6	1	2			2	3	3	4	4	5	5	6
8			2	3	3	4	4	5	5	6	6	7
10	2	3	3	4	4	5	5	6	6	7		
12	3	4	4	5	5	6	6	7				
16	4	5	5	6								
20	5	6										

表 15－13　GB/T 2829—2002《周期检验计数抽样程序及表》判别水平Ⅰ的二次抽样方案（节录）

样本	样本量	RQL											
		30		40		50		65		80		100	
		Ac	Re	Ac	Re	Ac	Re	Ac	Re	Ac	Re	AC	Re
						0	1					1	2
				0	1					1	2		
		0	1					1	2			2	3
一	2					0	2			0	3	1	3
二	2					1	2			3	4	4	5
一	3			0	2			0	3	1	3	1	5
二	3			1	2			3	4	4	5	5	6

续表

样本	样本量	RQL											
		30		40		50		65		80		100	
		Ac	Re	Ac	Re	Ac	Re	Ac	Re	Ac	Re	AC	Re
一	4	0	2			0	3	1	3	1	5	2	5
二	4	1	2			3	4	4	5	5	6	6	7
一	5			0	3	1	3	1	5	2	5	3	6
二	5			3	4	4	5	5	6	6	7	7	8
一	6	0	3	1	3	1	5	2	5	3	6		
二	6	3	4	4	5	5	6	6	7	7	8		
一	8	1	3	1	5	2	6	3	6				
二	8	4	5	5	6	6	7	7	8				
一	10	1	5	2	5								
二	10	5	6	6	7								
一	12	2	5										
二	12	6	7										

BB/T 0035—2006 规定电冰箱型式检验的不合格分类、不合格质量水平及二次抽样方案如表 15－14 所示。

表 15－14　电冰箱包装件型式检验

不合格品分类	项　目		RQL	DL	$n_1 \backslash n_2$	$Ac_1 \backslash Re_1$ $Ac_2 \backslash Re_2$
B	跌落		40	I	3	0　2 1　2
	斜面冲击					
	横木撞击					
C	堆码		65		3	0　3 3　4
	振动					
	捆扎	外观				
		捆扎力				
	封箱					

（3）电冰箱包装件检验。

①跌落试验。跌落试验按 GB/T 4857. 5《运输包装件基本试验——垂直冲击跌落试验方法》，试件放置面为底面，跌落高度参见有关标准，连续跌落两次。包装件应符合以下要求。

A. 双瓦楞纸箱无明显破损和变形，内装电冰箱无明显位移，内装附件无损坏。

B. 电冰箱表面及零件没有机械损伤。

C. 电冰箱制冷、电气安全性能应符合 GB/T 8059. 1—GB/T 8059. 4《家用制冷器具》和 GB4706. 1《家用和类似用途电器的安全－通用要求》、GB4706. 13《家用电冰箱和食品冷冻箱的特殊要求》的规定。

②斜面冲击试验。斜面冲击试验按 GB/T 4857.11《运输包装件基本试验——水平冲击试验方法》进行。试件放置面为底面，冲击速度 $v=2.2\mathrm{m/s}$，冲击面为周围四面。每面冲击 2 次；大于 100kg 的电冰箱包装件冲击速度为 $v=1.5\mathrm{m/s}$，每面冲击 2 次。

③横木撞击试验。横木撞击试验按 GB 1019－1989《家用电器包装通则》中 A6“横木撞击试验”的方法进行。试件放置面为底面，撞击距离为 1m，撞击面为周围四面，每面撞击 2 次。大于 100kg 的电冰箱包装件撞击距离为 0.5m，每面撞击 2 次。试验后双瓦楞纸箱不应有明显的变形、折痕，并符合跌落试验后的要求（注：GB/T 1019—2008《家用和类似用途电器包装通则》已经取消了横木撞击试验的内容，但 BB/T 0035—2006《家用电冰箱包装》仍保留此内容）。

④堆码试验。堆码试验按 GB/T 4957.3《运输包装件基本试验——堆码试验方法》进行。堆码负载按 GB/T 1019《家用电器包装通则》中 A2“堆码试验”规定，施加压力时间为 24h，电冰箱包装件经试验后其高度与试验前高度之差应小于 1.2cm/m。

⑤振动试验。将电冰箱包装件固定在模拟振动台上，模拟汽车振动台应符合 GB/T 4857.7《运输包装件基本试验－正弦振动（定频）试验方法中》中试验设备的规定，振动时间为 75min 试验后符合跌落试验的要求。

⑥捆扎与封箱要求。型式检验与出厂检验中的规定相同。

1. 质量控制的发展分为哪三个阶段？

2. 什么是包装精度？包装误差有几种？它们是怎样产生的？

3. 工序能力系数说明什么问题？工序能力不足应该怎么办？

4. 包装生产线上为什么要考虑调整包装量？5kg 面粉小袋包装中，如果将欠重件控制在 30% 以内，试根据表 15－2 所给的正态分布曲线积分值，推算包装量的调整系数 Δ 应是多少？并计算其调整包装量应是多少？

5. 试述 $\bar{x}-R$ 控制图与直方图在包装工艺过程质量控制中的作用。

6. 用表 15－5 中的实测数据，作 $\bar{x}-R$ 控制图数据表，绘出 $\bar{x}-R$ 控制图与直方图。

7. 试述抽样检验的含义，它与全检有哪些不同？

8. 某厂包装品的出厂检验采用 GB/T 2828.1 标准，现规定 A 类、B 类、C 类三类不合格品的接收质量限 AQL 分别是 0.4、1.0、2.5，检验水平 IL＝Ⅱ，求批量 N＝3000 时正常检验一次抽样方案。

9. 某电视机制造厂规定对入厂包装箱进行抗压强度试验，包装箱抗压强度≥2500N，试制定检验方法。并采用 GB/T2828.1，按 AQL＝2.5，特殊检验水平 S－2，求 N＝1000 时正常检验一次抽样方案。

第十六章 现代包装工艺

第一节　计算机辅助包装设计（CAPD）

计算机辅助包装设计（computer aided package design）是一个内涵非常丰富的概念。时间进入21世纪，计算机早已被应用于包装设计的各个环节，其普遍程度不亚于包装设计者手中的笔。计算机辅助包装设计不仅能够有效提高设计速度，而且基于计算机的先进信息处理技术可以有效地保证设计结果的综合最优化。本节先讨论计算机辅助包装设计的具体应用领域，然后详细分析两个具有代表性的计算机辅助包装工艺设计实例——果蔬气调包装内环境仿真和计算机辅助缓冲包装设计。

一、计算机辅助包装设计的具体应用领域

虽然计算机被应用于包装设计的各个环节，但能够将计算机强大的信息处理能力用以提高设计效率的应用领域主要包括如下几个。

1. 包装结构 CAD

包装结构 CAD 主要利用计算机绘制各种包装的结构图。在计算机辅助包装设计中它是研究得最深入、应用历史最长、应用范围最广的。几乎所有包装产品的结构设计水平都可以通过 CAD 技术得到大幅度的提高。纸盒、纸箱（纸板箱、瓦楞纸箱）、塑料瓶、玻璃瓶、周转箱、木箱等包装产品的结构设计软件已经非常普及。这其中，尤其以纸盒结构设计软件的种类最完整、功能最完备。

（1）包装纸盒结构 CAD。

迄今为止，国内外已有数百种纸盒结构设计软件，大多数专业盒形结构设计软件都拥有盒形库，其中收集了数百种市场上常用的盒形结构图，设计者可以从盒库中直接调用已有的盒形结构图完成设计。在此基础上，不同的纸盒结构设计软件又各有特色。

ArtiosCAD 软件。ArtiosCAD 在欧美已占据很大市场，因为它功能强大，是一个贯穿于整个包装生产工艺过程的软件。ArtiosCAD 的盒形设计是通过定义变量和表达式的方法来实现的。如管式、盘式、管盘式等折叠纸盒这些有规则盒体的盒形，在定义具有相同尺寸

的部位时，可定义为同一变量，其他部分尺寸就可以用这些变量的表达式。修改盒型时只需将关键尺寸相关的变量值更改，与其存在约束关系的尺寸的值也随之变化。

KASEMAKE2000 软件。它提供了一整套设计和绘图工具，设计者只需要从盒形部件清单中选定合适的组件即可进行自动组合，而且这种新的组合可以保存，并及时添加进参数化标准图库，以供下次使用。这种盒形构建方法从最小数量的组件图库中提供了最灵活和最大的组合可能。系统功能可自动找到末段、中点和切线点，定位十分方便。最大的特点是它拥有很多插件，它们是以 KASEMAKE2000 为中心协同工作的，而且这些插件的功能非常强大。

BOX – VELLUM 软件。它自带一个盒形库，存有 400 多种盒形结构，用户可直接从盒形库中选择符合要求的盒形，用户也可将自己设计的新盒形样本存入原有的盒型库，以此来丰富它的盒型库。Box – Vellum 可完成纸盒的结构设计、尺寸标注、盒形输出、拼排、模切、切割等操作。还具备局部放大功能，这对细节的掌握更加到位，选择某个局部进行放大观察，其余部分的比例并不改变。利用这一功能放大要修改的局部：面（开窗、换盒盖、附件等）、边（改变线性、直线、斜线、曲线等）、角（切掉、折进等），其主要目的是在进行纸盒结构局部调整时，使修改后的纸盒成型准确，造型美观。图 16 – 1 是 BOX – VELLUM 软件的盒形结构和纸盒参数对话框。

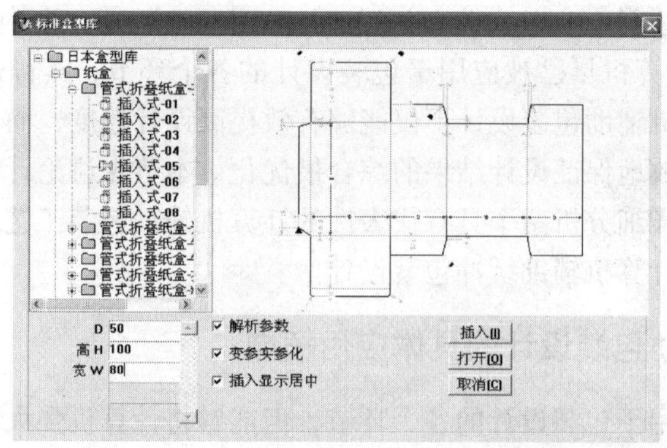

图 16 – 1　盒形结构和纸盒参数对话框

（2）玻璃瓶结构 CAD。

20 世纪 70 年代后期，国外玻璃瓶罐行业主要依靠自行研制设计的制瓶机进行瓶子的生产。随着电子计算机在工业中的广泛应用，尤其是美国、新加坡、德国等国家和我国台湾地区，已经自行开发出用于瓶罐模具行业的工作站，主要用于玻璃容器和玻璃模具的设计，而且已经形成了一套现代化的 CAD/CAM/CAE 系统。通过 CAD 系统进行人机交互，完成瓶形及模具的设计、修改，最终得到符合要求的瓶形和瓶容，而且还可以通过绘图机，清楚、精确地绘出瓶子的外形和模具部件的工程图，然后通过网络将容器的精确几何形状及模具部件尺寸传输给数控机床进行计算机辅助制造（CAM）。此外，还可以通过计算机辅助工程（computer aided engineering）设计出玻璃成型过程的模拟程序，帮助模具设计人员得到更好的型坯实体有限元分析，预测瓶形的应力状态，检验瓶子受力是否达到设计要求，以便再次修改。这样，瓶子的设计计算比较精确，结构分析更加合理，模具性能较为优越。而且，由于计算机的快速性，使瓶子设计的周期大大缩短，减少了设计费用，把以前需要数月的人工计算、手工绘图等繁重工作量在很短的时间内就能完成，加快了产品的更新速度，有效提高了产品在市场上的竞争力。

玻璃瓶的基本结构形状在本书第六章第三节已有论述，它们主要取决于所盛装物品的种类和数量，每一种类的物品（如饮料、酒类、食品、药品、化妆品和化学试剂等）都有各自特定的容器结构形状要求。但无论何种玻璃容器都有相同的组成部分：瓶口、瓶身、瓶底以及连接瓶口与瓶身的瓶肩和瓶颈部分。不同规格尺寸、不同形状的这些组成部分可以组合成各种各样不同形状、不同结构的玻璃瓶。玻璃瓶在填装被包装物后都应以适当的方法加以封口，以防止被包装物洒出或外界杂质混入，造成被包装物的损坏。封口的要求不同，则瓶口结构也不相同。一般可分为以下几类：冠形瓶口、螺纹瓶口、塞封瓶口、真空封口瓶口等。瓶底结构变化较少，常见四种瓶底结构：平底结构、双圆角、脚底以及内凸底瓶底。玻璃瓶结构 CAD 在分析瓶各部分的结构特点的基础上，将不同的瓶形（包括瓶底、瓶口等分部结构）存储在系统中，设计者只需向系统输入少量的设计数据，即可利用系统中的设计知识与设计图纸得到相关的结构设计图。

2. 包装装潢 CAD

包装装潢设计主要关心包装物的视觉效果，装潢设计包括包装物的表面设计、商标的布局与设计，包装物与销售环境的协调等内容。包装装潢 CAD 利用计算机辅助技术对包装进行图案设计、色彩搭配，并模拟印刷效果等。

长期以来，包装装潢设计人员都是通过手工绘制设计效果图和制作少量模型来表现他们的构思和设计思想，包装装潢 CAD 技术可以弥补上述设计方法的不足，给包装设计人员提供一种辅助设计系统。运用包装装潢 CAD 系统，包装设计人员可以将他们的构思快速逼真地表现出来，避免人为因素的影响，同时能够简单、迅速、方便地对设计方案进行修改，提高设计质量和效率，缩短设计周期，从而能方便地满足设计需要。运用包装装潢 CAD 系统，还可以在设计过程中对多种设计方案进行优化，显示最佳效果，同时还可以使设计工作规范化，设计文件标准化，建立标准图形库等。

包装装潢 CAD 系统的工作流程与包装设计人员手工设计的步骤相似：①设计包装容器外形的线架结构，并形成二维创作平面；②在创作平面上设计美术图文；③将设计图文映射到包装容器表面，形成效果图；④展示不同视点的包装效果并模拟销售环境。

此外，还有大量的包装设计人员使用通用的平面设计软件进行包装装潢设计，如：Photoshop、CorelDRAW 等。这些通用软件在图像处理、色彩管理方面的功能非常强大，同时也易学易用，因此应用也非常普及。但在包装设计专用功能方面却略显不足，如不能对设计内容进行提示、不能成本核算等。

OTC 药品包装设计模版是一个将设计知识巧妙地融入装潢设计过程的典范，也代表了当代包装设计 CAD 的发展趋势。OTC 药品包装设计模版是一套适合药品包装装潢设计的使用简单方便的模板，模板中将全面地涉及药品包装的法律、法规融入文字设计和装潢设计中，使得药品包装设计人员无须具备丰富的医药知识、查阅大量的法律、法规即可设计出既符合各种要求又精美实用的药品包装。

我国在 2000 年以前有关药品的法律只有《药品管理法》，但对药品的包装、标签、说明书等没有统一的规定，均是各企业自行书写，比较混乱。随着《处方药与非处方药分类管理办法》(试行)、《药品包装用材料、容器管理办法（暂行)》(局令第 21 号)、《药品包装、标签和说明书管理规定》（暂行）（局令第 23 号)、《药品包装、标签规范细则

（暂行）》、《非处方药专有标识管理规定》等涉及药品包装的法律、法规的颁布实施，药品包装的规范化、法制化越来越重要。这些法律、法规对各种药品包装设计都作了具体的规定。大到所采用的包装材料、容器，小到各项文字标识，甚至各种专有标识的颜色、大小、应摆放的位置都有详细的规定。但药品包装设计人员不一定具有丰富的医药知识，而且他们在设计任意一款药品包装时，都去查阅这一系列的法律、法规，势必耗时费力。

模板实际上是一类特殊的文档，它可以提供构造最终文档的基本工具。比较典型的模板如 Powerpoint 中的设计模板，用户在设计模板的指导下就可设计出图文并茂、带有多媒体效果的幻灯片。药品包装设计模板有别于其他软件，模板上不仅要有与其他软件类似的菜单项和工具栏，更重要的还要将国家对药品包装方面的法律、法规融入进去。因此，模板上应有相应的提示性文字来提示药品包装设计人员完成设计。这些提示性的文字可以被编辑修改以便药品包装设计人员用特定的文字替换这些文字。另外，药品包装设计离不开盒片图的设计和装潢图的设计。如果将用于盒片图设计的 AutoCAD 或其他软件的功能以及用于装潢图设计的 CorelDRAW 或 Photoshop 等软件的功能全部包括进模板中势必大大增加工作量，而且仅凭一两个人的工作也是难以实现的。可以考虑使这些现成的软件为药品包装设计模板所用。即在模板中插入用这些软件绘制的简单的图片，药品包装设计人员采用药品包装设计模板设计具体的药品包装时，可直接在模板中用鼠标双击这些图片来进入这些软件的工作界面完成对盒片图或装潢图的修改。

为实现上述功能，可采用 Visual C + +6.0 作为开发工具，利用其中的 ActiveX 技术首先开发一个 ActiveX 容器程序作为药品包装设计模板软件的主体，其次开发一个用于向容器中插入或链接文字的文本服务器程序。其他用于向容器中插入或链接图片的服务器可直接利用现有的 CorelDRAW、Photoshop 等软件。这相当于将药品包装设计模板作为一个容器，将其他软件设计的图片以及文字性内容作为可被容器调用的服务器。ActiveX 技术支持链接与嵌入技术和现场激活技术。链接与嵌入技术可实现向模板中插入或链接各种文字标示和图片的功能。现场激活技术可实现对文字标识和图片的编辑修改。图 16 - 2 是乙类非处方药盒装模板，设计时只需点击相应的提示文字，如“药品名称”并输入实际的药品名称即可。

3. 包装造型 CAD

常见的包装产品纸盒、纸箱、瓶、罐等最终都是以立体的形式使用的，如果是作为销售包装，则其立体效果是非常重要的。包装造型 CAD 是指通过计算机辅助技术，对包装容器进行三维仿真模拟，以达到高效、快捷、准确的设计效果。另外，对于包装容器在任意深度剖视以及包装材料体积等问题的解决，也要求包装容器及其包装辅材在计算机内的表示是三维的。常用的几何造型方法有三种，它们是线框造型、曲面造型和实体造型。实体造型技术在近年内得到了很大的发展，已在包装造型 CAD 系统中得以实现。近年来包装造型 CAD 系统又增加了材质和光照等功能，以便能更加真实地展示设计效果。

三维 CAD 模型能够真实地表达出产品包装的外部特征和结构特征。OpenGL 是 SGI 公司开发的一个三维图形库，是一个工业标准的三维计算机图形软件接口，可以利用不同的软件开发工具，如 VC + +，BC + +等开发出三维图形程序。OpenGL 库函数能够实现 3D 物体的几何构形、矩阵变换、光照渲染、反走样、纹理映射、剪裁和投影变换等功能。

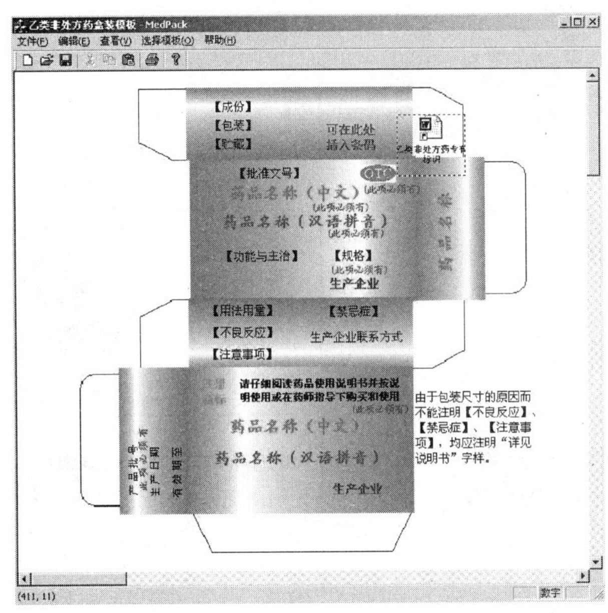

图 16－2　乙类非处方药盒模板

Microsoft 公司将 OpenGL 图形库封装在 Visual C＋＋2.0 及以上版本中以后，使广大 PC 用户可以利用 OpenGL 快速开发高质量的三维图形。OpenGL 技术为实现交互式三维纸箱纸盒 CAD 系统提供了一种有效方法。

利用 OpenGL 图形库开发三维包装纸盒设计系统的功能主要有：结构设计，其中包括粘贴纸盒和折叠纸盒的结构设计；渲染，包括光照设置、材质设置、反走样控制等；三维效果显示，包括 3D 效果、陈列效果、平面展开图、是否显示压痕线等；动画，包括旋转/暂停、缩放、展开/叠合等。

三维效果显示功能有助于了解结构复杂的纸盒展示图在成型后的几何形状。立体图经过消隐处理，视觉效果形象直观，通过旋转可从不同角度观察纸盒的造型，可以对纸盒各个角度的美观程度都有很好的把握。还可以实现货架预览、光照等效果。利用 OpenGL 进行三维建模，可直接画出三维的盒形。同时存储为标准的文件格式。

另外，通过纸盒成型方式的动画模拟，可以让设计者直观地看到纸盒的造型和外观，用户可以根据演示效果来进一步改进纸盒的结构形式，以便设计出更完美实用的包装纸盒。图 16－3 是基于 OpenGL 的纸盒动画展示。

4. 缓冲包装 CAD

缓冲包装的目的是在运输、装卸和存储过程中，当发生振动、冲击等外力作用时，保护被包装物品。传统的设计方法因其过程繁复，方案选择较难及灵活性、可修改性和可扩充性差制约了缓冲包装设计的发展。缓冲包装 CAD 系统通常由信息数据库模块、设计校核模块、图形处理模块和分析仿真模块构成。不同的缓冲包装 CAD 系统由于设计目的不同，其原理、结构、工作方式有一定的差异。

5. 包装机械 CAD

客观地说，包装机械 CAD 只是将 CAD 技术用于包装机械的设计，属于已经非常成熟的机械 CAD，与产品的包装设计并无直接关系。国外自 20 世纪 80 年代开始研究包装机械的计算机辅助设计系统，美国、日本、意大利、德国等先进国家已自行设计和开发出用于

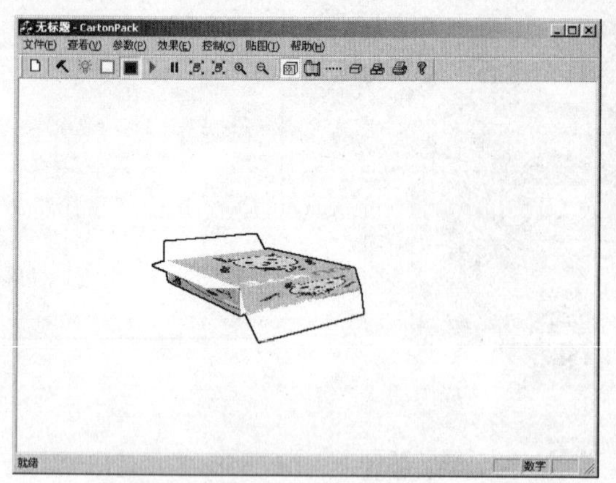

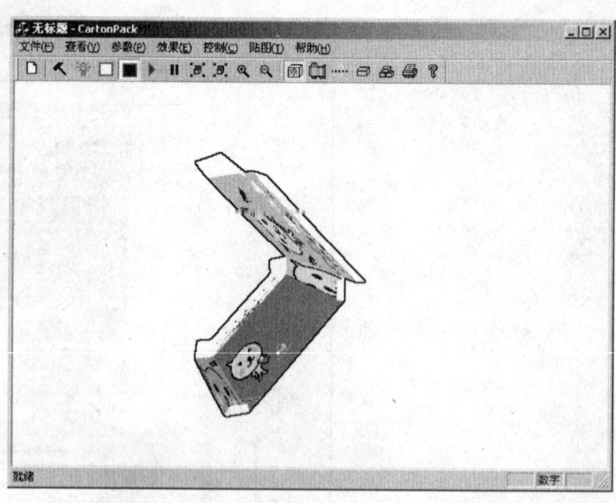

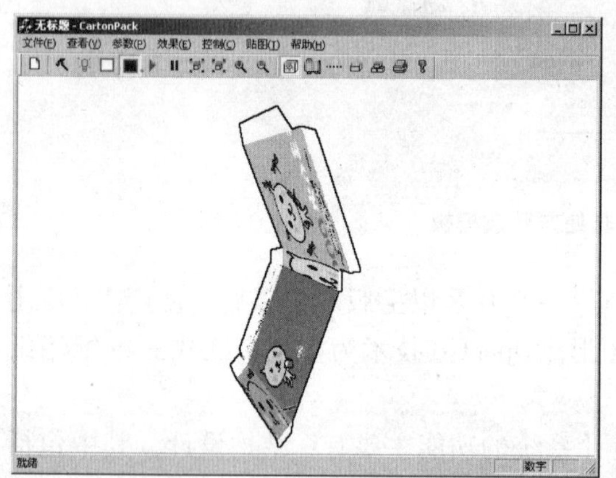

图 16－3 纸盒动画展开过程

包装机械设计的 CAD/CAM/CAE 系统。通过 CAD 系统进行包装机械的设计、修改，最终得到所要求的机器；通过 CAE/CAM 系统完成机器的“无图纸”制造；既缩短了设计、制造的周期，又能保证产品的质量和提高产品的机电一体化水平。

6. 包装工艺 CAD

各类包装技术在实施时，都需要进行相关工艺参数设计，如热收缩薄膜的收缩温度、拉伸薄膜的许用拉伸、气调包装的薄膜渗透率和初始气体浓度等。包装工艺 CAD 利用计算机强大的计算功能计算、优化各项包装工艺参数，可使包装工艺设计不完全依赖实际测试，一方面提高了设计效率，另一方面节约了设计成本。由于包装技术的复杂性，相应的包装工艺 CAD 的对象也较为广泛，比较有代表性的有产品包装储存期预测 CAD、果蔬气调包装内环境仿真等。

二、果蔬气调包装内环境仿真

1. 果蔬气调包装内环境仿真的意义

果蔬含有多种营养成分，是人体所需维生素、矿物质的主要来源。但是，由于生理衰老、病菌及微生物侵害等多种原因，果蔬容易腐烂变质。目前，果蔬的最佳包装方法是气调包装，即通过改善包装内果蔬周围的气氛，防止或减弱果蔬化学或生物化学反应发生，从而达到保护果蔬目的的一种方法。根据气调包装保鲜的原理（参见本书第十章第二节）可知，包装内环境气体浓度对果蔬的保鲜起着至关重要的作用，影响包装内环境气体浓度的因素很多，如包装材料、包装产品、储藏温度等。正是由于影响包装内环境的因素很多，才使得现实中对包装内环境气体浓度的控制很难达到预期的要求，研究果蔬气调包装内环境仿真，可以避免实际研究中干扰因素多的不足，而且还可以通过模型来指导新鲜果蔬气调包装的设计。

2. 果蔬气调包装内环境仿真的原理

包装内环境影响因素很多，且因素间的作用关系也十分复杂。从总体上讲，包装内环境的影响因素主要是包装材料、被包装物品、包装外环境和添加剂四个方面。包装材料与被包装物品直接作用于包装内环境，同时内环境对二者又有反作用。对于有生命活性的果蔬，这种反作用更明显。果蔬呼吸会引起内环境气体浓度、温度和相对湿度的变化，这些变化又影响了包装材料的性质，包装材料性质的改变会对包装内环境产生影响，内环境的变化最终又会作用于产品。由此可见，包装内环境与其影响因素之间存在着相互制约的关系。外环境是包装内环境的间接影响因素，主要通过温度、湿度等条件间接地影响包装内环境。有时为了特殊目的可以使用一定的添加剂。常用的添加剂有脱氧剂、乙烯吸收剂等，其主要作用是吸收包装内环境中不利于产品贮存的气体。

果蔬气调包装的效果取决于对内环境参数的控制，它受诸多因素影响，主要包括：内环境初始值、被包装物品、包装材料、外环境等。果蔬包装后，一方面，O_2 要向外环境渗透，另一方面，随着果蔬呼吸的进行，内环境的 O_2 还要向细胞内渗透，来补充细胞内呼吸作用消耗的 O_2，因此，内环境的 O_2 会逐渐减少。另外，果蔬呼吸作用会产生 CO_2，由于刚开始内外环境 CO_2 的浓度差很小，产生的 CO_2 不易渗透到外环境中去，包装内环境的 CO_2 的浓度会逐渐增加，当 CO_2 浓度增加到一定程度，内外环境 CO_2 的浓度差较大，CO_2 容易渗透到外环境中去，这时 CO_2 就会保持一个相对稳定的浓度。

对内环境气体进行研究，主要以 O_2、CO_2 和 N_2 三种气体的浓度变化为研究对象。内环境控制主要是通过包装材料（厚度、面积、渗透系数）、被包装物品（呼吸速率、质量）、外环境（气体浓度、温度）和内环境初值（气体浓度、气体总体积）四方面。

3. 仿真软件的使用

仿真程序采用 VC + +6.0 开发平台，此仿真软件可视化性很强，操作非常简单，可清楚地表现整个实验过程中，果蔬气调包装内环境气体浓度的变化，可为气调包装设计参数的选择提供参考。

启动软件，点击菜单栏上的“仿真”菜单，点击“输入参数”按钮，弹出如图 16－4 所示的界面，按属性表指示的界面填入气调包装的相关参数，界面显示的参数值为程序默认的参数值，用户可以根据自己实际设计的需要，改变各个参数值（产品、材料、内环境、外环境和时间）。

各个参数输入后，点击“浓度”按钮会出现气调包装内环境气体浓度的仿真曲线，如图 16－5 所示。该曲线可以很直观地看到气调包装内 O_2、CO_2 和 N_2 三种气体浓度随时间的变化，可以得出任意时刻三种气体的浓度值，通过调整参数，可以使包装内环境的气体浓度处在果蔬产品最适合的气体环境中，从而为气调包装的设计提供指导。另外，对话框下端的数值表示的是仿真所设实验总时间结束时刻，各个物理量的值。如图 16－5 所示，仿真所设总时间为240h，此时 O_2 浓度为4.776%，CO_2 浓度为3.759%，N_2 浓度为91.465%，包装内气体总体积为401.53mL，呼吸速率 R_O 为6.82mL/kg · h，呼吸速率 Rc 为6.81mL/kg · h。

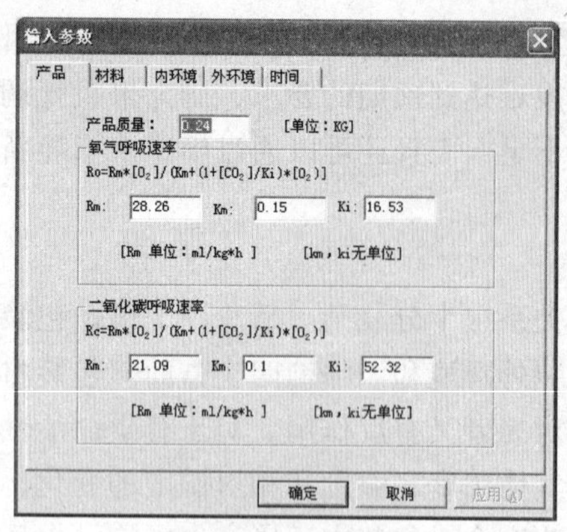

图 16－4　参数对话框

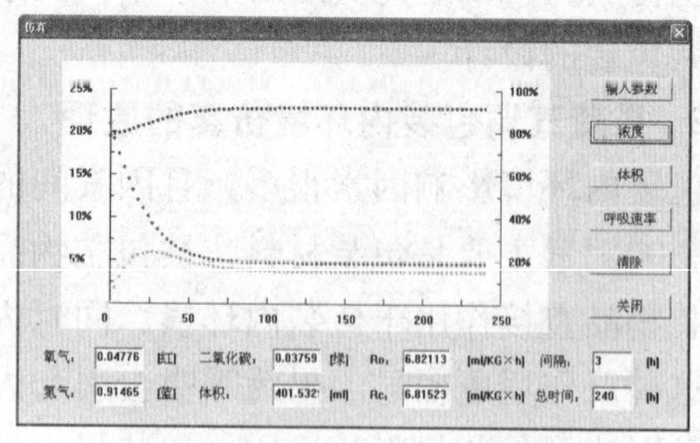

图 16－5　气体浓度仿真界面

三、计算机辅助缓冲包装设计

采用计算机技术进行缓冲包装设计、产品脆值评价、缓冲包装动态特性分析等问题是一种切实可行的方法，可减少或避免不必要的破坏性试验，缩小试验时间和费用，也有利于反复修改模型参数、优化缓冲包装结构、阻尼系数，周期短，费用低。

仿真是一种基于模型的活动，计算机仿真是将一个能够近似描述实际系统的数学模型经过二次模型化转化为仿真模型，再利用计算机进行模型运行、分析处理的过程，其实质是利用计算机仿真系统进行实际系统的建模—实验—分析过程。缓冲包装系统是对各种缓冲包装件的抽象，是由包装容器、产品、缓冲结构或材料所组成的有机整体。因此，基于“建模—实验—分析”的仿真思想，将计算机仿真技术应用于缓冲包装设计可实现缓冲包装系统设计、仿真分析、优化一体化。图 16－6 是缓冲包装系统计算机仿真分析流程图。

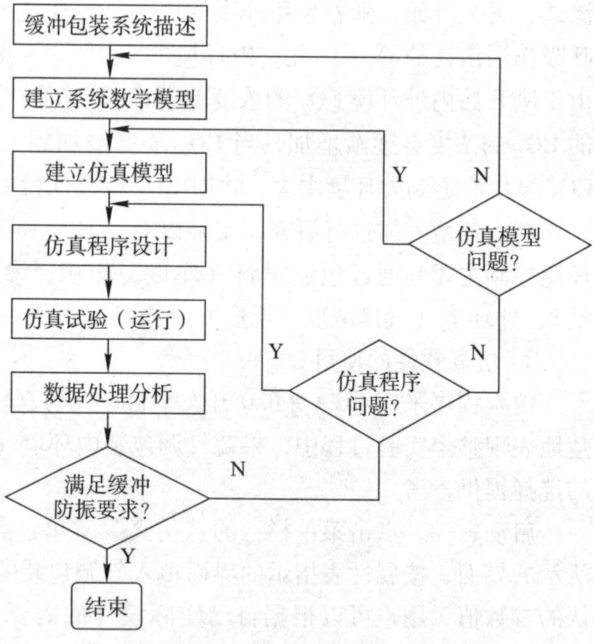

图 16－6　缓冲包装系统计算机仿真分析流程

计算机辅助脆值分析（CAFA：computer aided fragility analysis）。例如，将 FH－100E 型“烽火”牌收音机简化为前箱板、线路板和后箱板三个子结构，从产品结构参数、脆弱部件特征等信息出发，利用有限元、动态子结构、模态综合法等理论及方法求解各脆弱部件对任意激励下的加速度响应或应力，找到最大加速度和应力，从而判断脆弱部件的破损情况。修改模拟试验条件，重复上述过程，可进行收音机等产品的计算机辅助脆值分析。

缓冲包装系统动态特性分析（DPACP：dynamic property analysis of cushioning package system）。DPACP 主要是对产品或易损元件进行冲击与振动响应分析，采用 Linsim 法、Rk23 法、Rk45 法、Adams 法、Gear 法和 Eular 法等数值分析方法求解其最大响应加速度值、冲击放大系数、振动传递率、破损边界曲线等，评估缓冲包装系统的抗冲击、抗振动性能。

计算机辅助缓冲包装设计（CACPD：computer aided cushioning package design）。CACPD与传统的缓冲包装设计方法不完全相同，主要区别有两点：其一是CACPD基于仿真思想，按照运输包装件基本试验方法系列标准对缓冲包装件进行仿真试验；其二是它可反复修改参数，优化缓冲包装结构与尺寸。

第二节　计算机辅助包装生产（CAPM）

一、CAM简介

计算机辅助制造技术CAM（Computer Aided Manufacturing），即利用计算机代替人工去完成制造及与制造系统有关的工作。该技术产生于20世纪50年代后期，是随着计算机技术的飞速进步而迅速发展起来的高新技术，现已成为集计算机图形学、数据库、网络通信等领域知识于一体的先进制造技术。

就广义计算机辅助制造技术而言，CAM是指使用计算机通过与生产资源直接或间接接口对制造的工序进行计划和控制，操纵零部件制造、装配及质量管理等方面的技术，主要从产品设计制造方面考虑；狭义CAM主要是指通过接口将计算机与相应的生产设备相连接，实现计算机系统对制造设备的控制，完成对生产的计划、管理、控制及操作等制造信息的处理。因此，计算机辅助包装生产就是利用计算机帮助人们进行包装的生产。

CAM是设计工作的最终结果。三维造型软件设计的零件模型，经过工艺编排产生工艺流程图后，最终在CAM中进行加工轨迹生成与仿真，产生数控加工代码，从而控制数控机床进行加工。可以说CAM系统的强弱直接决定着整个设计过程的成败，三维造型的效益最终也是通过CAM体现出来的。

二、计算机辅助包装生产的发展状况

20世纪70年代初，为了适应世界经济的发展，满足物资流通的需要，一些发达国家开始尝试将先进的计算机技术应用于包装行业。美国的ATLAS STEEL RULE DIE公司和德国的MARBACH公司先后成功地研制了“激光切割模版系统”和用于模切包装纸盒（箱）的“激光切割设备”。由于当时的CAD/CAM技术受到计算机的性能、价格等因素的制约，故推广速度不快，应用范围不广，中小型企业尚未普遍使用，计算机在包装领域中的应用还处在试验、探索阶段。直到80年代初，美国的大陆塑料容器公司、德国的ELCEDE、DOSSMANN等公司陆续开发了“瓶体及模具CAD/CAM系统”、“包装纸盒CAD/CAM系统”，人们才真正注意到计算机技术在包装上的应用。

进入20世纪80年代中期，许多国家研制开发的用于包装的CAD/CAM系统不断涌现，当时德国的LKS公司开发“纸盒样品切割绘图仪”是包装CAD/CAM的典型产品，非常引人注目，计算机对纸盒结构进行辅助设计后，经“绘图仪”对纸板进行裁切、压痕，可向用户提供高质量的样品。1987年瑞士Wila公司也向市场推出了“雕刻样品绘图仪”，同年ERPA公司又向人们展示了该公司开发的可输出纸盒立体图的包装纸盒CAD系

统。在荷兰和加拿大，用微型计算机分别对产品的包装造型、瓦楞纸箱包装进行辅助设计和分析都取得了极大的成功。日本在开发计算机辅助包装设计方面也获得了显著的成效。三菱公司亦将16位微型计算机成功地应用于瓦楞纸箱包装设计、木箱设计、托盘装载模式计算和缓冲包装设计等。

进入20世纪90年代以后，计算机技术发展得越来越快，微型计算机的性能价格比迅速攀升，图形处理技术更加成熟，这对包装领域加快推广应用计算机技术无疑是一个良好的环境。这个时期，很多功能先进的包装CAD/CAM系统达到了实用水平，并使企业获得可观的经济效益。

CAM技术在包装行业的开发应用已有二十多年的历史。现代化商品经济的飞速发展，对产品的包装质量、包装企业的生产效益等提出了全方位的挑战，CAD/CAM技术在包装行业的推广应用已成为发展必然趋势。

日本夏普公司研制的智能化包装系统实际上是包装CAD和包装CAM的集成系统，只要输入被包装物品的外形长、宽、高尺寸，计算机就能做出合理的整体设计，并连续完成制造、包装一体化生产过程。松下电器公司为了优化缓冲包装设计开发了包装CAD/CAM系统。一些发达国家的大公司在包装生产线上利用智能机器人（手）代替人工作业，进行包装货物的取放、装箱和堆码作业。针对产品的不同特点，日本川岛制作所推出了三种机器人，取得了良好的效果。今后包装领域开发的计算机应用系统功能越来越多，使用的计算机技术越来越先进。

国内CAM技术在我国包装领域的推广应用起步较晚，但发展很快。但总体看来，我国的CAD/CAM技术应用水平与发达国家相比仍有较大的差距，而且各部门的应用水平也不平衡。我国的包装行业基础薄弱，职工整体文化素质偏低，科技人员严重不足，CAD/CAM技术的开发应用远落后于国内机电等部门。绝大多数纸箱厂拥有传统的打样设备。然而随着新设备和系统的应用，生产真实样品的成本和繁复的步骤将被缩减，CAD/CAM系统能够表现出一个虚拟的、几乎能乱真的纸箱样品。在国内，计算机在优化排料、最佳堆码等方面也已见成效。多功能纸盒样品CAM系统、模切版CAM系统、背衬CAM系统的相继出现，标志着计算机在包装上的应用又迈上一个新台阶。

在产品建模阶段，需要根据客户的产品图纸或读取客户提供的产品数据文件在CAD/CAM系统中得到所需的产品三维模型。这就要求所采用的CAD/CAM系统不仅要有强大的建模能力，特别是具有雕塑曲面的建模能力，还要拥有丰富可靠的数据转换接口，支持用户读取来自其客户的各种各样的数据文件。通过采用CAM软件进行新品开发，减少了新品三维建模的时间，降低了人工设计和普通设备加工所造成的误差，使得机械加工的工作量和劳动强度大大减少，提高了新品的加工效率，不仅缩短了新品的开发周期，也丰富了新产品的品种，为企业带来了良好的经济效益。随着计算机应用的不断普及和提高，必将推动我国包装工业整体水平的全面提高。

三、纸盒CAM系统

折叠纸盒作为一种销售包装容器，因其结构造型多样、印刷性能良好、质量轻、便于储运且又符合绿色包装发展的要求而得到广泛的应用。然而目前国内许多纸盒生产企业的技术水平还较低。传统的做法是靠手工完成，存在很大的误差可能性，常给实际生产带来种种困难。靠经验进行类比，既无标准又无设计依据，致使盒片结构不合理，使得模切或自动糊盒时易出废品，纸盒的设计生产周期长、精度差，在模切版加工、背衬制作方面，工艺也比较落后等缺点。因此，在我国纸盒包装行业，引入 CAD/CAM 技术，以实现纸盒包装设计、制造现代化更为重要。早在 20 世纪 70 年代，一些先进工业国家就开始研制纸盒 CAD/CAM 系统。如德国的 MARBACH 公司研制了专用纸盒模切版加工设备，相继又研制出了“包装纸盒交互 CAD 系统”。ERPA 公司于 1987 年研制了包装纸盒 CAD 系统。到目前为止，国外已经推出了数百种包装纸盒、纸箱 CAD/CAM 系统软件，如 BARCO、LASERCOMB、MARBACH、VELLUM 等。然而目前这些软件在国内用之甚少。究其原因，主要是价格因素的影响，国外的包装 CAD 软件价格一直居高不下。

国际市场上较为流行的包装纸盒 CAD/CAM 系统软件如 ELCEDE、LASERCOMB、KRUSE、ERPA、MARBACH、SERVO、OVATION、KONGSBERG 等。这些软件多用于人机对话操作方式，用键盘、鼠标器可在屏幕上随心所欲地设计纸盒盒片结构图，并能方便地调用盒片图形库，选择满意的盒形结构，输入盒体尺寸（长、宽、高）和纸板厚度后，可立即显示或打印盒片结构图，输出模切排料图、印刷轮廓图和背衬（底模）加工图。除选择标准盒型改变纸盒形体外，还可任意设计特殊盒形，并将设计图形和数据传送给模切版激光切割设备、背衬雕刻系统和模切刀加工设备，从而保证了模切版和背衬版的加工精度，提高了纸盒精度。对纸盒进行结构、装潢设计后，要经过制版、印刷、上光、压光、覆膜、烫印、模切、折叠、粘盒等加工工艺，才能制出用户所要求的纸盒。纸盒的模切工艺是在纸盒坯料上根据图文、折叠等要求进行压痕、切割。使之成为所需纸盒形状。

1. 纸盒样品 CAM 系统

为了验证纸盒结构设计的合理性，在正式批量生产前，使用多功能纸盒样品 CAM 设备试制 5 ~ 10 个纸盒样品，征求用户及消费者意见后，再进行修改或重新设计，避免批量投产后纸盒结构设计、制造不合理的现象，也可以检查设计是否符合用户要求。多功能纸盒样品 CAM 系统配有组合式切刀、压刀。当控制部分接收到执行指令后，执行部件按其纸板类型自动选择压痕、切割刀具并按计算机辅助设计的结构数据及程序自动进行绘图、压痕、切割，并能实现自动换刀。也可在木板、胶片、纸板或其他材料上绘图。

2. 模切版 CAM 系统

模切版计算机辅助制造就是利用聚焦后的高功率密度激光束来切割模切版的基板—胶合板，并由计算机控制激光束与胶合板的相对移动，在胶合板上切割形成由 CAD 设计的图案缝槽作为嵌刀模具。

模切版 CAM 系统由激光加工头、计算机辅助设计 CAD 软件、计算机数控装置 CNC、工作台等组成。激光加工头由聚焦透镜、气体喷嘴、高度传感器等构成，靠伺服马达驱动。高度传感器控制焦点的空间位置。工作台用于装夹支撑和移动被切割材料（胶合板），由电机及同轴丝杠的转动来驱动滚珠导轨工作台移动，通过它与激光束的相对运动切割出图形来。从激光束与胶合板相对运动方式来看，有工件移动式——激光束固定不动、激光束移动式——工件固定不动以及这两种方式的复合方式。激光束移动是通过调节光路的机械传动部分来实现的。光路系统是激光器和工作台的连接桥梁，它包括光束的直线传输通道、光束的折射移动机构和聚焦系统。

计算机数控装置采用微处理器控制的可编程逻辑控制技术 CAD 产生的数控软件送入 CNC 后，能实时控制胶合板的激光切割，包括故障检测、伺服驱动与定位、辅助气体压力控制等。专家系统能根据材料的种类、性能、厚度及加工要求自动选择最佳过程参数（功率、速度、压力等）。

模切版切割工艺流程一般为：留桥→搭桥→切边框。

①留桥。为了得到一块完整的模切版，必须在图线的某些位置留出一些线段不切。这些线段像桥梁一样，把版面联成一个整体。在切割工艺上叫留桥。若采用手工或半机械锯切模切版，需先在桥的两端打孔，然后穿锯条、锯切、卸锯条重复作业，相当麻烦，也无法保证精度。由于胶合板的质量不同，在每块模切板正式切割前还应进行预切处理，即在胶合板的边角处分别沿 X、Y 方向试切一段，然后将钢线镶嵌到切缝中。如果不合适，应对工艺数据及系统进行调整。

②搭桥。由于桥的存在，不能直接用市售的钢线进行镶嵌，必须把钢线在与桥对应的部位加工出有一定深度的缺口，才可能将钢线镶到切缝中。镶嵌到位的钢线，下端和木板底面平齐，所以缺口深度应和木板的厚度相等。搭桥切割实际是使留桥部位用半通槽连接，即在桥位切一定的深度。因此，搭桥的切缝宽必须和桥位保持一致，连接处不能出现错位。搭桥的深度一般由用户提出，通常小于板厚的 1/2，搭桥时激光功率要低于留桥，同时调整速度达到要求的切割深度。

③切边框。留桥和搭桥是模切版切割的主要内容，边框的切割则相当于切制一个方形件。根据模切设备的尺寸要求确定，可切出整齐的边框，有利于模切版安装和固牢。边框切割时，应保持搭桥时的功率，把速度降低 1/3 左右即可。模切版的切割质量与光束模式、偏振状态、聚焦透镜、焦点与胶合板表面的距离、机床的运行速度、辅助气体压力及胶合板材料的质量等因素有关。激光功率一般应选择在 400 ~ 2000W 范围内，适当提高功率，同时放大运行速度会使效率提高，有利于改善切割质量，减少缝槽断口炭化。工作台运行速度选择在 0.5 ~ 20m/min 范围内，速度越高，生产效率也越高，但同时还须观察材料有否穿透，以选择最佳速度。调试传输光路，保证切缝上下同宽，且总是垂直于胶合板表面，还要高速调整喷嘴位置，使其距离胶合板表面 1 ~ 1.5mm，此时能使辅助气体充分发挥作用。辅助气体压力应选择在 4.9 ~ 9.8N/m^2 范围内，使用经过干燥过滤的压缩空气。气压的选择要结合功率、速度综合考虑。在尖角、圆弧、直线等处，软件应设置不同的切割速度。对成批量和重复切割率高的图形还要考虑总轨迹长度越短越好，有利于提高生产率，降低成本，延长压刀、切刀使用寿命。胶合板应选用干燥、表面平整、内部均匀和厚度标准的材料，并保证批量材料性能的一致性。要根据材料纹理选择最佳切割移动的方向。应用激光切割模切版，不仅速度快，精度高，而且重复性好，特别是切割多联版和重复制作模切版时，更为优越。

3. 背衬 CAM 系统

用计算机辅助雕刻仪加工背衬时，压痕槽宽与切割深度、精度应满足要求，且雕刻速度、深度应可调。应用背衬 CAM 技术后，不仅能缩短设计和制作周期，提高市场竞争能力，而且由于采用了同一设计程序和参数，保证了背衬雕刻、激光切割模版的尺寸精度的一致性，从而提高了纸盒的设计和制造精度。

4. 折叠纸盒激光直接制作系统

目前新型折叠纸盒激光直接制作系统，采用了同一设计程序和参数，保证了底模雕刻版和激光切割的模切版尺寸精度的一致性，从而提高了纸盒的设计和制造精度。德国 MARBACH 公司推出的 Boardeater 折叠纸盒加工系统，应用 CO_2 激光光束，直接加工纸盒盒片的切割线和折叠线，不需要模切压痕工具。具有速度快、精度高、方便灵活、加工周期短等特点，可以进行个性化生产。

四、瓶形容器 CAM 系统

目前，我国的玻璃容器设计仍基本按传统的经验设计方法进行，设计中结构描述不准确，造型变化少，当容器形状较为复杂时，特别是新型异型容器的设计需要经过反复的设计、修改才能确定可行方案，同时设计与玻璃容器成型模腔的制造加工处于分离状态，导致设计制造周期长，成品精度低。传统的设计制造方法已很难适应由于市场激烈竞争而要求不断开发新产品的需求，须采用 CAD/CAM 这一最有效的方法才能加以解决，这也是目前包装工程技术发展所迫切需要的。西安理工大学包装工程系以一个塑料瓶及其吹塑模具的参数化 CAD/CAM 系统的研究与开发为例，通过瓶子的参数化设计、模具的参数化设计和瓶子到模具的参数传递 3 个步骤实现了瓶子的参数化设计和模具的自动化生成，详细讲述了进行包装容器 CAD/CAM 系统研究与开发的一种新方法，为正在从事或即将从事相关方面研究的人士提供了一种新思路。应用一体化的 CAD/CAM 系统是模具工业发展的必然趋势。基于知识的玻璃容器 CAD/CAM 系统，用参数化圆弧控制曲线和 Bezier 曲线构造瓶样表面，采用体积控制设计方法，较好地满足了瓶样的造型、设计要求；同时系统可实现 CAD/CAM 的集成，避免了传统设计与制造过程中的诸多缺陷，设计效率显著提高。

五、计算机控制包装生产线工作

在包装生产线中，使用计算机控制生产的例子很多。图 16－7 是吹塑制瓶和液体灌装联合生产线；产品是隐形眼镜中性清洁消毒液。1 是吹塑制瓶室，它是一间封闭的无菌室，空气洁净度级别为 1000（见本书第十一章表 11－3 无菌室的空气洁净度级别表）；室内装备着无菌空气循环系统，安装着两台共挤吹塑机，每天 24h 连续不断地生产容量为 115g、230g 和 345g 三种规格的 HDPE 塑料瓶，生产率可达 50 瓶/分；吹塑机模具的设计和制造均能承受干热灭菌和蒸汽灭菌的强度要求。机器输出口空气洁净度级别为 100。那里准备着经过无菌处理的三重塑料袋，吹塑成型的瓶子落入塑料袋，装满后，工作人员从里到外地扣紧每一层袋口，然后用传送带 2 输送到下面一个暂存洁净室 3，在进入中间洁净室 4 后，工作人员把外面的袋子去掉，这时黏附在袋子外面的污秽脏物都被带走了。理瓶洁净室 5 内安装着理瓶机，工作人员去掉第二层袋子，把内袋的瓶子倒入料斗中，经整理排序后送入无菌灌装室 6；洁净室、理瓶室和灌装室的空气洁净度级别均为 100，室内采用正气压，比室外大气压约高 10Pa，以防污秽脏物侵入。灌装室安装着两台时间/压力灌装机，各有 16 个灌装头，这是定制的专用设备，它有就地清洗和就地蒸汽灭菌系统。并且在计算机控制系统操纵下运行。产品（隐形眼镜清洁消毒液）用泵打入，进行灌装，塞头和帽盖分别从它们各自的震动料斗送入。并在相应的工位上装塞头和拧帽盖。整个灭菌、装塞和盖帽操作均有其控制系统、面板，可以控制液体供给高度、帽盖扭矩和料斗盘震动的程度。从灌装室出来后，在工位 7 检查液体灌装高度；在工位 8 进行热熔密封帽盖；在工位 9 贴接受压敏标签；工位 10 进行装盒，这里，单页说明书与瓶子一起放到纸盒内；此后在工位 11 进行纸盒安全密封，在工位 12 进行捆扎组合，送到工位 13 仔细检查所有捆扎，然后把它们装箱。最后在托盘上拉伸裹包，用集装箱运往目的地。

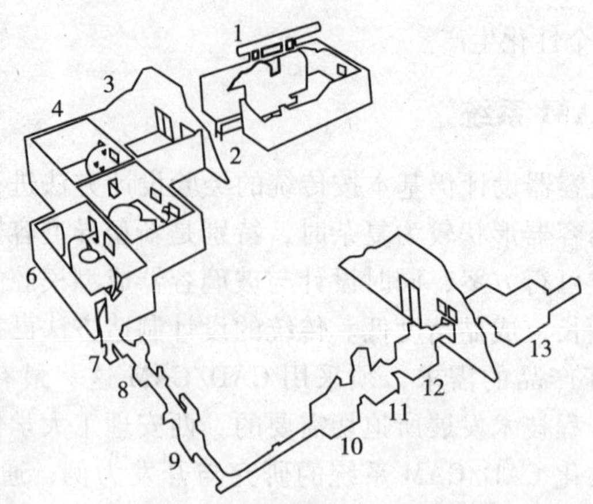

图 16－7 吹塑制瓶和液体灌装联合生产线示意图

1－吹塑制瓶室；2－传送带；3－暂存洁净室；4－中间洁净室；5－理瓶洁净室；6－无菌灌装室；7－检查工位；8－热熔密封帽盖；9－贴压敏标签；10－装盒机；11－纸盒密封；12－捆扎；13－托盘集装

第三节　可持续包装

可持续性（Sustainability）通常是一个简单的感性系统观念。可持续包装（Sustainable Packaging）是包装技术的新理念，它是符合国民经济在“科学发展观”注（Scientific Concept of Development）思想指导下进行可持续发展（Sustainable Development）战略的包装技术。

一、可持续发展

人类需要一个健康的地球来提供资源，满足人类的基本需要，并且支持经济的需求。多年以来，地球为人类提供了物质资源来满足社会和经济的需求。现在，人类进入了一个前所未有的世纪，人类的需求超过了地球的生物供应能力。近几百年，我们几乎耗尽了赖以生长的有限的地理资源。通过全球越来越多的变化形式，如气候变化，我们得到清楚的信号，人类聚集的影响已经留下了严重的的环境后果，我们现在的工业和消费留给子孙后代的是悲剧性的遗产和有限的资源。

1987 年，联合国环境和发展世界委员会（UN World Commission on Environment and Development）发表了一份名为《我们共有的未来》（*Our Common Future*）［80］的文件，它对可持续发展提出定义，这个定义通用于现在提到的“可持续性”，即“可持续发展就是能满足目前的需要，而又不损害子孙后代，并能满足他们的需要”。或者说“既满足当代人的需求，又不对后代人满足其自身需求的能力构成危害”。因此，“可持续发展”是“科学发展观”的基本要求之一。

欧洲联盟（European Union），一个由欧洲会员国组成的致力于区域一体化的经济和政治联盟，定义的可持续发展是一个进步的远景，综合了眼前的和长期的需要，区域的和全

注：中国共产党第十八次全国代表大会修改的党章，把科学发展观与马列主义、毛泽东思想、邓小平理论、“三个代表”重要思想一起，确定为中国共产党的行动指南。

球的需要，以及有关社会的、经济的和环境的需要等不可分割的人类进步相互依赖的内容。在这个定义中，涉及一般的术语、指导的原则和进步的远景，因为可持续发展是一个复杂的过程，没有特殊的措辞可以适应于每一个情况。

我国实施可持续发展战略的基本原则是：重视协调的原则。以经济建设为中心，在推进经济发展的过程中，促进人与自然的和谐，重视解决人口、资源和环境问题，坚持经济、社会与生态环境的持续协调发展。

理解可持续发展的材料系统，最有价值的是“从摇篮到摇篮”的理念，这是可持续性框架之一，这个话题来自一本书《从摇篮到摇篮》（*Cradle to Cradle*：*Remarking the Way We Make Things*）[85]，它论述了我们制造事物的途径，书的作者是美国建筑师威廉·麦克唐纳（William McDonough）和德国化学家迈克尔·布朗嘉特（Michael Braunngart），他们从自己的专业实践出发，通过为读者描述樱桃的生长模式，阐述了他们重新设计的可持续发展模式。樱桃树从它周围的土壤中汲取养分，使得自己花果丰硕，但并不耗竭它周围的环境资源，而是相反，用它撒落在地上的花果滋养周围的事物。这不是一种单向的从生长到消亡的线性发展模式，而是一种“从摇篮到摇篮”的循环发展模式。这个例子在探索人类社会可持续发展的问题时，帮助我们理解把新的设计思想积极付诸实践的新理念。

“从摇篮到摇篮”设计的应用产生了机遇，使工业材料以可持续的方式回收利用，每一种材料都需设计得安全和有效，为下一代生产提供优质的资源。可以进行营养循环，这种材料消除了废料的概念。

今天，世界各级政府、组织和企业，都给予可持续发展极大的关注。可持续发展对几乎所有工业都是重要的，我们在这里侧重讨论可持续包装。

二、可持续包装

1. 可持续包装的定义

可持续包装的正式定义提供了一个理解平台，从而能够审度包装供给链的效果。由美国弗吉尼亚州可持续包装联盟（Sustainable Packaging Coalition，SPC）于2005年10月发布。可持续包装联盟是一个包装行业的工作集团，是一个非营利性的可持续性研究机构。它致力于建立一个更强大的视觉环境。通过会员的强力支持，以信息和科学为基础方法，在基本的有效的概念和可持续性的原则下，明确表达“从摇篮到摇篮”的理念，推动供应链的协作和持续性，努力建立可持续包装系统，促进经济繁荣和材料的可持续流。

围绕包装整个生命循环，定义进一步地表达为包装工业视觉的八个标准，它是对现状的挑战，为识别机遇和策略提供遵循指南。

（1）可持续包装应该在整个生命周期中，对于个体和社会都是有益的、安全的、健康的。全球包装工业保守地估计，目前约为4200亿美元，2014年可达5300亿美元；在全世界拥有多于五百万的雇员。对于个体和社会，包装的突出表现是各种各样的，大致说来有三点：①产生和谐稳定的雇佣关系；②进行产品和粮食保护、保存、安全和运输；③促进主要的营销、构成产品间差异的特征和对消费者进行教育和施加影响。但工业企业作为全球构成的一部分，随着经营日益发展和增长，对于造成社会或环境负面影响的后果应该负有责任。例如包装的采购、生产、运输和废弃对环境和地球周围的社会都会有负面的后果。企业如果通过智能包装和系统的设计，有可能设计出对环境和社会没有潜在的负面影响的包装。

“从摇篮到摇篮”理念提供的策略改善了包装材料的健康性，并且对包装材料实施封闭循环（材料自起始到终结形成封闭环），包括使用经济可行的转换复原系统，有效地消除废料。这些策略保护了环境而有益于个体和社会，产生了有益的、安全的、健康的可持续包装系统。

（2）可持续包装应该适应经济增长的需求。

可持续发展的基本内容是经济增长和繁荣。联合国估计，地球人口会从2005年64亿人增长到2050年90亿人，增长约40%。同期，中国人口也将从现在的13亿人增长到2050年的16亿人。有效的工业生产可以适应人口增长所需要的经济增长。在历史上，包装工业的发展已经伴随着和促进了经济的增长，可持续包装的目的就是要最大限度地节约物资和资源，消除传统包装的负面影响，取得更大的经济效益。

不断取得更大的经济效益是可持续发展的基础因素。可持续包装在设计时要考虑包装整个生命周期，确认“共享产品责任”（shared product responsibility）原则。按照世界经济合作与发展组织于1997年12月2~4日在渥太华发表的文件，其中对“扩展或共享产品责任”表述如下：这是一个自愿制度。在产品的整个生命周期中，应该对产品所涉及的那些给予环境的影响负有责任，为了最大地扩展范围，产品责任贯穿于整个商务链——设计师、供应商、制造商、经销商、用户和处理者。这就要求可持续包装以低成本实行资源保护和污染防治，并通过有效的和安全的包装生命周期设计，使总的包装系统成本达到最低。

可持续包装倡议的多种策略使其在性能和费用上能够满足甚至超过市场需求，其中包括改进包装设计、优化资源利用、提高材料选用和资源回收再生等；还有教育企业成员、供应者、消费者，乃至监管者，使他们在可持续包装策略与现行市场需求两者之间进行沟通。

包装链实行广泛的协作，可以帮助发现机遇，改进材料和包装系统，并且能够以成本为零或很少，使可持续性得以发展。采纳那些在产品品质的改进和收益方面取得有成效的可持续的商业经验，使可持续包装收到如下的效益：品牌提升等级，通过再利用获得新的材料资源和机械的、化学的回收利用。

（3）可持续包装要使用可再生能源做资源，进行制造、运输和回收利用。

很多地方和区域广泛地使用矿物燃料作为原始的能源，从而对地球造成污染，其中包括气候变暖、空气酸化、臭氧耗尽、水银集结、光化学臭氧和微粒等诸多问题。可再生能源潜在地提供了许多解决环境、社会、经济问题的策略，是可持续发展的核心。最常用的可再生能源包括太阳能（无论是被动的或主动的，以取暖为例，被动式太阳房完全依靠太阳能采暖，不用其他辅助能源；主动式太阳房用水泵或风机把经太阳能加热过的水或空气送入室内，达到采暖的目的）、风能、核能、液能、可燃冰（combustible ice）、生物量（生物石油、生物能）能源、地热能源、潮汐能源等。

今天，大部分包装材料的来源，或多或少地都依赖于矿物燃料基能源。从矿物燃料消耗到再生能源的转化，通过包装供应链，在很大程度上要跨越漫长的时间表，短时和中期是不可能的。有效的步骤应该是可再生能源的经济和可持续供应。

企业应该通过各种策略来转化可再生能源，最近一段时间，行之有效的策略是尽可能使矿物油基系统得到高效率利用，使之走向可持续性。同时，应该努力增加混合能源的品种，并且在转化为可再生能源之后建立有效机制，例如购买碳信用额度（减少温室气体计划的一个计量单位，用来资助旨在减少空气中的 CO_2 的项目）以抵消温室气体，或者在区域经济共同体（RECS）内进行再生物资交易等，都是有效的办法。

交通运输是一个极大地矿物燃料消耗者。企业通过优化流通、提高油效或改进车队经营，可以获得直接收益。企业还应鼓励使用生物基燃料、混合动力汽车和采取其他措施来改进技术。这些举措有助于发展可再生能源的市场，并且有助于实现矿物燃料作为可持续能源的策略。

（4）可持续包装应该最大限度地使用可再生的或回收利用的材料。

使用可再生的或能够回收利用的材料有助于可持续材料流的产生，因此能够给子孙后代提供用之不竭的材料资源。使用回收利用的材料（可再生的或不可再生的）促进了废料再生产和资源保护。使用可再生材料能够降低对不可再生资源的依赖。利用现代太阳能可以产生自然状态的材料（温室气体中立），并且促进了生物资源的可持续管理。

使用可再生的或能够回收利用的材料，改善了环境概貌，并且能给未来包装材料提供资源，从而支持了可持续包装的发展。由于通过机械的再处理（回收利用），某些材料的物理性能退化，从而在目前限制了它们有效地和经济地再利用，按照"从摇篮到摇篮"的原则，材料应该通过生物的、工业的，或者是兼容两者的方式进行复原，使很多可再生的或生物基的材料通过处理予以复原；对于不可再生资源的材料应该回收利用，由于这些材料的本身价值不能用自然过程来恢复，它要求在生命循环中，用高超的可持续管理工作保证它们能被复原和再利用。

可持续包装的设计者为了推进材料的可回收利用，如果选用的包装材料是用不可再生的资源制造的，则都强调了与包装有关的环境特征的指令性规定，以实现包装材料可回收利用性。

改进可持续包装的主要策略是增大可再生和可回收利用材料的应用。某些可再生或可回收利用的材料，由于受到性能和价值影响，不可能把它们再作为新材料纳入包装设计。但是，材料和技术的进步，对可再生的和可回收利用的材料有积极的影响，能够持续地改进它们应用的可能性。

对于原始状态的生物基包装材料，例如林业和农业，要鼓励采用高超的可持续管理策略，使可再生材料不断增加。对于不可再生资源，要采用清洁生产工艺，例如石油和矿物资源的提炼对环境有很大影响，在获取这些材料时，必须采取有效的对应策略。

（5）可持续包装应该使用清洁生产工艺。

清洁生产就是保护自然环境和自然资源、防止环境污染、修复生态环境、改善生活环境和城市环境品质的建设项目。它涉及持久运用综合的环境保护策略，增大总体的效率，并且降低对人类健康和环境的危害，包括保护原材料、水源和能源，消除有毒害的和危险的原材料，降低在生产过程中所有排放物的数量及其对生态资源的毒害。

清洁生产体现在环境方面的负有责任的行为和应用于任何工业的生产活动，也适用于包装工业。包装在制造和生产过程中使用大量的能源、水源和材料，应该寻求减少和极大地消除任何排放物对环境的毒害污染影响。做到清洁生产的可持续包装，就能够最大限度地降低成本，改善产品品质和获取长期效益。

环境效率策略是努力达到能源使用最少以及排放物和废料最少。企业和供应商应该保证他们的生产过程绝对符合最好的清洁生产标准。目前，新的科学成就卓有进步，技术的和科学的智能化、21 世纪技术改革的产生、绿色化学和绿色工程的出现、材料再生和回收利用策略的实施等，使得降低排放物和消除废物已经取得巨大的效果。

（6）可持续包装应该采用健康的材料来制造。

人类和生态健康是可持续发展的基本要求。在处理对环境有害的物质的使用、存在、释放时，材料健康应遵循“从摇篮到摇篮”的原则。在生物圈和人类体内，某些有问题的物质逐渐增加，已成为消费者、健康专业人员和管理部门越来越关注的话题。

包装可能包含一定的化学物质，当包装生命循环过程、特别是生命终结时，会释放意想不到的有害物质。虽然这些化学物质使用量很小，但它们的废弃规模和数量仍然不容忽视。要保证所有材料成分——包括辅料、油墨、粘料和涂层——在他们的整个生命循环过程中对于人类和环境健康都是安全的，这是可持续包装设计的极其重要的方面。

谨慎选择最安全的材料并使之规范化，能够满足包装使用要求。现在，企业不断监控禁用材料、限用物质并制定各种法规，禁止某些材料和物质在包装中使用。应该不断地研讨采用健康的包装材料，鼓励为人类和环境健康而优化材料成分，随着科学技术的进步，鉴定材料健康的工具和方法已经获得发展，并且允许通过价值链对材料特征作更清楚透明的交流。

（7）可持续包装应该充分利用材料和能量进行预期设计。

产品性能的70%确定于设计阶段。要在设计阶段考虑产品的整个生命，确定关键的方面，可以预先设想影响因素，消除问题和废弃物，为此，预期设计可持续产品和包装是一个最好的基本方法。

传统的包装设计只需满足主要费用、基本性能和市场的要求。可持续包装设计则要增加对整个生命周期影响的考虑，包括：整个生命周期中能量消耗和材料使用的影响，而且要考虑能够促使材料转换复原。在设计时，还应考虑其他的因素，例如消费者的习俗和市场销售特征等。

目前有几种方法被用于可持续设计，包括环境设计（Design for Enviroment）、解体设计（Design for Disassembly）和节约资源设计（Design for Source Reduction）等。企业包装设计策略应该注意可持续设计的原则，切记有时一个设计策略的采用超过另一个会导致此消彼长。一个设计可能注重于节约能量而忽略了包装的寿命，另一个设计可能注重回收利用内容的使用而忽略了其他内容。通常，可持续包装设计要求设计者权衡这些相互因素，从整体上优化他们的使用。可持续设计策略的标准化和交流，会使可持续包装得到显著的进步。

（8）可持续包装应该在生物的和（或）工业的“从摇篮到摇篮”的循环中得到有效转换复原和回收利用。

目前，随着经济的迅速扩展，资源急剧消耗与可持续发展发生了矛盾。可持续包装能够从材料中收集废物料和转换复原价值，从而产生材料可持续流，会降低有限的自然资源的过度使用和减少废弃物。有效地转换复原意味着废物料收集和回收利用基础机制的产生，必然会封闭材料循环，为下一代的生产提供有价值的资源。

有效地转换复原意味着大量的高价材料的收集和回收利用，这在经济上是可行的。经验表明，有效地转换复原可以通过供给链协作来达到。借助包装体系协作的关系，可以产生健康的和可回收利用的材料；借助转换复原的包装设计、最终使用者（商标使用者、零售商和消费者）的联合支持，可以建立适用的废材物料搜集和转换复原的基础机制。

收集和回收利用包装物料，恢复他们的社会内在价值有很多方法。事实上，在产品销售或使用的地区建立转换复原基础机制，结合市场动态，就能最后确定包装转换复原的方法。现将最通常的几种转换复原方法讨论如下。

①生物转换还原（废物料处置管理）。

地球的生物圈能有效地恢复基本生物材料的使用价值。单纯的废物填埋场不存在有效的生物降解条件，为了进一步排除物质中的不当成分，应设计和控制管理生物转换复原系统，以保证生物材料的价值得到安全和有效恢复。例如，废物料处置管理和厌氧分解都可以使生物材料得到适当能量转换还原。

②技术转换还原（回收利用）。

因为自然界不能有效地还原许多人为的包装材料，所以设计转换复原系统时，必须避免它们在环境中长期堆积，并且需要再次还原他们的价值。技术转换复原的例子很多，包括塑料的机械性和化学性的回收利用、金属与玻璃的热力回收利用。也有可能在技术系统还原生物材料（例如纸张回收利用）。由于还原设备、工艺和使用者不同，材料、地域不同，转换恢复原材料价值的能力也各不相同。

③能量转换还原（废弃物转化为能量）。

废弃物转化为能量是恢复包装材料价值的一个方法，能量转换中的安全焚化、垃圾发电设施，和使用塑料和纸张作为代用燃料全是能量恢复的方法。这些技术代表了材料向能量的转化。

能量复原是不可再生包装材料的可持续的使用（例如矿物燃料基的塑料），但是相对把它们作为废物和垃圾掩埋或自然焚烧而言，这算得上是一个最好的过渡转换。

对于生物基的材料，能量转换复原有不同的含义。生物基材料是矿物燃料的最好的代用品，因为它们是可再生的，并且在影响气候变化方面是被认为低碳（碳中立）的。当然，它们也有一定的污染影响，诸如产生微粒或氮氧化物等有害物质。

2. 可持续包装的概念框架

下面框架描述的可持续包装作为一个全面的概念，包括三个相关的组成部分。

第一个组成部分与时间和永恒有关。可持续包装的目的不仅适应现在这一代的需要，同时也要适应未来一代的需要。它要求包装材料要成为“从摇篮到摇篮”循环流，这样，材料可以重复使用而不会耗尽。

第二个组成部分与突出合理平衡有关。也就是说要同时满足环境、社会和经济的需要，包装系统只有把这些因素都处理成公平合理的状态，才能达到真正的可持续性。例如，把追求最大利润作为单一目的的包装系统，如果没有处理好环境和社会的需要，那是不负责任的。同样地，把对环境的负面影响最小作为单一目的的包装系统，而没有处理好对社会和经济的需要，那也是不切合实际的。图 16 - 8 中的可持续性仅仅是在阴影部位，只有这里才是适应环境、社会和经济的部位。

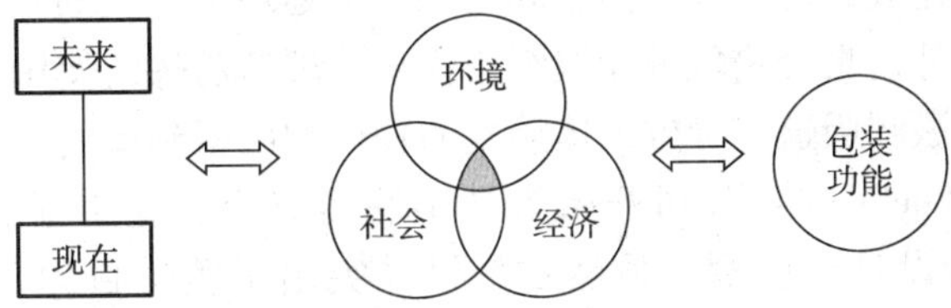

图 16 - 8　可持续包装的概念框架

第三个组成部分与包装的功能有关。包装的功能包括：对内装物的保护性、包装使用的方便性、信息性等。一般包装都应执行几个有用的功能，否则这个包装存在的正当理由就成问题。例如，一个包装由于可以进行生物降解而被认为是环境之友，但是它不能保护产品，这个产品就有可能被抛弃而不为消费者所使用。因此在讨论可持续包装时，应该重视包装的功能，这一点，往往在一些文献中被大大地忽略了。

在图 16 - 8 的概念框架中。可持续包装的许多问题，都可纳入社会、经济、环境，乃至包装功能等方面的影响因素予以讨论。例如：把生物基包装材料、生命周期评价当做环境因素予以讨论；把包装经济、法律规章当做经济因素予以讨论；把智能包装、防窃取包装当做社会因素予以讨论。把食品包装开发和食品包装工艺等作为包装功能予以讨论等。

3. 发展可持续包装的指导原则

如何最好地发展可持续包装以适应现代的需要，而且照顾子孙后代对于能源的需要？对于这一复杂的问题，目前虽然还没有明确的答案，但已经出台了相关的指导原则。

①考虑图 16 - 8 的概念框架，突出合理平衡以满足包装功能、环境、社会和经济的需求。

②避免使用矿物材料的过度包装，而是要符合实际需要。材料用量要满足安全、优质和市场的需要。

③避免材料的毒性成分，在产品制造和流通时，尽可能使用高效的工艺。

④只要可行，使用可再生的、环境友好的或可回收利用的材料制造的包装，但不要影响产品安全和品质，或过高地增加成本。

⑤当开发包装系统或工艺时，重要的是突出合理平衡，以满足环境、社会和经济的需要。

⑥使用“研究方法学”，诸如生命周期评价（LCA）等，帮助推动可持续包装的发展。

4. 实现可持续包装的展望

按照通常的观点，评定包装设计品质的传统标准只限于费用、技术性能、外观等，在某些情况下还应遵循法律规章。当考虑可持续性后，标准范围扩大了，要求包括优化资源、负责采购、材料健康和资源转换复原等。这就意味着力争整个包装生命周期达到设计质量。根据可持续包装联盟成员的观察指出，某些企业已经通过改善再设计开始采取步骤向着可持续性发展。

全球顶级的 Estee Lauder 化妆品公司下属子公司最近设计了一个新的生产线，该公司要使用这个产品从事把加强环境伦理深留在记忆中的使命。新的生产线包括 50% 消费后回收的内装纸板，它使用 100% 可再生的风能量进行制造、印刷和折页。由于减少了温室气体和消除了火电能量带来的其他污染，在环境保护方面取得了很好的成效。

当代覆膜产业的领军制造商 Michelman 公司，开发了聚合物乳液在瓦楞纸箱上覆膜的工艺，能够代替不可回收利用的发泡聚苯乙烯，成功地用于长期储存葡萄。这种覆膜纸箱与聚苯乙烯纸箱价格比较，由于通过回收利用和去掉处理 EPS 的费用，对使用者提供一个终生收益的机会。此外，聚合物乳液涂覆纸箱代替了聚苯乙烯的使用，使用于制造 EPS 的单体和众所周知的刺激呼吸道和导致人体癌变的物质均已得到遏制。

世界著名的 Starbucks 咖啡公司开始为其小块巧克力、花生豆、咖啡、蜜饯和全麦粉制品的生产线重新设计包装盒。虽然重新设计突出了美学目的，但 Starbucks 设计团队也还是进一步考虑减轻环境影响。公司减少了包装层数并且减薄了纸板的厚度。由于严格地分析了包装的薄弱点，包括大小、重量、可回收利用性、组成部分的数量和购置地点，Starbucks 已经推出了该产品的新包装，新的包装除了减少材料消耗和减轻环境影响外，其体型较小，从而减少了材料和劳动力的投入，有效地节约了运输和储存费用，使成本大大下降。

这些公司和世界上许多其他公司已经采取了重大的步骤改善他们的包装，但是按照可持续包装联盟给出的标准，目前还没有包装能够达到可持续包装的定义。真正的可持续性目标为改善现存的包装件创造了大量的机遇，这是对包装职业的挑战。在可持续包装的新世界中，继续革新、适应，存在着极大的超越空间，其中设计工作是一个极其重要的杠杆点，设计者通过化学分析，将无法重新利用的化学物质去掉，创造可以重新利用的化学物质，这是完全能够实现的。不妨举一个有趣的例子，过去人们吃了饭，就把塑料饭盒随手乱扔，到处都是白色的快餐饭盒，即所谓的“白色污染”，尤其是农村的田野里，这些“废料”根本无法重新利用，只能是垃圾。如果在设计塑料饭盒之前就把它设计成一种可以重新利用的材料，比如说，饭盒用完后扔在田野里就是肥料或饲料，这样它的生命就得到了延续，人们再也不会对乱扔塑料饭盒而忧心忡忡或深感内疚了，相反，很有可能农民会回收利用这些塑料饭盒，于是废料没有了，垃圾没有了，“不要乱扔垃圾”的口号也没有了，“垃圾”甚至受到青睐，这岂不是令人振奋和憧憬的绿色包装吗？让我们群策群力，共同开发、创造、迎接这个即将到来的光辉灿烂的绿色世界吧！

思考题

1. 计算机辅助包装设计用于哪些方面？
2. 计算机技术如何用于缓冲包装设计？
3. 果蔬气调包装内环境仿真的原理是什么？
4. 简述计算机辅助包装纸盒的生产系统。
5. 结合图 16 -7，叙述吹塑制瓶和液体灌装联合生产线的工作情况。
6. 什么是可持续发展？
7. 什么是可持续包装？它包含哪些内容？
8. 可持续包装的指导原则有哪些？
9. 企业通过改善再设计朝向可持续包装发展的例子有哪些？
10. 请读者仔细地阅读本教材辅助教学资料推荐图书《从摇篮到摇篮：循环经济设计之探索》，然后，请认真地思考：作为一个包装科技工作者，在可持续发展的战略思想指导下，应该怎样将我国的可持续包装发展到新的高度？

参考文献

[1] 潘松年主编. 包装工艺学（第三版）[M]. 北京：印刷工业出版社，2007.
[2] 王建青主编. 包装材料学 [M]. 北京：中国轻工业出版社，2009.
[3] 章建浩主编. 食品包装大全 [M]. 北京：中国轻工业出版社，2000.
[4] 黄颖为主编. 包装机械结构与设计 [M]. 北京：化学工业出版社，2007.
[5] 黄俊彦主编. 现代商品包装技术 [M]. 北京：化学工业出版社，2007.
[6] 宋宝峰主编. 包装容器结构设计与制造 [M]. 北京：印刷工业出版社，2001.
[7] 孙诚主编. 包装结构设计 [M]. 北京：中国轻工业出版社，2003.
[8] 骆光林. 包装材料 [M]. 北京：印刷工业出版社，2005.
[9] 武军等. 绿色包装 [M]. 北京：中国轻工业出版社，2007.
[10] Raija Ahvenainen（芬兰）. 崔建云等译. 现代食品包装工艺 [M]. 北京：中国农业大学出版社，2006.
[11] 彭国勋主编. 运输包装 [M]. 北京：印刷工业出版社，1999.
[12] 索占鸿. 运输包装工程 [M]. 北京：中国铁道出版社，2000.
[13] 宋宝丰. 产品脆值理论与应用 [M]. 长沙：国防科技大学出版社，2002.
[14] 马大猷. 噪声与振动控制工程手册 [M]. 北京：机械工业出版社，2002.
[15] 孙怀远. 药品包装技术与设备 [M]. 北京：印刷工业出版社，2008.
[16] 郝丽娜等. 计算机仿真技术及 CAD [M]. 北京：高等教育出版社，2009.
[17] 许文才. 包装印刷及印后加工 [M]. 北京：中国轻工业出版社，2006.
[18] 黄颖为等. 特种印刷 [M]. 北京：化学工业出版社，2006.
[19] 郭彦峰等. 包装物流技术 [M]. 北京：印刷工业出版社，2008.
[20] 王晓红. 防伪技术. 北京：化学工业出版社，2003.
[21] 杨福馨等. 食品包装实用新材料新技术（第二版）[M]. 化学工业出版社，2009.
[22] D. A. 迪安等（英）. 徐辉等译. 药品包装技术 [M]. 北京：化学工业出版社，2006.
[23] 屠锡德等. 药剂学 [M]. 北京：人民卫生出版社，2004.
[24] 王志伟主编. 食品包装技术 [M]. 北京：化学工业出版社，2008.
[25] 卢立新. 果蔬及其制品包装 [M]. 北京：化学工业出版社，2005.
[26] 孙智慧等. 包装机械 [M]. 北京：中国轻工业出版社，2010.
[27] 杨延梅等. 运输包装学 [M]. 成都：西南交通大学出版社，2010.
[28] 许林成. 包装机械原理与设计 [M]. 上海：上海科学技术出版社，1988.
[29] 高德. 包装机械设计. [M]. 北京：化学工业出版社，2005.
[30] 于振凡等. 生产过程质量控制 [M]. 北京：中国标准出版社，2008.
[31] 邓元望等. 传热学 [M]. 北京：中国水利水电出版社，2010.
[32] 胡英主编. 物理化学 [M]. 北京：高等教育出版社，2001.
[33] 王德忠. 金属包装容器 [M]. 北京：化学工业出版社，2003.
[34] 谭国民等. 纸包装材料与制品 [M]. 北京：化学工业出版社，2002.
[35] 高德等. 包装动力学 [M]. 北京：中国轻工业出版社，2010.
[36] 冯之敬. 制造工程与技术原理（第 2 版）[M]. 北京：清华大学出版社，2009.
[37] 袁建国. 产品质量抽样检验程序与实施（再版）[M]. 北京：中国计量出版社，2005.
[38] 宋明顺等. 质量管理学 [M]. 北京：科学出版社，2005.

[39] 范康年等．物理化学（第二版）[M]．北京：高等教育出版社，2005.
[40] 万洪文等．物理化学 [M]．北京：高等教育出版社，2003.
[41] 郭彦峰等．包装测试技术 [M]．北京：化学工业出版社，2006.
[42] 徐文达．食品软包装新技术——气调包装、活性包装和智能包装 [M]．上海：上海科学技术出版社，2009.
[43] 游战清等．无线射频识别（RFID）与条码技术 [M]．北京：机械工业出版社．2007.
[44] 伍秋涛．软包装结构设计与工艺设计 [M]．北京：印刷工业出版社．2008.
[45] 江谷．软包装材料及复合技术 [M]．北京：印刷工业出版社．2008.
[46] Salah EI_Haggar（埃及）．段凤魁等译．可持续工业设计与废物管理——从摇篮到摇篮的可持续发展 [M]．北京：机械工业出版社，2010.
[47] 潘松年．儿童安全包装系统的研究 [J]．中国包装．1991，11（2）：64～68.
[48] 潘松年．再谈"儿童安全包装系统" [J]．中国包装报．1998 年 2 月 13 日第 3 版．
[49] 潘松年等．包装工艺过程中的包装精度 [J]．中国包装．1998，8（4）：84～86.
[50] 潘松年等．阻隔性包装储存期的计算 [J]．中国包装工业．1998，6（7）：13～17.
[51] 潘松年等．包装工艺过程质量控制 [J]．中国包装工业．1998，6（8）：9～12.
[52] 潘松年．中国应该实行儿童安全包装系统 [J]．中国包装．1999，19（1）：37～38.
[53] 潘松年．关于阻隔性防潮包装储存期的计算 [J]．中国包装工业．2000（6）：37～39.
[54] 潘松年．实施儿童安全包装系统——一个不应带入 21 世纪的话题 [J]．中国包装．2000，20（6）：51～52.
[55] 潘松年．阻热包装的设计与计算 [J]．中国包装．2002，22（3）：94～97.
[56] 潘松年等．国际标准"儿童安全包装"试验的理论根据 [J]．中国包装工业．2002（11）：33～36.
[57] 潘松年等．国际标准"儿童安全包装"试验的实际应用 [J]．中国包装工业．2003（2）：30～35.
[58] 潘松年．塑料薄膜包装材料的渗透反应动力学研究 [J]．北京印刷学院学报．2004，12（4）：13～21.
[59] 潘松年等．论包装学科的教育体系和课程体系 [J]．中国包装．2005，25（2）：41～44，2005.
[60] 潘松年．低温包装与器官移植 [J]．中国包装工业，2005（6）：30～33.
[61] 戴宏民．评价包装环境性能的寿命周期分析法 [J]．中国包装．1996（5）：54～55.
[62] 梅建平等．平板显示产品缓冲包装方法及其设计要领 [J]．中国包装工业．2005（6）：34～38.
[63] 吴功平等．机电产品缓冲包装的计算机动态仿真系统的探索 [J]．包装工程．1997，18（2，3）：96～99.
[64] 黄道敏等．缓冲包装产品的动态特性及其仿真方法 [J]．包装工程．1999，20（4）：46～48.
[65] 张伟等．瓦楞纸箱运输包装系统设计 [J]．包装工程．2002，23（1）：25～27.
[66] 郭彦峰等．缓冲包装系统计算机仿真的应用研究 [J]．包装工程．2002，23（4）：123～126.
[67] 郭彦峰．商品防伪技术的最新进展 [J]．中国包装工业．2001，11：8～11.
[68] 郭彦峰．香烟类商品的组合防伪包装 [J]．包装工程．2002，23（1）：34～37.
[69] 付云岗等．托盘物流及其发展趋势 [J]．包装工程．2006，27（12）：229～230.
[70] 吴清一．论中国托盘公用系统的建立 [J]．物流技术与应用．2003，8（12）：1～4.
[71] 王福才．我国现代证券印刷技术发展漫谈 [J]．印刷杂志．1996（3）：44～45.
[72] 袁晓林等．活性包装材料与技术探讨 [J]．包装工程．2006，27（3）：30～33.
[73] 戴宏民等．低碳经济与绿色包装 [J]．中国包装．2010，3：11～14.
[74] 甄永健．托盘结构及装载模式 CAD 软件的研制 [D]．西安：西安理工大学包装工程系，硕士学位论文．2000.
[75] 孙德强．收音机计算机辅助脆值分析的研究 [D]．西安：西安理工大学包装工程系，硕士学位论文．2001.
[76] 陈斌龙．运输包装智能 CAD 系统的研究 [D]．西安：西安理工大学包装工程系，硕士学位论文．2002.

[77] 吴艳叶．组合防伪包装决策系统设计［D］．西安：西安理工大学包装工程系，硕士学位论文．2004.

[78] 李飞．运输包装黑匣子数据处理的研究［D］．西安：西安理工大学包装工程系，硕士学位论文．2006.

[79] 李果．运输包装数据采集系统的研究［D］．西安：西安理工大学包装工程系，硕士学位论文．2009.

[80] The World Commission on Environment and Development. Our Common Future，Oxford：Oxford Unoiversity Press，1987.（中译本：世界环境与发展委员会．我们共同的未来．王之佳等译．长春：吉林人民出版社，1997）

[81] Packaging Ecyclopedia. Packaging，1989.

[82] M. Bakker. The Wiley Encyclopedia of Packaging Technology，USA：John Wiley and Sons，1986.（中译本：孙蓉芳等译．包装技术大全．北京：科学技术出版社，1992）

[83] Aaron L. Brody. The Wiley Encyclopedia of Packaging Technology，2nd Edition，USA：John Wiley and Sons，1997.

[84] Kit L. Yam. The Encyclopedia of Packaging Technology，3rd Edition，USA：John Wiley and Sons，2009.

[85] William McDonough，Michael Braunngart. Cradle to Cradle：Remarking the Way We Make Things. North Point Press，New York，2002.（中译本：从摇篮到摇篮：循环经济设计之探索．译者：中国21世纪议程管理中心，中美可持续发展中心．上海：同济大学出版社，2005. 见本教材辅助教学资料推荐图书）

[86] Susan E. M. Selke，John D. Culter，Ruben J. Hernandez. Plastics Packaging—Properties，Processing，Aplications and Regulations（2nd Edition），USA：Carl Hanser Verlag.，2004.

[87] Diana Twede and Ron Goddard. Packaging Materials（Second Edition），UK：Pira International，2004.

[88] G. Dietz，R. Lippmann. Verpackungstechnik，Hüthig Verlag，1986.

[89] R. Eschke u. a.. Verpackungsreduzierung，durch Systemanalyse der Transporkette，expert verlag，1993.

[90] Erich Krämer. Verpackungstechnik，Mittel und Methoden zur Lösung der Verpackungsaufgabe（Strategien Entwicklung-Systeme-Packmittel-Maschinen-Prufung-Kosten）Hüthig，2004.

[91] 中国包装标准汇编：运输包装卷．北京：中国标准出版社，2007.

[92] 包装国家标准汇编：1册、2册、3册．北京：中国标准出版社．

[93] GB/T 4122.1—1996 包装术语基础

[94] GB/T 5048—1999 防潮包装

[95] GB/T 7350—1999 防水包装

[96] GB/T 4879—1999 防锈包装

[97] GB/T 4857.9—2008 包装运输包装件喷淋试验方法

[98] GB/T 4857.12—1992 包装运输包装件浸水试验方法

[99] GB/T 4768—2008 防霉包装

[100] GB/T 4857.21—1995 包装运输包装件防霉试验方法

[101] GB/T 6543—2008 运输包装用单瓦楞纸箱

[102] GB/T 6544—2008 瓦楞纸板

[103] GB/T 1019—2008 家用和类似用途电器包装通则

[104] BB/T 0035—2006 家用电冰箱包装

[105] GB/T 2828.1—2003 计数抽样检验程序第一部分：按接收质量限（AQL）检索的逐批检验抽样计划

[106] GB/T 2829—2002 周期检验计数抽样程序及表（适用于对过程稳定性的检验）

[107] 江泽民：采取积极行动共创美好家园．在全球环境基金第二届成员国大会上的讲话，2002，10.

[108] 胡锦涛：深入贯彻落实党的十七届五中全会精神 不断开创中国特色社会主义事业新局面（关于“十二五”规划部分）．《求是》，2011，1.